潘知常生命美学系列

潘知常 著

美学课

江苏凤凰文艺出版社
JIANGSU PHOENIX LITERATURE AND ART PUBLISHING

图书在版编目（CIP）数据

美学课／潘知常著.—南京：江苏凤凰文艺出版社，2023.2
（潘知常生命美学系列）
ISBN 978-7-5594-6384-5

Ⅰ.①美… Ⅱ.①潘… Ⅲ.①生命－美学－研究－中国 Ⅳ.①B83-092

中国版本图书馆CIP数据核字(2021)第231673号

美学课
潘知常 著

出 版 人	张在健
责任编辑	孙金荣
责任印制	刘 巍
出版发行	江苏凤凰文艺出版社
	南京市中央路165号，邮编：210009
网　　址	http://www.jswenyi.com
印　　刷	南京新洲印刷有限公司
开　　本	890毫米×1240毫米　1/32
印　　张	19
字　　数	540千字
版　　次	2023年2月第1版
印　　次	2023年2月第1次印刷
书　　号	ISBN 978-7-5594-6384-5
定　　价	98.00元

江苏凤凰文艺版图书凡印刷、装订错误，可向出版社调换，联系电话 025-83280257

潘知常

南京大学教授、博士生导师,南京大学美学与文化传播研究中心主任;长期在澳门任教,陆续担任澳门电影电视传媒大学筹备委员会专职委员、执行主任,澳门科技大学人文艺术学院创院副院长(主持工作)、特聘教授、博导。担任民盟中央委员并江苏省民盟常委、全国青联中央委员并河南省青联常委、中国华夏文化促进会顾问、国际炎黄文化研究会副会长、全国青年美学研究会创会副会长、澳门国际电影节秘书长、澳门国际电视节秘书长、中国首届国际微电影节秘书长、澳门比较文化与美学学会创会会长等。1992 年获政府特殊津贴,1993 年任教授。今日头条频道根据 6.5 亿电脑用户调查"全国关注度最高的红学家",排名第四;在喜马拉雅讲授《红楼梦》,播放量逾 900 万;长期从事战略咨询策划工作,是"企业顾问、政府高参、媒体军师"。2007 年提出"塔西佗陷阱",目前网上搜索为 290 万条,成为被公认的政治学、传播学定律。1985 年首倡"生命美学",目前网上搜索为 3280 万条,成为改革开放新时期第一个"崛起的美学新学派",在美学界影响广泛。出版学术专著《走向生命美学——后美学时代的美学建构》《信仰建构中的审美救赎》等 30 余部,主编"中国当代美学前沿丛书""西方生命美学经典名著导读丛书""生命美学研究丛书",并曾获江苏省哲学社会科学优秀成果一等奖等 18 项奖励。

总　序

加塞尔在《什么是哲学》中说过:"在历史的每一刻中都总是并存着三种世代——年轻的一代、成长的一代、年老的一代。也就是说,每一个'今天'实际都包含着三个不同的'今天',要看这是二十来岁的今天、四十来岁的今天,还是六十来岁的今天。"

三十六年前,1985年,我在无疑是属于"二十来岁的今天",提出了生命美学。

当然,提出者太年轻、提出的年代也年轻,再加上提出的美学新说也同样年轻,因此,后来的三十六年并非一帆风顺。更不要说,还被李泽厚先生公开批评过六次。甚至,在他迄今为止所写的最后一篇美学文章——那篇被李先生自称为美学领域的封笔之作的《作为补充的杂记》中,还是没有放过生命美学,在被他公开提到的为实践美学所拒绝的三种美学学说中,就包括了生命美学。不过,我却至今不悔!

幸而,从"二十来岁的今天"、"四十来岁的今天"走到"六十来岁的今天",生命美学已经不再需要任何的辩护,因为时间已经做出了最为公正的裁决。三十六年之后,生命美学尚在!这"尚在",就已经说明了一切的一切。更不要说,"六十来岁的今天",已经不再是"二十来岁的今天"。但是,生命美学却仍旧还是生命美学,"六十来岁的今天"的我之所见竟然仍旧是"二十来岁的今天"的我之所见。

在这方面,读者所看到的"潘知常生命美学系列"或许也是一个例证。从"二十来岁的今天"、"四十来岁的今天"走到"六十来岁的今天",其中,第一辑选入的是我的处女作,1985年完成的《美的冲突——中华民族三百年来的美学追求》(与我后来出版的《独上高楼：王国维》一书合并)，完成于1987年岁末的《众妙之门——中国美感心态的深层结构》，以及完成于1989年岁末的生命美学的奠基之作《生命美学》，还有我1995年出版的《反美学——在阐释中理解当代审美文化》、1997年出版的《诗与思的对话——审美活动的本体论内涵及其现代阐释》(现易名为《美学导论——审美活动的本体论内涵及其现代阐释》)、1998年出版的《美学的边缘——在阐释中理解当代审美观念》、2012年出版的《没有美万万不能——美学导论》(现易名为《美学课》)，同时，又列入了我的一部新著：《潘知常美学随笔》。在编选的过程中，尽管都程度不同地做了一些必要的增补(都在相关的地方做了详细的说明)，其中的共同之处，则是对于昔日的观点，我没有做任何修改，全部一仍其旧。至于我的另外一些生命美学著作，例如《中国美学精神》(江苏人民出版社1993年版)、《生命美学论稿》(郑州大学出版社2000年版)、《中西比较美学论稿》(百花洲文艺出版社2000年版)、《我爱故我在——生命美学的现代视界》(江西人民出版社2009年版)、《头顶的星空——美学与终极关怀》(广西师范大学出版社2016年版)、《信仰建构中的审美救赎》(人民出版社2019年版)、《走向生命美学——后美学时代的美学建构》(中国社会科学出版社2021年版)、《生命美学引论》(百花洲文艺出版社2021年版)等，则因为与其他出版社签订的版权尚未到期等原因，只能放到第二辑中了。不过，可以预期的是，即便是在未来的编选中，对于自己的观点，应该也毋需做任何的修改。

生命美学，区别于文学艺术的美学，可以称之为超越文学艺术的美学；区别于艺术哲学，可以称之为审美哲学；也区别于传统的"小美学"，可以称之为"大美学"。它不是学院美学，而是世界美学(康德)；它也不是"作为学科的美学"，而是"作为问题的美学"。也因此，其实生命美学并不难理解。只要注意到西方的生命美学是出现在近代，而中国传统美学则始终就是生命美学，就不难发现：它是中国古代儒道禅诸家的美学探索的继承，也是中国近现代王国维、宗白华、方东美的美学探索的继承，还是西方从"康德以后"到"尼采以后"的叔本华、尼采、海德格尔、马尔库塞、阿多诺等的美学探索的继承。生命美学,在西方是"上帝退场"之后的产物,在中国则是"无神的信仰"背景下的产物,也是审美与艺术被置身于"以审美促信仰"以及阻击作为元问题的虚无主义这样一个舞台中心之后的产物。外在于生命的第一推动力(神性、理性作为救世主)既然并不可信,而且既然"从来就没有救世主",既然神性已经退回教堂,理性已经退回殿堂,生命自身的"块然自生"也就合乎逻辑地成为了亟待直面的问题。随之而来的,必然是生命美学的出场。因为,借助揭示审美活动的奥秘去揭示生命的奥秘,不论在西方的从康德、尼采起步的生命美学,还是在中国的传统美学,都早已是一个公开的秘密。

换言之,美学的追问方式有三:神性的、理性的和生命(感性)的,所谓以"神性"为视界、以"理性"为视界以及以"生命"为视界。在生命美学看来,以"神性"为视界的美学已经终结了,以"理性"为视界的美学也已经终结了,以"生命"为视界的美学则刚刚开始。过去是在"神性"和"理性"之内来追问审美与艺术,神学目的与"至善目的"是理所当然的终点,神学道德与道德神学,以及宗教神学的目的论与理性主义的目的论则是其中的思想轨迹。美学家的工作,就是先以此为基础去解释生存的合理性,然后,再把审美与艺术作为这种解释的附庸,并且规范在神性世界、理性世界内,并赋予以不无屈辱的合法地位。理所当然的,是神学本质或者伦理本质牢牢地规范着审美与艺术的本质。现在不然。审美和艺术的理由再也不能在审美和艺术之外去寻找,这也就是说,在审美与艺术之外没有任何其他的外在的理由。生命美学开始从审美与艺术本身去解释审美与艺术的合理性,并且把审美与艺术本身作为生命本身,或者,把生命本身看作审美与艺术本身,结论是:真正的审美与艺术就是生命本身。人之为人,以审美与艺术作为生存方式。"生命即审美","审美即生命"。也因此,审美和艺术不需要外在的理由,说得犀利一点,也不需要实践的理由。审美就是审美的理由,艺术就是艺术的理由,犹如生命就是生命的理由。

这样一来,审美活动与生命自身的自组织、自协同的深层关系就被第一次发现了。审美与艺术因此溢出了传统的藩篱,成为人类的生存本身。并且,审美、艺术与生命成为了一个可以互换的概念。生命因此而重建,美学也因此而重建。也因此,对于审美与艺术之谜的解答同时就是对于人的生命之谜的解答;对于美学的关注,不再是仅仅出于对于审美奥秘的兴趣,而应该是出于对于人类解放的兴趣,对于人文关怀的兴趣。借助于审美的思考去进而启蒙人性,是美学的责无旁贷的使命,也是美学的理所应当的价值承诺。美学,要以"人的尊严"去解构"上帝的尊严""理性的尊严"。过去是以"神性"的名义为人性启蒙开路,或者是以"理性"的名义为人性启蒙开路,现在却是要以"美"的名义为人性启蒙开路。是从"我思故我在"到"我在故我思"再到"我审美故我在"。这样,关于审美、关于艺术的思考就一定要转型为关于人的思考。美学只能是借美思人,借船出海,借题发挥。美学,只能是一个通向人的世界、洞悉人性奥秘、澄清生命困惑、寻觅生命意义的最佳通道。

进而,生命美学把生命看作一个自组织、自鼓励、自协调的自控系统。它向美而生,也为美而在,关涉宇宙大生命,但主要是其中的人类小生命。其中的区别在宇宙大生命的"不自觉"("创演""生生之美")与人类小生命的"自觉"("创生""生命之美")。至于审美活动,则是人类小生命的"自觉"的意象呈现,亦即人类小生命的隐喻与倒影,或者,是人类生命力的"自觉"的意象呈现,亦即人类生命力的隐喻与倒影。这意味着:否定了人是上帝的创造物,但是也并不意味着人就是自然界物种进化的结果,而是借助自己的生命活动而自己把自己"生成为人"的。因此,立足于我提出的"万物一体仁爱"的生命哲学(简称"一体仁爱"哲学观,是从儒家第二期的王阳明"万物一体之仁"接着讲的,因此区别于张世英先生提出的"万物一体"的哲学观),生命美学意在建构一种更加人性,也更具未来的新美学。它强调:美学的奥秘在人,人的奥秘在生命,生命的奥秘在"生成为人","生成为人"的奥秘在"生成为审美的人"。或者,自然界的奇迹是"生成为人",人的奇迹是"生成为生命",生命的奇迹是"生成为精神生命",精神生命的奇迹是"生成为审美生命"。再或者,"人是人"——"作为人"——"成为人"——"审美人"。由此,生命美学以"自然界生成为人"区别于实践美学的"自然的人化",以"爱者优存"区别于实践美学的"适者生存",以"我审美故我在"区别于实践美学的"我实践故我在",以审美活动是生命活动的必然与必需区别于实践美学的以审美活动作为实践活动的附属品、奢侈品。其中包含了两个方面:审美活动是生命的享受(因生命而审美,生命活动必然走向审美活动,生命活动为什么需要审美活动);审美活动也是生命的提升(因审美而生命,审美活动必然走向生命活动,审美活动为什么能够满足生命活动的需要)。而且,生命美学从纵向层面依次拓展为"生命视界""情感为本""境界取向"(因此生命美学可以被称为情本境界论生命美学或者情本境界生命论美学),从横向层面则依次拓展为后美学时代的审美哲学、后形而上学时代的审美形而上学、后宗教时代的审美救赎诗学;在纵向的情本境界论生命美学或者情本境界生命论美学的美学与横向的审美哲学、审美形而上学、审美救赎诗学之间,则是生命美学的核心:成人之美。

最后,从"二十来岁的今天"、"四十来岁的今天"走到"六十岁的今天",如果一定要谈一点自己的体会,我要说的则是:学术研究一定要提倡创新,也一定要提倡独立思考。正如爱默生所言,"谦逊温驯的青年在图书馆里长大,确信他们的责任是去接受西塞罗、洛克、培根早已阐发的观点。同时却忘记了一点:当西塞罗、洛克、培根写作这些著作的时候,本身也不过是些图书馆里的年轻人"。也因此,我们不但要"照着"古人、洋人"讲",而且还要"接着"古人、洋人"讲",还要有勇气把脑袋扛在自己的肩上,去独立思考。"我注六经"固然可嘉,"六经注我"也无可非议。"著书"却不"立说","著名"却不"留名"的现象,再也不能继续下去了。当然,多年以前,李泽厚在自己率先建立了实践美学之后,还曾转而劝诫诸多在他之后的后学们说:不要去建立什么美学的体系,而要先去研究美学的具体问题。这其实也是没有事实根据的。在这方面,我更相信的是康德的劝诫:没有体系,可以获得历史知识、数学知识,但是却永远不能获得哲学知识,因为在思想的领域,"整体的轮廓应当先于局部"。除了康德,我还相信的是黑格尔的劝诫:"没有体系的哲学理论,只能表示个人主观的特殊心情,它的内容必定是带偶然性的。"

"子曰:何伤乎!亦各言其志也!"

需要说明的是,从"二十来岁的今天"到"六十来岁的今天",我的学术研究其实并不局限于生命美学研究,也因此,"潘知常生命美学系列"所收录的当然也就并非我的学术著述的全部。例如,我还出版了《红楼梦为什么这样红——潘知常导读〈红楼梦〉》《谁劫持了我们的美感——潘知常揭秘四大奇书》《说红楼人物》《说水浒人物》《说聊斋》《人之初:审美教育的最佳时期》等专著,而且,在传播学研究方面,我还出版了《传媒批判理论》《大众传媒与大众文化》《流行文化》《全媒体时代的美学素养》《新意识形态与中国传媒》《讲"好故事"与"讲好"故事——从电视叙事看电视节目的策划》《怎样与媒体打交道》《你也是"新闻发言人"》《公务员同媒体打交道》等,在战略咨询与策划方面,出版了《不可能的可能:潘知常战略咨询与策划文选》《澳门文化产业发展研究》,关于我在2007年提出的"塔西佗陷阱",我也有相关的专门论著。有兴趣的读者,可以参看。

是为序。

潘知常

2021.6.6 南京卧龙湖,明庐

目录

[1] **开篇　为什么要学习美学**

爱美之心，人皆有之——"不图为乐之至于斯也"——我们没有幸运地邂逅一个爱美学的时代——美学："学以致用"，还是"学以致智"——"美是什么"——"做正确的事，而不要正确地做事"——哲学、中文、历史是聪明之学和智慧之学——美学也是一门聪明之学和智慧之学——美学：为人类的——美学：为人生的——美学：为知识的——美学：一种生活方式——美学谱系——美学就是生命美学，生命美学也就是美学——庐山烟雨浙江潮

[55] **第一讲　"爱美之心，人才有之"**

直立的神奇与奇迹——为什么灵魂要寻求美——人类为什么非审美不可——审美活动与模仿、表现、游戏——从动物的快感的诞生得到重要的启迪——对于进化过程中的冒险、创新、牺牲、奉献等行为的鼓励——与快感有着内在的同一性的美感——丑，是对生命的否定性评价——美感是一种只属于人类的特殊的快感——人类最大的奥秘就是"不足"——赌与动物不同——赌与创造的过程相同

[103] 第二讲 "爱美之心,人皆有之"

审美活动诞生的逻辑根源——赌理想的人生存在——适者生存,弱肉强食——低级需要——口唇期——占有作为一种生命存在——"向死而在"——"无缘无故"的苦难——华丽的转身——你们不会和所有的动物同死——西方文化中的三次最为著名的人性豪"赌"——成长性的需要与肛门人格——游牧民族与农业民族之间的赌博——欧洲的胜出——全世界的黑暗也不能使一支小蜡烛失去光辉——信仰就是愿意相信——宗教,信仰的温床——基督教,一个不能不提的话题——"用爱去获得世界"——"请后退一步,给神圣的玫瑰让出一条路"——你必须通过面对爱去获得自由——"什么时候我们能责备风,就能责备爱"——人类精神面孔的一面镜子

[191] 第三讲 "我审美,故我在"

审美活动是什么——超越性存,则美学存——就从"没用"讲起吧——审美活动一定最最有用——"天上月色,能移世界"——"捉摸不着的形而上学的好处"——"主观的普遍必然性"——做一个人,与神有关——共时维度:同一性——共时维度:永恒性——共时维度:直觉性——共时维度:表现性——历时维度——终极关怀不是什么——不能等同于认识评价中的真与假——不能等同于道德评价中的善与恶——"自由地为恶"——不能等同于历史评价中的进步与落后——中国:两位女性与男性的对话——历史:三位政治家与三位作家的对话——终极关怀是什么——终极关怀与审美活动——"向人们指出人的目标"——"哪里有堕落,哪里就有拯救"

[299] **第四讲 美在境界**

"境界"隆重登场了——那棵树不是好好地在那里吗——自然山水其实就是我们所找到的"对象"——文学艺术其实也是我们所找到的"对象"——审美活动的根源——"年年不带看花眼,不是愁中即病中"——不是因为美丽而可爱,而是因为可爱而美丽——"境由心造"——西方美学史的基本知识——"不睹不快"——以自我为对象——在"背影"里,父亲才真正成为父亲——人人心中所有,人人笔下所无——我审美,但与你无关——《米洛的维纳斯》就是女人——为什么情书只能感动自己的恋人——"物华撩我有新诗"——"撩我"的"物华"也并不是静止不变的——审美对象涉及的不是世界,而是境界——"吾心而见诸外物者,皆须臾之物"——"饭香"并不是"饭"——谁教我们看山呢?——美是自由的境界——"寓目理自陈"——美感:从非功利到超功利——美丽的灵魂新大陆——"需要"成为"人"——非如此不可?非如此不可!

[383] 附录一 知美"所然"更要知美"所以然"——在南京"市民学堂"为南京市民所做的美学讲座

[424] 附录二 爱的朝圣路——关于美学的终极关怀

[489] 附录三 文学的理由:我爱故我在——为南京市中学语文教师所做的文学讲座

[522] 附录四 艺术本质的二律背反——兼谈文艺的研究方法

[531] 附录五 阅读与人生——在南京图书馆的讲座

[569] 附录六 美学基本阅读书目

[572] 代再版后记 生命美学:"以生命为视界"

3

开篇

为什么要学习美学

爱美之心，人皆有之

请允许我就从人皆有之的爱美之心开始。

爱美，是人类生命活动中的一种神奇：一种由形象引发的情感愉悦、只与对象的外在形式有直接的必然联系的情感愉悦。世间有"想要喜欢的"，也有"喜欢想要的"，还有"不喜欢但是想要的"（例如吸毒），但是，更有"喜欢但是不想要的"。

"喜欢但是不想要的"？是什么？又为什么？

"喜欢但是不想要的"，就是爱美。"关于美的形而上学，其真正的难题可以以这样的发问相当简单地表示出来：在某一事物与我们的意欲没有任何关联的情况下，这一事物为什么会引起我们的某种愉悦之情？"[1]叔本华的提示清清楚楚。"画饼"不是为了"充饥"，"望梅"不是为了"止渴"，可是，我们为什么还要"画"？我们为什么还要"望"？同样的是，审美没有"用"，可是，人为什么非审美不可？其中隐含着人类的一种什么样的生命需要？这，就是美学要面对的问题。

而且，置身于世界，有不爱真的人，比如会说假话，也有不爱善的人，比如会做坏事，但是，可有谁曾听说过不爱美者？

一个很典型的例子，是希特勒。

人所共知，希特勒，是人类最凶残的千年恶魔。

但是，恶魔希特勒是否爱美？

答案是肯定的：恶魔希特勒爱美。而且，恶魔希特勒对美的"爱"还真是非同一般。

我们可以看两个最简单的例子。

---

[1] 叔本华：《叔本华思想随笔》，韦启昌译，上海人民出版社2005年版，第33页。

如今遥想当年,已经不止一个人会设想:如果当时德国维也纳艺术学院录取了曾经两次投考但却名落孙山的希特勒,希特勒就可能不是"希特勒"了。因为在希特勒最后成绩单(1905年9月16日)上的记分是,德语、化学、物理、几何,"可";地理、历史,"良";自由绘画,"优"。而且,要知道,希特勒的理想,也是要做一个米开朗琪罗那样的画家。

令人吃惊的还不止于此,当希特勒以统治者的身份来到法国,站在蒙玛特尔高地广场中央鸟瞰巴黎风光,念念不忘的却是法国这个艺术圣地,因此他说:"底下的风光将来会留在我的脑海里!"而且,在慕尼黑,他要建造德意志艺术大厦;在家乡林茨,他要建造艺术博物馆,有一次,他甚至对一个应受处罚的破产艺术家网开一面,因为:"这个人是艺术家,我自己也是艺术家,艺术家不懂得金融交易。"

由此,我们看到,希特勒做的是毁坏人类之美的事情,可是他同时却仍旧在追求着人类之美。那么,这个现象怎么解释呢?我们只能说,爱美之心,确实是人皆有之。即便是坏蛋,他也还是爱美。这就叫:爱美之心,人皆有之。

在《洞察未来》一书中,马斯洛,这位杰出的心理学家给我们讲了一段他自己爱美的故事:

有一次,他参加一个大型的聚会。一位姑娘走了进来,她是如此地美丽,所以,他简直是目不转睛地看着她。突然,这位姑娘意识到他正盯着她看,于是走过来对他说:"我认识您,而且知道您在想什么!"

他吃了一惊,有点不自然地说:"真的吗?"

"对,"她得意扬扬地说,"我知道您是一位心理学家,您正试图对我的心理进行分析。"

他哈哈大笑,回答道:"那并不是我正在想的!"

看来,爱美要比爱真爱善更为直接,同样,这就叫:爱美之心,人皆有之。

在古希腊,有一个著名的金苹果的故事。说的是希腊英雄帕琉斯王娶海王女儿忒提丝为妻,结婚当天,帕琉斯王大开婚宴,遍邀凡间名士和天上大小诸神参加,但是,不知道是有意还是无意,却惟独没有邀请复仇女神厄里斯参加。结果,厄里斯勃然大怒,于是,在宾客正在推杯换盏、觥筹交错的时候,她从空中扔下了一个金苹果,在金苹果的上面,刻着几个荡人心魄的大字:"赠给最美者"。不用说,这下子可就惹起大麻烦了,因为在参加婚宴的诸美女中,有天后赫拉、正义女神雅典娜,还有爱神阿芙洛狄忒,她们三位可是从来都自命不凡,都自认为自己就是独一无二的"最美者"。当然,她们马上就争执了起来,那么,怎么解决呢?当时在场的最高领导宙斯就出了个很聪明的主意,他说:帕里斯是世界上最美丽的男子,不如就请他去判决吧。于是,三位美丽的女神就找到了正在放羊的帕里斯,并且纷纷开出了优厚的条件。赫拉是天后,答应让他做一个强盛富饶的国家的皇帝,给他权力;雅典娜是正义之神,答应让他战胜世仇希腊人,给他智慧;阿芙洛狄忒呢?则洞悉人类的隐秘心态,许诺给他世界上"最美丽"的女人。那么,帕里斯最终怎么抉择呢?我们现在想想,这个男人还真是幸运之极,在山上放羊竟然就"放"出这么难得的前无古人后无来者的好运。可是,该如何选择呢?帕里斯并不踌躇,他毅然把金苹果给了阿芙洛狄忒。看来,爱美之心真是人皆有之的。

这就是各位都很熟悉的"金苹果故事",这个故事告诉我们,对于人类来说,美的追求会有何等重要。还是同样,这就叫:爱美之心,人皆有之。

不过,这个故事还没有完。因为,这个故事的结局还是与美有关,而且,也更加精彩。

下面,我接着来讲这个故事。

地球人都不难猜到,帕里斯的选择肯定会得罪赫拉和雅典娜。而阿芙洛狄忒为了兑现诺言,安排帕里斯爱上世界上最漂亮的女人海伦。一次访问斯巴达的时候,帕里斯绑架了海伦,并且把她带到特洛伊。这下子,可就惹恼了海伦的老公斯巴达国王,于是,他联合了他的哥哥阿伽门农,还有其他一些希腊国王,向特洛伊宣战,战争历时十年,最后希腊军队攻下了特洛伊城。而我要讲的故事就发生在第十年。在战争的第十年,有一天,守卫城楼的特洛伊老兵见到海伦,一时叹为天人,纷纷议论说,为这样的美女,虽然打了十年的仗,还死伤无数,但是——也值得了!

无须再多说什么了吧?这就是美的魅力,也是"爱美之心,人皆有之"的最好注脚。

5

"不图为乐之至于斯也"

确实，对于人类来说，美，就像"空气"和"爱"一样不可缺少，追求美，是人类文明的基础，也是人类尊严之所系，更是人类生命力的源泉。

当然，对于"爱美之心，人皆有之"，很多著名学者也都曾经谈过自己的看法。

例如马斯洛，这是一个各位都很熟悉的心理学大师，他就说道："从最严格的生物学意义上，人类对于美的需要正像人类需要钙一样，美使得人类更为健康。"他还说："对美的剥夺也能引起疾病。审美方面非常敏感的人在丑的环境中会变得抑郁不安。"[①]人类需要"钙"，这是所有人都知道的，可是，马斯洛说，人类对于美的需要正像人类需要"钙"一样。

还有一个心理学家，叫布罗日克，他也指出："对于发达社会中的人来说，对美的需要就如同对饮食和睡眠的需要一样，是十分需要的。"[②]"饮食和睡眠"，这无疑是非常之重要的，可是，"对美的需要就如同对饮食和睡眠的需要一样"。

再看一个美学家的例子，他叫卡里特。他是怎么说的呢？"没有某种来自想象美的刺激或抚慰，人类生活就几乎不可想象的……缺少这样一种盐，人类生活就会变得淡而无味。"[③]"盐"，人类都知道不可或缺，可是，在美学家卡里特看来，美，也是人类的不可或缺的盐。

"钙"、"饮食和睡眠"、"盐"，美竟然与这四者并列，无疑意味着它很重要很重要了。

我们再看看更多的学者的切身感受。有一位犹太精神病专家，叫弗兰克，他在集中营里度过了二战时期，在那里，他失去了妻子、孩子，还有一部

---

① 马斯洛：《人性能达到的境界》，云南人民出版社1992年版，第194页。
② 布罗日克：《价值与评价》，知识出版社1988年版，第76页。
③ 卡里特：《走向表现主义的美学》，光明日报出版社1990年版，第23页。

倾注了毕生心血的手稿。但是,弗兰克却在巨大的悲痛中挺了过来,他没有在集中营里死去。那么,原因何在呢?他曾自陈,那完全就是由于对美的迷恋。

一天傍晚,所有的难友都已经捧着汤碗疲累万分地坐在茅舍内的地板上休息了。突然,一个难友冲进屋里叫大家跑到集合场上去看夕阳。大伙儿到了屋外一看,西天一片酡红,朵朵云彩不断变幻出无数的形状与颜色,整个天空一时间绚烂之极,也生动万分。面对此情此景,所有的难友都屏息良久,最后,一个俘虏才慨然一叹:"这世界怎么会这么美啊!"而这个美丽的世界,也就正是弗兰克战胜苦难的精神源泉。

举了几个例子,都是西方人的,下面我来举个中国人的例子吧。肉,对孔子那个时代的人来说,显然是很重要的,即便是五百年后的孟子,不也还是把在五十岁的时候能够吃上肉作为小康生活的标志吗?人们都还记得,孔子收学费,就是专门要收肉干,就是所谓的"束脩"。可是,孔子有一次出使齐国,因为齐国是姜太公创建的,正是韶乐的正统流传之地,而且,又恰逢齐王举行盛大的宗庙祭祀,结果,孔子有幸听到了当时最美妙的音乐——韶乐。结果是,孔子喜爱至极。于是,他脱口而出地说了一句话:"三月不知肉味!"当然,这是一句夸张的话,就像《列子》里也说过的一句夸张的话一样:"韩娥之歌余音绕梁,三日不绝。"但是,孔子对于美的看重,也恰恰就在这句夸张的话里被体现得淋漓尽致啊。"不图为乐之至于斯也",孔子的感受,也正是我们的感受。

也是因此,有这样一个统计,特别吸引我们的眼球。

美国有一个哲学家,叫艾德勒,他曾经利用电脑做了一个统计。他把全人类的所有的名词输入进去,然后来做一个统计,要看一看全人类最喜欢用的名词是什么。结果,他找到了六个概念:"真、善、美、自由、平等、正义。"然后在这六个概念里又找到了三个全人类说得最多的概念:真、善、美。

不过,这还不算神奇,还有更让我们吃惊的。有学者介绍,美字在全世界的各种语言里都普遍出现,例如,中文有"美"字,印度梵文有 lavanya,阿拉伯文有 jamil,古希腊文有 καλον,古罗马有 pulchrum,而现代欧洲国家的"美

7

的"一词,也在古希腊语中有共同起源,例如意大利语和西班牙语的 bello,法国语的 beau,英语的 beautiful,德语的 schon,波兰语 piekny,等等。

总而言之,用一句话来总结,在中国,是叫作"爱美之心,人皆有之",在西方,是叫作:"自从爱神降生了,人们就有了美的爱好,从美的爱好诞生了人、神所享受的一切幸福。"①而用我经常讲的一句话来表达,则应该是:"美不是万能的,但是,没有美却是万万不能的。"显然,对于美的追求,就是如此的不可或缺。

我们没有幸运地邂逅一个爱美学的时代

可是,人们的爱美学之心呢？是不是爱美学之心也人皆有之呢？

似乎不是!

不但不是,我甚至想说,就我现在所看到的情况而言,倒反而是:一方面,"人人以美为荣",另一方面,又"人人不以美学为荣",更有甚者,在很多人那里,竟然是令人痛心地以美学为耻。我经常在各个场合感叹,我们现在幸运地邂逅了一个爱美的时代,但是,我们却没有幸运地邂逅一个爱美学的时代。因此,现在是"爱美之心,人皆有之",但是,"爱美学之心,人皆(大多)无之"。

我们就不妨看看我们身边的变化吧,在当代中国,爱美的热情日益高涨,不但是不爱美的人绝无仅有,而且爱美爱到了发疯地步的也大有人在。看看中国那些女性,让我们想起的,一定是这样两句话。第一句,是武装到了牙齿,各位想想,现在很多女性对于美的追求是否就是"武装到了牙齿"？第二句,是"特殊材料制成的人",这是过去用来赞美那些英雄人物的,现在还有没有用特殊材料制成的英雄,我不知道,但是,很多很多的女性却真是"特殊材料制成的人"了。为了爱美,她们的整容完全已经到了无以复加的地步。我在南京电视台做过一档谈话节目,话题是:美女是否能够走遍天下？谈话中电视台安排了一些整过容的女性出场现身说法,其中有一个女

---

① 柏拉图:《柏拉图文艺对话集》,人民文学出版社 1983 年版,第 249 页。

性,已经有了一个十岁的孩子,可是,整过容的她往那儿一站,我惊愕得只能借助现在一句话才能表达我的感受了,我真要被"雷"倒了,因为她看上去实在是太年轻了,完全就像是一个豆蔻年华的美少女。

可是,这毕竟只是问题的一个方面,还有一个方面,就是对于美学的关注。那可真是令人遗憾之极了。

我只能说,目前国内对于美学的关注,应该是几十年来的最低点。

对此,我可以从几个方面来加以说明:

第一个方面,是美学热的降温。

20世纪的中国,发生了很多让人完全不可思议的事情,以至现在人们回想起来,还会大惑不解。其中,20世纪中国的三次美学热就是一个例子。

20世纪的中国有三次美学热。第一次是在"五四"前后,随着思想解放,以及捣毁"孔家店",中国相应地出现了第一次的美学热,这一次美学热的领军人物,应该说是王国维、鲁迅,当然,还有一个很重要的人物,就是蔡元培,因为蔡元培当时是我们国家的教育总长,也就相当于现在的教育部部长,蔡元培对美学非常热心,他在北大上课,教的是什么课呢? 就是我现在在大学教的课程:美学。而且,蔡元培当时还提了一个很著名的口号,尽管这个口号现在看来已经不那么正确了,或者说是完全不正确了,但是,在当时却确实是起到了积极的作用的。这就是"以美育代宗教"。我2006年在上海的《学术月刊》刊登了一篇文章,《"以美育代宗教":中国美学的百年迷途》,应该说,这篇文章是百年来对于蔡元培所提这个口号的第一次的认真反思与美学清理。不过,我还是要说,蔡元培提出这个口号,要以美的教育作为我们这个古老国家的国教,这从"以美学为荣"和"爱美学之心,人皆有之"的角度,无论如何,都还是非常重要的。也正是出于这个原因,我在2007年9月到浙江绍兴讲学的时候,尽管很忙,但是还是专门抽出了时间去拜祭了蔡元培的故居,而且,毕恭毕敬地向蔡元培的遗像三鞠躬。毕竟,有蔡元培先生,实在是20世纪中国美学之大幸。

第二次是20世纪50年代,1949年中华人民共和国建立以后,应该说是百废待兴,但是,在社会科学和人文科学方面,却没有人敢擅自行动,因为谁都不知道当时的意志形态的主管部门到底是什么想法，这个时候，偏偏一枝独秀的是谁呢？就是美学。也许是因为爱美总是任何一个社会都无法阻止的吧。在50年代，大概在1956年以后，全国出现了美学大讨论，这场美学大讨论一致持续到1966年，持续到"文化大革命"爆发。而美学大讨论的最重要的结果，则不但是造就了"以美学为荣"和"爱美学之心，人皆有之"的一代风尚奇观，而且也造就了一代美学青年，其中，最典型的是两个人。一个是曾经名噪一时但是结果却遗臭于世的姚文元。姚文元当时是二十多岁，也是当时的美学大讨论里面涌现出来的青年美学家，后来他投靠了极左思潮，成了害人无数的"金棍子"。他当时最著名的美学观点，叫"照相馆里出美学"，意思就是说，在生活里美学无处不在。这当然是一个很荒诞的想法。其实美学的任务，比在照相馆里挖掘那一点点可怜的美要神圣和远大得多。还有一个人，就是李泽厚，这个人可真是大名鼎鼎。可惜，据我所知，现在很多大学生却只知道李泽楷，不知道李泽厚了。

第三次是开始于20世纪80年代初，80年代初一直到90年代初是中国的第三次美学热。现在的90后大学生一定是毫无感受了，但是如果去问问老师、父母，就会知道，在77级、78级、79级、80级的文科大学生里，那可真是都以研究美学为荣，真是"爱美学之心，人皆有之"。以我为例，我是77级的大学生，我对于美学的爱好，就是起始于这一次的美学热的。当然，这一次的美学热的最大成果，就是出现了美学的两大学派，这就是实践美学与后实践美学。而我本人也有幸赶上了这次的美学热，并且忝列后实践美学的一方，还荣幸地成为主要的发言人之一。我一直觉得，这也是时代所赋予我的光荣。

可是，现在美学热已经不复存在。有人说，美学热已经降温，有人说，现在是美学冷，不管怎么去表述，总之是，人人以美学为荣和"爱美学之心，人皆有之"已经一去不返。

第二个方面，对美学的关注度的下降。

刚才我已经讲到了当年的77级、78级、79级、80级的文科大学生的美学热情，那可真是空前的高涨。而且，那个时候的美学课应该也堪称人头攒动、济济一堂。最早的时候,我们国家是在北大和南大同时开设的美学课,据说,当年北大在开美学的时候,美学教授进去一看,一下子就兴奋起来,为什么呢?因为在他的教室里简直就成了"鲜花盛开的村庄",当时北大也是刚刚开了"女禁",女生还不是很多,可是,在他的教室里却几乎集结了全校的女生,当然,这位美学教授也还并没有被喜悦冲昏头脑,他赶紧过去询问:你们来上什么课啊,是不是走错教室了?这些女生就说,没有走错啊,我们都是来上美学课的啊。遗憾的是,我们今天在任何一所大学都已经看不到这样的盛况了,现在的大学生已经更多地集结在了工商、管理的课堂里了。

从书店里的美学书籍的日渐减少也可以发现这一变化。在过去,书店里的美学书籍是很多的,经常是要排列几个柜子。可是,现在在书店里,美学的书籍都很难找到了。在这个方面,我的感受特别深,我是眼睁睁地看着放美学的书籍的书柜在逐渐地被公共关系的书、心理学的书逐渐地侵吞的。那么,这个现象说明什么呢?当然说明,人们对于美学本身已经毫无兴趣。我经常说,一个人看什么书,那也就会成为什么人。因此我才会对中国人的精神食谱大为不满,认为它太贫瘠、太落后,也太不合时宜。但是,现在我却要反过来说了,那就是,一个人不看什么书,那也就意味着,他一定是不想成为什么人,这样看来,中国人现在的拒绝看美学书籍说明了什么呢?不是恰恰说明了中国人的不想成为美学的人吗?中国人的不以美学为荣和"爱美学之心,人皆(大多)无之",于此可见一斑。

第三个方面,是国内的文学家、艺术家对于美学书籍的漠不关心。这么多年来,国内的文学艺术创作尽管成绩不大,但是却毕竟一直轰轰烈烈。可是,又有哪个文学家艺术家的创作是受到美学家的美学研究的深刻影响的呢?有谁可以举几个例子?反正我是没有见到。这当然也是不以美学为荣和"爱美学之心,人皆(大多)无之"的例证。文学艺术创作,从美学的角度来说,其实就是美的再创作,是见证美或者见证失美之后的在语言、符号层面的二度转换。可是,他们却对我们的成果根本视而不见。这一切又说明什么呢?还是说明中国人的不以美学为荣和"爱美学之心,人皆(大多)无之"。

第四个方面,我还要做个自我批评。因为美学家对于美学的逃避,几乎就是当代的一个学术景观了。没有哪个学科像美学学科这样，出现了几乎是所有学者的集体逃亡，当然，在不少我的同行看来，这应该是"胜利大逃亡"，可是，在我看来，这却实在是美学界的一大耻辱。几乎所有的美学学者，都在美学的旗号下去研究"文化学"、研究"生态学"、研究"文学艺术学"，研究现实生活本身，我们把这些叫作文化美学、生态美学、文艺美学、生活美学……当然，这些研究也都是重要的和有益的，可是，美学毕竟是存在其学科的自身的根本问题的，离开了这些问题，文化美学、生态美学、文艺美学、生活美学……的出现，我实在想不明白：这究竟是美学的进步还是退步，是美学的转机还是自杀？无论如何，美学家自己都不以美学为荣了，爱美学之心，也连美学家都无之了，这，就是最为真实的一幕。

美学："学以致用"，还是"学以致智"

关于当前的人人不以美学为荣和"爱美学之心，人皆（大多）无之"，还可以列举的方面很多，但是，仅仅上面四个方面，应该已经很能够说明问题了。何况，我所关注的重点，也并不在当前的人人不以美学为荣和"爱美学之心，人皆（大多）无之"这一现象，而在产生当前的人人不以美学为荣和"爱美学之心，人皆（大多）无之"这一现象的原因——尤其是美学自身的原因。

那么，应该如何去解释产生当前的人人不以美学为荣和"爱美学之心，人皆（大多）无之"这一现象的原因呢？

在我看来，原因当然还首先就在于我们美学界自己就一直没有把"美学之为美学"这样一个问题解释清楚。

远在20世纪初叶，克莱夫·贝尔在他的美学名著《艺术》的开篇伊始，就曾感叹："在我所熟知的学科中，还没有一门学科的论述像美学这样，如此难于被阐释得恰如其分。"[1]令人遗憾的是，迄至20世纪末，当我再一次谈到美学的时候，我所不得不重复的，竟然仍旧是这一"感叹"！

---

[1] 克莱夫·贝尔：《艺术》，中国文联出版公司1984年版，第1页。

在古代,美学家经常说:"美是难的!"到了近代,美学家又经常说:"美感是难的!"而在当代,美学家才开始大彻大悟:这一切,实在都是因为:"美学是难的!"我们考察过"美之为美""美感之为美感"……然而却从未考察过"美学之为美学"。因此,我们就根本无法说清楚"美之为美""美感之为美感"……也因此,要说清楚"美之为美"、"美感之为美感"……首先就要说清楚"美学之为美学"。

然而,令人遗憾的是,"美学之为美学",偏偏又总是"如此难于被阐释得恰如其分"。在这里,存在着一个引人瞩目的美学误区。这就是:把"美学之为美学"首先理解为对于"美学是什么"的追问,而不是首先理解为对于"美学何为"的追问。

"美学是什么",是一种知识型的追问方式。按照维特根斯坦的提示,知识型的追问方式来源于一种日常语言的知识型追问:"这是什么?"在这里,起决定作用的是一种认识关系。而被追问的对象则必然以实体的、本质的、认识的,与追问者毫不相关的面目出现。"美学是什么"的追问也如此。作为一种知识型的追问方式,在其中起决定作用的仍旧是一种认识关系。它关注的是已经作为对象存在的"美学",而并非与追问者息息相关的"美学"。美学一旦以认识论的名义出现,对于"美是什么""美感是什么"……的追问,就都是顺理成章的事情了。在我看来,"美学之为美学"所以"如此难于被阐释得恰如其分",以至于"美之为美""美感之为美感"所以"如此难于被阐释得恰如其分",无疑就是在此基础上出现的。

"美学之为美学"首先必须被理解为对于"美学何为"的追问。这意味着一种本体论型的追问。在其中,起决定作用的不再是一种认识关系,而是一种意义关系。追问者所关注的是美学的意义。以海德格尔为例,他就曾明确地指出在追问"哲学之为哲学"时,至关重要的不应该是"什么是哲学",而应该是"什么是哲学的意义",也就是说,只有首先理解了哲学与人类之间的意义关系,然后才有可能理解"哲学是什么"。美学也如此。当我们在追问"美学之为美学"之时,首先要追问的应该是,也只能是"人类为什么需要美学"即"美学何为"。只有首先理解了美学与人类之间的意义关系,对于"美学是什么"的追问才是可能的。

那么,美学何为?

要回答这个问题,必须从"哲学何为"谈起。因为美学派生于哲学,不了解"哲学何为"就不可能了解"美学何为"。

所谓哲学,哲学家们说法各异。但无论如何,哲学总是与人类对于自身的根本困境、对于生存意义的深刻思考密切相关。换言之,哲学总是与人类对于智慧的爱密切相关。

稍稍熟知人类哲学思想历程者就不会不知道,早在人类开始自己的哲学思考之初,苏格拉底就提出哲学并非智慧之学而是爱智慧之学,并且把哲学家称为区别于"智者"的"爱智者",称为人类智慧的自由反讽人或诘难者。在此之后,尽管从柏拉图开始西方哲学走了一段弯路,然而哲学作为爱智慧之学却已经成为人类对于"哲学之为哲学"追问的最为深刻的提示。

在这里,所谓智慧,可以理解为思维,而爱智慧则是对于思维的反思。就此而言,哲学虽然是一个形形色色的存在,然而作为智慧的追询者而并非拥有者,却是所有的哲学的一个共同之处。哲学不是求器之学,而是悟道之学。哲学并不是无所不能的智慧的化身,而是始终如一的爱智慧的化身。爱智慧,是所有的哲学的共同家园。而在人类社会中,只要有对于智慧的爱,就不可能没有哲学。对于智慧的爱心永存,哲学就永存。

正是在这个意义上,当雅斯贝尔斯宣称:"哲学的真谛是寻求真理,而不是占有真理……哲学就是在路途中","哲学不是给予,它只能唤醒";[①]当诺瓦利斯感叹说:哲学原就是怀着一种乡愁的冲动到处去寻找家园。——应该承认,他们就真正地洞察了哲学之为哲学。

而哲学之所以要"怀着一种乡愁的冲动到处去寻找家园",之所以要"寻求""唤醒"和"在路上",无疑出于人类的一种"形而上学欲望"。这是一种"导致产生世界意义和人类存在意义问题(现在这些问题或者是被明白地提出来,或者更经常地是作为一种伴随日常生活过程的负担而被感受到)的形

[①] 雅斯贝尔斯:《智慧之路》,中国国际广播出版社1988年版,第6页。

而上学欲望"。① 这显然是哲学之为哲学的最为深层的根源。哲学就是借助于这样一种强烈的"形而上学欲望"表明人类对于自身的存在根据即生存的意义的深切关注。"我们哲学家不像普通人可以自由地将灵魂与肉体分开，更不能自由地将灵魂与思想分开，我们不是思索的蛙，不是有着冷酷内脏的观察和记录的装置——我们必须不断从痛苦中分娩出来我们的思想，慈母般地给它们以我们拥有的一切，我们的血液、心灵、火焰、快乐、激情、痛苦、良心、命运和不幸。生命对于我们意味着，将我们的全部，连同我们遇到的一切，都不断地化为光明和烈火，我们全然不能是别种样子。"②

试想，没有那个著名的"火之夜"，怎么会有帕斯卡尔的令人耳目一新的哲学？没有那令人心碎的漂泊、流浪，又怎么会有尼采的惊世骇俗的哲学？谢林称自己的哲学是一篇《精神还乡记》、一篇《精神漂泊记》，实际上，所有的哲学莫不如是。

而较之哲学，应该说，美学同样如是。

纵观古今，不难看到，尽管美学的存在类型可以五花八门，然而就其共同之处而言，却又是完全一致的。这就是：真正的美学应该是也必然是生命的宣言、生命的自白，应该是也必然是人类精神家园的守望者。清醒地守望着世界，是美学永恒的圣职。而且，由于美学是对于人类理想的生存状态——审美活动的反思，由于美学较之哲学要更为贴近思着的诗和诗化的思，因此，它也更是永远"在路上"，永远"到处去寻找家园"，就更总是"怀着一种乡愁的冲动"。

这使人联想到：与哲学相类似，美学之为美学无疑仍旧与人类的那种"形而上学欲望"密切相关。而且，由于哲学的"形而上学欲望"，面对的是作为"思"与"诗"相统一的生命智慧，美学的"形而上学欲望"面对的却只是以"诗"为主的审美智慧，因此就更加与人类自身的存在根据即生存的意义密切相关。卡西尔在揭示儿童最初的对于范畴的使用时说过："一个儿童有意

---

① 施太格缪勒:《当代哲学主流》上卷,商务印书馆1986年版,第25页。
② 尼采:《快乐的科学·序》,中国和平出版社1986年版。

15

识地使用的最初一些名称,可以比之为盲人借以探路的拐杖。而语言作为一个整体,则成为走向一个新世界的通道。"[①]波普尔也发现:生命就是发现新的事实、新的可能性。美学作为人类生命的诗化阐释,正是对于人类生命存在的不断发现新的事实、新的可能性的根本需要的满足,也正是人类生存"借以探路的拐杖"和"走向一个新世界的通道"。

这样,我们才有可能理解:为什么美学之为美学的最高境界竟然不在于追问的完美,而只在于完美的追问,为什么美学的追问所要呈现给我们的,与其说是那些强迫我们信奉的结论,而毋宁说是那顽强的追问本身。原来,美学之为美学,原来也并非求器之术,而是悟道之学。在此意义上,联想到黑格尔所强调的:"哲学的工作实在是一种连续不断的觉醒。"(黑格尔:《哲学史讲演录·导言》,贺麟等译,三联书店1956年版。)我们又应该说,何止是哲学,美学的工作难道不也"实在是一种连续不断的觉醒"?

同时,我们也才有可能理解:为什么美学会与人类生存俱来,会使得那么多的人竟为之"衣带渐宽终不悔,为伊消得人憔悴"。施莱格尔说得何其机智:"对于我们喜欢的,我们具备天才。"那么,对于既古老而又年轻的美学来说,它之所以能够如生活之树一样历千年百代而不衰,或者说,在美学的研究中我们之所以"具备天才",是否可以说,唯一的原因就是因为这是人类的一种最为根本的爱智慧的需要,就是因为"我们喜欢"?!

显然,产生当前的人人不以美学为荣和"爱美学之心,人皆(大多)无之"这一现象的关键就在于:我们对于美学的理解存在着致命的偏差。这就是,误以为美学之为美学,就必须学以致用。结果,美学圈外的人们发现,美学无法学以致用;美学界内的人呢?他们也发现无法让美学去"致用"。于是,既然美学无法"致用",那么无论是学习者还是研究者,也就一哄而散。

我们中国人大多是实用主义者,喜欢把理论和实际相联系,觉得实际生活中有用的理论才是好理论。而我越来越觉得,任何一个理论,理论就是理论,你根本就不要指望它能够联系什么实际。事实上,说到底,任何一个理

---

① 卡西尔:《人论》,上海译文出版社1985年版,第1页。

论,如果非要联系实际的话,那也只能联系理论的实际,什么叫理论的实际呢?就是这个理论在发展过程中有什么局限,有什么需要改进的地方、提高的地方。这就是它所要联系的实际。至于什么社会生活的实际,那根本就不存在。

显然,"理论联系实际"正是学以致用得以出现的根据。美学就必须联系实际生活,美学就必须解决现实问题,例如,如何穿衣打扮,如何游山玩水,如何促进精神文明,等等,如果它无法做到,那,就让它立刻安乐死。这无疑就是很多很多人的想法,也是很多美学界人士共同胜利大逃亡的理由。可是,美学却实在无法联系这个实际,美学之为美学,能够联系的,只能是美学的实际。

那么,美学的实际又是什么呢?就是学以致智。

在这个意义上,美学完全隶属于人文学科。它只能提高我们的人生质量,只能让我们生活得更聪明,也更智慧。

就以我们经常谈论的"水"为例,科学家是如何谈论"水"的呢?这个各位都熟悉,无非是说它包含了一个氧原子、二个氢原子,这当然就是学以致用,而且,也却好似有助于我们对于"水"的认识与理解。但是,孔子是如何谈论"水"的呢?"逝者如斯夫",对不对?显然,孔子并没有在谈"水",而是在谈"水"的意义、在谈"水"对于人生的启迪。在这个意义上,孔子对于"水"的谈论,就是学以致智。不难看出,通过孔子对于"水"的思考,我们的人生更聪明了,也更智慧了。

"美是什么"

我们再来看两个具体的例子。

一个例子来自生活。

比如说,有三个女生,刚开学的时候一起去买衣服。一般来说,刚开学是大学生里"月光"一族的奢侈时期。因为家里刚给了钱,可以先去乱买一通。因此,这三个女生就结伴去买衣服。人们都知道,要说起女生买衣服,那简直是天赋英才,不学而能。很多男生一听说他女朋友要去买衣服,会立刻就吓得到处躲藏,甚至会故意把钱包扔在宿舍不带,因为女生们买起衣服来实在是太厉害了。还有些女生,她情绪不好的时候,就非要到商店去疯狂采购一通,然后才心平气和地去教室自习。而且,你永远解释不了,也没有人教这些女生怎么去购买选择之类的,可是,她们却能够只需远远地瞟上一眼——有时候,我只好说,她们干脆就不要拿眼睛看,远远地鼻子一闻就知道哪件衣服好、哪件衣服不好了,一次我看电视,有个女明星就介绍说,另外一位女明星实在是太厉害太厉害了,几个人一起去买衣服,她能够距离那件衣服还几乎有一百米远,就马上判断说,就是它了。

因此,长话短说,我们不难想象,我们的这三位女生的去买衣服,一定非常成功。而且,回到宿舍,其他女生也一致赞不绝口。可是,问题是,到现在为止,其中有没有美学问题呢?比如说,到现在为止,你买衣服的过程要不要美学家指导呢?我要很惭愧地说,不要指导,而且,美学家也指导不了。人类社会就是这样神奇,好像爱美之心就根本不要学,尤其是对很多女性来说,她几乎就是天生就会,对不对?

那么,美学又有什么用处呢?请注意,只有到了下面的这个时候,美学才开始发生作用。这就是,这三个女生买衣服回来以后,假如说,有一个女生吃完饭,自己出来在校园里散步,这时,她突然想到:哎,这事儿就奇了怪了,我们去买衣服,这当然是必需的,可是,我们为什么要买一件好看的衣服呢?买衣服当然要价廉,但是"价廉"前面为什么又必须加上一个"物美"呢?干脆买一个物不"美"的但是价更"廉"的衣服,岂不是更好?可是,为什么没有人这样去做呢?显然,不难看出,如果这个女生或者是其他哪位同学想到了这个问题,那,就要来上我的美学课了。如果这个女生或者是其他哪位同学一直就没问这个问题,你只是买了衣服就走了,而且也从来没有去想过更多的问题,那么,上我的美学课就没有什么用处,也没有什么意思。

我们下面再接着设想一下,假如还有一个女生也出来散步,她也在想,今天这个事有点怪,我们三个从没事先商量,可是,怎么就去了以后竟然同时指着一件衣服说,这件衣服真好看,就是它了。这岂不是非常奇怪?谁在我们大脑里装了一个彼此共同的对美的判断呢？这个共同的对美的判断的尺子是谁给我们的？还是同样，你们看，如果这个女生或者是其他哪位同学想到了这个问题，那，就要来上我的美学课了。换句话说，在一个人有了爱美之心以后，如果他不希望自己只是知其然而不知其所以然，那么，他就可以来跟我学美学了。因为他不再想去盲目地爱美，而是想进而去自觉地爱美，进而去说明其中的理由。可是，如果这个女生或者是其他哪位同学一直就没问这个问题，你只是买了衣服就走了，而且也从来没有去想过更多的问题，例如自觉地爱美，例如其中的理由，那么，上我的课就没有什么用处，也没有什么意思。

还有一个例子，来自美学史。

在美学史上，人类的"爱美之心"是很早就诞生的。但是，相比之下，人类的"爱美学之心"诞生得就比较晚。在西方，是从古希腊时期开始；在中国，是从春秋战国开始。而西方的"爱美学之心"，则可以以苏格拉底和柏拉图为标志。那么，柏拉图为什么就是西方的第一个美学家呢？在柏拉图之前，女性都会买好看的衣服，男性也都会炫耀自己的健美身材，对不对？也就是说，那个时候的西方人早已有了"爱美之心"，那柏拉图又有什么不同呢？这不同，就是在柏拉图之前，所有人都知道"什么是美（的）"，例如，姑娘是美的，汤罐是美的，竖琴是美的，自然山水是美的，等等，可是，偏偏就没有人注意到，姑娘、汤罐、竖琴、自然山水，这一切当然都是不同的，可是，在这一切的背后，又有一个东西却是相同的，那就是"美"。但是，人人都在使用"美"这个概念，但是，又有谁回答过：这个"美"又是什么呢？关于这个"美"，人类又该如何去回答？还有，这个"美"究竟是从哪里来的？人们又是为什么竟然会对它不学而能？而且，它又为什么那么重要？一旦深入思考这一系列的问题，柏拉图也就发现，人人都可以进行审美活动，可是只有他却可以来当美学家，因为，别人都只知道爱美，只知道回答"什么是美（的）"，但是他却爱美学，知道去回答"美是什么"。人类的"爱美学之心"，因此而应运诞生。

归纳一下，我们看到，其实美学并不联系生活的实际，而只联系理论的实际,也就是,主要只是一种智慧的提升,它可以让你变得更聪明,也就是说,可以让你学以致智。所以,希望能够记住我下面这句话。什么叫作"学以致用"?什么又叫作"学以致智"?"学以致用"就是只"知其然",而"学以致智"则是进而"知其所以然"。一旦透过了爱美之心的"知其然",达到了爱美学之心的"知其所以然",我们对人生的理解就会更深刻,我们就可以生活得更聪明,可以生活得更明白。如此而已,这,就是美学。

"做正确的事,而不要正确地做事"

顺便说一下,在现在的很多学生那里,都存在着学习方法的根本错误。我经常教我的学生说,你们一定要学会"做正确的事,而不要正确地做事"。在学习美学的时候,尤其如此。很多学生在学习之前都往往不去思考应该如何去做,而只是往往一上来就沿袭过去的思维定式、学习习惯去盲目从事。然而,如果学习对象没有变化,那或许还没有太大的问题,可是,一旦学习对象发生了变化,那问题就会非常严重了。西方当代美学家布洛克发现并提示:"困惑的结果总是产生于显而易见的开端(假设)。正因为这样,我们才应该特别小心对待这个'显而易见的开端',因为正是从这儿起,事情才走上了歧路。"[①]请注意,这里的"开端",就是那个事先就务必要解决的"做正确的事"。

更为严重的是,很多学生往往简单地以为,只要刻苦,就无往而不胜。他们被一些不负责的老师教坏了,比如,我们的老师喜欢教他们"笨鸟先飞"。可是,先飞的笨鸟一旦落地,不还是一只笨鸟吗?问题还是没有解决呀?难道就靠天天先飞来解决问题吗?那岂不是很快就要被累死了吗?而且,因为天天先飞,也就被还在休息的鸟们都看到了,因此而成为著名"笨鸟"。

至于"头悬梁锥刺股"的说法,那就更加可怕了。一个人到了"头悬梁锥

---

① 布洛克:《美学新解》,辽宁人民出版社 1987 年版,第 202 页。

刺股"的地步，肯定是已经穷途末路了，也已经距离认输不远了。学习本来是一件最最快乐的事情，可是现在学习却变成了一件最最痛苦的事情，这是否很可怕？还有那个"铁杵磨成针"的故事，真是害了不少的学子啊，我们的老师太喜欢这样去诱导学生了，可是，为什么非要把铁杵磨成针呢？为什么就不能拿这个铁棍子去换针？"愚公移山"也是如此，为什么非要移山？而且还破坏了生态平衡，为什么就不能搬家呢？我就经常跟我的学生说，遇到困难要学会绕着走，而不要动辄就迎着困难上。三十六计走为上，实在绕不开了，那就再迎着它上吧。要知道，每个人的一生都是有限的，可是困难确实是无限的。整天迎着这个困难迎着那个困难上，那你那可怜的短短一生还能再干什么呢？还不全都消耗殆尽了吗？

而在学习美学的时候，"做正确的事，而不要正确地做事"尤为重要。因为美学是智慧而不是知识。因此，如果根本不假思索，就直接像学习知识那样地去学习，那么，我现在就可以预告，不论如何如何去努力，结局都是一样的，那就是：一无所获。费尔巴哈当年在黑格尔的学说面前就曾感叹说：他已经在"战栗"和"发抖"！可是，时至今日很多人却还是不肯去面对真正的思想，而只是把美学当作在概念里套来套去的知识魔方。所以，首先意识到美学是智慧之学，实在就太重要、太重要了。

不过，在这里还有必要提示一下，其实，智慧之学并非美学的专利，而是哲学、中文、历史等学科的共同属性。哲学、中文、历史等学科其实都并不联系生活的实际，而只联系理论的实际，也就是，主要只是一种智慧的提升，它可以让你变得更聪明。可惜的是，多年以来，由于我们教育方法的不当，使得学生哪怕是置身这些学科之中，也都并不清楚这些学科的人文学科性质了。

例如，我2001年以前长期在中文系工作。那个时候，我就遇到了一件让我非常记忆深刻的事情。有一个中文系的留学生，他在中文系上了几年课以后就跟我卖乖，他说：潘老师，中国的文学专业太好上了。我说：什么叫太好上了呢？他说：我不要上课我都能考试及格。我一听，实在是有些震惊，于是我就问他说：那么，你有什么绝招啊。他说：很简单啊，比如说，老师出一道题,杜甫的诗歌创作,在回答的时候,其实是有技巧的,你要一开始肯定杜甫诗歌的优点,至于是什么优点,你不要看作品就全都知道,忧国忧民,感时伤怀,什么什么,等等,然后缺点再写几个,当然,最后不要忘了还要再写上,这都是那个时代的局限性所致,云云,到此为止,题目就答完了。请看,这是不是我们哲学、中文、历史等学科的教学里的普遍情况?其结果,就是我们目前非常痛心地看到的,我们很多学生到最后都是学历史的不懂历史、学文学的不懂文学、学哲学的不懂哲学,其实,哲学、中文、历史等学科真的是聪明之学和智慧之学,也就是说,我们学这些东西,主要就是为了让自己更聪明,也更智慧。可是,我们在自己的学生那里看到的,却恰恰是相反的情况,这无疑是我们的人文教育的失败。

哲学、中文、历史是聪明之学和智慧之学

那么,为什么说哲学、中文、历史是一门聪明之学和智慧之学呢?

且让我来举例加以说明

先看一本哲学著作,帕斯卡尔的《思想录》。法国著名学者维克多·吉罗曾说:如果整个法国文学只能让我选择一部书留下,我将会从大灾难中救出《思想录》一本书。《思想录》的作者帕斯卡尔是一个法国的哲学家,生卒年是1623年—1662年。这个人是个天才。他多病,一生基本上没出门,他待在家里,写了一个随想录,形式是支离破碎的,都是一小段一小段的,但是全世界所有的人在看了他的书以后,却都认为他是最有智慧的。为什么呢?就是因为,所有的人在看了他的书以后,一旦再回去看世界,再回去看人生,马上就欣喜地发现,自己找到了一个新的角度。换一句话说,过去当然有"眼睛",但是,也真的是没有"眼光"。那么,什么时候才不但有了"眼睛",而且有了"眼光"呢?就是更智慧的时候,也是更聪明的时候啊。帕斯卡尔的书就恰恰可以让我们更智慧,也更聪明。

举一个最小但是也最重要的例子。帕斯卡尔有一个最著名的提法,叫"赌上帝存在",因为当时已经是科学思想兴盛,而西方是一个宗教社会,这

是人们都知道的,但是西方的科学一旦发展起来,上帝就没有办法存在了,因为科学已经证明了上帝是没有的,而且,岂止是上帝,很多东西都是没有的。

在这方面,一个最有意思的例子是,在西方科学兴盛的时期,欧洲的几个诗人曾在一起吃饭,诗人们都是"斗酒诗百篇",既然聚在了一起,那当然就要豪饮助兴吧?可是,要豪饮总也要有个理由吧?有诗人就说,那这样吧,都端起杯子来,咱们为鲜花而干杯,可是,马上就有人说不行、不行,因为科学家早就证明了,鲜花是植物的生殖器,哪里有美可言呢?几位诗人一想,还真是不无道理。那,下面能为了什么而干杯呢?有诗人又提了,那就为月亮干杯吧。话音还没有落地,另外一个诗人就马上阻止说,也绝对不能再为月亮干杯了。为什么呢?科学家已经证明:月亮无非就是一堆烂石头。你们看看,中国的诗人李白可以很美丽地死——可以为捉月而死。但是在西方科学发展起来以后,要想捉月而死,显然也是无法做到了,因为,科学已经否认了它的美丽。最后,这几位诗人只好说,那干脆就来为科学给我们所带来的耻辱干一杯吧。

而我们回过头来看一看,不难发现,西方的宗教信仰,在科学发展起来以后,就也被人们所普遍怀疑了。宗教提醒说,人类要献爱心,好人会有好报。过去人们深信不疑,因为他们相信在遥远的天空上,有一个上帝在管理着这一切。它肯定不会放过任何一个好人与坏人。但是,现在科学告诉我们说,人死如灯灭。而且,天空中只有宇航员,再也没有了上帝。于是,有些人就想,既然这样,那我干吗不及时行乐?干吗不去拼去夺呢?我即便是不能"豪夺",但我起码可以"巧取"吧?同样,那我为什么还要多给世界一点爱呢?上帝死了以后,每个人就都可以胡作非为,都可以无所不为了。

但是,非常引人瞩目的是,帕斯卡尔却偏偏不这样看。帕斯卡尔的回答就是几个字:"赌上帝存在。"也就是说,我们根本不要论证,我们就赌它存在。我们就豪赌一把,我们赌这个世界将来肯定是美的世界,我们赌将来作恶的人一定会回心转意,而做善的人一定要受到奖励。行不行呢?当然可以,试想,我们如果赢了的话,那世界将何等美好?我们如果输了呢?那又有什么呢？反正我们本来就准备时刻奉献爱,时刻远离恶的呀。即便不去赌,难道我们就该去做坏事,就该不去奉献我们的爱心了吗？当然不是。试想一下,帕斯卡尔的解决问题的思路是不是非常智慧、非常聪明？也是不是让我们变得非常智慧、非常聪明？

关于这个问题的详细讨论,请你们去看我的《我爱故我在——生命美学的视界》,在这一讲的最后,我也还要回过头来讨论这个问题。在这里,我需要强调的只是,你们一定要知道,我们中国改革开放到了今天,为什么开始步履维艰,其实,就是因为我们改革开放有很多的东西都是成功的,但是,有一个东西却是不足的,这就是：我们没有大张旗鼓地弘扬爱的存在。中国自古以来就不肯去赌爱的存在,更不肯去赌爱必然胜利。2008年是改革开放30周年纪念,我在做相关的报告时,题目就叫作"没有爱万万不能"。我的主要想法就是,我们现在的改革开放要走向更大的成功,一定要建立在塑造赌爱必胜之心的基础上。没有赌爱必胜之心,那也就不会有中国的改革开放的最终成功。

而西方的现代化又是如何成功的呢？恰恰就是建立在赌爱必胜之心的基础上的。不论市场经济再怎么泛滥,也不论那些坏人坏事如何大行其道,但是却总是有很多很多的人永远坚定不移地赌爱存在,也赌爱必胜。中国有句老话,叫作：差之毫厘,谬以千里。我要说,是否去赌爱必胜,这就是一个文化的"毫厘"。而中国的全部失败,也恰恰就来自这不去赌爱必胜的"毫厘",中国和西方社会发展的"毫厘"之差,就在赌和不赌之间,其结果,无疑就是今天的谬以千里。过去在很多场合我都说过,没有爱的市场经济,比计划经济要坏上100倍。今天来看,果真如此啊,中国为什么现在出了很多让人不堪的事情,例如三鹿奶粉的事情,其实就是因为我们学了西方的市场经济,但是却不学西方的赌爱必胜。西方为什么敢搞市场经济？那是因为西方敢赌爱必胜。而一个不敢赌爱必胜的国家却要搞市场经济,那无异于飞蛾扑火。

现在,我们再来思考一下,《思想录》这样的书是不是一本智慧之书,我想没有人会反对了吧？因为他给你提供了一种新的看待世界的眼光和角度。当你从这个角度去看世界,世界也就异彩纷呈了。所以俄罗斯有一个很大的思想家,叫舍斯托夫,他干脆这样来总结,他说,帕斯卡尔告诉了我们什么呢?那就是:面对上帝,需要的不是走,而是飞。这里的"飞",就是一种赌爱必胜的智慧。而西方的现代化不也正是在赌爱必胜的智慧的激励下展翅高飞而且越飞越高的吗?

再看一本历史书,黄仁宇的《万历十五年》。我经常建议大学生们要看看这本书,因为解释中国历史,能够超过这本书的还不多,前一段我看到,这本书被中国评为改革开放二十年来最受欢迎的一本书,我认为,这是完全合乎历史的实际情况的。李世民曾讲过一句话,"读史以明智",我认为,读这本书就可以"明智"。

大家知道,在历史上,我们中国人特别喜欢讲"稳定压倒一切"。这就暴露出一个问题,当我们遇到问题,往往不是首先考虑老百姓的根本利益,而是首先考虑是不是有利于王朝的稳定。百年前的大清王朝也曾经力主变革,但是,在"稳定"至上的思路下,还在变革之初,慈禧太后就定下"四个不能变":三纲五常不能变,祖宗之法不能变,大清朝的统治不能变,自己的最高皇权不能变。然而,这样操作的结果,从近期看是规避了突变事件的出现,从远期看呢?却使得我们丧失了发展的先机。事后痛定思痛,每每令人唏嘘!一千多年前的诗人杜牧曾仰天长叹:"前人不暇自哀而后人哀之,后人哀之而不鉴之,亦使后人而复哀后人也。"显然,历史嬗变背后的智慧,我辈深长思之。

《万历十五年》告诉我们的,正是这样的智慧。中国的不准发展商业和金融,在明代尤甚。这样做,从局部来看,无疑是维护了国家政权,但是,从全局的角度来看,中国却逐渐从先进的汉唐转化为落后的明清。而更为重要的是,一个政府为什么宁愿维护落后,也不愿去发展商业和金融呢?这就是一个政府有智慧和没有智慧的区别。明朝政府这样做,从表面上看,国家很稳定,从长远看,却导致我们这个民族没有了创造活力,从而最终落后于世界。

再举一个例子,就是朱元璋的海禁。这应该是他对中国犯下的最大的失误,海禁以后,中国在历史上就错失了一大步,因为人类历史从过去到现在,其实总共也就四大步,第一步是陆路交通。在陆路交通的时代中国是完全走在前列的,这就是中国的丝绸之路。敦煌为什么在那儿呢,不就是因为那里是陆路交通的灿烂之花,也是陆路交通的花开、花落之处吗?第二步是海路交通,可惜,就在这个时候,中国实行了全面的海禁。本来,当时如果哥伦布见到了中国的郑和,那是一定会像丧家犬一样地逃跑的,对不对?因为中国的郑和率领的那可真是一支强大的海军,哥伦布又算个什么啊?但是,我们一旦实行了海禁,也就在几百年以后,哥伦布的后人就轻而易举地打败了郑和的后人。而现在是什么?当然是空中交通与网络交通。所以我们为什么要发展航天与网络啊?道理就在这儿。值得庆幸的是,这次我们中国没有掉队。

结合这个例子,我们再来看黄仁宇的《万历十五年》,是否就可以发现,这本书可以让我们变得更聪明,也更智慧呢?

再举一个文学作品的例子,歌德的《浮士德》。这本书任何一个大学生都应该看,也必须看。因为西方美学的根本精神是来自基督教精神,可是,这个"来自"却与两个人的努力关系最大。一个是康德,他的《判断力批判》,是把基督精神贯彻到美学之中的标志,还有一个就是歌德,他的《浮士德》,则是把基督精神贯彻到审美人生的标志。这两"德"对于西方美学来说,性命攸关。

有一次我在南京的"市民学堂"做报告,结束的时候,有一个市民在台下大声喊:潘老师,你先不要走,你一定要给我回答一个问题。我问他说,什么问题啊?他说,应该看什么样的文学作品?应该看哪些文学作品呢?我的回答很简单:要看那些五百年前就要看的文学作品和五百年后还要看的文学作品。我要说,这是我一直以来的切身体会,也是我经常提及的肺腑之言。当然,在这些五百年前就要看的文学作品和五百年后还要看的文学作品里,最不可或缺的一本,就是歌德的《浮士德》。可是,歌德的《浮士德》告诉了我们什么呢?它又为什么就那么重要呢?要知道,我们经常说,没有孔子,中国历史要改写;没有庄子,中国历史要改写;没有曹雪芹,中国的历史更要改写。西方也是一样,没有但丁,没有莎士比亚,西方的历史也要改写,还有一个,就是也不能没有歌德。没有歌德,西方的历史也要改写。

歌德的《浮士德》里充盈的,就是人生的智慧。什么样的人生才值得一过?什么样的人生才是美的人生?歌德让书中的主角浮士德尝试了各种各样的方式,做学问的方式,政治的方式,其他的方式,等等,最后歌德告诉世人:在任何一种生活方式里,都要有爱,都要带着爱上路。带着爱上路,就是最根本的生活方式。这就是歌德在《浮士德》中告诉我们的智慧。为什么呢?要弄清楚这一点,就必须弄清楚西方人的根本困惑。西方从一开始就是坚信上帝存在的,可是在上帝被科学无情消灭以后,我们何去何从呢?歌德回答的就是这个问题。那就是:你一定要去赌,要去赌爱必胜。每一个人心里都应该有上帝。每一个人的心里都应该有爱。没有爱,万万不能。从这个角度去看歌德的《浮士德》,你立刻就会看懂。原来,歌德呼吁的就是,要永远带着信仰上路、带着爱上路。难怪西方人都把"浮士德精神"称为西方的根本精神,其实,就是因为在他的身上,我们看到了最为深刻,也最为博大的智慧。

还有一个文学作品的例子,陶渊明的《桃花源记》。陶渊明的作品,也能给人智慧,当然,今天这个智慧已经遇到了挑战,可是这个智慧毕竟指导了中国封建社会里的国人的全部人生。你们都读过这篇文章,很短,只有300多个字,我没去细数,有人数了,一共323字,难以想象的是,陶渊明仅仅写了323个字,结果就左右了中国人的精神史,你可以想象这样的奇迹吗?而且,陶渊明去世的时候,人家给他开追悼会,念悼词,也只说陶渊明曾任县级领导。但是从来没人表扬说,陶渊明还会写诗,更没有人表扬说,陶渊明还写过什么《桃花源记》,只是过了六百多年以后,他被苏轼他们抬了起来。结果封建社会的后期,唐宋以后,陶渊明就成为众人的楷模了。

那么,陶渊明给我们提供了什么样的智慧,以至于让我们全都说陶渊明的好话呢?不妨再看看《桃花源记》,或许就会发现,从表面上,我们只看见了一个桃花源,但是,实际上,这个桃花源却代表着陶渊明给我们提供的一种中国人在面临艰难曲折时在不堪重负情况下的心理逆行,也就是心理的倒退。用一句生理学的话说，可以叫作：重回母亲的子宫。其实桃花源就是我们梦寐以求渴望重回的母亲的子宫。

为什么要这样呢？无非就是因为这个社会过分地黑暗了，人们已经没有办法抵抗它的压力了，于是，陶渊明就用了三百多个字，来告诉我们一条出路，就是：重回母亲的子宫。显然，从这个角度看，陶渊明也是一个非常有智慧的人。

美学也是一门聪明之学和智慧之学

我必须提醒的是，对于"学以致智"的领悟非常重要。

事实上，我们的哲学研究、文学研究、历史研究大多都是因为对于这个问题的失察而最终一无所获。我一再说，要做正确的事，而不要正确地做事，可惜的是我们的哲学研究、文学研究、历史研究在很多时候都只是在正确地做事，而没有能够做正确的事。我们的美学研究也是如此。在我看来，美学的研究，关键不是对于审美活动"是什么"与"怎么样"之类的研究，而是对于审美活动的"为什么"的研究。换言之，亦即不是对于审美活动的研究，而是对于审美活动的意义的研究。遗憾的是，很多的在课堂上讲美学的人，亦即在书斋研究美学的人，把美学的路都走错了。他们没有着眼于审美活动的意义，而是着眼于审美活动。也因此，在美学界，即便是至今为止，也实在没有几个人说出过什么令人信服的话来。

在古希腊的时候，苏格拉底在听希庇阿斯谈美学的时候，就已经这样说过：他的头脑被弄昏了。而当时的其他一些美学家也曾经批评当时的一些哲学家和美学家其实只是"靠舌头过活的人""精神食粮贩子"。这实在是一种非常深刻也非常中肯的批评，而且，到了今天也还没有过时。

讨论一下中国的美学，更有启发意义。在中国，始终存在一个美学普遍性的神话。因为西方存在美学，而且是一个不争的事实，所以我们就不假思索地认为，在中国也存在美学。我必须要说，当我们说到中国美学的时候，其实主要是在一种不规范的意义上说话而已，目的也仅仅是为了让读者知道我们要讨论的对象是什么。其实,在学术意义上来说,我们必须承认,在20世纪之前,中国只有"美",但是没有"美学",也只有"爱美之心",但是却并没有"爱美学之心"。准确地说,也遗憾地说,尽管"美"确实是全人类的,但是,"美学"却仅仅是西方的。"美学"地谈论"美学",只有西方才可以做到。

我这样说,并不是因为在古代中国没有出现关于美学的长篇大论的讨论,而是因为,在古代中国从来就没有出现过关于审美活动的意义与价值的讨论,例如,为什么人类非爱美不可?爱美之心为什么对于人类至关重要?而没有意识到要去研究"意义"与"价值",当然也就没有美学。何况,中国何止是没有美学?中国就有文学理论吗?众所周知,中国的"文"是广义的,并不单指所谓的文学。因此,说在古代中国存在着今天的美学所概括的审美现象,是完全可以的,说中国存在着今天的美学,那可是完全不可以的啊——那只是我们这些后人在强行地把我们的祖先所根本没有的理解强加给他们。

至于西方,那就完全不同了。他们从自己的信仰传统出发,始终坚信:在审美活动的背后,存在着一个终极根据。西方美学的全部历程,其实就是豪赌这个终极根据一定存在的历程。请注意,这就是"柏拉图之问"的意义。当然,他们是赌错了的,因为,他们误以为这个终极根据就是"本质"。结果,在古代是"美的本质(理念)",最有代表性的是柏拉图的美学,在近代,是"美感的本质(快感)",最有代表性的是康德的美学,和"艺术的本质(形式)",最有代表性的是黑格尔的美学。到了20世纪,陷入绝望而且被"本质"完全拖垮了的西方美学家开始离开本质,从移情论、直觉论、内模仿论、距离论入手去讨论美感,或者开始离开本质,转而去直接讨论艺术(例如,英国形式主义、俄国形式主义、英美新批评)。也许,杜夫海纳的《审美经验现象学》代表着前者的努力,苏珊·朗格的《情感与形式》代表着后者的努力?

很可笑的是,国内的不少美学家自以为跟上了最新的美学时髦,竟然也跟在这些西方美学家的屁股后面摇旗呐喊,不研究美学而研究文学艺术,把美学导论变成了艺术导论,而且还误导美学青年说,这是最新的美学趋势;不研究美学而研究文化,而且天真地自以为只要把美学研究换成文化研究,美学研究的大业就可以告成了；不研究美学而研究生态，可是，"生态"怎么就可以代替"美学"呢？实在是让人看不懂。你直接去研究生态学不就完了，难道一入生态学的法门，"美学"自身的根本困惑就解决了吗？……我必须要说，上述探索都是应当鼓励的，但是却无论如何都不能转而取代美学研究本身，否则，一旦默许诸如此类的做法严重地偏离我国的美学学科的主线，真正的美学问题会被长期地搁置起来。

其实，我们承认过去的美学研究由于没有找到根本支点而失去了深度与魅力。可是，这绝对不是任何人离开美学的理由。既然没有找到根本支点，那就去寻找这个根本支点吧，干吗要逃跑呢？我冒昧地说一句：现在美学界充满了众多的不研究美学的所谓美学家，这是美学界之幸呢，还是美学界之憾呢？也许，正是他们，把美学界折腾成了一片灌木丛，然而，美学界需要的恰恰不是灌木丛，而是一棵根深叶茂的大树。

在我看来，重要的不是离开美学，而是离开"本质"。西方美学的失败不在于探讨终极根据，而在于误以为这个终极根据就是"本质"，遗憾的是，这个终极根据偏偏就不是"本质"，而是——"意义"。因此，只要我们从"什么是美的本质"的歧途回到"什么是美的意义"的坦途，也就一切 OK 了。而在这个意义上，我们不妨简单地说，"本质"，完全是一个假问题，但是，"意义"，却确实是一个真问题。美学之为美学，无非也就是要赌"美的意义"存在，无非也就是关于人类审美活动的意义与价值之学。

综上所述，看来，美学要想有所成就，要想真正说出几句令人信服的话来，只有一个办法，那就是，至关重要的不是急于去研究什么具体的问题，而是——首先把自己真正安置在人文学科的立场之上，而且，将学以致智作为自己的根本目标。

而从中国古代的没有爱美之心和今天的普遍远离美学来看，美学的学以致智也实在是太重要太重要了。

因为，我们至今也仍旧没有上路。

美学:为人类的

具体来说,作为人文学科,美学的学以致智主要表现在两个层次。

第一个层次是从美学的专业研究看,在这个层次,有三个方面的学以致智。

首先,是为人类的。

前面我已经说过,"美不是万能的,但是,没有美却是万万不能的"。"爱美之心"对于人类而言,是非常重要的。但是,也正是因为重要,所以,美学也就必须去回答:为什么它竟然如此重要?为什么只要是人就都有爱美之心?"人类为什么非审美不可"?"人类为什么非有审美活动"?犹如"人为什么要吃饭""人为什么要呼吸",诸如此类的问题,当然也可以不回答,因为即使是不回答,我们也可以照样吃饭、呼吸,也并不影响我们的生活,可是,对于人类来说,这却万万不能。人类绝对不会允许自己如此浑浑噩噩地存在于世,人类也必须捍卫自己的尊严,因此,只要有人类存在,只要有爱美之心存在,就必须有美学存在,就必须回答人类为什么非审美不可这个问题。

打一个比方,其实这就很像是古希腊出现的那个斯芬克斯之谜,回答那个斯芬克斯之谜又有什么意义呢?影响人类的生活吗?其实并不影响。但是,这个谜语却是必须回答的,因为回答它是人类"在路上"的全部理由,当然,作为个人,你完全可以不必介意,你也不必回答,但是作为人类就不同了,如果不去回答,那么人类全部的继续赶路的理由也就不复存在了。美学,它要回答的其实也是这样的斯芬克斯之谜。回答这个谜语,也无非只是为了继续赶路。人类对自己的所有困惑都要有所回答,那就更不必说为什么"爱美之心,人皆有之"这样的根本困惑了。试想,如果我们这样一个如此智慧的人类却连人类最根本的困惑都回答不了,那是不是一种自我羞辱?所以人类必须回答这个问题。何况,美学的意义就在于启迪智慧。因此,回答了这个问题,无疑也可以使得人类更聪明,也更明白。

西方有一句话,非常著名:人一思考,上帝就发笑。可是,假如不"思考",那么我们还是"人"吗?

那么,在这个方面有哪些美学书籍对人类特别有启示呢?我要给你们介绍的是康德的《判断力批判》。我认为,在回答人类为什么非审美不可这个问题上,康德的《判断力批判》是写得最好的一本书。这个人很有意思,人类很多的追求,他都没有兴趣。结婚,他没有兴趣;吃喝玩乐,他也没兴趣。他有兴趣的只有一件事,就是去回答那些人类所必须回答的根本问题。而且,康德也真的是很厉害,我们知道,人类思考最多的就是三个问题,真、善、美,令人吃惊的是,这三个问题竟然都是他来回答的。所以我们不能不感叹,康德来到人世,似乎就是上帝所专门打造的一个思想者,一个思想的王者,而我们,那实在是不但自愧不如,而且就是做他的门下走狗也已经是一种莫大的荣幸了。而就美学而言,《判断力批判》就是他的代表作。康德慧眼如炬,把人类的审美活动概括为一种"主观的普遍必然性",这其实也就是今天我们所常说的生命的"超越性"。这是一种生命的神奇,《判断力批判》揭示的,就是这种神奇。

遗憾的是,在当代中国的美学家中,我举不出这样的美学名篇。这正是我们中国美学的致命缺憾。中国美学林林总总,蔚为大观,非常值得我们自豪。但是,就回答为什么"没有美万万不能"和"爱美之心"而言,中国美学却基本上未能予以关注。之所以如此,无疑与中国思想缺乏信仰维度和爱的维度密切相关。对中国人来说,重要的是埋头拉车,而不是抬头看路。偶然有一个人想抬头看天,所有的人就会一齐笑话他,就会说他是那个"忧天"的"杞人"。所有的人都会说,天就是天,又有什么可以担心的呢?它又不会掉下来。但是,一切果真如此吗?现在事实偏偏证明,我们头顶上的天随时都可能掉下来,只要有哪个小行星和我们的地球撞一下,我们就会立刻失去我们的生存空间了。所以,"杞人忧天"是完全有道理的。看来,在中国,那些研究美学的人,事实上就是中国的"杞人",我们必须给他"忧天"的自由,也必须给他"忧天"的空间。

当然,我们现在正在讨论的,其实也就是为什么"没有美万万不能"和"爱美之心"这样一个美学的斯芬克斯之谜。从1985年我发表《美学何处去》,对当时风头正劲的实践美学提出批评,到1991年我出版《生命美学》的专著,提出自己的生命美学的基本思路,到1997年出版《诗与思的对话》,再到2001年我的《生命美学论稿》出版,对国内十年来的实践美学与生命美学的论战加以总结,最后到2009年我的《我爱故我在——生命美学的视界》与读者见面,从审美活动的超越性这一根本问题入手,浓墨重彩地对审美活动与信仰维度、爱的维度的内在关系加以阐释,从而完成了从"个体的觉醒"到"信仰的觉醒、爱的觉醒"的华丽转身,现在我所讨论的内容,应该说就是前面这一切美学思考的继续,也是我这二三十年以来的美学思考的一个总结。

我希望,在回答为什么"没有美万万不能"和人为什么皆有"爱美之心"这样一个美学的斯芬克斯之谜的方面,自己能够为中国美学做出一点小小的贡献。

美学:为人生的

其次,是为人生的。

美学不但可以使人类更聪明、更明白,也可以使每个人更聪明、更明白。"爱美之心,人皆有之",但是,如何去爱美,每个人却各自不同。可以"浑浑噩噩",也可以"轻松明白",前者是盲目的,后者是自觉的。事实上,不论何人,不论他是否学习过美学,在他进行审美活动的时候,都必然是美学的。这也就是说,每个人都是美学地进行着审美活动。换言之,每个人都并不存在是否需要美学的问题,而只存在需要什么样的美学的问题。是好的美学,还是坏的美学?是真正的美学,还是虚假的美学?每个人的对于审美活动的理解,都必然对他所进行的审美活动产生影响,都必然就是他所理解的审美活动。

这样来看,为了让人们对于审美活动能够有一个深刻的理解、正确的理解,我们也必须进行美学研究。

可惜,我们的美学往往会忽略这个方面的思考,太多的美学家都是在还没有真正成为"审美者"的情况下,就首先成为了关于审美的"研究者",甚至都只是关于审美的"研究者"。他们自身所拥有的,其实不是审美能力,而是"知识"和"材料"。美学研究被充分地"事业化"乃至"职业化"了。可是,美学研究不首先感动自己,又怎么能够感动别人、感动后人呢?费孝通先生有过一个很好的比较,他说,他与他的老师潘光旦先生之间存在着一个截然的不同:"我们这一代,比较看重别人怎么评价自己,而老师看重的是对不对得起自己。"此话真是精彩,做学术研究,首先是为自己的,是因为自己存在困惑,也因为要解决自己的困惑,至于别人的评价,实在都是无所谓的。而且,以我多年的体会看,能够感动自己的学术研究,也一定能够感动别人和后人。

在为人生的方面,有不少美学著作写得十分精彩。例如宗白华的《美学散步》,如果你想了解中国人的审美活动的特点,如果想了解中国的书画艺术的特点,那就一定要看《美学散步》。再如杜夫海纳《审美经验现象学》和《美学与哲学》,还有英加登的《对文学的艺术作品的认识》,也都可以有助于我们对于审美活动的理解。阅读它们,就犹如我们在进行对于自身的审美活动的反刍,你会拍案称奇,也会叹为观止,更会引为知音,觉得这几乎就是自己的审美活动的反省,但是又比自己思考得要深刻、清楚、全面。一旦放下书本,再次进入审美活动,你就会发现,自己在进行审美活动的时候确实是更聪明,也更明白了。

美学:为知识的

从美学的专业研究的角度,美学的学以致智的第三个方面,就是为知识的。为人类的美学,研究的是审美活动对于人类的意义;为人生的美学,研究的是审美活动对于每个人的意义;那么,为知识的美学呢?它研究的是审美现象对于人类与个人的意义。

在审美活动中,审美现象无疑是纷纭复杂的,也无疑是层出不穷的。对于这些审美现象的阐释,应该是美学研究的一个重要工作。我记得京剧大师梅兰芳就曾经回忆说:他自幼就酷爱京剧,他觉得京剧的声音特别好听,京剧的动作和表情也特别好看,但是,究竟为什么会如此好听、好看,他却说不出来。显然,对此加以说明,就是美学的任务。还有一个故事,是书法方面的,王羲之从小就喜欢书法,但是却没有他的父亲写得好,有一次,他写了一篇书法作品,拿给他的父亲看,他的父亲没有说话,只是拿起笔在他写的一个"大"字上加了一点,王羲之大感不解,就把字拿给母亲去看,他母亲看后说:只有这个"太"字的这一点写得最好。那么,为什么只有这一点才最好呢?或许,他的母亲也只是知其然但是不能够知其所以然,可是,我们的美学研究却必须回答。

有一句中国话说得十分有深意,叫作:举一反三。事实上,在一个简单的现象背后都有着无尽的意味,所谓"言有尽而意无穷",而在一句简单的话背后也一定都有着无数的复杂的话。关键是看你能够从中看到多少东西而已。"举一"之后,是"反二""反三"?还是"反五""反六"?一切都依你的水平而定。我的研究生问我:什么是硕士论文?什么是博士论文?我常说:一个现象,你如果能够找到话头,讲出个三四万字的精彩内容,那就是硕士论文,而你如果能够从中找到话头,讲出个七八万字的精彩内容,那也就是博士论文了。或许,这就是美学研究中的"反二""反三"还是"反五""反六"的区别?

例如,我们在审美活动中都知道,曲线比直线要美,唐代诗人不就说过"曲径通幽处"吗?中国人在审美的时候特别喜欢欣赏水中的倒影,也特别喜欢欣赏老树枯枝丑石,并且,还从中总结了诸如透、漏、皱、瘦之类的美。再如,在生活中也经常有人会问,瘦身到底是对还是不对?三围到底是应该还是不应该?时装表演到底是好还是坏?选美到底应该怎么样去面对?等等,显然,对于这些问题,美学研究毕竟都无法缺席。

还有一些更为复杂的问题,例如,美声唱法为什么出现在西方?这是否与西方的基督教精神有关?是否出自西方人对于天国的声音的想象、灵魂的声音的想象?也许,在西方的心目中,天使的声音就应该是这个样子?再如,大理石为什么会成为西方人爱慕的审美对象?它是否代表着一种在精神上站立起来了的人的高贵?是否意在与自然的土木形成一种鲜明的对比？人要从自然中走出，要从大地上站立起来，或许就应该呈现为这样的圣洁？又如，中华文明从青铜时代走出，为什么偏偏就立即放弃了坚硬的石头？雕塑的让位给壁画，雕塑的走向书法，或许其中都蕴含着中国人灵魂嬗变的奥秘？中国人所追求的美，似乎总是在回避着无机的美感，总是在追求所谓的天人合一。在中国会出现芭蕾舞吗？无疑绝无可能。因为芭蕾舞用在脚尖上跳舞的方式来向地球重心挑战，也来向现实世界诀别，它是希望在这当中舞蹈为神，而为什么中国人对此就避之唯恐不及？与此相关的，是中国为什么会只肯定五音的美，却不接受七音的美？中国为什么始终没有追求和声和复调之美？中国为什么更注重追求平面的美，却从不关注深度的美？中国为什么更追求长方形之美，却很少关注圆形之美？显然，对于这些问题，美学研究毕竟也都无法缺席。

再举几个比较当代的艺术现象的例子吧。

20世纪初有一个大画家，杜尚，西方有一次艺术界开画展，听说以后，他也要了一个展位。令人吃惊的是，到了展出的那天，他竟然弄了一个卫生间里的抽水马桶放在展位上。然后，题了一个字："泉"。这个举动，让所有的人都大吃一惊。还有一次，还是大画家杜尚，所有的人都知道，达芬奇画过一幅名作《蒙娜丽莎》，可是，他却在《蒙娜丽莎》的画作上加了两撇胡子：《长胡子的蒙娜丽莎》。那一天，所有的人又大吃一惊。那么，这一切应该如何去解释呢？显然，美学必须给出令人信服的阐释。

还有一个例子，19世纪末的法国，经常搞博览会，开始搞博览会的时候，都是由画家画幅画去庆祝。有一年，有一个工程师，叫埃菲尔，他提出，总这样去庆祝有什么意思啊？咱们要来一点新的创意吧？于是，他造了一个铁塔来庆祝博览会。铁塔落成那天，法国的美学家、艺术家，包括像左拉这样的大作家，都赶来参观。可是，眼前的景象可真是把所有的人都"雷"倒了，美学家、艺术家、作家们都大吃一惊，这哪是艺术品啊，完全就是几万块镰刀状的钢铁啊。可是，现在到法国又有谁不去看这座铁塔呢？它的名字就叫：埃菲尔铁塔。显然，美学也必须对蕴含在这座铁塔身上的美学奥秘作出令人信服的阐释。

在这个意义上，我不妨把美学家称作美的导游，美轮美奂的大千世界，在他们的"循循善诱"之下，会焕发出异样的神采。可惜的是，我的这次讨论并不侧重在这个"为知识"的角度，因此也无法提供大量的美学"知识"。不过，在这方面有很多精彩的美学专著，有兴趣者完全可以去自己阅读的。

例如，温克尔曼的《希腊人的艺术》，在阐释希腊人的雕塑艺术的美这个方面，我认为，它可以为我们提供最好的美学知识。

莱辛的《拉奥孔》，这本书主要是对一个雕塑作品加以阐释，但是，它给我们留下的美学知识却极为博大精深。

布洛克的《美学新解》。刚才我讲到《泉》和《长胡子的蒙娜丽莎》，在美学研究里，我们把它叫作当代审美现象，这是一个很有意思的领域，也充满了形形色色的神奇，而布洛克的《美学新解》对当代审美现象的阐释，我认为是非常出色的。

巴乌斯托夫斯基的《金蔷薇》，这本书有人也翻译为《金玫瑰》，这是一本每一代中文系的大学生都特别喜欢看的书，作者是一个苏联的作家。文学创作的奥秘，曾经令多少人困惑不解，阅读了这本书，我相信你会领悟到很多的东西。

熊秉明的《熊秉明美术随笔》《关于罗丹——熊秉明日记择抄》，这两本书的内容有重合之处，熊秉明是大数学家熊庆来的儿子，长期生活在巴黎。他是著名的雕塑家，但是也是一个"反刍"型的雕塑家，他在学习雕塑过程中的心得，就是在几十年后的今天，也让我们感悟良多。

李泽厚的《美的历程》和蒋勋的《美的沉思》，这两本书，可以看作是中国古代艺术的简史，对于中国古代的诸多审美现象，都阐释得非常精彩。

叶嘉莹的《唐宋词十七讲》。中国是诗词大国，要做中国人，不学一点诗词知识，是无法想象的。而叶嘉莹的《唐宋词十七讲》，应该说是最好的诗词导游了。

潘知常的《〈红楼梦〉为什么这样红——潘知常导读〈红楼梦〉》和《谁劫持了我们的美感——潘知常揭秘四大奇书》，这是我自己的两本书，我的书当然不能与上面的经典名篇并列，但是我也并非没有任何的学术自信。四大名著、四大奇书,都是中国美学历史中绕不开的审美现象,而就对于它们的阐释而言,我自认为自己还是做得很有自己的特色的,有兴趣者也不妨一读。

美学:一种生活方式

上面我讲了作为人文学科的美学的学以致智的第一个层次,但是,作为人文学科的美学的学以致智还有第二个层次。在第一个层次,涉及的都是专业的美学研究,但是,有人一定会说,可是我并不打算进一步去学习美学这个专业呀,那么,美学是否就与我无关了呢?

当然不是!

过去学生毕业的时候,往往会请老师也为他在毕业纪念册上题几句话,我写得比较多的有一句,叫作:以审美心胸,从事现实事业。这样写,当然不是针对他们今后所可能从事的美学研究的,那么,我是针对什么的呢?其实,就是针对他们的日常生活的。在这里,"审美心胸"也不是指的美学,而是指的美学精神。在这个意义上,美学就不再是一种专业的学术研究,而成为一种生活方式。美学是一种生活方式,这是我最近几年在演讲与文章中所特别喜欢强调的。当然,也是为当下的美学界所特别忽略了的。

那么,为什么说美学是一种生活方式呢?这就因为,事实上,美学并不仅仅是对于审美活动的阐释,而且,更重要的在于,它更是对于审美活动的假设。全世界所有的美学家,他之所以是美学家,不但是因为他对审美活动做出了一种阐释,而且更因为他对审美活动提出了一种假设。而因为审美活动就意味着对于美好的人生的预期,因此,假如你接受了这个假设,当然也就意味着你接受了一种生活方式。而倘若我们想到其实从根本的意义上,任何的人生其实都是一种预期、一种假设,所谓对于美好的人生的选择,其实也无非就是对于人生的一种假设,至于最终究竟是否美好,则现在一切都还是完全未知的。那我们就不难发现,我们的生存,就完全是依赖于一种我们与世界之间的关系的假设。有些人为什么会自杀,当然也是因为他过去的对于人生的假设已经为他所完全怀疑了。他已经没有了"值得"活下去的理由,因此,他非死不可,也唯有一死。

例如亚当和夏娃的故事,每个西方人都一看就懂,因为在这个故事的背后就蕴含着西方的人性假设:人之初,性本恶。在西方人看来,人类永远会犯错误。你只要是人,那就肯定不完美。人类有完美的追求,这是东西方都有的假设。但是西方人认为,人却还有追求的不完美。人比动物强,因为你有追求,可你比神差,因为你肯定会犯错误。人类是从犯错误开始的,也是一定要从犯错误结束的。结果,西方就有了信仰,有了爱,也有了对于失败者的悲悯。而中国人的人性假设是什么呢?人之初,性本善。中国人认为人是不会犯错误的。人类有完美的追求,也有追求的完美。按照中国人的说法,那是满街都是圣人。每一个中国人只要老老实实地修炼自己,最终就都会成为圣人。难怪毛泽东会说:"六亿神州尽舜尧。"当然,这也是中国人的人性假设。中国人认为,人生下来就是神。那么,他为什么会犯错误呢?完全是环境污染的结果。"养不教,父之过。"于是,中国和西方就走上了不同的人性道路。西方是改造自己,中国是改造社会。

再看一个例子,哈佛大学有个研究员,叫爱德华·威尔逊,他提出了一个假设:"亲生命假设"。他发现,所有生物都存在着一种与其他生物亲近的渴望,而人类也需要人与人彼此之间的亲近。我们不妨设想一下,在漫长的进化过程里肯定存在着无数的动物种群与人类种群,在进化的过程中,没有谁能够预知最终的结果,那么,一切都取决于什么呢?假设!于是,有的作出了"亲生命假设",有的作出了"不亲生命假设",如此等等,但是,最终是谁硕果仅存地存活了下来呢?我们今天已经看到了,就是作出了"亲生命假设"者。

在这里,我必须要介绍一点必要的背景知识。达尔文,你们一定都很熟悉。可是,你们是否知道,达尔文一生写过两本名著,一本是《物种起源》,里面的"进化论"是你们非常熟悉的,"弱肉强食""适者生存",这是我们每个人都会说的。可是,另外一本你们就不熟悉了,这就是《人类的由来》。这是达尔文自己最推崇的一本书,他写了一生,其中的核心观点是什么呢?"爱者优存。"人们发现,"适者生存"这个名词,在这本书只用过两次,而且,其中还有一次是在批评"适者生存"这个看法的,但是,有一个词他用了九十多次,这就是:爱。也就是说,在晚年,他发现,动物与人类的进化存在着一个共同之处。就是尽管存在着"适者生存"的情况,但是更存在着"爱者优存"的情况。这就是说,凡是那些假设彼此之间要互相友爱的动物与人类种群,才最终地优质地成功存活了下来。

毫无疑问,"亲生命假设"与"爱者优存"假设可以互相印证。

推而广之,其实,人类的一切理论都是假设。西方有一个科学哲学家叫波普尔,他有一个很重要的学说,就是发现一切理论都是假设。例如,爱因斯坦的相对论学说是怎么来的呢?是因为他学识渊博吗?可是他从小就学习不好呀,上小学的时候,老师布置一个家庭作业,回去以后每人做个板凳,可是他都做不好。事实上,他之所以做出了那么大的贡献,在一定程度上还恰恰是因为他学习不好呢,因为,结果他就没有被那些已经日益僵化了的物理学陈词滥调束缚住。而他的贡献就在于,改变了牛顿的根本假设。牛顿有一个假设,那就是当我指点世界的时候,世界就必须停下来让我指点。可是爱因斯坦突然领悟到,当我指点这个世界的时候,事实上我和世界都还在运动。结果,爱因斯坦就有了一个重新说明世界的可能。

波普尔把我在前面所说的"假设"叫作"猜想",其实,我们还可以换一个更为形象的词汇,就是:打赌。在这个世界上,没有什么是可以预知的,一切都有可能,我们所能够去做的,只有"赌"。科学的认识是"赌",盲目的迷信也是"赌",未卜先知从不存在。

更准确地说,波普尔"猜想"和我说的"假设",还可以叫作:"支援意识"。这是西方哲学家波兰尼的一个发现。他发现,一个科学家、作家的创新可以被分为两个层面,一个是可以言传的层面,他称之为"集中意识",还有一个不可言传只可意会的层面,他称之为"支援意识"。而一个科学家、作家的创新就肯定是这两个层面的融会贯通。举个通俗的例子,在科学家的研究工作里,他的研究能力就是"集中意识",而他的世界观则是"支援意识"。在作家的创作过程里,他的写作能力就是"集中意识",而他的美学眼光则是"支援意识"。还有,弗洛伊德说过,一个作家的意识就像一座冰山,其中有十分之三是在海面之上,是显意识的,但是还有十分之七却是在海面以下,是潜意识的。这里的前者其实也是指的"集中意识",后者其实指的则是"支援意识"。

显然,在这里"支援意识"是非常重要的。因为任何一个科学家、作家的创新其实都是非常主观的,而不是完全客观的。可是,即便是科学家、作家本人也未必就对其中的"主观"属性完全了解,因为在他非常"主观"地思考问题的时候,他的全部精力都是集中在"思考问题"上的,至于"如何"思考问题,这却可能是为他所忽略不计的。何况,不论他是忽视还是不忽视,这个"如何"都还是会自行发生着作用。例如,同样是面对火药,中国人想到的是可以用来驱神避邪,西方人想到的却是可以用来制作大炮;同样是面对指南针,中国人想到的是用来看风水,西方人想到的是可以用来做航海的罗盘,其中,就存在着"主观"的差别,也存在着"如何"的差别。

从波普尔"猜想"和我说的"假设"以及"支援意识"出发,不难发现,正如我多年来反复强调的,目前我们的美学亟待解决的,都并非"美学的问题",而是"美学问题"。这也就是说,要学习和研究美学,最为重要的,是把美学之为美学的"猜想""假设"以及"支援意识"搞清楚。因此,"美学问题"要远比"美学的问题"更为重要。

还是波普尔,他在《猜想与反驳》中就说:"真正的哲学问题总是植根于哲学之外的迫切问题,如果这些根基腐烂,它们也就消亡。"在这里,"真正的哲学问题"就是"哲学问题",而不是"哲学的问题",它"总是植根于哲学之外"。

"美学问题"的重要性当然也是这样。我们知道,屠格涅夫就看不惯托尔斯泰的宗教活动,总是劝他:"我的朋友,回到文学活动来"。屠格涅夫的"回到文学活动来"就是要回到"美学的问题",可是,他忽视了,真理、正义、苦难、拯救与爱,这一切一切的"美学问题"才是最为重要的,也才是万万不能忽视的。鲍姆嘉登与康德的区别也颇具说服力。鲍姆嘉登是所谓的"美学之父",他所面对的,也正是"美学的问题";康德却只是因为要回答哲学问题而不得不面对美学问题,因此,他所面对的,只是"美学问题",可是,现在美学界根本就不会有人否认,康德的美学贡献是鲍姆嘉登所根本无法望其项背的。康德完成的是一次美学的"哥白尼式的革命"。

现在,我又可以回过头来讨论美学的学以致智了。

不难想到,美学的学以致智的第二个层次,涉及的就是美学的"支援意识",美学的学以致智的第一个层次,涉及的则是"集中意识"。美学是一种生活方式,涉及的就是美学的根本假设。我在前面介绍过的那位写作《美学新解》的美学家布洛克说过:"困惑的结果总是产生于显而易见的开端(假设)。正因为这样,我们才应该特别小心对待这个'显而易见的开端',因为正是从这儿起,事情才走上了歧路。"①这也就是说,每个人在思考之前,其实都必须首先为自己假定一些根本假设,或者是必须先接受一些不必去加以讨论的根本假设。当然,这个根本假设不能告诉我们世界是什么样的,但是,它却能告诉我们应以什么样的眼光来看待世界。这个根本假设也不能规定我们想什么和做什么,但是,它却能规定我们去怎样想和不去怎样想、去怎样做和不去怎样做。它是我们思考的根据,也是我们思考的限度。

由此我们发现,美学研究的前提其实是出于一种人性的根本假设,而我们之所以要阅读美学著作,也无非是需要寻觅一种对于自己的人性的根本假设。我们生存于世,离不开这样一种根本假设。因为,它就是我们生存的全部理由。在这个意义上,不同的美学家提出的不同的美学,其实也就是他们所寻觅的不同的关于人性的假设。也因此,我们接受了一种美学,也就接受了一种生活方式,接受了一种对于生活的领悟,于是,我们的人生就开始"美学"起来了。所以,美学不仅仅是名字,而且还是动词,只有把美学理解为动词,才有可能真正理解美学。而我在后面会谈到:美是爱的人生。这样一个定义,也正是从美是一种生活方式这样一个特殊的角度着眼的。

当然,学习美学,只有学到这个程度,才能够算作"登堂入室",不过,限于篇幅,我这次却并没有去详细讨论这个方面的内容。如果有兴趣,可以自

---

① 布洛克:《美学新解》,辽宁人民出版社1987年版,第202页。

己去多多阅读。

我推荐的书,第一本就是《圣经》。中国人好像对西方的文化不太懂,一说到基督教,立刻就害怕起来。其实,西方文化的精华首先就蕴含在《圣经》里面。而且,西方的最根本的人性假设,例如亚当夏娃故事,也是在《圣经》里面的。要弄清楚西方美学精神,首先就要弄懂《圣经》。没有看过这本书,就不要妄谈西方文化,更不要妄谈西方美学。正是《圣经》,才使得西方人的生活方式"美学"起来。

第二本是中国的《庄子》。还用前面的话来说,中国文化的精华首先就蕴含在《庄子》里面。而且,中国的最根本的人性假设,也是在《庄子》里面的。要弄清楚中国美学精神,首先就要弄懂《庄子》。没有看过这本书,就不要妄谈中国文化,更不要妄谈中国美学。正是《庄子》,才使得中国人的生活方式"美学"起来。

还有几本书也值得一读:叔本华的《作为意志和表象的世界》、尼采的《悲剧的诞生》、弗洛伊德的《精神分析引论》、乌纳穆诺的《生命的悲剧意识》、舍斯托夫的《旷野呼告》,以及但丁的《神曲》、莎士比亚的《哈姆雷特》、歌德的《浮士德》。陀思妥耶夫斯基和卡夫卡的作品也值得一读。

在中国,曹雪芹的《红楼梦》是不能不读的。我以前在电视台做节目的时候曾经开玩笑地说过,不读《红楼梦》,就不是中国人,读不懂《红楼梦》,就不是一个合格的中国人。现在,我还是坚持这个说法。"开辟鸿蒙,谁为情种。"《红楼梦》因此而提出的"没有爱万万不能"的人性假设,在中国,应该是最为璀璨夺目的了。

顺便说一下,其实,在这方面,我还应该开出一大批的阅读书目,仅就作家而言,我认为起码就应该建议你们去阅读但丁、莎士比亚、歌德、雨果、托尔斯泰、陀思妥耶夫斯基、荷尔德林、里尔克、安徒生、卡夫卡、艾略特等人的代表作品。我认为,就学习美学而言,最好的办法其实就是学作品,也就是说,去阅读古今中外那些最伟大的作品,而最糟糕的办法则是学理论著作,因为古今中外能够把美学问题思考得非常清楚的理论大家实在是寥若晨星。可是,如果说到作家、艺术家,那却恰恰相反,在这方面思考得非常深刻、十分清楚的真是大有人在。你们可能听说过,德国20世纪最伟大的哲学家海德格尔在讲哲学课的时候竟然什么理论都不讲,而只是去讲荷尔德林、里尔克的诗歌。这真是明智之举！在这里,我也想提示一下,如果要想学到真正的美学,那么,不妨也去阅读但丁、莎士比亚、歌德、雨果、托尔斯泰、陀思妥耶夫斯基、荷尔德林、里尔克、安徒生、卡夫卡、艾略特等人的代表作品。我保证,是绝对不会空手而归的！

最后,还有一本,《我爱故我在——生命美学的视界》,潘知常著,江西人民出版社2008年出版。这是我最近十年的美学论文与演讲集,我认为,它是最能够代表我的最新美学思考的,有兴趣者也不妨一阅。

美学谱系

关于美学的阅读书目,我们还有必要再做讨论。

有很多人以为,"开卷有益",每天"头悬梁,锥刺股"地去阅读任何一本找到手的美学书籍,就最终可以登堂入室,其实,这实在大谬不然。

我在很多场合都强调过,美学书籍的阅读,存在着一个非常重要的美学谱系的问题。真正的美学研究,必须与美学的精神资源、经典文本密切相关,真正的美学问题,必然来自美学的精神资源、经典文本。

佛罗伦萨从1425年到1500年的75年间只有7万人居住,但是,却拥有达芬奇、拉斐尔、米开朗琪罗等一大批大师,美国每5年就有7万艺术学硕士毕业,可是,50年的时间里,却与大师无缘。内在的原因,就在于精神资源、经典文本的谱系的不同。真正的美学家,必然拥有丰富的精神资源、经典文本,真正的美学也必然通过与伟大的心灵交流以获得勇气与力量,否则,就会枯竭夭折,无缘也无从成其伟大。

美学谱系意味着思想的源头。只有这个思想的源头才能证明我们是什么,也只有这个思想的源头才能构成美学"贞下起元"的地平线。

在这方面,丹尼尔·贝尔所提示的"原始问题"给我们以深刻的启发:"在文化中却没有积累,有的倒是一种对原始问题的依赖,这些问题困扰着所有时代、所有地区和所有的人。提出这些问题的原因是人类处境的有限性以及人不断要达到彼岸的理想所产生的张力。"①美学谱系无疑就来源于这个原始问题。它深刻地揭示人类精神上的永恒的困境,显示出人类思想的根本的危机。即便身处 21 世纪,我们也可能会落后于时代,但是美学谱系却不会。不但不会,而且会给我们以永远的精神动力。王通在《文中子》中说:"天地生我而不能鞠我,父母鞠我而不能成我。成我者,夫子也。"套用王通的话,我们也可以说:成我者,美学谱系也。

更为重要的是,我们已经习惯了某种理性主义的思维模式,因此也就习惯于形形色色的美学原理、美学教材中传授的种种虚假的思想,但是却也因此而掩盖了真正的具体的思想源泉,更自欺欺人地遗忘了这一切不过是出于我们的虚构。实际上,在美学历史上,真正的美学问题始终是个人的。我们打开一本美学教材,它所宣称的,永远都是原理、概念,而我们真正遇到的却永远应该是一个"个人"。美学思想的创造永远是由伟大的个人来完成的。真正的美学思想也只属于那些创造性地理解世界、有人性的个人。因此,面对美学的思想无异某种绝对的精神遭遇,重要的不是走向西方或者中国,也不是一些抽象的原理概念,而是面对精神的事实本身,去与古今中外少数几个人的精神对话本身。

别尔嘉耶夫在《自我认知——哲学自传的体验》里谈到过自己的一大发现:"只有偶尔才出现向真正的自我的突进,例如,在奥古斯丁的《忏悔录》中,在帕斯卡尔、阿米艾尔、陀思妥耶夫斯基、克尔凯戈尔那里,才有主体——个体(针对压抑它的客体化)。只有忏悔录、日记、自传和回忆录的文学,才超越了这种客体化,向存在论的主体性突进。"林语堂的发现更为绝对:只有四到五个具有独创性的心灵,其中有佛、康德、弗洛伊德、叔本华、斯宾诺莎、耶稣,才值得我们去与之对话。或许,这就是所谓"千古圣人血脉"?

现在的问题是,美学谱系问题已经犹如"于今绝也"的《广陵散》,被我们遗忘得无影无踪。别尔嘉耶夫说:"现代哲学的疾病就是营养疾病,营养源

---

① 丹尼尔·贝尔:《资本主义文化矛盾》,三联书店 1989 年版,第 218 页。

已丧失,所以哲学思想陷于营养不良,因而无力同存在奥秘、同自己力求达到的永恒目的联合起来。……摆脱哲学危机的出路,就在于寻找营养,与源头和根源重新结合。"①非常遗憾的是,我们往往将所有的美学思想都作为"知识资源"去加以批判继承,而从未想到其中还存在着某种作为美学的生命的精神资源。至于我们所信奉的中国的"言志""载道"的传统,西方的知识论美学传统,苏联的革命美学传统……实践也已经一再证明:都完全是一些营养不良的东西。鲁迅说:"用秕谷来养青年,是决不会壮大的,将来的成就,且要更渺小……"②试想,倘若我们已经成为美学的弃子和灵魂的流浪者,那么,我们的美学失败岂不是指日可待?

而这就意味着,美学的精神资源与经典文本必须重新选择、重新解读。

于是,在中国,《山海经》《庄子》《古诗十九首》、魏晋玄学、《世说新语》、陶渊明、李煜、禅宗典籍、苏轼、李清照、李贽、公安三袁、曹雪芹、王国维、鲁迅……等等美学的精神资源与经典文本就终于浮出水面。与传统的中国美学的精神资源与经典文本相比,我所选择的这些美学文本或者是思想,或者是人物,或者是作品,似乎很不纯粹,但是他(它)们却又都有其一致之处,这就是都堪称是以"无量悲哀"折磨着自己的文化灵魂,都堪称是毕生厮守着苦难的美学脊梁。而且,他(它)们的生命状态都是相通的,因此不论是谁"拈花",来自所有对方的反应必然都是"微笑"。我必须要说,美学之为美学,只有面对这些对象才"眼界始大,感慨遂深";旷古美魂,也只有在面对这些对象时才能够从历史的地平线上冉冉升起。由此甚至不难联想,根本就不要去面对什么理论体系之类的著作,而只要去与中国历史上的这些最优秀的文化灵魂对话,只要去深入阐发这些中国历史上的最优秀的文化灵魂,就已经是最为出色的生命美学的研究了。

例如,从曹雪芹的写女儿国到王国维的写《红楼梦评论》,再到陈寅恪的为柳如是立传,"著书唯剩颂红妆","我今负得盲翁鼓,说尽人间未了情",其

---

① 别尔嘉耶夫:《自由的哲学》,广西师范大学出版社2001年版,第7页。
② 鲁迅:《准风月谈·由聋而哑》,人民文学出版社1980年版。

间的文化命脉的流动就何其动人心魄！帝王将相,乱世英雄,河汾之志,经世之学,文死谏,武死战,以及《资治通鉴》《三国演义》《水浒》中所描述的生命历程,与《红楼梦》中女儿们的珠泪涟涟相比又岂可同日而语？前者铁马金戈,应有尽有,但是偏偏灵性全无,没有灵魂、尊严、高尚、人性、美丽,到处是生命的飘零、心灵的蒙尘、灵魂的阙如。后者却把一切都通通完全颠覆了：传统的一切被视若粪土,而灵魂、尊严、高尚、人性、美丽却被奉若神明。由此重理文化脉络,纵观中国美学的真正的大势走向,就不难从中国美学的一蹶不振中重新寻找到全新的精神资源。显然,这实在是一项非常值得毕生为之努力的工作。遗憾的是,打通其中的一线血脉,不但需要渊博的知识,而且需要生命状态的息息相通。薛蟠们又如何读得懂林黛玉？

在西方,美学谱系关注的,则是《圣经》、奥古斯丁、雨果、荷尔德林、陀思妥耶夫斯基、托尔斯泰、卡夫卡、艾略特、克尔凯戈尔、帕斯卡尔、索洛维约夫、舍斯托夫、别尔嘉耶夫、弗洛伊德、胡塞尔、海德格尔、舍勒、马丁·布伯、乌纳穆诺、蒂利希,等等。他们大多都不是"教授",而是"美学家",也大多都不是"学者",而是独一无二的"个人"。在他们看来,那些"教授""学者"实在是苍白得可以,当他们矫揉造作地大呼"惊奇"时,也根本就没有触及存在的秘密,更没有任何灵魂的悸动。"必然"这个墨杜萨已经把他们都通通化为了思想的石头。而真正的美学家却必然是一些为思想而痛、为思想而病、为思想而死亡者(王国维曾强调：自己是为哲学而生,而不是以哲学为生。其实,所有的思想家都如此)。对于他们来说,人的生存问题始终是一个根源性的问题,自由的超越性则是他们所关注的唯一焦点。他们立足于"无何有之乡",承担自己的被抛与无庇护状态,承担人的生存不接受任何先验价值的真实这一痛苦,承担生命之绽开只能以个体的形式实现这一悲剧,承担对于生命真实的领悟必须基于生命个体的亲身体验和印证这一界限,敬畏生命,纵身深渊,立足边缘,直面存在,洞穿虚假,承受虚无,领悟绝望,悲天悯人,从而,以审美之路作为超越之路,以审美活动作为自我拯救的方式,通过审美活动去创造生活的意义,以抵御物质世界对人的侵犯,以人的感性、生命、个体、生存重构审美活动,同样也成为他们的必然选择。

在这里,陀思妥耶夫斯基尤为值得注意。我们注意到,20世纪真正伟大的思想家都与陀思妥耶夫斯基有直接的渊源关系。托尔斯泰秘密出走的时候,随身带的两本书之一,就是陀思妥耶夫斯基的《卡拉马佐夫兄弟》。他认为,人们可以在陀思妥耶夫斯基的人物身上"认出自己的心灵"。尼采在晚年才发现陀思妥耶夫斯基,并一再表示21岁发现叔本华,35岁发现司汤达,与陀思妥耶夫斯基真是相识恨晚;陀思妥耶夫斯基是唯一能够使他学到东西的人,与他的结识是自己一生中最好的成就。卡夫卡说:现在我从陀思妥耶夫斯基的作品里读到了那处与我的不幸存在如此相像的地方。索洛维约夫、舍斯托夫、别尔嘉耶夫,按照美国学者白瑞德的说法,也都是陀思妥耶夫斯基的弟子。对于生命存在的困惑则是维系着他们共同的东西。别尔嘉耶夫自己也评价说,没有一个人在基督教的写作上比陀思妥耶夫斯基更为深刻。

之所以如此,就是因为陀思妥耶夫斯基与"原始问题"最近,而且思考得也最为深入。他说:"上帝的问题折磨了我整整一生。"而且,他甚至表示:如果基督与真理不在一起,那么我宁肯与基督而不是真理在一起。而在少年时给哥哥的信中他也说:不知道自己"忧伤的思想何时才能平息"。在《罪与罚》的草稿中,他干脆袒露心迹说:"在这部小说中,要重新挖掘所有的思想。"当然,陀思妥耶夫斯基的小说不是美学著作,但是,它实在比许多的美学著作都要精彩。陀思妥耶夫斯基的小说不是哲学著作,但是这并没有影响他的思考成为哲学。白瑞德评价云:"俄国作家最了不起的,是他们直接把握了生命。""俄国小说在骨子里完全是形而上的,是哲学的。"[①]这,当然首先就是指的陀思妥耶夫斯基。事实上,他的小说中充满了刚刚诞生的思想、未完成的思想、充满潜力的思想、赤身裸体的思想。因此,要进入美学谱系,把握美学的精神资源、经典文本,从陀思妥耶夫斯基开始,是一个最好的选择。

与里尔克同时的旷世奇才卡夫卡说过:你在有生之年便已经死了,但倘

[①] 白瑞德:《非理性的人》,黑龙江教育出版社1988年版,第133页。

若你有幸饮了里尔克这脉清泉,便能够死而复生。这,也是我们对于美学谱系为我们提供的充盈着无限思想活力的评价。"这脉清泉"倾尽生命孕育的是一个伟大的思想,我们应该成为这一伟大的思想的心灵之子、精神后裔。这是我们的唯一选择,也是我们的美学契机。

我在国内一些大学或"城市大讲堂"做讲座的时候,曾经为热心的听众开列过一个"最低中国文学经典书目"和"最低西方文学经典书目"。其实,这也是一个"最低中国美学经典书目"和"最低西方美学经典书目",因此,我也不揣谫陋,把它们开列在这里:

最低中国文学经典书目:

1.《庄子》

2.《古诗十九首》

3. 陶渊明的诗文

4.《世说新语》

5. 杜甫的诗歌

6. 李煜的词

7. 苏轼的诗文

8.《金瓶梅》

9.《红楼梦》

10. 鲁迅的作品

11. 张爱玲的小说

12. 沈从文的作品

最低西方文学经典书目:

1.《圣经》(《传道书》《约伯记》《雅歌》《路加福音》)

2.《荷马史诗》

3. 但丁的《神曲》

4. 莎士比亚的四大悲剧

5. 歌德的《浮士德》

6. 陀思妥耶夫斯基的小说

7. 托尔斯泰的小说

8. 卡夫卡的小说

9. 荷尔德林的诗歌

10. 里尔克的诗歌

11. 艾略特的诗歌

12. 安徒生的童话

学习美学,通过文学的方式,其实真的是一大捷径。何况,古今中外的大文学家也实在比古今中外的大美学家要更为"美学",也距离美学殿堂更近。因此,真正想学习美学的人,不妨就从这个最低的书目开始。

当然,如果要深入地了解美学,这个书目是远远不够的。好在,我还为我的博士与硕士研究生开列过一个详尽的美学阅读书目,这个美学阅读书目也基本上把我心目中的美学谱系中所涵盖的美学资源、经典文本都囊括无余了。不过,限于篇幅,我就不在这里开列了。我把这个美学阅读书目作为本书的附录,放在了书后,有兴趣者可以参看。

美学就是生命美学,生命美学也就是美学

还回到我一开始就提到的"人人不以美学为荣"与"爱美学之心,人皆无之",试想,如果我们从前面的两个层次、四个方面去研究美学、学习美学,那么,还会"人人不以美学为荣"与"爱美学之心,人皆无之"吗?我认为,是不会了。

而我的美学讨论,就正是这样的一个快乐的开始。

在这次的讨论中,我准备讲四讲,其中第一和第二讲主要讨论的是"人为什么需要审美活动",第三、第四讲主要讨论的是"审美活动为什么能够满足人"。熟悉我的人应该知道,这是我一贯的思路。从1991年出版《生命美学》、1997年出版《诗与思的对话》,再到2001年出版《生命美学论稿》,最后到2009年《我爱故我在——生命美学的视界》与读者见面,我始终是这样地提出问题和讨论问题的。因为,在我看来,其实,全部的美学,从根本上说,

也无非就是对于这两个问题的回答。

同时,在这次的四讲里,我依次推出了四个概念:"未特定性"—"无限性"—"超越性"—"境界性"。这也是从 1991 年出版《生命美学》、1997 年出版《诗与思的对话》、2009 年出版《我爱故我在——生命美学的视界》以来,就一直在讨论的概念。在我看来,审美活动就是以"超越性"和"境界性"来满足人类的"未特定性"和"无限性"的特定需要的一种生命活动。因此,搞清楚了这四个概念,其实也就从根本上搞清楚了审美活动。

当然,还有一个问题,很多人都已经知道,我主张的美学是生命美学,也已经知道,从上个世纪 90 年代开始,美学界就存在着实践美学与生命美学的激烈争论。

那么,如何区别实践美学与生命美学呢?

以下,是我给出的最为简单的答案:

实践美学——就是从人类实践活动的角度去研究美学,它从"人如何产生"(实践活动如何产生)看"审美如何产生",研究的是审美活动的"起源"(知识),是对于审美活动如何产生(人为什么能审美)、"美如何产生"(客体为什么会成为美的)、"美感如何产生"(主体为什么会有美感)以及"实践活动与审美活动的同一性"(人类的有限性、现实性)的研究。

生命美学——就是从人类生命活动的角度去研究美学,它从"人之为人"看"人为什么需要审美活动"和"审美活动为什么能满足人",研究的是审美活动的"根源"(意义),是对于"审美活动如何可能"(审美活动为什么为人类所必需)、"美如何可能"(美如何为人类所必需)、美感如何可能(美感如何为人类所必需)以及"实践活动与审美活动的差异性"(人类的无限性、超越性)的研究。

而且,如果还需要多说一句的话,那么我要说,美学就是生命美学,生命美学也就是美学。因为,美学之为美学,研究的无非就是生命超越的问题。具体来说,美学研究的是进入审美关系的人类生命活动的意义与价值,而进入审美关系的人类生命活动的意义与价值在人类生命活动中的意义与价值意义无疑最为普遍,也最为根本。因此,进入审美关系的人类生命活动的意义与价值,应该是美学研究中的一条闪闪发光的不朽命脉。也因此,美学被称为生命美学与生命美学被称为美学,完全是一而二和二而一的事情。

庐山烟雨浙江潮

到这里,应该已经不难意识到,我的导论已经接近尾声了。

那么,我最后要说的是什么呢?

我想说——

学习美学,最为重要的不是去学习什么理论,而是去学习一种生活方式。"知行合一",是我所提倡的生命美学的一大特色。各位检测自己最后是否学到了东西的方法很简单,你过去看待世界的眼光是黑白两色的,而学习美学之后你看待世界的眼光如果开始变成了彩色的,那,就是你学有所成的标志。

同样,如果学习了美学之后你看待世界的眼光更聪明,也更明白,那更是你学有所成的标志。

人生活在世界里,也生活在美学里。你生活在世界里,你的父母、你的老师都在教你怎么去认识这个世界,但是你往往会忽视的是,你还生活在美学里。什么叫生活在美学里呢?那就因为你还生活在一种关于人生的假设里,你还生活在一种关于人生的赌博里和猜想里。而且,你哪怕不猜想,你不赌博,你不假设,那你也是要被动地猜想、赌博、假设。根本不猜想、不赌博、不假设?除非你根本就不是人。既然如此,那么我们为什么不去寻觅一种最美好的、最美丽的、最快乐的,同时也最聪明的、最智慧的赌博、猜想和假设呢?

这就是我们必须生活在美学里的全部道理。

我们别无选择。

当然,美学也没有为你的人生增加什么。金银财宝、美女香车,美学都无法给你。苏东坡是真正懂得美学的人,他有一首诗歌说道:

庐山烟雨浙江潮，

未到千般恨不消。

到得还来别无事，

庐山烟雨浙江潮。

请注意，这里的"庐山烟雨浙江潮"固然没有变化，可是，看待"庐山烟雨浙江潮"的眼光却已经全然不同了。

禅宗有两句话也说得非常精彩，一句是说，领悟了人生的真谛以后的感觉是什么呢？"如人骑牛至家"，很平常吧？但是很不平常啊。你平时也骑着牛回家，今天跟我学了美学之后还是骑着牛回家。两者真的完全相同吗？还有一句是说，"后山几片好田地，几度卖来还自买"。后山那片良田本来就是你的，结果你却不知道它的宝贵价值，你把它卖了，后来，在学习了美学之后，你才幡然醒悟，于是，你又把它买回来了。当然，买回来了也就是买回来了，如此而已，但是，一切都没有根本的不同吗？如果没有不同，那你过去为什么要"卖"，而现在为什么却要"买"呢？

看来，一切都已经完全不同。①

---

① 远在一百多年前，生命美学的领唱者叔本华、尼采就曾不约而同地追问：日常生活为何失去了艺术性？我们的生活在何种程度上远离了艺术？卢梭在《爱弥儿》中强调："呼吸不等于生活。"确实，活着并不等于生活，我们亟待把"呼吸"变成"生活"、把"活着"变成"生活"。齐美尔也提示："生命比生命更多""生命超越生命"。因此苏格拉底才会说："不是生命，而是好的生命，才有价值。""追求好的生活远过于生活。"尼采才会说：审美的人有"比人更重的重量"。老子也才会说："死而不亡者寿。"这无疑都是美学所要面对的问题。

第一讲

"爱美之心,人才有之"

直立的神奇与奇迹

在"开篇"里我已经讲过,美学,首先是为人类的。"没有美万万不能"和"爱美之心",对于人类而言,是非常重要的。但是,也正是因为重要,所以,美学也就必须去回答:为什么它竟然如此重要?"人类为什么非审美不可?"这个问题犹如古希腊出现的那个斯芬克斯之谜,倘若人类不允许自己浑浑噩噩地存在于世,那就必须予以回答。

确实,爱美之心的诞生,是人类生命发展史中的一个神奇,或者说,是人类生命发展史中的一个奇迹。

换言之,准确地说,爱美之心的诞生,应该是人类生命发展史中的神奇之神奇、奇迹之奇迹。

我这样说,是因为,不要说爱美之心的诞生了,仅仅人自身的诞生,就已经是一个神奇、一个奇迹了。科学家告诉我们,人类的诞生在宇宙世界里完全就是不可思议的一件事情,因为它不可思议到如果再重复一次都完全不可能,倘若早一分钟或者晚一分钟,就都结果全然不同。你们看,这是不是一个神奇、一个奇迹?而且,再从人类自身来看,人类的诞生也完全不可思议。例如,人的直立。在中西方的学者里,我们都可以看到对于人的"二足而无毛"的特征的概括,确实,直立,是人之为人的一个根本特征,但是,它也是一个神奇、一个奇迹。

为什么这样说呢?因为这完全就是一件不可思议的事情。哲学老师可能说过,是劳动创造了人,也可能说过,人类的手最重要,其实,对于人的诞生来说,劳动并不是最最重要的东西,因为在人类学会了劳动之前,他就已经是人了,原因就在于,他的直立。直立,已经使人成为人。而且,从美学的角度,一定要记住,脚,也远比手要重要,它是人身上的第一个人性的器官,也是第一个审美的器官。没有站立的脚,也就没有人,更没有后面我就要讨论的审美。

不过,直立又是一件直到今天在我们看来还几乎绝无可能的事情。要知道,暂且不说在一个爬行的世界里,站立起来是一件多么奇怪的事情,例如,站立起来以后,在很多年代里人一定是像小孩一样走不好路,摇摇晃晃的,慢慢腾腾的,那岂不是给许多天敌的偷袭提供了最好的机会吗?人怎么会如此之傻、如此之蠢?再说了,直立并不像我们现在想象的那么简单。有学者做过一个实验,他把动物绑在门板上,然后把这个门板上竖起来,竖到一个小时两个小时以后,动物的血液就供应不上来了,这就是说,动物的心脏就像一个水泵一样,但是它经常是把血往左右打的,一旦改为把血液往上下打,它就不行了。人最初也是爬行动物,可是,他为什么一定要站立起来?何况,一定要知道,人本来大概都是能够活200岁的,可是,这一站,就把寿命站掉了一大半。试想一下,是不是非常不值得?那么,人类为什么还非站不可?

我有时候在上课的时候跟学生会开玩笑说,现在的人每天都拼命地吃喝玩乐,然后再拼命地锻炼身体,太麻烦了,我有个简单的建议,就是爬行。你只要坚持每天都爬行,你的身体一定就会越来越健康,而且会长寿。这样说有没有根据呢?当然是有的。因为人的很多疾病都跟直立有关。人站起来以后,比如说高血压,比如说心脏病,比如说头疼头晕,就都出来了。你们谁还听说过哪个动物头疼、头晕的呢?可是,人就不行,人就经常头疼头晕。比如学生下午来上课的时候无精打采,我要是批评他们,他们就会不服气,说这不怪我啊潘老师,我头晕!确实,他们这样一说,我也就拿他们没有什么办法了。为什么呢?因为他们是人,他们有权利头晕。腰疼也是一样,我们没有听说动物的腰会疼。因为动物的腰不重要,所以也可以说它根本就没有腰,但是人就不同了,站起来以后,腰就成为一个极为重要的中轴,所以人的腰会腰肌劳损,会疼。还有一个,就是女性生孩子时候的疼痛,这也是唯有人类如此,雌性动物在生产的时候并不疼痛,只有人,在生孩子的时候特别疼痛,为什么呢?因为人站立起来以后,腰的位置改变了,直接的结果,就是造成了在生育的时候的巨大困难。

可是,直立的神奇与奇迹也恰恰就在这里。一方面是绝无可能,一方面却是非站不可,这一切究竟是如何发生的呢?按照现在一般的说法,人是从猴子进化来的,但是,人是从猴子进化而来的说法也解释不了直立现象,因为现在动物园的猴子也还是不会直立。当然,这也难不倒我们的哲学老师,他们会曲为解释说,这是因为当时的猴子把地上的果实吃完了,于是它不得不站立起来摘树上的果实,站着站着,它就不再趴下了。这种说法猛一听有点道理,可是仔细一想,实在很不严谨。动物园里的黑熊,每天都站起来作揖,哄着游客给它丢食物,可是,到现在我们也没有看到其中的哪一只黑熊最后就干脆站立起来。因为它是否直立,真正的决定因素是它的身体条件,而不是它的兴趣。猴子也是一样,站立起来去摘取树上的果实的情况是肯定存在的,可是,那无非就是几秒钟的事情吧,可是在一天的 24 小时里呢?它的常态动作一定还是趴下。何况,就是从更好地休息的角度,它一定会采取的姿势,也一定是趴下。

还有一种说法,是从地球的洪水泛滥来寻找直立的原因。有学者说,地球存在一个洪水时代,其结果,就是猴子也被冲到了水里,为了在水里生活,猴子不得不天天站着。多年以后,等到洪水消退,猴子爬上岸以后,就变成直立的动物了。显然,这种说法仍旧是很不严谨。试想,其中的两个漏洞该如何去解释?一个是,江河湖泊都并非游泳池,不可能都是 50 公分高,都适合猴子站立,那,如果再浅一点呢?猴子自然是还是会趴下。如果再深一点,例如深到十几米、几十米,那就还是要趴着。我们能够这样设想吗?猴子们就千百年来围绕着 50 公分高的岸边站成一条线?这不是笑话吗?还有一个漏洞,就是掉到水里的并不止是猴子,而是所有的动物。那,老虎、狮子、大象等等,它们后来上岸以后为什么就没有直立呢?

看来我们不能不承认,人的诞生确实是一种神奇、一种奇迹。不过,还有一种现象的繁盛,却更为神奇,更是奇迹,这就是爱美之心的诞生。

为什么灵魂要寻求美

如果说人的诞生几乎是不可想象的,那么,爱美之心的诞生就更是不可想象的了。现在,所有的学者都承认,爱美之心是与人类的诞生同步的。

西方学者艾伦·温诺就发现:"尽管艺术活动对于人类生存没有明显的价值,所有已知的人类社会却一直从事于某种形式的艺术活动。"①

玛克斯·德索也发现:"审美需要强烈得几乎遍布一切人类活动。我们不仅力争在可能范围内得到审美愉快的最大强度,而且还将审美考虑愈加广泛地运用到实际事务的处理中去。"②

马斯洛则说得更加明确:"审美需要的冲动在每种文化、每个时代里都会出现,这种现象甚至可以追溯到原始的穴居人时代。"③

我在前面讲了,人能够站立起来本来就已经是一种神奇与奇迹了,可是却又"站"出了爱美之心。这是不是神奇之神奇、奇迹之奇迹?要知道,还是那个西方学者艾伦·温诺,就曾经有过这样的莫名的困惑:"艺术活动并不只是有闲阶级的奢侈品,而是人类活动内容中非常重要的组成部分。事实上,即使在一个人必须把他的大部分精力用于不折不扣的生存斗争的情形下,也不曾放弃过艺术创作活动。""艺术行为提出了许多令人迷惑的问题。比如,为什么有那么强大的动力促使人去从事一项无助于物质生存的活动?"④确实,又不能吃,又不能穿,更不能拿去赚钱。但是,为什么人类非爱美不可呢?

爱默生说:"为什么灵魂要寻求美,这是不可问也不可答的。"可是,我们却欲罢不能,我们也必须去问也必须去回答。

我们知道,在进化过程中,大自然对于所有的动物的要求都是非常苛刻

---

① 艾伦·温诺:《创造的世界》,河南人民出版社1988年版,第1、2页。
② 玛克斯·德索:《美学与艺术理论》,中国社会科学出版社1987年版,第53页。
③ 杜夫海纳:《美学与哲学》,中国社会科学出版社1985年版,第2页。
④ 艾伦·温诺:《创造的世界》,河南人民出版社1988年版,第12页。

的,苛刻到什么地步呢？精确到了小数点后面的很多很多位。任何一种动物,在进化的过程中,都不可能存在奢侈的环节、多余的环节。一旦存在,那最终的结果一定就可以想象,就是被淘汰。因为在那种严酷的生存环境里,你多一个环节,你就多一分生存的艰难,多一分生命的负担,那么最终的结果就一定是你被淘汰。另外一方面,如果你少一个环节呢？哪怕是就少小数点后面多少位后的一点点,那最终你也会被淘汰。因为你还是会输给其他的竞争者。例如,科学家就发现:蜜蜂窝所使用的材料是最经济的,它的底部是三个棱形,而且,每个棱形的内角与近代数学家精确计算出的数据——钝角109°28′、锐角70°32′都完全相同,一分不差。我们可以设想,一定也有多了一分的或者少了一分的蜜蜂窝,但是,制造这些蜜蜂窝的蜂群一定已经逐渐被大自然淘汰掉了。

人也是一样,例如皮肤的白色或者黑色,其实这完全就决定于大自然的选择,阳光辐射如果强的话,人体内的维生素 D 的合成就减少,黑色素则增多,其结果,就是我们所看到的黑皮肤,反之,黑色素就减少,这就是我们所看到的白皮肤。头发也是一样,白种人的头发都是亚麻色的,看上去还有点透明,这是因为只有亚麻色才容易吸收阳光的热量,在寒冷的环境,这是必须的,犹如浅白的皮肤也具有保温作用,而黑人的头发是黑色的,而且还是卷曲的,这也是出于隔离阳光所带来的热量的必须。还有身高,有一门科学叫生态学,这门科学里有一个贝格曼规律,说的是在冷的气候地区,恒温动物的身体就会比较大型化;而在温和的气候条件下,恒温动物的身体就会比较小型化。显然,这与能量代谢的热力学有关,身体的大型化,往往散热就比较慢,当然就有助于保持身体的恒温。由此我们看到,北方的大个子和南方的小个子,其实也是大自然的选择的结果。

鼻子也是这样,观察一下会发现,不同地区的人的鼻子也是不同的,例如欧洲人的鼻子、亚洲人的鼻子、非洲人的鼻子。这是因为,每个成年人的鼻子每天都要把 14 立方米的空气送到肺里,而且,这些空气都还必须符合特殊的要求,温度、湿度要正好,可是,我们知道,不同的环境的气温是不同的,因此,温度和湿度的差异也相当大,那么,怎么办呢？那就只有依靠鼻子自身的调节来解决了。例如,欧洲人的鼻子就比较长,因为他们那里的气温比较冷,鼻子长一点,就可以为空气加温。非洲人鼻子比较短,而且是横着的,这又是为什么呢?当然是因为他身体里的热气要一下就呼出来,而外面的空气也要一下就进去,如果再加温,那不就成火炉了吗?

何况,人类的进化还是靠"轻装上阵"的。

从历史的角度看,人之为人,并非自然史的简单延伸,而是一次巨大的变异。我们知道,就动物而言,它的所谓"它养"的生存方式,本身就是对于植物的"自养"的生存方式的一种否定。正如科学家所发现的:"事实上,植物是唯一的一种'生产性'的生命物质。它们借助于光从简单的矿物里制造出所有的它们的物质。一切其他的生命形式都是'破坏性'的。它们需要植物所形成的能量丰富的物质,用来生产它们自己的结构。动物和人是最厉害的'罪犯'。"①不难看出,动物"它养"的生存方式的奥秘在于:轻而易举地获得了植物的劳动成果,为自己向更高水平进化节约了时间。其中的道理正如阿西摩夫所发现的:"随着生物体结构越来越复杂,似乎就越来越依靠从饮食中供应有机物,作为构筑其活组织所必需的有机'基砖',理由就是因为它们已经失去了原始有机体所具有的某些酶。绿色植物拥有一整套的酶,可以从无机物中制造出全部必需的氨基酸、蛋白质、脂肪和糖类。……人类则缺乏一系列酶,不能制造许多种氨基酸、维生素及其他种种必需物,而必须从食物中摄取现成的。这看起来是一种退化,生长要依赖于环境,机体便处在一种不利的地位。其实并非如此,如果环境能够提供这些'基砖',为什么还要带着用来制造这些'基砖'的复杂的酶机器?通过省免这种机器,细胞就能把它的能量和空间用于更精细、更特殊的效用。"②在我看来,这正是人类之所以进化成功的关键所在。假如说动物是无意识地利用了这一点,人类则是有意识地利用了这一点。在进化的道路上,人类是最为"精明"的,轻装上阵,就是他的致胜之道。

---

① 韦斯科夫:《人类认识的自然界》,科学出版社1975年版,第159页。
② 阿西摩夫:《人体和思维》,科学出版社1978年版,第1—2页。

可是,既然如此,那么,有一个问题就无法回避了,这就是:爱美之心的诞生。

置身于如此严酷的世界,人类偏偏为自己进化出了爱美之心,难道不是自寻烦恼吗?难道不是一种生命的奢侈吗?至于说爱美之心是形象的思维或者审美的认识,那也绝无可能。作为一个高度精密的有机结构,人类生命活动竟然会进化出与认识活动彼此重叠的功能?这本身就是不可思议的事情。毫无疑问,任何奢侈的可能都是绝对不会存在的。唯一存在的只有一种可能,就是生命过程中的必需,不,完全应该说,是必需的必需。换句话说,美不是万能的,但是,没有美却是万万不能的。也就是因为"万万不能",所以,人类在进化过程中才不惜千辛万苦地一定要把爱美之心进化出来。

人类为什么非审美不可

而我们的美学研究,无非也就是对于这个问题的回答。

具体来说,对于"没有美万万不能"和"爱美之心"的考察,可以分为两个问题,一个是:"人类为什么非审美不可?"第二个是:"人类为什么非有审美活动不可?"第一个问题涉及的是人类的特定需要:"人类为什么需要审美?"第二个问题涉及的是对于人类的特定需要的特定满足:"审美为什么能够满足人类?"

在我的这次讨论里,准备分为四讲,第一、二讲回答第一个问题涉及的关键词是两个:"未特定性"与"无限性";第三、四讲回答第二个问题,涉及的关键词也是两个:"超越性"与"境界性"。

而在第一讲和第二讲里,我准备要讨论的是第一个问题:"人类为什么非审美不可?"也就是人类的特定需要:"人类为什么需要审美?"具体分为两个方面,第一个方面是从"人类为什么非审美不可"和"人类为什么需要审美"的历史根源的角度加以讨论,涉及的主要问题是"未特定性";第二个方面是从"人类为什么非审美不可"和"人类为什么需要审美"的逻辑根源的角度加以讨论,涉及的主要问题是"无限性"。

在这里,有必要把"根源"这两个字解释一下。可能有认真者已经注意到了,前面的历史根源、逻辑根源,都与"根源"有关。一般的美学讨论,往往会讲到审美活动的起源,但是很少会讲到审美活动的根源。起源,是指的审美活动何时发生。根源,则是指的审美活动为什么发生。有的教授在书中甚至连审美活动在哪年哪月几点几分诞生的都可以告诉你。可是,从时间看,人类有文字描述的历史只有区区几千年,只是人类世界存在时间的万分之四;从空间看,人类有文字描述的历史仅仅只是个别地区,更全面的材料我们并不掌握,因此,非要去谈审美活动的起源,我们就必然要陷入以偏概全的困境。而审美活动的根源问题就不同了。它问的是:人类为什么非审美不可?其实,在美学讨论中,我们只要回答这个问题就可以了。如果我讲完以后你们都知道了人类为什么非审美不可,那你也就及格了。

因此,我在这里讨论的是审美活动为什么发生的问题,而不是审美活动何时发生的问题。审美活动何时发生,就叫作"起源";审美活动为什么发生,就叫作"根源"。

我们首先来看审美活动的历史根源。

从历史根源的角度,需要回答的问题叫作:爱美之心,人才有之。也就是说,爱美之心只有人才有,而动物是没有的。那我们就来研究一下,为什么爱美之心只有人才有之,为什么人一定要为自己进化出这样一个特定的需要来,这样,我们就从人和动物区别性角度,把人为什么非审美不可讲清楚了,把人类为什么需要审美讲清楚了。这是第一个角度,是从人的发展的纵向的角度来看,讲的是"人才有之"。而从逻辑根源的角度,需要回答的问题叫作:爱美之心,人皆有之。也就是说,爱美之心,必然人皆有之,只要是人就一定都有之。那我们就来研究一下,为什么爱美之心人皆有之,为什么人都有这样一个特定的需要,这样,我们就从人和人的共同性的角度,把人为什么非审美不可讲清楚了,把人类为什么需要审美讲清楚了。这是第二个角度,是从人的发展的横向的角度来看,讲的是"人皆有之"。

我认为,只要把这两个角度都讲清楚了,那么,我这次所要讨论的第一个问题"人类为什么非审美不可""人类为什么需要审美",也就可以讲清楚了。

审美活动与模仿、表现、游戏

下面,我们就首先从"人类为什么非审美不可"和"人类为什么需要审美"的历史根源的角度来讨论。

当然,由于审美活动的重要性与人类的诞生同在,这已经是一个确定无疑的事实了,很多很多的学者都已经用大量的材料证明过了,因此,我们也就没有必要再从"是什么"甚至"是不是"的角度来讨论了,对于我们来说,重要的只是"为什么",也就是"人类为什么非审美不可"和"人类为什么需要审美"。

而要对"为什么"加以说明,我们就一定要明确,"爱美之心"的产生一定是与人类在进化过程的迫切需要有关,而且,一定是性命攸关。

可惜,并不是很多美学家都意识到了这一点,或者说,很多美学家都没有意识到这一点。他们往往是从模仿、表现、游戏等角度入手,去加以说明。然而,却也始终未能服人。

就以模仿为例,审美活动就是模仿的愉悦?当然也不无道理。因为审美活动也确实存在再现生活的一面,可是,审美活动也还有并不再现生活的一面,像音乐,《十面埋伏》再现了楚汉相争的历史?那《二泉映月》再现了什么呢?睿智的美学家如亚里士多德发现了其中的缺陷,他补充说:审美活动确实是模仿,不过,它模仿的不是现实而是理念、理想。后来的车尔尼雪夫斯基干脆说:美是生活,美是"应当如此的"生活。可是,理念、理想以及"应当如此的"生活还是现实吗?显然已经不是。因此,审美活动不是模仿。

还有美学家说,审美活动就是表现的愉悦,这也同样具有一定的道理。可是,痛哭和欢笑也是表现,可是它们为什么却不是审美活动?看来,仅仅只是表现还是不够的,还要表现得好,表现得有意义。遗憾的是,这里的"好"与"意义",却已经远远超出了表现的内涵。因此,审美活动不是表现。

美学家还说,审美活动就是游戏的愉悦。确实,无功利而愉快,在这个方面审美活动与游戏真的非常一致。可是,游戏就是为玩而玩,而且,玩过就算,审美活动也是这样吗？当然不是。因此,审美活动也不是游戏。

何况,模仿、表现、游戏似乎还都不是审美活动的最为根本的源头,例如,我们还可以问：人之为人,为什么要模仿,为什么要表现,为什么要游戏？可见,在模仿、表现、游戏的背后还有着亟待首先去加以追问的问题。这就是：人之为人,为什么要去进行审美活动？模仿、表现、游戏追问的是审美活动出现于什么,可是,我们首先需要追问的却是审美活动为什么会出现。"人类为什么非审美不可""人类为什么需要审美",在我看来,无疑这才是迫在眉睫的第一追问,也才是至关重要的原因的原因。

从动物的快感的诞生得到重要的启迪

可是,人之为人,为什么要去进行审美活动？要说明这个问题,当然也很不容易,人首先要活着,可是,这似乎与审美活动并没有什么关系。因为审美活动肯定不是人之为人的最为现实的需要,人要去认识世界和把握世界,可是,这似乎还是与审美活动并没有什么关系,审美活动也肯定解决不了认识问题、道德问题。人之为人,为什么要去进行审美活动？

幸而,我们可以从动物的快感的诞生得到重要的启迪。

大自然中生命的存在形态有三种：植物、动物和人。而在这三种形态里,我们可以看到有一个很有意思的现象：植物,既没有快感,也没有美感。但是,当从植物进化到动物的时候,就出现了快感。当然,动物是没有美感的。但是,从动物一旦进化到人,也就又出现了美感。显然,在这样的有序的进化链条里,一定蕴含着某种奥秘。

可是,这个奥秘何在呢？

我们来看快感。

快感,一般而言,我们往往会说,它的功能无非是趋利避害,趋生避死。在这个意义上,我们可以把快感看作动物的一种自我保护的手段。因为我们人类也同样具备快感,因此,我们不难体会到这种自我保护的存在与重要。凡是对生命有利的,快感就会用快乐来吸引靠近,凡是对生命不利的,快感就会用不快来提醒你躲避。比如你的手碰到了火,于是不快感会让你在第二次就不再去碰;再比如你吃到了你的身体特别需要的食物,那么快感就会在第二次再次提醒你去选择。当然,这一切对于人类来说,都已经太家常便饭了,因此往往被忽略不计了。可是,不难想象,这一切对于动物来说,在进化的路上却实在是如虎添翼、如鱼得水,无疑太重要太重要了。

非常凑巧的是,有两个人类自己的失去了快感的病例,可以让我们目睹快感的重要作用。

美国有一个小孩,名叫保罗,他生下来以后,就没有快乐和不快乐的感觉,结果他的父母发现,实在没有办法把他带大。为什么呢?因为我们每个人在面对世界的时候,都是用快感和不快感来为自己的生命导航。我们都在用快感鼓励自己去做什么,也都在用不快感阻止自己去做什么,但是这个小孩却没有这样的功能,他把手放在火上,手背都烧焦了,可是他却不知道躲避。而且,下次他还是会把手放上去。他摔到坑里,腿都被摔断了,可是却根本不知道疼,竟然还是笑呵呵的。你们看,这样的小孩怎么能够被带大呢?

无独有偶,我前一阵看电视,看到在中国的云南,有一个家庭,他们家有三个孩子,其中有两个小孩也是这种情况。他们的父母本来在外地打工,后来发现工也打不成了,因为必须每天在家里看着这两个孩子。可是,这两个孩子淘气得父母根本就看不住。他们不但是经常摔得鼻青脸肿的,而且还养成了非常不好的习惯,就是自残。因为他们发现只要自己摔断了什么、什么地方流血了,父母就会心疼,就会流泪,就会答应他们提出的一切要求,于是,就干脆要挟父母,要好吃好喝的,他们会拿刀在自己腿上猛砍,不惜砍下一块肉来,父母一看,当然害怕了,于是他们要什么就赶紧给什么。当然,再怎么摔怎么砍,他们自己也不知道疼。可是,我们每一个人都清楚,像他们这种情况,别说父母不严加看管,即便就是父母严加看管,他们也未必能够顺利地活下来。

快感是动物的一种自我保护手段。它们的出现,本身就是自然选择的产物。是否有一种喜与厌之类的情绪倾向,是一切生命体与无机自然界的根本区别。把木头烧成灰,木头不会表示喜与厌。但蠕虫在被火烧的时候就会以强烈的扭动来表达自己的不适。而快感也确实起着导航的作用。每当受到实在或潜在的危险时,就会有一种不快感,因此你才会避开它。饥饿感则逼迫我们不遗余力地去寻找食物从而维护了健康,每当我紧张地写作了一段时间之后,就会有一种要吃鱼的强烈感觉,我知道,这是饥饿感在暗自导航,引导我去寻找含有某种元素的食物。而饱感则是对我的成功寻找的一种鼓励。

再如,许多动物都是利用味觉快感去为生命导航的。鲑鱼是在淡水河中孵化成鱼苗的,但很快就要洄游到海洋中去觅食,直到产卵时,才又回到原来出生的河流中,相距遥远,它是怎样找到的呢?原来,是故乡河流中的特殊的气味,就是这种特殊的气味刺激着它,最终丝毫不差地回到家乡。

对于进化过程中的冒险、创新、牺牲、奉献等行为的鼓励

不过,我一定要强调,尽管快感的趋利避害、趋生避死的功能非常重要,但是也毕竟还不是最重要。因为,快感毕竟还有着更为重要的功能。这就是:对于进化过程中的冒险、创新、牺牲、奉献等行为的鼓励。不难想象,在动物的进化过程中,一定是充满了变数,也充满了风险,何去何从?一切都是未知的。很多的事情,对于动物个体来说,未必是好事,但是对于种群来说却是必须的;也有些事情,对于动物来说是有助于自己生存的,但是对于种群来说,却恰恰不利于生存,可是,这一切又如何加以判断?就是理性高度发展的人也无法做到,何况是动物。那么,动物该如何去选择呢?快感,就在为它们导航。对于动物来说,快感不但是一种自我保护,而且是一种自我鼓励。生存无异赌博,而快感,则鼓励着自己去选择正确的方向。

要鼓励动物去冒险,鼓励动物去选择。所以,动物的快感之所以出现,最根本的目的是为了鼓励它去追求它本来不敢追求的东西。大自然的进化就是这样,"物竞天择",它只选择那种敢冒险的、那种觉得冒险才痛快的动

物。结果,慢慢就形成了一种特定的快感鼓励的功能,对于动物而言,某些追求、某些冒险的结果很可能是死,但是它有快乐。它就宁肯为一"快"而丧生。这才是动物的快感的最根本的原因。

鼓励生命去与懒惰抗争,主动突破生命的疆域,迎接环境的挑战,以避免被严酷的进化历程所淘汰。有时,它鼓励的甚至是一种"化作春泥更护花"的自我牺牲精神,为了生存,不得不如此,过分的自私只能走向灭亡,故快感要去鼓励一种无私。而快感或痛感的消失则是生命力衰竭的象征。我们看到,进化正是在用快感和恶感作为指挥棒来指导动物的行为。

以动物的性快感为例,在生命的进化史上,存在着无性繁殖与有性繁殖,大多数动物的性行为都是机械的,没有性交前的抚爱。细菌、原生物甚至没有神经系统却也能完成性的交配,可见,性快感并不是性交之必需。至于珊瑚、蛤及其他无脊椎动物干脆把性细胞排入水中,可见无性繁殖也是存在的,不难想象,相比之下,无性繁殖比有性繁殖要安全得多,因为无性繁殖是不负责任的,因此也就没有任何危险。有性繁殖就不同了,危险会无数倍地增加,在一定意义上说,选择了有性繁殖其实也就选择了死亡。

设想一下,第一,从此它必须拖家带口吧?要养活自己的老婆、孩子吧?可是要知道,动物的生存条件是非常恶劣的,看看《动物世界》里面的节目,你们就会发现,动物要吃一顿饱饭,也非常不易,狮子已经是动物之王了,但是,即便是狮子,在一星期里也往往只能吃上一顿饱饭。然而,就是在这种情况下,捕获来的猎物还要先给雌狮子和小狮子吃,那么,它的死亡系数是不是更高了?第二,从此它必须事事率先牺牲自己,本来,它是种群中的强者,规避风险的能力也最强,可是,现在它却必须主动迎向风险,天敌来的时候,它不是迅速逃跑,而是掩护自己的妻子老小逃跑,那么,它的天敌消灭它的机会也就成百倍地增加了,对不对?因此,就动物自身而言,它是绝对不愿意选择有性繁殖的。

可是,这只是问题的一个方面,回过头来想想,如果采取无性繁殖,那么,它的基因就会永远像一个在电脑上无数次复制的文件一样,不会有任何变化。可是,这样一来,遗传基因就可能会传不下去的。因为它无法应对大自然的苛刻挑选,比如说,尽管你的遗传基因现在很适合生存,但是如果自然条件一变,你可能就生存不下去了,例如温暖的气候变成寒冷的气候。但是有性繁殖就不同了,因为有性繁殖会有很多的遗传基因的分支,甚至会有变异,结果,这些遗传变异基因有的是抗冷的,有的是抗热的,有的是既不抗冷也不抗热的,一旦大自然出现巨变,这其中的某一支,就有可能会生存下来。这样我们不难看到,有性繁殖虽然对个体生存极为不利,但是对于遗传基因的良性传递却是极为有利的。

显然,性快感,就是动物在选择有性繁殖这样一个正确的进化方向时的自我鼓励。对于动物来说,这无异于一场赌博,但是,快感却在冥冥之中指引着它们去选择正确的方向。

我们来看看孔雀的例子。每个人一定都有这样的经历,小时候班上去动物园参观,老师都会说,女同学要穿得漂亮一点,这样,孔雀一见到你,就会开屏了。确实,雄孔雀都有一个美丽的大尾巴,开屏的时候也特别漂亮,可是,如果转念想想,那么大的一个美丽的尾巴,一定也是风险系数极高的尾巴。设身处地想一想就会知道,孔雀的食物也不是随随便便就能够获得的,可是,为了养这么一个尾巴,它所需要的食物一定是其他动物的两倍甚至几倍,还有,一旦遇到天敌,即便是找到一个麦秸垛之类的藏身之所,它的大尾巴也无处躲藏,正应了那句话:顾头不顾腚。可是,既然如此,雄孔雀为什么一定长这样一个美丽的大尾巴,为什么会以这样一个美丽的大尾巴为荣呢?显然还是与性快感有关,是性快感在鼓励它这样去赌博、去冒险。因为只有养了这样一个大尾巴,雌孔雀才会注意到它,也才会考虑与它交配。当然,有人解释为这是雌孔雀的对于美的选择,那无疑并不正确,其实,这是因为雌孔雀的生育机会是有限的,而且还每次都要付出很大的代价,因此它势必要选择遗传基因优秀的雄孔雀来交配,可是,雌孔雀怎样才能知道谁的遗传基因最为优秀呢?这显然是一个难题。于是,它们就认定,长了一个美丽的大尾巴的雄孔雀的遗传基因一定是优秀的,因为他们不但能够养活自己,而且还能够养活自己的大尾巴,开个玩笑,这就相当于我们今天的那些成功者啊,既然有权有势或者有名,那一定是能力很强啊,所以,长了一个美丽的大尾巴的雄孔雀也就最终脱颖而出了。

前一段时间我在报纸上还看到两只狼的报道,这两只狼应该是"夫妻",母狼的腿负伤了,猎人发现了它们的行踪以后,就放十几只猎狗去围捕。猎狗很有经验,它们都是死咬那个母狼,而不去咬公狼。结果,形成的局面就是那只公狼在十几只猎狗里冲进冲出,每次冲出来,一看,母狼没有跟出来,于是,就回头再冲回去,就是这样的几进几出,直到最后,母狼先被咬死,而这个时候,公狼也已经精疲力竭了,于是,猎狗们再把它咬死。

我想谁都无法否认,这个故事有点让人感动。我们有一个成语,叫作"禽兽不如",说实话,对于很多男人来说,还真的就是这样,就是"禽兽不如"呢。不过,我看到这个故事的时候,同时也还在想一个另外的问题。那就是:这个公狼为什么拼死几进几出?为什么拼死也要与自己的另外一半在一起?要知道,它们之间是没有爱情的,因为它们根本就不会谈恋爱。那么,是什么让它觉得这样以命相抵是值得的?其实就是性快感。无疑,这个时候如果它逃跑,那无疑是对它个体有利,可是却对群体不利,于是,性快感就鼓励它作出了完全相反的选择。

再给大家举一个极端的例子,虽然血淋淋,但是却非常有助于说明快感的自我鼓励作用。螳螂,你们都有印象吧?可是,你们知道螳螂是如何进行交配的吗?曾经有一个刊物,就采用了螳螂交配的照片。画面上是一只雄螳螂,在它下身还在进行交配的时候,它的头却已经被雌螳螂吃掉了。显然,这是动物界里最残忍的一幕,但是,却也是最为常见的一幕。那么,为什么会这样呢?我们知道,螳螂是一个低密度的物种,也就是说,雄螳螂和雌螳螂见面的机会非常稀少,一旦彼此邂逅,那对于雄螳螂来说,几乎可以说是走了桃花运了,只要抓住这个机会,它的遗传基因就有可能传下去了,可是,它又绝对不能奢望还有第二次的机会。那么,它应该如何去做呢?最佳策略就是尽可能延长它们之间在一起交配的时间,而且,它必须帮助雌螳螂储备更多的营养,因为只有这样,它的精子与雌螳螂的卵子才有更多的机遇结合。

我们想想,在所有的动物里,大概只有人是采取的夫妻天天睡在一起的方式的,为什么会这样呢?为了爱情?其实,这是因为最初的男人们要确保女性在排卵期是完全跟自己在一起的,因此才采取了天天强迫她睡在一起的做法,只是到了后来,才把这种夫妻同眠的方式演绎为爱情。而雄螳螂宁肯让雌螳螂把自己的头吃掉,无疑也是为了拖延交配的时间,何况,这样还能为自己的后代储存营养,于是,为了自己的遗传基因能够传下去,雄螳螂也只能拼死一搏了。当然,雄螳螂不会像我们现在这样想得如此清楚,但是,性快感却会为它导航。俗话说,"牡丹花下死,做鬼也风流",性快感就是对于雄螳螂"风流"一时的自我鼓励。

一生中只能做一次爱的动物不止是螳螂。雄蜘蛛在做爱后也是把躯体奉献给雌蜘蛛。所以,雌蜘蛛专门选身材高大的雄蜘蛛做爱,这样,不仅做爱时能够高潮迭起,令后代获得优良因子的遗传,更加重要的,做完爱后还可以有一顿美食。

鲸鱼的例子也是这样,在电视里会经常看到,在海边一旦有一头鲸鱼搁浅了,很多鲸鱼就会跑来趴在它旁边,很多的学者对此困惑不解。有些学者说,这是因为鲸鱼大脑里的雷达导航系统失灵了,怎么办呢?那就把它运回深海。但是很奇怪的是,只要还有一头鲸鱼搁浅,其他的鲸鱼就一定还要游回来。后来,有一个科学家又做了一个解释,他说鲸鱼有一种舍生忘死、保护同类的快感。当一个同类遇难的时候,其他的鲸鱼就一定要来救它。而且,如果哪一头鲸鱼不来相救,那它就不是一头合格的鲸鱼。显然,这个学者的解释是更符合实际的。我们都还记得海豚救人的故事吧?我们可能见到了不止一次的报道,小孩掉在了大海里,于是,海豚就来相救。想想真让人奇怪,很多时候连人自己看到了这种情况,都不去搭救,或者要先收钱再去搭救,海豚何至如此?显然,是存在着互相帮助的快感这一自我鼓励。

讲到这里,我就还要重提达尔文了。过去我们熟悉的,都是那个"适者生存"的达尔文,因此我们以为大自然中的生物就是靠"弱肉强食"的残酷竞争和搏杀而进化的,可是,我在"开篇"里介绍过了,其实这都是达尔文在《物种起源》里提到的思想,可是,在他的另一本书《人类的由来》里,他已经明确放弃了这样的想法,有个学者做了统计,在这书里"适者生存"只出现过两次,其中还有一次是为了批评"适者生存"这个观点而出现的。但是,有一个词,达尔文却用了九十多次,就是"爱"。看来,达尔文后来逐渐意识到,什么样的动物种群才最终能够进化起来呢?一定是彼此互相帮助的动物种群,而且,越是互相帮助就越是可能进化。看来,动物种群的进化也是一场豪赌,比较短视的动物种群会采取自私自利的以邻为壑的生存策略,比较有眼光的动物种群却会采取鼓励风险与自我牺牲的策略,当然,也还会有其他的生存策略,这当然也都是生存的赌博,最终的胜利者是谁呢?显然,就是彼此互相帮助的动物种群。我们在鲸鱼身上、在海豚身上、在公狼的身上看到的,就是这样的快感。

当然,与我的美学讨论密切相关的是,从这个角度,我们对快感还会有全新的理解。过去,对于快感,我们往往没有能够引起足够的注意,为什么呢?因为我们往往以为是客观存在着的某个对象,引起了我们的快或者不快,一切仅此而已,因此也就忽视了去进而探讨其中的深刻内涵。现在我们不难看出,事实是:什么东西对于趋利避害、趋生避死乃至创新、进化、牺牲、奉献有益,动物与人类就会对什么东西有快感,而不是什么东西自身能够产生快感,动物与人类才对什么东西有快感。反过来说,什么东西对于趋利避害、趋生避死乃至创新、进化、牺牲、奉献有害,动物与人类就会对什么东西有不快感,而不是什么东西自身能够产生不快感,动物与人类才会有不快感。

我还要强调,这个基本的思路非常重要,你们一定要记住。因为以后我讲美学其实还是与这个基本的思路有关。例如,我们往往会误解,以为是因为这个东西好吃,我们才会喜欢吃它。其实,是因为这个东西吃了对你的身体有好处,因为吃这个东西符合你的生命需要,所以你才会喜欢吃它。否则,人喜欢吃的东西,动物为什么就不喜欢吃呢?对不对?

知道了快感的来龙去脉,美感也就不难理解了。那么,美感又是什么呢?它同样也是对生命进化中的创新、进化、牺牲、奉献的一种自我鼓励。在这个意义上,美感与快感其实有着内在的同一性。当然,美感又有其特殊性,严格而言,美感是一种只属于人类的特殊的快感。

与快感有着内在的同一性的美感

首先,我们来看看与快感有着内在的同一性的美感。

在这个意义上,我们必须强调,美感仍旧是在为生命导航,人类在用美感肯定着某些东西,也在用美感否定着某些东西。美感所追求的都是在人类生活里有益于进化的东西。美感就是用自己的肯定与否定来推动着人类去实现它或者回避它。因此,关于美感,我们可以用一个最为简单的表述来把它讲清楚:凡是人类乐于接受的、乐于接近的、乐于欣赏的,就是人类的美感所肯定的;凡是人类不乐于接受的、不乐于接近的、不乐于欣赏的,就是人类的美感所否定的。

从这个思路出发,人类历史上的种种审美活动,才可以得到深刻、准确的解释。

我们知道,对称与比例,是人体美的一大特征。例如,我看到一个资料说:人的头长是身高的八分之一;肩宽是身高的四分之一;平伸双臂等于身高的长度;叉开双腿使身高降低十四分之一,分举两手使中指指端与头顶齐平,这时候肚脐眼是伸展四肢端点的外接圆的圆心而两腿当中的空间恰好构成一个等边三角形;人平伸双臂可沿人体做一个正方形,人伸展四肢可以沿人体做一个圆形。

因此,美女帅哥总是与对称、匀称有关。其实,这是因为对称、匀称往往更符合进化的方向。美国科学家对数百名男女大学生的匀称性进行了测量研究,结果发现,身体匀称的男性,体格明显强于同年人;同时,他们还发现,相貌端庄的人,携带有害基因的可能性往往更小。苏格兰斯特灵大学的研究也证明,英国人也好,狩猎民族哈德扎人也好,在不喜欢不对称的脸孔上都是一致的,其实,这也与对称的面孔更符合进化方向有关。越往原始社会,生存条件就越残酷,因此不像今天,还可以迁就,也可以更多地去看重精神的东西,例如爱情,在原始社会,身材匀称、相貌端庄,就意味着生存的机遇,而相貌不端、身材畸形,则意味着生命的危机。那个时候,人类还远远没有成年,还十分脆弱,面对大自然的种种淫威,更往往束手无策,一点小小的残疾,一次轻微的患病,就可能结束一个人的生命甚至一个家族的未来。所以,对于人体来说,美与健康以及是否适应环境是否更好地生存是相对应的。这样,择偶时不可能不去对异性的美与健康认真加以考虑。由此可见,美女帅哥是人们乐于接受的、乐于接近的、乐于欣赏的,但是其中的原因却在于,他(她)们所携带的遗传基因更符合进化的方向。我们都一定记得荷马的描写,在美丽的海伦进来之后,所有在场的老者都对她肃然起敬。为什么会如此?当然是因为海伦的美丽是他们所乐于接受的、乐于接近的、乐于欣赏的。

再看一些医学界的研究:在审美过程中人们为什么会关注皮肤?因为被我们称为"丑"的皮肤恰恰是病态的,也是人们不乐于接受的、不乐于接近的、不乐于欣赏的。例如蜡黄的皮肤,就与肝和胆有炎症有关,乳白色的皮肤,意味着呼吸系统失调,苍白而发青的皮肤,很可能是心脏出现了问题,油性的皮肤,则是消化系统失调的结果。

其实,身材的匀称还可以从另外一个角度加以解释。这就是"黄金分割"。在自然与人类进化中,只有符合黄金分割的才能够进化起来,这是人们早就获知的规律。所以,人类的眼睛早已训练有素,看到任何一个物体,只要可以上下等分的,就一定是看到符合黄金分割的上下等分的物体才格外舒服。这已经不言而喻。换言之,凡是符合黄金分割的上下等分的物体,人们才乐于接受、乐于接近、乐于欣赏,但是其中的原因还是在于,它所携带的遗传基因更符合进化的方向。

顺便讲一下,女性的身体不但要在上下等分的时候符合黄金分割,而且在左右等分的时候还要形成S形,这是人类自古以来就形成的潜规则。这又是为什么呢?简单地说,这是因为人类的眼睛在看左右等分的物体的时候,会形成一个十度的夹角,而当我们把这个十度的夹角的运行轨迹从上到下勾勒出来,就会发现,恰恰是一个S形。这意味着,人类的眼睛更喜欢曲线,而不喜欢直线,所以才"曲径通幽处"啊。而我们经常说,女性的身体从前面看应该是一个S形,从后面看,还应该是一个S形,我们也特别强调女性身体的三围,道理就在这里。生命进化得越是复杂,就越是呈现为曲线型,生命进化得越是简单,就越是呈现为直线型,因此,对于曲线,人们才乐于接受、乐于接近、乐于欣赏,当然,其中的原因还是在于,曲线所携带的遗传基因更符合进化的方向。

再看看女性的以肥胖为美。女性以肥胖为美,这在中西方的古代都是一样的,原因在于,只有胖一些,才容易怀孕,也才容易持家。比如说,你们发现没有,所有的女生都有两大特点,第一个,早熟,在初中的时候,男生还什么都不懂呢,女生已经都像个小大人了,知道学习,爱管闲事,当然,也爱给老师送个小情报,呵呵,那么,这是为什么呢? 其实,这是因为古代人都去世得早,三四十岁就告别人世了。这样一来,一个女性如果生孩子太晚,那她的最后一个孩子就太年幼,甚至还在哺乳期间。作为丈夫,当然不愿意找这样的妻子。结果,早熟的女孩就特别受欢迎,于是,一代一代传下来的结果,就是早熟的女孩的遗传基因被流传了下来,所以,现在的女孩普遍都早熟啊。

还有一个,就是女性身上的脂肪普遍比男性多出10%。那么,这又是为了什么?

首先,是因为这样的女性更加能够抵御风险,例如,起码是更加抗饿,因为身上的脂肪比较多,古代的男性当然喜欢选择这样的女性。所以,具有肥胖遗传基因的女性就容易存活下来。

其次,脂肪是女性生殖的必要条件,因为女人的身体对是否需要排卵是非常敏感的。而脂肪含量则是将来自己的孩子的营养储备,所以,如果低于一定的阈值,那无疑就不宜生育。看有关的体育报道的时候,你们会注意到,甚至女人的月经都会受体重与脂肪含量高度相关的影响,据说,有些运动员只通过三磅体重的增减,就可以随心所欲地操纵月经的周期。因为脂肪达到体重的24%,这是开始月经的低限值。为什么美国女子的初潮从一个世纪以前的15.5岁降至今天的12.6岁? 就是因为她们的生活水平(营养状况)在不断提高,脂贮存量在普遍增加。还有一些材料介绍,只有在脂肪含量达到体重的28%以上,才有可能怀孕。这样,我们就不难发现,古代的男性对于肥胖的女性乐于接受、乐于接近、乐于欣赏,完全就是从进化的方向来考虑的。

当然,我们今天开始强调瘦身了,不过,这并不是说古代的以肥胖为美就错了,而只是说,今天我们看待女性的标准不再片面强调生育这一第一也是唯一的条件了,于是,女性自身的玲珑有致的性的特征就被突出了,突出的结果,当然就是以瘦为美。因为,只有瘦,胸和臀才会被突出出来。不过,我们也不要造成误解,以为"瘦骨精"从来就是美的,在古代就不是这样,哪怕"楚王好细腰",也不是真的强调女性的瘦,而是该瘦的地方要瘦,瘦是为了突出重点的。而现在为什么女性一方面要瘦身,一方面又要隆胸?道理也在这里。

可惜的是,有的女性不了解这样的历史沿革,因此也弄不明白古代的以肥胖为美与今天的以瘦为美。还有女性心里很恐惧,遇到我就说,潘老师,我怎么喝凉水都会胖呢?于是,我就跟她开玩笑说,我应该恭喜你的,要知道,你的遗传基因是自古以来最好的遗传基因,如果是古代,那会有多少帅哥来追求你啊,又不浪费粮食,又脂肪丰满,太优秀了,真遗憾,你生不逢时。

还有一些审美现象,也必须从乐于接受、乐于接近、乐于欣赏的角度来解释。比如,在很长时间内,男性的脖子都是以短粗为美,而且最好还有一个喉结,西方称之为"亚当的苹果",意思是亚当吃下第一口苹果的时候,就卡在了这里。可是,现在的男性的脖子却往往以细长为美,这种现象应该怎样去解释呢?再看女性,古代女性的脖子一定不能短粗,而是一定要细长,这就是所谓"粉颈",这是与"玉颜"与"酥胸"彼此搭配的,三者不可或缺。你们可能都见过,在一些现代的原始部族,女性都要带项圈,以便把脖子拉长。不过,女性的脖子却从来就没有短粗为美的历史,恰恰相反,它始终是细长为美。

那么,这是为什么呢?我们先来看男性的脖子为什么一定要短粗。我们知道,男性是每天都要在外面捕猎的。他的命运无非就是两种,一种是追着猎物跑,一种是被猎物追着跑。不过,不论是追着猎物跑还是被猎物追着跑,都会天天面对着与猎物的生死搏斗,显然,如果脖子比较长而且细,就很容易被猎物一口咬住,因此,脖子长的男人往往会先被咬死,因此,他的遗传基因也没有机会流传。而脖子短而且粗的男人就相对容易生存,因此,女性在选择丈夫的时候,也会更倾向于选择脖子短粗的,在她们看来,这样的男人生存的几率要更高,用我在前面说过的话来讲,短粗的脖子是女性所乐于接近、乐于欣赏、乐于接受的,因此,短粗的脖子就是美的。那么,女性的细长脖子又为什么是美的呢?一句话,细长脖子就证明她不是男性,脖子细长却没有任何风险,也不必外出狩猎,且过着优裕的生活。"我的脖子就是细长,因为有我强大的老公在,你能把我怎么样?""我老婆的脖子就是细长,但有我这个强大的男人在,你能把她怎么样?"这样,细长脖子就成为乐于接近、乐于欣赏、乐于接受的,成为美的。

　　顺便说一句,男女之间美的差异,大多都可以从类似的上述角度来解释。例如,为什么男人喜欢漂亮的女性,女性却喜欢强壮的男人?弗洛伊德不是就说过女人的躯体是风景而男人的躯体是机器吗?再比如男女性的身体都是黄金分割的近似值。但是男性最美的身体比例是8∶5,女性最美的身体比例是5∶3。男女的身体都像个鸡蛋,但是男人肩宽于髋,女人髋宽于肩。男人的身体呈T字形,女人的身体呈S字形。男人的身体以直线为主,女人的身体以曲线为主(女性的前胸和后背是两条S线)。再如,男性的后背是虎背,女性的后背却是蛇背,有句话说"男人的背是山,女人的背是水"。男人的后背有"麦凯斯菱",女人的后背却有"圣涡"。这都是为什么?其实还是人类乐于接近、乐于欣赏、乐于接受在制约。女人喜欢男人的虎背熊腰,因为这是生存力量强大的象征,而她在拥抱男人的背部时,也希望感觉到的是山,是力量和安全感。但男人不喜欢自己的女人虎背熊腰,因为这意味着自己的无能,无法让自己心爱的女人享受安逸的生活,因此,女人的背就应该证明她不是男性,就应该似水柔弱,由此,才能够反衬出男人的强大。

　　再看看男性的美髯问题,美髯,其实也就是长长的胡子,在当代社会,美髯已经没有什么用处了,现在每天早上男性起来的第一件事情就是刮胡子,这已经是一种卫生习惯了。但是,在古代社会却不同,美髯,往往是一个男性是否是一个大帅哥的标志。那么,男性为什么要长胡子?有一个简单的说法是,因为"荷尔蒙"。这当然也是一种解释。可是,我们看看动物里面的类似现象,就会知道,这个问题并不那么简单。实际上,如果我们回过头来仔细思考一下,就会发现,男性长胡子以及男性的胡子之所以被称为美,主要是因为符合了生命进化的要求,也是人类乐于接近、乐于欣赏、乐于接受的结果。

这是什么意思呢?我们先来看看狮子。雄狮子和母狮子之间有什么差别?一般来说,母狮子体型比较小,而雄狮子体型一定很大,但是,是不是雄狮子的体型就绝对大?其实也不是。关键在于,雄狮子对自己身体的某一个部分是特别在意的,尽管这个部分没有任何实际的作用,但是,它还要把它养得好好的。我们可以形象地想象,狮子如果一天吃五斤肉的话,那它起码要花几两肉的营养来养这个部分,那么,这个部分是什么呢?就是雄狮子脖子上的那一圈毛发。不难发现,雄狮子脖子上的这一圈毛发特别长。奇怪的是,母狮子就特别喜欢脖子上有一圈毛发的雄狮子。原来,在生活非常困难的环境里,身体的强壮雄伟,无疑就是最大的资本。当然,就也必然是母狮子首选的佳偶。可是,有的雄狮子当然自身就很强壮雄伟,可是,有些就未必了。那么怎么办呢?雄狮子发现,它还可以去欺骗母狮子,怎么去欺骗呢?靠脖子上的那一圈毛,它可以大大增强它的凶猛、它的体型。这样一来,雄狮子脖子上的毛发特别长的,母狮子就容易选中,因此它的遗传基因就容易遗传下来,结果,慢慢雄狮子脖子上的毛就越来越长。所以,我们现在在看电视片的时候会发现,雄狮子都几乎像一座威猛的小山似的,实际上它也未必真有多么庞大,主要还是它身上的那一圈毛发增加了它的威猛。

接下来我还要谈谈男人的胡子,实际上,男性的胡子在很大程度上也是男性在强调自己身体的强壮雄伟,胡子长,无疑会对身体有一种夸张的感觉。我们想一下,哪怕就是现在,平时走在街上,你突然看到一个人,长着李逵张飞那样的大胡子,给你的感觉是什么?一定是他的身体比较强大,对不对?而我们直到现在在拍电影的时候,只要演到土匪,也首先想到的是他的一脸大胡子,对不对?而且,今天人们在恐惧的时候,还会汗毛竖立;在愤怒的时候也会怒发冲冠;在仇恨的时候,也会说"令人发指"。这说明什么呢?

说明在需要的时候,人的汗毛都还是会动的。想象一下,其实这还是为了夸张自己的强壮雄伟的身体吧?或许,这样一来,对手就知难而退了呢。

女性的乳房与男性的胡子非常类似。女性的乳房为什么是高高隆起的?其实,从生理机制上很难解释。有人说,乳房发达,说明生育功能强,这种说法是没有说服力的。虽然妊娠会导致胸部隆起,会导致乳房特别丰满,但是,乳房的大小和母乳的多少之间并没有必然关系。看看其他的哺乳动物,它们并没有隆起的乳房,可是却照常哺乳子女。医学研究告诉我们:构成乳房的绝大部分是脂肪,其中只有很小一部分是生产母乳的乳腺组织。乳腺一般有15—25个乳腺小叶,它们从血管里获得各种养分以合成母乳,然后,制成的乳汁通过输乳管,最后由乳头送出。不难看出,在这里,脂肪对于哺乳而言根本就没有什么用处。所以,百分之九十的脂肪组织使乳房显得圆润、丰满又是为什么呢?何况,过分丰满的乳房还会导致运动的不便,也与身体健康无关。可是,既然如此,为什么唯独人类女性的乳房如此发达呢?原来,这都是出于女性对于男性的吸引的需要。男性非常看重的,是女性的繁衍后代和养育后代的能力,而且会误以为乳房的大小与此具有直接的关系。因此,女性要吸引男性的关注,就会有意地借重于丰满的乳房。结果,乳房比较大的女性的遗传基因就得以流传,逐渐地,人类的乳房就开始变得发达起来了。由此看来,乳房丰满之美,也还是人类乐于接近、乐于欣赏、乐于接受的结果。

丑,是对生命的否定性评价

谈了美以后,一个相应的问题就不能不谈了,这就是丑。乐于接受、乐于接近、乐于欣赏的,我们就把它概括为美,那么,不乐于接受、不乐于接近、不乐于欣赏的又是什么呢?难道不就是丑吗?换言之,如果说美是对生命的肯定性评价,那么,丑,则是对生命的否定性评价。

为了说明问题,我想举两个人类公认的丑来做个剖析。

一个是粪便。

粪便被古今中外公认为丑,可是,在美学讨论里却几乎难倒了所有的美学家,都知道它丑,可是,要说明它为什么丑,那可就难乎其难了。比如,美学家往往认为和谐的就是美,于是,有人就问难说,难道粪便就不和谐吗?呵呵,其实粪便还真的挺和谐的呢。那么,应该怎么去论证粪便的丑呢?我认为,只有从人类为什么不乐于接受、不乐于接近、不乐于欣赏入手。

要解释粪便的丑,只要借助一句成语就可以了:"狼行千里吃肉,狗行千里吃屎。"狗,大概是动物里面不多的叛徒之一。因为它的祖先是狼,但是,它却背叛了自己的祖先。可是,背叛归背叛,也不一定就非要去吃屎呀。其实,这也是狗的无奈。原来,在狗进入了人的生活圈子以后,它离开了自己的原来的食物链,可是,人类又没有办法给狗提供充裕的食料。要知道,养狗的可大多是穷人,而且,甚至越是穷人,他们家就越养狗。为什么呢?因为雇不起看家护院的,那狗总起码可以看家护院吧?所以穷人反而会养狗。可是,穷人又没有办法给狗提供足够的口粮,狗往往是吃了上顿没下顿,那怎么办呢?总不能再回复野性去吃人呀。后来狗慢慢发现,人的粪便还能再吃一次,其中还有一点营养,尽管很少。结果,忠心耿耿的狗就慢慢不但吃肉而且吃屎了。这就是"狗行千里吃屎"的真实原因。

那么,人为什么就不吃屎呢?是因为臭吗?那臭豆腐不是也臭吗?我相信,人类一定反复试吃过,因为过去的生活非常困难,人连地下的观音土都吃了,粪便他不可能不试吃的。可是,吃的结果是什么呢?第一,毫无营养,人的胃不如狗的胃强大,对粪便加以再消化,显然无法做到。第二,粪便里面的细菌,却足以让人得传染病,所以,人类在任何灾荒的情况下,粪便他都是不再动的。这样一来,粪便为什么是丑的,可以说清楚了吧?因为它对人已经毫无用处了,不但已经毫无用处,而且还有害。为什么人类说大便是丑的呢?一个很简单的原因,因为对人类来说,它已经没有任何的用处了,人类不乐于接受、不乐于接近、不乐于欣赏,所以,就把它称为丑。

还有一个是蛇。

蛇,人类普遍认为它是丑的。但是蛇为什么是丑的呢?如果我们问蛇,蛇肯定会不服气,蛇身上的营养价值低吗?蛇的生存能力差吗?蛇长得不好看吗？你说它爬来爬去爬的姿势难看？可是,什么叫难看呢？难看,其实是因为人类不愿意看,人类只要愿意看,它就不难看。苏联有一个童话作家,他就模仿小孩看见蛇的眼光,写了一句有名的话:"那么长。"你看,孩子就没有说它丑。那么,人类对蛇为什么会有丑的判断呢？最主要的原因是,蛇对人类的危害最大。也就是说,从人的生命发展的角度来说,蛇曾经是最有害于人类的发展和生存的,人类不乐于接受、不乐于接近、不乐于欣赏,所以就把它称为丑。

大家都知道中国的问候话,现在是:"你好吗？"可是,中国自古以来的彼此的问候曾经有几句呢？一共是三句。过去你们父母那一代见面时,经常是问"吃了没有",因为在中国几千年里吃饭问题都解决不了,所以中国人最常问的就是:"吃了没有？"那,在"吃了没有"之前,中国人在问什么呢？例如过去中国人问的是:"有饭乎？"那么,更早的时候,就是问:"有恙乎？"因为过去的医疗条件差,扁鹊又不是全中国都有。所以经常是一得病就肯定是死。汉族人的平均年龄也就大概30多岁。但是在"有恙乎"之前,中国人是问什么呢？"有它乎？"一见面就问前面有它没有。什么东西这么厉害,一见面就互相问？实际上,古代的"它"也就是今天的"蛇"字。因此,古代人一见面问的就是:"有蛇乎？"也就是,前面有蛇没有？因为如果有蛇,那可是没人敢过的。只有在有了牢固的建筑和从山上搬下来以后,也在从山上和河边退到了内陆,这时候,蛇的影响才稍微小了一点,但是还是无处不在,因为蛇这个动物所需要的防范条件太高。人类最怕的是什么？我们每个人都应该知道,一个是蛇,一个是狼。人类最怕的是这两个东西。为什么呢？因为这两个东西对人类的危害最大。但狼还好防一点,因为狼的防范条件比较低。你只要把门关起来,狼基本上就可以拒之门外了。但是蛇不行,你就是盖了房子,只要什么地方有个洞,蛇就有可能进来,而且蛇进来以后,它藏在什么地方,你都根本不知道。所以,人类对蛇的恐惧一直延续到了今天。如此看来,为什么我们说蛇是丑的呢？主要是与它对我们生存发展的巨大危害作用有关。所以我们说,蛇是丑的。其实,无非就是我们不乐于接受、不乐于接近、不乐于欣赏,所以,就把它称为丑。

美感是一种只属于人类的特殊的快感

其次,我们来看美感是一种只属于人类的特殊的快感。

前面我讲的,都是美感是对生命的一种自我鼓励,但是你们很快就会想到,这个自我鼓励是否是与快感完全一样?如果完全一样,那么我又为什么要称之为美感呢?我在前面讲过,快感是一种生命的自我鼓励,现在又说美感是对生命的一种自我鼓励,那么,二者是否存在区别?如果存在,那么这区别又究竟何在呢?

美感之所以取代快感,并不是偶然的。其中的关键,就在于它是一种特殊的自我鼓励。具体来说,假如快感主要是对身体、生理的创新、进化、牺牲、奉献的自我鼓励,那么美感则主要是对精神、心理的创新、进化、牺牲、奉献的一种自我鼓励。美感的诞生是对快感的进一步的拓展,快感赌的是身体、生理的进化,美感赌的则是精神、心理的进化。

在这里,我们实在应该为人类的美感而自豪。我们知道,地球的年龄已经45亿年,而人类的历史却大约只有1500万年,因此,如果把地球的历史比喻为一天,那么,人类在其中所占的,不过是几分钟,至于有精神活动,那不过是人类的几分钟里面的最后几秒而已。其中的艰难与神奇,著名的《万物简史》一书中有着精彩的描述:

> 请你想象一下,把地球的45亿年历史压缩成普通的一天。那么,生命的起始很早,出现第一批最简单的单细胞生物大约是在早上4点,但在此后的16个小时里没有取得多大进展。直到晚上差不多8点30分,这一天已经过去六分之五的时候,地球才向宇宙拿出点成绩,但也不过是一层静不下来的微生物。然后,终于出现了一批海生植物。20分钟以后,又出现了第一批水母以及雷金纳德·斯普里格最先在澳大利亚看到的那个神秘的埃迪亚卡拉动物群。晚上9点4分,三叶虫登

场了,几乎紧接着出场的是布乐吉斯页岩那些形状美观的动物。快到10点钟的时候,植物开始出现在大地上。过不多久,在这一天还剩下不足两个小时的时候,第一批陆生动物接着出现了。由于10分钟左右的好天气,到了10点24分,地球上已经覆盖着石炭纪的大森林,它们的残留物变成了我们的煤。第一批有翼的昆虫亮了相。晚上11点刚过,恐龙迈着缓慢的脚步登上了舞台,支配世界达三刻钟左右。午夜前20分钟,它们消失了,哺乳动物的时代开始了。人类在午夜前1分17秒出现。按照这个比例,我们全部有记录的历史不过几秒钟长,一个人的一生仅仅是刹那工夫。

显然,美感的产生所对应的,就是地球与人类发展历史中的最后几秒钟里的神奇。

人类的进化与动物有相同,但是也有不同。

从相同的方面来看,我们必须把生命看作一个自组织、自鼓励、自协调的自控系统。它向美而生,也为美而在,其中既关涉宇宙大生命,也关涉人类小生命,而且主要是人类小生命。其中的区别在宇宙大生命的"不自觉"("创演""生生之美")与人类小生命的"自觉"("创生""生命之美")。总的来说,都应该归纳为:"自然界生成为人"。例如,在《植物知道生命的答案》一书中我们就看到:

"几乎所有植物都向着光弯曲……植物的这一行为就叫作向光性。"

"和我们有相同心理特征的不仅仅是黑猩猩和狗,还有秋海棠和巨杉。当我们凝视盛花的玫瑰树时,应该把它看作是久已失散的堂兄弟,知道我们能像它那样觉察复杂的环境,知道我们和它共有相同的基因。"

"植物和人类都能觉察到丰富的感觉输入,但只有人类把这些输入转换成了一幅情绪图景。我们把我们自己的情绪负担投射到了植物身上,假定盛开的花比枯萎的花更快乐。"

"植物能感知叶片什么时候被昆虫的颚刺破,知道什么时候被一场大火所焚烧。在一场干旱中,植物知道什么时候缺水。但是植物不会痛苦。"[①]

再从不同的方面来看,对于人类来说,不但有生理的进化,还有心理的进化,不但有身体的进化,还有精神的进化。心理学家一般会把人类社会的发展分为两个时代,第一个时代,面对的主要是身体的、生理的问题,第二个时代,面对的主要是精神的、心理的问题。显然,精神的、心理的问题较之身体的、生理的问题要远为复杂。何况,人还会无端地"胡思乱想",因此,问题就更加复杂了。那么,人类如何去寻找一种理想的精神的、心理的生存方式?当然,这正是美感得以被进化出来的全部理由。所以美感是一种只属于人类的特殊的快感。在精神的、心理的进化过程中,人类正是用美感来为自己导航,用美感来赌博一种新的生存方式——精神的生存方式,用美感来肯定某些东西和否定某些东西。而且,凡是人类赌精神、心理方面应当这样进化的,就会用美感来加以鼓励,凡是人类赌精神、心理方面不应当这样进化的,就用丑感来阻止自己。

同时,人类的精神生存还往往陷入某种僵化、停滞、保守状态,往往不断重复着单调、无聊、无趣,最终甚至走向衰退。这无异于人类的一种"自欺"。而美感则鼓励人们去追求变化、偶然、多样、差异,追求那些真正属于人的东西、独一无二的东西、不可重复的东西、最具价值的东西。它挺身而出,把人类带出精神的迷茫,带向未来。

因此,美感是人类在精神维度上追求自我鼓励、自我发展的一种手段,拒绝美感,就会导致精神的贫血。可以说,是生命自身选择了美感,生命自身只有在美感中才找到了自己。

也正是出于这个原因,我们不难发现,相比较而言,快感倾向于守恒,而美感则倾向于开放。就快感而言,它满足于给定的条件,外在条件如果没有发生变化,我们会产生快感,发生了变化,则会产生痛感。它不怕重复,口味

[①] 查莫维茨:《植物知道生命的答案》,长江文艺出版社2014年版,第6、211、208、208—209页。因此审美活动只是"自然界生成为人"的"自觉"的意象呈现,亦即隐喻与倒影。这个问题在美学中十分重要,但是在我们的课程中不拟详细论述。

一变就说"吃不惯",这并不是消极,像大熊猫之与箭竹,像鱼之与水。幼小的鸣禽假如掉到地下,被冻得张不开嘴,母禽即便看到也不会再喂它,因为它只会按照机械的程序办事,谁张嘴就喂谁,不张嘴就是不饿,而杜鹃的后代虽然混在队伍里,但因为在饿了张嘴这一点上是一样的,而且它的嘴张得还更大,结果就专门去喂它吃东西。当然,我说快感倾向守恒,也并不是说快感就是保守的,我的意思只是说,快感的边界比较清楚,因为快感是身体、生理的一种探索,而身体、生理的探索是需要相当长的时间的,比如说,一百年,比如说,一千年,实际上,快感无疑也在变化,但是从我们人类的角度来说,它更多地却是守恒的,因为我们短促的生命很难清晰感受到它的变化。

而美感就不同了,它是开放的。《当代哲学主流》的作者施太格缪勒就说过:"动物,即使是最聪明的动物,也总是处于一定的环境结构中,在这种环境结构中,动物只获得与本能有关的东西作为抵抗它的要求和厌恶的中枢。相反,精神却从这种有机的东西的压力下解放出来,冲破狭隘环境的外壳,摆脱环境的束缚,因此出现了世界开放性。"美国学者加登纳就发现:动物的感知方式主要是"定向知觉"和"偏向知觉",而人的感知方式就不同了,除"定向知觉"和"偏向知觉"之外,还有"完形知觉""超完形知觉"和"符号知觉"三种。而且,也恰恰就是这三种,最终导致了人类的精神的产生,而精神是不存在边界的。

同时,精神世界、心理世界的更新也不需要那么长的时间,这一点,在日常生活里我们每个人都有经验。比如说,我们现在特别喜欢那些口感好吃的食物,但是自己的身体却并不接受。为什么呢?因为人的身体需要一个比较长的时间来适应脂肪的大量进入。所以,生理的快感,是需要一个比较长的时间才能发生改变的。再比如说,有些人喜欢吸食鸦片,因为吸食鸦片有快感,但是,对人的身体却没有好处啊,那么,身体为什么会快乐呢?这又怎么解释呢?其实,这正是因为人的身体对鸦片的危害还没有认识到,它还没有这样的不快的功能,过了很多年,由于吸毒的人的身体都逐渐逐渐淡化出局,由于大自然逐渐地把这样的遗传基因消灭掉,那个时候,人类对吸食鸦片就会有不快感了。显然,相比之下,美感就不存在这样一个明确的边界。

　　当然,快感倾向于守恒与美感的倾向于开放,还因为快感是以群体为特征的,而美感是以个体为特征的。快感是对身体、生理的创新、进化、牺牲、奉献的自我鼓励,因而也只能是以人与动物自身为手段的。美感却是对于精神、心理的创新、进化、牺牲、奉献的自我鼓励,所以它必然是以人为目的的。人的精神、心理的创新、进化、牺牲、奉献,当然是为了种族,但也是为了自己。因为你只有在精神、心理上去创新、进化、牺牲、奉献,你才是人,否则你就还不是人啊,对不对?这就完全与动物不同,动物的快感只是出于动物种群的进化的需要。也因此,快感人人相同,但美感却不可能人人相同。

　　顺便说一句,有些人喜欢说动物也有美感,也懂得审美,其实,这样说只有类比的意义,是非常不严肃的。其中的关键,就在于动物的快感只是为了种族,而人的美感却不仅是为了种族,而且更主要的,还是为了自己。同时,动物有快感,完全是因为感觉到这样做无疑对它们的生命进化有利,但是,这种"感觉"却是与对象完全处于同一个自然过程的,却并没有意识到意义、价值。因此,快感只是美感的基础,而且,也仅仅只是基础。在这里,"意识",是区别快感与美感的关键。当生命的需要的表现不再是直接通过生命活动,而是通过"意识",当"意识"不再是反映,而且更是本体,当对生命"有利"这一现象不再是由"本能"而是由"意识"来决定,当对象也开始成为精神享受的对象,美感,才开始诞生。

　　简单说,如果没有将自己看作人的意识,没有将自我对象化的意识,美感就根本无从谈起。当然,将自己看作人的意识以及将自我对象化的意识在美学中非常重要,但在这里还只能简单提及,不过,在后面的两讲里,我还会重点予以说明。

　　快感倾向于守恒与美感的倾向于开放还可以从动物的"特定性"与人的"未特定性"来说明。

　　"未特定性"是和动物的"特定性"相对的概念。如果我问:动物和人类之间最大的区别在哪儿呢?有些人可能会说是劳动,也有些人会说是直立,这些回答都对,也都不对,因为,动物与人之间的最大区别,还在于"特定性"与"未特定性"的不同。这也就是说,动物天生会什么就会什么,如果不会,则到死也不会。我们经常说,"龙生龙,凤生凤,老鼠生来会打洞"。我们也经常说,"大鱼吃小鱼,小鱼吃虾米"。不难发现,大自然精心安排的所有的动物的进化链条都是非常完整的。谁吃谁,谁被谁吃,都是预先设定的,因此,动物连生存器官都是先天的。比如,我们把猫的胡子剪了,那它还有多强的生存能力,我们肯定就不敢预料了。我们把鱼的鳞剪掉呢?那它还有多强的生存能力,我们肯定也就不敢预料了。这就是说,动物的生存能力是先天的,动物的生存器官也是先天的,而人与动物相比,存在一个什么样的最根本的区别呢?人的生存能力是后天的,人的生存器官也是后天的。也就是说,人生下来以后,大自然没有赋予他任何一个特定的功能,比如说人跑得快,比如说人跳得高,比如说人飞得远,比如说人看得远。所有的动物一生下来都有特定的器官,比如说鱼的鳃。但是人一生下来,什么都没有,看遍所有的人类进化史的资料,也没有任何一个资料证明,人一开始就是强者,也没有任何一个资料证明,人一开始就有特定的生存工具。倒是有好多材料证明,人是宇宙中的最弱者,弱到什么地步呢?弱到了所有的动物自古以来就知道一件事实:人肉最好吃。这是很多动物都知道的,碰到人,它的一顿饱餐就有了。人,手无缚鸡之力,而且跑不快,就是趴在地上跑,四肢着地都跑不快,可是人还要站起来跑,千百年来都像个孩子,摇摇晃晃的,那不是跑得更慢吗?所以人肉最容易吃到,而且最好吃。《西游记》唐僧的肉为什么妖精都说好吃,这其实就是出自人类的远祖记忆。我在《扬子晚报》上看到,有一个科普作者介绍,在远古的时候,什么动物最软弱呢?人。人是最容易被吃到的,而且人肉最好吃,在很长时间内,人都是这个下场。

所以很多学者说,人是最软弱的动物,也是最可怜的动物,是上帝的弃儿。甚至,即便是斯芬克斯之谜,昭示的也是这一点:早上和晚上是腿最多的,这岂不是说,人到最后,还是一个弱者?为此,20世纪最大的哲学家海德格尔说过一句非常形象的话,他说:人是被"抛"在这个世界上的。这,当然是人和其他所有的动物都完全不同的,其他动物,到这个世界上,都是世界的恩赐。大自然说:你去吧,我给你一个生存的空间,然后你好好地过日子去吧。只有人到这个世界上,世界给他的宣判是:抛弃。

但是很有意思的是,人这个最弱者,最终却变成了最强者。这是一件很有意思的事情,为什么会如此呢?也还是因为人是"未特定化"的。动物却是"特定化"的。事情的发展真是很奇怪,动物一开始很强,可是多少万年过去了,它还是老样子。例如老虎一开始是森林之王,当然到现在还是森林之王,但是人类呢?一开始只是森林里的逃遁者,可是现在却早已超出了森林,成为了地球之王,甚至宇宙之王了。你们说,这是否非常奇怪?

但是,这也并不奇怪。人像动物一样,是一个有限的存在,自身存在着很多很多的局限。不过,人又与动物不同。动物无所谓局限,它生下来是什么到死就还是什么,因为它并不知道自己的局限,而人不同,他知道了自己的局限。这是人类的不幸,但也是人类的大幸!而人的可贵也就在这里。他绝不服输,他一定要超越这所有的局限,结果,局限一个一个地都被他超越了,这,就是人之为人的伟大。

哲学人类学的研究成果告诉我们,人之为人,其机体、生理、行为与环境之间在生存空间、感受模式、效应行为、占有对象等方面存在一种弱本能化的关系,即未特定化的关系。而动物的机体、生理、行为与环境之间在生存空间、感受模式、效应行为、占有对象等方面却存在一种强本能化的关系,即特定化的关系。后者的先天化、固定化、本能化、封闭化,使得它驯顺地与世界之间保持一种彼此对应的非开放性。就一般情况而论,毫无疑问,特定化正是动物在世界上占有其生存特权的原因所在。然而,世界并非一个恒定不变的环境,于是,随着环境的改变,一部分动物就会被迫丧失自己的生存特权。然而,求生的本能又会反过来逼迫它去寻求新的更复杂、更灵活的生理反应与行为反应系统等非本能的进化途径和适应模式。显而易见,人,正是这被迫丧失了自己的生存特权而又顽强地去寻求新的更复杂、更灵活的生理反应与行为反应系统等非本能的进化途径和适应模式的动物中的成功者。而未特定化,则是人赋予自身的全新的性质。

这样,相对于动物而言,人确实是一种不"完善"的、有"缺陷"的和"匮乏"的存在,例如,面对特定的环境,动物必有特定的器官与之相适应。而且,动物的特定生存方式也就决定于这一特定器官,例如鱼的鳃。而人类却没有完全适应于某一特定环境的特定器官。自然没有对人类的器官应该作什么和不应该作什么的规定,甚至连在什么季节生育都没有作出任何规定。以至于,严峻的局面是,只依靠天然的器官,人类根本无法生存。人的生存能力实在是相当差的,又没有任何的生命的遗产。因此卢梭说人是被剥夺、腐烂的动物,格伦说人类是有缺陷的存在,莱辛说人类具有不可抵御的虚弱,赫尔德认为人类是世界上最孤独的儿童,确实,都不无道理。但另一方面,也正是因此,人又必须去不断创造自己的"完善",不断克服自己的"缺陷"和"匮乏"。这意味着:人类必须借助于超生命的存在方式才有可能生存。正是生命功能的缺乏与生命需要的矛盾使得人类产生了一种超生命功能的需要。结果,就必然出现这样的一幕:人类只有满足了超生命的需要才能够满足生命的需要。对于人类而言,第二需要是第一需要的基础前提。因此人类的生命存在与物质活动必然是同构、同一的。在这个意义上,我们应该看到,人类并非只是接受了知识的动物。在动物,只能把对象体会为某种功能,但是却绝不可能把对象体会为具有不同功能的"功能中立"之物。蜘蛛对于落在网上的苍蝇是认识的,但是对落在地上的苍蝇却一无所知。把整体事物从特定功能中分离出来,把事物的部分从它在整体中所扮演的角色中分离出来,对于动物,都是不可能的。然而,这一切对于人类来说,则是完全可能的。最终,人也就使自己区别于动物,人不再仅仅是一种有限的存在,而且更是唯一一种不甘于有限的存在。未完成性、无限可能性、自我超越性、不确定性、开放性和创造性,则成为人之为人的全新的规定。向世界敞开,就成为人类的第二天性,或者说,成为人类所独具的先天性。

不难看出,人类的这一使得自身在适应环境方面降到了最低极限的生命结构的"非特定化",必然导致其自身为了维持生存而必然从生命的存在方式创造出超生命、非本能的存在方式,以便从中求得生存与进化。

为了更好地讨论问题,我们不妨来回顾一下阿德勒的"自卑超越说"。

西方的心理学家,一般比较熟悉的可能是弗洛伊德,他有一个学说,叫"性欲升华说",说的是什么呢?"美是性欲的升华。"就是说人的性欲自己得不到的时候,他就把它投射到了想象当中,也就成为白日梦,这就是美的来源。不过,我觉得他的看法还是简单了一些。倒是阿德勒的看法更值得我们注意。虽然他的名气不如弗洛伊德大,但是他的"自卑超越说"却很值得注意。

阿德勒写了一本书,叫《自卑与超越》,当然,这本书研究的是人类个体,但是我们也可以拿来对比人类群体。阿德勒发现,有些人在小的时候被人看不起,别人总说他(她)太笨、太丑、太没出息,结果长大以后就出现了两种情况,一种情况是这个小男生、小女生最后就真的不行了,窝囊一生,但是还有一种情况,就是这个小男生、小女生最后却偏偏特别成功。那么,道理在什么地方呢?其实,就是被童年时代的打击激发的。他(她)一开始觉得特自卑,觉得自己什么都不行,但是因此也就特别努力,要发奋,要图强。最后呢?偏偏他就最行。

人类也是一样,人类也面临一个从自卑到超越的进化过程,一开始,人类是到处被动物赶着吃的,全世界响彻的就是一个声音:人肉最好吃。结果,人被吃来吃去吃到最后他总要想办法生存呀,他总要想办法克服困难啊,最终,他偏偏就做到了什么呢?我经常用这样的话来形容:人一开始是"一无所能",但是被逼到了最后,他却是"无所不能"。他本来没有动物飞得高,没有动物跑得快,没有动物跳得远,那怎么办呢?他为了不断地给自己创造生存的机会,不断地给自己创造未来,因此就要不断地超越自己,就要不断地为自己创造出一些新的所能,结果,最终人类就超出了动物。因为一个一个的局限、一个一个的困难、一个一个的所不能都被他超越了,超越到了最后,他就无所不能了。

更重要的是,人在一开始还是为了需要而有所创造,就根本而言,还是与动物是一样的,我饿了,我才去创造,我被逼急了,我才去创造,可是,到了后来就转变为为了创造而有所需要,最后,更干脆就是我的创造就是我的生命需要了。① 用今天的时髦语言说,这应该叫:为创造而创造! 结果,人类的生存方式也就与动物完全区别开了。与动物不同,人类是必须借助超生命的存在方式才能存在,也就是说,只有满足了超生命的需要之后,才能满足生命的需要。于是,"未完成性""无限可能性""自我超越性""不确定性""开放性""创造性",就成为人之为人的根本属性。

在这个意义上,我们才会意识到,人的诞生,是多么艰难,又是多么伟大。而人类的美感呢?当然也就来自对于这里的艰难与伟大的自我鼓励。一切都是未知的,一切都是赌博,而人类却用美感鼓励着自己,在万分的艰难中,坚定不移地朝着正确的方向。

这,就是从快感到美感的全部过程,其中也蕴含着人类进化的全部神奇与奇迹。

人类最大的奥秘就是"不足"

而从这个角度再去看"爱美之心",我们就一定会有了更为深刻的感悟。俄罗斯有一个大诗人,叫普希金,他有几句诗,写得很精彩——

> 啊,人们啊,你们都好像
> 你们的那位祖先夏娃一般:
> 给了你的东西你不感兴趣;
> 一条毒蛇在不停地召唤着你,
> 把你叫到那棵神秘的树前:
> 摘下一枚禁果来给你尝尝,
> 否则天堂对你也不是天堂。
>
> ——普希金《叶甫盖尼·奥涅金》

---

① 苏联学者阿·尼·列昂捷夫指出:最初,人类的生命活动"无疑是开始于人为了满足自己在最基本的活体的需要而有所行动,但是往后这种关系就倒过来了,人为了有所行动而满足自己的活体的需要。"(阿·尼·列昂捷夫:《活动 意识 个性》,上海译文出版社 1980 年版,第 17 页)

英国哲学家约翰·穆勒也说:不满足的人比满足的人幸福,不满足的苏格拉底比满足的傻瓜幸福(而且,每个人的内心深处都隐藏着一个不满足的苏格拉底)。萧伯纳同样说:人生有两大悲剧,一是没有得到你心爱的东西,一是得到了你心爱的东西。没有得到,自然是想得到,得到后,却又担心失去,总之,都是不满足。你们看,人类的生命就是这样的不满足,倘若不是无穷无尽的创造,无穷无尽的创新,就无穷无尽的追求,那即便是天堂,对人类来说,也不是天堂。同样地,中国古代也有一句老话:"言之不足,故嗟叹之;嗟叹之不足,故永歌之;永歌之不足,不知手之舞之、足之蹈之也。"在这句话里,最重要的就是两个字:不足。确实,人类最大的奥秘就是"不足"。

赌与动物不同

而这"不足",最初的时候,就是体现为,赌自己不是动物,或者,无论如何,反正我就是要与动物不一样。

比如说,最初,人类一定是像亚当和夏娃刚刚看到自己的那样为之而怦然心动:"我变了,我不再是动物,我是人!"由此,也就必然热爱自己的身体的意识,以及相应的对原始的动物祖先的身体的一种本能的反感。人最大的特征是什么呢?其实就是两个:"二足而无毛。"第一个是站立,这个我在前面已经说过。动物是爬行,那人就非站不可。这一站,人类就有了人类特有的臀部——猿猴的骨盆窄而长,而人却有了短而宽的骨盆,臀部的附着面积一下子就扩大了很多,"爱神",其实希腊文的意思就是有美丽臀部的女神。这样一来,人类丰满的臀部与动物瘦小的臀部就不可同日而语了。再加上胸部和腰部。胸、腰和臀就成为人体的三段乐章,所谓"三围"。第二个是皮肤。看一看中西方的诗歌,就会发现,春天是人类最喜欢赞美的季节,为什么呢?原因就在于,人类的皮肤是汗毛最少的,他和动物完全不一样。所以,人类对四季的转换的感受也是最分明的。这就不像动物,它的毛发可以调节温度,因此四季的差别对它来说,就不是很大。人的皮肤是没有办法调节温度的,所以对春天就特别敏感。人类动不动就写"春江水暖鸭先知"

"池塘生春草",道理就在这里。

以"池塘生春草,园柳变鸣禽"为例,这是千古名句,也是对于春天的最为细腻最为具体的感知。池塘周围,向阳处的草得到了池水滋润,而坡地又挡住了时时来袭的寒风,因此,它复苏得很早。在早春中,它的青青之色更特别地鲜嫩,越发欣欣向荣。而在远处的林间,柳枝上也开始出现迁徙初到的鸟儿,它们也开始了快乐的鸣叫。可是,中国人为什么如此喜欢"池塘生春草,园柳变鸣禽"的诗句呢?诗人在其中的发现确实是非常精彩。向阳处的春草,林间的鸣禽,这些都实在太微不足道了,太细小了,往往为世人所疏忽,所难以察觉,只有谢灵运,在"卧疴对空林"而且"衾枕昧节候"之际,久病初起,心灵被突然触动,于是,锦心绣口,写出了千古名句。然而,现在我们不妨再反过来想想,"池塘生春草,园柳变鸣禽"之所以成为千古名句,其实更因为人类的"无毛",所以,才对于春天特别敏感。因此,早春正是人类所乐于接受、乐于接近、乐于欣赏的。

还有,中西方的诗歌里也经常歌颂云气、烟气、水气、暮霭、雨雪、清风,这些东西为什么是美的?动物为什么就不认为它们是美的?这就与人类的皮肤密切相关啊。动物是多毛,而人是无毛,因此,云气、烟气、水气、暮霭、雨雪、清风,一定都是他乐于接受、乐于接近、乐于欣赏的。可是我要问,人类的这种无毛的皮肤又是怎么来的?一定是赌来的。因为人类不屑于与动物一样!动物的皮肤不是多毛吗?那我的皮肤就以无毛为美。动物的皮肤不是粗糙吗?那我的皮肤就以白嫩为美。

女性白嫩的皮肤,我们经常叫作"肤如凝脂"。而事实上,白嫩的皮肤特别容易在艰难粗粝的环境中受伤。最初也无非就是要赌自己不是动物,要赌自己与动物完全不同,因此,在皮肤的选择上也就要与动物背道而驰。或许,由于基因变异,我们的某一位女祖先的身上出现少毛甚至无毛,可是,也因为如此,她就在所有的人中变得与众不同,也会引起异性的格外关注,于是,也就意外地获得了繁衍后代的特殊待遇,她的皮肤也就有了优先流传的机遇。而在西方美术史上,希腊美女芙丽涅因为做职业模特,结果受到她的行为有伤风化的控告,她的辩护律师在法庭上拼尽全力,可是却无论如何也说不服愤怒的人们,最后,他急中生智,干脆上去把她的衣服脱去。顿时,令人惊艳的身体完全展现在人们的面前,众人惊呼为美。于是,法庭判她无罪。希腊美女芙丽涅令人惊艳的身体当然不只是令人惊艳的皮肤,但是却无疑肯定包含甚至首先就包含令人惊艳的皮肤。那么,人们为什么会一见到希腊美女芙丽涅的这一切,就马上意识到应该宣判希腊美女芙丽涅无罪呢?还不是因为人们乐于接受、乐于接近、乐于欣赏?

顺便说一句,西方美学家莱辛曾有著名的一问:是否要让拉奥孔穿上衣服呢?拉奥孔是西方著名的雕塑,但是,其中的人物却都是裸体的。因此,莱辛才有此一问。可是,我孤陋寡闻,似乎还从未看到有哪位回答说,应该让拉奥孔穿上衣服。为什么呢?男人因为还需要在野外劳作,因此他的皮肤还暂时无法要求以"肤如凝脂",可是,少毛乃至无毛的皮肤,在男性的身上也仍旧是人类的一个伟大创造。它是人们乐于接受、乐于接近、乐于欣赏的,因此,完全不需要任何衣服的遮挡。

又如樱桃小口,我们在评价女孩的时候从来都是以樱桃小口为美,而"血盆大口"则是从来就没有被作为美的对象过的,至于个别的好莱坞女演员以大嘴著称,那只是个例,不能改变人类的普遍审美标准。那么,人类为什么喜欢樱桃小口呢?这其实与人类的站立有关。动物的生存是爬行的,因此,动物和大自然的关系主要就是靠鼻子和嘴建立的。动物首先是在地上闻,闻到了以后就逐渐接近猎物,然后就是用嘴去咬,去撕。我们有一个错觉,以为动物是靠眼睛,这是不完全正确的。因为动物的眼睛不可能看得很远,而鼻子就不同了。各种气味,很远之外,都可以闻到。最典型的例子是狼在捕猎的时候,它们都是不紧不慢地在后面尾随着,直到一闻对方的粪便,发现对方已经精疲力竭了,它们才会一拥而上。性的交配也是,动物都有特别的嗅觉,可以从对方的粪便里嗅到排卵的准确时间,以避免浪费掉自己的精子。而嘴的功能就更重要了,它们无疑越大越好,因为只有这样才能够吃得多,而且吃得快。而吃得多和吃得快,无疑是生存的基本条件。1975年到1978年春,我在河南南阳的方城县当过两年的知识青年,我发现,我的很多农民兄弟,他们在吃饭的时候,拿筷子一搅,那个面条就搅上来了,然后两口就吃完了,可是我们这些城市孩子就不行,所以每次基本上是弄一碗汤,弄不了几根面条,干活的时候就饿得不得了。从这个角度,我们就不难理解动物为什么一定要大嘴了。

可是,人却为什么偏偏以小嘴为美呢?其中的奥秘在于人的站立。人一旦站立起来,鼻子与嘴就都远远脱离了地面,结果,眼睛和脑门的关系开始变得重要了。你们看古希腊的雕塑,从来脑门都是亮亮的,很宽阔,绝对不像猴子那样是个窄脑门。西方人甚至把脑门叫作人的第二张脸,在他们看来,那才是人类真正的脸,也是人类为自己进化出来的"脸"。确实,人类也就是用对于眼睛和脑门的赞美,来赌自己是人,而不再是动物。嘴也是如此。前几天我在外面作报告,有人提问,在原始社会,什么样的女性才是美女呢?我的回答很简单:美女是在当时最不像动物的女人。因为这些女性跟动物离得最远,因此人类就乐于接受、乐于接近、乐于欣赏,这样,她们就成为美女。小嘴的由来也是如此,无非就是因为它离动物最远。否则你永远讲不清楚,难道大嘴有什么不好吗?其实就是因为从进化的角度,我们要赌离动物越远越好,所以我们赌自己的嘴要小一点,因为动物的嘴大。由此类推,当然,如果我跟这样的美女结合,后代的遗传基因也一定是最好的啊。

顺便讲几句,再如人们所崇尚的"希腊式的鼻子",也由于它是人类进化的确证。在动物的面部,最重要的是嘴,其他器官则服从于嘴。人的面部,最重要的则是额头、眼睛,因为它是理性的象征。其他器官通通处于辅助的地位。也正是因此,作为联结面孔上下部的桥梁,鼻子的重要性就无法忽视。塌鼻梁之所以丑,是因为从外观上看它中断了与额头的联结,使鼻子更多地属于嘴巴的进食功能,令人产生肉欲、粗俗的联想。"希腊式的鼻子"之所以美,则因为它与额头的联系更为明显。

顺便讲一下女性的鼻子。前面我讲过欧洲人、非洲人的鼻子。其实,在这个方面还有一个问题值得讨论,就是在审美活动中,人们为什么倾向于以男性的大鼻子为美,而又以女性的小鼻子为美?对此,你们还是要从人类的进化来考虑。要弄清楚女性的鼻子为什么一定要小,就首先要弄清楚男人的鼻子为什么一定要大。那么,为什么呢?当然与男性经常在外面做激烈的野外运动有关,或者是追逐猎物,或者是被猎物追逐,但无论是追还是被追,他的肺活量都必须很大,所以,他的鼻子一定也要大一点,否则,他就没有生存的机会。这样,女性慢慢就知道了,鼻子大的男性才有更大可能存活,于是,她们就去嫁那些鼻子大的男人。结果,大鼻子的男性往往就会被称为"帅哥"。可是,女性的鼻子又为什么一定要小呢?那当然是因为女性更少进行激烈野外运动,那她要那么大的鼻子干什么呢?女性又不要逃跑,也不要进攻,所以,鼻子小,男性才喜欢,鼻子小,才证明她是女性,所以,鼻子小,男性就乐于接近、乐于接受、乐于欣赏。

推而广之,其实最早的审美都是与赌自己要远离动物有关的。动物爬行,那人就一定要站;动物浑身毛发,人就一定要无毛。而且,人类的眼睛不能太大,眼大当然是好,但是眼如果太大,人类也要骂,怎么骂呢?说他是牛眼;人类的脸也不能太长,太长了人类又开始攻击他了,说他是驴脸;人类身体也不能太胖,太胖,人又要攻击他了,长得像头猪;身体瘦一点总好一点吧?也不能太瘦,为什么呢?人类又攻击他了,说瘦一点像只猴。顺便说一下,人类最反感的,就是猴子。人类可以把猫、狗、虎、豹、蝴蝶、金鱼、天鹅甚至狐狸当成审美对象,但是人类却非常顽强地就是不愿意把猴子作为审美对象,这是一件很有意思的事。而且,人类什么都不要,偏偏耍猴,偏偏把猴当作丑角,要去嘲弄之、耍弄之、鄙视之,为什么呢?当然是由于人类对自己的原始容貌的反感。所以谁要是接近于猴子,他就反感谁,难怪古希腊哲学家赫拉克利特宣布:"最美的猴子与人类比起来也是丑陋的!"

因此,赌自己与动物不一样,赌自己不是动物,是人类精神进化的一个重大收获,也是蕴含着人类审美的内在奥秘。许多似乎看上去令人费解的审美现象都可以从这里得到解释。例如金发碧眼的美女。这实际是一种神奇的基因变异,但是因为"物以稀为贵",而且更加明显区别于动物,因此也就更加易于吸引男性的目光。金发碧眼的美女,也就特别引人注目,并且直到今天。可惜的是,现在金发碧眼的女郎已经越来越少,科学家预言,金发碧眼的美女将会在两百年内绝种。

再如登高,向极限高度攀登,是人类的一大审美活动。可是,人类为什么会热衷于此?究其原因,是因为海拔6200米是目前世界上种子植物分布的极限,而人类永久居住的极限则无法超过海拔5500米,动物也如此,一旦超过海拔6200米这个极限,也无法找到取食、繁衍的空间。从这种意义上讲,人类一旦越过了6200米,也就进入了生命的全新空间。而这正是动物所无法做到的。也因此,人类正是通过登高来告别动物,也宣布着自己与动物的完全不同,并且把它称为美。

还有一个,就是长寿之美。人类有一句话,叫作"扶老携幼"。这无疑与动物不同,动物就只"携幼",但是却绝不"扶老"。但是,人类却要旗帜鲜明地不但要"携幼"而且要"扶老"。看看一位学者所提供的人类的平均寿命表:青铜时代,18岁;古罗马时代,29岁;文艺复兴时期,35岁;18世纪,36岁;19世纪,40岁;1920年,55岁;1935年,60岁;1952年,68岁。试想,68岁意味着什么?传播基因?繁殖后代?无疑都不是。既然不能再传播基因也不能再繁殖后代,那么68岁的老人为什么还要活着?无疑是因为他(她)还有着更为神圣的精神追求。显然,这一切都意味着人类在顽强地反叛生命基因的制约,也意味着人类在以寿命的不断增长来宣布自己的与动物的根本不同。

赌与创造的过程相同

不过,赌自己与动物不一样,赌自己不是动物,这毕竟还只是粗糙的审美,那个时候,人类是左躲右闪,在"躲"什么呢?又在"闪"什么呢?就是在"躲"与动物的相似,在"闪"与动物的雷同,而在躲闪的过程中,人类有意无意也就走上了正确的进化方向。不过,这毕竟只是初步的,当人类的爱美之心逐渐成熟起来,赌自己与动物不同,也就逐渐被赌与创新、进化、牺牲、奉献同在取代了。与创新、进化、牺牲、奉献同在,也就是与动物不同。而我在前面已经说明过,与创新、进化、牺牲、奉献相同,也就是去赌与创造的过程相同。

在这个意义上,过程就是美,过程就是天堂,结果则是地狱。中国古代有著名的三大行书,从"书圣"王羲之的《兰亭序》到颜真卿的《祭侄季明文稿》,再到苏轼的《黄州寒食诗帖》,其中存在着一个非常值得关注的奥秘,就是它们都是草稿。这提醒了我们,人生最为可贵的,就是草稿,就是过程。再如西方的西西弗斯的故事。西西弗斯就是美的象征。我们中国人特别喜欢把西西弗斯讲成一种努力进取、不断奋斗的典型,实际上是错误的。西西弗斯的故事不在于鼓励你去努力奋斗,而是告诉你说,什么奋斗的成功都不是最终的意义,最终的意义就是奋斗本身。西西弗斯的故事最精彩的地方在哪呢?你满头大汗把石头推到山顶,可是刚刚等你想休息的时候,石头又轰然一声坠落了,于是你还要很快乐地唱着歌下去再推。这就是人生,人生就是永远生活在创造当中。所以西西弗斯的故事其实就是赌博,你要想得到生活的快乐、生活的美,那你就去赌西西弗斯的生活是有价值的、过程是有价值的。

索洛古勒曾经赞美托尔斯泰:您真幸福,您所爱的一切您都有了。托尔斯泰却纠正说:不,我并不具有我所爱的一切,只是我爱我所具有的一切。西方电影大师文德斯则说:我比较喜欢"旅行",而不喜欢"抵达"。另外一位电影大师茂瑙则说:不管在哪儿,我都不在家。中国的李白说得更为精彩:"何处是归程?长亭更短亭。"确实,生命就在长亭短亭之间,美也就在长亭短亭之间。对于动物而言,归程是肯定的,过程可以忽略不计,但是对于人类来说,却恰恰相反,过程是肯定的,归程却可以忽略不计,因为,"归程"已经成为"过程","归程"也已经被延伸成为"过程"的一个组成部分。过程,就是一切。

中国的禅宗还有一句话,我很喜欢,过去曾经在我的一本书的后记里面引用过,现在又把它放在了我博客的封面上,这句话是:"掷剑挥空,莫论及与不及"。其实,它的意思与"何处是归程?长亭更短亭"是完全一样的。

当然,这样一种人类生命发展的基本特征,事实上也就是人类的审美活动得以存在的最为根本的理由。人类是生活在过程里的,而这种过程又意味着什么呢？意味着人类永远不满足,永远希望追求更美好的和最美好的东西。而审美活动则把这一切都酣畅淋漓地表达了出来。换言之,对于这种生命过程的关注,就使得人类开始关注到了人类在动物身上永远找不到的创造的属性、开放的属性、创新的属性、面向未来的属性和追求完美的属性。而这些根本的东西,当它表现在审美活动里的时候,就成为了审美活动的至高无上的使命。

相比之下,王勃《滕王阁序》里说的"关山难越,谁悲失路之人；萍水相逢,尽是他乡之客","失路之人""他乡之客"就都不是爱美的人,因为都不肯活在当下。诗人海子写过一首诗歌,其中说,"从明天开始,做一个幸福的人"。我也很不赞成,为什么要从明天开始？明天何其多？从明天开始,就意味着永远都不会开始,因为永远有新的明天,正确的选择是,应该从今天开始,从现在开始。

从这个角度,我们就不难理解为什么鲜花永远是美的象征了,因为,它最精彩也最深刻地体现了美的根本特征。实际上人类对鲜花的追求,也就是对自己生命过程的追求,我们可以发现,所有的动物都是对鲜花的美没有兴趣的。花开花落永远不会打动它,它有兴趣的就是结果,但是人却不同,正是在鲜花的身上,人类意识到了自己的生命真谛,那就是"开花"。在原始社会,那个时候人的生活非常压抑,那个时候人的生活完全是为功利的目的存在的,他没有任何的自由的空间,没有任何休闲的空间,所以,也发现不了鲜花的美。到了农业社会,生活安定了,人们不再仅仅计较于结果了,过程的意义才显露出来。于是,鲜花的美也才脱颖而出。我们可以这样想：鲜花为什么是美的呢？你们千万不要想象说：因为鲜花本身就是美的,然后我的大脑去反映它,而且说,真美。这就错了。对于人类而言,生命只有在过程中才灿烂,而鲜花也就因为印证了这一点而灿烂美丽。

因此,当我们注重结果的时候,我们就看不到鲜花的美,但是当我们注重生命的过程时,我们就看到了鲜花的美。它可以完全把我们人类的这种对更理想、更美好、更自由的生命向往的心态完整地见证出来。生命就是一个开花的过程,和结果无关,而且这个开花的过程是非常灿烂的。释迦牟尼是净饭王的儿子,什么幸福都不缺少,但是,有一天早上,他在四个城门看见了生、老、病、死,突然他意识到,生命还应该有更高的追求,而不是功名利禄之类。于是,他就出家了。后来,他成了佛教的开山祖师。

那么,他所发现的人生真谛是什么呢?我们来看看一个关于他的"拈花微笑"的故事吧。故事说的是,释迦牟尼在灵山法会上正要开始说法的时候,大梵天王来到了座前,他向释迦牟尼献上了一朵金色波罗蜜花。然后就下去坐在了最后的位子上,准备凝神静听释迦牟尼的说法。很有意思的是,释迦牟尼接过了鲜花之后,却一言不发,只是拈起这朵金色波罗蜜花给各位弟子去看。这下子,大家可就都茫然了,不知道这是怎么回事。可是,唯有十大弟子中的摩诃迦叶在下面会心地一笑。于是,释迦牟尼对大家说:"我有正法眼藏,涅槃妙心。实相无相,微妙法门。不立文字,教外别传。现在,我把这无上的大法,付托给摩诃迦叶。"你们看看,这是不是很有点高山流水的味道?一边是拈花,一边是微笑,那么,其中的奥秘何在呢?就在于彼此对于生命真谛的洞察。人生的真谛就是要永远快乐地生活在过程里,而不要过多地去关注结果。只有过程才是真正的人生。这就是释迦牟尼对于人生的领悟,当然也是摩诃迦叶对于人生的领悟。而鲜花的美,也正是他们因此而与之建立起来的一种价值关系。所以,师父一碰鲜花,大徒弟在下面就会会心地微笑。

显然,正是这种对于过程的关注导致了我们对鲜花的欣赏,因为,鲜花的美就来自生命的过程,它正是生命过程的见证。

据说,二战结束的时候,德国的柏林已经是一片废墟。当时,有两位访问者曾有如下的对话:

问:你看他们能重建家园吗?
答:一定能。

问:你为什么回答得这样肯定。

答:你没有看到他们在地下室的桌子上放着什么吗?

问:一瓶花。

答:对,任何一个民族,处在这样困苦的境地,还没有忘记美,那就一定能在废墟上重建家园。

我必须说,岂止是柏林如此?我们的整个世界都是如此啊。

第二讲

"爱美之心，人皆有之"

审美活动诞生的逻辑根源

在第一讲结束之后,关于美学的讨论还远远没有结束。

我讲了,人类对于美的追求其实有一个最为直接也最为简单的动机,就是要赌与动物不同。可是,现在的问题是,在人类脱离了原始时期以后,人类与动物不同,已经是一个既成的事实,换言之,人类当年的赌博现在已经完全实现了,现在人类已经确实通过爱美之心使得自己超越了动物,现在谁都不会再在人与动物之间画等号了。可是,我们为什么还要爱美呢?而且,假如过去是"爱美之心,人才有之",那么现在就是"爱美之心,人皆有之"。这岂不是说,在人类进化过程中所进行着的那场既伟大又惊心动魄的美的赌博,直到现在也还仍旧在继续进行之中?可是,人类现在已经与动物截然不同了,那场既伟大又惊心动魄的美的赌博为什么却还在继续进行?

在这里,我要引进一个新的概念"动物性"。

"动物性"与"动物"不同。凡是"动物",当然一定会有"动物性",但是,不是动物,也未必就没有"动物性"。在这方面,最典型的例证,当然就是人自身了。人类当然是从动物脱胎而来,可是,脱离了动物的形体是否就意味着也已经同时就脱离了动物的属性呢?

就以我在第一讲所特别强调的人类的"站立"为例,身体的站立,是人类脱离动物的关键一步。正是"站立",使得人类最终从动物超越而出,可是,要知道,动物之所以是动物,绝对不只是因为它在身体上是爬行的,而且因为,它在精神上更是爬行的。黑格尔就发现:"人固然也可以像动物一样同时用手足在地上爬行,实际上婴儿就是如此;但是等到意识开了窍,人就挣脱了地面对动物的束缚,自由地站了起来。站立要凭一种意志,如果不起站立的意志,身体就会倒在地上。所以直立的姿势就已经是一种精神的表现,因为把自己从地面上提出来,这要涉及意志因而也就涉及精神的内在方面。

就因为这个道理,一个自由独立的人在意见、观点、原则和目的等方面都不依赖旁人,我们说他是'站在自己的脚跟上'的。"①请注意,"站立要凭一种意志","站立的姿势就已经是一种精神的表现",因此,人类要真正地从动物超越而出,就不但要在身体上"站立"起来,还要在精神上"站立"起来。在身体上"站立"起来,是要脱离"动物";在精神上"站立"起来,则是要脱离"动物性"。

可是,"动物"是什么,这比较简单,可以说是一目了然,"动物性"就不同了。假如说,"动物"是动物的"所然",那么,"动物性"就是动物的"所以然"了。而且,要弄清楚"所然",只需要"摆事实"就完全可以了,可是,要弄清楚"所以然","摆事实"就远远不能胜任了。

要弄清楚动物的"所以然",也就是要弄清楚动物的"动物性",需要的不再是"摆事实",而是"讲道理"。

动物的"动物性",就其自身而言,当然是不"讲道理"的,因为动物根本就没有理性思维,可是不"讲道理"却绝不意味着"没道理"。这就涉及动物生存的逻辑根源了。事实上,动物之为动物,也并不是就毫无"道理"的。动物之为动物,也一定存在着自己的基本假设。只是在远古时代,人类还没有能够深刻意识到动物关于自身的基本假设,或者说,由于那个时候人类还主要是在赌自己的与动物的身体的不一样,因此,也就没有去直面动物关于自身的基本假设。但是,在人类在身体上已经远离动物以后,这一切就被提上了议事日程。于是,人类继在与动物赌历史根源的同时,又开始了与动物赌逻辑根源的漫长历程。

所谓逻辑根源,就是动物之为动物、人之为人的基本假设。"人"与"动物"应该是不同的,我把这个不同称作审美活动的诞生的历史根源。这一点,我们在第一讲都已经看到了,那么,"人性"与"动物性"是否也应该不同?答案无疑是肯定的。这个"不同",我把它称作审美活动诞生的逻辑根源。

显然,审美活动诞生的逻辑根源,这,就是第二讲所要讨论的内容。

---

① 黑格尔:《美学》第3卷,朱光潜译,商务印书馆1981年版,第153页。

赌理想的人生存在

既然逻辑根源涉及的是基本假设,那么,我们不妨就从基本假设开始。

在"开篇"里我已经说过了,审美活动就意味着对于理想的人生的预期,这种预期是完全建立在一种假设的基础上的,至于最终究竟是否能够实现,则在审美活动中都还是完全未知的。因此,审美活动事实上就是在赌理想的人生存在。不过,我当时没有能够想起来,其实,西方有一个大作家,叫卡夫卡。这是个真正的文学大师,我记得,在西方20世纪的文学家里,学者们曾经做了很多次的排名,但是,无论怎么排,卡夫卡都永远是排在第一的。因此,他的话我们可不能不去注意聆听。在《随笔》里,卡夫卡就说过一句很有哲理的话,非常有助于我们理解所谓的"赌理想的人生存在":"生活意味着:处于生活的中间,用那种我创造了这种生活的眼光去看它。"这里的"创造了这种生活的眼光",其实就是在赌理想的人生存在。而这种"赌",显然就与历史根源不同了。在历史根源,基本上是事实判断,要回答的是"是",或者"不是"。但是在逻辑根源,却基本上是价值判断,要回答的是"应当",或者"不应当"。

诺瓦利斯说过:"生活不是一场梦,但可以成为一场梦。"逻辑根源,其实就是在赌理想的人生存在。它涉及的是对于理想人生的基本假设,不过,这里的"赌"、这里的基本假设都又与历史根源不同了。在历史根源,更多地涉及的,是赌理想的人类身体的存在,涉及的是对于理想的人类身体的基本假设。并且,鉴于动物的身体的作为参照的存在,因此,它回答的也无非就是"是"与"不是"。动物的身体"是"什么,则人的身体就绝对"不是"什么。人类就要赌自己与动物完全不一样,凡是动物拥护的,人类就要反对。我们也可以想象一下,当时一定是有许多种不同的赌博取向,其中最为截然相反的,就是赌自己与动物完全一样。可是,进化的历史最终证明,恰恰是赌自己与动物完全不一样的那一群,最终得以进化起来,也最终得以成功。至于我们,则正是这些成功者的子孙。当然,也因此,我在前面已经说过了,这一切的一切毕竟只需要从"摆事实"开始,就可以了。

逻辑根源则不同,它要"赌"的是"应当"与"不应当"。换言之,它要赌的不是人之为人的"身体",而是人之为人的"道理"。而且,这个"道理"与我们日常生活里所说的"科学道理"之类又是完全不同的,是一种不讲"道理"的"道理",也可以说是一种讲"道理"的不讲"道理"。科学的道理,是在我给你讲了道理以后,你就真的可以认为确实是有道理的了,而这里的"道理"其实是没有"道理"的。它只是一种假设,仅仅只是因为你愿意相信,仅仅只是因为你愿意去"赌"。而且,赌得起你就赌,赌不起你就别赌。理想的人生,也一定是隐含在这场美学的豪赌的背后。

换句话说,在这里,重要的不是"讲道理",而是在"讲道理"背后蕴含着的"应当"。

那么,就人类审美活动的逻辑根源而言,在"讲道理"背后蕴含着的"应当"究竟是什么呢?

答案是:无限性。

无限性就是关于理想人生的基本假设。当人类远远脱离开动物以后,要赌的已经不是人类的起点,也就是与动物的不同——这毕竟已经不成问题,而是人类的终点,这就是与神的相同。人类要赌自己是神,要赌自己一定会与神相同。在这个方面,一切都正如卢梭所说:人是生而自由的,但却无往不在枷锁之中。在这里,"生而自由"就是人的"应当",当然,因为人毕竟不是神,因此,这"应当"也就"无往不在枷锁之中"。可是,"应当"毕竟又就是"应当",犹如一块金子,它总归要闪光,尽管"无往不在枷锁之中",但是却要赌自己"生而自由",这就是人类的"应当",而审美活动就恰恰是对于这"应当"的满足,也就是对于人类的"生而自由"的满足。

"生而自由"无疑与"无往不在枷锁之中"的"生而不自由"相对。那么,什么是"无往不在枷锁之中"的"生而不自由"呢?

答案是:有限性。

有限性无疑也就是动物的属性,前面我已经说过,动物不"讲道理",但是,却绝不意味着动物"没道理"。事实上,动物之所以能够进化起来,也一定有其自身的道理;同样,动物之所以没有能够最终进化为人,更是一定有其自身的道理。例如,动物的生存一定也是在赌博。它采取什么样的生存方式,它跟其他同类之间怎么打交道,它跟其他的异类之间怎么打交道,包括它跟它的后代之间怎么打交道,我相信,所有的动物都也有它自己的"道理"。或者说,动物它也要赌自己所预设的最理想的生存方式。

那么,动物之为动物,"道理"究竟何在?当然就是动物自身所禀赋的有限性。

适者生存,弱肉强食

关于动物自身所禀赋的有限性,换一个词,就比较好懂了。这就是:占有。也就是:适者生存,弱肉强食。显然,这正是动物的逻辑,也正是动物之所以在精神上始终爬行的原因。而且,大家如果想得稍微快一点,一定也可以想到了,实际上这正是人所要千方百计摆脱的东西,我们说人身上有动物性,我们说人身上有丑恶的东西,我们说人要追求美好的东西,实际上都是指的什么呢?都是指的人要摆脱这样一种以"占有"作为生存目的的动物性。

在第一讲里,我是曾经歌颂过动物的。我曾经说,动物的快感在它自身的进化当中也曾经起到过很好的作用,可是,到了第二讲,我就要对动物提高要求了,也就要开始讲些动物的不是了。当然,有少数几位美学学者一定会不以为然。因为在他们看来,动物也有美感。而且,很有意思的是,他们也把自己的学说称作"生命美学",当然,有些读者或许现在也在想,为什么不能说动物也爱美呢?比如说,我们过去讲孔雀的时候,不是也说孔雀有一个美丽的大尾巴吗?难道它自己不是以此为美吗?

当然不是。

动物也追求颜色的鲜艳,也追求比例与线条,也追求平衡,但是,我们却不能因此而得出动物存在"爱美之心"的结论。

我的理由,主要是两条。

第一个理由,我之所以说动物没有爱美之心,是因为动物的快感尽管也是对于生命的一种鼓励,也是在鼓励动物去冒险,但是却只是在鼓励作为动物的群体的生命。也就是说,这只是动物群体的一种共同选择。但是,却毕竟不是动物个体的自主选择。而美感就不同了,它所鼓励的是生命的个体,是在鼓励生命个体去创新。所以,动物的快感当然也可以为它的生命导航,但是却又可以一万年十万年都基本不变,但是人就不行,人的美感瞬息万变,而且喜新厌旧。

为什么会出现这种情况呢?一个很重要的原因,就是动物的快感是为了物种的进化,比如说,我们经常会看到狼的自我牺牲、海豚的自我牺牲,等等,但是我们不能把它解释成是自觉自愿的。我们只能解释为,这是在进化过程中把喜欢自我牺牲的种群进化出来了,但是却绝不意味着每个个体动物本身就已经意识到了创新,意识到了呵护他者,意识到了爱的重要。这是绝对没有的。

换言之,大自然在进化过程中,当然始终是在追求着创新。从群体而言,我一定要强调,整个大自然,完全就是一个创新的大自然。一开始,大自然只是一块大石头。在这方面,你不能不非常吃惊于中国人在想象大自然创生时的天才。中国的几部文学名著,就都与石头有关。《红楼梦》是这样,《水浒》是这样,《西游记》也是这样,那个齐天大圣孙悟空,就是从石头里蹦出来的。而从一块大石头到今天的气象万千的大千世界,我们不能不说,从宏观的角度看,连大自然也是创新的,也是常变常新的。但是,这毕竟要以千万年作为一个计量单位。从微观的角度看,大自然实在是毫无变化的、亘古如斯的。

动物也是这样,从宏观的群体角度,动物一定也是一个创新的群体,在千万年里,时刻顺应着环境的变迁,否则,他就一定会被淘汰,但是,如果从个体的角度来看呢?那作为个体的动物却毫无创新,而这,就正是动物并不审美的第一个原因。因为美感鼓励的是个体的创新,而动物却既不是个体,也不需要对于个体创新的鼓励。

第二个理由,我们还要特别注意,动物的快感和动物的对象其实是处于同一个自然过程的,也就是说,动物是只有看到了对象的时候,它才会有快感,或者它只是看到了对象对于它有用,但是,它却不可能看到对象的价值、意义,它的快感和他所遇到的对象是处于同一过程的,也就是说,它看到了实际的苹果,它就有快感,可是,动物看到了画的苹果会有快感吗?没有。但是,人就完全不同。人为什么能够审美呢?关键在于人的审美活动已经是一种意识活动了,也就是说,在这里,关键的不是本能,而是意识。生理快感当然是精神愉悦的基础,但却毕竟并非精神愉悦本身。因此,现在,对生命的"有利"开始由"意识"而不是由"本能"来决定了。于是,对象本身也从体现生理的快感到体现精神的愉悦,对象成为精神享受的对象。显然,这里的对象是人类出于自己的"意识"而在对象身上创造出来的,也是人类对于自己的精神进化的自我鼓励。人的生命需要,已经不需要去找到一个实际的东西了,他完全可以通过自己的意识把它创造出来,比如说,我希望看到最理想的人,可是我在生活里没有啊,那我就通过文学作品把它创造出来;或者,我在对象的身上赋予特殊的价值、意义,显然,这无论如何也是动物所不能的。所以,对于人来说,意识不只是反映,而且是本体,人的这种爱美的需要,不是通过生命本能来表现的,而是通过意识来表现的。这一切,自然不是动物所能够做到的。

而对于动物的批评,当然也与动物没有美感完全一致。因为,动物之所以没有美感,我们也可以说,正是因为动物自身所禀赋的有限性,也就是那种以"占有"作为生存目的的动物性。

不过,对于动物是否有美感的讨论毕竟并非我们的主旨,因此,不妨还是回到我们的论题本身,还是来对于动物的"有限性"、动物的"占有"等等动物性,作出我们的解释。

低级需要

在这里,我想引进一个概念:需要。我们知道,人的所有的行为都是取决于需要的。苏联有一个学者说,任何的生命机体的积极性,归根到底都是由需要引起的,并且指向于满足这些需要。而且,不同的行为无疑就取决于不同的需要,例如哥伦布与郑和的航海,这是我们都很熟悉的例子,同是航海,但是他们的行为却截然不同,为什么呢?当然是因为需要的不同。

那么,毫无疑问的是,动物的"有限性"、动物的"占有"等等动物性无疑也出于某种特定的需要。为什么人在发展进化的过程中非要和动物告别?毛泽东有一句诗,叫"人猿相揖别",可是,人为什么非要和猿猴告别呢?尽管我们今天已经很难想象发生在远古时代的那个具体的告别过程,但是我们都相信,那一定是一场无比光荣的告别。而人类在发展进化的过程中之所以非要和动物告别,也无非是非要与这种特定的需要告别。这个特定的需要,就是:低级需要。

西方一个学者叫马斯洛,他发现,人有两种需要,首先是低级需要。什么是低级需要呢?低级需要可以叫作一种缺失性需要。什么叫缺失性需要呢?马斯洛说:缺失性需要就是因为健康的缘故必须填充起来的空洞,而且必须是由其他人从外部填充的,而不是由主体填充的空洞。显然,缺失性需要是人和动物共同的。人和动物占有食物,是为了维持自己的生存;人和动物占有性,是为了维持类的生存。

当然,低级需要的满足也是生命自身的一部分,但是,倘若一旦僵滞于此,不再向高级需要升华,生命的本质就会被极度地扭曲,于是,低级需要的满足也就不再蕴含生命的意义,不但不蕴含,而且它还反而意味着人的整个生命活动都已经远离了自由,已经成为一种因为放弃高级需要而导致的自我异化和因为停滞在低级需要而导致的自我折磨。

在这里我要说明一下,"自我异化"和"自我折磨",是马克思的一个精辟总结。如果人只满足于低级需要,只像动物那样去做,那他就会处于一种"自我异化"的状态。什么叫"自我异化"的状态呢?就是永远不可能成为人。我们现在回过头来想一想,我们的祖先真是英明,即便是到了现在,我们用种种科学道理去劝说,可是很多人还是不肯放弃对于低级需要的执着,还是一门心思去挣钱、去发财,可是我们的祖先却早就洞察到了执着于低级需要的致命缺憾。

还有就是"自我折磨"。什么叫"自我折磨"呢？中国有一句话，叫"欲壑难填"，就是说，如果你只是为了满足低级需要而活着，那么你就愈活愈艰难，你会穷得只剩下钱了，于是，你就陷入一种无穷的自我折磨。

在这方面，经济学上称为"边际收益递减"的定律很值得注意。财富越增长，赚的钱越多，人生却反而越容易懈怠、越容易毫无乐趣，可以这么说，如果把人生的目标仅仅定为赚钱的话，那么，总有一天就会失去人生的快乐。

如果再加发挥的话，那么，我想介绍一个非常值得注意的现象：人类从古代开始，很多学者就不断许愿，说如果人类的物质繁荣了，如果人类的物质文明发展到了很高阶段，人类就一定会迎来一个所有人都会幸福、快乐的新生活。但是，进入20世纪之后，却出现了一个非常奇怪的现象，到了20世纪，应该说人类物质生活已经非常繁荣了，人类现在也已经生活得很舒适了，可是奇怪的是，恰恰也是从20世纪开始，全世界的大学者都在研究一个什么问题呢？人类的快乐是怎么丢失的！从弗洛伊德开始，很多大学者都一再问一个问题，当物质极大地繁荣以后，快乐却怎么竟然没有得到呢？

俄国大诗人涅克拉索夫有一部长诗，题作："在俄罗斯，谁能快乐？"我们也可以把它转换成："在世界上，谁能快乐？"于是，我们就会发现，尽管成功的人很多，拥有财富的人也很多，但是快乐的人实在是太少太少了。显然，"边际收益递减"的定律在经济领域之外的社会生活里也在发挥着作用。

因此，低级需要无疑是动物的"有限性"、动物的"占有"的内在根源，就人而言，如果执着于低级需要，无疑就会停滞于占有物而无法成为人，也因为停滞于占有有限而无法企达无限。肯定自己的存在意义的，也不是自由的生命活动，而是占有物（金钱、权力、地位、荣誉等等），显然，这已经是生命的死亡。因此，"人猿相揖别"无疑是必然的，也是必须的。

口唇期

再引进一个概念：口唇期。奥地利有一个大心理学家，叫弗洛伊德，这个人你们一定都很熟悉。但是，你们熟悉弗洛伊德的往往只是他的性学说，一般都以为，弗洛伊德理论就等于性意识，其实弗洛伊德的发现远远超过这些。比如说，弗洛伊德有一个观点就非常深刻，他说人要发展成为人，必须要经过两个发展阶段。第一个发展阶段，是口唇期，一个儿童，大概二三岁的时候，往往都有一个误解，他会认为这个世界完全就是一个他自己独霸的自助餐厅。因为小孩刚刚生下来的时候，一切都是被人照顾。这样，就给他留下了一个强烈的印象：他一动，这个世界就跟着他动。例如，他一想吃，这个世界马上就把吃的递给他了，他一不想吃，这个世界马上就把吃的拿走了。再如，他想要什么，只要用笑声或者哭声就能得到。由此，这个年龄段的孩子就形成了一种特定的人格，弗洛伊德称之为"口唇期人格"。显然，在这个阶段，人和动物是完全一样的，都是用嘴来了解世界。能吃到的就是好的，吃不到的就是不好的。而且，也对吃不到的东西漠不关心。

我经常说，中国古代文化在一定意义上其实也可以被称为"口唇期文化"，因此我们中国人理解"口唇期人格"应该并不困难。比如中国人特别喜欢说，"民主能当饭吃吗？""自由能当饭吃吗？""美能当饭吃吗？"可是我们知道，这种话在西方是问不出来的，西方很少有人敢开这样的玩笑。不能吃的就不值得追求吗？没有用的就不值得追求吗？所以你如果劝说中国人去追求爱、追求信仰、追求美，那简直比登天还难啊。他会说，这有什么用，还是解决吃饭问题要紧。难怪中国人只知道"每逢佳节倍思亲"，但是却从不思上帝，也难怪中国人喜欢说"造反有理"，那正是因为别的都已经没理。

再比如说，中国人还有一个让全世界都会目瞪口呆的口号，叫作"民以食为天"。什么问题最大？当然是吃饭问题最大。这种看法在我们中国人看来非常自然。但是你到西方去看一看、听一听，就会大吃一惊，他们会说：信仰问题比吃饭问题更大，爱的问题比吃饭问题更大，美的问题比吃饭问题更大。

为此,有人开玩笑说,伊甸园里的那条蛇如果想要引诱中国人,那肯定是没有可能的。因为中国人一看到蛇,就会马上把它捉来吃掉,根本不会给它任何的引诱机会。类似的话,林语堂先生也曾经说过,他说,中国人甚至不能冷静地观察一条鱼,因为中国人会急着把它吃掉。"吃的就是心跳",这就是中国人的普遍心态。烟枪、酒囊、饭袋、茶壶、药罐,在中国为什么会出现这种奇观?其实,这就是中国人只关注有限资源的必然结果。

占有作为一种生命存在

显然,"口唇期人格"与对于低级需要的执着一样,体现的都是某种有限性以及"占有"的生存目的。而这也恰恰就是动物的"有限性"、动物的"占有"等等动物性。由此而出现的,必然就是所谓的"精神爬行"。

在这里,非常关键的地方就在于有限性与无限性的根本差异。所谓的"动物性"、所谓的"精神爬行",其实就是只着眼于有限性,只看得见的、摸得着的、能够吃的、可以占有的,才是有用的,也才是重要的,凡是看不见的、摸不着的、不能够吃的、不可以占有的,那就无疑是没有用的,也无疑是无足轻重的,例如信仰,例如爱,例如美,例如著名的梭罗所称道的那些生活中的"永不衰老的事件"。

我们来看两个例子。

一个是关于猴子的。人人都知道猴子非常聪明,可是,它为什么就没有进化起来呢?这无疑与它的"动物性"与"精神爬行"有关。有动物学家做了一个实验,拿一个透明的玻璃杯,没有盖,然后把花生米放进去,递给猴子,接下来会发生什么?我们不妨猜一下。发生的事情非常一致,所有的猴子的第一个动作都是抓过瓶子拼命地摇,都是希望在第一时间就吃到花生米。结果,当然是无法吃到花生米。可是,猴子为什么不能停下来思考一下,仔细想想,这样行不行?那样行不行?比如,把瓶口朝下倒一下?遗憾的是,所有的猴子都没有这样去做。它们实在是太急躁了。中国人不是常说吗,说时迟那时快。还有一句话,也是中国人喜欢说的:远水不解近渴。这真是令人奇怪,为什么"远水不解近渴"呢?长江之水是从哪儿流过来的?黄河之水又是从哪儿流过来的?你们家门口那个臭河沟确实是"近水",但是能喝吗?但是我们中国人就是从来都这样说。

还有一个例子是关于牛的。在相当长的时间里,我都觉得非常惊诧,你们看看,牛那么大的个子,但是却很怕人,它的体型比老虎、狮子都大,可是它却温柔、软弱得令人无法相信。这是为什么呢?后来,有动物学家出来解释,说是牛眼看人大。就像我们说狗眼看人低一样,你看那些狗,动不动照着你的腿咬一口,但是,牛眼偏偏看人高,在牛眼里,任何一个小小的东西都会被放大,看见一只猫,它会以为是一只老虎;看见一个侏儒,它会以为是姚明。结果,它当然也就都不敢反抗,只好马上认输,俯首称臣。其实,我们把这个例子推广开来,就不难发现,所有的动物,犯的也无非就是牛的毛病。在它们的眼睛里,有限的物质永远比所有的东西都要大得多。有限的物质是第一生存需要,为了有限的物质它可以牺牲性命,得到有限的物质它可以弹冠相庆。但是,也正是因此,它们也就永远都不可能进化起来。

当然,人绝对不想成为猴子或者牛,而且,他也不认为自己是猴子或者是牛,但是,就某种内在禀赋而言,其实人也真的与猴子或者牛相去不远。换言之,其实,在某些时候,人也就是猴子或者是牛。

首先,从个人的角度来看,我们看到,倘若以动物性为根本,那人的生命会表现得太生理了,也会表现得太动物了。眼界就是碗口那么大,眼光也就是筷子那么长。在他们那里,低级的物质的满足——金钱的满足、权力的满足、地位的满足、荣誉的满足等等——僭替了高级的生命的满足。可是,弗洛姆的剖析是何其深刻:这是一种以消费为目的的满足。它"必然导致需求的永无止境,因为我们不是作为真实具体的人来消费一个真实具体的物品,所以,我们就愈来愈需要更多的物品,寻求更多的消费"。"每个人的梦想就是买到最新推出的东西,买到市场上新近出现的最新式样的商品。……现代人如果敢于描述他对天堂的看法的话,他会描述出一个像世界最大的百货商场一样的天堂,里边摆满了许多新产品和新玩意,而且他有充足的钱来购买这些东西。只要有更多和更新的物品可买,只要他比世人多那么一点特权,他就会垂涎三尺地在这个充满商品的天堂里逛来逛去。"①然而,这个"逛来逛去"在物质的世界寻求着无穷的满足的形象,恰恰是动物的形象而并非人的形象。

这样一来,低级需要的满足就只能导致生命的浑浑噩噩和真正意义上的死亡。正如帕斯卡尔所分析的:"唯一能安慰我们的可悲的东西就是消遣,可是它也是我们的可悲之中最大的可悲。因为正是它才极大地妨碍了我们想到自己,并且使我们不知不觉地消灭自己。若是没有它,我们就会陷于无聊,而这种无聊就会推动我们去寻找一种更可靠的解脱办法了。可是消遣却使我们开心,并使我们不知不觉走到死亡。"②

总之,这是一种求助于外在的物质世界的生存方式。或者对生命的有限一无所知(帕斯卡尔称之为"鄙视的可怜"),或者在生命的有限中陶然忘返(帕斯卡尔称之为"悲悯的可怜")……其共同之处则是满足于人类禀赋的不可逾越的有限性,却丝毫不去顾及生命之虚妄、欢乐之虚妄、幸福之虚妄,用占有外在的物质世界来占有生命,用占有外在的物质世界的多少来说明生命的是否有意义和有价值。更多的金钱、更好的职业、更大的权力、更高的目标、美满的婚姻、受人尊敬的地位、琳琅满目的高档家具、居高官享厚禄的父亲、聪明伶俐的孩子、著作等身,以及文学家、艺术家、科学家、企业家、政治家或教授、处长、市长、书记的头衔……诸如此类,都被用来说明生命的意义和价值。我占有什么,我的生命的意义和价值就是什么,反之,就不是什么。

西班牙哲学家乌纳穆诺曾经讲过这样一个故事:有一位可怜的农夫,躺在医院的病床上。临死前,牧师要为他行涂油仪式,但是他却拒绝伸开他的右手,因为右手握着几个油污的铜板。这几个油污的铜板代表他生命的意义和价值。遗憾的是,他竟然没有想到,再过不久,他的手,甚至他的生命都

---

① 弗洛姆:《健全的社会》,中国文联出版公司1988年版,第135、136页。
② 帕斯卡尔:《思想录》,商务印书馆1985年版,第171页。

要消失了,那几块油污的铜板又有什么用处?我想,这位可怜的农夫,正集中体现了"占有"的虚妄。

更为严重的是欲望物质化、情感物质化、交流物质化、权力物质化、文学物质化、趣味物质化、道德物质化……人生被全方位地物质化了。落魄时对金钱的吝惜及疯狂追逐固然是出于对于有限的迷信,发迹后的大肆挥霍与炫耀同样是出于对于有限的迷信。人生的成功被完全等同于对物质和权力的占有程度。

当然,从理论上讲,占有也不失为一种生命存在,尽管它是一种被扭曲了的生命存在。可惜的是,在这种生命存在中,每个人都感到自己是个陌生人,或者说,每个人在这种生命存在中都变得同自己疏远起来。他感觉不到自己就是生命的中心,就是生命意义和价值的创造者,相反却感觉自己的生命应该融于外在的物质世界之中,以致看不到外在的物质世界实际正是他的生命创造的产物,并且反而认定它远远高出于自己并凌驾于自己之上,他只能服从甚至崇拜它。对此,弗洛姆称之为"恋尸(死)的人"。

"恋尸的人被一种把有机物转化为无机物的欲望所驱使,以机械的方式看待生活,仿佛所有的人都是物一样。所有有生气的变化、情感的思想都被转化为事物。记忆而不是经验,占有而不是存在,变成了重要的东西。恋尸的人能够同一件物品——一朵花,或一个人有关系,仅当他占有这件物品时;因此,对他的占用物的威胁就是对他本身的威胁;如果他失去了占有物,他就失去了同这个世界的关系,这就是我们发现的下述荒谬反应的原因:他宁肯失去生命也不肯失去占有物,尽管一旦失去了生命,有所占有的他也就不复存在了。"[①]因此,占有作为一种生命存在,不是把自身看作是人的全面性和丰富性的积极承担者,而是把自身变成依赖自身以外力量的无能之"物"。他把生命的价值和意义投射在异己之物身上,并向之鞠躬屈膝。由此推演,便极其自然地用认识物的方式去认识生命,用物的占有去等同于生命的实现。这样,假如一定要说,占有什么也就是什么和成为什么,那么,这

---

① 弗洛姆:《人心:人的善恶天性》,福建人民出版社1988年版,第27页。

种占有物的生命存在无疑就意味着是物和成为物。

其次,再从社会的角度来看,一个必然的结果是,如果一个社会的构成是以动物性为主,那么这个社会就一定是一个奉行丛林法则的动物社会。在这个社会里,麻木和冷酷比爱更容易"互相培养",创造能力也远不如伤害能力更加实用,仇恨,因此而隆重出场,所有的人整天都是在时刻算计着吃人和时刻提防着不被别人吃掉。莫瑞斯就曾经非常痛心地说:在这样的社会,人们"都在一个看起来热闹非凡的小群体中快乐地奔忙着,而这实际上是个相互联结、相互交叠的氏族群体。自裸猿的原始时期以来,他的变化真是少得可怜呵"。①

就以中国为例。我经常说,如果一个社会不能通过相互信任、相互关爱去建立关系,如果不能通过对于体现了无限性的信仰、爱与美的追求去发展自己,也就是说,如果不能和动物性告别,那就只能建立一个动物王国。从统治者来说,是以"仇恨立国",不是"天下一家"而是天下只有"一家",只有皇权没有民权。"天下之事无大小皆决于上"(《史记·秦始皇本纪》),皇帝"视天下为莫大之产业"(黄宗羲《明夷待访录·原君》),即便是盛世也只是"民享",而从来没有"民治"。梁武帝灭国时候竟然说:"自我得之,自我失之,亦复何恨?"而从被统治者来说,则是特别喜欢"窝里斗","无毒不丈夫""先下手为强"更是被推崇为处世准则。总之,既然不能通过相互尊重、相互信任和相互帮助来获得安全感,那就只好诉诸阴谋、背叛、投机和其他种种无耻方式,以便来谋求个体的生存机会。德国哲学家舍勒认为:"就整个人类而言,将'狡诈''机智''工于心计'的生活方式发展到无以复加的,总是那些内心最为恐惧、最为压抑的人种和民族。"我们在中国封建社会所看到的,正是"'狡诈''机智''工于心计'的生活方式"——一种动物的生活方式。

而全部的中国帝国社会,从秦始皇开始,一直到清朝的末年,我们现在形象地说就是二十四姓——也就是二十四个家庭争夺中国。这二十四姓

---

① 莫瑞斯:《裸猿》,光明日报出版社1988年版,第126页。

的争夺都完全是动物性的。跟动物争猴王、争狮王、争虎王没有什么区别。这种争夺,其实也无非就是一场抢椅子的游戏。我们在班级活动的时候都做过这种游戏。十把椅子放在这儿,十一个人抢,然后撤掉一把椅子,九把椅子放在这儿,十个人抢,最后是一把椅子放在这儿,两个人抢,比如,刘邦和项羽来抢,而在其中一个人抢到以后,中国就成了一人之天下。接着,就是无数的人开始设法把他再推下椅子,然后,再重新开始抢椅子的血腥游戏。

我们中国的封建社会一共是2132年,在这2132年里,由于人人都坚信"你有我无""你死我活""你多我少",都坚信一切都只能通过自己的力量去解决,而且只有通过自己的力量才能解决,都坚信卧榻之侧不容他人酣睡,结果,我们中国人2132年里只做了一件事,就是抢椅子。二十四史,也无非就是二十四家抢到了中国这把椅子。最终结果,则是"零和游戏"。朝代的覆灭,意味着一切的归零与从头再来玩"抢椅子"游戏。总之,无非就是抢来抢去,其实质却是始终没有和动物性告别,最终把人类社会抢成了动物王国。

说到这里,我想各位已经可以猜测到了,为什么要从"爱美之心,人才有之"到"爱美之心,人皆有之"?为什么在人类通过身体站立的方式从"动物"脱离开来之后还最需要"爱美之心",还仍旧是"没有美万万不能"?原因就在于:人类还要通过精神站立的方式再次从"动物性"脱离开来,"爱美之心",就是人类在精神上站立起来的自我鼓励,也是人类在精神进化过程中的冒险、创新、牺牲、奉献等行为的自我鼓励。正因为这个原因,"爱美之心"才不仅仅是只有"人才有之",而且还要必须"人皆有之"。

"向死而在"

不过,要真正地把"爱美之心,人皆有之"的奥秘讲清楚,还需要从"无限性"这个概念开始。因为,倘若人的"未特定性"决定了"人才有之"的美感,那么,人的无限性就决定了"人皆有之"的美感。

我在前面引用过卢梭的名言:人是生而自由的,但却无往不在枷锁之中。我也说过,这个枷锁,首先就是"有限性"。可是,人类是怎么意识到作为自身的精神"枷锁"的"有限性"的呢?当然是从意识到自己是必死的开始的。

　　我们知道,人类意识觉醒的第一个突破口,就是对于死亡的意识。这是一个人与动物之间彼此区别的突破口,本来人与动物是相同的,但是,正是对于死亡的意识,把人与动物区别了开来。人是必死的存在,所有的人都是被判了"死刑缓期执行"的,而且,生命的残酷更在于,不论是任何人,不论你表现得多好,最终也还是要执行死刑,而绝对没有改判的可能。所有的人,哪怕是混到秦始皇那个份上,也还是要死。正如艾略特在《荒原》中所说:死亡毁灭了这样多的人!结果,人类终于意识到,没有人敌得过时间的镰刀(莎士比亚)。其实自己的一生就像海边的寄居蟹一样,生命也只是自己所找到的承载自身的壳,到了最后,还必须把一切还给世界。开始是赤裸裸地来,最后也还是要赤裸裸地去。而且,来是偶然,走是必然。

　　张爱玲说过一句很著名的话,人间有三大遗憾:海棠无香、鲥鱼多刺和《红楼梦》未完。仔细想想,还是很有道理的,不过,其实人生还有一个更大的遗憾,这就是:生命有死。

　　对于死亡的意识,确实令人恐惧。每一个人都有那样一个恐怖的夜晚,可能是十四岁,也可能是十六岁,突然意识到自己的生命并不永恒,在未来的一个时刻,自己会永远长眠不醒……"死亡意识"瞬间而生。可是,这却还并非最最令人恐惧的。因为,人类还借此意识到了一个较之死亡要更令人恐惧的问题,这就是生命的有限性。显然,相对而言,"死亡意识"只是人生的自觉,"有限性"则已经是人性的自觉。也是人的真正觉醒的开始。所以,培根才会说:人的"复仇之心胜过死亡,爱恋之心蔑视死亡,荣誉之心希冀死亡,忧伤之心奔赴死亡,恐怖之心凝神于死亡"。

　　具体来说,由"死亡意识",人类首先意识到了生命的有限。我在前面讲过,人类曾经以占有作为自己生存的目标,凡是看得见的、摸得着的、吃得到的,都是渴望大包大揽的对象,因此,人类处处都在以嘴巴也就是以能不能

"吃"来衡量自己与世界的关系,比如说,中国人在得势的时候,就会说,"吃"得开,在不得势的时候,就会说,"吃"不开,而在受到挫折的时候还会说,"吃"苦了。可是,一旦"知死",人类也就知道了,自己是无论如何都无法真正占有这个世界的。并非我只要不断地得到,例如不断地得到猎物,不断地得到主宰的位置,我就永远不可战胜。死亡,会像一个无情的清道夫,把每一个人残酷地清理出场——而且,还永远不能再次上场。苏轼,在中国应该算是超一流的大才子了,可是,我们听听他是怎么说的,"长恨此身非我有"。王国维,在20世纪也应该算是排名前几位的文化大师了,我们再听听他是怎么说的,"可怜身是眼中人"。两个人,一个是"长恨",一个是"可怜",真是说尽了生活在一个有限的时空里的人类的不幸啊。

其次,由"死亡意识",人类又意识到了生命的渺小。原来,人并不是永恒不朽的神,也不是全知全能的神。人的有限意味着,他绝对不可能是神。他只是一个并非十全十美,也并非十恶十丑的动物。在人的身上,有美的东西,也有丑的东西,不是完美,也不是"完丑"。人是一个未成品,或者距离"完美"更近,或者距离"完丑"更近,但是绝对不会等于"完美"或者"完丑"。而且,在人的身上并不存在"非此即彼",而是"亦此亦彼",或者说,不存在"非美即丑",而是"亦美亦丑",所以,马克思说,人既不善,也不恶,就是具有人性;狄德罗说:"说人是一种力量和软弱、光明和盲目、渺小和伟大的复合体,这并不是责难人,而是为人下定义。"雨果也说:天生的万物中,放出最大光明的是人心;不幸的是,制造最深黑暗的也是人心。这也就是说,每一个人实际上都还是动物,每一个人都还是小丑。当然,我们当中的一些人还没有暴露出小丑的本性,也无非是掩饰得很好而已,换句话说,那只是他们把自己身上的猴子尾巴藏得很好,就像孙悟空,在摇身变成一座寺庙之后,把尾巴合情合理地伪装成了一个旗杆。

总之,动物性与我们与生俱来,而且,还生死与共。这,就是我们的人性真实。

"无缘无故"的苦难

当然,人类绝对不会屈从于这种有限性。可是,这样一来也就陷入了一个永恒的矛盾与困惑。一方面,人是有限的,用海德格尔的话说,人都是被"抛"入人世的,是"被抛状态",这个比喻十分传神。此外,还可以形象地说,有限性,就是人之为人的原罪。在西方文化里,不同于中国文化的"人性善",而是从一开始就认为"人性恶"。当然,这里的"人性恶"不是指的人的人品很坏,而是指的人永远不可能完美。不完美,就是人之为人的"原罪"。可是另一方面,人又不像动物那样屈服于有限。因为他知道必死,因此也就特别渴望生,特别渴望永远不死。那么,他会如何去做呢?当然是要想办法自己主宰自己的命运。

亚当和夏娃就是著名的例子。亚当和夏娃第一个知道了自己必死,然后,他们的第一个选择是什么呢?就是要想办法让自己永远地活。所以,他们大胆地迈出了人类自我抗争的第一步。用鲁迅的话说,尽管我前面是坟,但我还是要自己主宰自己,还是要"潇洒走一回"。西方有一个著名的雕塑作品《被缚的奴隶》,在这个作品里,我们看到了那个奴隶的犹如公牛一样健壮的身体,以螺旋形强烈地扭曲着,无疑是在拼尽全力要挣脱身上捆绑的绳索,高昂的头颅、紧抿的嘴唇,再加上怒目圆睁,人类的反抗与不屈令人感动。显然,这正是卢梭"人是生而自由的,但却无往不在枷锁之中"的名言的写照,也是人类的绝对不向有限性低头的自由意志的写照。

然而,遗憾的是,千百年来,人类一再地发现:反抗有限,此路不通。为什么呢?因为这种生命的有限性完全是无缘无故的,而"无缘无故"自然也就是没有办法战胜的。因为如果有缘有故,那么你当然就有可能找到源头,能够找到源头,你也自然就有可能战胜它。然而,有限性却是完全"无缘无故"的,它完全不同于生活中的那些"困难"与"灾难",那都是有缘有故的,而它是"苦难",也是"无缘无故"的,想一想西西弗斯、坦塔罗斯的故事,我们对这一切也就理解了。总而言之,无论你再怎样去努力,再怎么去奋斗,最终的结果都一定只有一个,就是失败。

比如说,改天换地,不是宇宙有限吗？我征服宇宙。比如说,改朝换代,不是社会黑暗吗？我砸烂旧世界,建立新世界。比如说,用理性的方式,不是世界没有办法认识吗？我逐渐地掌握科学知识,从而掌握世界。比如说,禁欲或者纵欲的方式,不是欲壑难填吗？我就拼命地放纵自己的欲望,或者我干脆禁欲,我去当和尚,我什么也不要了,看你还能怎么样我？可惜,最终人类都输在了"无缘无故"四个字上。因为"无缘无故"是没有办法战胜的。没有办法战胜的关键原因是什么呢？就是因为它无缘无故。如果有缘有故,你就可以找到源头,你就可以战胜它。可是,它无缘无故。

20世纪伟大的诗人里尔克在《沉重的时刻》中说:

> 此刻有谁在世上的某处哭,
> 无缘无故地在世上哭,
> 哭我。
>
> 此刻有谁在夜里的某处笑,
> 无缘无故地在夜里笑,
> 笑我。
>
> 此刻有谁在世上的某处走,
> 无缘无故地在世上走,
> 走向我。
>
> 此刻有谁在世上的某处死,
> 无缘无故地在世上死,
> 望着我。

福克纳说过,人生"是一场不知道通往何处的越野赛跑",《阿甘正传》中阿甘的母亲也很有哲学头脑,她说过一句极其精彩的话:"生活就像一盒巧克力,打开包装盒,你才发现那味道总是出人意料。"那么,什么叫"不知道通往何处"呢?什么又叫"那味道总是出人意料"呢?都是说的人生的有限性的"无缘无故",也都是说的有限性的不可战胜。没有人知道自己的归宿是什么,也没有人知道自己的下一秒钟会遇到什么。任何的选择都是错误的,而当你想下一个选择来弥补前一个选择的失误的时候,你也就一定已经犯了一个更大的失误。

我们不妨就再来看亚当和夏娃偷食禁果的故事。显然,这是一个意在为善但是却偏偏导致了恶的故事。其实,他们的目的真的是很善良的,他们只是希望自己能够主宰自己。这有什么不对呢?我们每一个人在追逐自己个人利益的时候,我们每一个人在抢夺自己想得到的那些东西的时候,也都无非是想主宰自己,无非是想生活得最好,无非是想生活得最快乐,但是,问题在于,当人类想"主宰自己"的时候,当人类心里有了这四个字的时候,也就已经有了"恶"的萌生。因为想"主宰",那么你肯定就会想无所不为、无所不有、无所不占、无所不贪,而且肯定会去想发号施令,结果,你也就会不知不觉地侵害到了别人的可能的空间、别人的可能的权利!何况,在你在想"主宰"一切的时候,就已经先把上帝赶出了伊甸园。试问,上帝又怎么会不把你赶出伊甸园呢?爱因斯坦发现,只有两种东西是无限的:宇宙和人类的愚蠢。看来,也真的是如此啊。

俄狄浦斯的故事也如此。这是西方文化中最著名的故事,与亚当和夏娃的故事一样,也蕴含着西方人对于人类命运的深刻反思。俄狄浦斯是西方最聪明的人。因为他猜中了世界之谜,这就是所谓的"斯芬克斯之谜"。而让他猜中谜语,就是要强调他是最聪明的,是无所不知的。其实,他只猜中了是人,但他猜中了人是什么吗?没猜中啊。他猜中了人的自我是什么吗?更是没猜中啊,但是俄狄浦斯却懵然不知,他以为自己什么都知道,自己是最强者。这样,他就开始愚蠢到了一再犯错误的地步。他生下来以后被预言要杀父娶母,他父母就自作聪明,把他扔得很远。结果到后来连他自己也误解了,以为没事了,因为我离自己的父母已经很远了。可是,他很聪明地要躲他父亲,却把他父亲给杀了,他很聪明地要躲他母亲,却把他母亲娶回家做了妻子。这就是他的悲剧,这个悲剧不在于他的无知,而在于他知之太多;不在于他的愚昧,而在于他的完美;不在于他的愚蠢,而在于他的聪明!这意味着,人类最大的"无知"是认为自己"有知",而最大的"有知"是知道自己"无知"。

因此,俄狄浦斯悲剧的原因不是神谕,也不是命运,而是对自身无知的无视。一方面要以"有知"战胜"无知",但是另一方面,从最根本的角度来说,自己的"有知"又不可能真正地去战胜"无知",须知,"有知"本身还包含了更大的"无知"。例如俄狄浦斯故事中的先知特瑞西阿斯是个盲人,但是双眼明亮的俄狄浦斯却并没有他看得清楚。他知道人最大的"有知"是知道自己"无知"。苏格拉底在希腊时,也经常对别人说自己是最无知的,这就是因为最聪明的哲学家就聪明在他知道人类是"无知"的。可是俄狄浦斯的聪明却在于以为自己"有知",结果,斯芬克斯就用另外一种方式毁灭了他。由此,我们一定要意识到,俄狄浦斯的赌博要证明的就是:人无往不在枷锁之中。你永远是零,聪慧如俄狄浦斯尚且如此,愚钝如我们,那就更是再努力也无济于事了。

请看,这就是人性的真相。事实上,人并不是神,我们往往认为,人靠自身可以得救,但是,无数的事情告诉我们,结果必然是一定不能得救。因为,不管你跑得多快、飞得多高,只要你是人,你就逃不掉脚下的那个阴影,而这个阴影却恰恰是你的人生必然失败的巨大陷阱,你必须为这个阴影背上十字架,并且付出血和泪的代价,你无法幸免,当然,也没有谁能够幸免。

华丽的转身

那么,既然无论作出什么选择最终都是一个"错",最终都是无路可寻,人之为人,岂不是就被逼到了边缘情境,犹如哲学家马克斯·舍勒所说,人相对他自己已经完全彻底成问题了?确实如此。不过,绝路恰恰也就是生路,所谓"柳暗花明又一村"。

遥想人类曾经的进化道路,在远古的时候,人类是如何从动物的身体超越而出的呢?其实,人类并不知道未来的道路何在,但是,人类却天才地猜测到了一个最为重要的关键,那就是绝对不能与动物一样,否则,就无论是如何左拼右突、困兽犹斗地"爬"来"爬"去,也根本"爬"不出什么名堂的。于是,人类毅然决然地转过身去,去赌与动物的爬行的截然不同。于是,站立,就在这毅然决然的转身一赌中出现了。其结果,就是人类从动物中超越而出。

显然,现在也应该是一样,人类如何从"动物性"超越而出呢?唯一的正确道路,就是从此不再在精神上爬行,而是在精神上站立起来。动物是爬行的,与之相反的当然就是站立。那么,动物是有限的,与之相反的应该是什么?当然就是无限。

所谓无限,就是史怀哲所说的:要"尽力做到像人那样为人生活",或者,就是卢梭的名言"人是生而自由的,但却无往不在枷锁之中"中的"生而自由",这是在将人的所有现实出路都完全堵死以后的唯一选择。西方美学中一般称之为他性启示、神性启示、精神救赎,在这里,首先是有限性的"山穷水尽",其次是无限性的在有限性的"山穷水尽"中的"柳暗花明",两者必须是同时出现。希腊戏剧《俄狄浦斯王》结尾,有歌队长的演唱:

> 当我们等着那最末的日子的时候,
> 不要说一个凡人是幸福的,
> 在他还没有跨过生命的界限,
> 还没有得到生命的解脱之前。

"跨过生命的界限",其实也就是跨过有限性的"山穷水尽";"生命的解脱",则是无限性在有限性的"山穷水尽"中的"柳暗花明"。

对此,我们中国人理解起来可能会有些困难。可是,假如我们能够意识到:这无非就是要求我们直接进入一种全新的精神对话关系,毅然远离精神的爬行,毅然在精神上站立起来,毅然在当下就"像人那样"去生活,也毅然在当下就"为人生活",其实,也就不难知道何谓他性启示、神性启示、精神救赎,何谓无限了。

不能不承认,人类在精神上的进化就是这样神奇,它竟然是从一次转身开始。从2007年开始在澳门做兼职教授以后,因为每学期都要在澳门待两个月,南大的公选课就没法再开了,但是,在2007年以前,我是每学期都要为南大的学生开公选课的,而且始终很受欢迎,每次都是连走廊都站满了人。记得还是在2003年的时候,我第一次用了"转身"这个词,那时候我称之为"华丽的转身"。后来,下课后有一个男生过来说,潘老师,你用的这个说法很形象,而且很精彩,我很喜欢。课后自己想想,也觉得"转身"这个词比较准确,于是,我就开始正式使用这个术语来概括人类的精神进化了。而且,在我看来,人类的精神进化,其实最为关键的就是这样一个华丽的转身。

有一个古希腊的故事,有助于我们来理解"转身"的至关重要。这个故事叫作"哲学家的最后一课"。说的是一位哲学家培养了几个学生,到了考试的时候,哲学家就给他们出了这样一道题目:在一片田野里,长满了杂草,那么,怎样才能消灭杂草呢?显然,这个题目就相当于在问:怎么样才能消灭自身的动物性呢?卷子交上来以后,老师一看,真是什么答案都有,例如,要把杂草除掉,要把杂草烧掉,等等。于是,老师说,要不这样吧,咱们大家都来按照自己的办法试一试,一年以后再见面吧。结果,一年以后,他的徒弟没有一个能够把杂草除掉的,只有老师,真的把杂草给除掉了。那么,老师是怎么做呢?其实也很简单,他只是在地里种满了庄稼。显然,老师是在告诉自己的学生,要与某些丑恶的东西告别(例如动物性),只有一个办法,就是转过身去面对那些美好的东西,只有这样,才有可能最终战胜那些丑恶的东西。就以我们的问题为例,动物性不是没有爱么?那我们就和爱在一起!动物性不是没有对美的追求么?那我们就和美在一起!动物性不是没有对信仰的追求么?那我们就和信仰在一起!

托尔斯泰在《战争与和平》中通过主人公安德烈的死亡体验,也形象地昭示了人类的这一天路历程。

安德烈以前非常害怕生命的结束。有两次,他还极其痛苦地体验过死的恐惧。但是,当他找到了爱以后,就再也没有了死亡的恐惧。那朵永恒的、自由的、不受现实生活束缚的爱之花在内心中开放了,他不再怕死,也不再想到死。因为,死并不是无边的黑暗,而是觉醒。死就是醒。因为爱可以阻止死。爱可以使人重生,更可以使人永生。于是,他的心灵豁然开朗,那张始终遮蔽着世界的帷幕在他的心灵前面揭开了。内心的束缚获得了解放,他的内心中开始洋溢着一种从未有过的快乐。

20世纪伟大的哲学家海德格尔在上课的时候曾经阐释过荷尔德林的一首诗歌。这首诗歌经过海德格尔的推崇,现在已经成为20世纪的最强音,这首诗是这样写的:

> 生活乃全然之劳累,
> 人可否抬望眼,仰天而问

其实,这里的"抬望眼,仰天而问"就是转身的意思。可惜,中国人很难弄得清楚,因为中国否认最最熟悉的,还是或者不"抬望眼",谁"抬望眼"谁就是杞人忧天,或者是"抬望眼,仰天长啸",可是,我们中国人却从来就没有一个要"仰天而问"的。可是,"仰天而问"却偏偏非常重要,因为,这就是我所一再强调的"转身"啊。

你们不会和所有的动物同死

还有两首诗,说的也是转身与不转身的区别。一首是布莱希特写的,这是个现实主义者,他是怎么写的呢?

抵抗诱惑
你们不要被诱惑!
返回的路已不存在。
日子伫立在门前,

你们已能感到夜里的风:

清晨却不会再来。

你们不要被欺骗!

生命残薄。

尽快地啜饮生命吧!

你们不会感到满足,

当你们不得不离开生命时。

你们不要接受骗人的安慰!

你们没有太多的时间!

让腐烂成为拯救者!

生命最伟大;

拥有的已无多。

你们不要被诱惑,

去干苦役让自己精疲力竭吧!

还有什么能使你们畏惧?

你们会与所有的动物同死,

此后什么也不会再来。

布莱希特是一个大戏剧家,但是他的这首诗透露出他的人生观还是很成问题的。布莱希特是在写他对于人的思考。那么,他对于人的思考是什么呢?他说:"你们不要被诱惑!返回的路已不存在,日子伫立在门前,你们已能感到夜里的风:清晨却不会再来。"那也就是说,人像动物一样,他的生存是一次性的,而且他的生存是不可以重复的,那么,怎么办呢?既然清晨不会再来,那么"你们不要被欺骗!生命残薄。尽快地啜饮生命吧"。那也就是说,过一天算一天吧:"你们不会感到满足,当你们不得不离开生命时。你们不要接受骗人的安慰!你们没有太多的时间!让腐烂成为拯救者!"这就是说,死亡就是最后的拯救了。"生命最伟大;拥有的已不多。你们不要被诱惑,去干苦役让自己精疲力竭吧!还有什么能使你们畏惧?你们会与所有的动物同死,死后什么也不会再来。"我不能不说非常遗憾,布莱希特这么大的戏剧家,但是,在人类早已脱离了动物的20世纪,他对于生命的理解,却还是跟动物一样,还是被动物性主宰着。"让腐烂成为拯救者",而且,"会与所有的动物同死",而且,"此后什么也不会再来",你们看,这是不是仍旧是一个动物宣言?

另外一首诗歌,是汉斯·昆的和诗,他是一个神父,他的看法显然完全与前者不同。那么,他是怎么来和的呢?首先,汉斯·昆的和诗的题目就有点变化,是"拥有的远不止这些"。他的意思是说,谁说人所拥有的与动物完全一样了?人所拥有的和动物根本就不一样,顺理成章地,他的意思也就是说,所以我们绝对不能按动物的"拥有"来看人的"拥有"。

下面,我们来看看汉斯·昆是怎么说的:

拥有的远不止这些

你们不要被诱惑!
返回的路尚存在。
日子伫立在门前,
你们已能感到夜里的风:
清晨却会再来。
你们不要被欺骗!
生命残薄。
不要过快啜饮生命吧!
你们不会感到满足,
当你们不得不离开生命时。
你们不要接受骗人的安慰!
你们没有太多的时间!
腐烂能捕住得救者?
生命最伟大;
远不止这些。

> 你们不要被诱惑,
> 去干苦役让自己精疲力竭吧!
> 还有什么能使你们畏惧呢?
> 你们不会和所有的动物同死。

针对布莱希特的看法,汉斯·昆提示说:"你们不要被诱惑,返回的路尚存在。日子伫立在门前,你们已能感到夜里的风。"你们看,从一开始就不一样了,"返回的路尚存在",而且,"清晨却会再来"。这也就是说,那些美好的东西是永远不会消失的。有时候,我们如果是像动物一样地去想象,那我们就会觉得什么美和丑、什么信仰与爱,反正一切都会过去,可是我们一旦转过身去,坚信神性的存在,坚持像神一样地生存,那么我们就会确信,永恒的东西是存在的,因此,我们绝对不能像动物那样去放纵自己,而是一定要用信仰、爱与美来为自己的生命导航,因为是存在最终审判的,我们绝对不要随波逐流地去作恶,因为,"清晨却会再来"。所以,"你们不要被欺骗,生命残薄。不要过快啜饮生命吧!你们不会感到满足,当你们不得不离开生命时。你们不要接受骗人的安慰!你们没有太多的时间!腐烂能捕住得救者?"意思就是说,死亡就那么可怕吗?难道人真的不能战胜死亡吗?人像动物一样是必死的,但人在"知死"以后就一定为所欲为,一定要为非作歹吗?腐烂真的就能捕住得救者吗?当然不是,所以,他说:"生命最伟大,远不止这些,你们不要被诱惑,去干苦役让自己精疲力尽吧!还要什么能使你们畏惧呢?你们不会和所有的动物同死。"

我在前面说了,布莱希特十分现实,因此,在布莱希特看来,"我们要与所有的动物同死",那也就是说人的所有努力都是没有意义的。动物不"知死",所以它浑浑噩噩,可是,我们"知死",那我们怎么办呢?我们就痛痛快快地潇洒走一回吧。但是汉斯·昆却对人提出了更高的要求,因为"我们不会和动物同死",所以我们要赌自己要像神一样地存在。因此,布莱希特的诗实际上是所有动物的宣言,也是布莱希特眼中的人的誓与"动物同死"的宣言。汉斯·昆的诗不同,他说,我们一定要坚信"美好的清晨还会再来"。

因此,"我们不会和动物同死",既然如此,我们就要想一想:我们身上那些最美好的东西或者说那些充满神圣的东西究竟是什么?既然如此,我们就应该也必须像神一样地去生存!

当然,我们中国人理解起这一切来,可能会比较困难。因为我们是一个信仰、理想淡漠的民族。可是,我不得不说,这一切都不应该成为我们拒绝接受信仰、理想的障碍。我们必须知道,人类的进步、人类的进化是有共同规律的,而且,在人类的进步、人类的进化当中也是绝对不允许"钉子户"的长期存在的。比如说,中国人不喜欢"仰天而问",中国人喜欢的顶多也就是"仰天长啸",中国人更是以讥讽"杞人忧天"而自得、自诩,最为经常的情况是,当有人想"仰天而问"的时候,所有的人就开始嘲笑他:"你管那么多干吗呢?好死不如歹活,活着就行了。"可我们要知道,一个民族如果没有一点"仰天而问"的精神,没有一种坚决地去赌像神一样地去生活的气度,没有一个华丽转身的抉择,那就无疑是:虽生犹死。遗憾的是,我们这个民族却恰恰就是如此。

美国著名诗人埃兹拉·庞德曾感言:当我倦于赞美晨曦和落日,请不要把我列入不朽者的行列。可惜的是,我们民族却很少这样的"不朽者"!

西方文化中的三次最为著名的人性豪"赌"

不过,当我们把目光转向西方,看到的却完全不同,

西方文化中最为可贵的,恰恰是那样一点"仰天而问"的精神、那样一种坚决地去赌像神一样地去生活的气度、那样一个华丽转身的抉择。

我们来看西方文化中的三次最为著名的人性豪"赌"。

第一次,是约伯的人性豪赌。

约伯是上帝的优秀子孙,或者,是驯服臣民,他过得很幸福,牛羊满圈子孙满堂。这个时候,魔鬼撒旦跟上帝聊天说:"你知道为什么约伯对你这么忠诚吗?"上帝问:"你说呢?"撒旦说:"那是因为你给了他幸福。"上帝说:"不是这样的,约伯之所以对我忠诚,之所以过得很快乐,是因为他坚信我是正

确的,他坚信跟我在一起是快乐的,所以才快乐,而不是我给了他幸福,他才认为我是个好人。"于是,撒旦说:"不可能,这样吧,我跟你打个赌。"上帝问:"打个什么赌呢?"撒旦说:"你允许我到人世去考验他,我要把他害得一无所有,然后咱们再看一看,约伯是不是还坚信你是正确的。"于是,上帝说:"可以,那你就去考验他吧,但有一个前提,你不要伤及他的身体。"结果,撒旦就跑到尘世,把约伯弄了个倾家荡产。然而,约伯却仍旧不改初衷,他说:"我所有的财产和幸福都是上帝给的,既然上帝把它拿去了,那肯定是有理由的,我不会怨恨上帝。"

当然,撒旦不会轻易死心。他回去见到上帝的时候,上帝说:"你看约伯他没有怨心吧,约伯真的是个好人。"撒旦就说了:"那我们还可以换个赌法。""怎么换呢?""上次是没有伤及他的身体,如果伤及他的身体,那约伯一定会在人间痛骂的。"于是,上帝说:"既然这样,那我这次就允许你去加害约伯的身体。"结果,这次撒旦用了最残忍的办法。中国人诅咒人的时候说,头顶长疮,脚下流脓。这次他就给约伯来了一次。可是他发现,约伯还是那样一个从容淡定的心态,约伯怎么说呢?"我赤身而来也赤身而去,上帝赐予我的就是上帝对我的恩惠,如果上帝把它收回去,那肯定是有理由的。"这也就是说,他仍旧绝不怀疑。总之,约伯就是要豪赌信仰必然存在,而且,无论如何,他都坚定不移地相信信仰必然存在。信仰没有在自己的身上兑现,他不会就因此而断定它不存在,信仰在自己身上兑现了,他也不会才断定它存在。在他看来,信仰必然存在,不论在自己身上兑现与否,信仰都必然存在。

故事说到这里,我要提醒一下。首先,中国人的"怀才不遇"的心态,在约伯那里是完全没有的。中国人总是去赌人与人的关系,而且总是把责任推给对方,是对方不好,是对方存在问题,所以我怀才不遇。可是,西方人却从来不赌人与人的关系,而是去赌人与神的关系。而且,约伯也绝对不怀疑神的绝对正确。即便是魔鬼撒旦把所有的东西都收走了,他也绝对不怀疑,他只怀疑说:"很可能是我自己做得不好,所以上帝才把这一切都收走了。"显然,对此我们中国人理解起来会很困难。因为我们中国人从来就没有这样的信仰心态。比如说,我们到庙里去磕头,表面上看起来,是对神的尊重,可是,在我们下跪之前就已经许愿、许愿、再许愿了——甚至连只许一个愿的都没有,最少也是许上三个,然后才去磕那个卑贱得不能再卑贱的头。所以,我们中国人对约伯肯定是无法理解的。上帝对你那么坏,那你干吗还要尊敬他?你干脆踢他的馆,干脆砸他的招牌。但是我们看一看西方文化,它却是坚决要赌,赌什么呢?赌我哪怕是遇到再大的艰难险阻,我也还是要像神一样地生存。任何时候任何情况下,我都不会改变对于神的坚信,也都不会改变自己的那场愿意像神一样生存的生命进化的人性豪赌。

再举一个人们都很熟知的例子,我们中国人最不能理解的《圣经》里的故事,就是如果遇到了别人迫害你,耶稣所要求人们的那个做法。你们都知道那个最著名的耶稣的回答,有人说:"有人打我的右脸怎么办呢?"耶稣说:"把左脸伸过去让他再打。"这个人很不服气。按中国人的想法,人不犯我,我不犯人,现在既然左脸打完了,右脸也打完了,那下面我可就绝对不能再让了啊。可是耶稣说:"不行,还得叫别人打。""那我要让他打多少次呢?"耶稣回答得很有技巧:"七十次。"当然,我们如果还是按照中国人的思维,那一定会觉得,那我得数着,打到第七十次,我就开始反抗。其实,耶稣的意思是:打到七十次你早就被打烂了,到那个时候你根本就不可能反抗了。因此,耶稣的意思是:绝不反抗。耶稣的意思是说,人间的罪恶是一定被清洗的,但是它是通过爱的力量,所谓"伸冤在我,我必报应",而不是通过你的罪上加罪,也就是说,以暴抗暴,实际的结果只能是,你用更大的罪恶来清洗前面的那个不那么大的罪恶,最终,人类世界就会成为一个战场。所以,耶稣认为,你只要对得起人类最美好的事业,你只要固守了人性的底线,那人类就已经胜利了。这就是人类的人性豪赌,我们如果不知道这就是人性豪赌,那我们就不会知道西方文化是怎么一天一天地进化起来而且最终超越了我们的。

第二次。是浮士德的人性豪赌。

不过,在介绍浮士德的人性豪赌之前,我想接着上面的话再发几句议论。我想说,文化不但有民族的差异,而且有根本精神的差异。我们绝对不能认为凡是"国粹"就一定是好的,其实,我们中国的大部分文化都是"国"而不"粹"。而西方文化呢?对于我们中国人来说,当然是不"国",但是,却偏偏有不少"粹"。

而要说到西方文化,有两个东西,你们要牢牢记住:一个是两种精神,基督精神和"浮士德"精神,一个是两部圣经,《圣经》和《浮士德》。

我现在要讲的浮士德的人性豪赌,也就与"浮士德"精神有关。

歌德在西方历史上是最伟大的作家之一。文学史上很多人的生死是很有意思的,比如,我经常想,如果张爱玲在25岁的时候就死去,那么应该说,这基本上不影响她一生的文学地位。契诃夫如果不是在44岁的时候就死去,那么,他的文学贡献也许就会高出许多。还有一个,就是歌德。他如果不是高寿,那么他的文学贡献以及整个的文学历史,就都要改写了。歌德的一生真是神奇,20多岁的时候写了《浮士德》的第一部,可是,直到80多岁才写了《浮士德》的第二部,中间竟然隔了六十年,而且,写完《浮士德》的第二部,他也就去世了。你们说,这是不是非常神奇?

歌德的《浮士德》写的其实就是一个活着的现实的约伯,只不过,歌德没有设想他笔下的约伯仍旧是在家里当个土财主,在歌德的笔下,约伯要出来改造世界了。无疑,这是一个进入近现代社会的约伯。既然如此,那么,我们一定会问:为什么会如此?而且,他又是在赌什么呢?我要提醒你们注意,歌德的《浮士德》写的最为重要的东西,实际上就是这个。

在《浮士德》里,有两个非常重要的人性豪赌。第一个是上帝和魔鬼之赌,第二个是浮士德和魔鬼之赌。上帝和魔鬼的赌博,意在呈现人的无限性,说明了人的伟大;浮士德和魔鬼之赌,意在呈现人的有限性,说明了人的悲剧。这里,我只讲第一个,也就是上帝和魔鬼之赌。这一次,还是因为魔鬼跑去找上帝。他说:"我跟你打赌,如果我让一个人享受人间的荣华富贵,那这个人就一定会成为一个坏蛋。"上帝说:"人是一个很高贵的动物,他一定会战胜所有荣华富贵的诱惑的,一定会去赌自己像神的,也一定会去赌自己不会与所有动物同死的。"魔鬼说:"不可能,人不可能实现这么一场豪赌的,人从根本上来说,还不过只是动物。"上帝说:"那你就去试试吧。"结果,魔鬼就找到了浮士德。

浮士德本来是一个老教授,一生都把自己关在书房里。魔鬼的做法是:给他各种各样的发展空间,也就是说,他想干什么,什么就能被干成。魔鬼断定:浮士德一定会因此而心满意足,而赌博的内容就是,只要浮士德对任何一件人间的事业心满意足,那么,浮士德就赌输了。因为他还是像动物一样的,还是只满足于占有。但是,浮士德犹如一个行动的约伯(《圣经》里的约伯给我们留下的印象,就是始终坐着,因此,可以说是一个坐着的约伯),没有满足于任何的荣华富贵。他永远在追求,永远在创造,永远在创新。而在这个追求、创造和创新的过程当中,浮士德成了我们人类真正的楷模。因为,《浮士德》里最著名的话,就是浮士德去世时天上的仙女来接他时唱的那首歌里的一句:"凡人不断努力,我们才能济度。"这句话在西方非常著名,应该说,已经成为西方人的座右铭,因为它是浮士德精神的核心体现。

那么,这句话是什么意思呢? 其实,用中国人的话说,就是:带着爱上路! 带着信仰上路! "带着爱上路!"这是我在1991年出版的《生命美学》里说过的一句话。"带着信仰上路!"则是我从世纪之交开始始终在强调的一个思路,我觉得,用来诠释"凡人不断努力,我们才能济度"还是非常合适的。因为歌德所写的《浮士德》无非是赌了一件事:坚守人类神性的存在。当他遇到任何一件事情的时候,都不会放弃对爱与信仰的追求。当他遇到任何一个事情的时候,都不会践踏爱与信仰的底线。浮士德失败了五次,但是,尽管失败,他却永远都不怀疑爱的存在、信仰的存在。结果,他成功了。最终,他被爱与信仰所"济度"。而这,也正是《浮士德》所要告诉我们的真谛。

而且,在这里其实那个"被上帝济度"已经是一个虚拟语了,真实的意思是:一个人只要把人的无限性的追求发挥得淋漓尽致,那他就肯定是神。因此,"凡人不断努力,我们就会济度",当人如果永远赌与爱同在、赌自己会像神一样地存在的时候,那么,他就一定会成为神。而且,他也就一定是战无不胜的,并且是无坚不摧的。

第三次,是帕斯卡尔的人性豪赌。

帕斯卡尔,严格地说,应该是一个科学家、哲学家,但是,也是一个躺在床上的科学家、哲学家。他身体很不好,只活了四十岁左右,而且,一生基本上没有出过门,天天就是躺在床上,天天都在冥思苦想。我觉得,帕斯卡尔几乎就可以说是一个法国的"杞人",他在法国"忧天"。而且,在这过程中,他还有自己的惊天发现。在思考人类世界和人生的根本问题的时候,帕斯卡尔想到了一个很有意思的转换。什么转换呢?我在前面说过的,人是必死的,因为必死,人就想到了:既然自己是必死的,那么自己也就一定是有限的。可是,与人是有限的不同,宇宙却是无限的啊。于是,他就问了一个很有意思的问题,他问:我这有限的生命,又有什么理由在这个无限的宇宙里生存呢?换言之,我的生命是有限的,但是世界是无限的。那么,我有什么理由来拿我这几十年去赌宇宙的无限呢?我怎么样生存,才能够也像宇宙一样的无限呢?那么,这是一个什么样的问题呢?其实就是一个人怎么样才值得活下去的问题。我们知道,人就是因为对自己问了这样的问题,最后才把自己逼上了一场人性的豪赌。也就是说,人一定要赌自己像神。自己明明是有限的,但是却一定要赌自己能够无限。帕斯卡尔的思考也是如此。

当然,人类尽管早就在摸索和实践着这一场人性的豪赌,但是却毕竟没有通过某个智者的总结道破这一最大奥秘,而帕斯卡尔的贡献恰恰就在这里。要知道,人类毕竟是要来追问这场人性的豪赌的理由的,人们会说,我们也希望自己像神,可是,我们毕竟只是人,那么我们是否真的可以像神甚至是否真的最终就能够是神呢?人当然不愿意与动物同死,当然希望能够像神一样地活着,但是,这一切就真的是可能的吗?——哪怕只是一线可能?

在这里,我要插几句话。我们中国人会怎么理解这一切,因为我们毕竟是一个缺乏信仰传统的民族。就以农夫与蛇的故事为例。如果是西方人,假如他遇到一条被冻僵了的蛇,他会怎么去做呢?我们知道,这个故事寓意的其实就是人类的生存。一个很有意思的角度是上帝与人,在这个意义上,人自然就是那条被冻僵了的蛇,那么,上帝会怎么对待我们呢?还有一个很有意思的角度,就是人与自身。我们都拖着一条长长的动物性的阴影,动物性,就是我们的宿命。那么,我们是否天生就要咬人?我们是否就永远要咬下去？

既然如此,现在我要问,如果是西方文化,那么它会怎么来回答？显然,对于第一个角度的故事,它会回答说,上帝会坚持不懈地解救我们,哪怕会无数次地被回暖过来的我们咬伤,因为,他坚信我们一定会得救。对于第二个角度的故事,它会回答说,尽管我们都拖着一条长长的动物性的阴影,但是,我们一定会得救,我们也一定会不再咬人的。现在我再问,如果是中国文化,那么它又会怎么来回答呢？对于第一个角度的故事,它会回答说,从来就没有救世主,更不可能有什么神来眷顾我们的,还"像神一样的生存"呢,这个世界上哪有什么神呀？因此,人只能自救。对于第二个角度的故事,它会回答说,人本来就已经获救,因为,人不是蛇。它会通过把动物性与人剥离的办法,认为只有"坏人"才有动物性,至于"好人",那可是早就没有了动物性的啊,不是"六亿神州尽舜尧"了吗？而且,关于"坏人"的动物性是否有可能被拯救的问题,它的回答也一定是否定的,那怎么可能？人们一定会睁大幼稚而又无知的眼睛,这样地来认真反问。

现在,我们再来看帕斯卡尔的人性豪赌。我要说,人类所遇到的问题,也就是帕斯卡尔需要回答的问题。这个问题就是,我要像神一样在精神上站立起来,我就要像神一样生存,可是,这一切又怎么可能？因为谁都知道,人不是神,而且,也不可能成为神呀。因此,万一我的努力都是落得个惨败的下场,那可如何是好呢？而且,如果未来的我们一定能够是神,那我们今天即便是不做坏事,即便是被害得倾家荡产,那我们今天也要坚持；可是,如果未来的我们最终不能够是神,那我们今天不做坏事、我们被害得倾家荡产,那这一切又有什么意义呢？要知道,这是一个永恒的难题啊！任何一个科学家、任何一个哲学家都无法给我们一个心服口服的论证。我们从理性的推论永远也推论不出来,人类的未来可以是神。可是,既然推论不出来,那是否就是不可能呀？同时,既然如此,又为什么要为一个根本就不可能的事情去努力呢？那我为什么不去干脆做一个坏人呢？帕斯卡尔的伟大就在这里。他提供了一个人类历史上最伟大的论证方法。

我们看看帕斯卡尔是怎么说的。他说,我们就赌美好的东西一定胜利！

既然要在精神上站立起来,那我们就去赌上一把吧。我们只要与美好的东西同在,美好的清晨就还会再来。这就犹如西方的"末日审判",中国人总是弄不懂这个说法,其实对于西方人来说,这实在并不难懂。无非是在你做事的时候,究竟接受不接受这样的标准:明天一定是美好的。如果你接受,那你今天就不会作恶,你也不会为非作歹;如果你不接受,那你当然就一定会。所以,帕斯卡尔郑重地建议:我们不妨豪赌一把,我们就赌爱必胜、信仰必胜,我们就赌美好的清晨一定还会再来。

很有意思的是,帕斯卡尔的话说得十分幽默。他说,我们人类这样地去豪赌一把,实际也是没有什么损失的。如果我们赌输了,那又有什么?我们本来不就是毫无胜算的吗?输就输了,本来不就是个输吗?何况,我们也愿赌服输呢;可是,万一我们赢了呢?我们要是不赌,那么,我们当然是一定会输,但是,不怕一万,就怕万一。万一我们赢了呢?那美好的清晨就会再来了啊,那我们就不会与动物同死了啊。你们看,这是不是一场人世间最最美丽的人性豪赌呢?

何况,人类的进化,不就是因为敢于去赌那个"万一"吗?如果只是顺从于"一万",那人类就根本不可能进化起来的。所以,帕斯卡尔的建议实在是非常重要。西方一位作家王尔德说得非常精彩:一张没有乌托邦的世界地图丝毫不值得一顾。在这里,我要再加上一句:事实上呢,一张没有乌托邦的人生地图同样也丝毫不值得一顾。人类之所以进化,就是因为有一张有乌托邦的人性地图。而帕斯卡尔的人性豪赌所给予我们的,就是这样一张有乌托邦的人性地图。

成长性的需要与肛门人格

讲到这里,我就又有可能回过头来再谈在这一讲的一开头所提出的"低级需要"和"口唇期"的问题了。

你们一定还记得,我在前面讲到人身上的动物性的时候,曾经说过人一定要和什么告别呢?毛泽东有一句诗,"人猿相揖别",那么,需要"揖别"的又是什么呢？我在前面讲了，就是要与"动物性"告别。那么，"动物性"的标志是什么呢？一个是"低级需要"，一个是"口唇人格"。可是，"揖别"之后，人类又走向何方呢？

"人猿相揖别"之后，人类从"低级需要"走向了高级需要。马斯洛把它叫作成长性的需要。低级需要和成长性的需要区别在哪里呢？低级需要是衣食住行的需要，是一个生命的空洞，也是一个必须填充的空洞。成长性的需要是什么呢？是人为了使自己像神而必须去加以满足的需要。比如说，动物不创造，而人要创造。比如说，动物不爱美，而人要爱美。比如说，动物没有信仰，而人有信仰。诸如此类，就构成了人类的成长性需要。

成长性的需要不再是一个空洞，不再是因为外界的力量而产生的，而是因为主体自身的要求而产生的，而且，也是可以用主体自身方式就能够满足的。所以，成长性的需要才是人之为人的根本需要，换言之，只要满足了这个成长性需要，也就满足了人的真正要求。也就是出于这个原因，马克思才说，消费音乐要比消费香槟酒高尚。而且，马克思还有"为活动而活动""享受活动过程""自由地实现自由"等一系列的说法，其实也是针对的成长性需要的满足。刘鹗在《老残游记》中描写的听王小玉唱书的美妙感受，则可以看作是成长性需要的满足的象征："五脏六腑里，像熨斗熨过，无一处不伏贴，三万六千个毛孔，像吃了人参果，无一个毛孔不畅快。"

更为重要的，是苏联的一个学者阿·尼·列昂捷夫的看法：最初，人类的生命活动"无疑是开始于人为了满足自己在最基本的活体的需要而有所行动，但是往后这种关系就倒过来了，人为了有所行动而满足自己的活体的需要"。从"人为了满足自己在最基本的活体的需要而有所行动"到"人为了有所行动而满足自己的活体的需要"，也就是从"为需要而活动"到"为活动而需要"，最终，爱、信仰等等，也就成为我们的需要。

而且，我们看一看人类社会的实际生活，就会发现一个很有意思的现象，人发展到最后，甚至不得不先满足成长性需要，然后再满足低级需要。所以，我们有时候说，"富贵不能淫"。什么叫"富贵不能淫"？那就是说，按动物的角度来说，富贵一定是能"淫"的，但是，如果按照人的角度来说，因为他有更高的需要了,因此,如果不能满足爱的需要、信仰的需要、美的需要,那他就宁可不要所谓的荣华富贵。其他的,例如"不食嗟来之食""不自由毋宁死",等等,也是如此。学者孙正聿曾经从五个方面总结了"人无法忍受什么":"无法忍受单一的颜色(喜欢丰富的世界与人生)、无法忍受凝固的时空(厌恶重复)、无法忍受存在的空虚(求意义)、无法忍受自我的失落(需要自我实现)和无法忍受彻底的空白(渴望不朽)。"然而,这五个方面却恰恰是动物始终乐在其中的,因此,人的这五种"无法忍受",也恰恰告诉了我们,人不得不先满足成长性需要,然后再满足低级需要啊。

其次,"人猿相揖别"之后,人类从"口唇人格"走向了"肛门人格"。我在前面讲了,一个人的人格如果停留在口腔期,他的发育一定是不正常的。那么,什么样的人格发育才是正常的呢?弗洛伊德有一个说法,叫作"肛门期"。什么叫"肛门期"呢?不妨回顾一下小孩的排便训练。小孩开始主要是解决吃的问题,后来主要是解决排泄的问题。在解决吃的问题的时候,小孩把世界当成一个随便拿取的自助大餐厅,一个移动美食厨房。可是到了父母训练他在指定地点排泄大小便的时候,小孩发现,世界不再是一个移动厕所,不是我走到哪就可以随便排泄到哪儿的地方。这个自觉,对小孩的心理成长很重要。为什么重要呢?我们想一想,为什么西方人不随地吐痰,而中国人却随地吐痰呢?原来,西方不认为这个世界是他自己的,可是中国人却觉得这个世界全都是我的,我到处都能吐。可是,为什么西方人就没有这个观念呢?就是因为,如果一个人的人格是成熟的,那么他就一定知道,这个世界并不是我的,我的很多事情也是不能全都由世界代劳的,而且,过去以为父母是我的勤务员,现在才发现,父母还有父母自己的事情。这个时候,这个孩子就开始长大了。而他的人格,我们就可以称之为肛门期人格。

顺理成章地,肛门期人格也就截然区别于口唇期人格。其中,最为关键的是,当孩子知道了这个世界并不是他想要什么就能得到什么的时候,也就出现了两种可能:一种可能是拼命去抢,还有一种可能,则是转而去追求一些新的东西。试想一下,既然这个世界并不是我想要就能要,那我要不与动物同死,我要希望美好的清晨还会再来,那应该如何去做,才真正有可能做到呢?这个时候,成熟的肛门期的人格就会导致他转过身去,他会这样去想:我要是也去追求吃的东西、喝的东西,总之是那些看得见、摸得到的东西,那肯定是我有你无、你有我无,争夺的结果,也肯定就是你死我活。怎么解决呢?中国人的最好的办法,也无非就是"让"。

最典型的,就是"孔融让梨"。在西方,一个苹果掉下来,牛顿看到后,就发明了物理学定理。在中国,一个梨拿过来,孔融的第一个念头,就是要"让",为什么要"让"呢?因为他想得到更多啊。大家都在争夺有限的资源,你如果想多多得到,那就只有一个办法:吃小亏占大便宜。可是,这其实是一种更为巧妙的对于有限资源的争夺啊。那么,正确的方式应该是什么呢?如果你的人格是成熟的,那你一定就会想,有限资源的争夺无疑是你死我活,可是,我为什么就不能转过身去呢?比如说,我转过身去追求美、追求爱、追求信仰,这些东西都不会你有我无、我有你无,而且是可以全人类共享的。仔细想想,假如我们人类都去更多地追求这些东西,我们不可以做到美好的清晨还会再来吗?我们不就可以做到不与动物同死吗?

游牧民族与农业民族之间的赌博

"成长性需要"和"肛门期人格"意味着不再追求那些有限的东西,而是转过身来追求那些无限的东西。事实上,这也就意味着对于精神生命的追求。

英语中有一个短语,叫"西班牙式价值观",指的是西班牙等国看重的都是有限的资源,因此也斤斤计较于掠夺与拼抢。还有一个短语,叫"英国式价值观",指的是英国等国看重的都是无限的资源,因此也就更加看重创造与共享。其结果,就是尽管西班牙和葡萄牙也曾经称霸东西半球,但是最终的结果却是英国成为了真正意义上的全球霸主。

也许,西班牙和葡萄牙与英国之间的此消彼长是一个异常复杂的问题,远不是在这里三言两语就可以辨析清楚的。但是,在人类历史上,不论是社会还是个人,大凡推重无限资源者,大凡推重精神生命者,都必将最终胜出,却是一个非常引人瞩目的历史演进进程中的已经公开了的秘密。

就拿游牧民族与农业民族之间的赌博来说吧,公元前3000年直到1500年,整整4500年。我很想知道,在那4500年里,如果是你,你会选择游牧民族还是农业民族?或许,你会选择农业民族,为什么呢?因为你知道农业民族最终胜出了,可是,如果把这个胜利放在4500年的日程表里,我们的生命在当时大概只能活50岁左右吧,以50年的生命历程来判断4500年以后农业民族的胜利?那肯定是不可能的吧!那么,你会怎么选择?我再告诉你一个最简单的事实,在这4500年里,游牧民族经常是大败农业民族的。选择农业民族,就意味着被打得丢盔卸甲、家破人亡,选择游牧民族,就意味过上幸福生活。每天什么都不要干,就是酗酒、狂欢,到了农业社会丰收的时候,就呼啸而下,去抢上一通,抢完就走。可是我们现在再回过头来看一看,人类究竟是靠谁发展起来的?正是靠那些整天在马蹄下讨生存的农业民族的顽强坚持啊,也正是靠他们的一场人性豪赌发展起来的。

具体来说,如果借用我在前面所讲的概念,其实那也可以说,游牧民族推崇的是有限性,农业民族推崇的是无限性。游牧民族与农业民族之间,就是有限性与无限性的豪赌。例如,我们今天知道,人类选择了农业社会其实就是选择了未来,但是,谁告诉他们选择了农业社会就是未来的呢?没有人告诉他们,也没有人能够告诉他们。我们今天这样讲,无非也只是事后诸葛亮。那么,当时的农业社会的人为什么要作出如此的选择呢?归根结底,就是一句话,他们认定"流汗"比"流血"更符合人之为人的本性。

我这几年到处做报告的时候,有一个题目,是讲《水浒》的。我在做报告的时候就经常问,在《水浒》里谁是真正的好人?很多人会抢答说:当然是武松,可是,我却说,其实应该是武松的哥哥——武大郎。为什么呢?就是因为他用"流汗"的方法推动了社会进步。我们知道"流血"是不能推动社会进步的。社会要想进步,只有一个方式,那就是"流汗"。所以,《水浒》里真正的好人只能是武大郎。现在,在评价游牧民族的时候也是一样。游牧民族推崇的是"流血",他是靠抢的,可是我们知道,抢是不可能创造剩余价值的,也不可能创造财富,顶多只能完成财富的转移,所以,人类社会的进步不能靠"流血",那么,应该靠什么呢? 当然是要靠"流汗"。

就拿武器和农具之间的区别来说吧,从今天的角度来看,先拿起农具并且放下武器的人,无疑代表着人类社会的进步。可是,要知道,在5000年前,率先拿起农具的人,那肯定是要被消灭的啊,因为他没有了反抗能力。世代耕作,作战能力当然也就大大降低了,这显然是一场赌博。但是,这个赌博恰恰代表了人类的进步。

再拿杀戮生命与培养生命之间的区别来说,游牧民族以杀戮生命为象征,犹如动物也是以杀戮生命为象征的,那么,当人类坚决不再做动物的时候,他将以什么作为标志呢? 培育生命。在农业社会之前,人类虽然在身体上站立起来了,但是他还是抢劫,还是凶杀,那么,当人类开始培育生命的时候,比如说,当人类开始种庄稼的时候,这意味着什么呢? 当然是人类在精神上的与动物性的脱离。

最后再看追逐水草而生与稳定的家庭之间的区别。游牧民族是马上的民族,他们在全世界打来打去,这边打不了了,就往那边打,而且,到了丰收的时候就来打,到了冬天他们就蛰伏起来,可是农业民族改变了人类的这种动物性的生存方式,他们开始通过什么样的方式来生活呢? 定居。一定要注意,当人类社会定居下来的时候,他们才有家庭。而人类社会的最简单的单元就是家庭。如果没有家庭,他们就永远是一个动物,动物也是奔跑来奔跑去啊,但是人类的农业社会就开始赌了,他们说:我不愿意总是这么一大帮人跑来跑去了,我要在一个固定的地方去过稳定的生活。当然,当时的人们肯定并不知道家庭的出现究竟有多重要,而只是去勇敢地赌博。可是我们今天要说,这实在是太重要太重要了。

首先,人类社会只有在家庭的出现之后,才会有爱的出现,因为如果没有家庭,那情感也就没有稳定的投射对象,也就没有必要说,我一定要保护谁,更没有必要说,我一定要把我的一生献给哪个异性了,什么海枯石烂不变心之类,也就都没有必要做这样的表白了。显然,没有家庭,就没有爱的温床,那人类也就不可能最终地脱离动物。

其次,如果没有家庭,或者说,人类如果不稳定地居住下来,就不可能有机会去追求非功利的精神生活。我在前面讲了,人和动物之间最大的区别在哪里呢?动物只追求有限的资源,人还要追求无限的资源。但是人类追求无限资源的发端是在什么时候呢?起码是在农业社会出现之后。这是因为,只有稳定的家庭生活,才使得人类有了一些富裕的生产资料,有了更多的金钱,这才有可能去追求诗歌、去追求美,而这在游牧民族,则是绝对不可能的。

再次,是宗教。全世界的游牧民族都是没有宗教的,更没有文字,但是所有的农业民族,却一定会首先产生宗教,首先产生文字,为什么呢?因为他们要定居。要定居,就要像植物一样,深深地把根扎在大地,而这就需要有一个精神的生存方式,同时,要面对游牧民族的秋风扫落叶般的年复一年、月复一月、日复一日的屠杀,也迫切需要一个精神的支撑,这,就是宗教。而人类的最早的文字都是记录宗教活动的,如果没有宗教,人类的文字产生,可能也就要晚得多了。

讲清楚了上面的一切,我们才有可能真实地想象,在上面的这 4500 年里,确实是人类的一场伟大的人性豪赌。没有人知道最终的胜利者会是农业民族,相反,倒是会有很多的人自以为聪明地去选择游牧民族。然而,最终在精神上站立起来的偏偏是那些选择农业社会的生存方式的人,正是他们,才代表了人类进化的方向。这,就是人类社会的最最奥妙之处,也是人类社会最最让我们吃惊之处,同时,更是人类社会最最让我们感动之处。显然,在人类社会的进化中,如果不去赌,例如,不去种地,不去定居,不去流汗,那人类社会就会越抢越少。仔细去看历史,我们会发现,往往是南农北牧、南富北贫、南弱北强,也就是说,最早的时候,农业民族都在南边。准确地说,最早的农业文明有五个,都处于北回归线与北纬 35 度之间的一个很小的区域,周围被游牧民族紧紧地包围着,几乎可是说是危在旦夕。你们知道中国的长城是根据什么建的吗?根据雨量线,凡是降雨量不够种庄稼的,就圈在了长城的外面,凡是降雨量够种庄稼的,就圈在了长城的里面,就是这样。但是,在很长的时间内,农业民族都是不占优势的。令人叹奇的是,最终胜利的,竟然是农业民族。

我们来看看历史的真实一幕吧。

游牧民族与农业民族之间的赌博具体可以分为三个阶段：

第一个阶段，是神话时代，农业民族的主要对手是雅利安民族等，大致经历了从公元前3000年到公元前600年的约2400年时间，在这约2400年里，农业民族历经磨难。一方面是我们的祖先拼死去赌农业一定胜，赌"流汗"一定胜，我就是要种地，我就是不再去屠杀，另一方面，在1500多年的时间里，游牧民族就像烙铁一样，把农业民族的土地全都烙成一片焦炭。但是，最终的结果却是非常地神奇：农业文明偏偏又向北扩展了十个纬度。

第二个阶段，是英雄时代，农业民族的主要对手是匈奴及亚欧草原游牧民族等，大致经历了从公元前600年到公元六世纪的1000多年的时间。在这1000多年的时间里，人类在第一次的农业文明被摧毁了之后又艰难地建立起来的第二次农业文明，又再一次被摧毁了。当然，中国人喜欢说，这一次不是我们把匈奴打败了吗？可是，第一，我们要知道，这次的胜利我们花费了多少年的时间？292年啊。如此之长的时间里，我们都是在与匈奴肉搏，而其中的损失之大，对于一个家里的坛坛罐罐一次次地被打烂的农业民族来说，无疑是不言而喻的。第二，我们还要知道，事实上匈奴也并没有被我们打败，而是被我们挤到了更北边。结果，匈奴掉头一直打到了欧洲，把整个的希腊文化全都打垮了，摧毁了整个欧洲的文明。

第三个阶段，是宗教时代，农业民族的主要对手是蒙古人和突厥人等，大致经历了从公元七世纪到公元1500年的800多年时间。在这800多年时间里，游牧民族和农业民族进行了最后的决战。其结果，却是以基督教文明、佛教文明、儒教文明为核心的农业社会最终取得了胜利。要知道，成吉思汗真是很厉害的，毛泽东看不起他，说他"只识弯弓射大雕"，可是，他那个弓射的"大雕"实在是太厉害了，那可是全世界啊。但是，这次农业社会却顶住了。

说完了三个阶段，对于这历史的真实一幕，可以作出什么样的基本概括呢？我觉得主要有两个方面。一个，还是我在前面强调过多次的，就是农业民族竟然"柔弱胜刚强"，游牧民族打过来以后，农业民族就把他们同化掉，就好像水滴石穿一样。这是我们在那4500年历史里看到的第一个教训。还有一个,就是在第一次和第二次的游牧民族的冲击中,农业文明都完全被打垮了,也都不得不重建。但是我们要注意,第三次游牧民族再来打农业民族的时候,在全世界我们却都没有看到农业文明被再次摧毁的事实。这也就是说,这次可以"国破",但是却不会"家亡","国破"了,但是"山河"还在,为什么?历史学家给了我们一个特别值得记取的提示:就是因为这些农业民族都有了自己的成熟的精神文明,这就是基督教文明、佛教文明和儒教文明。而这两个方面综合起来,最为根本的启迪则只有一点:谁追求无限性,谁追求精神生命,谁就一定无往而不胜。

欧洲的胜出

再次,我们来看在旧大陆所发生的惊人一幕。

《全球通史》是一本非常出色的历史著作,我经常推荐学生们要去看这本书。就是在这本书里,作者问了一个很有意思的问题。他说,在公元1500年的时候,亚欧大陆,就是所谓旧大陆,主要是分为三块,看看那时的地图,你会发现一个很有意思的现象,在亚欧大陆的最东边的是中国,它偏居一隅,对世界也没有什么威慑力量,在亚欧大陆的中间也就是中国的西面,是伊斯兰文明,这是当时的穆斯林帝国,当时,它非常强大,欧洲东南角上的君士坦丁堡已经被它打下来了,要知道,当时的君士坦丁堡可是最重要的欧洲前哨。把它拿下来,整个欧洲就没有办法防守了。而且,当时的巴尔干半岛都已经改信了伊斯兰教。欧洲被迫退缩到了中欧。欧洲的腹地匈牙利、奥地利,这个时候也已经成为了反击穆斯林帝国的前线。显然,从当时的情况来看,是穆斯林帝国最强,中国第二,欧洲最差,并且已经岌岌可危。于是,《全球通史》的作者问了一个很有意思的问题:如果那个时候要你去赌,那么,你会赌谁胜出?我相信,任何人都不会想到欧洲胜,因为它的实力太差太差了。《全球通史》的作者形容说,那个时候,如果出现一个外星人,那么,他会认为谁胜出呢?他一定会认为是穆斯林帝国胜出,或者,起码也是中国胜出,但是无论如何,他都一定不会认为欧洲是胜出。可是,结果却实在是大出意外。因为,偏偏就是欧洲胜出。

为什么会如此?其中一个根本原因,就是因为1500年的欧洲赌了一个穆斯林帝国和中华帝国都不赌的东西,这就是无限性。公元1500年,几乎也可以说,也就是基督教文明大获全胜的元年。正是基督教文明,竟然支持着欧洲躲过了即将面临的灾难,而且最终胜出。

那么,我这样说的理由何在呢?其实,看一下当今世界最为著名的历史书籍就可以知道,以公元1500年作为划分历史的分界线,已经是很多历史学家的共识。例如《全球通史》,这是全世界公认的最好的历史书,它就是分成两部分的,即"1500年前的世界"和"1500年后的世界";美国耶鲁大学的教授出版的《大国的兴衰》,也是一本名著,那么,他是从哪一年开始写呢?1500年。可是,为什么很多著名专家都把1500年作为全世界现代化的起点呢?你们可能会猜测一定与南部欧洲的文艺复兴有关系,其实,恰恰不是这样。它与北部欧洲的宗教改革有关。例如,1517年,马丁·路德最著名的《九十五条论纲》,提出了西方的宗教改革。1536年,加尔文出版了《基督教要义》,所以,1500年才在全世界都是一个分界线。

关于南部欧洲的文艺复兴与北部欧洲的宗教改革的关系,我还要再补充几句。

文艺复兴和西方的宗教改革是西方人内部的一场人性的豪赌。文艺复兴是赌有限性胜出的,所以,它坚持:我就是潇洒走一回,我就是过把瘾就死。西方的宗教改革赌什么呢?赌我绝不与动物同死,赌无限性胜出。由于长期的偏见,我们一般都误以为南部的文艺复兴才是西方近现代社会的精神源泉,其实,这并非历史的真实。南部的文艺复兴的基础是拉丁文化。也就是说,它不是受基督教文明影响的,是拉丁文化谱系。北部欧洲的基础是日尔曼文化。日尔曼文化与罗马人有关,他们打到西方以后,曾经是最野蛮的,但是结果却被基督教改造得服服帖帖的。这应该是人类历史上最有意思的奇迹。真正的西方近现代社会的精神源泉是北部的宗教改革,其中包括马丁·路德的宗教改革(德国)、英国的宗教改革和加尔文的宗教改革

（瑞士），正如恩格斯指出的：北部的宗教改革才是"第一号资产阶级革命"，而黑格尔也认为：只有北部的宗教改革，才是"光照万物的太阳"。而从当时的情况来看，我们也不难发现，欧洲本来是"南富北穷"，可是，后来意大利、法兰西、西班牙等南方国家却都逐渐沦于二流，而德国、瑞士、英国等北方国家却都日益后来居上，各位再抽空看看马克斯·韦伯的《新教伦理与资本主义精神》，就会看得更加清楚。

顺便说一句，目前世界上最为强大的国家——美国的崛起，也与北部欧洲有关。美国源出于英国，这是人们众所周知的。何况，美国以信奉清教为主。清教，也就是马克斯·韦伯所考察的"新教伦理"，同时，也就是前面提到的北部欧洲的三大宗教改革中的加尔文教。

全世界的黑暗也不能使一支小蜡烛失去光辉

人类社会的发展，是大凡推重无限资源者、大凡推重精神生命者，都必将最终胜出，其实，个人的发展也是如此。

苏联的著名女诗人茨维塔耶娃，是20世纪著名的诗人里尔克的情人。茨维塔耶娃在写给里尔克的信中曾经说过：她的喜欢对方，其实是从里尔克的《献给俄耳浦斯的十四行诗》的第一句开始的。这一句是：

一棵树长得超出了它自己

要说明一下的是，这句诗后来我看不少译本的翻译都不是这样翻的，一般的翻译都是"一棵树超越而生"，或者说，"一棵树超越而在"，但是这个翻译尽管也可能不太像诗，但是翻译得真的是非常美学。试想，一棵树怎么竟然可以长得超出了它自己？从物理的状态，这无疑是不可能的，甚至是荒诞的。然而，从精神的状态，却实在是可能的。犹如一个小个子，例如邓小平，我们却偏偏说他很"高大"，甚至偏偏说他是个"巨人"。而且，契诃夫在夸奖为人打抱不平的左拉时，也曾经说："左拉整整长高了三俄尺。"无疑，在这里所赞美的,实际都是精神的高度。

再从另外一个角度来看,英国传教士麦高温在《中国人生活的明与暗》中曾经嘲讽过中国士兵,说不能抬头挺胸,"没有充分利用父母赐予的每一英寸高度"。美国传教士明恩在《中国人的素质》中也发现,一个当过兵的中国仆人当被问及身高的时候,在回答中却没有计算自己的肩膀以上部分,因为对他来说,能够负重的锁骨的高度才是最重要的。中国人怎样才能拉直中国人的脊梁? 中国人为什么不能抬头挺胸地提升自己的高度? 其实,西方人在这里所发现的,已经不是中国人的身体的高度,而是中国人对于"长得超出了它自己"的精神高度的忽视。

同时,一个人的生命不但可以有高度,而且还可以有重量。司马迁在著名的《报任安书》中就曾经说过:人固有一死,但是,却结果各有其不同,或者"轻于鸿毛",或者"重于泰山"。而尼采也曾经表示:审美的人有"比人更重的重量"。无疑,从物理的状态,这是不可能的,甚至是荒诞的。然而,从精神的状态,却实在是可能的。因为,在这里所赞美的,实际都是精神的重量。

个人的发展当然也是有高度、有重量的。这高度与重量,就在于无限资源的推重、对于精神生命的推重,而且,只有无限资源的推重者、对于精神生命的推重者,才能够最终胜出。正如茨维塔耶娃在自己的诗中所吟咏的: "但是,帝王们,钟声高出了你们。""我可以活过一亿五千万条生命。"

与此相关的,还有吉卜赛的著名谚语:在我死后,请将我站立着掩埋,因为我跪着活完了一生。这无疑是因为,尽管在生活中他是"跪着"的,但是他自认为自己在审美中却是"站立"的。正如诗人臧克家所说:有的人死了,他还活着;有的人活着,他已经死了。康德还如此宣称:我对贵人鞠躬,但我心灵并不鞠躬;对于一个我亲眼见其品德端正而使我自觉不如的素昧平民,我的心灵鞠躬。其中的道理也是一样。

我们来看两个具体的例子。

中国有一个著名的京剧艺术表演家,叫盖叫天。他年轻的时候,在我们江南学京剧。他有一次一生里最重要的经历,后来被他写到他的回忆录里了。是什么经历呢? 一天早上,他到街上去吃早茶,进去以后,发现饭店里已经有了三四个人了,于是,他也坐了下来。就在这个时候,进来了一个瞎子,跟他乞讨。盖叫天一看,马上就把钱给了他,因为在他看来,这个瞎子是应该给钱的,因为他已经不是正常人了,已经丧失了生存的能力了。盖叫天觉得,自己应该帮助他。而且,盖叫天发现,身边的其他几个吃饭的人也都掏钱给了他。但是,还有一个老先生,一个挑着担子做生意的老先生,偏偏不给钱。这下子,大家对他都很有看法,而那个瞎子凭他的感觉也察觉到身边还有一个人,于是,就挪过去跟这个人要钱,可是,这个老先生就是不给。于是,另外的几个人就都过来跟老先生说,他已经瞎了,已经丧失了生存能力了,你干吗不给他钱呢?这下子,这个老先生被弄得很难堪。于是,老先生说,我可以给他钱,但是我要他做一件事。我要他睁开眼睛看一看,我是黑的还是白的?这个瞎子一听,当然很恼火,于是就随便猜着说:老先生,我看见你了,你是黑的!这个时候,老先生就大声说道:你既然能看见我是黑的,那你为什么就不能看见这个世界?盖叫天后来回忆,他不知道那个瞎子是不是恍然大悟,反正,他自己是一下子就恍然大悟了。

原来,这个老先生是在启发那个瞎子,他的意思是,每一个人生下来以后,其实都是有局限性的。难道我们就没有局限性?我们当然也有局限性啊。尽管我们能看见,但是我们能看得比老鹰还远吗?尽管我们能听见,但是我们能听得比兔子还远吗?因此,我们都一样,都必须向无限性超越。而在这一点上,瞎子和我们是完全一样的。老先生的意思是说,当然,你是遭遇了你的苦难,你的眼睛看不见了,但是,你的心灵不应该关闭起来。也就是说,作为一个人,你在精神上仍旧不应该爬行。你还应该像人一样地生存。你绝对不能说,我承认自己彻底失败了,以后我就是只能一生都去要饭了。其实,你的精神之眼、灵魂之眼都是必须睁开的。事实证明,全世界有很多盲人做出来的成就都是很大很大的,瞎子阿炳不也是盲人吗?但是,他却比我们每一个人都更像一个人,也更是一个人啊。

根据史铁生的小说改编的电影《命若琴弦》,涉及的也是无限性的问题。史铁生是我最喜爱的中国当代作家,我认为,在当代的中国小说作家里,史铁生应该是最优秀的。《命若琴弦》写的是什么呢?两个瞎子。刚才我讲了一个瞎子的故事,现在再讲一个两个瞎子的故事吧。开始是一个小瞎子,20多岁了,突然眼睛瞎了,他特别痛苦,生不如死。后来他听说,附近有一个老瞎子,每天在卖唱,非常快乐。小瞎子就想,我能不能去跟他讨教一下呢?他为什么这么快乐呢?于是,他就找老瞎子去拜师。老瞎子说,放心吧,以后我会告诉怎么才能快乐。你先跟我沿街去卖艺吧。过了一段,有一天,老瞎子神秘兮兮地跟小瞎子说,今天我要出去一天,办一件大事,回来以后,我就告诉你,人瞎了以后怎么样才能快乐。小瞎子当然特兴奋,因为马上就能够得救了啊。可是,等来等去,等到晚上,老瞎子是回来了,但是,不但没快乐,而且变得比小瞎子还不快乐了。小瞎子就问,这是怎么回事?老瞎子说,今天这件事,对他的打击实在太大了。他说,他也是20多岁时候瞎的。一开始能看见世界,然后再瞎,大家都知道,这是很惨的。因此,他痛不欲生。后来,有人就给他开了个药方,放在了他的琴盒里,还说,这个药方一定能治好你的眼睛,但是它需要一个药引子,需要你用你的诚心去拉断一千根琴弦。老瞎子一听,从此人生有希望了,因此,才每天都生活在美好的期望之中。他觉得,我只要拉断了一千根琴弦,我的生命就有救了。可是,到了昨天,他终于拉断了第一千根琴弦。于是,今天就跑去开药了。然而,药房的人说,打开琴盒一看,里面是空的。

小说里的两位盲人是不是因此大彻大悟?我们不必考虑。我要说的是,小说告诉了我们一个很深刻的道理:人生在追求的过程,应该与那些无限的东西同在。我们只有与那些无限的东西、那些充满了美的东西、那些洋溢着爱的东西同在,我们才能够快乐,也才能够最终在人类的进化中胜出。

英国小说家西雪尔·罗伯斯提到,他曾经为一句墓碑上的话而感动:"全世界的黑暗也不能使一支小蜡烛失去光辉。""一支小蜡烛"?!它多么美丽!那五个最早的农业文明,不就是这样的"一支小蜡烛"?还有1500年的欧洲,不也是这样的"一支小蜡烛"?还有北部的欧洲,不还是这样的"一支小蜡烛"?"全世界的黑暗",它何等强大!"一支小蜡烛"与"全世界的黑暗"相比,是何等的不堪一击,可是,人类的豪赌却没有"使一支小蜡烛失去光辉"。而且,"一支小蜡烛"的星星之火,最终也得以燃成燎原烈焰。

现在，我要说，在我们每个人的身上，也有这样"一支小蜡烛"。换言之，"生命残薄"，我们只有给自己织一个梦幻的茧，才能够快乐地生活。借助于这样的梦幻，我们就能够像贺拉斯那样，自豪地对自己宣称："我不会完全死亡！"因为，正如惠特曼所说："没有它，整个世界才是一个梦幻。"而当柏拉图坚定地认为人的灵魂不死时，他也是这样激励自己的："荣耀属于那值得冒险一试的事物！"这荣耀，在这里，也可以理解为：在无边的黑暗中，让"一支小蜡烛"照亮自己的生命。而且，这"一支小蜡烛"的星星之火，最终也得以在我们每一个人的内心中燃成燎原烈焰。

信仰就是愿意相信

不过，对于无限性的追求又截然不同于对于任何事物的追求，我在前面已经反复说过，事实上，它完全出于一种人性的赌博，而且是一场豪赌。记得有一次作报告，有人问道：什么是爱情呢？我当时就曾经这样回答说：爱情是一场赌博。呵呵，当时真是满座皆惊啊。可是，你们仔细想想，在这个世界上，有谁能够保证自己找到的果然就正是自己生命中的另外一半呢？因此，重要的不在找到，而在去找，更在于坚信爱情的存在。所以，帕斯卡尔才会说：人只要开始寻找上帝，就已经寻到上帝了。对于无限性的追求也是这样，当人们开始寻找无限性的时候，也就已经寻找到它了。

因此，我们不妨借用舍斯托夫的说法，他说过：谛听上帝需要的不是走，而是飞，而我们也可以说，谛听无限性需要的不是走，而是飞。那么，什么才是"飞"呢？就是"信"，就是对于无限性的坚定不移的"信"、毫无怀疑的"信"。帕斯卡尔说：信仰就是愿意相信。道理就在这里。因为无限性是无法论证的，也是不需要论证的。因此，一旦寻找到了，我们所需要做的，或者说唯一需要做的，其实就是也只能是"信"。理查德·贝奇的《海鸥乔纳森》里有这样几句话："天堂不是一个地点，也不是一段时间，天堂是完美的状态。""在你接近完美的时候，你将开始接触天堂。""天堂就是完美，完美就是天堂。"显然，这就是在强调"信"。美国影片《阿甘正传》里也有这样一句评价阿甘的话:"他只是想跑,他用跑步丈量人生,这不需要以和平、自由或任何冠冕堂皇的东西为理由。"显然,这也是在强调"信"。

当然,谛听最需要的,也可以是"走",但必须是罗丹式的行走。罗丹的雕塑作品《行走的人》展示的,就是"罗丹式的行走"。在这方面,我很喜欢熊秉明先生对于《行走的人》的评论。

熊先生说:

《行走的人》迈着大步,毫不犹豫,勇往直前,好像有一个确定的目的,人果真有一个目的吗?怕并没有,不息地向前去即是目的,全人类有一个目的吗?

也许并没有,但全人类亟亟地向前去,就是人类存在的意义。雨果说:"我前去,我前去,我并不知道要到哪里,但是我前去。"

尝一切苦,享一切乐,看一切相,听一切音,爱一切爱,集一切烦恼……而同时并无恐怖,亦无障碍——直走到末日,他自己的,或者世界的。

神不在他之上召唤他、支持他,相反,神在他之中存活。①

请看,在寻找无限性的道路上,亟待去做的是什么呢?就是坚定不移地上路、毫不怀疑地上路。这,就是"罗丹式的行走",这,就是"信"。

于是,在无限性之后,现在就轮到另外一个非常重要的概念上场了,这就是:信仰。

要把"无限性"讨论清楚,就必须去讨论"信仰"。"美学的问题"与信仰无关,但是,"美学问题"却与信仰密切相关。

事实上,人类的有限性只涉及两个问题,一个就是人与自然的关系,一个就是人与社会的关系,大家知道,在进入了雅斯贝尔斯所谓的"轴心时代"以后,人类的智慧开始觉醒。人意识到自己处在人、自然、社会的三维互动系统之中。在这个系统中:人与自然的维度作为第一进向,构成的是"我—

---

① 熊秉明:《关于罗丹——熊秉明日记择抄》,天津教育出版社1983年版,第123页。

它"关系,其中包含认识关系与评价关系两个方面;人与社会的维度作为第二进向,构成的是"我—他"关系,在这一关系下,人类又要完成血缘关系与契约关系两方面的建构。这是人类社会进化的一个理论模式。

但是,当人类社会完整地建立了人与自然的维度和人与社会的维度,却又必将导致两个"孤独"的出现。第一个孤独是"人类的孤独"。在人与自然的维度中,当评价关系和认识关系同时建立,当人与自然的关系全部展开以后,在认识关系中,人类与自然无法融为一体,就不可能出现中国人所说的人与自然"天人合一",而会导致一种人类与自然之间的无法对话。这种无法对话,就是我所说的"人类的孤独"。第二个孤独是"个体的孤独"。在人与社会的维度中,当血缘关系和契约关系完整建构,当人与社会的关系充分展开以后,在契约关系中,个体与社会的关系就不像血缘关系中那样的融洽,而是游离的、不可替代、不可重复、独一无二,是历史上的唯一一个、空间上的唯一一点、时间上的唯一一瞬。结果,人和人之间也无法沟通了,这就是我所说的"个体的孤独"。

那么,"人类的孤独"与"个体的孤独"如何弥合呢?这就一定要在第一向度和第二向度之外进入第三向度,也就是说在人类的第一向度和第二向度里只能够产生人的一种不满足,只能产生人的一种孤独,而这种孤独要真正解决,就要转向第三向度。也就是说,要进入一种人与意义的境界,这,就是信仰的维度。

换言之,人类世界是在人、自然、社会的三维互动中实现的,其中作为第一进向的人与自然的维度、第二进向的人与社会的维度又都可以一并称之为现实维度,是人类求生存的维度,然而,由于人与社会、人与自然的对立关系,必然导致自我的诞生,也必然使得人与社会、人与自然之间完全失去感应、交流与协调的可能。而这就相应地必然导致对于感应、交流与协调的内在需要。这一需要的集中体现,就是"意义"。因此,作为第三进向的人与意义的维度涉及的是我—你关系。它可以称为超越维度,是求生存意义的维度,意味着最为根本的意义关联、最终目的与终极关怀,意味着安身立命之处的皈依,是一种在作为第一进向的人与自然维度与作为第二进向的人与社会维度建构之前就已经建构的一种本真世界。它也称为信仰的维度。因为只有在信仰之中,人类才会不仅坚信存在最为根本的意义关联、最终目的与终极关怀,而且坚信可以将最为根本的意义关联、最终目的与终极关怀付诸实现。

就是这样,人与意义的维度使得最为根本的意义关联、最终目的与终极关怀成为可能,也使得作为最为根本的意义关联、最终目的与终极关怀的集中体现的爱成为可能。至于审美,毫无疑问,作为人类最为根本的意义关联、最终目的与终极关怀的体验,它必将是爱的见证,也必将是人与意义的维度、信仰的维度的见证。不过,关于爱与审美,这一切毕竟应该是后话——是我在后面才会正式涉及的话题。

宗教,信仰的温床

信仰是一个文化的价值系统。信仰的指向是"意义"。"意义"的蕴涵是"价值"。

"信仰"是人性即人的价值的提升,意味着人的终极价值。它为我们提供安身立命之所,是"我们领悟总体实在的意义的关键"(雅斯贝尔斯)。

信仰是任何一个文化的核心肯定、基本假设。信仰是任何一个文化中那个"万变不离其宗"的宗,是文化中"纲举目张"的"纲"。

然而,与相信太阳会东起西落、季节有春夏秋冬不同,后者尽管也对我们的生活产生影响,但是却并非我们赖以安身立命的东西。信仰的愿意相信,从相信的对象来看,它并非可触可及的具体对象,而是不可触不可及的价值对象;它并非一般的谋生手段,而是根本的生存目的意义;它无法根据任何的实验观察来加以证实,而是通过信仰者的境界提升来加以验证;它并非无足轻重,而是信仰者安身立命的维系。信仰的愿意相信,从相信的态度来看,它并非现实关怀,而是终极关怀;它并非关乎理性,而是关乎灵性;它并非有条件的选择,而是无条件地笃信;它并非来自意志,而是来自天命。

因为,"只有当人看不到任何可能性时,人们才去信仰。"(克尔凯戈尔)

舍斯托夫指出:"确切地讲,真正的出路只有一个,那就是世人眼光看不到的出路。若非如此,我们何以还需要上帝呢？只有在要求得到不可能得到的东西的时候,人们才转向上帝。至于可能得到的东西,人们对之业已满足。"加缪说,这句话可以概括舍斯托夫的全部哲学;在这里,我也可以说,这句话可以概括信仰之为信仰的全部真谛。

不过,要了解信仰,最好的方式是通过宗教。

首先,我必须强调一下宗教的重要性。中国人对宗教不太理解。因为中国是个没有宗教传统的国度,以至于有人会不无愤慨地说:中国自古就号称"神州",可是,却偏偏没有"神"。但是,我们必须看到,世界发展到今天,应该说是胜负已分、优劣已分。而胜负和优劣的区别在哪里呢？过去我们以为在于现代化,在于科学技术和民主的力量。而现在我们终于知道,错了。科学和民主就像一个长长的杠杆,它撬动着地球,但是我们很少注意到,这个杠杆的长长的把手那边儿还赫然写了两个大字:信仰。其实,西方文明之所以有今天,只有一个原因,就是因为它借助了信仰的力量。而这个信仰力量是通过宗教的形式表现出来的。

遗憾的是,也正是因此,所以中国人就不大愿意接受。只要提起宗教,中国人就不大愿意接受,尤其是基督教。但是我们恰恰忘记了最为根本的一点:西方的信仰维度和宗教精神恰恰是通过宗教尤其是基督教把它培育起来的。我们只能通过学习西方的宗教尤其是基督教,然后把里面的信仰维度宗教精神提炼出来,成为我们的思想、文化与美学的基本思想资源(爱因斯坦就指出:大科学家最后往往都会走向"宗教感情"和"宗教精神"),除此以外,再没有其他的向西方学习先进文化的正确道路了。

进而,我们就可以讨论一个更为重要的问题了:当我们去关心宗教的时候,其实并不是关心宗教,而是关心宗教的精神成果。如果我们把宗教想象成一个人类的真实的精神事件,想象成人类的一种真实的努力,那我们就必须去想:西方的美学为什么比中国的美学要发展得水平更高呢？为什么西方的文学大师比中国的文学大师要更像大师呢？为什么到了近代,到了20世纪,当中国的文学大师和西方的文学大师并驾齐驱、同时献艺的时候,中国的文学大师竟远远地相形见绌呢？我们连鲁迅跟他们比起来也只是小人物。所以有一次风传鲁迅要被推荐拿诺贝尔奖，鲁迅自己就赶紧声明说，你们不要这么讲，我只是一个西方的小学生，只是跟西方学了一点儿皮毛。有人说，这是鲁迅的谦虚，其实，这绝对不是鲁迅的谦虚。试问，鲁迅作品里有人类灵魂的声音吗？鲁迅作品是爱和失爱的见证吗？不是啊。在他的作品里，充斥的只是一个被压迫民族的呻吟和怒吼。可惜，这种东西并不是真正的文学。当然，在这里我是从很高的美学标准，从世界大师的标准，如果从中国的标准看，鲁迅的作品则实在比中国当时的诸多作品要优秀很多很多了。

事实上，只要人类最为深层的生命困惑存在，宗教就必然存在。没有任何一种力量可以摧毁它，除非地球毁灭。只有终极关怀与信仰维度先行莅临才能够存在。宗教还面对着那些不能由知识回答的问题（所谓"因为荒谬所以才相信"）。这就是帕斯卡尔要"赌上帝存在"的根本原因。可是，倘若让伦理道德承担起救赎的功能，那么"社会"则会错误地成为新的罪恶承担者（20世纪的暴力、革命，正是来源于此）。

这里面的关键是什么呢？关键是，在宗教里蕴涵了三个东西：第一个东西，信仰，第二个东西，宗教精神，第三个东西，神性。而这三个东西和无限性又是最为接近的。换言之，其实我们关注无限性，也就是关注宗教里的信仰、宗教精神和神性。我们关注宗教里的信仰、宗教精神和神性，其实也就是关注无限性。所以，必须强调，如果我们把宗教理解成社会的一个组成部分，那我们在美学课上就没有必要专门讲到宗教，否则，我们的美学课也就变成了宗教学课。在美学课上专门讲到宗教，是因为我们关注：人类为什么一定要有宗教？

人类为什么一定要有宗教？人们引用最多的是马克思的"宗教是人民的鸦片"的名言，我们中国人也特别喜欢学舌，但是我们忘了，其实马克思这里所讲的"鸦片"只是一个比喻，他说的是，宗教是人类遭遇"无缘无故"的痛苦时的最大的精神安慰，这就叫作"鸦片"。在这里，特别值得注意的是"无缘无故"这几个字。马克思说宗教是人民的鸦片，是什么意思呢？他不是讲人民受了"统治阶级"的苦，所以要安慰他，也不是讲人民受了"贪官污吏"的苦,所以要安慰他,他是说,人生本身就是一场悲剧,这场悲剧是没有任何理由的。试想,我们是自己同意之后才来到人世的吗?不是。所以我们都是哭着诞生啊。海德格尔说,每个人都是被"抛"入人世的,叫"被抛状态",这确实十分传神。何况,对于自然来说,人类是有限的,是不完美的;对于社会来说,个人是有限的,是不完美的。而这种不完美,就构成了人类的原罪。那么,人类怎么样去使自己完美起来呢?只有在完美的终极目标的激励下去提升自己,去战战兢兢地补偿自己的原罪,这样,就逼出了宗教。当然,或许我们把"宗教"这个词换一下,就更容易理解了:就逼出了宗教精神。

同时,其实更值得注意的应该是马克思主义的另外一句话:基督教是适应的宗教。"适应的宗教"乃是马克思主义对宗教的准确概括,正是在这个意义上,宗教才是"鸦片",因为它不可或缺。而在资本主义社会尤其如此,因为,它是资本主义这个"无情世界"的唯一"感情",也是资本主义这个"没有精神的状态"的唯一的"精神"。推而广之,对于马克思所谓的"适应"还应该做更为深刻的阐释。上帝可以死亡,但宗教的意义不会死亡。这因为,宗教首先是一种文化形式,一种符号形式和思维方式,首先是人性的"一个扇面",人类走向自由的"一个阶段"。简而言之,"宗教"首先是"宗教文化(信仰)","宗教"首先是"宗教精神(宗教性)"。"神"之为"神",也首先取决于"神性"。由此可见,所谓"适应",更主要的是对于人性的"适应",对于信仰、宗教精神与神性的"适应"。

换言之,人们一旦论及信仰,往往将"信仰"与"信仰什么"混同起来。其实,"信仰"是人性即人的价值的提升,意味着人的终极价值,而"信仰什么"则只是这一终极价值的实现方式,两者层次并不相同。假如说"信仰"是指的宗教精神(宗教性),或者神性,是指的有没有信仰,"信仰什么"则只是指的宗教、信仰与神,指的是以什么为信仰。前者是后者的前提与基础,是海德格尔所说的使庙成为庙的东西,是黑格尔的没有宗教精神的宗教就像庙里没有神的名言中的所指,也必须被准确理解为"实现根本转换的一种手段"[①],我们说中

[①] 斯特伦:《人与神:宗教生活的理解》,上海人民出版社1991年版,第2页。

国没有真正的宗教,也正因为它有宗教但是没有宗教精神,有神但是没有神性,是信教而不是信仰,也并非"实现根本转换的一种手段"。

具体来说,宗教之为宗教,实际就出于人之为人的无法心安理得。如果能够心安理得,就不会有宗教、信教与神,更不需要宗教精神、信仰与神性,因为人类自己就是神。而倘若无法心安理得,情况就完全不同了。维特根斯坦曾经感叹:令人感到神秘的,不是世界怎样存在,而是世界竟然存在。而在此几百年前莱布尼茨也曾经感叹:"为什么有一个世界,而不是没有这个世界?""竟然存在"与"为什么有一个世界"是这个世界所永远无法说清的部分,世界怎么会从无到有,永远也无法说清,暂时能够使人心安理得的,只有宗教。

换言之,假如科学面对的是必然的世界,哲学面对的是可能的世界,宗教面对的就是偶然的世界,一切都不可理解,一切也无可理喻,这些困惑在经验的层面都无法解决,但是在精神的层面却必须解决。宗教所提供的,就是这一解决。它是不可理解的"理解",也是无可理喻的"理喻"。同时,人生有限,大自然只塑造了人的一半,人不得不上路去寻找那另外一半。而这寻找,又必然以失败告终。这样一来,或者逃避、自欺,或者皈依信仰。中国走向前者,正确的选择,却是走向后者。人生因此而并非乐园,而是舞台,何以来?何以在?何以归?心何以安?魂何以系?神何以宁?这一切永远也无法说清,能够使人心安理得的,只有宗教。而宗教的应运而生,正是对此的深刻体验,在此意义上,任何形式的宗教信仰都是被逼出来的,都是面对解释不了而又必须解释的困惑的结果,都是对于人与世界的关系的根本把握、根本理解,并且通过这一根本把握、根本理解,从无序、不合理、无意义,走向秩序、合理、意义,从平面、平凡、无意义、单纯,走向非凡、立体、意义、厚度,并求得精神支撑。

不过,由于信仰、宗教精神以及神性的有无,在这里还存在着真正的宗教与伪宗教之分。在缺乏信仰、宗教精神以及神性的世界,宗教被僭代为伪宗教,其结果,不是变成迷信,就是变成帮会组织。宗教成为烧香拜佛,成为"吃教",神也成为收受贿赂的对象与排忧解难的帮手,而灵魂却变成了海市蜃楼般的幻影。总之,宗教成为了可口可乐。而信仰、宗教精神以及神性的莅临,却使得宗教成为宗教。也因此,在宗教之中,真正值得我们关注的,是因为信仰、宗教精神以及神性的莅临而导致的终极关怀。而且,宗教所"适应"的,其实也就是人性对于终极关怀的需要。这终极关怀与科学、哲学不无关系,但是,只有在宗教中才作为根本而存在。人类正是出于终极关怀的需要才创造了宗教,因此也通过这一创造而创造了自己(因此信仰、宗教精神、神性均与人同在,终极关怀也与人同在)。这无疑是一种真正伟大的创造,人性的创造。意义在想象中编织,生命在宗教中转换,失乐园之后的自由在终极关怀中获得(失乐园之前的自由没有意义),雅典也在"适应"中最终臣服于耶路撒冷。由此看来,与西方宗教文化的对话,其中最为重要的,并不是与宗教对话,而是与宗教性对话,也就是与信仰、宗教精神以及神性的对话(我在论著中将其称为"信仰之维")。

因此,西方哲学家保罗·蒂利希的提示非常重要,他说宗教是文化的一个维度而不是一个方面,这无疑是非常重要的。这就是说:如果没有宗教文化,那么所谓文化就是平面的而不是立体的,也就是没有纵深的。那么,什么叫维度?其实就是信仰。它代表了人类的精神高度。这个精神高度是在所有的方面都存在的,但是信仰又以宗教的形态表现出来。所以从形态上说,它是人类的一个方面。因此,宗教之为宗教,究其根本,也只不过是信仰的一种特殊方式。尽管在人类的早期,宗教也许是人类信仰的唯一方式,但是信仰毕竟是高于宗教的。在这个意义上,可以说宗教是靠信仰才获得了自己的存在形式的,麦克斯·缪勒说:宗教是一种起源于对人的"有限性"之克服和超越的"领悟无限的主观才能",恰恰就把宗教所蕴含的信仰内涵深刻地揭示出来了。

但是,人类最终又会超越宗教,信仰最终也会被独立出来,成为人类的一个精神尺度。当然,到现在为止,信仰都还没有成为人类的精神尺度。不过,其中的原因也很简单,比如,信仰是要鼓励所有的人的,但是对于一些没文化的人来说,对于一些智商不是很高的人来说,你跟他讲终极关怀,他听得懂吗?我现在在大学里讲终极关怀都困难,你跟没文化的人讲,他听得懂吗?那怎么办呢?我只好用一些形象的东西去启发他,用一些具体的规定去约束他,我不跟他讲道理,我只简单告诫他:耶稣就是楷模,你要跟着他走,你就照着他做。这就是宗教的作用,尤其是教堂的作用。所以,不要一讲到宗教就觉得它怎么怎么坏,其实不是。宗教里面所蕴含的信仰精神永远是好的,对于宗教,你可以发现其中的不少坏东西。所以尼采说"上帝死了"。他指的就是教堂形态里的上帝死了,但是他绝对不是指的信仰也死了,我们千万不要搞错了。当然,我们会发现,人类的实践越向前发展,信仰就越摆脱它的宗教形式。信仰从来就比宗教更为根本。因此,最后宗教必将消亡。但是,信仰却不会消亡。人类会把信仰从宗教里解救出来,把信仰独立地表现出来。尽管我们必须说,在今天还远远不能做到,在今天,我们还是要借助于宗教的力量。

遗憾的是,中国却始终没有走上宗教的道路。而是不断往后退,最后退到诗化人生的审美当中。诗化人生是一种没有宗教的宗教,也是一块国人最后的精神领地,或许可以称之为"以审美促信仰"。意义不在,但是美神却在,拒绝以信仰来填补价值真空,但是却可以在美育中让无根漂萍般的人生得以皈依。这无疑是面对儒家夕阳西下、基督教兵临城下困局时所给出的一种美学回应与回答,一种虚假的回应与回答。

换言之,即便是进入现代,中国也并未走上赎罪之路,而是走上了审美之路。由于信仰维度的阙如,从20世纪的第一代美学家开始,就顺理成章地把对于罪恶的解释权从上帝那里夺过来,转交给历史。犹如卢梭将人区分为"自然人"与"人所造成的人",这些美学家也又一次回到了"人之初,性本善"的传统思路,认为罪恶的原因不在"自然人",而在于"人所造成的人"。而"人所造成的人"则完全来自社会,是社会造成了人的自然本性的扭曲,使之蜕变为恶。这样一来,罪恶的承担者从个人转向了社会,赎罪之路也转向了审美之路。

本来,由于个人原罪的缘故,个人不可能凭借自己的力量而得救,因此必须回归信仰,这,就是所谓赎罪之路。而现在,由于社会原罪的缘故,个人完全可能凭借对于社会的反抗而得救,这,就是所谓审美之路。具体来说,既然社会被判断为罪恶的源泉,个人之为个人,也就将自身的内在紧张转化为人与社会之间的外在紧张。一方面,不惜将因为社会给予自己的压迫而产生的严重屈辱投射为刻骨的仇恨,必欲铲之而后快,而且错误地认定铲之而后必快。于是,从反抗到革命、从对正义的呼喊到对暴力的赞扬、从普罗米修斯到恺撒,所到之处无不成为一片燃烧的迷津。其结果,则是从上帝之城到人间天国,再从人间天国到人间地狱。

另一方面,既然上帝根本不在,于是就自己为自己谋划未来,伪终极关怀也由此应运而生。这"伪终极关怀"由于只"终极"于某种世俗形态(蔡元培先生所关注的"信仰心"的失误就在于此),因此在精神上就无法与现实拉开距离,批判的内涵、超越的内涵也就根本不在,存在的只是所谓的"审美人生"与"理想社会"。它们有如同一张纸的两面,前者为后者提供着内在根据,后者则为前者提供外在显现,从而为人们彰显着虚幻的未来。

更为严重的是,这种被提升到终极价值的位置的世俗之物一旦幻灭(而且必然幻灭),就势必引起全社会深刻的存在性失望,并引发新的"意义危机"。于是,就只有再走向新的人与社会之间的外在紧张,再绘制新的审美蓝图,再实施新的自我欺骗,以便与之抗衡。

因此,所谓审美之路实际上无非就是沿着审美之维对于"我"的一再大写。舍勒敏锐而幽默地将这里的"我"称为"自我骄傲者":"自我骄傲者是这种人:他通过不断的'俯视'而自我暗示,似乎他站在塔尖。当他个人第一次下降,他都盯一眼更深之处,以抵消他的实际下降,由于抵消得过头,反以为自己是在上升。他没有发觉,恰恰在他展眼幻想自己飘飘然于云端之际,时时映入他眼帘的深处却在慢慢把他拖下来,沿着他自身的视线方向,天使在慢慢'坠落'。"[1]中国的美学家事实上都是这样的"自我骄傲者"。他们所开辟的以艺术代替宗教、以审美代替信仰的道路,其最终结果,也无非是从向上帝祈祷转而向撒旦低头,从最初的意在驯服魔鬼到最后的却偏偏赞美了撒旦。而沿着他们"自身的视线方向,天使在慢慢'坠落'"。

---

[1] 舍勒:《舍勒选集》,上海三联书店 1999 年版,第 718 页。

基督教,一个不能不提的话题

到这里,基督教就是一个不能不提的话题了。

区别于国内流行的基督教美学,我不认为基督教的思想可以直接进入美学。即便是对于"信仰"、对于"爱"的思考,也不能直接从基督教的思考出发,而应该做出美学自身的回答。不过,从借鉴的意义上说,我们却必须看到,到现在为止,全世界的宗教中,贡献最大的是基督教。有人说:基督教是西方资产阶级的,我们不能接受。基督教的思考是超出了西方资产阶级的,它实际上是西方的无限性获取胜利的一个具体见证。人性的无限性、人性的终极关怀,是在什么地方最先取胜的呢?基督教。

古希腊的时候,西方人也像中国人一样,是恐惧无限的,他们只相信有限。因此西方古希腊思想在很长时间内都没有越过无限这个高峰。甚至它都没有想象到无限的存在。看一看西方的数学,我们就会发现,它只接受有理数,却坚决拒绝无理数;西方最早的三次数学危机都是因为对于有理数的挑战:一次是无理数的发现,一次是无穷小的发现,还有一次是集合论悖论的发现。也就是说,西方人坚决不接受无限。但是,从基督教的思想出现开始,西方人却开始接受了无限。

基督教的接受无限,是通过三个方面来完成的:

第一个方面,是强调人应离开自然本能而从精神世界的角度来对自己加以评价,所谓灵与肉,也就是不从"肉"的角度来评价自身,而从"灵"的角度来评价自身;不从自然世界的角度来评价自身,而从精神世界的角度来评价自身。结果,就出现了一种新的阐释世界的模式,这种阐释世界的模式发现了这个社会不但有自然的异己力量,而且社会也在成为一种强大的异己力量。"无缘无故的痛苦"就是这样形成的。那么,怎样去战胜它呢?西方走向了"无缘无故的爱",也就是走向了从精神上重新界定痛苦的道路。

第二个方面,是把无限提升到了绝对的精神高度。它把古希腊的自然的人变成了基督教的精神的人,这时人就成了一个终极关怀的象征,成了无限性的象征。这时西方人就像我过去跟大家说的那样,他们悟出了一个非常重要的道理:人需要先满足超需要,然后才满足需要;人只有实现超生命,才能实现生命。

第三个方面,是强调了在信仰中获得救赎。什么叫在信仰中获得救赎呢?那就是它发现了人的有限性,也发现了人是无法走出"无缘无故的痛苦"这一悲剧的。唯一的选择,就是去赌信仰存在,赌上帝存在。也就是靠"赌"的办法去在信仰中获得救赎。"赌",把精神从肉体中剥离了出来,和上帝建立起一种直接的关系,于是,也就赋予了人的精神生命以一种高于世俗秩序的神圣秩序和独立的价值。因此,不论是起初的"信仰后的理解",还是后来的"理解后的信仰",总之是信仰不变,也就是对于精神力量的高扬不变。结果,西方基督教通过对于上帝的信仰而升华了人的存在,使人获得了新的精神生命。

其中最为重要的,就是:爱。

其实,基督教给人类贡献最大的,就是它所提倡的爱。当然,基督教也在变。早期的基督教,强调的是一种震慑的力量,它强调救赎,强调秩序,上帝是一个最后的惩罚者。之所以如此,当然是为了吓唬老百姓的。但是,后来大家都有文化了,吓唬不了了,于是,它的信仰的维度就开始被突出出来了。尼采说"上帝死了",上帝为什么要死呢? 就是因为人类现在可以直接地和信仰对话了,他不要再借助于教会教堂这样一种形式了。所以,现在基督教的上帝就变成了:仁爱、公平、正义。客观模式的基督教现在变成了主观模式的基督教。过去的基督教是由一个外在的神统治,而现在的基督教却变成了由内在的爱来统治。克尔凯戈尔把前者称作基督教 A,后者称作基督教 B,很有道理。而爱的发现正是基督教的最大财富,也是我们所必须关注的。

这就是西方基督教的贡献。

而如果仔细回想一下,各位就不难发现,西方基督教所强调的这三个方面,其实就是我前面讲到的人的未特定性、人的开放性、人在精神上的冒险、人的无限性。所以,为什么西方的文学大师、美学大师都与基督教有关? 其实不是因为他们是教堂中人,而是因为他们是信仰中人。也因此,我才一直坚持认为,西方最深刻的思想精华,都在基督教文化里。要进入西方的信仰维度,就必须先进入西方的基督教,然后再走出西方的基督教,除此以外,再无其他良策。

那么,我们如何看待西方的基督教呢?想了这么多年,我的看法是这样的:

首先,我们现在必须积极与西方的基督教文化对话,因为中国文化的复兴第一次是因为接受了佛教文化,那是我们第一次"向西天取经"。而我们现在要想再次成功,只有一个办法,就是积极与西方的基督教文化对话,去积极"向西方取经"。

其次,那么,我们应该接受基督教文化的什么?我想来想去,最后是用这样的语言来概括的:我们可以拒绝宗教,但是不能拒绝宗教精神;我们可以拒绝信教,但是不能拒绝信仰;我们可以拒绝神,但是不能拒绝神性。而我常说中国没有真正的宗教,也正因为它有宗教但是没有宗教精神,有神但是没有神性,是信教而不是信仰,充其量,是帮会组织,烧香拜佛,"吃教"、迷信而已。

所以,可以看到,我们所说的与宗教文化的对话,尤其是和西方基督教文化的对话,其实质就是强调,你要去和信仰、宗教精神与神性对话,这三个东西就构成了我所说的信仰的维度,也就构成了我所说的与终极关怀的对话。当然,其实这也就已经走出了西方基督教文化的局限。

"用爱去获得世界"

从无限性到信仰再到西方的基督教,我们美学课中的一个最最最重要的概念——爱,就要隆重出场了。

我们前面讲到了无限性、信仰与基督教,其实,这一切还是只是因为在思考"美学问题"时所必须详察的"支援系统",也是对于我们中国人来说所必须事先搞清楚的精神谱系。不过,如果说到与审美活动的直接相关,那我必须要说,其实它们还都只是一个"支援系统",如果要与审美活动相关,那毕竟还需要一个直接相关的内容。什么直接相关的内容呢?一个字:爱。

从1991年出版《生命美学》以来,二十年时间我都一直在思考这个问题。当时,我在《生命美学》里提了一个自己的思路,就是:"带着爱上路"。现在,我觉得,这个"带着爱上路"的思路是完全正确的,也是可以大大拓展的。而所谓审美活动,说起来也很简单,无非就是把无限性、信仰等等变成对人生、对世界的一种可见可触及的具体的爱。所谓审美活动,无非就是:为爱作证。

马克思说:"我们现在假定人就是人,而人同世界的关系是一种人的关系:那么你就只能用爱来交换爱,只能用信任来交换信任,等等。"①这段话与我前面讲的无限性、信仰是直接相关的。他说"假定人就是人",那也就是说,假定我们是站在无限性、信仰的维度来看人,那么,我们能够看到什么呢?或者,我们能够跟这个世界建立一种什么样的交换关系呢?我们只能看到爱,我们只能"用爱来交换爱",显然,这种用爱来交换爱,其实就是无限性、信仰的具体表现。

所以,无限性、信仰的最集中的体现,就是:爱。

我必须说,讲美学而不讲"爱",那是绝对不可能的。最近十年来,爱是我谈论最多的话题。可是,我也不得不说,爱,在西方文化里才堪称如鱼得水。我经常说,中国有四大发明,而西方只有一大发明,就是发明了爱。而真正影响了世界的,却并不是中国的四大发明,而是西方的那一大发明。不妨回顾一下但丁的《神曲》,象征理性的维吉尔只能引导人到地狱和净界,只有象征爱的贝亚德才能引导人进入天堂。这正是西方那一大发明的写照。不过,由于文化传统的关系,中国人理解起爱来,往往比较困难。其中的关键倒不在于不承认,而在于"王顾左右而言他"。我遇到过很多次,中国的学生,哪怕是博士生,只要是听到你去提倡爱,他就会说,太无聊了!而且,他很快就会把这个"爱"置换成爱祖国、爱情等等,也许,在他(她)看来,只有爱

---

① 《马克思恩格斯全集》第42卷,人民出版社1979年版,第112页。

祖国、爱情等等,才是不无聊的吧?

遗憾的是,我所说的"爱"还偏偏就完全不是指的爱祖国、爱情等等,而是指的一种人生的底线,或者指的一种人生的境界。西方有一个大学者,叫蒂利希,他说什么叫作爱呢?爱是人生的原体验。也就是说,爱是人之为人的根本体验。你是一个人?那你就一定会与爱同在。你要像一个人一样去生活?那你也就一定要与爱同在。蒂利希就把这样的一种生命体验,叫作人生的原体验。其实,我们也可以换一个词,什么叫作爱呢?爱,实际上就是人类社会的一种终极关怀。爱,是对于人类社会人类生命的在或者不在的终极关怀。什么叫"在",什么又叫"不在"呢?那就要看你是和无限性同在呢,还是背离了无限性呢?这无疑不是一种现实的关怀,而是一种终极的关怀。

因此,"爱"肯定跟爱情关系不大,跟爱某一个具体的东西也关系不大。"爱"是人的一种精神维度,也就是说,是人的一种精神态度。这种精神态度来自什么地方呢?来自一种绝对责任。这种绝对责任的出发点是对人的有限性的自知。人类为什么会用爱来对待世界呢?是因为人知道自己是有限的。他知道自己不可能什么都正确,所以,他知道有限是自己全部罪责的所在。当然也是自己的全部伟大的所在。因为人知道自己有限,知道自己会犯下很多的错误。但是他又知道自己一定会去改正错误,去修正自己的错误。这样一种对于自己的局限、对于自己的有限性的原罪的自知,其实就正是人的高贵所在。

在这里,人对自身有限性、自身原罪的洞察,出之于一种针对绝对责任的基本假设。

我想了很多年,我一直在想,怎么才能把审美活动的奥妙说出来?怎么才能够把帕斯捷尔纳克、雨果这些人高于鲁迅的地方说出来?为什么他们看问题就和我们不一样?为什么托尔斯泰、陀思妥耶夫斯基、但丁、雨果、帕斯捷尔纳克等所有的西方大师和我们中国作家看问题都不一样?为什么我们中国哪怕李白、杜甫在内,也都只知道也只关心皇帝的起居,关心国家的安危,关心老百姓的冷暖,他们为什么就没有关心过人的灵魂呢?关键问题在什么地方呢?现在我知道,关键问题就是能不能意识到存在着作为基本假设的绝对责任。

那么,这个绝对责任是什么呢?就是每一个人都意识到了罪恶的彼此息息相关,每一个人都意识到了丧钟为每一个人而鸣,意识到了这种存在的相关性,意识到了每一个人都不是孤岛。而这种相关性,必然也就是爱的前提。因为你只有意识到这样一种绝对责任的基本假设,你才会有欠债感,你才会觉得欠债。我们中国人就是想了几千年都想不清楚这个道理。西方人会有一种原罪感,会用爱来面对犯错误的人,例如,他们会说:欠债必须还钱,但是,杀人却不必偿命。我们中国人绝对不会。因为我们中国人从来就没有欠债感。我们不觉得欠债,谁犯错误谁自己倒霉,但我们从没有意识到他之所以犯错误,恰恰就是因为人是有限的。因此,我们需要的不是去再踏上一只脚,而是要去怜悯他。

更重要的是,我们要想到:我侥幸没有犯这个错误,这只能感谢命运。尽管他犯了这个错误,我却没犯,但是我也有局限性,如果当时我处在他那个情况,我可能比他还惨。这种共同责任、绝对责任的感觉,其实就是我们所说的所谓"良心发现"。这种对所有的人的命运负责、对世界的所有的过失负责的意识,就是所谓爱的意识。

可惜,我们中国人却总是弄不懂,我们经常会说自己和世界的某一部分无关。"这些事是他们干的,和我无关。""文化大革命是'四人帮'干的,和我们无关。"我们经常会用这种方法来思维。而只要我们说世界的某一部分和我们无关,世界的某一部分的罪恶我们不要去负责,我们就开始了对于责任的逃避。责任,也就从无限责任转向了有限责任。结果,我们自身也就没了无限向善的可能,也就是说,我们也就没有了成为人的可能。而"爱"则是一种无限向善的可能。它让我们意识到了绝对责任。无疑,这应该是"爱"的第一个含义。

其次,从这样的含义去看"爱",我们会看到什么呢?我想我们会看到最触目惊心的几个字:"无缘无故"。前面我讲了,"爱"实际来源于责任,来源于一种绝对责任的觉醒。这种绝对责任的觉醒使每一个人都意识到了存在的相关性,结果他就会去爱所有的人,也会去爱世界的全部。这种爱使得他去勇敢地承担一切。于是,"无缘无故的痛苦"和"无缘无故的爱"就凸现而出。我始终认为,中国美学就缺这两个东西,没有原罪感——"无缘无故的痛苦",没有原爱感——"无缘无故的爱"。中国人对生命没有一种终极关怀的洞察,中国人的生存没有悲剧感,更重要的是,中国人不知道怎么样去拯救这样一种无望的生活,不知道怎么样拯救这样一种悲剧的命运。中国人没有原爱的意识。所以不但对罪恶的体会不深,而且更对爱的体会不高。这,就造成了中国美学的悲剧。

也因此,我要强调,"无缘无故的痛苦"和"无缘无故的爱"是我对于美学内涵的最最简单的提示,而"无缘无故的痛苦"和"无缘无故的爱"的匮乏,也是我对中国美学的始终如一的批评。

"请后退一步,给神圣的玫瑰让出一条路"

那么,什么才是真正的"无缘无故的爱"呢?

爱,首先指的是人生的底线,或者说首先指的是人生的态度。爱,是一个名词,而不是动词。所谓爱是动词,就是指的一种只有在有了可以去爱的对象之后才会去施展的爱。重要的是去爱某一个对象,或者不去爱某一个对象,对象的存在和不存在,就决定了他的爱或者不爱。但事实上,我们所讲的作为终极关怀的爱并不是一个动词,而是一个名词。他指的是一种人生的底线或者人生的态度。保罗说:"我活着,然而不是我活着,而是基督在我身上活着。"我把这句话推演一下,"我活着,然而不是我活着,而是爱在我身上活着。"这就是所谓人生的底线或者人生的态度。在这个意义上,爱,就是坚定不移的"信"、毫无怀疑的"信"。

在这方面,西方有一个学者,叫阿德勒。他跟弗洛伊德一样,也是个心理学家。对于爱,他做了两个很有意思的对比,中国人特别需要聆听一下。他说,第一个区别,凡是爱情,都是"因为我被爱,所以我爱",也就是,因为我找到了一个对象,然后我觉得他(她)很爱我,而我也愿意接受对方的爱,所以,我才去爱他(她)。但是,什么叫爱呢? 却是"因为我爱,所以我被爱"。

这也就是说,我就是要爱这个世界,至于这个世界怎么回报我,我根本就不去考虑,也没有必要考虑。第二个区别,凡是爱情,都是"因为我需要你,所以我爱你"。可是,爱却完全不同,爱是什么呢?"因为我爱你,所以我需要你"。

在这个意义上,美国著名诗人艾米莉·狄金森的诗句真是非常精彩:

> 假如我能使一颗心免于破碎
> 我便没有白活一场
> 假如我能消除一个人的痛苦
> 或者平息一个人的悲伤
> 或者帮助一只昏迷的知更鸟
> 重新回到它的巢中
> 我便没有虚度此生。

而被美国人称为"心灵女王"的主持人奥普拉在斯坦福大学毕业典礼上的演讲中的一句话也同样精彩:

> 当你受伤,就去抚慰受伤的人。当你痛苦,就去帮助痛苦的人。当你陷入一团糟,唯一走出迷雾的办法,就是带别人走出迷雾。

确实,在这个世界上,只有两种人才是有救的,也才是"没有虚度此生"的,一种是坚定不移、毫无怀疑地与爱同在的人,一种是坚定不移、毫无怀疑地去寻找爱的人,至于那些既不坚定不移、毫无怀疑地与爱同在,也不坚定不移、毫无怀疑地去寻找爱的人,应该说,他们还不是人。他们"白活"了,也完全是"虚度此生"了。

具体来看,"无缘无故的爱"包含了两个方面的内容。

第一个方面是爱的原则:无条件原则。

什么叫无条件原则呢?就是不但爱可爱者,而且爱不可爱者(敌人、仇人)。我们中国人也不是不讲爱。比如说我们如果讲到中国无爱的时候,同学们肯定不服气,说中国人也强调爱啊,孔子不也讲爱吗?孟子不也讲爱吗?其实我告诉大家,在中国的民间社会,它确实是讲爱的。但是那个东西没有构成中国人的系统的和理性的思考。在中国人的文化层面,系统理性思考的层面,中国人确实是不讲爱的。因为中国人所讲的爱跟我们所讲的爱是不同的,中国人讲的爱,是有原则的,这就是:他只爱血缘上跟他接近的,或者在他的关系网以内的。比如说,"老吾老,以及人之老;幼吾幼,以及人之幼",是不是?这种思路,实际上是以己推人,这种以己推人,背后隐含的是对等原则,是一种有条件原则。因为他跟我有什么什么关系,所以我才爱他。而人类的爱奉行的却是无条件原则。也就是说,最重要的不是爱可爱者,爱可爱者谁不会呢?动物都会。动物也会爱可爱者啊。重要的是爱不可爱者。也就是说,对敌人或者仇人,你爱,还是不爱?这才是检验我们爱的原则的试金石。须知,宽容不可爱者,爱才会真正出现。所以,爱不可爱者,是对我们的一个非常严峻的考验。

一个最典型的例子,就是希特勒,我经常说,希特勒所犯下的罪也是每一个人都可能犯的,你如果在那个位置上,可能你也是希特勒。何况,用刀杀人的原因在于用心杀人,而且,要先杀死自己。因此,希特勒是一个结果,而不是原因。那么,是什么样的文化造就了这样的杀人狂呢?正是人类自己的仇恨的文化。假如我们面对希特勒,那无疑是会被他杀害,可是如果我们是希特勒的幼儿园老师呢?那个时候,可是希特勒在面对着我们啊,我们是否要反思,他为什么就没有在爱的教育中成长起来呢?这是否是我们的责任?所以,我们应该看到希特勒的可怜,而不是看到希特勒的可恨。只有这样,从美学角度你才看到了真正的希特勒。如果你只看到了他的可恨而没有看到他的可怜,你就不是一个文学大师,你如果去写一个可恨的希特勒,就肯定不会写出不朽之作。

再说几句,从终极关怀出发的爱,实际是人的一种精神维度,而不是一种道德。它是肯定没有任何条件的。痛苦,无缘无故;爱,也无缘无故。爱就爱了,爱就是爱,爱,是不需要理由的。

这一点,中国人理解起来会比较困难。因为在中国,最关键的就是讲条件,而爱是永远不能讲条件的。这就是爱的悖论。中国人永远也想不清楚这个问题。比如《孟子》说"百姓皆以王为爱也",意思就是说,"爱"最原始的定义就是自私、小气。所以我们中国的爱都是有条件的。爱父母,因为父母养了你;爱子女,因为子女要给你养老;要爱配偶,因为你们是结了婚的,要白头偕老。我们从来就没有把别人当人爱过,而是以条件为爱的前提。而以条件决定爱的时候,当条件转变,爱也就转变了。这就是中国人永远过不了的一关。

在这里,实际上爱是一个根本不重要的东西了,什么比爱更重要呢?条件!他值得你爱,他爱你了,然后你才想着要爱他。我们中国人从来就没有那种成熟的西方文化里的观念,那就是:爱是我的选择,我要爱,我不管对方是不是回报我。爱不是因为你爱我我才爱你,而是因为我爱你,是因为我的人性的舒展的需要。这种东西在中国从来就没有。可惜,这种条件的转变偏偏会导致爱的消亡和恨的诞生,因为条件转变以后,爱也就转变了。

爱,没有理由。否则,爱,就不是对象了,而成了理由。然而我们不是爱对方,也不是因为要爱,而是爱理由。这就是我们的最大悲剧。但实际上,如果爱需要理由,那就意味着爱要看理由的眼色行事,爱因此就不具有了自足性,而要取决于外在的条件,受制于跟爱无关的其他因素。可是,被理由决定的爱,还能是爱吗?有条件的爱,还能是爱吗?如果爱一个人需要理由,那么理由就为因,而爱为果。为爱寻找理由,就意味着向因果屈服,就意味着向现实屈服。这样一来,爱本身就被编进了因果之链,而在这个因果之链里最微不足道的就是爱本身。理由反而就成了最重要的事实。

何况,中国人往往一般都会是:只有对方可爱,我才去爱他(她)。但是,他们往往很少考虑的却是,究竟如何去证实对方是否可爱呢?唯一的办法难道不是首先去爱吗?假如不是首先去爱,而是首先去弄清楚对方是否值得去爱,那么,是否就很有可能会反而失去了爱呢?显然,在这里还存在着一个爱人者自身的人性觉醒的水平的成熟与不成熟的问题。人性觉醒水平成熟者,无疑就会主动地甚至是无条件地去爱对方,而人性觉醒水平低者,则会忙于去证明对方是否可爱、是否值得去爱。

顺便强调一下,爱人者自身的人性觉醒的水平的成熟与不成熟还存在两种情况:

例如对于"坏人"的爱。所谓的坏人,当然不可能是一次性的产品,他不可能一出生就坏,也不可能始终或者各个方面都坏,最普遍的情况是,起码已经有一到几次的事实证明了他犯下的"过失"或者"罪恶"。那么,面对这"一到几次的事实",爱人者应该怎么办?是继续去坚定不移地爱他,还是因为这"一到几次的事实"而放弃自己的爱?毫无疑问,如果选择前者,那么这无疑意味着爱人者的人性觉醒的水平还不够成熟,因为他不但担心自己浅薄的爱无法去承受失败的打击,而且对人类的人性力量也缺乏必要的信心;如果选择后者,情况就完全不同了。因为这意味着爱人者自身的人性觉醒水平已经非常成熟了,不但绝对不担心自身无法承受再次失败的打击,而且更坚信人性力量的终将胜利。何况,对于他来说,爱是无条件的,爱就爱了,为什么而且又有什么必要一定非要去证明对方可爱才去爱呢?

倘若时时刻刻不能忘记进行"好"与"坏"的划分,也同样是人性水平不够成熟的表现。对于坏人的划分其实只是为了求得自身生存的更大安全系数,而且,也只是为了证明自己是一个好人。可是,一个爱人者难道还需要证明吗?如果需要证明,那恰恰说明这个爱人者是靠不住的,这个时候的"爱人者"已经不再是一个爱人者,而成为一张心灵脆弱者用于伪装自己的面具,难怪我们会经常在文学作品里吃惊地发现:其中的好人实在太好,其中的坏人也实在太坏了。遗憾的是,这都并非真实。在这里,我们是否需要质疑自己?一个爱人者为什么一定要时时刻刻去通过对于"好"与"坏"的区分来鼓励自己呢?

因此,重要的是必须去赌爱存在。任何一个人都生存在有限性当中,但是要坚信,人类是能得救的。每一个人都在犯错误,但是每一个人都一定要想,我要用爱的态度来面对别人犯下的错误和我曾经犯下的错误。为什么呢?因为这个世界肯定可以得救。这个原则是我们一定要记住的。中国人往往不这样想,他说:哎呀,我不能先撒手,我不能先爱别人,我先爱别人,别人要害我怎么办呢?就好像那个农夫与蛇的故事,对于中国人来说,他永远记住了,只要被蛇咬了一次,那他第二次就绝不会再去救这条蛇。而按照西方文明的想法,他却要无数次地去救,为什么呢?他要赌爱的胜利。所以爱是无条件的。他绝对不以这个世界也爱他作为回报,哪怕是这个世界给他以仇恨,他也要爱这个世界,绝不为恶,也不复仇,因为爱是他生命的全部意义所在。

我给大家举两个例子,一个是蝴蝶。我觉得蝴蝶在这个世界上是真正的爱的精灵,是美的精灵。因为在这个世界上,蝴蝶是最软弱的动物,是不是?它是最没有反抗能力的动物。但是它给这个世界提供的只有一个最纯粹的回报,就是美。所以我觉得蝴蝶的形象应该是一个美的形象。其次我们来看蜜蜂。我觉得蜜蜂的形象也应该给我们一种爱的启示。蜜蜂在有刺的玫瑰花丛里面寻觅,但是它回报世界的却不是刺,而是蜂蜜。西方的一个大诗人里尔克在《给青年诗人的信》里讲:诗人就是采撷大地上不可见事物之蜜的蜜蜂。他把人类的痛苦和欢欣采来酿造成蜜,供人啜饮品尝。我们知道,很多很多的人都连蜜蜂也不如啊,他只记住了受到伤害,只记住了伤口的疼痛,以致根本没有心情去享受蜜的甘甜,而蜜蜂不是,它不关注受到的伤害,它永远去回报以蜜的甘甜。显然,爱有如蝴蝶和蜜蜂,也是一种无条件的回报。

说到这里,我要顺便提一下,北京大学的朱光潜先生,是20世纪中国的美学大家,我对他一直非常尊重。80年代初,我在北京大学学习美学的时候,还曾经专门去拜访过他。不过,对于他的美学主张,我却一直颇不以为然,我以为,他还基本停留在陈旧的西方认识论美学的思路里。当然,近年也有北大的教授曲为之辩,说他已经开始突破了主客二分的思维模式,其实,这完全是出于一种为尊者讳的做法了,也是想为自己的所谓"北大美学传统"找到尊者的来源与根据而已,其结果,只能是让人觉得学术是可以随意被人扭曲与打扮的。不过,我非常欣喜地发现,朱光潜先生很喜欢蜜蜂,而且也以它作为人生的象征。朱光潜先生说:"它是不会反抗的,似乎总是表现爱与欢乐,唤起我们的爱慕。"说实话,我一直觉得,朱先生的这几句话比他的许多美学讨论都要精彩啊。

第二个方面是爱的态度,中国人在理解爱的态度上都是一种对等的态度,那也就是说,都是人和人之间的一种爱。但实际上,我们要把眼光转换过来,把人的眼光转化为神的眼光。人与神的眼光显然是不对称的,你从人与人的眼光来看这个世界,那你看到的都是十恶不赦,都是你的仇人。而你要从神的眼光来看呢?一切过失都必须原谅。为什么呢?因为在神看来,人都是有局限的,当然他就要原谅人,他就不会用"恨"的办法来对待那些犯了错误的人,他还会去爱他,为什么呢?因为那些人也努力过,尽管最终是失败了,因此,他还要用爱的力量来鼓励他,或者,用爱的态度来悲悯他。

比如苏格拉底,苏格拉底被判死罪,他不想去申辩,他从容去赴死。很多人想不通,说苏格拉底你那么能言善辩,你去为自己辩护一下,你就可以不死嘛。但苏格拉底说,他不去辩护。为什么呢?因为他相信神的审判,而对人间的审判,他却根本就不关注。还有基督,那个故事大家都知道,别人打了你左脸,你把右脸也伸过去让他打,有人说:哎,他怎么这么软弱啊?其实,他不是软弱。而是因为对于人世的审判,他并不在意。真正的审判来自谁呢?来自神。

所以,耶稣不会去计较别人打他的左脸,也不会计较别人再打他的右脸,为什么呢?因为他认为判断这一切的根本的标准来自神性的判断,终极关怀的判断,而不是来自现实的荣辱和得失。须知,如果只记着左脸,那自己就成了自己左脸的奴隶。只有把自己的右脸也送给对方,自己才真正地是自己身体的主人。而且他知道,用不善的手段没有办法达到善的目的。比如说别人打了你左脸,你也去打他的左脸,就是用不善的手段去达到善的目的,而这是根本不可能的。何况,当你知道了这种手段是不善的时候,相比别人不知道他不善而打了你,你去(同样不善地)回报他,就更为不善。当然,这并不是说就没有正义,可是,不是有神在替我们做判断嘛。因此每一个人都没有必要自己去报仇雪耻,也没有必要以不可爱者的是否忏悔作为前提,没有必要去想:如果这个不可爱者忏悔了,并且检讨自己的错误了,我就爱他,如果他不检讨、不认错,我就不爱他。这种想法是不正确的。对于爱来说,只要去爱就行,它是绝对没有任何附加条件的。这就是"无缘无故的爱"。所以耶稣说:爱你们的仇敌。所以保罗说:只要祝福,不要咒诅。

罗马尼亚的诗人阿列柯山德鲁在《爱》一诗中说,"爱,就是——人世间最纯洁的和解。关心它的人,请后退一步,给神圣的玫瑰让出一条路。"联想《巴黎圣母院》中的那位三十六岁的克洛德副主教,竟然声称"如果我不能拥有,我就要让她毁灭!"而且,一旦得不到,就果真因爱成恨,因爱成仇,而且还无耻地把责任推给对方,"谁让你那么美丽",我们就会确信:"请后退一步,给神圣的玫瑰让出一条路。"确实,这就是爱!

你必须通过面对爱去获得自由

在这里,爱的态度是非常重要的。

我必须强调,爱之谓爱,并不是来自面对黑暗,而是来自面对光明。这一点,在中国人理解起来也是比较困难的。当我们受到伤害的时候,经常采取的态度无非是两种:

第一种就是现实关怀的角度,这是每一个中国人都会采取的。因为受到了伤害,而图谋报复、图谋反击,甚至不惜用卧薪尝胆的卑鄙办法。我必须借此机会表明自己的态度,其实,越王勾践的行为是人类最无耻的行为,他哪怕用吃人粪的办法都在所不惜,只要能报仇就行。但是,他忘记了一点,这种报仇是不可能推动人类的进步的。为什么中国古代文明在这个方面长期存在着缺憾? 就是因为我们以为用"以黑暗对黑暗"的办法,"黑吃黑"的办法就能够推动人类的进步,实际上却没有能够推动。因为,黑暗就是黑暗。批判黑暗不可能导致光明。消灭黑暗也不可能导致光明。因为黑暗的尽头不是光明,黑暗没有尽头,黑暗的结果也不是光明。我不是讲过它的"无缘无故"嘛? 所以反抗黑暗永远不可能真正地走向光明。正确的选择是什么呢? 只能是:背对黑暗,面对光明。所以,《圣经》的《新约》提的口号叫:"你们必通过真理获得自由"。也就是说,你必须通过面对光明(爱)去获得自由。你不可能通过与黑暗同在的方式去获得自由。陀思妥耶夫斯基的《卡拉马佐夫兄弟》中的佐西马长老就说过:"用爱去获得世界。"这句话我非常欣赏,其实,它也是对于西方的《圣经》"你们必通过真理获得自由"的权威诠释。

第二种做法是什么呢?因为意识到只有爱才是对恶的真正否定,而其他的否定,比如说,以恶抗恶,比如说,以暴抗暴,都不过是对恶的投降与复制。世界的丑恶不是不需要"爱"的理由,而是需要"爱"的理由。我们不能说:啊,这个世界太丑了,我们干吗要爱这个世界,我要跟它同流合污,以便把它消灭掉。这恰恰错了。这个世界越黑暗就越需要爱,因为你如果采取了对这个世界的报复的方法,你就把心灵也变成了这个世界,也变成了地狱。只有爱才是对恶的唯一深刻的否定。难道否定的原因不是爱的缺席,否定的对象不是爱的冷漠,否定的目的不是爱的恢复、滋长、发展、重建和成熟?而且,倘若根本就体验不到无穷无尽的慈悲、尊严、神圣、爱意,那么我们承受黑暗、反抗绝望的动力究竟何在?所以,我们真正的超越恶的方式不是以恶抗恶,而是绝对不像恶那样存在。

为此,我们必须假设我们所置身的世界是一个"爱"的世界。无论这个世界如何黑暗、如何远离爱而存在,我们都要相信"爱无不胜"!相信有爱的世界才是真正的世界,相信无爱的世界不值得一过!相信人是爱的存在,不是利益的存在。我爱故我在!这样,以爱的名义去观照世界,就是美学的唯一选择。而且,更为重要的是,尽管爱在过去和现在都没有到来,以后是否到来也完全未知,但是我们却仍然必须去赌爱的必胜,去赌在未来的必然莅临。1936年,英国作家奥威尔在西班牙参加志愿作战,一次他瞄准了一个提着裤子的士兵,但是没有开枪,他后来回忆说:"一个提着裤子的人已经不是一个法西斯分子,他显然是个和你一样的人,你不想开枪打死他。"这就是人,而不是一个杀手。他服从的是爱的命令。但是他自己却被子弹射穿了喉咙,甚至可能就是那个提着裤子的士兵打的,但是他也不会后悔。假如有一天暴力真的停止,你会发现,它正是从奥威尔对于爱的命令的服从开始的。武器是纯洁的,人性也是纯洁的。要让暴力者看到自己的丑恶和渺小,更要在暴力前找回人类的尊严与力量。

20世纪曾经有一场惨烈的越战,有一些美国的士兵到越南去打仗。后来,有三个曾经被越方俘虏的美国老兵在美国首都华盛顿的越战纪念碑前重聚,忆苦思甜,畅谈人生。其中一个人问:"你是不是已经原谅了那些当初把你当做战俘关押的人了?"另一个说:"我永远不会原谅。"这个时候,第三个伙伴说了一句意味深长的话,他说:"那么他们就还在关押着你,是不是?"其实,任何的"快意恩仇"者,任何的决不宽恕者都是这样,无论过了多久,因为他们心中始终是愤恨不平,所以,他们都还在被那些伤害过他们的人"关押着",或者说,一切走不出冤冤相报、走不出以暴易暴的人,永远都被仇恨"关押着"。有人说"复仇是甜蜜的",其实正是这种看似"甜蜜"的许诺,把无数的"快意恩仇"者、决不宽恕者骗进了"仇恨"的牢笼,结果,他们就成了牢笼中的困兽。

看看显克微支的《你往何处去》,你就会知道西方的文明是怎么前进的。罗马人拼命地杀早期的基督徒,但是后者却绝不反抗。为什么,他们绝不复制恶。他们绝对不像恶那样去存在,直到最后,把一个恺撒之城"杀"成了爱之城。对不对?其中一个最令人感动的故事,就是"格劳库斯的宽恕"。小说中有一个小人,叫基隆,他出卖了格劳库斯的妻子与儿女,但是格劳库斯却宽恕了他,可是,他后来又出卖了格劳库斯。最后,当格劳库斯被绑在火刑柱上即将被处以极刑时,基隆终于良心发现:

> 基隆这时突然晃动了一下身子,向苍天伸出了双手,发出了一声撕心裂肺的可怕的叫喊:
> "格劳库斯!以基督的名义,宽恕我吧!"
> 周围一片死寂。所有的人都打了个寒战,一双双眼睛便不由自主地朝上望去。
> 受难者的头微微地动了一下,从火刑柱上随后传来了一个像呻吟似的声音:
> "我宽恕你!"

在火刑柱的烈焰即将腾空而起的时候,迫害者乞求被迫害者的宽恕,而被迫害者在生命的最后一刻竟然仍旧宽恕了迫害者,这实在是人类最为壮观的一幕!最后,基隆终于在爱与宽恕中被拯救,所有的罗马人也都在基督徒的爱与宽恕中被拯救,小说中写道:到最后彼得被放上十字架的时候,他是含着泪水的,为什么呢?因为他看到了罗马城变成了爱之城。和基督一起屈服,胜过和恺撒一起得胜,西方人的这个思想是值得我们学习的。

在这个意义上,我们就会看到,爱的动机来自哪里呢?就来自爱本身。它去反抗恶的方式就是更爱这个世界;它去反抗恶的方式,就是以爱的姿态去面对恶,这就是爱的力量。英国诗人奥登,在《怀念叶芝》的诗歌里有"把诅咒变成了葡萄园"的诗句,何其精彩!里尔克有一首诗也写得很好,就是《啊,诗人,你说,你做什么》。他在提到诗人的使命的时候说:"我赞美!"

啊,诗人,你说,你做什么?——我赞美。
但是那死亡和奇诡
你怎样担当,怎样承受?——我赞美。
但是那无名的、失名的事物,
诗人,你到底怎样呼唤?——我赞美。
你何处得的权利,在每样衣冠内,
在每个面具下都是真实?——我赞美。
怎么狂暴和寂静都像风雷
与星光似的认识你?——因为我赞美。

为什么说诗人的使命就是"我赞美",那也就是永远以爱的心态去面对这个世界,永远为这个世界的存在提供形形色色的理由,哪怕这个世界充满了恶。而且,其实就是因为这个世界充满了恶,所以我才要爱,所以我才要赞美。爱就是愿意去爱。只要你是简单的,这个世界就是简单的。你是什么样的人,你的世界就是什么样的世界。因此,爱的结果,或许并没有在现实中获得回报,但是所有的人都会看到:它在人类的心灵中激起了巨大的回响。正是这巨大的回响,酿造着人类的过去、人类的现在,也必将酿造着人类的未来。

"什么时候我们能责备风,就能责备爱"

泰戈尔说:"有一次,我梦见大家素不相识,醒来后,才知道我们原来相亲相爱。"惠特曼说:"凡是我在路上遇见的我都喜欢,无论谁看到了我,也将爱我。"海子也说,"谁在这城里快活地走着/我就爱谁"。中国的一位演员曾经唱过的一首歌,题目也很令人感动:"爱如空气。"遗憾的是。由于文化传统的不同,我们中国人似乎已经养成了一种习惯,那就是,一方面本能地怀疑对方是否值得去爱,一方面怀疑爱究竟是否真有力量。这些年,我在很多高校都做过报告,只要我讲到爱,很多学生的表情一定是疑惑的,个别的已经上到了博士的学生甚至还曾写文章与我讨论。在他们看来,如果他不是一个好人,那么,我凭什么要爱他?或者,他们还会问:爱真的有力量吗?人真的有必要必须与爱同在吗?再说,我就算天天奉献爱,可是,好人往往吃亏,往往会被坏人利用啊。

对于上述问题,可以从三个方面来回答:

第一,必须坚信:只有爱才是最有力量的力量。

上述困惑,我认为首先与对于爱的力量的怀疑有关。那么,怎么去打消这些人的顾虑呢?我还是来讲一个故事吧。

西北地区特别干旱,因为缺水,95%的树苗在种下去以后都无法成活,怎么办呢?这是一个很难解决的难题。后来,有一个学者就出了一个很好的主意。他说,我们可以这样来做,用一个塑料袋,里面装上水,然后在每一个树苗的根部都放上一个装满了水的塑料袋。奇怪的是,这下子,95%的树苗竟然就存活了下来。为什么呢?原来,因为附近有水的存在,树苗就因此而豪赌一把,它想,我的附近还有水,我还要坚持,或许,明天我就能得到水了,结果,它就活下来了。你们看,这个例子是不是非常精彩?

同样的说明,也经常出现在文学大师的笔下。例如,陀思妥耶夫斯基就曾经借《卡拉马佐夫兄弟》中的佐西马长老之口说:

一个人遇到某种思想,特别是当看见人们作孽的时候,常会十分困惑,心里自问:"用强力加以制服呢?还是用温和的爱?"你永远应该决定:用温和的爱。如果你能决定永远这样做,你就能征服整个世界。温和的爱是一种可畏的力量,比一切都更为强大,没有任何东西可以和它相比。①

　　为此,叶芝甚至疾呼:"什么时候我们能责备风,就能责备爱。"可是,我们有些人却往往去责备爱,例如,去责备爱没有力量。其实,一切都恰恰相反,在我们的生命中,唯有爱,才是最有力量的。爱唤醒了我们身上最温柔、最宽容、最善良、最纯洁、最灿烂、最坚强的部分,即使我们对于整个世界已经绝望,但是只要与爱同在,我们就有了继续活下去、存在下去的勇气,反之也是一样,正如英国诗人济慈的诗句所说:"世界是造就灵魂的峡谷。"一个好的世界,不是一个舒适的安乐窝,而是一个铸造爱心美魂的场所。实在无法设想,世上没有痛苦,竟会有爱;没有绝望,竟会有信仰。面对生命就是面对地狱,体验生命就是体验黑暗。正是由于生命的虚妄,才会有对于生命的挚爱。爱是人类在意识到自身有限性之后才会拥有的能力。洞悉了人是如何地可悲,如何地可怜,洞悉了自身的缺陷和悲剧意味,爱,才会油然而生。它着眼于一个绝对高于自身的存在,在没有出路中寻找出路。它不是掌握了自己的命运,而是看清人性本身的有限,坚信通过自己有限的力量无法获救,从而为精神的沉沦呼告,为困窘的灵魂找寻出路,并且向人之外去寻找拯救。

　　在这方面,安徒生的故事颇具启迪。

　　有一天,安徒生在林中散步,他看到林子里长了许多蘑菇,就设法在每一只蘑菇下都藏了一件小食品或小玩意儿。第二天早晨,他领着守林人的七岁的女儿,一起来到了这片树林。正如他所预料的,在蘑菇下出乎意料地发现了丰富多彩的小礼物,小女孩的眼睛里出现了难以形容的惊喜。于是,

---

① 陀思妥耶夫斯基:《卡拉马佐夫兄弟》(上),人民文学出版社1981年版,第477—478页。

安徒生告诉她,这些东西都是地精藏在那里的。"您欺骗了天真的孩子!"一个知道了真相的神父义正词严地遭责道。可是安徒生却回答:"不,这不是欺骗,她会终生记住这件事的。我可以向您担保,她的心决不会像那些没有经历过这则童话的人那样容易变得冷酷无情。"

当然,许多美好的东西都只是黄粱美梦。但是,梦之为梦,并不都是虚幻,它对人一生的深刻影响很可能反而是真实而且深刻的。

其次,必须坚信,只有爱才是人生最大的财富。

上述困惑,我认为还与对于人是否必须与爱同在有所怀疑有关。那么,怎么去打消这些人的顾虑呢?我还是再来讲一个故事吧。

中央台的主持人张越曾经采访过一个医生。这个医生的职责是临终关怀,这也就是说,他所见到的濒死的人是最多的。于是,张越就问到:人在临死时都是什么状态呢?这个医生说,你真的无法想象,那简直是太可怜了,有哭的,有闹的,有砸东西的,有一声不吭的,有想方设法要自杀的,简直是惨不忍睹。张越又问,那有没有临终时候十分快乐的呢?医生说,当然也有。张越马上就追问了:那你能不能告诉我,什么样的人死的时候会快乐呢?是男人?是女人?是生前当大官的?是生前很有钱的?医生说,都不是,真实的情况是,凡是在一生当中给别人爱最多的和得到别人爱最多的人,他临死的时候,就最快乐!

我觉得,这是一次非常精彩的采访,也是一次含金量非常高的采访,很多很多我一直无法讲清楚的道理,在这次的采访里,都已经讲清楚了。其实,与这次的采访有关的,还有一篇小说,是托尔斯泰的《伊凡·伊里奇之死》,小说讲的是一位高官,得了重病以后,却无论如何都不甘离开人世。后来,有人就给他出主意,说你去主动地奉献爱吧,果然,他这样做了以后,去世的时候竟然就非常快乐。显然,托尔斯泰讲的也是同样的道理:爱是最大的财富。

最后,必须相信,爱是对自己的最高奖赏。

上述困惑,我认为还与对于爱能否得到应有的回报有所怀疑有关。那么,怎么去打消这些人的顾虑呢?我还是也先来讲一个故事吧。

《芝加哥论坛报》儿童版"你说我说"栏目的主持人西勒·库斯特一直面对一个难题,经常有小孩给他写信,询问他说:"上帝为什么不奖赏好人,为什么不惩罚坏人?"也就是说,你说要爱所有的人,尤其是要爱不可爱的人,要爱坏蛋,可是,谁来表扬我们呢? 为此,这个编辑也很发愁,怎么样才能够把他们说服呢? 后来,这个编辑意外地有了答案。有一天,他去参加一个年轻人的婚礼,牧师主持完婚礼以后,接下来的环节应该是新郎和新娘互换戒指,可是他们太兴奋了,也可能是太紧张了,竟然错误地把戒指戴在了对方的右手上。这个时候,牧师表现得很幽默,他说,右手已经够完美的了,你们还是用它们来装扮你们的左手吧。

　　这个编辑说,他听到这句话,立刻茅塞顿开。"右手成为右手,本身就非常完美了,再没有必要把饰物戴在右手上了。"意思就是说,你奉献爱,本身就已经是最完美的了,非要社会肯定你吗? 非要别人看见吗? 别人如果看不见,历史如果没有证明你,比如,在两个人争斗的时候,你先放手,你先退出,确实别人都会耻笑你,说你懦弱,说你失败,可是,你就真的失败了吗? 其实,上帝已经表扬过你了。一个爱人者能够成为爱人者,这本身就已经是上帝对于自身最高的奖赏,那么,即使是因为爱"坏人"而失败了,那,又有什么关系? 于是,他就写了一篇文章,《上帝让你成为好孩子就是对你的最高奖赏》。

　　《圣经》有言:"爱里没有惧怕"。确实,因为爱是唯一不需要回报的奉献,所以才要去豪赌。既然坚信爱最终一定会胜利,那么,又何必非要去期待来自任何地方的嘉奖呢? 倘若只有通过得到嘉奖才能够有爱的信心,那这个爱就早已经不是爱了,而只是交换。在西方,苏格拉底之死与耶稣之死是最为重要的文化事件。当时的法庭对苏格拉底做了错误的判决,可是他反而坦然接受,没有逃避,也没有反抗,为什么呢? 我们中国人对此可能会很难理解,可是,西方人就不会,因为苏格拉底的主动就死其实是一个文化的隐喻,意味着苏格拉底以及西方人看重的都不是现实法庭的审判,而是上帝的终极审判。苏格拉底相信,在上帝那里,自己一定是会被宣判无罪的。既然如此,又何惧之有呢? 套用前面的话来说吧,上帝已经嘉奖过我了,我又怎么会在意现实法庭的是否嘉奖呢？何况，由于我的对于爱的坚持，人类的美好理想得到了维护，更何况，爱也是一定会胜利的，那么，我站在爱的一方，与爱同在，不就已经是最大的快乐、最大的嘉奖了吗？还有什么快乐、什么嘉奖又能够超过这个快乐、这个嘉奖呢？因此，"爱里没有惧怕"！

人类精神面孔的一面镜子

关于爱，我就暂时先讲到这里。总之，正如索洛维约夫所说："如果单纯地以为爱迄今为止从未实现过，就否认它的实现的可能性，那就大错而特错了。……在历史人类经历的较短几千年里，爱之不能实现，无论如何也没有给我们以任何理由，反对爱之将来实现。"[1]不过，因为我讨论的毕竟是美学，而不是爱。而且，讲到这里，我猜测可能已经有相当一部分人会大为困惑了，从有限性到无限性，为了讨论无限性，又涉及信仰与宗教，再从信仰、宗教到爱，花费了很长时间，绕了很大的圈子，可是，怎么就一直没有讲到审美活动呢？我要说，这也真是迫不得已，不把有限性、无限性和爱这三个概念讲清楚，审美活动的问题也就永远讲不清楚啊，但是，一旦把这三个概念讲清楚了，审美活动的问题也就很容易讲清楚了。

在一般人的理解里，审美活动无非就是吟风弄月、吟诗作赋而已，甚至无非也就是梳洗打扮、美容整容、家庭环境的布置、游山玩水而已，或许也还有些人会觉得作为审美活动的集中表现的文学艺术非常令人陶醉，但是，也仅此而已，再说出更多的赞美的话来，也就实在是不能了。然而，这却远远不够。我在这一讲的开头就讲过了，从"爱美之心，人才有之"到"爱美之心，人皆有之"，审美活动实在是太重要、太重要了。可是，究竟应该怎么去说明这个"太重要、太重要"呢？在讨论了有限性、无限性和爱这三个概念之后，我们也就有了一个最为简洁的方式了，那就是：审美活动是人类追求无限性的见证，审美活动也是人类之爱的见证。

---

[1] 索洛维约夫：《爱的意义》，三联书店1996年版，第56页。

形象地说,审美活动就是人类追求无限性的一面镜子,也是人类追求爱的一面镜子。每个人都有照镜子的经验吧?美女们尤其应该有。人类为什么要照镜子?动物为什么不照镜子?其实,审美活动为什么不但要"人才有之"而且要"人皆有之",道理就在这里。

具体来说,我已经讲过,人类要在精神上"站立"起来,就必须去豪赌无限性的存在,换言之,过去在身体上要脱离动物的时候,是去赌与动物的不同,而现在在精神上要脱离动物性的时候,则是去赌与神的相同。而这场豪赌本身,唯一的方式,就是坚定不移的信、毫无怀疑的信,其实,也就是坚定不移的爱、毫无怀疑的爱。在这里,无限性与爱,就是人类费尽千辛万苦为自己打造的精神面孔,这是一张动物所没有的面孔,也是真正属于人的面孔。可是,我们怎么样才能够看到自己的这张精神面孔呢?唯一的途径,就是通过审美活动。

有人会说,那为什么一定要在审美活动中才能够看到自己的精神面孔呢?人类的一切物质与精神的成果不是都是人类活动的对象化吗?那么,在它们的身上不也应该都能够看到人类的精神面孔吗?我必须要说,这是一个非常重要的问题,也是李泽厚先生提倡的实践美学与我所提倡的生命美学的根本区别之一。而且,如果确实是在所有的物质与精神成果上都可以看到人类的精神面孔,那么,审美活动的存在也就是不必要的了。为什么甚至很多美学家都无法道破审美活动的重要性?原因就在这里。

问题的关键在于无限性和爱这样两个概念。有些人会觉得,审美活动并不重要,因为人类所有的物质活动与精神活动不都是走在通向无限性与爱的道路上吗?比如说人类的学习,它的最高境界也一定是与无限性和爱密切相关的,比如说人类的改天换地,它的最高境界也一定是与无限性和爱密切相关的,那么,人类为什么一定要有审美活动呢?人类为什么非审美不可呢?原因在于,人类的所有活动,除了审美活动以外,都是功利性的,它们确实都与人类对于无限性与爱的追求密切相关,都是应该肯定的,但是,它们又毕竟是一种功利性的活动,因此,也无法全面地反映人类对无限性与爱的追求,那么,人类怎么样才能找到一种活动,让它来全面地见证自己的对于无限性与爱的追求这一根本特征呢？顺理成章地,人类找到了审美活动。

我们知道,审美活动是在想象当中实现的。它上穷碧落下黄泉,思接天际、想落无穷,只有做不到,没有想不到,因此而可以成为人类追求无限性与爱的一面镜子。人类想看看人类的精神面目,想看看自己"赌"无限性与爱存在的丰硕成果,想看看自己"赌"得好不好,那么,能够通过什么来看呢？通过学习活动？通过生产活动？通过军事活动？当然都是看不到的,能够看到的,只有一面镜子,就是审美活动。正是在审美活动里面,人类看到了自己的本来面目。比如说,小说里的正面人物,一定都是追求生命的无限性的,小说里的反面人物呢？那一定都是拒绝追求生命的无限性的。再比如,小说里的正面人物,一定都是渴望在精神上站立起来的,小说里的反面人物呢？那一定都是在精神上永远爬行的。总之,正如英国小说家亨利·菲尔丁在《汤姆·琼斯》里总结的:文学只是一个便饭馆,不卖山珍海味,只卖一道菜,就是"人性"。

而且,审美活动又与宗教活动不同,宗教活动也与无限性与爱有关,可是,它就像一个精神分离器,把灵魂与身体、精神与现实分离得一清二楚,把无限与有限分离得一清二楚,但是,审美活动却不同,它是顽强地在现实中发现精神的东西,在身体中发现灵魂的东西,也在有限中发现无限的东西。它的使命就是见证,而且心甘情愿地认领。

荷尔德林说:"自从吾辈彼此倾听,众列神灵已被命名。"荷尔德林的推崇者海德格尔也说:"终有一死的人说,因为他们听。"确实,在这个意义上,审美活动不是别的什么,它仅仅是受命而吟,也仅仅是一位传言的使者赫耳墨斯。它受的,就是无限性与爱的"命",它传的,则是无限性与爱的"言"。

捷克诗人扬·斯卡采尔的诗歌吟咏得何等精彩:

> 诗人不创造诗
> 诗在某地背后
> 它千秋万岁地等在那里
> 诗人不过发现了它而已

你们看,这就是审美活动。

因此,与无限站在一起,与爱站在一起,这就是审美活动的天命。凯恩斯曾经引用一首诗歌:天堂将再响起赞美诗和甜蜜的音乐,但我将必须不再唱歌。这无疑是完全正确的,可是,如果活到现实生活之中,如果是在天堂之外,我们却必须"唱歌"(审美)。因为我们毕竟不是上帝,如果我们是上帝,那么,我们还需要"唱歌"(审美)吗?如果我们还是动物,那么,我们也不需要"唱歌"(审美)了。所以,"爱美之心",才是人之为人的标志。

陀思妥耶夫斯基说,"要知道,得让每个人有条路可走啊,因为往往有这样的时候,你一定得有条路可走!"[1]有限的现实生命"山穷水尽",可是与此同时,无限的精神生命却"柳暗花明",生命的可贵之处就在于,在失败当中彻悟了人类生命活动的有限性。结果,承认了有限,也就默认了无限,融入了无限。自己认定的价值被自己摧毁了,结果就触摸到了生命的尊严,触摸到了无限与爱。这,就是生命当中最为美好的东西。

"它相信的是人类灵魂的无限力量,这个力量将战胜一切外在的暴力和一切内在的堕落,他在自己的心灵里接受了生命中的全部仇恨,生命的全部重负和卑鄙,并用无限的爱的力量战胜了这一切,陀思妥耶夫斯基在所有的作品里预言了这个胜利。"[2]

毫无疑问,所有的审美活动也"预言了这个胜利"。

所以,我们说审美活动为无限性作证,为爱作证,其实也就是为人类的这种非常伟大的精神生命作证。人类认识到了自己的有限性,结果就转过身去,在仇恨中寻找爱心,在苦难中寻找尊严,在黑暗中寻找光明,在寒冷中寻找温暖,在绝望中寻找希望,在炼狱中寻找天堂,最终融入了无限,触摸到了无限,这就是人类最为伟大的地方。

这个时候,我们还能说美既不能吃也不能穿更不能用吗?再想一想,既然美既不能吃也不能穿更不能用,那为什么"爱美之心,人皆有之","爱美之

---

[1] 陀思妥耶夫斯基:《罪与罚》,上海译文出版社2003年版,第12页。
[2] 索洛维约夫:《神人类讲座》,华夏出版社2000年版,第213页。

心,人才有之"会千古不变呢?显然,还不是因为审美与人类的无限性与爱同在?它是人之为人的根本。它是人之为人的见证,是自由的见证。审美生,人类亦生,审美在,人类就在。因此,"我审美,故我在"。

"君问穷通理,渔歌入浦深。"

# 第三讲

"我审美,故我在"

审美活动是什么

我在第一讲讲了"爱美之心,人才有之",在第二讲讲了"爱美之心,人皆有之",现在回过头来看,应该能够发现,这两讲其实是一个意思,为了与"动物"(后来是与"动物性")相区别,人类找到了一个最好的标志,这就是:"爱美之心"。

不过,这还毕竟不是问题的结束,而是新的问题的开始。试想一下,前面两讲说的是人类为什么一定要爱美,我们可以简单地概括为:"审美活动为什么?"而且已经做了全面的说明,可是,困惑毕竟还没有结束,因为,还有一个问题我们也必须回答,这就是:审美活动为什么就能够满足人类的特定需要呢?我在前面讲的人为什么一定要爱美,这完全是从问题的这边想过来的,现在,我们又必须从问题的那边想过去。我们必须反过来思考,人类确实一定要爱美,这是肯定已经毫无疑问的了,可是,审美活动这种方式,为什么就一定能够满足人类的爱美之心呢?就从生活里随便找个例子吧,就好比电视,当我们研究了人为什么需要电视以后,另一方面,就必须转过来研究一下:电视这个东西为什么就能够被人类所需要?换言之,电视这个东西为什么就恰恰能够满足人类的这一需要呢?显然,审美活动这种方式为什么就一定能够满足人类的爱美之心,问的也是这个问题。我们可以简单地概括为:审美活动是什么。

这样,从第三讲开始,直到第四讲,我就开始要推出两个全新的概念了,这就是:超越性和境界性。

至此,我计划推出的四个概念就悉数登场了,我一直认为,用这四个概念,就可以把审美活动的内在奥秘和盘托出了。或者,我们也可以这样来表述:审美活动就是以"超越性"和"境界性"来满足人类的"未特定性"和"无限性"的特定需要的。而就现在我即将要展开讨论的审美活动为什么就一定能够满足人类的爱美之心这个新的问题而言,用"超越性"和"境界性",就已经完全可以回答。

超越性存,则美学存

这一讲,我首先讲审美活动的超越性。

审美活动的超越性,是一个真正前沿的问题,多年以来,我一直在密切关注这个问题,并且在十年前就强调说:"为了强调这一问题的重要性,我甚至要不无夸张地说:超越必然的自由即自由的主观性、超越性问题存,则生命美学存;超越必然的自由即自由的主观性、超越性问题亡,则生命美学亡。""对于超越必然的自由的追求,堪称生命美学的灵魂。"[①]

但是,也必须承认,它也是一个我们中国人所最不屑一顾的问题,因为我们中国人总觉得凡是不能挣钱的、不能吃的,就没用。我们中国人不是有一个习惯用语吗?——民主能当饭吃吗?美能当饭吃吗?爱能当饭吃吗?总之,没有用的就是不好的。但是,审美活动偏偏就没有用,可是,这个没用的东西对于人类来说却最有用。就像文学艺术,比如说画画有什么用,书法有什么用,写小说有什么用?可是人类没有一天离开过它们。

就从"没用"讲起吧

那么,从哪里讲起呢?就从"没用"讲起吧。

在人类历史上,审美活动的超越性面临的处境总是十分尴尬。在宋代的时候,一天,中国第一才女李清照看到了朋友的女儿,李清照热心地自告奋勇,对她说:我来教你写诗词吧。各位,今天如果我们听到这句话,一定是会高兴得要昏过去了啊,李清照可是千古第一的才女啊,可是,那个小女孩

---

① 参见潘知常:《生命美学论稿》中的《超越主客关系:关于美学的当代取向》,郑州大学出版社2002年版。

却丝毫也不买账,而且还说了一句慷慨激昂的话:"才藻非女人事也。"后来,那个女孩死了,陆游——这也是个大诗人啊——给她写了墓志铭,其中还表扬她,说她的这句话说得很好。但是,你们应该也能够听得出来,实际上小女孩说的这句话非常糟糕。那个小女孩如果能够在今天,我们倒一定要教一教她美学,并且用我在前面说过的话来批评她:真是目光只有筷子那么长啊。

可惜的是,这种功利化的看法不但经常在女性身上而且也在男性身上看到。有一个很有意思的例子,是美学家经常喜欢举的,也是西方人经常喜欢说的例子,有一个西方人,去大海边旅游,看到大海后非常激动,感叹说:大海真美。确实,大海确实很美,人们也会经常去赞美大海,最为典型的,是俄罗斯的诗人普希金,普希金是真正把俄罗斯带向文学世界的第一人,人们也习惯于把他看作俄罗斯人的"情人",那么,普希金看到大海后是如何赞美的呢?大海,自由的元素。可是,就在这个时候,那位旅游者看到了一个渔夫,于是,他就羡慕地对渔夫说:你就住在大海边儿,真好啊,每天都能看到美丽的大海。可是,渔夫对他说什么呢?大海有什么好看的?还有一个地方才真正好看啊。结果,渔夫就把旅游者带到了他家后面的菜地里,自豪地对他说,你看,我种的这一园子菜比大海要好看多了。你们看,对于渔夫来说,菜园的存在无疑对于他的生存来说要更为重要,而美丽的大海呢?毕竟既不能吃也不能喝,因此,只有后菜园才是真正美丽的。

可是,还借用我在第二讲里面的概念来说吧,功利性却实在使得人的眼光与动物性相近。

我们来看《金瓶梅》里面的一个细节。

《金瓶梅》是一本很值得去看的书,在中国文学的长廊里,我也一直觉得《金瓶梅》和《红楼梦》并驾齐驱,堪称中国文学的双璧。在《金瓶梅》里,有一个著名的男主角,叫西门庆,这是中国文学史上最为著名的采花大盗。《金瓶梅》里有一个细节,是写他第一次看见潘金莲时的印象的。那天,西门庆在街上闲逛,空中突然掉下来一根竹竿,砸中了他的脑袋。西门庆在县里一向是很霸道的,因此他马上就要发火,可是抬头一看,却立刻转怒为喜,因为,他看到了县城的第一美女。然而,这是一个什么样的美女呢?

　　黑鬒鬒赛鸦鸰的鬓儿,翠弯弯的新月的眉儿,香喷喷樱桃口儿,直隆隆琼瑶鼻儿,粉浓浓红艳腮儿,娇滴滴银盆脸儿,轻袅袅花朵身儿,玉纤纤葱枝手儿,一捻捻杨柳腰儿,软浓浓粉白肚儿,窄星星尖翘脚儿,肉奶奶胸儿,白生生腿儿,更有一件紧揪揪、白鲜鲜、黑茵茵,正不知是甚么东西。

从楼下去看楼上的金莲,竟然能够把人看成这样,竟然比 X 光都厉害,真不愧是"拾翠寻香的元帅"。我们知道,人的眼睛都是相同的,但是,人的眼光却是完全不同的。西门庆也一样,西门庆也有眼睛,这与我们无疑是完全一样的,但是,他的眼光却与我们完全不同,形象地说,他的眼睛竟然会"脱"女性的衣服。人家潘金莲本来是穿着衣服的,可是,在他的眼睛里,衣服却被脱下来了。显然,在他的眼睛里,潘金莲完全是一个性欲的对象。这个时候的西门庆,实际上是用动物的眼光在看人,在发情期的动物去看另外一个动物的,大概就是这样的眼光。

　　再举一个例子,莎士比亚的名作《罗密欧和朱丽叶》里有两个人都看见了朱丽叶,一个是罗密欧的朋友,马其提欧,马其提欧看见朱丽叶的时候看见了什么呢?

　　细瞧着她的高额及红唇
　　偷窥着她的玉腿、美足及颤动的胯股
　　并暗忖着邻角处的黑森林

请看,马其提欧的眼睛也在"脱"女性的衣服,在他的眼睛里,朱丽叶的衣服也被脱光了,在他眼睛里的,完全是一具让人产生"性"遐想的美丽尤物。

　　前面讲的都是功利性的眼睛,可是,如果没有了功利性呢? 我们来看看在罗密欧的眼睛里,朱丽叶是什么样子:

喔！她真叫火炬燃得发亮
她似乎挂在夜的脸颊里
像是衣索匹亚人耳朵上的宝玉
甜得叫人发痴美得叫人发愣

显然,这才是真正的人的眼光,也才是真正的人所看到的女性。在这种眼光里,有着人类的全部尊严。

毫无疑问,这也正是审美活动的尊严。因为,在其中,我们看到了人,也看到了人的尊严。

因此,应该不难想到,审美活动一定最最有用。

审美活动一定最最有用

要说明这个问题其实也很简单。例如,有时候,我们会做这样一个游戏,比如说,假如世界马上就要崩溃,现在给你5分钟时间,那么,你最希望的是去做什么呢?毫无疑问,一定是去祝福你的亲人。你们看,人们平时都是非常功利的,忙得甚至会忘记自己的亲人呢,可是,到了最后,他还是清醒过来了,原来,平时觉得最没有用的亲情,其实才有用的。我在前面讲过,人只有在"向死而在"的时候才是最为清醒的。假如只给你三天生命,那么,你会去做什么?我相信,平时的钩心斗角、名利倾轧,一定都是不会再去做的。你会去看美景?听名曲?会去把自己最喜欢的名著再看一遍?显然,你最后三天所渴望去做的,才是最最有用的啊。西方有一个著名的音乐家,临终的时候,他说要再最后拉一会小提琴,有人劝他说,你这不是神经病么?明天就要死了,今天还拉琴干什么呀?这个音乐家回答得很好,他说:就是因为我明天就要死了,所以我今天才要拉琴呀。显然,拉琴对于他的生命存在来说,是最最有用的。

电影《泰坦尼克号》的例子也很令人感动。《泰坦尼克号》热映的时候,我到南京的几个高校做报告,都是被要求讲这部电影。当时我就提问:《泰坦尼克号》里面最吸引人的情节是什么?不少学生都说,那当然是那对年轻人的恋爱啊。我说,其实,那对年轻人的恋爱是很糟糕的,这样的爱情故事在文学中已经太多太滥了。其实,电影里最让人感动的,是那几个小提琴手,在生命的最后关头,他们还在为大家拉小提琴。我当时在影院里就在想,他们死得真有尊严。我们经常说:死得其所。要知道,一个人不但无法选择出生,而且也无法选择死亡。一旦可以为自己选择一种死亡的方式,最有尊严的方式,你们不觉得,这也是一件特别快乐的事情吗?所以,那几个小提琴手才深深地感动了我们。

这样的例子有很多,例如《白毛女》,当然,现在对《白毛女》要重新评价,例如,其中的黄世仁作为20世纪中国文学史中最为著名的"四大地主"之一(其他的是周扒皮、南霸天、刘文彩),究竟是否真实?还要结合中国社会的深刻剖析来重新讨论。也因此,对于《白毛女》里面的整个故事及其评价都亟待重新开始。不过,其中的一个细节,却仍旧是非常感人的,就是贫困交加、债务逼身的杨白劳在过年时还不忘给女儿买一根红头绳。而且,女儿在父亲带回来的物品中最最喜欢的,也恰恰是这根红头绳。为什么会如此?当然是因为看上去最最没有用的美实际上却最最有用!

"天上月色,能移世界"

遗憾的是,世事毕竟是太纷纷攘攘了,它会让我们忘记这些最为重要也最为根本的东西。在看《简爱》的时候,是否都会注意这样一个细节?——她特别喜欢看《格列佛游记》。因为她是个孤儿,因此,一看这本书,就可以从痛苦的生活里暂时解脱出来。可是,有一次她被毒打了一顿,奇怪的是,在被毒打了之后,再看这本书,她竟然就一点兴趣也没有了。为什么会这样呢?就是因为她在看的时候已经有意无意地采取了一种功利化的眼光了。

我们眼中的太阳也是这样。人类经常会赞美太阳的,但是,你们注意到了吗,几乎没有人会赞美中午的太阳。太阳在被人赞美的时候,一定是两种情况：朝阳和落日。朝阳，人们会联想到一种生命中的蓬勃向上的新鲜的感觉；落日，人们会联想到一种生命中的最后时光的无比可贵。可是，中午的太阳呢？人们却很少会产生联想，因为，它太强烈了，已经让人无暇去联想了。中午的太阳，对于在田头劳作的人来说，尤其无法产生联想。《水浒传》里有一首诗，写的就是这种情况。智取生辰纲的时候，白胜不是挑着冷饮上来了吗？而且便走便唱："赤日炎炎似火烧，野田禾稻半枯焦，农夫心内如汤煮，公子王孙把扇摇。"你们看，这就是中午的太阳，"赤日炎炎似火烧"，于是那个本来十分美丽的太阳现在也不美丽了。

最精彩的例子还是发生在宋代，有一个诗人叫潘大临，一天秋后，因为马上就要到重阳佳节了，他特兴奋。也就在这个时候，外面风雨将至，于是，他诗兴大发，提笔就写了一句，"满城风雨近重阳"，可是，刚刚要写第二句，外面就有人在砰砰地拚命敲门，原来，是有人找他催债的。他大概过去借了钱，弄不好还是借的高利贷，一定是很烦心的一笔债务，结果，他费尽了口舌，才把人家劝走，于是，坐下来想把剩下的几句写完，结果，却怎么也写不出来了。于是，就永远留下了这样的一句。那么，为什么会出现这种情况呢？就是因为一开始他是在完全非功利的状态，但是，一旦进入功利性的状态，他就无法再继续进行审美活动了。正如苏轼所说，"江山风月本无常主，闲者便是主人。"潘大临后来不再"闲"了，因此，他也就不再是主人了。

那么，当我们这样说的时候，事实上意味着什么呢？事实上意味着，当我们面对世界的时候，我们的生存状态是有所不同的。而生存状态的不同，当然也就导致了不同的眼光。所以，我才经常说，每个人的眼睛都相同，但是每个人的眼光却可能根本不同。比如说，如果我们在精神上是爬行的关注有限性的，那么，我们的眼光也就一定是动物的、功利的，但是，如果我们在精神上是站立的关注无限性的，那么我们的眼光就一定是非功利的，也就是说，一定是审美的。

我经常会给学生讲到关于"月色"的两个故事——

一个是古人讲的故事，邵茂齐讲过这样一个故事："天上月色，能移世界。"怎么来"移世界"呢？他说，他发现，在月色的映照下，大千世界会发生

神奇的变化:

> 山石泉涧,梵刹园亭,屋庐竹树,种种常见之物,月照之则深,蒙之则净;金碧之彩,披之则醇;惨悴之容,承之则奇;浅深浓淡之色,按之望之,则屡易而不可了。以至河山大地,邈若皇古;犬吠松涛,远于岩谷;草生木长,闲如坐卧;人在月下,亦尝忘我之为我也。今夜严叔向置酒破山僧舍,起步庭中,幽华可爱。旦视之,酱盎纷然,瓦石布地而已。
> (张大复《梅花草堂笔谈》)

我自己也有过一次令我茅塞顿开的经历:20世纪80年代中期的一个初夏,我经常在晚上外出去上课。那时候,路上的照明设备不像今天这么完备。一天,当我骑着车正在晦暗不明的路面上疾驰,突然有了一个发现:路边的相隔很远才会出现一盏的橘黄色的疲惫的路灯和道路上的一道道利剑般的强劲的车灯,交织成的只是一张扑朔迷离的网。它尽管照亮了脚下的道路,但又移步换形,如影随身,令人目不暇接,无所适从,把握不住前进的方向。所幸,天幕上还有一轮皓月,它淡雅地把光明抛洒在路面上,使人借此看清了前进的方向,并且得以校正了彼此之间的位置。于是,我恍然彻悟:生存在这个世界上,不仅需要形形色色而又不断变幻的相对的现实标准,而且尤其需要一个恒定不变的、始终如一的绝对的终极标准。没有现实标准,人类固然寸步难行,但是,倘若没有终极标准,人类干脆就无路可行。而且,只会彼此倾轧、互相践踏,强势的一方强迫弱势的一方接受自己所选定的道路,待强弱对比发生转化后,选择的道路就也会截然不同。结果,就是社会资源与生命资源的循环不已的内耗与浪费。

显然,月光所象征着的,就是精神站立之后所导致的眼光。

其实,这种现象在生活里也很常见。例如,有一首很有美学意味的诗《舟还长沙》(郭六芳):

> 侬家家住两湖东,

十二珠帘夕阳红。

今日忽从江上望，

始知家在画图中。

你们看，这个小女孩的家本来就置身美景之中，但是，由于种种原因，例如，由于距离功利生活太近，不得不以精神爬行的眼光来看待环境，以致她自己却从未察觉。直到有一天，她转换了一个角度——因为暂时远离功利生活而恢复了精神的站立，在回家的路上——也就是江上——再去看自己的家，才吃惊地发现，自己的家竟然美丽如画。

还有一首诗，说的也是这样的神奇转换："烟翠松林碧玉湾，卷帘波影动清寒。住山未必知山好，却是行人仔细看。"(游九功)还有苏轼的著名诗句，人人都很熟悉："不识庐山真面目，只缘身在此山中。"其实说的也是这样的神奇转换。同时，还有一些十分具体的审美经验，也给了我们深刻的启迪。例如，如果要看山，那么，应该如何去做呢？要从湖中去看，咱们来看看杨万里的诗歌吧："烟艇横斜柳巷湾，云山出没柳行间，登山得似有湖好，却是湖心看尽山。"(《同君俞、季永步至普济寺，晚泛西湖以归》)反过来，看湖呢？那又要跑到岸上去看了："岸上湖中各自奇，山舫水酌两皆宜。只言游舫浑如画，身在画中元不知。"(《上巳同沈虞卿、尤延之、王顺伯、林景思游湖上》)为什么呢？当然也是因为这种转换能够无意中帮助我们从功利生活的精神爬行状态中转换出来。

我们每个人在生活中也都有这样的审美经验。城市人到了乡村，无不大呼：乡村真美！可是，乡村人呢？他们却从不觉得自己的家乡有什么美可言，在他们看来，光怪陆离的城市才是美丽的啊。我听说，张家界就恰恰不是当地人发现的，而是被一个香港人发现的。而且，有一个统计说，从人口集中、污染严重的广州去张家界旅游的人也最多，显然，这绝对不是偶然的。我们就说"采菊东篱下，悠然见南山"这首诗吧，中国人无不为之动容，都会赞美这种境界。可是，假如陶渊明不生活在战乱年代，不是看厌了官场倾轧，不是热切向往宁静恬淡的田园生活，他又怎么会发现这一审美境界啊。

"捉摸不着的形而上学的好处"

不过,我要顺便说明一下,对于类似的审美眼光的出现,或者是从审美活动的性质的角度来讨论(康德),无功利并非前提,而是状态。对象的纯粹决定了主体的纯粹。或者是从心理活动的角度去解释。例如在20世纪初就开始盛行的心理距离说、孤立说、静观说等等。它们依据的角度是心理构成,把审美活动看作一种特殊心理状态、特殊注意方式,并且,认为客体是被主体所决定的,主体作为前提而存在。例如,学术界一般认为,距离说是从一种特别的心理状态的角度去讲审美眼光的出现,孤立说是从一种专注于对象的特殊的观看方式的角度去讲审美眼光的出现,静观说是从一种特别的精神境界的角度去讲审美眼光的出现。然而,事实上,正如我在前面讲到的,特殊心理状态、特殊注意方式其实并不是最后的原因,审美眼光还要决定于精神站立的关注无限性的生存方式。

所以,"非功利"现象确实是考察审美活动的一个最佳角度,因为,审美活动作为一种超越性的生命活动,它确实是跟非功利密切相关的。古今中外的美学家,重要谈到审美活动的,几乎没有不从非功利性入手的,道理也在这里。可是,非功利性,却并不是真的就没有功利性,而只是说,在精神爬行的角度,是没有功利性的,换言之,也就是没有用的,但是,如果从精神站立的角度呢?那可就是完全功利的了,也就是说,是很有用的了。而且,如果干脆就用我前面讨论的语言来说,那么可以说,其实审美活动不同于功利性活动的地方就在于,它们分处于不同的生命状态,一种是在精神上站立的关注无限性的状态,一种是精神上爬行的关注有限性的状态。审美活动根本不关注有限性,它只关注无限性,因此,从有限性的角度看,当然是看不出会有什么用处。

明确了这一点,回过头来再看人类的审美活动,体会就会截然不同。例如曹雪芹的《红楼梦》,其中的宝玉这个人物,所有的人都说他是无事忙,凤姐和宝钗干脆就评价他:没用。当然,这是从有限性的生命活动的角度去评价,可是,如果从无限性的生命活动的角度去评价呢?那可就太有用了。宝玉整个看待世界的眼光都是非功利的,不要考试,不要工作,也不要门当户对的婚姻,他只要爱和爱情。而这不正是无限性的生命活动所追求的吗?

陀思妥耶夫斯基写过一部小说叫《白痴》,在《白痴》里,他写了一个梅什金公爵,这是一个世人眼里的典型的白痴,相当于俄罗斯版的宝玉,这个人傻乎乎的,功利、金钱、争名夺利、尔虞我诈啊,全都不懂,可是,小说里的一个美女却偏偏最欣赏他,她说,在所有的人里,她只发现了一个"人"。这个"人",就是指的梅什金公爵。为什么只有他才是"人"呢?无非就是只有他一个人是生活在无限性的生命状态里面的。他所追求的,是世人所不追求的,他所不追求的,却偏偏是世人所拼命追求的。

类似的例子,还有鲁迅《狂人日记》里面的"狂人",福克纳《喧哗与骚动》里面的"白痴"班吉。

事实上,很多学者也都是从这个角度去解释审美活动的:俄罗斯有一个哲学大师,叫别尔嘉耶夫,他就认为:

人对于自己而言是个伟大的奇迹,因为他所见证的是最高世界的存在。

人是一种对自己不满,并且有能力超越自己的存在物。

只有在人与上帝的关系上才能理解人。不能从比人低的东西出发去理解人,要理解人,只能从比人高的地方出发。①

而罗素在著名的《西方哲学史》里也举过一个例子:拜伦在当时是贵族叛逆者的典型代表,而贵族叛逆者和农民叛乱或无产阶级叛乱的领袖无疑是十分不同的人。因为,饿着肚子的人不需要精心雕琢的哲学来刺激不满或者给不满找解释,任何这类的东西在他们看来只是有闲富人的娱乐。他们想要别人现有的东西,而"并不想要什么捉摸不着的形而上学的好处"。

---

① 别尔嘉耶夫:《论人的使命》,学林出版社 2000 年版,第 63—64 页。

可是,贵族叛逆者不是饿着肚子造反。贵族叛逆者不是要别人有的东西,他不是像我们中国人经常讲的那样去追求翻身求解放——你有的要给我,我翻上来,你翻下去,烙饼式的,因此,"贵族叛逆者既然有足够吃的,必定有其他的不满原因。"什么原因呢? 当然就是那个"捉摸不着的形而上学的好处"!

罗素说的那个"捉摸不着的形而上学的好处",我们也可以在另一个人的话里去理解。俄罗斯一个大作家高尔基,对于这个人,中国人都很熟悉,可惜,实际上却很陌生,是个熟悉的陌生人,因为,我们对他的了解都是被"革命"扭曲过了的。例如他的名篇《海燕》,我们都被灌输说,《海燕》是高尔基歌颂无产阶级革命的名作,其实,这只是在"利用"高尔基而已,因为,高尔基的《海燕》根本就不是歌颂无产阶级革命的,而是歌颂资产阶级革命的。不过,这里我们还是不去说这些误解了。在这里我要说,高尔基有一句话说得很精彩,可惜,却不为我们所认真关注。他在《书信集》中说:"照天性来说,人都是艺术家。他无论在什么地方,总是希望把'美'带到他的生活中去。"我要说,高尔基这话说得真是很有意思,人总想把一个又不能吃又不能穿又不能用的东西带入生活,这个东西,就是"美",在一定意义上,这也就是罗素说的那个"捉摸不着的形而上学的好处"。

例如,蒲宁喜欢看太阳落山,他说:活在世上是多么愉快呀! 哪怕只能看到这烟和光也心满意足了。我即使缺胳膊断腿,只要能坐在长凳上望太阳落山,我也会因而感到幸福的。我所需要的只是看和呼吸,仅此而已。没有任何东西能像色彩那样给你以如此强烈的喜悦。我习惯于看。

福楼拜也喜欢"按时看日出",他说:我拼命工作,天天洗澡,不接待来访,不看报纸,按时看日出(像现在这样)。我工作到深夜,窗户敞开,不穿外衣,在寂静的书房里……

李清照清晨醒来,首先关心的,是海棠花的"绿肥红瘦"。川端康成清晨醒来,首先发现的,是"海棠花未眠"。

还有两个著名的故事。五代十国之际,吴越国王钱镠在致自己爱妃的信中也写道:陌上花开,可缓缓归矣。在阿尔卑斯山口一条大路边,有一块标语牌,上面写着几个动人心魄的大字:慢慢走,欣赏啊!

因此,尽管审美活动从来就没有拯救过人类的任何一次灾难,任何一次罪恶,以至于牛吃牡丹、焚琴煮鹤之类的无聊之事竟然屡见不鲜,但是,它却真正也必将拯救人类。因为,它提示所有的人,如果你想在精神上站立,如果你不想维持那种精神上爬行的动物状态,那么,你就必须进入审美活动。只有进入审美活动,它才能够推动你,鼓励你去坚强地逐渐站立起来。尽管它不能吃也不能喝更不能当钱花,但是,它却代表着人类的尊严,更代表着人类和动物的根本区别。你捍卫了这些东西,你其实也就捍卫了人类和动物的区别,捍卫了人类的尊严。要知道,正是审美活动的存在,让人们知道还可能有一种追求无限性的理想生存,向人们证明着生命被剥夺、被扭曲的痛苦,也向人们证明着"一个人"本该享有的自由和幸福。类似于哥伦布的地理大发现,审美活动是灵魂的哥伦布大发现。你们可能不知道,德国的大诗人歌德就曾经这样来评价美学家温克尔曼对希腊艺术的挖掘:类似于新哥伦布的发现。

因此,如果要我把人类为什么需要审美活动的问题再回答一遍的话,那么我要说,审美活动的意义就在于大大拓展和提升了人类的精神空间。英国诗人济慈:我不只是生存在现有的世界中,而是同时生存在一千个世界里。如果没有审美活动,这又如何可以想象?审美活动的存在,堵死你所有的现实的选择,你在审美活动中才突然恍然大悟,哦,原来我在现实生活里生活得很不美好,都是权宜之计,那我可一定要用一种更有尊严的方法来面对人生了。结果,审美活动就成为你生命过程当中的人性的鼓励、人性的想象和人性的证明。当我们和审美活动站在一起的时候,我们就会变得伟大起来。20世纪的大儒马一浮先生有一句话说得很是经典:审美活动可以使我们"如迷忽觉,如梦忽醒,如仆者之起,如病者之苏",这话说得真好。唐代诗歌里面有这样几句:

    曲终人不见,江上数峰青。
    烟消日出不见人,欸乃一声山水绿。

> 曲终收拨当心画,四弦一声如裂帛。东船西舫悄无言,惟见江心秋月白。

"曲终""欸乃""收拨",审美活动正是通过这样的"曲终""欸乃""收拨",让我们真正看到了世界。

难怪俄罗斯的大作家陀思妥耶夫斯基要语出惊人:世界将由美拯救!这实在是人类进化的不二的法宝和公开的秘密啊。

不过,我也还要说,如果只是这样地去解释审美活动无用之用、大用,尽管也能够算是给出了答案,但是,却又毕竟是一个十分模糊的答案。换言之,以上的讨论无疑也可以给出一个答案,审美活动是对于人类的特定需要的满足——根本需要的满足,可是,我们却又实在无法满足于这样的答案,因为,我们需要的是具体地去弄清楚:审美活动究竟是如何去满足特定需要、根本需要的?审美活动为什么就能够满足特定需要、根本需要呢?

这样,对于审美活动的"超越性"的讨论也就顺理成章了。

"主观的普遍必然性"

不妨还是从人类进化的历程来开始我的解释。

我还是要感叹,人类的进化真是一件非常神奇的事情。例如,人类的进化一定是最精致的,一定是没有任何一点多余的东西的存在的。就人类的进化而言,凡是存在的,就一定是合理的。这就因为,在社会进化的过程中,只要有一丝一毫的多余,就一定会被淘汰掉。可是,人类的进化过程中又刻意留下了若干缺陷。那么,这又是为什么呢?其实,这也是一种精致——特殊的精致啊。我们知道,人类进化是会自我调节的,有些不好的基因会被淘汰掉,有些优秀的基因却会被保留下来。可是,细细想想,有些不好的遗传基因却偏偏也被宽容地保留了下来。例如近视眼的遗传基因,例如心肌梗死、老年痴呆的遗传基因。那么,人类的进化为什么不把它们淘汰掉呢?原来,人类的进化还要本着节约的原因,如果进化成本太高,那就不如还是先不去淘汰。我除了学术研究,还经常从事各项战略咨询与策划工作,成绩也还是不错的。在工作中,我就经常强调一个基本思路:惨胜等于完败!也就是说,成本太大的胜利还不如不胜利,因为,它实际正是失败。在人类的进化中,我们也可以看到这一点。

比如说,人的食管跟气管通过的都是一个通道,都要在咽喉交叉。在吃东西的时候,要把气管关上,而在呼吸的时候,则要把食管关上。如何去操作呢?会厌软骨就是专门干这个工作的。可是,有的时候却会出现意外。以我自己为例,有的时候,在吃辣椒的时候,一下子会辣到嗓子眼里,于是会厌软骨就得到了一个错误的指令,以为是要咽东西,于是,一下子就把气管关上了,而且,几分钟里也不打开。这个时候,真的是很危险啊,因为人是要呼吸的啊,突然被憋住了,你就是打110、120也来不及呀。可是,为什么大自然在进化的时候就不把这两个管道完全分开呢?不难想象,如果必须,那么人类在进化的过程中是一定可以找到进化的方法的,可是,人类却并没有这样去做。为什么呢?就是因为成本太高啊。这种情况并不影响绝大多数人的生存,因此,不如宁可憋死极少极少的人,也暂时不去进化。"两害相权取其轻。"你们看,人类进化的精确计算就是到了如此斤斤计较的程度。

还是回过头来谈我们的美学吧。现在,我猜你已经能够想到,审美活动的被进化出来,也一定是服从于精致而且高效的基本原则的。当然,我在前面已经一再说明,它有着无用之用,有着大用。其实,我甚至根本就不要去说明,因为只要是被进化出来的,那就一定是合理的。精致而且高效的进化原则,是绝对不允许出现任何的失误的,对不对?可是,问题又回到了开头:审美活动是怎么满足人类的特定需要、根本需要的呢?

对于这个问题,西方的一位美学大师康德做了一个著名的总结:"判断力原理中谜样的东西。"而我们也可以把这个问题叫作:美学的"阿喀琉斯脚踵"。你们知道阿喀琉斯吧?希腊神话里的第一战神。但是,他也有一个致命缺点,他生下来以后,母亲提着他的脚在河水里浸泡了一下,结果他全身都等于穿了防弹衣,但是,他的后脚跟因为是在他母亲手里提着的,所以就没有能够被浸到水里,这就成为了他的致命缺陷。后来,人们也正是通过射他的后脚跟,才把他杀死的。当然,我在这里没有把我们的美学问题说成是根本缺陷的意思,我只是借用这个典故来强调,这个问题是美学中最为重要、最为根本的问题。能否正确地回答这个问题,是对于任何一个美学体系的严峻考验。

那么,应该如何来回答呢？还是康德的回答最为精辟:"主观的普遍必然性"。

康德是西方最大的哲学家和美学家。这个人整个就是一个"书呆子",一辈子就是为人类打造思想的武器、提供智慧的启迪。他既不结婚,也没有业余生活,最典型的例子就是他每天只是三点出来一趟,散散步。所以,他的邻居都是拿他出来的时间来对表。探头一看,哦,老康德出来了,立刻就赶紧对表,丝毫不会错误,一定是三点整。这就是他:康德。

康德对人类的审美活动非常关注,为什么呢？因为他注意到,审美活动似乎很另类。它具备一种"主观的普遍必然性"。我们知道,主观的一定是不普遍的,对吧。比如说好吃的东西,我说好吃,你未必说好吃。还有,我们经常说,你这个人太主观了。这是什么意思呢？这就是说,你不愿意用普遍的眼光来看待世界或者别人。所以说,凡是主观的东西,就一定不普遍;还有一个,普遍的东西就一定不主观。我们经常说,必然规律,可是你们还听说过"主观规律"吗？没有吧。但是康德却在审美活动的身上有了一个重大的发现:主观的东西,竟然能够普遍,反过来也是一样,普遍的东西竟然是主观的。

这实在是令人非常困惑。因为美感和快感都是主观的情感,可是,快感却并不具有客观的普遍必然性,然而,美感却偏偏具有客观的普遍必然性;也因为美感与认识一样,都具有客观的普遍必然性,可是,美感却又是一种主观的情感。主观的东西就不可能具有客观的普遍必然性,具有客观的普遍必然性的东西就无法主观,但是,审美活动似乎是个神奇的例外。

在康德之前,西方美学兵分两路,一路是客观主义、独断论、理性论的美学,它们都偏重普遍,悄悄将"主观的普遍必然性如何可能"问题偷换为"认识的普遍必然性如何可能",然后先把审美活动偷换为认识活动,然后再去加以解释,当然,其结果是作出了一个错误的解释。还有一路,是心理主义、相对论、经验论的美学,它们都偏重特殊,悄悄将"主观的普遍必然性如何可能"问题偷换为"主观的普遍必然性根本就不可能",先把审美活动偷换为情感活动,然后再去加以解释,当然,其结果还是作出了一个错误的解释。

今天来看,上述兵分两路的美学,就其实质而论,都是在回避问题、回避矛盾,而没有直面问题、直面矛盾。

康德的过人之处恰恰就在这里。他天才地把自己的美学立足点坚定地而又不无艰难地从"本质"转向了"现象"(尽管后面还有"物自体"),而且,敏捷地注意到了"现象"的"主观方面的东西",这无疑是对客观主义、独断论、理性论的美学的超越,不过,他又并不是简单地重复心理主义、相对论、经验论的看法,而是进而把自己关注的问题界定为"主观的普遍必然性",也就是,审美活动作为个人的主观情感,为什么却偏偏会具有普遍的有效性?这也就是中国人所说的那种"无理而妙"。

这样,在人类的美学历程中,康德第一次把审美活动与认识活动明确地区别开了,从而第一次为审美活动赋予了一种自主性。传统的从普遍出发统摄特殊的逻辑的原则,被"从特殊出发寻求普遍"的自由的原则所取代,由此,康德开始了自己的新的美学的漫漫历程:在特殊之中寻求普遍、在主观之中寻求客观、在现象之中寻求本质,而不是透过特殊、主观、现象去寻找普遍、客观、必然。它意味着:首先要立足于现象(主观情感),因此审美活动有史以来第一次终于独立为一种特殊的主观情感活动;其次是寻找本质(普遍必然),这就是再进而在主观情感中把意志、欲望与审美区别开,从而指出,作为主观情感的表现的审美活动同样又是普遍必然的(当然,普遍必然的生命活动却并不都是审美活动)。

例如,"这朵牡丹花是红的",当我们这样判断的时候,表达的无疑是一个客观的必然性。因为这朵花是红的,这是一个事实,在所有人的眼睛里都是一样的,这是客观的普遍性。"这朵牡丹花是美的",当我们这样判断的时候,表达的无疑只是一个主观的判断,原始人就不说花是美的。所以,"花是美的",这不是一个客观规律。但是,它又带有必然性。什么必然性呢?如果你是一个在精神上站立起来的人,那么,你在花的身上就可以看到人类身上所共同的那样一种无限的超越性。在这个意义上,对花的主观判断里,又蕴含着某种客观的必然性。

由此,康德就完成了对于审美活动的全新阐释:审美活动既是依赖于主体的,又是普遍有效的,既是特殊的,又是普遍的,其中蕴含着的是一种"主观的客观性"(康德的反思判断就是情感判断)。这,实在可以看作康德在美学领域所完成的一次哥白尼式的革命。黑格尔说:康德"说出了关于美的第一句合理的话"。伽达默尔说:"康德自己通过他的审美判断力的批判所证明和想证明的东西,是不再具有任何客观知识的审美趣味的主观普遍性。"[①]确实如此。

做一个人,与神有关

还可以再从我们前面的思路来重新对康德的思路加以表述。人俯仰古今,时间之无限令自己怅然,人环顾天地,空间之永恒更令自己惘然,"哀吾生之须臾,羡长江之无穷"。当然,如果人已经是神,他是一定不要审美活动的;如果人还仍旧是动物,他也一定不要审美活动的。审美活动,恰恰是人之为人的标志。正如雅斯贝尔斯所说,"生命像在非常严肃的场合的一场游戏,在所有生命都必将终结的阴影下,它顽强地生长,渴望着超越";也正如M.舍勒所说,"人就是能无限制'向世界开放'的X"。当然,克尔凯戈尔总结得更加精彩:"人,或做一个人,与神有关。"

可是,一方面,人毕竟是动物,另一方面,他又偏偏想成为神,怎么办呢?只有去赌一把。人类对于无限性的追求事实上还是一种人性的"赌博"。可是,人类又别无选择,又必须奉陪到底,因为,只有"无限性"才是可以最终导致人类在精神上站立起来的东西,因此,人类又必须不断地赌下去。

现在的问题是,人类要顽强地持之以恒地去尝试着在精神上站立起来,这其实是一个非常抽象的问题,无法用语言来加以描述,也无法用理性来说

[①] 伽达默尔:《真理与方法》上卷,上海译文出版社1992年版,第53页。

明,可是,人类又无法生活在永远对于无限性一无所见的世界里,人类必须看到自己的精神成果,也必须通过看到自己的精神成果来看到那个顽强地持之以恒地去尝试着在精神上站立起来的自己。就好像我们经常在思考:人是什么?但是,我们每一个人都没有见过"人",我们见到的只是具体的"人",中国人、西方人、老人、小孩、男人、女人,谁见过"人"呢?谁都没见过。同样,我们现在要问,谁见过无限性呢?谁也没有见过,我们见到的都只是一些顽强地持之以恒地去尝试着在精神上站立起来的瞬间。那么,如何去做呢?人类为自己所找到的唯一途径,就是通过审美活动来见证自己,并且为自己的生命导航。

因此,审美活动当然是主观的,但是,它所期望证明的东西却是客观的。这仍旧是一种通过赌博来完成的生命活动。审美活动能够表达的,只是"存在者",但是,我们希望表达的却是"存在";审美活动能够表达的,只是"是什么",但是,我们希望表达的却是"是";审美活动能够表达的,只是"感觉到自身",但是,我们希望表达的却是"思维到自身";审美活动能够表达的,只是"有限性",但是,我们希望表达的却是"无限性"。这样,审美活动的特征就只能是:以主观的东西来表现客观的东西,这"客观的东西",就是"无限性",也就是康德所发现"共同感"。本来,它是普遍必然的东西,但是,现在却只能以主观的方式来表现。于是,最终审美活动也就成为了人类所找到的能够确证自己的无限性、确证自己的"在精神上的站立"的唯一方式。

十分清楚,康德所发现的"主观的普遍必然性",其实就是审美活动的"超越性"。黑格尔说:"人从各方面遭到有限事物的纠缠",而只有"审美带有令人解放的性质,它让对象保持它的自由和无限",同时使人超越有限的存在而达至无限的胜景。而尼采则说:"人是要被超越的一种东西","只有作为审美现象,生存和世界才是有充分理由的",因此唯有"艺术,除了艺术别无他物!它是使生命成为可能的伟大手段,是求生的伟大诱因,是生命的伟大兴奋剂"。[①]

---

① 尼采:《悲剧的诞生》,三联书店 1986 年版,第 21 页。

中国的美学家王夫之也说：

> 能兴即谓之豪杰。兴者，性之生乎气者也。拖沓委顿，当世之然而然，不然而不然，终日劳而不能度越于禄位田宅妻子之中，数米计薪，日以挫其气，仰视天而不知其高，俯视地而不知其厚，虽觉如梦，虽视如盲，虽勤动其四体而心不灵，惟不兴故也。圣人以诗教以荡涤其浊心，震其暮气，纳之于豪杰而后期之以圣贤，此救人道于乱世之大权也。（王夫之：《俟解》）

西方美学家还有一些普遍的看法，比如说，他们认为：生命是"断片"（席勒）、"痛苦"（叔本华）、"颓废"（尼采）、"焦虑"（弗洛伊德）、"烦"（海德格尔）……那么，如何去加以超越呢？美学家开出的药方竟然不约而同。席勒说，要从"断片"走向"游戏"；叔本华说，要从"痛苦"走向"静观"；尼采说，要从"颓废"走向"沉醉"；弗洛伊德说，要从"焦虑"走向"升华"；海德格尔说，要从"烦"走向"本然存在之路"；还有克尔凯戈尔的从"致死的病"走向存在向自由的飞升，雅斯贝尔斯的从"烦恼"走向人的存在的可能，萨特的从"焦虑"走向对自由的领悟……都预示着一条全新的生命之路。

总之，正如荷尔德林所指出的，"歌即生存"，正是在审美活动中，人类看到了通向无限性的真正希望，同时，也是唯一的希望。因此，它是人类"无限"地自由表现自己的生命的需要，也是人类通过自由表现自己的生命来实现"无限"的需要。

共时维度：同一性

那么，审美活动究竟是如何满足人类的特殊需要的呢？无疑与审美活动的"超越性"这一属性密切相关。

具体来说，存在着两个维度：其一是共时的维度，其二是历时的维度。

首先，我们来看共时的维度。

共时的维度有四个特征。第一个,是同一性。

同一性是与另外一个概念相对的,这另外的一个概念,就是对立性。什么叫同一性呢?对立性意味着生命活动中的主客对立的关系。本来,人与物、人与人之间是目的与目的的关系,但在主客对立的关系里却成为手段与手段的关系,人与物、人与人之间被对立起来,成为了占有与被占有的关系。而这恰恰意味着:在生命活动中,人所实际占有的并非无限性,而是有限性。正如庄子所说,"以物累形","以心为形役"。而对立性,其实质也就是人与自己的无限性之间的对立。

我们知道,人总要生活在一定的关系里,如果是动物,那倒也非常简单,动物无非就是把所有的对象都当成是实现它的生命需要的手段,比如说,老虎把山羊当成满足它温饱的工具,大鱼把小鱼当成满足它温饱的工具,当然,动物也恰恰就是用这种方式证明了:它在精神上还是爬行的。

但是人就不同,我们知道,人必须要在他精神上站立起来,而这就必须去转而追求生命的无限性,也就是说,要和它的所有的对象,比如说,与自然、与社会、与他人,都处于一种互为目的的关系。人与物、人与人之间成为目的与目的的关系,这也就是说,要以人的胸怀来看待自然、社会与他人,既给自己以自由,同时也要给自然、社会与他人以自由。而这恰恰意味着:在生命活动中,人所实际面对的并非有限性,而是无限性。所谓同一性,其实质也就是人与自己的无限性之间的同一。

所以西方有学者这样说,在世界上实际上存在着两种关系,一种关系,是对世界的现实关怀,我们把它叫作什么呢?"我—它(他、她)关系"。这是一种动物性的关系。还有一种关系,是对世界的终极关怀,我们把它叫作什么呢?"我—你关系"。这是一种真正的人的关系。过去的一切的"他"、"她"与"它",都成为了"你",都成为了第二个我,都成了朋友。用庄子的话说,就是:"物物而不物于物"。

当然,在人类的现实生命活动中是无法真正做到同一性的,也无法真正做到"我—你关系",但是,人类一定要赌自己能够做到,因此,人类也就期待在想象中能够做到。而这,就正是审美活动之所以能够满足人类的特殊需

213

要、根本需要的原因所在。

审美活动之所以能够满足人类的特殊需要,就因为它能够使生命活动从对立性转向同一性。

我们知道,由于对立性,朱光潜说"这丰富华丽的世界便成为一个了无生趣的囚牢",马克思说得更为形象,从此,"世界不能满足人"。因为人外在于世界,世界也外在于人。浮士德临死前说道:"逗留一下吧,你是那样美!"然而,几乎就在《浮士德》的作者歌德去世的同时,一个法国诗人却向世界宣告,"太阳蒙上一层黑纱","月亮奄奄一息地耽于昏厥状态"。西方人喜欢说:"我思故我在。"可是,"我思"却恰恰是对"我在"的谋杀,因此,也就"我思故我少在"(克尔凯戈尔)。帕斯卡尔深感困惑地自诘:"我不知道谁把我置入这个世界,也不知道这世界是什么,更不知道我自己";卡夫卡惊叫"无路可走","我们所称作路的东西,不过是彷徨而已";加缪告诫每一个人,"当有一天他停下来问自己,我是谁,生存的意义是什么,他就会感到惶恐",发现"这是一个完全陌生的世界","比失乐园还要遥远和陌生就产生了恐惧和荒谬";席勒则哀诉:"美丽的世界,而今安在?"海德格尔更是感叹:"无家可归状态成了世界命运。"

而同一性却全然不同。所谓同一性,也可以叫作"不相同而相通"。我和大自然是不相同的,我和整个的社会也是不相同的,我和他人也各有各的生存需要,也是不相同的,但是,我们之间也有相通的地方,这个"相通",就是从无限的角度来说,我们彼此又是完全一样的。一切的一切,又都因为无限性而相通。庄子还有一句话,"天地有大美而不言",无限性,就是我们彼此之间共同的"大美"。

金圣叹说过:"人看花花看人,人看花,人到花里去,花看人,花到人里来。"(金圣叹:《鱼庭贯闻》)试想,花怎么到人里来呢?人又怎么到花里去呢?从有限的角度看,是一定不相同的,但是从无限的角度看呢?从花的生命追求和人的生命追求的角度,我们不是又可以找到其中的一致性吗?我在前面应该已经讲过了,古今中外没有不以鲜花为美的,为什么呢?就是因为鲜花象征着生命的创造、象征着生命的过程,只要你是人,只要你希望在精神上站立起来,你就一定会注意到鲜花的这样一个根本特征,所以,从这点上看,你和鲜花才是朋友,你才可以和鲜花对话,而鲜花也可以推动着你在精神上顽强地站立起来。

李白《独坐敬亭山》写的也是这种情况:"众鸟高飞尽,孤云独去闲,相看两不厌,只有敬亭山。"他说,我和敬亭山相对而坐,并且,彼此相看两不厌。你们看,这是不是很有意思? 如果说,我看敬亭山而不厌,那还不算什么怪事,那么,敬亭山看我却也不厌,那可就有点奇怪了。敬亭山不是人,它怎么也会看着我而不厌呢? 就是因为李白他是从精神上站立的人的角度来看敬亭山的。地主老财会说,敬亭山是我的财产;长工会说,敬亭山是我的劳动对象,可是,李白会说,敬亭山是我的朋友。他在敬亭山的身上看到了自己。《南京!南京!》的导演陆川接受记者采访时说,他跟刘烨拍了"南京大屠杀"以后,有一个共同的心愿,就是要赶紧结婚。那么,这是为什么呢? 就是因为他看见了如此的烧杀抢掠强暴之后,特别地希望与真正的生命对话,也特别地希望找到自己的同类项去对话。在这个意义上,自己的情人、妻子,无疑也就是自己的"相看两不厌"的朋友。

还有一个大家都很熟悉的禅宗公案,有一个禅宗师父,在一开始还没有参禅的时候,看山是山,看水是水。这也就是说,人类是通过抽象的思维能力去把握世界的,对于某一类对象,他概括为"山",对于另一类对象,他概括为"水",而且在概括以后,他也就再也不看这些对象,而是直接地想到某些概念了。例如,这个是"桌子",这个是"椅子",但是,他真的看到了这一张桌子或者椅子吗? 没有啊。我过去住在南京的上海路,在上海路一出门,就是13路,我如果坐公交车的话,我往往只是看一看,来的是13路,于是我就上去,但是,我从来没有看见过具体的这辆或者那辆13路车,那辆车前面是不是被"碰"过一下? 这辆车后面是不是曾经和谁身体"接触"过? 这一切我可从来就没有看见啊。因为,我从来就没有把它当作我的朋友,它的一颦一笑,我都从不关心。你们记住,这就叫作"看山是山,看水是水"。后来,这个禅宗师父进了佛门,师父说你不能这样生活,你这样去生活,实在是跟动物差不多。于是,这个禅宗师父答应说,那我以后就不用概念了。可是,这个

215

时候他又看见了过去叫作"山"和"水"的东西,那么,现在该怎么去看待呢?人称"矫枉必须过正",干脆,那就反过来称呼吧,哦,这个东西不是"山",哦,这东西不是"水",可是,这就真的把问题解决了吗?仔细品味一下,其实他还是用概念去思维,只不过,现在是在用否定的概念的方法去思维而已,也就是说,他仍旧还是在概念的世界里挣扎,只不过是用否定的方式去和概念对话而已。后来,到了第三个阶段,这个禅宗师父才突然开窍了。他说,我看见它,犹如我的知心爱人,于是,我就会心地说,哦,是山;我看见它,犹如我的旷世知己,于是,我就会心地说,哦,是水。这个时候概念已经不可能再束缚他了,他看见的,只是自己的朋友。

中国人在讲到人生的境界的时候,有一句话也是这样讲的。人生的第一境界,叫作"落叶满空山,何处寻行迹",这来自韦应物的一首诗。讲的是与大自然之间的一种比较融洽的关系,但是,这其中却仍旧有人的存在,你们仔细看看,是否还有一个人的焦灼的眼睛存在?显然,诗人还没有把大自然看成自己的朋友,我们知道,最好的朋友都是亲密而无间的,可是,这里却还要焦灼地张望,要去"寻"。那么,真正的境界是什么呢?是第二境界:"空山无人,水流花开。"这来自苏轼的一首诗。你们看看,这个地方还有人的焦灼吗?没有了,这个时候的人一点都不焦灼,很坦然,很从容、很淡然。那么,这又是为什么呢?就是因为自己已经融入了这一切一切的当中,空山是我,水流是我,花开也是我;一切一切也融入了我自己。我是空山,我是水流,我也是花开。

在这方面,我最喜欢的作品有三个:

一个是陶渊明的《饮酒(五)》:

> 结庐在人境,而无车马喧。
> 问君何能尔,心远地自偏。
> 采菊东篱下,悠然见南山。
> 山气日夕佳,飞鸟相与还。
> 此中有真意,欲辨已忘言。

对陶渊明,我非常佩服,我觉得,这个人真的是很不简单,我经常讲,陶渊明从来没想到他竟然能出名,他身边的人也没有觉得他能够出名。他死了以后,在开追悼会的时候,悼词里讲,他曾经是县级领导干部,等等,但是,却偏偏没有提到他的诗歌,可见,当时他的名气是很小的。但是,过了五六百年,经过苏轼这些人一抬,从此在中国那可真是独步一时、冠绝千古。你们看看他的《桃花源记》,300多个字,就把中国人的隐秘心态都写出来了,真是大师啊,简直太厉害了,就好像艾略特一首诗把西方人的心态写出来了,这就是人们都很熟悉的那首《荒原》,中国却是"桃花源"。中国人动不动就往后跑,总是想重回母亲的子宫。而西方动不动就往前跑,他知道前面是坟墓是荒原,他还是要往前跑。

不过,我最喜欢的,还是陶渊明的这首诗。"结庐在人境,而无车马喧",这是大家都很熟悉的诗句,一开头,就是一个非常从容、非常淡然的心态,这个心态恰恰就意味着:他和大自然打交道,是没有盘剥之心的,也是没有占取之心的,更是没有征服之心的,那么,他为什么能够做到,而我们却做不到呢?第一个关键是:"心远"。他说我是用一个很淡然的心态来置身我周围的世界的。什么意思呢?我们有很多人的心都很"近",也很"热",有雄心,有机心,有凶心,有野心,要改天换地,要气壮山河,但是陶渊明不是,他的心很远,也就是说,他是用在精神上站立的胸襟来看待他周围的空间,结果,他就很意外地看到了很多别人从来都看不到的东西。

第二个关键,则是"见"。"采菊东篱下,悠然见南山。"很多人说,这个"见"一定要把它想象成是"现",就是呈现的现。其实陶渊明用的是古代汉语的用法,就是说,他在采菊累了的时候,漫不经心地抬起了头,于是,南山就撞入了眼帘。所以,这个时候的南山是"现",是自然而然呈现出来的,不是"何处寻行迹",采菊累了,找找有没有美丽的景色用来陶冶一下自己休息一下自己,人家陶渊明没这样写,采菊的时候是自然而然的,看见南山也是自然而然的。所以古人经常猜测,这个地方能不能用"望"呢?悠然"望"南山?一定不行!因为"望"是一个主动的"何处寻行迹"的心态。古人又猜测,这个地方能不能用"看"呢?也不行,因为"看"还是一个主动的"何处寻行迹"的心态。总之,一定要用"见",也就是说,这是不得不看,这是无意间一抬头那个南山自己涌现过来的。

第三个关键,应该是:"佳"。其实,仔细品味一下,就会发现,"佳"是什么都没说,试想,山气日夕"艳"、山气日夕"亮"、山气日夕什么什么,我们可以想象去用一个很重的词,或者去用一个更艳丽、更有颜色或者更什么的词,但是,如果用这样的词,那就证明同大自然的关系不是最融洽的,陶渊明的诗为什么会成为万世之楷模呢? 就是因为他在这里面是不用心的,或者说他是不用力的,他是完全和大自然融为一体的,所以,叫"山气日夕佳",简单地说,用我们今天的话说,就是:山上的景色挺好看。你们会说,这也能算诗吗? 你们一定会说,山上的景色气象万千,山上的景色琳琅满目,这不是更好吗? 可是,这恰恰说明:你动心了,你在焦灼地"何处寻行迹"。而陶渊明就太不同了。他竟然淡淡地说:"景色挺好","我抬头一看,景色挺好的"。

我们中国有八个字,非常著名,叫作:"落花无言,人淡如菊"。这是中国人最为神往的境界。一个成熟的男人、女人,都一定是"人淡如菊"的,那样一种从容,那样一种淡然,会给你一种深刻的感动。麦穗成熟的时候,头一定是垂下来的,人也是这样。陶渊明以及陶渊明的诗歌,就是这个方面的楷模。可惜,我们现在连"何处寻行迹"都做不到,我们现在能够做到的,偏偏最多的只是你"争"我"抢",惭愧惭愧,惭愧之至!

第二个作品,是王羲之的《兰亭诗》。2007年,我去绍兴做报告,陪我的人问,你要到哪儿去看看呀? 我说,首先要去兰亭。为什么一定要去呢? 因为王羲之在这个地方写下了千古传诵的文章。那一年,应该是王羲之的50岁,"五十而知天命",王羲之就是这样。有些人就是怎么都做不到"人淡如菊",身上烟火气特别浓,特浮躁,一颦一笑就被人看出来了。可是,王羲之不同。在王羲之的身上,我们可以看到陶渊明的那种精神风范。

那一天,是41个人在兰亭聚会,每个人都写诗抒怀,但是,是否注意到其中的一个很有意思的现象,这41个人的诗,谁现在还背得上来一句呢? 为什么呢? 这里面一个很关键的原因,就是因为,所有的人都没有王羲之在精神上站得那么高,所有的人在精神上显然都没有做到"人淡如菊",所以虽然他们也写诗,也说话,但是却都没有传递出人类的那样一种最伟大的心灵感受,这样一来,他们的声音很快地就风流云散了。但是,王羲之写的序,我们就偏偏记住了。《兰亭诗》字并不多,但是写得非常令人感动。你们看看这几句,到现在为止也是中国人最好的人生感悟,他说:

大矣造化功,万殊莫不均。
群籁虽参差,适我无非新。

大千世界生命流动,所有生命都有自己的生命节奏,这个生命节奏和人类的生命节奏是一样的,太阳每天都是新的,生命每天都是创造的,我生活在这样一个其乐融融的友好的美丽世界里,一切的一切虽然是参差不同,但是更息息相通,所以,"适我无非新"。

第三个作品,是张岱的《湖心亭看雪》:

崇祯五年十二月,余住西湖。大雪三日,湖中人鸟声俱绝。是日更定矣,余拏一小舟,拥毳衣炉火,独往湖心亭看雪。雾凇沆砀,天与云与山与水,上下一白。湖上影子,惟长堤一痕,湖心亭一点,与余舟一芥,舟中人两三粒而已。

到亭上,有两人铺毡对坐,一童子烧酒炉正沸。见余,大喜曰:"湖中焉得更有此人!"拉与同饮。余强饮三大白而别。问其姓氏,是金陵人,客此。及下船,舟子喃喃曰:"莫说相公痴,更有痴似相公者。"

这个作品很短,然而,在雪天中独往湖心亭看雪的这样一种人生的风雅,却实在令人引为知音。比如说在南京,我就建议,当大自然飘下第一场雪花的时候,一定要上紫金山去看满城飘雪;当南京撒下第一场春雨的时候,一定要去玄武湖荡舟。那个时候,生命就会有一种被清洗一新的美丽感觉。张岱的感觉也是这样,细细回味,他的这几句写得多棒,"天与云与山与水,上下一白。湖上影子,惟长堤一痕,湖心亭一点,与余舟一芥,舟中人两三粒而已"。注意,在文章里,他的视线是逐渐地退缩的,开始时看见的是"上下一白",灰蒙蒙的一个偌大空间,这个时候你就会体会到张岱这个人的眼光与胸襟,那一定是很博大的,在中国美学中,能够物大我亦大、物小我亦小的眼光与胸襟就是博大的。可是接下来,你会发现当张岱置身在逐渐向他靠拢过来的大自然的时候,他自己也开始了物小我亦小的的变化。"影子"是"痕","湖心亭"是"点","舟"是"芥",到了人,那就仅仅只是"两三粒而已"了。你们看,这是不是一个在大自然里特别融洽地生活于其中的人,一个在精神站立起来了的人?而且,在这里面我觉得更有意思的是,他最后还说,他到了湖心亭,发现已经有两个人已经先到了。他们也像他一样,一看下雪了,就冲到湖心亭去赏雪了。难怪划船的工人会说,人家都说你这个人"痴",原来还有比你还"痴"的啊。当然,这个"痴"不是真的"痴",而是融入自然之中的一片爱美之心。

共时维度:永恒性

第二个共时的维度是永恒性。

这是一个与"暂时性"相对的概念。"暂时性"使得生命的超越成为不可能,"永恒性"则使得生命的超越成为可能。

假如说同一性与对立性是从空间的角度来规定人,那么,"永恒性"与"暂时性"就是从时间的角度来规定人。

一般来说,都是把时间认定为从过去——现在——未来的线性之流,而且以"现在"为核心。"过去"无非是已经过去了的"现在","未来"则无非是尚未到来的"现在"。在这里,重要的只是现在。过去的已经不存在,完全可以"遗忘",未来还没有到来,只需要去"期待",因此,最重要的是抓住现在,占有现在。可是,正如艾略特明确指出的:"一个没有历史的民族,从时间中得不到拯救。"同样,一个没有未来的人,从时间中也得不到拯救。那种不问青红皂白地对现在的占有,作为一种生命存在方式,意味着不是把自身看作是人的全面和丰富性的积极承担者,而是把自身看成依赖自身以外的"现在"的无能之"物"。他把人生的价值和意义寄托在异己之物身上,并对之卑躬屈膝。由此推演,便极其自然地用把握外在生命的方式去把握内在生命,极其自然地成为在精神上的爬行动物。

以唐璜为例,对于去把握生命的永恒的劝告,他轻蔑地付诸一笑。在他看来,诸如生命的意义之类,都与人毫不相干。生命没有意义,更没有意义目标,至于"过去"和"未来",那也都根本就不存在。"过去"犹如落了的果子,"未来"则是一本还没有开始动笔的书,因此,他的口号是:"我的王国就是'今天'。世界历史是从我出世的那一天开始的,等到我的存在的最后一星火花熄灭的时候,它也完结了。""生命并不是给人来评论,来思索,来为它找寻一个事实上并不存在的意义的。对我们人生应该是满满的一杯酒,我们得带着狂欲大口地喝。等到酒喝光时,官能的游戏也就完了,那时我们不要像一个宠坏了的小孩似的乞讨。我们得把空杯丢在石头上碰碎。"(拜伦:《唐璜》)

艾略特有一首诗,也谈到了这一情况。他在《杰·阿尔弗莱德·普鲁弗洛克的情歌》中,描写了"当暮色蔓延在天际,像一个病人上了乙醚,躺在手术台上"的时刻,亦即当真正的时间因"上了乙醚"而被迫中止的时刻,普鲁弗洛克唱着情歌去求爱的故事。从表面上看,时间并未停滞,"一个个星球旋转着",但这只是现实时间。从真实的时间而言,唱着情歌的普鲁弗洛克却被死寂的世界死钉在墙壁上,一无所为:"因而我已熟悉了那些眼睛,熟悉了他们的一切——那些眼睛用一句公式化的句子把你钉死,而当我公式化了,在钉针下爬,当我被钉在墙上,蠕动挣扎,那么我又怎样开始。"这就是说:尽管他总是幻想着"将来总会有时间",也在追求着爱情,但实际上他的真实的时间却始终是凝固、僵滞的。在他的现实时间的延续中没有进展、没有运动,只是一堆没有生命的物质。因为,正如艾略特所说的,"如果时间都永远是现在,所有的时间都不能够得到拯救。"

当然,这绝非真正的人生。真正的人生一定是应该战胜时间的。可是,如何才能够战胜时间呢?去把握生存的意义,或者,去创造生存的意义。人只有生活在无限的资源里才能够永恒,人只有生活在对生命意义的创造里才能够战胜时间。例如,有一首诗歌说,有些人死了,他还活着,有些人活着,他已经死了。这是什么意思呢？那么我要问:李白死了吗？杜甫死了吗？陶渊明死了吗？都死了,但是他们难道不是又都活着吗？为什么呢？因为他们对生命的意义的理解是我们所永远无法超越的,因此,他们就永远活着。就好像跳高一样,只要你还没有破了他的记录,他就永远是冠军,但是我们知道,在精神上的跳高是只有创纪录而没有破纪录,也就是说,它不存在谁取代谁的问题,只要你能跳过一定的人生高度,人类就会永远怀念你。那么,有的人活着,但已经死了,这又是什么意思？你们想想,如果一个人活得毫无意义,那他不就等于死了吗？这个世界大概一二十年就算一代,它就像一个大的绞肉场,又像一个大的垃圾周转站,很多人都是短暂存在然后又瞬间消失,然后,大自然就把他清理得一干二净,然后,又有一些人出来,结果,又去重复着这个过程。因此,有的时候,我们会有错觉,我们觉得自己是活着,但假设你看得远一点,你立刻就发现你尽管活着但是却等于没活,因为你换一个视点来看,就发现后人看你、前人看你,都已经发现了你其实置身一种动物的生存状态,因此,你等于没活。比如说,我们现在记住了哪一个动物呢？总之,如果你不活在意义里,那你就已经死了,你可不要觉得我还有一口气呢,那有什么用？那口气是用来让你去在精神上站立的,否则,有那口气也没有什么用。那么,怎么办呢？战胜时间的唯一的办法就是去理解时间,也就是说,要给生命存在以一种新的理解。

艾略特认为,生命固然由时间构成,但时间却由意义构成。他说:"我们有过经验,但未抓住意义,面对意义的探索恢复了经验。"还从我前面讲到的时间的曾在、现在、将在来看,"抓住意义",将在对于曾在、现在的统摄,意味着必须带着无限性上路,事先从无限性来设定自己。"时间现在和时间过去,也许都存在于时间将来。"艾略特的不朽诗篇揭示的,就是这一生命真谛:"如果时间和空间,如哲人们所讲的,都是实际上不能存在的东西;那从不感到衰败的太阳,也不比我们有多大了不起。那么爱人啊,我们为什么要贪,要祈祷,活上整整一个世纪？蝴蝶虽然仅仅活了一天,也一样已经把永恒经历。""虽然生活中的花朵为数不多,但让它们放出神圣的光彩。"[①]我们

---

① 艾略特:《四个四重奏》,沈阳出版社1999年版,第176页。

来讲一个禅宗的公案故事,禅宗里有个大师叫百丈怀海,他出家以后每天什么事也不干,每天就跑到大雄峰上坐着,就这样,坐了一辈子,后来,有人就问他,你每天最喜欢的事情是什么呀?他说:"独坐大雄峰!"可是,这样的"独坐大雄峰"有什么意思呀?当然有意思,这就是他的快乐人生!确实,仔细想一想,很多人与大雄峰之间都不存在对话和理解的求生存的意义的关系,地主老财手里有大雄峰的契约,是大雄峰的实际的拥有者,他很自豪地说:大雄峰是我的!你敢说不是吗?他手里是有官府发的契据的啊。但是,现在有谁因为大雄峰而知道某一个地主老财呢?大雄峰已经被转手了多少个人,有谁记得大雄峰的那些转手者呢?还有那些农民,他们每天在大雄峰上劳动,汗珠摔八瓣儿,起早晚归,披星戴月,但是当他们生命消失的时候,他们的生命还存在吗?不存在了。可是,百丈怀海就坐在那没动,但是,却用诗歌给大雄峰压上了韵脚,用音乐给大雄峰加上了旋律,用绘画给大雄峰填上了颜色,用灵魂给大雄峰赋予了意义,结果,他与大雄峰同在,他像大雄峰一样永远活着。

从百丈怀海的"独坐大雄峰"我们看到,不是对于外部世界的追逐、企求、占有、利用,不是面对那个普遍陷入计算、交易、推演的可见的外部世界,也不是对于世界的求生存的关系,而是恬美澄明的对于世界的求生存的意义的关系,才是精神的站立,也才是生命的不朽。

因此,人是活在为人生赋予意义的过程中的,我们的人生实际上就是对人生不断的理解,每个人都不能只活在履历表里,在哪儿上幼儿园,在哪儿上中学,在哪儿上大学,在哪儿工作,在哪儿退休,除此以外,就一生什么都没有了,那有什么意思呢?我们一定要把自己的人生活成一首诗,活成一部小说,活成一幅画,活成一首乐曲,从这个角度看,怎么样才能使人生永恒呢?就是要为自己的生命命名。而且要不断地为自己的生命命名。美好的东西是可以积攒的,意义也是可以积攒的。有一句俗话,人们的感情是"喝酒喝厚了,赌博赌薄了",为什么这样说呢?就是因为在喝酒中情感会因为敞开心扉的交流而加深理解,会逐渐地积攒起来。这里的"厚",其实也是一种永恒。因为,它是永存心中的,不会再随时间的流逝而消失。

文学艺术的创作就更是这样了。中国的王履在《华山图序》中说过:"苟非识华山之形,我其能图耶?既图矣,意犹未满,由是存乎静室,存乎行路,存乎床枕,存乎饮食,存乎外物,存乎听音,存乎应接之隙,存乎文章之中。一日燕居,闻鼓吹过门,怵然而作曰:'得之矣夫!'遂麾旧而重图之。"什么叫作"得之矣夫"呢?就是因为不断地"存",不断地积攒。这是一种为生命的命名,文学艺术的创作,无疑就来自这一命名。而西方的里尔克也说过,他为什么要写诗呢?就是要赋予生命一种意义。"不管外部多么广阔,所有恒星间的距离也无法与我们的内在的深层维度相比拟,这种深不可测甚至连宇宙的广袤性也难以与之匹敌。如果死者,以及那些将要来到这个世界上的人需要一个留居之处,还能有什么庇护所能比这想象的空间更合适、更宜人的呢?在我看来,似乎我们的习惯意识越来越局促在金字塔的顶尖上,而这金字塔的基础则在我们心中(同时又无疑在我们下面)充分地扩展着。从而我们越能看到我们进入这个基础,我们就越能发现自己融进了那种独立于时空、由我们的大地赋予的事物,最广义地说,这就是世界性的定在。在我们的先辈们的眼中,一幢'房屋',一口'井',一座熟悉的塔尖,甚至连他们自己的衣服和长袍都依然带着无穷的意味,都与他们亲密贴心——他们所发现的一切几乎都是固有人性的容器,一切都丰盛着他们人性的蕴含。"(转引自海德格尔《诗人何为》)不难看出,这也是一种"独坐大雄峰"。

《金蔷薇》——现在也翻译成《金玫瑰》——的第一篇《珍贵的尘土》,讲的也是这个问题。人类为什么要创作?创作的本来含义是什么?《珍贵的尘土》就是回答这个问题的。

巴黎有个清洁工叫沙梅,早年的时候,他是个士兵,在墨西哥战争的时候,他得了很重的热病,团长跟他说,你还是回国吧,顺便把我的女儿带走。团长的女儿才八岁,在带她回国的路上,沙梅给她讲了很多故事,其中最让人感动的,是金蔷薇。这是一朵能够给人带来幸福的金蔷薇。当时,小女孩特别感动,情不自禁地问沙梅:有没有人会送我一朵金蔷薇?后来,沙梅把小女孩交给了团长的亲人,自己在巴黎找了一个工作,做清洁工。多年以后,说起来也真是人的宿命,一次不期然的邂逅,把他与那个小女孩又拉到了一起。现在,那个小女孩已经成了一个美女,沙梅一下子就爱上她了。没有想到的是,这个小女孩还是念念不忘那朵金蔷薇,并且跟他说:"假如有人送给我一朵金蔷薇就好了!""那便一定会幸福的。我记得你在船上讲的故事。"于是,沙梅就决定要送她一朵。可是,他这么穷,又怎么可能呢?后来他就想到,自己做清洁工的地点,是在巴黎的一条手工艺作坊街上,这条街是专门打造金银首饰的,在每个金银首饰的作坊里,每天都会有一些金银的粉末落到灰尘里,沙梅想,我每天都把灰尘扫到我家来,然后晚上我连夜拿筛子去筛,把里面的金银粉末筛出来,天长日久,不是就可以打造一个金蔷薇送给自己的意中人了么?于是,他就每天都这样去做,最后,终于把金银粉末积攒到能够打造一个金蔷薇了,可是,他却痛心地得知,这个女孩已经跟着男朋友远走美国。最后,他伤心而死。

这个故事非常深刻。人类为什么要创作呢?人类为什么要审美呢?人类为什么要歌颂人类的很多美好的事情呢?人类又为什么要抨击那些不美好的事情呢?帕乌斯托夫斯基讲的故事告诉我们,我们所有的作家,所有的审美活动,都无非就是在人世的尘土里去积攒那些金银的粉末:

> 每一个刹那,每一个偶然投来的字眼和流盼,每一个深邃的或者戏谑的思想,人类心灵的每一个细微的跳动,同样,还有白杨的飞絮,或映在静夜水塘中的一点星光——都是金粉的微粒。
>
> 我们,文学工作者,用几十年的时间来寻觅它们——这些无数的细沙,不知不觉地给自己收集着,熔成合金,然后再用这种合金来锻成自己的金蔷薇——中篇小说、长篇小说或长诗。

沙梅的金蔷薇,让我觉得有几分像我们的创作活动。奇怪的是,没有一个人花过劳力去探索过,是怎样从这些珍贵的尘土中,产生出移山倒海般的文学的洪流来的。

但是,恰如这个老清洁工的金蔷薇是为了预祝苏珊娜幸福而做的一样,我们的作品是为了预祝大地的美丽,为幸福、欢乐、自由而战斗的号召,人类心胸的开阔以及理智的力量战胜黑暗,如同永世不没的太阳一般光辉灿烂。①

雨果说过:"爱一个人就是要使他透明。爱是唯一能占领和充满永恒的东西。"沙梅的金蔷薇就是爱的结晶,它让沙梅透明,也让世界透明。

而文学艺术也是这样,美是爱的结晶,也是最高的爱,正如罗曼·罗兰描述的:"最高的美能赋予瞬间即逝的东西以永恒的意义。"犹如沙梅的金蔷薇,文学艺术也是爱的积攒、美的积攒。它在人生的粉末里坚持不懈地筛选,把其中的爱与美积攒下来。文学艺术,就是爱的粉末、美的粉末。在审美活动中我们为什么可以在精神上站立起来呢? 就是因为它使得我们生活在永恒的世界里,生活在意义的世界里。爱与美是永恒的,因此,谁积攒的爱与美越多,谁就将永恒。在这个意义上,陶渊明、杜甫、曹雪芹等等,都无非就是沙梅,都是一个人类世界的清洁工,他们把人类世界的灰尘中的金银粉末都积攒下来,使自己透明,也使世界透明。

共时维度:直觉性

第三个共时的维度是直觉性。

这是一个与"概念性"相对的概念。"概念性"使得生命的超越成为不可能,"直觉性"则使得生命的超越成为可能。

假如说同一性与对立性是从空间的角度来规定人,永恒性与暂时性是从时间的角度来规定人,那么,直觉性与概念性则是从把握世界的途径的角度来规定人。

直觉性是指的一种直接地去把握世界的能力。在现实生活里,在把握世界的途径的角度,存在一种内在的偏颇。它假定存在一种脱离人类生命活动的纯粹本原,假定人类生命活动只是外在地附属于纯粹本原而并不内在地参与纯粹本原。因此,从世界的角度看待人,世界的本质优先于人的本

---

① 帕乌斯托夫斯基:《金蔷薇》,上海译文出版社 2007 年版,第 16 页。

质,人只是世界的一部分,人的本质最终要还原为世界的本质,就成为这种把握世界的方式的基本特征。而且,既然作为本体的存在是理性预设的,是抽象的、外在的,也是先于人类的生命活动的,因此显然也就只有能够对此加以认识、把握的认识活动才是至高无上的,至于作为情感宣泄的审美活动,自然不会有什么地位,而只能以认识活动的低级阶段甚至认识活动的反动的形式出现。

如果你们对于西方的哲学史、美学史稍微熟悉一点的话,应该就听说过在柏拉图之前的"诗歌和哲学之间的古老争论",也应该听说过柏拉图的决定:放逐诗人。确实,一开始西方的美学家对于审美活动的直觉性也缺乏了解,人类的审美活动几乎是与生俱来,也克服了上述的"内在的偏颇",满足着人类的特殊需要、根本需要,但是,审美活动为什么能够克服上述的"内在的偏颇"并满足人类的特殊需要、根本需要?西方的美学家们却并不清楚。但是,美学家们逐渐发现,美是"无限出现在有限之中"(席勒),美是"以有限的形式表现出来的无限"(谢林)。可是,我们是怎么样去透过有限把握到无限的呢?这无限,海德格尔曾经用下述语言来暗示它:"隐匿自身者""应思的东西""无蔽中的在场""闻所未闻的中心""怡然澄明地自己出场"……无疑,当然是通过直觉。

我们注意到,从康德开始,已经意识到了审美活动的"中介"性质,到了席勒,则开始认为可以通过审美方式(游戏)完成感性冲动与理性冲动的审美融合,而叔本华则干脆把理性思维抛在一边,唯独以感性存在为基础,通过审美方式(静观)以达到"弃生"境界,尼采同样是把理性思维抛在一边,唯独以感性存在为基础,但是方式又有不同,是通过审美方式(沉醉)以达到"乐生"的境界。后来的克罗齐同样坚持了这一高扬审美方式的思路,但是没有采取上述那样的两种极端的方式,既不坠入生命之地狱,也不升入生命之天堂,而是就停留于生命之中,去内在地体验生命,你们要注意,我们现在所强调的直觉性,就显然与克罗齐有关。从美学的意义上看,正是他,为审美活动的独立地位做出了决定性的贡献。他把审美活动作为直觉活动从理性活动、道德中剥离出来,确立为独立于理性活动、道德活动的一种活动,由此,康德提出的四个悖论被统一为直觉,直觉有史以来第一次既不依赖于外部的客体世界的束缚,也不依赖于内部的理性世界的束缚,成为一种独立自主的而且是根本性的生命活动。这样,直觉就不再是理性、道德的奴仆了,而是一种高级的从整体上把握世界的方式,也是审美活动的源头和源泉,"我直觉故我在"。它可以支撑所有审美现象并解释所有审美现象,但却不必为其他原则所解释。而且,是认识依赖于直觉,而直觉却并不依赖于认识。

审美活动为什么能够使生命的超越成为可能呢?其实上述的讨论已经非常清楚了,不过,还毕竟太学术化了一些。我们不妨换个角度,就从身边的现象谈起,再来解释一下。

从根本的角度来说,人不能生活在概念的世界里,而必须直接和世界站在一起,也就是与世界直接照面。在这个意义上,世界犹如我们的老朋友,碰上了以后,没有必要去分析它,更不要去研究它,彼此之间就像老朋友那样点点头,就完全可以心领神会。《圣经》中有一句名言:"只要叩门,就会给你开门。"中国的禅宗也有类似的说法:"自渡自救""自性自悟"。

再讲一个禅宗的故事,应该说,中国的禅宗就是一个不讲"道理"的宗教,它永远只讲故事。也就是说,它强调的就是直觉。这个故事也是这样,它说的是,有一天,小徒弟跑去找师父去请教,怎么样才能够把握人生的奥秘呢?我怎么看了很多的书,却还是没有领悟呢?于是,师父就给他提了一个问题:有一头水牛,晚上要回家,可是,它没有走门,而是偏要走窗户,结果头角四蹄都过来了,但是尾巴却过不来,这是为什么呢?你们看,这个问题还真是够怪的,按空间按容积来说,从窗户过来,头角四蹄哪个都比尾巴大,角比尾巴大,身体也比尾巴大,可是为什么就偏偏那么大的身体都过来了,尾巴却过不来呢?小徒弟百思不得其解,只好摇头说,答不出来。于是,师父就告诉他说,因为它根本就不应该从窗户过。你个笨水牛,好好的,为什么不走门而要去走什么窗户呢?原来,师父的意思是,人生的体会就像那春江的水一样冷暖自知,是没有道理可讲的,你只能用心领神会的办法直接在生活里去领悟,靠别人给你讲道理是没有用的。非要去讲道理,那就会出现头角四蹄都过去了尾巴却过不去的困局。在这里,用理性的方法,就相当于这个水牛它有门不走却非要走窗户,而从门走意味着什么呢?就意味着用直觉的方法来面对这个本真的世界。

还有一个例子,这个小徒弟也挺笨的,跟师父学了好长时间都没有彻悟,心里很焦灼,可是就在这个时候,师父安排他去出一趟差,而且要半年才能回来,这下子,小徒弟可急坏了。他说,本来我学习就不好,再出一趟差,那我的学习不是拉下得更多了吗?于是,大师兄就主动提出来说,那我陪你去一趟吧,路上我来教你。小徒弟一听,那太好了。于是,两人就上路了。可是,直到出差半年以后,第二天就要回寺庙了,大师兄都没有提这件事情。这下,小徒弟终于忍不住了,他问,为什么半年里都不跟我提讲课的事情呀?你们猜猜大师兄怎么回答?他说,说实话,我一直想教你,但是我后来想来想去,很为难,因为我有几件事教不了你啊。小徒弟问:有什么事你教不了呀?大师兄说,你看啊,你吃饭我不能替你吃,你睡觉我不能替你睡觉,你走路我不能替你走路,你出生我不能替你出生,你死的时候我也不能替你死,那么,你看,那些只跟你自己有关的人生困惑,我又怎么能够教你呢?小徒弟一听,顿时就开窍了。他上去给大师兄两个嘴巴,然后仰天大笑说,我不用你教了。第二天,上山以后,他见了师父,连招呼也不打,昂然而去,师父在他的背后指着他,对所有的徒弟说,这小子,现在连骨头都换了!

确实,这就是直觉的奥秘。不是为了得到真理,因此也没有必要打破砂锅问到底,而只是追求"意味无穷"。中国人经常说"一见倾心""一滴水而见太阳",而且,还"此中有真意,欲辨已忘言",就都是着眼于直觉而言的。我记得,魏源就有一首诗歌说,"闲观物态皆生意";白居易说得更有意思,"弦弦掩抑声声思,似诉平生不得志"。仔细想一想,这不是很奇怪吗?那个琵琶女只是弹琴而已,可是白居易怎么就知道了她的"平生不得志"?类似的还有影片《忧郁的星期天》,也有的翻译为《布达佩斯之恋》,其中的乐曲《忧郁的星期天》,很多人都是听完就去自杀了,150多个人都自杀了,庄子说,听之以心而不听之以耳,显然,这些人也是用心在听的。那么,在音乐里可以听到什么东西呢?清洁的精神,每个人都要爱惜与呵护自己清洁的生命,如果一旦不能做到,那么,不清洁,毋宁死,无疑,很多人都听懂了,因此而不惜自杀以爱惜与呵护自己清洁的生命。这,就是生命的直觉。

再举个《红楼梦》第四十八回里的例子吧。《红楼梦》里的香菱,人很聪明。她在跟黛玉谈到自己的学诗体会时候,说得非常精彩:

> 香菱笑道:"据我看来,诗的好处,有口里说不出来的意思,想去却是逼真的。有似乎无理的,想去竟是有理有情的。"
>
> "我看他《塞上》一首,那一联云:'大漠孤烟直,长河落日圆。'想来烟如何直?日自然是圆的:这'直'字似无理,'圆'字似太俗。合上书一想,倒像是见了这景的。若说再找两个字换这两个,竟再找不出两个字来。再还有'日落江湖白,潮来天地青':这'白''青'两个字也似无理。想来,必得这两个字才形容得尽,念在嘴里倒像有几千斤重的一个橄榄。……"

"有口里说不出来的意思,想去却是逼真的。有似乎无理的,想去竟是有理有情的。"这个体会真是非常到家啊。有"口里说不出来的意思""有似乎无理的",那就因为不能借助于概念,"想去却是逼真的""想去竟是有理有情的",那是因为可以通过直觉去加以把握,这说明她已经敏捷地注意到了有限中蕴含的无限。《传灯录》卷十七上记载:"道膺禅师谓众曰:如好猎狗,只解寻得有踪迹底;忽遇羚羊挂角,莫道迹,气亦不识。"辛弃疾也感叹:"花不知名分外娇。"可是,通过直觉,却都能够把握。而在分析《塞上》的时候,香菱讲的那番话,就更加到家了。

再来看日本的两首俳句。一首诗是加贺千代的诗歌:

> 啊,牵牛花
> 把小桶缠住了,
> 我去借水。

美丽的清晨,一个乡村少女出来提水——挑水？我估计她的能力还有点不够,可是仔细一看,她的小桶昨夜却被牵牛花缠住了,她不忍心破坏这种生命当中出现的这样一个小小的美好奇迹,于是就对自己说,那我还是去借水吧！短短的几句,真是非常隽永有味啊。过去我上课的时候,有一个女生后来写作业,她就说,潘老师,这次上课,我最开心的就是知道了这首诗。确实,这首诗写得很好。透过生命的机缘巧合,我们看到了一种别样的美丽。生命中有多少这样的邂逅啊,爱情的、事业的、友谊的,等等,而精心地去呵护这个邂逅,其实也就是呵护了生命的美丽。可是,它跟你滔滔不绝地讲过这些道理吗？没有,可是,透过生命的直觉,你不是全都看到了吗？

还有一首俳句,是芜村写的：

青青铜钟上,
蝴蝶悠然眠

日本有一个佛学大师,铃木大拙,对于这首诗,他曾经做过精辟的剖析,我们不妨来看一下：

在神圣的佛寺里,有一口离地面并不很高的铜钟,它内里空,外观坚硬,形状宛如圆筒,颜色质朴而庄重,从梁上悬挂而下,象征着生命的永恒。而当一根粗大的圆木撞击它时,它就开始水平移动,迸发出那连绵不断、震撼人心的声音。偏偏在这时刻,一只小小的白色蝴蝶翩然栖止在铜钟之上。蝴蝶的生命是如此微小、短暂,甚至活不到一个夏天,但却活得无限愉快。你看,在那象征着永恒的庄严的铜钟的一角,蝴蝶悠然而眠,同巨大而威严的铜钟形成鲜明的对比；它体态纤细,双翅微飘,颜色白嫩,姿态优雅,映衬在阴郁而又笨重的铜钟的背景中,反差尤为鲜明。此时,当轻率的僧人不经意地敲击铜钟,这可怜的小生命被惊飞而去,人们或许会想起人们的某种轻佻的生活态度？或许会因为人类的某种类似的无常命运而百般懊悔？但在诗人芜村的心目中,却丝毫也没有上述语言、概念和思维机制的运作。小小的蝴蝶既没有对那象征永恒的铜钟有所察觉,也没有因为意外的钟声而烦恼。在山坡之上,装点着盛开的鲜花,美丽而清香,蝴蝶飘然翻飞其中,一旦感到身体疲惫,便停靠在慵懒的铜钟的一角,恬静地进入了梦乡。突然,它感到了强大震动。这既不是它所期待的,也不是它所不期待的。它漠然地飞离了铜钟。显而易见,诗人在这一事件中所体验到的正是一种最平淡、最具体但又最博大、最深刻的生,一种无畏无惧、怡然澄明的生命。①

铃木大拙先生确实是一位大师,他的剖析,已经把诗歌里直觉到的内容阐释得再清楚不过了,已经无须我再多说一个字了。

为了让你们比较容易接受,我下面再举一首爱情的诗歌吧。英国诗人布莱克,写过一首《爱情之秘》,他是这样写道:

切莫告诉你的爱情,爱情是永远不可以告诉的。
因为它像微风一样,不做声不做气地吹着。
我曾经把我的爱情告诉而又告诉,我把一切都披肝沥胆地告诉了爱人——
打着寒颤,耸着头发地告诉。然而,她却终于离我而去了!
她离我而去了,不多时一个过客来了,不做声不做气地只微叹一声,便把她带走了。

中国古代的大哲朱熹说过:"须是踏翻了船,通身都在那水中,方看得出。"《爱情之秘》就是这样。有时候我们讲了很多很多,但是有时候不讲比讲却还更能够洞穿生命的奥秘,为什么呢?就是因为生命的那些根本的东西事实上是不通过语言的,它是通过一种领悟,这种领悟,就是我们说的生命的直觉。

---

① 铃木大拙:《禅与日本文化》,三联书店1989年版,第173页。

共时维度:表现性

第四个共时的维度是表现性。

这是一个与"再现性"相对的概念。"再现性"使得生命的超越成为不可能,"表现性"则使得生命的超越成为可能。

假如说同一性与对立性是从空间的角度来规定人,永恒性与暂时性是从时间的角度来规定人,直觉性与概念性是从把握世界的途径的角度来规定人,那么,表现性与再现性则是从成果的角度来规定人。

我在前面已经讲过,人的生命超越是无法通过理性来加以认识与表达的,精神站立的人不可能与抽象本质等同,也不可能以种或者属的形式出现,"我"的存在无法用理性来表达,因此,一旦以人为设置的逻辑框架去加以再现,事实上,人也就不见了,悄然远去了。因此,我们所获得的种种理论成果,从表面上看,是真实再现了人的本质,其实根本不然。那么,人的生命超越又应该如何去加以表达呢?只能够去直接地加以表现,人的生命超越只能是一种自由的生命表现。在这个意义上,人的生命超越就不是被理性演绎出来的,而是直接表现而来的。因此,表现是直觉的生命,同时也是生命的直觉,它关注的不是"符合"——对于客观事物的正确反映,而是"去蔽"——人与世界的意义因此而被呈现出来。

日本有一个年轻的诗人,他喜欢写诗,但是一开始却怎么写都写不好,他很苦恼。有个老诗人就教他说:你是总在形容词上想办法,就像我们的很多大学生,以为写诗就是加形容词,比如,美丽的校园,满园的春色,等等,你以为这就是写诗,实际上却不是,写诗是要把你对世界那一瞬间的直接的感受表达出来,你看古今中外的好诗,有哪一个是在形容词上做文章的?可是,这个年轻诗人还是搞不懂,他问:什么叫把我对世界直接的感受表达出来呢?那个老诗人就拿过茶杯问:这是什么?年轻诗人说:这是茶杯呀!老诗人说:你不要总是记住字典上的概念,我给你这个东西,你都没看呢,你就说它是茶杯。这就错了。你要把这个东西变成你与它之间的一种直接的关系,把它看作你直觉中的作品。现在你看,这个东西,我把一朵花插上,那么,这是什么?花瓶,对不对?然后,我倒上墨水,它是什么?墨水瓶,对不对?现在,我把它砸在你的头上,它是什么呢?凶器,对不对?现在你看,当所有的物都脱离了概念的框架以后,它是不是就成了你生命的直觉的作品?是不是就有了五光十色的表现力?

这个老诗人确实是真正的行家里手!我们不妨再补充几个例子。

比如说,冷。字典里的冷,是有明确规定的,但是,假设你是写诗的话,也就是说,假设你是用直觉的方法跟世界打交道的话,那你就不能够简单地说,哦,今天很冷。你一定要把你对冷的那种特殊的只属于你的第一感觉说出来。杜甫写"冷"的时候是怎么写的呢?"布衾多年冷似铁",可是,当时是成都的八月啊,怎么也不可能冷到这个地步吧?显然,这是杜甫当时的心情使之然。宋代的杨万里写过"冷",他说"冷气侵人火失红",冷气冷得连火都没有了红色,这怎么可能呢?可是,我们想象一下,有时候我们特别需要取暖的时候,是不是就特别希望这火再热烈一点?那个时候,你就觉得那个火的火红火红的颜色都太不够了。尽管在平时,你可能会觉得这火简直是太红了,但是到了你特别冷的时候,特别希望那个火能更温暖的时候,你就觉得那个火的火红火红的颜色都太不够了。

还有一个例子,是关于太阳的。苏联有一本很著名的小说,叫《静静的顿河》,里面有个男主角,叫葛利高里,葛利高里的一生很失败,他有个情人叫阿克西尼亚,一次,他带着阿克西尼亚逃跑,但是逃跑的过程中,一颗流弹偏偏就把他的情人给打死了。要知道,阿克西尼亚可是完全失败了的他的全部人生的寄托了啊,结果一颗流弹却把她打死了。这个时候,完全绝望的葛利高里抬起头来,"看见自己头顶上是一片黑色的天空和一轮耀眼的黑色太阳"。你们想想,有谁还看见过黑色太阳和黑色的天空?大概是日全食了?但是,当我们人生最悲观的时候,一定是可以看见"一片黑色的天空和一轮耀眼的黑色太阳"的。哀莫大于心死,在心已经死了的时候,所直觉到的世界,一定是黑色的世界。

而且,由于每个人对于人与世界的意义的理解不同,因此而被呈现出来的直觉的生命与生命的直觉,也必然是唯一的。美国心理学家阿瑞提就指出:"毫无疑问,如果哥伦布没有诞生,迟早会有人发现美洲;如果伽利略、法布里修斯、谢纳尔和哈里奥特没有发现太阳黑子,以后也会有人发现。只是让人难以信服的是,如果没有诞生米开朗琪罗,有哪个人会提供给我们站在摩西雕像面前所产生的这种审美感受。同样,也难以设想如果没有诞生贝多芬,会有哪位其他作曲家能赢得他的《第九交响曲》所获得的无与伦比的效果。"米开朗琪罗的世界、贝多芬的世界,显然都已经不是物理学的和字典里的世界了,而是他们自己的生命表现的世界了,是他们的生命表现出来的世界。

更有说服力的是,同样的内容,每个人的理解也仍旧不同。德国有两个大诗人,一个叫歌德,一个叫席勒,两个人关系很好,但是你们看一看他们写的"憧憬",尽管都写"憧憬",但是他们直觉到的生命却完全不同。

先来看席勒的《憧憬》:

山谷弥漫着一片凉雾
呵,从这山谷的深处
我要是能找到出路
呵,我会觉得何等幸福

我听到和谐的声调
甘美的平静的天国声音
微风给我送来
香油树的芳馨
我看到金色的果实
在绿叶间闪烁迎人
还有在那路边盛开的花儿
在冬天也不会凋谢

看来,在席勒的眼睛里,最美好的憧憬是大自然。

再来看歌德的《憧憬》:

> 是什么迷住我
> 引我到外边?
> 是什么缠住我
> 要我离开家园!
> 瞧那边的白云绕山岩漂浮!
> 我心想去那边
> 我真想去那边
>
> 她漫步走过来!
> 我这只鸣禽
> 立即匆匆飞进
> 繁茂的丛林
> 她停下来倾听
> 独自在微笑:
> "它对着我唱歌
> 唱得多美妙"

不难看出,歌德也写憧憬,但是,在他眼睛里最美好的憧憬是什么呢?女性,是女性。

西方人喜欢说,"说不完的哈姆雷特",中国人喜欢说,"说不完的《红楼梦》"。苏轼有这样的一首诗:"西湖天下景,游者无愚贤,深浅随所得,谁能识其全。"(苏轼:《怀西湖寄晁美叔同年》)其实,世界之为世界,也是"说不完"的。显然,正是表现性,使得世界成为丰富的、不可重复的世界,也使得世界之为世界,成为"美的享受"。

而就在这一"美的享受"中,生命的超越也最终得以实现。

历时维度

下面来看历时维度。

在这一维度,审美活动与其他生命活动在动机、态度、过程、能力、对象、内容、成果诸方面表现出明显的不同,推动着生命活动进入了超越性的大门。

从动机的角度看。审美活动严格区别于现实活动(实践活动、理论活动,下同),在现实活动,是为了满足"粗陋的实际需要"而去刻意片面占有、拥有、享受对象,要受"必需和外在目的的规定"的限制,因而是一种外在的、生存性的动机,又是一种自私的动机,渊源于一种乔装打扮了的无法最终区别于动物的"生存竞争"意识。因此,不管怎样,这个领域始终是一个必然王国。在审美活动,其动机却是内在的和超越性的,出之于一种超越了"粗陋的实际需要"的全面发展的自我实现的需要。这也就是马克思所深刻洞见的:"事实上,自由王国只是在由必需和外在目的规定要做的劳动终止的地方才开始,因而按照事物的本性来说,它存在于真正物质生产领域的彼岸。"可见,审美活动的动机是对自然必然性("必需")和社会、理性必然性("外在目的规定")的超越,也正是因此,审美活动的动机必然是无私的,必然渊源于一种最为深挚、最为广博的人类之爱。它是作为无私的人类之爱在现实的人性废墟上出现的。审美活动是人类最高的生命存在活动。它自我规定、自我发现、自我确证、自我完善、自我肯定、自我观照、自我创造,是一种马克思称之为"享受"的活动。所谓"享受",马克思指出:"按人的含义来理解的劳动,是人的一种自我享受。"怀特海也认为:"自我创造的过程就是将潜能变为现实的过程,而在这种转变中就包含了自我享受的直接性。"

在审美活动中,人们不再瞩目于"粗陋的实际需要",不再瞩目于片面地拥有对象,而是瞩目于"发展人类天性的财富这种目的本身"(马克思),瞩目于自由的生命活动本身。

从态度的角度看。审美活动的态度不同于现实活动的态度,这不同,在主体方面表现为：充分消解了现实的功利性目的，并且从中超越而出，成为审美主体。用中国美学的话说，是变"骄侈之目"为"林泉之心"，当然，这里审美主体对于功利性的消解同样是本体论的而不是认识论或价值论的。在客体方面则表现为：不再是"占有"或"使用"的对象，而是生命意义的显现，或者说，是主体自身的价值对象，它不再服膺外在的必然性，而服膺内在于人的自由性，不再是外在于人的必然王国，而是内在于人的自由王国，这样，审美客体便并非以实在的对象身份存在，而是以理想的对象身份存在。

从过程的角度看。首先，现实活动是一种乏味的、片面的体力或智力的消耗，是一种片面分工的活动，是把自由活动贬低为单纯的手段，从而把人类的生活变成维持气人的肉体生存的手段，是外在于人的、与人对立的活动，是使人以物而非以人的面目出现因而并不符合人类天性的活动；其次，现实活动又是一种屈从于外在必然性的追求合规律性或者合目的性的活动，因而是一种听命于他者的被动的活动，只是自由的前提，但却不是自由本身；第三，因为以满足人类的"粗陋的实际需要"为目的，这就决定了现实活动必须以对象性思维（主体思维或者客体思维）为基础，因为只有通过对作为对象的客体或主体本身的对象性把握才能实现对对象的占有，并有效地加以改造。

但审美活动则不同。审美活动不再是一种手段，而直接就是目的本身，人在审美活动中不瞩目于"粗陋的实际需要"，也不瞩目于片面地拥有对象，而是瞩目于"发展人类天性的财富这种目的本身"（马克思）。人本身成为目的，而不是作为手段；人成为他自己，而不是成为他人，甚至可以说，审美活动使人实现了自由的全面发展这一人类理想，是对真正的人的价值的创造和消费。因此，人从现实活动所导致的任何一种功利性中超越而出，成为一种虚灵昭明的真正意义上的存在。在审美活动中，人是以理想的人而非以现实的人的面目出现，因而在其中人才真正感到自己是一个自由的存在物。他以"充分合乎人性"的方式去活动。这是一种独特的不可重复的活动，充溢着人的欢乐的活动。

其次，审美活动也是超越外在必然性的活动，外在规律被它超越为自由规律,内在目的被它超越为自由目的,因而审美活动的对象并非客观存在的客体,而是主体自身的价值对象,它不单与客体的必然性无关,而且充分地显示了主体的自由本性,是主体的自由本性的自我建构起来的。而审美活动的主体,由于也是从自我实现这一最高需要出发自我建构起来的,因此,也就完全超越了实用性、功利性、单向性、有限性等必然性,成为自由的主体。这样,在审美领域,主体与客体也就同时消解了内外必然性,从而不再是自由的前提,而成为自由本身,因而是一种绝不听命于他人的活动。

第三,由于审美活动是着眼于这个世界同人自身的存在和发展的关系,着眼于确定世界和人生的意义,因此,着眼于世界与人生之意义的审美体验便成为它的基础。在这里,终极关怀的内在尺度是判断世界与人生有无意义的根本尺度。它"实际上是表示物为人而存在"。此时,不是把握作为对象的客体或主体本身固有的属性,而是从理想的终极关怀的尺度出发,去审美地解读世界和人自身,即用理想的尺度去阐释世界和人自身,从而使世界真正地成为世界,使人真正地成为人。

从能力的角度看。可以分为两个层面,从能力本身看,现实活动的能力因为未能全面实现"个体的一切官能",只与对象建立了一种"对物的直接的、片面的享受"关系,所以只是一种片面的能力。审美活动的能力则不然,它突破了能力的有限性、单项性、功利性,使"个体的一切官能",如"五官感觉""精神感受""实践感觉"等等,都展现出丰富的内涵,是个体的感性存在的全面实现。对此,可以从两个方面去理解:首先,审美活动是一种建立了全面的对象性关系的活动,它并非片面的、乏味的、机械的、外在于人的,而是全面的、愉快的、自觉的、内在于人的,充分合乎人性。其次,审美活动是一种建立了丰富的感性世界的活动。德拉克罗瓦说过:"一幅画首先应该是眼睛的一个节日。"审美活动是对"个体的一切感官"的"节日"。在审美活动之中,"个体的一切感官"都从现实的片面功利中超逸而出,以充分合乎人性的方式"观古今于一瞬,抚四海于须臾"。从能力的中介看,现实活动的能力的中介是思维器官,运用的是工具语言、逻辑语言,审美活动的中介则是感觉器官,运用的是审美语言。

从对象的角度看。首先,由于现实活动是一种由外在必然性规定的活动,因此它的对象并非人的全面本质的对象,只体现着人的片面发展的本质力量("简单粗陋的实际需要"),只具有有限的价值和意义("世界不能满足人"),审美活动则不同,它"高瞻远瞩,认清在物的物性中值得追问的东西到底是什么"(海德格尔)。因而它的对象不是外在的现实对象,而是理想性的对象,是自身的价值对象。歌德说,人有一种构形的本性,一旦他的本性变得安定之后,这种本性立刻就活跃起来,只要他一旦感到无忧无虑,他就会寓动于静地向四周探索那就可以注进自己精神的东西。康德也说过:在审美活动中,事物按照我们吸取它的方式显现自己。这就意味着,它不服膺现实的种种规律(自然的、社会的、理性的),而只服膺全面发展和自由理想的内在规律,它是在想象中经过体验而自由地领会的,并以情感的需要重新熔铸的灵性世界,是我们以充分合乎人性的主体标准建立的作为人类现实命运的参照系的精神家园。

其次,不同于现实活动的通过内容与世界建立起一种对象性关系,在审美活动不是通过内容而是通过对象本身与世界建立起一种对象性关系的。假如实践活动是指向"事"的,科学活动是指向"理"的,审美活动则是指向"对象本身"的,简单说来,人类生存活动是一种双重的活动,它首先在现实活动中变"自然"为"世界"并使它适应自己的物质需要,亦即功利地占有"自然",继而又在审美活动中变"世界"为"境界",使它适应自己的精神需要,亦即理想地欣赏"世界"。与此相应,占有的快感与欣赏的美感也就成为人类的两大生命愉悦(只是,欣赏的美感在后)。因此,实践活动本身并不就是审美活动,只有扬弃它的功利内容,把它转化为一种"理想"的自我实现的过程,从而不再功利地占有对象,转而对世界本身进行自由地欣赏,追求一种非实用的自我享受、自我表现、自我创造——所谓"澄怀味象"时,才是审美活动,在这个意义上,可以说,欣赏的美感,是人类的超越性的生存活动的开始。

终极关怀不是什么

到现在为止,我已经从共时的维度和历时的维度两个方面讨论了审美活动的超越性究竟是如何满足人类的特殊需要的,但是,这还只是问题的一个方面,因为,就审美活动的超越性而言,事实上存在着两个方面,一个是构成审美活动的超越性的东西,还有一个,是审美活动的超越性所构成的东西。

前面我所讨论的,就是构成审美活动的超越性的东西,现在我来继续讨论审美活动的超越性所构成的东西。

审美活动的超越性所构成的东西,用一个概念就可以讲清楚,这就是:终极关怀。

不过,要把终极关怀讲清楚,就要费点力气了,需要分为两个层次来谈。

第一个层次:终极关怀不是什么。

在这个方面,我们必须把终极关怀与现实关怀之间的区别讲清楚。

区分现实关怀与终极关怀,无疑与人自身的有限性生存与无限性生存直接相关。也与人之为人的在精神上的爬行与站立直接相关。对于这两个方面的区别,我在前面已经详细做了讨论,这里就不去重复了。在这里我要补充的是,其实,关于这个问题,很多著名学者都已经注意到了。例如,马克思就指出:动物是一种生存活动,人则是一种生活活动。生活活动是一种超越自然的活动。人既按照"任何物种的尺度",也按照人"内在固有的尺度"("美的规律")进行生命活动。因此,动物只有一个生命的尺度,而人却有两种尺度。所以,人与动物不同,不仅仅要面对"如何活着"、"实然",而且要面对"应当如何活着"、"应然"。而康德也认为,人与动物不同,动物只能够"感觉到自身",人则不仅能够"感觉到自身",而且还能够"思维到自身"。同时,很多学者也都认为,动物与人之间有着根本的区别,前者是一种仅仅求生存的生命活动,而后者是一种不但求生存而且求生存的意义的生命活动。

因此,也正是在这样的基础上,我把人的关怀区分为两种:一种是现实关怀,它是一种为现实的生存寻找理由并大造舆论的意识形态,也是一种"忧世"情怀,追求的是人生的外在价值;还有一种则是终极关怀,它是一种为终极的生存寻找理由并大造舆论的意义形态,也是一种"忧生"情怀,追求的是人生的内在价值,也是根本价值。

毋庸置疑,真正的大作家所追求的一定都是终极关怀。对此,俄罗斯的思想家别尔嘉耶夫曾经做过一个很好的解释:"把约伯的痛苦和快要自弑的托尔斯泰的痛苦相比较是很有意思的。约伯的喊叫是那种在生活中失去一切,成为人们中最不幸的受苦人的呐喊。而托尔斯泰的呐喊是那种处在幸福环境中,拥有一切,但却不能忍受自己的特权地位的受苦人的呐喊。"①这确实是一个很有趣味的角度,"人们中最不幸的受苦人的呐喊"、"处在幸福环境中,拥有一切,但却不能忍受自己的特权地位的受苦人的呐喊",两种"呐喊"截然相反,但是,却都是"呐喊"。显然,正是因为它们都是终极关怀。而伍尔夫把终极关怀比喻为蝎子式的追问,并且指出,在契诃夫、陀思妥耶夫斯基、托尔斯泰那里,"在所有那些光华闪烁的花瓣的中心,总是蛰伏着这条蝎子:'为什么要生活?'"而俄罗斯的一位思想大家舍斯托夫在谈到果戈理的《死魂灵》时也指出:果戈理在《死魂灵》里不是社会真相的"揭露者",而是自己命运和全人类命运的占卜者。契诃夫、卡夫卡在谈到自己的时候,也不约而同地称自己为:一只与夜莺完全不同的乌鸦。王国维也称中国的李后主的作品是"以血书","俨有释迦、基督担荷人类罪恶之意"。显然,这里的"占卜者"、"乌鸦"、"以血书"、"俨有释迦、基督担荷人类罪恶之意",都可以看作是终极关怀的别名。

那么,现实关怀与终极关怀存在着什么具体的区别呢?现实关怀涉及的主要是认识活动的真与假、伦理活动的善与恶、历史活动的进步与落后,我们就从这三个方面来看看它们与作为终极关怀的审美活动的区别吧。

---

① 别尔嘉耶夫:《俄罗斯思想》,三联书店1995年版,第139页。

不能等同于认识评价中的真与假

首先来看第一个方面,审美活动对于生命的终极关怀,不能等同于认识评价中的真与假之类对于生命的现实关怀。

认识活动的真假判断,你们都比较熟悉,它关怀的是"对象是什么",而审美活动的终极关怀关怀的却是"对象怎么样"、"对象对于人的意义是什么",进入审美活动的终极关怀之后,对象已经不是"对象",而是另一个我了,它已经是超越的、自由的,也已经离开了字典的含义,进入了超越性生命活动的自由表现:"天可问,风可雌雄","云可养,日月可沐浴焉","吾知真象非本色,此中妙用君心得。苟能下笔合神造,误点一点亦为道"(皎然:《周长史昉画毗沙门天王歌》)。

比如说,在生活中看一棵古树,相信大家一定会知道,有的人是认识的态度,哦,这棵古树我知道,植物学的课上学过,这叫什么什么树;有的人是功利的态度,哎,这棵树值多少多少钱;有的人是审美的态度,他看见的是这棵树本身的历尽沧桑,这棵树本身的生命故事。

瑞典有个学者,叫沃尔夫林,他曾经说过,这个世界有"入画"和"不入画"之分。由此来看,树也有"入画"和"不入画"之分。那么,什么是"入画"的树呢?你们可能会以为是那些特别光滑的、特别干净的,恰恰错了,实际上画家所要所画的那种树,恰恰是要饱经沧桑的,比如,中国美学就最喜欢丑石和老树。石头,按照我们的想法,应该是特光滑的石头最"入画",但是恰恰相反,中国人喜欢的偏偏是丑石,要"透"、要"漏"、要"皱"、要"瘦",实际上也就是说,要有很多生命的故事。老树也是一样啊,有很多人会觉得老树还有什么可画的?应该画那些年轻的朝气蓬勃的树呀,可是,真正的画家他一定要去画的,是老树,因为它饱经沧桑,老,使得画家有可能画出树背后的生命的经历。

在这方面,中国的画家丰子恺有过很有意思的讨论。一次,他到水果店里去选写生用的物品。卖水果的人告诉他:这个东西好,这个东西吃相没看相,大家都喜欢买。可是他就是不买,他说:我要买有看相没吃相的。这,就是审美的眼光,跟认识的眼光完全不一样。还有一次,他让工人去买点野菜来写生,工人就买回肥胖而外叶枯焦的黄矮菜,可是他说:买得不好。工人说,这种菜最肥嫩好吃。他说:不,好吃但是不好画。他要买的是什么呢?苍老而瘦长的白菜。工人笑话他,说这种菜没吃头。但是他说:正是这种菜,才最有看头。

还有一次,丰子恺走进瓷器店,在柜角底下发现了一口灰尘堆积的瓦瓶,样子怪入画的,颜色怪调和的,好似得了宝贝。他捧着问价钱,还特别防着被别人抢买。店员说:"勿瞒你说,这瓶是漏的,所以搁着。你要花瓶买这个好。"然后,他在架上拿了一口金边的、描着人物细花的瓷瓶递过来,可是,丰子恺连忙摇头:"我不要那种。漏不要紧的!"

爱因斯坦说过一句话,我非常喜欢:重力无法对人何以坠入爱河负责。为什么无法负责呢?正是因为真假判断解释不了审美判断,现实关怀与终极关怀完全不同。审美活动往往难以理喻,所谓"无理而妙"。因为,它所显现的不是实在性真理,而是启示性真理。中国 20 世纪的大儒熊十力先生认为,有可以实证的"量智",也有不可以实证的"性智"。对于审美活动,就应该从不可以实证的"性智"角度去阐释。"海上生明月,天涯共此时",稍有一点科学知识就知道,天涯并不共此时,可是,这样说尽管不合理,却倒是确实更为合情。丰子恺的选择也同样,尽管不合理,却更为合情,从真假判断当然无法解释。

我们再来看看杜甫的两首诗。

杜甫的《冬日洛城北谒玄元皇帝庙》诗中有这样一句:"碧瓦初寒外",从真假的角度去想,只会觉得荒诞,因为初寒到来,一切都会被笼罩其中,碧瓦又岂能例外?可是,我们如果转念想想,这首诗写的是老子庙,这个老子庙是碧琉璃瓦盖的,当时因为是初冬,寒气袭来,所有人都已经感受到,但是因为目睹了老子庙的雄伟壮丽,诗人的心理是非常温暖的,这个时候,诗人就把他的感觉赋予了碧瓦,觉得碧瓦也是温暖的,它是在初寒之外的。那么,是谁更有道理呢?当然是杜甫。顺便说一句,我们很多人出去旅游,都喜欢拿个照相机,这本来不是什么坏事,但是,如果事事都以拍照为主,到哪里就是忙着拍照片,那就非常不妥了。因为,其实我们本来就是带了"照相机"的,这就是我们的眼睛。我们要学会用眼睛去看,而且,是用自己的眼睛去看。可惜,我们却很少去注意对于我们的眼睛的培养,往往都是有眼睛却没有眼光。比较一下,为什么我们看到的只是冰凉的庙宇,可是杜甫却看到了温暖的碧瓦呢?

杜甫的《船下夔州郭宿,雨湿不得上岸,别王十二判官》里有这样一句:"晨钟云外湿"。那一次,诗人的船泊在夔州城外,因为下雨而无法上岸,所以,他是在船上听到钟声的,可是,因为夔州城地势高,寺庙又在山上,乃是高上加高,于是,渺渺的钟声就好像是从云外传来的,这样,既然是好像从云外传来的,杜甫就想到了,这钟声在穿过云层的时候,一定是会被云层打湿了的啊。这真是奇妙的想象啊,过去看法国大作家加缪写的散文,第一句就写,雨把大海淋湿了。我当时就觉得,是啊,只有这样的眼光才是审美的。实际上大海有什么被淋湿不被淋湿呢?但是在他看来,当然有的,因为他的心被雨打湿了啊。杜甫的诗句给我的感觉也是这样。难怪叶燮《原诗》会这样评论:"不知其于隔云见钟,声中闻湿,妙语天开,从至理实事中领悟,乃得此境界也。"

我看到罗丹的雕塑名作《老妓女》时,感触也很不同。在中国人的眼睛里,这个作品是非常难以理解的,因为中国人的审美观是只有少女才是美的,连少妇都不美,那老妇就更不美了。可是,罗丹却偏偏去雕塑一个老妇。你们看看,这个老妇除了排骨一样的身体,还哪里有一点点风韵的特征,青春的特征,性感的特征?可是,倘若你再想想,一个少女,她的身体固然娇艳性感,但是,她的生命里有故事吗,没有啊,可是,这个老妇就完全不同了。看见她以后,你会在她的身体里、在她老去的每一个皱褶里看见她的人生故事。你会立刻感觉到,她的身体是有故事的,因此也是有魅力的。于是,她的身体会在你的眼光里膨胀起来,会在你的身体里鲜艳起来,试想,如果你用倒放镜头去重放一下,那么,她的生命就会像老树枯枝重返青春一样,开出最鲜艳的花朵,于是,你又会看到,她当年在法国巴黎,作为最美丽的一朵花,曾经是何等性感诱人、何等风情万种……总之,你会看到很多很多,也会想到很多很多。

更有意思的《三国演义》里面的"草船借箭"故事,每个人看到这个故事,都觉得十分精彩,可是,仔细想想,这个故事却很假。我们来分析一下,当时是二十只小船,"借"到的箭是十万支,我们就按照每支箭是四两重来计算吧,十万支,那就是两万五千斤到三万斤,再计算一下,那么每只船的承载应该是一千二百五十斤。还记得故事是怎么说的吗?诸葛亮开始用船头借,被射满了,于是就掉过头来,再用船尾借。这样,我们就不难知道,船头被射满了箭的时候,应该是六百二十斤,一头偏沉到这个地步,怎么就没有因为头重尾轻而沉进长江呢?显然,《三国演义》是文学作品,它考虑的不是真假,要知道,既要写出周瑜的"多嫉",还要衬托出诸葛亮的"多智",那么,还有哪个真实的细节会比这个不真实的细节更让人觉得特别真实呢?

中国当代有一个著名作家张洁,有一次,她住在招待所,因为埋头写作,错过了吃饭的时间,等她赶过去的时候,早已经没有人吃饭了,可是,大师傅却很细心,专门为她留了一碗面条,张洁很感动,可是,坐下吃了一口,立刻就咽不下去了,天啊,真咸啊。后来,她仍旧是经常迟到,而大师傅也每次都专门为她留一碗面条,当然,面条也仍旧是很咸。后来,张洁结束了写作的任务,离开了这个招待所。你们知道,她是怎么想的呢?后来,她在一篇回忆文章里说:"我还会再来,我知道,那时候,会有一碗同样的面条在等着我。"看来,从真假的角度,这碗咸咸的面条肯定"不好吃",可是,从审美的角度呢?这碗咸咸的面条却肯定"很好吃"!

《红楼梦》里也有精彩的例子。比如,我们发现,《红楼梦》里曾经散发出一种生命的芳香。身体的香味,这并不稀奇。女性在洒了香水以后,我们就都会闻得到的。在《红楼梦》第八回,我们就闻到了。书中这样写道:

宝玉此时与宝钗就近,只闻一阵阵凉森森甜丝丝的幽香,竟不知系何香气,遂问:"姐姐熏的是什么香?我竟从未闻见过这味儿。"宝钗笑道:"我最怕熏香,好好的衣服,熏的烟燎火气的。"宝玉道:"既如此,这是什么香?"宝钗想了一想,笑道:"是了,是我早起吃了丸药的香气。"

显然,这里的"香",是可以借助真假来判断的。因为"早起吃了丸药",所以有"香气"。就好像你吃了肉,然后别人一闻,就会知道一样。

可是,假如并没有撒香水,却偏偏也飘洒出阵阵香气呢?

在第五回,宝玉和警幻仙姑有过一次奇遇:

> (警幻)说毕,携了宝玉入室。但闻一缕幽香,竟不知其所焚何物。宝玉遂不禁相问。警幻冷笑道:"此香尘世中既无,尔何能知!此香乃系诸名山胜境内初生异卉之精,合各种宝林珠树之油所制,名'群芳髓'。宝玉听了,自是羡慕而已。"

显然,这不是一种现实生活里的芳香,只有用审美的鼻子才能闻到,它是灵魂的芳香。

在第十九回,宝玉与黛玉"腻"在一起:

> 只闻得一股幽香,却是从黛玉袖中发出,闻之令人醉魂酥骨。宝玉一把便将黛玉的袖子拉住,要瞧笼着何物。黛玉笑道:"冬寒十月,谁带什么香呢。"宝玉笑道:"既然如此,这香是那里来的?"黛玉道:"连我也不知道。想必是柜子里头的香气,衣服上熏染的也未可知。"宝玉摇头道:"未必,这香的气味奇怪,不是那些香饼子,香毬子,香袋子的香。"

当然不是"那些香饼子,香毬子,香袋子的香",也不是来自"柜子里头的香气",那是黛玉发自灵魂的芳香、爱的芳香、美的芳香。如果你们想到我在评论宝钗和黛玉时候说的,前者是因为美丽而可爱,后者却是因为可爱而美丽,你们就会恍然大悟:宝钗仅仅是漂亮而已,因此,身体里也只会散发出"丸药"的"香气",可是,黛玉却很可爱,因此,尽管连黛玉都说:"连我也不知道",可是,这灵魂的芳香、爱的芳香、美的芳香,却不难被宝玉所感受到啊。

不能等同于道德评价中的善与恶

下面来看第二个方面,审美活动对于生命的终极关怀,不能等同于道德评价中的善与恶之类对于生命的现实关怀。

我们总是习惯于从"善""恶"或者"好人""坏人"的角度去看待世界,但是,审美活动却偏偏不是这样。审美活动关注的是一些更为重要的东西,也是一些与"善""恶"或者"好人""坏人"的评价完全不同的东西。

例如中国有一个作家,叫朱自清,他写了一篇散文《女人》:

> 艺术的女人第一是有她的温柔的空气;使人如听着箫管的悠扬,如嗅着玫瑰花的芬芳,如躺着在天鹅绒的厚毯上。她是如水的密,如烟的轻,笼罩着我们;我们怎能不欢喜赞叹呢?这是由她的动作而来的;她的一举步,一伸腰,一掠鬓,一转眼,一低头,乃至衣袂的微扬,裙幅的轻舞,都如蜜的流,风的微漾……我最不能忘记的,是她那双鸽子般的眼睛,伶俐到像要立刻和人说话。在惺忪微倦的时候,尤其可喜,因为正像一对睡了的褐色小鸽子。和她那润泽而又微红的双颊,苹果般照耀着的,恰如曙色之与夕阳,巧妙的相映衬着。再加上那覆额的,稠密而蓬松的发,像天空的乱云一般,点缀得更有情趣了。而她那甜蜜的微笑也是可爱的东西;微笑是半开的花朵,里面流溢着诗与画与无声的音乐。

在这篇散文中,朱先生坦露心迹说,他"一贯地欢喜着女人"。而且,"女人就是磁石,我就是一块软铁"。"在路上走,远远的有女人来了,我的眼睛便像蜜蜂们嗅着花香一般,直攫过去",就是这样,有的女人,他"看了半天"或"两天",有的女人,他竟然能"足足看了三个月"……你看,假如从伦理活动的眼光看,朱先生不是有点太"那个"了吗?但是,假如从作为终极关怀的审美活动的眼光看,朱先生却又一点也不"那个"。为什么呢?答案在于:在伦理活动中,"看"这个动作确实与现实的功利关系——占有密切相关,精神是爬行的。因此,一旦违背了社会的成文或不成文的规定去"看",当然应该说是一种恶,否则,孔夫子就不会那样拼命地强调"非礼莫视"了。但审美活动却不然,它也"看",但却是用精神之眼去"看","看"的是人类生命在女性身上的伟大创造,"看"的是人类生命进化的"一种奇迹般"的胜利,精神也是站立的。

还有两首诗,也非常精彩。

一首是郑愁予的《错误》:

　　我打江南走过
　　那等在季节里的容颜如莲花的开落

　　东风不来,三月的柳絮不飞
　　你的心是小小的寂寞的城
　　恰若青石的街道向晚
　　足音不响,三月的春帷不揭
　　你的心是小小的窗扉紧掩

　　我哒哒的马蹄声是美丽的错误
　　我不是归人,是个过客!

我一直觉得,台湾诗人把古诗的韵味挖掘得非常好,比我们大陆的自由体诗歌写得真是要好很多,所以要想学写诗,一定要多看看台湾诗人写的诗。比如这一首,写的是一个发生在我们江南的爱情故事,男青年每年春天都从江南走过,去见自己的恋人,而"那等在季节里的容颜如莲花的开落",肯定也是笑脸相迎,对不对?可是现在呢?笑脸没有了,恋人变心了。这个时候,我们要注意的是,这个男青年是怎么想的呢?"我达达的马蹄是个美丽的错误,我不是归人,是个过客。"也就是说,看来我是错了,不过,这毕竟是一个

"美丽的错误",也没有什么。如此品味一下,是否会发现,这首诗歌确实非常精彩?

设想一下,如果班上有男生女生恋爱失败了,你会怎么说?你肯定会说,太笨了,怎么被人甩了?你也许这样说,以后你再找一个好的,好好气气他(她)。而当事人呢?往往也会因此而因爱生恨。但是,对于爱情来说,应该是:我爱你,但与你无关,因此最重要的是你所付出的爱是不是真诚。如果是真诚的,那就够了,这不过是一次"美丽的错误"。你与他(她)可以不再继续,但是,却也不必诋毁过去。难道只有正确的人生才是美丽的人生吗?有的时候,错误的人生也仍旧美丽。其实,对于人的一生来说,平庸,才是最大的错。鹰有时候飞得比鸡低,但是,谁见过鸡飞得比鹰还高呢?所以,只要你犯的是美丽的错误,只要你的付出是真实的,就不必懊悔。何况,中国有一句话,说得很形象的,这句话说,什么是成功?无非是七跌八爬而已,也就是说,无论占你跌倒多少次,其实都不要紧,关键是,最后一次你还能够爬起来。因此,我们何妨让"跌倒"把我们的胸怀撑大?何妨把错误变化为美丽?

还有一首,是余光中的《碧潭》:

　　十六柄桂桨敲碎青琉璃
　　几则罗曼史躲在阳伞下
　　我的,没带来的,我的罗曼史
　　在河的下游
　　如果碧潭再玻璃些
　　就可以照我忧伤的侧影
　　如果蚱蜢舟再蚱蜢些
　　我的忧伤就灭顶
　　八点半。吊桥还未醒
　　暑假刚开始,夏正年轻
　　大二女生的笑声在水上飞

飞来蜻蜓,飞去蜻蜓

飞来你。如果你栖在我船尾

这小舟该多轻

这双桨该忆起

谁是西施,谁是范蠡

那就划去太湖,划去洞庭

听唐朝的猿啼

划去潺潺的天河

看你发,在神话里

就覆舟。也是美丽的交通失事了

你在彼岸织你的锦

我在此岸弄我的笛

从上个七夕,到下个七夕

余光中是我们南京大学(原金陵大学)的校友,也是我们南京大学的骄傲。他这首诗写的是一次荡舟所引发的爱情故事。其中最精彩的,是在写到这对年轻恋人荡舟的浪漫时,竟然以"就覆舟。也是美丽的交通失事了"来描述他们当时的心情。这无疑不能以伦理来衡量,"交通失事",当然是坏事,可是,现在他们却宁肯这样,因为,这也是"美丽的错误",是一次"美丽的交通失事"。我们想一想,托尔斯泰笔下的安娜·卡列尼娜不是也曾经在爱河里"覆舟"——卧轨自杀吗？如果给你一个交通大队的花名册,让你去找安娜·卡列尼娜的名字,那一定是写在花名册的某一页某一行里的,没有任何多余的评价。在她的名字的前后,一定也还有其他的很多交通失事者。但是,放在美学的辞典里,安娜·卡列尼娜的这次交通失事却显然是有重量有高度的,是一次"美丽的交通失事"。你看,交通失事与交通失事之间,竟然也可以如此地不同。

  由此我们看到,犹如审美活动的终极关怀根本不服从于所谓的合规律性(真假),审美活动也根本不服从于所谓的合乎目的性(善恶),正像张爱玲早在上个世纪就批评的那样,国人从八九岁的孩子时就形成了一种惯性,"看见一个人物出场就急着问:'是好人坏人?'"这无疑是完全违背了审美活动的终极关怀的基本原则的。要知道,即便是生活里的坏人,一旦进入了文学作品,评价也会不同的。

曹禺的《雷雨》里有一个著名的人物繁漪,周朴园的老婆,她跟周朴园的大儿子之间是情人关系,这在生活里肯定是不能够原谅的,是乱伦,但是在《雷雨》里繁漪却是一个正面角色,为什么呢?就因为我们在写文学作品的时候,关注的不是伦理道德的评价,比如说,这件事应该发生还是不应该发生,我们关注的不是这个,我们关注的是为什么本来不应该发生但是却偏偏发生了,这样,我们就发现了,繁漪这个人的生命力特别旺盛,她的反抗精神、她的自由独立精神特别地强,但是她碰到了一个特别霸道的老公,他只会用特定方式来爱她,却没有意识到,这样的爱反而恰恰是迫害。于是,她明明是情感饥渴,但是她老公却认为是因为她的身体有病,于是就每天逼她吃药,结果这样一逼二逼三逼的,就把她逼得铤而走险,犹如我在讲到潘金莲的时候总是在说,当一个社会没有给一个女性提供任何的自由舒展自己的生命的机会的时候,那么,这个女性的任何一点追求自由生命的努力就必然只能够通过"恶"的方式,也就是犯罪的方式。繁漪也是如此。因此,曹禺才会说:繁漪她的可爱并不在她的可爱处,而在她的不可爱处。因为,正是她的"不可爱",让我们看到了社会深层的一种隐秘的"不可爱",人性深层的一种隐秘的"不可爱"。

凤姐也是一样,凤姐,在《红楼梦》的读者中名气很大,无人不知,而且,也有很多人喜欢。我经常被人问:你喜欢黛玉还是喜欢宝钗?我当时总是回答,我喜欢黛玉。可是这个问题问得实在太狭隘了,如果换一个问法,在《红楼梦》里,你最喜欢的都有谁?那我就会说:我最喜欢的人当中,就有凤姐一个。

其实,凤姐这个人真的很好,但是,她又很无奈。曹禺的那句话"她的可爱处在她的不可爱处,而不在她的可爱处",用在凤姐身上也是一样。她确实是一个贪污腐败者,肯定是一个弄权者,还或许是一个置人于死地者,从现实的生活词典里，我不反对你把凤姐放在坏人的系列里，但是问题在于，你要想一想，曹雪芹为什么要去写一个坏人呢？或者，她是一个坏人，可是为什么你却这样地对她津津乐道；再者，她是一个坏人，可是你为什么还是会喜欢她？原来，原因就在于：她坏得可爱！其实曹操的问题和凤姐的问题一样，曹操在生活里也是个坏人，但是你看他进入《三国演义》以后却很有魅力。不是有这样一句话吗？"恨曹操骂曹操不见曹操想曹操。"后来有一个文学家把这句话转送给了凤姐，"恨凤姐骂凤姐不见凤姐想凤姐"。你们看，这就奇怪了，一边是骂，一边却是想，也就是说，我们在道德上骂她，但是我们在美学上却喜欢她，为什么会有这种情况呢？这就因为，她的坏，是这个社会所逼迫的，是她的"不得不"。

凤姐跟繁漪一样，都有一个共同的特征，就是生命力特别顽强，其实也就是特别希望施展自己的抱负，酣畅淋漓地实现自己的人生。但是，在封建社会制度里，她作为一个女人，却没有施展自己的才能的机会。但是，她非常不甘心，她就是要施展，她就是觉得自己比一万个男人都要强，男人能，凭什么我就不能？因此，凤姐就非常地不服气。我在上海电视台讲《红楼梦》的时候，用了一句话来概括，我说，凤姐的性格特征，最明显的就是："玩火于掌上"。在掌上玩火是很危险的，对不对？但是凤姐最大的特点就偏偏是越是风险越向前，什么地方的事不好弄，你只要挑唆她两句，你就说，我看这事太难弄了，就是凤姐你也弄不了啊。那凤姐立刻就会冲上来弄。其实，她这个人并不贪财，她只是贪才干之"才"，只要你说"凤姐你真能干"，那就行了，她要的就是这句话。所以凤姐虽然弄权，但是却并不是因为她是个坏人，而是因为这个社会不给她舞台，于是，她只好用做坏人的办法来显示她自己。

我们再来看凤姐的好吃醋，《红楼梦》里写过，凤姐这个人有两大特征，一个叫凤辣子。四川人都知道"辣子"，有一次，我去四川做报告，我的天啊，四川菜可真是"辣"啊，关键是还有一个"麻"，我硬是几天都没有敢敞开吃饭，天天晚上从宾馆溜出去吃麦当劳。凤姐的"辣"也是这么厉害，而且，她辣到最后，干脆就是"毒辣"。为什么会如此呢？我在前面已经分析过了。值得注意的是，她还有一个特征，就是"醋坛"。而且，"醋"到最后，她干脆

"醋"成了"醋缸""醋瓮"。这又是为什么呢？当然还是要由那个歧视女性的社会来负责，尤其是她的那个老公来负责。贾琏其实就是个男女通吃的"多媒体"色狼，他男女全吃，凤姐碰上这样一个人，而且自己又是个女强人，以强对强，这是她的性格使之然，结果她的日常生活就弄得一团糟了。

所以，与前面同样的是，在情感问题上，凤姐的可爱还是在于她的不可爱。什么是她的可爱呢？就是希望自己的生命有一个自由表现的空间。什么又是她的不可爱呢？这个社会逼着她用做坏人的办法去显示自己人，这个社会逼着她用做坏事的办法来酣畅淋漓地表现她的生命，这就是她的不可爱。从这个角度，你们来回答一下，凤姐到底是一个好人还是一个坏人？其实，她只是一个很可怜的人！

再比如《安娜·卡列尼娜》，卡列宁在道德排名榜里，大家一定要知道，是全俄罗斯排名一流的模范丈夫，卡列宁相当于一个省市级的领导，他的人生很成功，而且，他对安娜也特别好，可是，安娜还是要红杏出墙。从道德上看，安娜当然是错的，而且，一开始甚至连作家托尔斯泰本人也是这样看的。可是你这是从道德法庭上来看，转过来在审美法庭上思考一下呢？情况就完全不同了。其实，卡列宁才是错的，因为他根本就不懂爱情。卡列宁喜欢对安娜宣称："我是你的丈夫，我爱你。"可是，安娜是怎么评价他的呢？"爱，他能够吗？爱是什么，他连知道都不知道。"我在上海电视台讲《水浒》的时候，针对《水浒》中的所谓"四大荡妇"，我就提出一个自己的观点说，女性"红杏出墙"的前提都在于先要"红杏靠墙"，要"出墙"不是要先"靠墙"吗？那么，她们是怎么会"红杏靠墙"的？其实，都与她们背后的那个男人的逼迫有关。安娜的问题也是一样。她为什么会"红杏靠墙"，就是因为卡列宁不可爱：

"沽名钓誉，飞黄腾达——这就是他灵魂里的全部货色，"她想，"至于高尚的思想啦，热爱教育啦，笃信宗教啦，这一切无非都是往上爬的敲门砖罢了。"

"我明明知道他是一个不多见的正派人，我抵不上他的一个小指头,可我还是恨他。"

"我恨就恨他的道德!"

但是,她又没有办法摆脱。要知道,卡列宁这个人不可爱到了极点,他想学耶稣,面对安娜的"红杏出墙",他仍旧不肯放过她,他说,即便是你跟别人好了,我还是宽恕你。安娜说,你别宽恕我,离婚算了。卡列宁说:不能离婚。安娜特不舒服,她说,你只要放了我,我就幸福了。卡列宁说:那不行,我像耶稣一样受尽苦难,你怎么出轨、怎么给我戴绿帽子,我也不会放你,因为这正好是修炼我的道德的最好机会啊。由此你们是否可以看出,在道德的法庭上,固然可以宣判卡列宁为善,但是,在审美的法庭上呢?卡列宁是否应该就接受审判?结论是无可置疑的啊。

"自由地为恶"

类似的例子还有很多,例如为什么唐明皇与杨玉环的爱情在现实生活中明明造成了巨大的灾难,却又被诗人千秋传颂?为什么苔丝因杀人而犯下大罪,但在作者眼里却是"躺在祭坛上面"的一种美?事情似乎存在一种颠倒,伦理法庭审判着他们的"恶",审美法庭却在赞扬着他们的"美"。不过,我就不再去多说了。在这里,我需要认真讨论的倒是另外一种情况,因为还有一种情况,是伦理法庭审判着他们的"恶",审美法庭也在审判着他们的"丑"。那么,如何去区别这里的"恶"和"丑"?应该说,意义更为重大。

例如,希特勒以及二战时期的日本侵略者,他们无疑在道德上是恶的,但是,我们应该怎样去在美学上深刻地批判这样一种道德上的恶,才可能真正地战胜这样一种道德上的恶呢?最为常见的做法是去大量地甚至不惜夸张地展示他们的道德上的恶,杀人如麻、心如蛇蝎,等等,例如中国的关于"南京大屠杀"的影片,就大都是如此。然而,这无疑是极为肤浅的,在美学上也是失败的。

为什么这样说呢?我们不妨先来看一首诗:

暮江平不动,春花满正开。
流波将月去,潮水带星来。

你们一定都知道,《春江花月夜》是唐诗的压卷之作,我经常说张若虚这个人活得真值,当然,我们并不知道他究竟写了多少首诗,反正就凭这首诗,他就已经青史留名了。学者公认,不论唐诗有多少首,反正这一首肯定是排名第一,是全唐压卷之作。可是,你们仔细看看刚才我给你们看的这首诗,你们发现了没有,《春江花月夜》里面的意境,在这首诗里已经都完美地表现出来了。因此,这首诗确实堪称精彩。以至于人们会说,这首诗与《饮马长城窟》齐名,它是南方最早的唐诗,《饮马长城窟》则是北方最早的唐诗。

但是,你们知道这首诗的作者是谁? 隋炀帝。呵呵,我看见你们的眼睛都已经瞪大了,是的,就是那个罪恶昭著的隋炀帝。中国历史上有两大暴君,一个是秦始皇,一个,就是隋炀帝。关于他的恶,我们就不要去讲了吧?可是,我必须要讲的是,起码在这首诗里,隋炀帝还是非常可爱的。你们想想,如果是一个天生的坏人、百分之百的坏人,他能看见这么可爱的自然环境吗? 能看见这么可爱的春江花月夜吗? 不可能。我在前面已经讲过了,一切的美都是审美者的心灵投射啊。因此,如果仅仅从一个作者的角度去考察,我们不难发现,隋炀帝的内心一定是充满了诸多生命的渴望。当他看见大自然的时候,他一定也像我们一样,有一种息息相关、惺惺相惜的美好感觉。可是,就是这样一个与我们一样有着美好感觉的人,为什么却作了那么多的恶呢? 我们的讨论,不妨就从这里开始。

这涉及到一个"自由地为恶"与"自由地为善"的重要问题。

前面我提到过"逻辑根源",也就是人的"应当"。当然,人不是神,但是,人毕竟有"应当"。在这方面,西方神话传说中的潘多拉,实在是个深刻的象征。她放出了一大堆灾难,但是,却把希望留在了魔盒之内。生活总在别处,梦想总在彼岸,所以,人类只有去赌希望的存在与必胜。这,就是人类的真实存在,也就是那个"应当"! 萨瓦托在《英雄与坟墓》里说:"人总是艰难地构造那些无法理解的幻想,因为这样,他才能从中得到体现。人所以追求永恒,因为他总得失去;人所以渴望完美,因为他有缺陷;人所以渴望纯洁,因为他易于堕落。"①你们看看,这就是那个"应当"。法布尔在《昆虫记》里说,蟋蟀是一种你即使把它囚禁起来,也要嘹亮歌唱的昆虫,绝不会像别的动物一样郁郁而终。无疑,这也真的很像人自身的那个"应当"。

不过,在这里还可以对"应当"作一个必要的说明。我们所谓的"应当",其实是来自自由意志的为善的坚定不移的决心。可是,自由意志本身却并不是"应当",自由意志可以为恶,也可以为善。人类为什么要大张旗鼓地去鼓励善?还不是因为人本来是也可以为恶的。而人类为什么要立场坚定地抨击恶?也正是因为人本来是可以为善但是却偏偏为恶的啊。因此,为善就不仅仅是为善,而且,还是不为恶;为恶也就不仅仅是为恶,而且,还是不为善。何况,人类自由意志的为善最初甚至可能是在恶与恶之间进行选择的结果,人本来更大的可能一定是为恶的,走出伊甸园,人类最初的选择可能会更偏重为恶,然而,后来却慢慢发现,只有为善,彼此才都有真正的生存机会;只有为善,才是成本最小的选择。所谓"君子成人之美"。最终,也才明确意识到:必须去赌人类终将为善。

也因此,西方文化中的魔鬼,就是一个颇有勇气也颇有智慧的预设。前面我们频频看到魔鬼与上帝的豪赌,一定会对此印象深刻。为什么会如此呢?就是因为,没有为恶的可能也就没有为善的可能。上帝在弥尔顿的《失乐园》里曾经慷慨而言:

> 不自由,他们怎么能证明他们的真诚,
> 出于真正的忠顺、笃信和爱敬,
> 那可以只显得他们迫于形势,
> 并非心甘情愿。这样的遵命
> 我有何快慰,他们又怎能受赞美?

---

① 萨瓦托:《英雄与坟墓》,云南人民出版社1993年版,第59页。

在西方文化中,魔鬼的出现,其实就是为了让你去为善,但是却又不希望你盲目地为善,因此,才借助于魔鬼来给你一个转身的契机。所以,康德才会称之为"大自然的天意",黑格尔也才会称之为,"理性的狡计",我们常说:恶是社会发展的动力、杠杆。为什么会是动力、杠杆呢? 道理就在这里。只有自由地去不为恶或者自由地去为善,才是真正自由的。而自由地去不为恶或者自由地去为善,也才是我们所强调的"应当"。

那么,为什么会出现隋炀帝这样的人呢? 究其原因,无非是在能够自由为善或者自由为恶的时候,他选择了恶。而且,何止是隋炀帝。我们每一个人都可能会如此,只不过自己没有这样的为恶的机会与条件而已。要知道,太多太多的"坏人",其实也只是为了能够在他(她)置身的恶劣环境里苟活下去,有的人或许是为了捍卫自己的尊严,有的人或许是为了争取自己的利益,当然,也不排除还有一些人是在以自己为圆心而去"巧取"或者"豪夺",从而铸成了千古之恨,成为人们所说的"坏人"。

当然,这一点在中国人来说是很难理解的。因为在中国是没有"自由为恶"与"自由为善"的概念的,每个人都喜欢把自己比喻为一面镜子,一切都是外在环境使然,因此,所有的罪恶都可以不负责,所有的成绩也不是自己的,而是上级组织和人民的。而西方却不同,存在着"自由为恶"与"自由为善"的基础,每个人都喜欢把自己比喻为一面"探照灯",一切都是自己作为,当然也就必须自己负责。当然,这样一来,有些人就会选择"自由为恶",其中的原因在于,他不是看不到自己的恶,而是他以为自己能够弥补这个恶。这是一种牺牲别人来换取自己的安全的恶,也是一种在不安全中希望自己安全、在不重要中希望自己变得重要的恶。当然,最终的结果是,他因此而更不安全了,也更不重要了。不过,为恶的人在当时往往是恰恰看不到这一点的。因为凡是为恶者都一定以为自己是可以控制局面的。

西方文化往往会认为,人的堕落是因为人的骄傲。权力的骄傲,知识的骄傲,理性的骄傲,道德的骄傲,精神的骄傲,这是一种"最后之罪"。隋炀帝也是如此。我们可以想象一下,当一个统治者坐在统治者的宝座的时候,他所有的思维、所有的选择一定是要根据他的位置来决定的。人们不是经常说吗？屁股决定大脑。而我过去已经谈到，我们中国的历史有一个最大的特点，就是抢椅子。十个人抢九把椅子，两个人抢一把椅子，谁抢到了坐下以后，他的名字就叫作"皇帝"。可是，问题是你坐下以后，你还得给人家板凳坐，结果人家一圈一圈都是围绕着你的，也都在时刻准备着抽空把你拉下来，重新开始抢椅子的游戏。这样一来，任何一个统治者，不论是在上台之前还是在上台以后，就都丝毫不敢懈怠了。中国有一句话叫：卧榻之侧，岂容他人鼾睡。其实，准确地说，卧榻之上，自己首先就不能酣睡。你一睡，别人就把你从龙椅上斩落下来了。那么，怎么办呢？只有先下手为强，你怀疑谁，就先把他杀掉，而且满门抄斩，株连九族乃至十族，只有这样才能保证自己的安全。而且，一旦抢到了椅子，那就马上骄奢淫逸地享受啊，为什么呢？除了这个，自己提着脑袋打拼到今天，也没有别的报偿了呀，何况，明天等待着自己的是什么还不知道呢。所以，任何一个人，屁股只要坐在这个位置上，他就一定是残忍的，一定是一个我们所谓的坏人。因为，他"不得不"，他"欲罢不能"。怎么办呢？他只能用这个办法来保护自己。当然，在这个过程中，有的人会表现得更恶一些，例如隋炀帝，还有一些人可能表现得不那么恶，但是，却没有人不恶，否则，他就不可能坐在那把龙椅上，一切就是这样。

也正是因此，在隋炀帝的身上，如同在古今中外的所有的坏人身上一样，我们所看到的，不是恶，更不是恶贯满盈，而是可怜。你们发现没有，在所有的文学作品里，越是大师的文学作品，里面就越是没有坏人。你们可以做一个最简单的判断，如果在哪个人的作品里你一眼就看见了坏人，那么，这肯定不是经典作品，肯定不是大师的作品。为什么呢？从审美活动去观察人生，如果这个人的人生是失败的，如果这个人是个道德上所谓的坏人，我们因此而会引发思考的只是：他也是一个人，上帝也给了他一次机会，可是，为什么结果却偏偏竟然是这样？

在这方面，苏联一个作家写的剧本很有启迪意义，这个剧本叫作"幼儿园"，其中有个小男孩，是个流浪儿。因为苏联在二战时期有很多流浪儿，因为父母都上战场了，孩子也就没有人管了。这个小男孩也是这样，为了谋生,他参加了一个小流氓团伙,无恶不作,但是后来他良心发现,就想退出来,可是,他刚刚这么一说,流氓团伙的小头目——其实也就是十多岁,就拿枪对着他,扬言要杀死他。这个时候,一声枪响,但是,死的不是这个小男孩,而是那个流氓团伙的头子。原来,是一个小女孩——流氓团伙的头子的情人,开枪打死了他。然而,这个小女孩在开枪之后,就抱着流氓团伙的头子的尸体放声大哭。这下,这个小男孩就非常困惑,因为,如果他是坏人的话,那把他打死以后应该非常快乐;如果他是个好人的话,那就不应该把他打死,可是这个小女孩却很奇怪,一方面是把他打死,一方面却是放声大哭。于是,他就过去问她:你又要杀他,又要哭他,那他是个什么人呢?小女孩说:他是一个可怜的人!

学者赫克介绍说:在俄罗斯,"老百姓,没有称呼罪犯的字眼,只是简单称呼他们为'不幸的人'。"这确实是一个非常可贵的美学传统。在他们看来,我们自己也是有过失的,但是上帝却原谅了我们,那么,我们为什么不能原谅其他的比我们过失更多的人呢?我们又为什么不能学会去敬畏生命、尊重生命,学会把有罪的生命也当成生命?中国的大哲牟宗三先生也说过类似的话:"有恶而不可恕,以怨报怨,此不足悲","有恶而可恕,哑巴吃黄连,有苦说不出,此大可悲也。"①确实,任何一个人,天生都是不想做坏人的,可是,他为什么还一定要做?在这里,就存在着一个"不得不"、一个"欲罢不能"。

为什么"不得不"呢?为什么"欲罢不能"呢?我还是问一个很极端的问题吧:任何一个女生,如果你落到了潘金莲的地步,你敢保证自己做得比潘金莲更好吗?站在局外人的角度,我们可以说,潘金莲你这个不该做,那个不该做,但是反过来,我们设身处地想一想,如果自己落到潘金莲的地步,明明是该县第一美女,偏偏嫁给了该县第一丑男,不但没有任何的生存空间,而且又千不该万不该遇到了一个小叔子,是该县第一英雄,一下子就把她的

---

① 牟宗三:《红楼梦悲剧之演成》,见吕启祥、林东海主编:《红楼梦研究稀见资料汇编》(上),人民文学出版社2001年版,第624页。

青春欲望全都勾出来了,可是却又遭到了拒绝,那个时候,你说她能怎么办呢?千不该万不该,潘金莲又是一个个性特别强的人,她是一个绝不让人的人,其实,潘金莲和武松倒真是特别适合的一对,潘金莲的性格,你想想武松,就知道了,那就是个女武松啊,结果,当然潘金莲心里就特不平,她就特别要出气,她就要证明给武松看,也证明给自己看,武松你这个第一英雄看不上我,那还有本县第一大款会看上我的,结果,就有了一根竹竿引发的血案。说实在的,这根晒衣杆真是砸中了潘金莲的痛处。有一首流行歌曲,叫《我被青春撞了一下腰》,潘金莲其实也是可以说是被"心痛"撞了一下腰。后面的错误,就由不得她潘金莲了。无非是用一个更大的错误掩盖一个较小的错误的过程,直到杀人。可是,对于一个县城的妇女来说,她又能如何呢?潘金莲的歌曲唱得很好,可是,当时也没有"超女"大赛呀;潘金莲很美丽,可是,这恰恰是她的灾难。在那样的环境里,或者,她驯服接受,或者,她铤而走险。社会的不公正是犯罪的原因,是社会把一个良民逼成了罪犯,可是,社会继而又对之加以严惩,而且竟然是以正义的名义。显然,社会不但没有严惩罪,而且还在催生着罪。所以,潘金莲真的很可怜,她不得不坏,而且——还欲罢不能!

文学大师陀思妥耶夫斯基告诫我们,在文学创作中,我们应该关心的不是谁是坏人,而是坏人为什么会成为坏人。这句话说得真的很好。天堂之外,任何地方都可能是罪恶的温床。地狱之为地狱,也无非是因为爱的匮乏。无爱之处,即为地狱。至于所谓的坏人,其实也只是被伤害的结果。因此,他们所需要的,正应该是悲悯。他们比所谓的好人更需要宽恕与爱。王尔德说:所有的圣徒都有一段过去,所有的罪犯都有一个未来。这真是堪称金玉良言啊。

希特勒的问题也是如此。过去我看到过一二十幅绘画作品,有风景,有人物,而且,风景画的水平明显超过了人物画,当然,绘画的水平不算很高,但是,也看得出来,画者是经过了一定的绘画训练的。那么,这个画者是谁呢?仔细一看才发现,是希特勒。我在前面也讲过了,最早的时候,希特勒只是一个艺术爱好者,可是,却没有被维也纳艺术学院录取,他这个人很自闭,也不太愿意跟外界交流,但是,他的内心深处却有一种特别强烈的希望被外界认可的心理冲动,现在,这冲动一旦被压抑,就导致了他的巨大心理创伤。他因此而认为这个国家很糟糕,并且发誓要改变这个国家,甚至,要改变整个世界,要在人类的大地上画一幅最新最美的图画。于是,忽然之间,他才发现自己的才能应该是在政治上:"1918年11月9日,我已下决心做个政治家!"(希特勒《我的奋斗》)

因此,追究希特勒的道德品质是没有意义的。西方有一本很著名的书《第二次世界大战的根源》,你们应该看一看,作者说,希特勒是谁?希特勒是所有的最普通的德国人当中的一个,这就是希特勒。而且还说,在二战当中,"回顾起来,虽然很多人是有罪的,却没有人是清白的"。他在人类的历史上永远应该被钉在耻辱柱上,这是毫无疑问的,但是他所犯下的错误,其实也就是亚当和夏娃所曾经犯下的错误,自作聪明或者自以为是,弄巧成拙或者自取其辱,如此而已,尽管程度有非常严重的区别。那么,你要把希特勒写到什么样的地步,他才是一个美学的希特勒呢?显然,那就是"可怜"。如果写希特勒写到最后让你觉得这个人太可怜了,是可怜,而不是可恨,那,你在美学上就是成功的了。

接下来,我就要谈到对于日本侵略者的美学批判的问题了。其实,对于日本侵略者的美学批判与对于希特勒的美学批判有其一致性,因此,我不妨就接着对于希特勒的美学批判往下讲。

关于日本侵略者,似乎是中国文学艺术家心中的"永远的痛"。到现在为止,还没有看到有哪位文学艺术家能够过得了这一关。我们在他们的作品中看到的,永远是恶魔一般的日本侵略者,仿佛他们天生就是坏人。可是,这样的形象却无疑并不真实,因为这些日本侵略者其实也只是一些大孩子,与中国的大孩子在本质上也没有什么区别。那么,同样是一些大孩子,这些日本的大孩子为什么到了中国以后就竟然会如此凶残、暴虐呢?

真正的答案要到德国和日本的国情本身去寻找。

在这方面,我们要特别关注两个原因,第一个原因,德国在一战的时候是受害者,也就是说,它被伤害了,结果,就导致了一种特别强的小团体的抱团与复仇的意识。其实,这种情况,我们在生活里也会见到,有些弱者被伤害以后,会变得特别敏感,特别想复仇。中国不是有句著名的话"楚虽三户,亡秦必楚"吗?为什么赵虽三户,亡秦不必赵呢,想过吗?为什么晋虽三户,亡秦不必晋呢?想过吗?就是因为楚国觉得在秦楚相争的过程当中,楚国是被伤害的。因为在战国争雄的时候,最有可能得天下的,就是秦和楚,而且,楚比秦更有希望,但是,楚国的国王却被秦国骗去杀掉了。所以,楚国当然觉得特冤。所以,"楚虽三户,亡秦必楚"。德国在一战的时候,也受到了伤害,因此,这个民族本来就特别想找到一个报仇的机会。

至于日本,在甲午海战的时候,日本人是受益者。日本本来在世界上是没有多少地位的。它是个弹丸小国,本来也没有可能去伤害别国,但是很凑巧,甲午海战的时候,日本第一次跟中国交手,竟然就把中国打得落花流水,从此曾驯服地追随了中国上千年的日本就觉得,我现在终于可以扬眉而且可以吐气了。我们一定要知道,有的时候,弱者并非真正的弱者,弱者一旦有了泄愤的机会,会比强者更强。你不要以为,弱者他的心理也弱,弱者的心理能量一定更强,强者的心理能量才弱,例如,强者他会手下留情,可是,弱者得手后,你还听说过会手下留情的?所以,很多强者他的心理能量事实上是弱的,他宣泄得很好啊,但是弱者的心理能量往往是极强。就是这样,日本的强国野心就开始了。

第二个原因,德国和日本都是从封建割据的状态刚刚解脱出来,不像其他许多国家,封建割据的状态早就消失了,给他人以自由,给敌人以自由,也已经成为常识。但是德国和日本不行,因为他们都是出自那种非常闭关锁国、非常狭隘的小团体状态。在他们的眼睛里,小团体内的人才是人,其他团体里的人都是动物。群体内的"羊"和群体外的"狼",对于他们来说,就也都是真实的,而且是可以并存的。大家知道,德国过去分裂为小君主国一百多个,因而自身也就必然存在一种极为顽固的狭隘性,所以,它的小团体意识极强。这显然是一种无道德状态,或者是一种以狭隘的群体的道德要求社会的状态。

日本也是一样,也是长期在封建割据生存,小团体意识也极强。当然,这无疑是一种极为狭隘的群体道德,也是军国主义和纳粹主义的心理根源。干吗不能够"两害相权取其轻,两利相权取其重"?干吗不能学会把更多的空间让给对方,包括让给我们的敌人?干吗不能学会平等对话、求同存异?其实日本也是失败在这里。日本人觉得,你们中国已经不行了,你以后应该像我这样去发展。希特勒在德国上台后,他也是这样说,他说,我要给全世界带来幸福,犹太人都是坏的,我把他们都杀了,这个世界就会美好了。而希特勒的上台,德国的选民是90%以上曾经都支持的。所以,这些日本人大孩子才很可能在家里连杀一只鸡都不敢,可是到了中国却疯狂地去杀人。

西方人有一句名言,千年易过,德国纳粹的罪孽难消。我要说,千年易过,日本侵略者的罪孽同样难消。因为,这还需要我们的相当高的美学水平才可以做到啊。

而西方的文学艺术作品恰恰就是着眼于此。比如说,托尔斯泰的《战争与和平》,写了一个根本对打仗不懂的人,彼埃尔,结果,偏偏是他,一眼就看出战争的问题了。《辛德勒的名单》,写了一个对法西斯一窍不通的人,他就是想做生意,结果,也偏偏是他,一眼就看出战争的问题。为什么呢?因为他站的角度是精神站立的角度,他立刻就发现,你希望干什么你干去就是了,可是你为什么要强迫别人也干呢?而且,你要活,别人也要活,你又有什么权力可以以别人的生活方式不合你意为理由,就要把人家杀掉呢?"给自己的所爱以自由","也"给自己的所不爱以自由",要知道,这才是真正现代的观念。所以,里尔克才说:我只能为爱护所有人,而不能为反对一个人而战斗。可是德国纳粹和日本的侵略者却偏偏不知道爱护所有的人,而且公然为反对所有的人而战斗。

从这个角度去看,就会发现,中国的战争文学在20世纪表现得并不理想,距离美学的成功还相差得比较远。《地道战》《地雷战》《小兵张嘎》《闪闪的红星》《平原枪声》《三进山城》《红日》,等等,尽管在当时有进步作用,但是今天从美学的角度衡量,还是必须要说,它们存在一个共同的缺点,就是都没有站得比任何一场战争更高。我们有太多的血腥气!我们缺乏一种很深刻的爱!我觉得,这是我们中国作家的集体悲哀。我们说,当文学面对战争,如果它有美学高度的话,就应该面对战争中的人性,赞美那些在战争当中以人的尊严去生活的人,同时,也悲悯那些在战争当中失去了人的尊严的人。

真正的美学贡献在中国之外。

苏联的《这里的黎明静悄悄》,我觉得就比我们所有的战争文学都好。它重点写了五个女孩儿,明明是去打仗的,但是五个人谁都不会打仗,每天都在胡思乱想,想父母,想学校,想情人,想自己灿烂的明天。直到有一天早上,战争的炮火无端地袭来,一下子把五个人的生命全都夺走了。它就写了这样一个故事。你还看见德寇怎么在苏联土地上烧杀抢掠,怎么样去践踏俄罗斯美丽的土地了吗?没有。但是跟中国相比,哪一个对战争的反省更深刻呢?还是苏联。为什么呢?它使我们认识到了战争的罪恶。事实上,真正好的政治的文学,或者是战争的文学,一定要给我们一点超出政治的、战争的东西。《这里的黎明静悄悄》就是如此,它使我们认识到了战争本身的残酷,不光是非正义的战争,正义的战争我们也要尽可能地防止,而且,千万不要以为在正义的战争中就可以无所不为。再比如,《永别了,武器》,写一个正义战场上的逃兵。他为什么逃呢?就是他发现爱情高于战争,因此他宣布:要单独与战争媾和!

《辛德勒的名单》也非常出色,可惜我们中国人就是拍不出来。因为我们的审美眼光太道德化,很难拍出《辛德勒的名单》那个水平。那么,《辛德勒的名单》好在什么地方呢?好就好在它写战争完全是一个纯粹美学的角度。明明法西斯是那么残酷,它却不去正面描写,而是写了一个商人辛德勒。他就是要经商,不懂什么政治、军事,但他看准了一点,这儿关了很多犹太人。他就想,我可以买通长官,这样就可以低价把这些犹太人弄到我的工厂做工。结果他就这样做了。但是在这个过程中,他越来越不能心安理得了。因为他看到纳粹军官是怎样无端地无辜地去伤害和践踏犹太人的生命的。德国军官早上起来,在阳台做体操,看见远处犹太人走来走去,就拿起枪,一枪一个,一枪一个,跟打麻雀一样。诸如此类的事情,辛德勒实在看不下去了,德国人有什么权利杀害别人呢?结果他一下子就醒悟了。本来他还不知道战争是什么。他也不知道非正义战争最最残忍之处是在什么地方。现在他突然觉悟到了。那就是对人类最值得尊重的,或者最有尊严的生命的践踏。结果他决定去救这些人。于是他就去保护那些无辜的受害者。他就拿很多细软去换犹太人。

最动人的一个细节,是他带着犹太人逃跑,在告别时,犹太人非常感谢他。他说:"别感谢我,我现在想想,我还是有私心,对不起你们。"犹太人说:"为什么对不起我们? 你救了我们这么多人出来。"他说:"我是拿了所有的细软出来换你们的生命不假,但我还留了一个非常漂亮的胸针。我当时舍不得,不然还可以再换几个人出来。我对不起你们!"就是这样一个故事,恰恰真正展现出了人性的觉醒,人性的美丽。

再比如说,有个电影叫《八音盒》,电影写的是一个德国纳粹军官在战后逃跑了,到了一个很小的国家躲着,后来,犹太人把他找到了,但是,却没有证据证明他就是那个纳粹。他们只好请战犯的女儿帮忙,去找这个纳粹的证据。这个女儿也很有文化,她说,如果他是战犯,我一定要把他检举出来,但是我实在不相信。为什么不相信? 她说,我的父亲是最仁慈的父亲,也是最仁慈的外祖父,这样的人怎么可能去迫害别人的家庭? 没有办法,犹太人就把分散在全世界的那个集中营的幸存者全找来,一个个给她现身说法地讲。其中讲到一个例子,这个纳粹军官早上出来以后,就坐在集中营门口,让士兵在操场地上埋一把刺刀,刺刀尖冲上,然后就随心所欲地挑选人出来,在刺刀上面做俯卧撑,可是,谁也不是永动机啊,因此,做俯卧撑的结果,就是被刺死。结果,他的女儿最后不得不开始怀疑,于是,她就开始在家里去寻找证据,最终,在八音盒里面找到了他父亲的纳粹军官证。

无疑,这样的电影在我们中国是拍不出来的。战争把人性分裂开来,一方面是非常善良的人,可以为他的亲友抛头颅、洒热血;一方面是非常凶残的屠夫,对非亲友尤其是跟他政治见解不同的人,却可以杀无赦。一方面,在平时非常温和,一方面,在战争中又非常凶残,本来很有爱心的人,一旦进入战争以后就变得毫无爱心,一个能够这么爱自己的女儿这么爱自己家人的人同时却又会是一个不爱人类的人,这就是战争的罪恶! 它破坏了一个东西,就是人类的爱心。

日本侵略者也是一样,两个日本人跑到南京,竟然在城口相约,你从那边杀过来,我从这边杀过去,看看最后到底谁杀人更多,你就简单地说他们是坏人?可是,他在日本为什么不这样去杀呢?在日本可以先练练呀,可是,他们很可能过去连鸡都没杀够一百只呢。其实,原因就在于,他们认为在他们的圈子之外的都不是人。因此,在他们杀中国人之前,是他们的狭隘的眼光先杀死了他们自己。

而美学的法庭、美学的审判的力量也恰恰就在这里。设想一下,在人类之初,一定是自由地为恶的人最多,所以梅里美才会发现:人们总是天然地喜欢坏蛋,而且,越是不值得爱的坏蛋就越是会被人去爱。他的结论是,因为人之为人,其实更接近于坏蛋,但是后来人们逐渐发现,还是"两害相权取其轻"为好,因为我这么坏下去,他也这么坏下去,你更还是这么坏下去,最终,谁都无法受益,而且,也只能是一场零和博弈,社会也发展不起来,而最终总是要被归零。例如,中国的一个又一个的朝代,就是一次又一次的归零,如果不是这样,那我们的社会不知道要繁荣文明多少倍啊。那么,我们能不能不用这样一种极为"浪费"的步调前进呢?于是,大家就逐渐用对话的办法来商量:我们能不能都克制一点自己的坏,都退让一点空间出来,你给我一个发展空间,我也给你一点发展空间,大家注意,这就是群体道德的开始。后来,还有更聪明的人,他一下子就想清其中的道理了,他们说,那我们如果不面对面的对抗干脆转向心贴心的对话呢?如果我们都转过身去共同面对爱呢,那是不是人类就有了最大的发展空间呢?其实,这就是宗教的贡献了,尤其是基督教的贡献了(当然,宗教也有狭隘的时候,例如十字军东征),而审美活动也恰恰就是着眼于此,它充分展现了以小恶去取代大恶乃至以不恶去消解恶的人类发展趋向,并且给你一个谈判桌,给你一个对话的舞台,给你一个爱的拥抱。显然,一旦我们学会了不但在伦理法庭审判着德国纳粹和日本侵略者的"恶",而且也能够在审美法庭上审判着德国纳粹和日本侵略者的"丑",那么,我们也就最终在美学上战胜了德国纳粹和日本侵略者。

不能等同于历史评价中的进步与落后

进步与落后是一个综合性的标准，它起码包含两个内在的规定性，第一个是合规律性，也就是真；第二个是合目的性，也就是善。又真又善的，就是美的，就是进步的；不真不善的，就是落后的：这是我们评价历史的标准。比如说，我们说封建社会比奴隶社会进步，为什么呢？就因为它既合规律性又合目的性。我们说，资本主义社会比封建社会进步，理由也是这样的，但是我却一定要强调，当我们进行文学批评的时候，美学是不服从于这样的规定的，否则你看很多文学作品你就看不懂，进步与落后的标准绝对不能等同于审美标准。实际上，同上述真假、善恶标准一样，进步与落后关注的只是现实的有限世界，是一种现实关怀，而审美活动关注的则是理想的无限世界，是一种终极关怀。因此，进步的也可能不美，落后的也可能偏偏就美。

帕斯捷尔纳克，我在前面已经介绍过了。在俄罗斯，斯大林蔑称他是"天外来客"，肖洛霍夫痛斥他是"寄居蟹"，还有某些评论家更是指责他脱离人民，他的声音也"经常被时代的进行曲和大合唱所淹没"，但是，这也正是帕斯捷尔纳克的深刻。1935年夏天，他临时被派去参加巴黎和平代表大会，会议中全世界的作家在酝酿要组织起来反法西斯，但是他却说："我恳求你们，不要组织起来。"我们知道，20世纪的两次世界大战是非常丑陋的。可是，作为一个作家，在他的眼睛里，难道战争就只有正义与非正义之分吗？借用雨果的话来说，在战争之上，是否还应该有一个人道主义的标准呢？而作家不就是人道主义的代言人吗？他完全可以去人性、美学地审判这场丑恶的战争，还有什么必要再去组织起来呢？

卡夫卡的做法也很能够说明问题。卡夫卡遇到的是第一次世界大战，你们知道卡夫卡在日记里是怎么写的？他那天的日记只有这样两句："上午世界大战爆发，下午我去游泳。"这真是一个文学大师，否则怎么会如此地气度非凡？我经常说，在我们的生命里要有这些大师存在，我们活着，就是因为这些大师能够在我们的生命里活着。现在你们看，卡夫卡是不是在为我们的生命导航？还有帕斯捷尔纳克，他是不是也在为我们的生命导航？

回头来看看中国的杜甫，公元755年，正值安史之乱，犹如西方的公元1500年，公元755年是中国大历史的最为重大的转折点。那年爆发的安史之乱是唐朝前面137年繁荣和后面151年混乱的分水岭。而且，中国还因此事实上长期丢掉了对于北部中国的控制，直到明清两代，北部中国才得以逐渐回归。因此，公元755年又是古老中国走下坡路的开始。此时此刻，杜甫本来是最有机会成为这一历史时刻的见证者的。而且我一直认为，上天派杜甫来到人间，其实也就是为了让他做这样一件大事的。可惜，杜甫并不胜任。

杜甫始终都没有意识到，自己就是当时中国的镇国之宝，已经"凌绝顶"了，完全可以"一览众山小"，也没有意识到，真正能够在精神上俯瞰中国的，唯独他一人而已，皇帝又算个什么？可惜，杜甫并非这样去想的。当然，就中国的诗人而言，杜甫已经是最为深刻的了，在他之前，也有诗人关注过乱世苦难，例如，蔡文姬就写过乱世遭际，但是，我们在其中看到的却只有个人，杜甫的诗歌就不同了，其中有天下百姓。儒家说："人溺己溺，人饥己饥"（《孟子·离娄下·第二十九章》）。这一点杜甫还是做到了，可惜，遗憾的是，他在精神上始终是匍匐在唐明皇的脚下，整天早晨一醒就扪心自问：现在皇帝在哪里呀？是否感冒发烧了呢？而且，其实他也并不像一个诗人，而更像一个优秀的"民生新闻"记者。如果再想到他还错误地吹捧叛将哥舒翰，更无知地替志大才疏的房琯求情，那就更是令人遗憾了。然而，公元755年的安史之乱给中国带来的只是"卷我屋上三重茅"吗？只是吃不饱穿不暖、你有我无、你活我死的感叹吗？杜甫为什么就没有去反省：动乱的原因是否更在于"卷我灵魂三重茅"？！要知道，所有的地狱都是失爱造成的，那么，公元755年的安史之乱所造成的地狱与中国的长期失爱是否有关？与中国人长期以来的在精神上的爬行是否有关？令人遗憾的是，杜甫在这个方面始终保持着让人无法容忍的沉默。

看一看帕斯捷尔纳克是怎么做的，那真是帝王一样的气魄啊，什么斯大林，什么罗斯福，他根本不放在眼里，而是直接就用自己的笔进行审判。他说:"世世代代将走出黑暗,承受我的审判!"而且,现在的历史早已经证明了,真正审判了苏联整个历史的,就是帕斯捷尔纳克。当时斯大林还组织很多御用文人写了一个什么"联共(布)党史",也就是苏联的共产党—布尔什维克的党史,可是,现在又有谁还会去提这样的一本书呢?臭不可闻。

美国有一个电影,叫《一曲难忘》,这个电影是讲肖邦的。肖邦跟乔治·桑感情很好,乔治·桑是一个女作家,在全世界是很出名的,肖邦这个人大家都知道,身体不好,可是,在他祖国遇到了侵略之后,波兰人因为肖邦在全世界的影响很大,就希望他带头出来义演募捐。为了达到目的,他们国家就派了所有跟他有各种枝枝叶叶关系的人,亲戚、朋友、老师,甚至把早年的女朋友都拉来了,劝他义演募捐。可是乔治·桑说:你不能去,因为你属于世界。你身体不好,你如果去的话,可能顶不住的。但是肖邦觉得,我应该去,我应该为我的祖国工作,结果,他真的累死了。后来,乔治桑拒绝参加追悼会,她当时说了一句名言:"这下你们该满意了吧,世界永远失去了一位天才。"

那么,乔治桑的想法是否正确呢?从历史进步的角度看,当然是不正确的,肖邦就是应该冒死前往。可是,从终极关怀的审美角度呢?正义的战争的本质是什么?正义战争的本质不就是呵护生命吗?不就是呼吁高贵和尊严吗?可是你以这样的孱弱之躯去呼吁反战,本身就以牺牲你的生命的方式来维护正义战争,它本身就丧失了呼吁正义战争的本来的含义,更不要说你肖邦是属于世界的,你的身体是世界的无形资产,现在你为波兰这样做,世界的损失更大,而且世界和平的力量损失更大。难道,他的美学审判不比他拿着一支毛瑟枪上战场去对着侵略者放一枪更重要吗?所以站在这样的角度来看,我们就会知道,乔治·桑是个作家,她看到的是在整个的世界战场上,肖邦是精神之王,肖邦他本应有更重要的事情去干,他本身的乐曲就是呵护生命的,代表着世界精神的最高峰,他还要再去做什么呢?不要再去做别的任何事了!

而要说到对于历史的终极关怀,我一直觉得,雨果的《九三年》和帕斯捷尔纳克的《日瓦戈医生》非常值得我们学习。

帕斯捷尔纳克的《日瓦戈医生》是苏联人在20世纪最值得赞美的精神的纪念碑。进入20世纪以后，对社会主义革命的评价始终是社会主义国家的文学大师的一个试金石。就是说，到底你的美学水平怎么样，你的文学素质怎么样，看看你怎么去总结社会主义革命的实践就可以知道。

无疑，面对"革命""暴力"和社会主义，帕斯捷尔纳克没有让我们失望。在他看来，"革命""暴力"和社会主义只是现实的拯救，但是还需要美学的拯救、精神的拯救。他把这美学的拯救、精神的拯救看作自己所肩负的世纪巨债，因此而从抒情转向了叙事（他是苏联最著名的诗人），"用小说讲述我们的时代"。就在苏联社会主义四十周年之际，他呈上了自己的最好纪念——《日瓦戈医生》。这本书堪称俄罗斯的精神史记、心灵史记。而他的写作，则堪称一场精神叙事、一次精神之旅。

在《日瓦戈医生》里，有两个最著名的人物，就是男主人公日瓦戈和女主人公拉拉。这两个人被文学家、评论家评价为"纯洁之美的精灵"。因为在这两个人的身上，蕴涵了作家对革命、对暴力、对社会主义的基本看法。我们看到，他们不是从现实关怀的角度来关注，那么，是从什么角度来关注呢？从终极关怀的美学的角度来关注。因此，那些认为这本书反对革命或者支持革命的看法，都与作家的初衷差得太远。

在小说中，我们看到的是从1903年夏到20世纪40年代末的近半个世纪的历史，例如1905年俄国第一次资产阶级民主革命、第一次世界大战及前后的俄国社会生活、1917年的二月革命和十月革命、国内革命战争、20世纪20年代苏联的新经济政策、卫国战争，诸如此类的俄国历史上的重大事件都在小说中得到了生动的反映，但是却并非"是"或者"否"之类的反映，而是转而去写心灵对于"革命""暴力"和社会主义的感受，在"革命""暴力"和社会主义的环境中为爱与失爱作证。

一开始的时候，日瓦戈也弄不懂革命是怎么回事。他痛恨革命之前的俄国旧制度，所以他觉得新制度最好，所以他也赞成革命。他说："多么高超的外科手术啊！一下子就巧妙地割掉了发臭多年的溃疡！"日瓦戈是个医生，所以他打比方也像鲁迅一样，喜欢打这种把溃疡切掉的比方。"直截了当地对习惯于让人们顶礼膜拜的几百年来的非正义作了判决。"①所以,他一开始也相信,俄罗斯注定要成为世界上第一个社会主义天国。所以当很多医生都辞职不跟苏维埃政权合作的时候,他却毅然留在医院,跟苏维埃政权合作。但是很快他就发现了问题,就好像在中国的几十年的建设里,我们也会逐渐发现问题一样。发现了什么问题呢?他说:"我是非常赞成革命的,但是我发现用暴力是什么也得不到的,应该以善为善。"那也就是说,他很快发现,用这种方式只是一部分人消灭另外一部分人。但是人类的弊端并没有消灭。只是人类的这一部分人身上的疾病跑到了另外一部分人身上。所以他说应该以善为善。这样,他就把他的目光从现实关怀转到了终极关怀。他开始强调:一个国家要真正地实现其精神的纯洁和它的精神素质的提高,要靠什么呢?要靠"爱的精神"和"爱的行为"。革命只不过是暂时的变化而已,不管它多么强大,只有人道、爱、生存才是永恒的。在这个方面,应该说,日瓦戈的总结实际上是世纪性的。令人惭愧的是,我们中国就是到了20世纪90年代都没有人说出这种话。

例如,看看《日瓦戈医生》中的这段话:"如果指望用监狱或者来世报应恐吓就能制服人们心中沉睡的兽性,那么,马戏团里舞弄鞭子的驯兽师岂不就是人类的崇高形象,而不是那位牺牲自己的传道者了?关键在于千百年来使人类凌驾于动物之上的,并不是棍棒,而是音乐,这里指的是没有武器的真理的不可抗拒的力量和真理的榜样的吸引力。"②不难发现,这是苏联其他的作品例如《钢铁是怎样炼成的》等等所很难比肩的!

所以,一旦从终极关怀的角度看过来,《日瓦戈医生》就看出了斯大林政权的根本问题:它是靠皮鞭来维持的。它是先把人分成你和我,然后把认为是敌人的人消灭掉,并且以为就可以造成一个稳定的革命队伍的团结。但事实上,《日瓦戈医生》当时就看出来了:绝对不能靠皮鞭来维持,而只能靠善,靠爱来维持。

---

① 帕斯捷尔纳克:《日瓦戈医生》,人民文学出版社2006年版,第189页。
② 帕斯捷尔纳克:《日瓦戈医生》,人民文学出版社2006年版,第42页。

再如女主人公拉拉所说的几句话。拉拉是俄国文学中最美丽的女性。俄国小说塑造了很多美丽的女性,但在20世纪的俄国文学中,我最推崇的人物之一就是她。为什么呢?并不是因为她的人物形象,也不是因为她的美丽,而是因为只有她才说出了20世纪的世纪忏悔和真正的世纪总结。那是一个寒冬,她跟日瓦戈躲在一个小房子里,在聊天的时候,她说出了苏联社会的最根本的弊端。她是怎么说的呢?她说:

"像我这样的弱女子,竟然向你,这样一个聪明人,解释在现代的生活里,在俄国人的生活中发生了什么。为什么家庭,包括你的和我的家庭在内,会毁灭?唉,问题仿佛出在人们自己身上,性格相同或不相同,有没有爱情。所有正常运转的、安排妥当的,所有同日常生活、人类家庭和社会秩序有关的,所有这一切都随同整个社会的变革,随同它的改造,统统化为灰烬。"①

这是什么呢?一个社会本来是用爱来维持的,用善来维持的。现在突然把这些爱和善连根刨掉了,它成了一个没有爱、没有善的社会,结果是什么呢?"统统化为灰烬"。

"日常的一切都翻了个个儿,被毁灭了。所剩下的只有已经被剥得赤裸裸的、一丝不挂的人的内心及其日常生活中所无法见到的、无法利用的力量了。因为它一直发冷,颤抖,渴望靠近离它最近的、同样赤裸与孤独的心。我同你就像最初的两个人,亚当和夏娃,在世界创建的时候没有任何可遮掩的,我们现在在它的末日同样一丝不挂,无家可归。我和你是几千年来在他们和我们之间,在世界上所创造的不可胜数的伟大业绩中的最后的怀念,为了悼念这些已经消逝的奇迹,我们呼吸,

---

① 帕斯捷尔纳克:《日瓦戈医生》,人民文学出版社2006年版,第389页。

相爱,哭泣,互相依靠,互相贴紧。"①

这里讲的是,现在把爱都连根拔掉了,只有靠武器靠暴力靠革命,而她跟日瓦戈已经是这个世界的最后奇迹,是亚当和夏娃,因此他们用爱的拥抱来彼此取暖,来维持着这个世界的终极关怀。所以她还有一段话说:

"为什么我们的幸福遭到破坏,我后来完全明白了,我讲给你听吧,这不只是我们俩的事。这将是很多人的命运。……

"拿谋杀来说吧,只在悲剧里、侦探小说里和报纸新闻里才能遇见,而不是在日常生活里。可突然一下子从平静的、无辜的、有条不紊的生活跳入流血和哭号中,跳入每日每时的杀戮中,这种杀戮是合法并受到赞扬的,致使大批人因发狂而变得野蛮。"

"大概这一切决不会不付出代价。"②

当然,拉拉的目光远大还是因为帕斯捷尔纳克的目光远大,他曾经说过,"艺术家是与上帝交谈的"。用美学的语言说,艺术家是与终极关怀交谈的,这正是他成功的奥秘所在。于是他就在精神上最终拯救了"革命""暴力"和社会主义。这是一种爱的圣徒的践行方式、生存方式。注意看一下日瓦戈和拉拉的所作所为,就会发现,他们并非那种改天换地、改朝换代式的英雄,甚至不是敢于与邪恶的势力展开正面反抗的战士,他们为生计所迫,到处流浪,不能爱自己之所爱,也不能呵护自己的家人,可是,就是这样两个普通人,在另一场看不见的精神冲突中,却成功地维护了自己的心灵能够不为"革命""暴力"和社会主义的风潮所左右。布罗茨基曾说过,与其在暴政下做牺牲品或做达官显贵,毋宁在自由的状态下一无所成。《钢铁是怎样炼成的》中的保尔自然不是这样,他奉行的是"决不会因为虚度光阴而懊恼,也不会

---

① 帕斯捷尔纳克:《日瓦戈医生》,人民文学出版社 2006 年版,第 389 页。
② 帕斯捷尔纳克:《日瓦戈医生》,人民文学出版社 2006 年版,第 390—391 页。

因为碌碌无为而悔恨"之类的说教。日瓦戈和拉拉则不然,他们不奢望自己的人生会"重于泰山",他们只想带着爱上路,凛然不可侵犯地穿过"革命""暴力"和社会主义的惊涛骇浪,正如《日瓦戈医生》那著名的对白所言:

"去那里做什么?"
"只是生活。"

下面来看雨果的《九三年》。

雨果的《九三年》应该说也是人类历史上最伟大的作品之一。"九三年"是一七九三年的法国大革命的简称。法国大革命是人类开始进行的一种非常非常不人道的"实验"。它要用赌博、屠杀来试图改变事实上很难改变的群体的命运。其实有时候革命无非就是屠杀。说你是反革命分子,于是就"杀无赦",并且以为只要把这些人杀掉,社会就好了。这是这个社会开始急躁、开始变得肤浅的一个开始。而相应地,个体的命运在群体的壮丽当中就变得无足轻重了,牺牲成为理所当然。可惜,那个时候,很多作家都是歌颂法国大革命的,真正能够从终极关怀的角度来思考法国大革命并提出自己的看法的,是雨果。他是法国人的骄傲。

雨果在小说里说,有两部分人,一部分人认为:"如果把做好事的人都送上断头台,那我可不知道我拼命到底是为了什么。""我认为'宽恕'是人类语言中最美好的字眼。""让我们在战斗中是敌人的敌人,胜利后就成为他们的兄弟。"这是非常深刻的思想。但是我们看看另外一部分人怎么说呢?他们高呼的口号是:"绝不宽大,决不饶恕!"他们说:"恐怖必须要用恐怖来还击。"有一部分人说,"我不和女人打仗","我不和老年人打仗","我不和孩子打仗",而另外一部分人说:"你必须和女人打仗,如果这个女人名叫玛丽-安托瓦内特(就是法国国王路易十六的王后);必须和老年人打仗,如果这个老年人名叫教皇庇护六世;必须和孩子打仗,如果这个孩子名叫路易·卡佩(就是被囚禁的法国的储君,接班人)。"[①]这是另外一部分人的声音。雨果的

[①] 雨果:《九三年》,上海译文出版社2003年版,第174—178页。

《九三年》就反映了这两部分人的声音，而雨果的看法是非常坚定地站在第一部分人的一边，他认为他们之间存在着人道主义与国家利益的矛盾，而雨果高呼："在绝对正确的革命之上，还有一个绝对正确的人道主义！"那也就是说，在绝对正确的现实关怀的基础上，必须还有一个绝对正确的终极关怀。

在这个意义上，雨果反思的是什么呢？就是："革命是绝对正义的吗？违反了人道主义原则的革命究竟意义何在？如果共和制度必须以牺牲个人的权利为代价，那么有没有更理想的共和制度？"也因此，我觉得，雨果的《九三年》给我们的启示应该说是非常深刻的。

中国：两位女性与男性的对话

还值得着重提到的，是我在这几年经常谈到的中国历史上的最著名的两位女性跟男性的对话。西方是"自由女神引领我们上升"，美国甚至连最重要的标志都是自由女神，为什么偏偏不是自由男神？看来都不是偶然的。女性的眼光可能更容易与终极关怀天然契合。

令人高兴的是，在中国，我们也看到了同样的情况。

第一次就是孟姜女和秦始皇的对话，对话的主题是长城。

中国的长城是中国的游牧民族和农业民族对抗的分界线。中国自古以来的战争基本都是在西北方向，从周朝开始到秦朝，到五胡乱华，等等，都是西北方向的游牧民族一层一层地打过来的，而长城则相当于中国的农业民族的围墙。我经常说，中国古代的万里围墙与今天的家家户户的防盗门，以及西方的教堂（上半身的市场经济）与中国的澡堂（下半身的市场经济），都是非常值得关注的。前面我讲过，游牧民族与农业民族之间的博弈一共是四千多年，最后输给游牧民族的，只有中国的汉族（中国封建社会的最后一个王朝是少数民族建立的），可是用万里围墙把自己围起来的，也只有汉族。而且，这座围墙，是严格沿着当地的降雨线修的，凡是每年的降雨量少不能种庄稼的，我们就围在外面，凡是降雨量足以去种庄稼的，我们就围在里面。

犹如中国的每一家、每一单位、每一城池都有围墙,中国的二十四个朝廷也就是二十四个大的家庭、大的单位、大的城池,而长城其实也就是二十四个朝廷为自己所占有或者所暂时霸占的私有财产所建造的围墙(在中国的古代社会,土地是最主要的私有财产)。为此,鲁迅先生才早在20世纪的"五四"时代就慨然宣称:长城其实就是长墙。因此,在中国的二十四个朝廷已经随风而去之后,我们千万不要再给这长墙添一块新砖。

那么,对长城我们应该怎样去评价呢?

首先我要说,在中国长城是在两个意义上存在的。一个是符号意义,例如"万里长城永不倒"、"把我们的血肉筑成新的长城",在这个意义上,长城无疑是正面的。不过,这个长城并不在我们现在的讨论范围之内。

长城的另外一种存在,是现实意义的存在。我必须说,在这个意义上的长城,其实并不伟大。我们往往想当然地以为是万里长城保护了我们。其实大谬不然。就像我们中国到处是防盗门所以就误以为是防盗门保护了我们一样,试问,其他的农业民族在面对游牧民族的四千多年中为什么竟然都不修筑长城?再试问,万里长城真的保护过我们吗?秦朝的时候,是"城未毕也,而秦已亡";汉朝的时候,保护我们的首先是和亲而并非长城;魏晋南北朝的时候,是五胡在长城上跑马;唐朝的时候,是天下四方的越过长城纷纷来朝;宋朝的时候,长城根本就不是游牧民族的障碍;明朝的时候是最看重修筑长城的,可是,最后却输给了长城之外的满人。

因此,从现实意义来说,长城只是一家一姓的围墙。它是统治的象征、暴政的象征、专制的象征、禁锢的象征,也是一个口腔期民族的爬行于世界的象征(联想一下西方的教堂,它高耸入云的尖顶昭示我们,它是人类希望在世界上站立起来并且要站立为神的象征)。遗憾的是,以秦始皇为代表的统治者却永远想不清这个道理。他们的唯一生存技巧,就是爬行。因此,爬行的长城无疑是爬行动物中爬行得最为成功的,然而,爬行却无论如何都是爬行不出人来的,这也早就是历史的定论。换言之,秦始皇是从现实的有限世界的角度来看问题的,而且是从假设自己置身于长城之内的角度来看问题的,那当然会赞誉长城。这个角度,关注的是"铁与火",也就是不是你死

277

就是我活、不是你有就是我无,"成者王侯败者贼"。在这个意义上,长城,正是爬行动物争夺有限资源的制胜法宝。可是,当时有个女性竟然挺身而出,她不是去赞誉长城,而是诅咒长城、哭长城。显然,她评价历史的标准已经不再是"铁与火",而是"血与泪"。那也就是说,在长城内外对弈双方的"拼"与"抢"之外,是"兴,百姓苦;亡,百姓苦"。在她的眼里,关键不在于朝代的更迭,也不在于长城之内与长城之外,而在于长城内外的百姓是否有着健康快乐的生活,否则,不论谁胜谁败,其实都是在百姓的累累白骨上实现的,而且,也都是百姓先败,而且是惨败。中华民族要强大起来,唯一的拯救方式是在精神上站立起来,是转过身去追求那些无限的资源,遗憾的是,秦始皇为什么偏偏就不懂得这个道理呢?为了争夺有限资源,不惜用砖瓦的长城去把雨量线内外的百姓强行分开,不惜用专制的长城去把统治者与被统治者强行分开,也不惜用道德的长城去把百姓按照所谓善恶强行分开……于是,小女子孟姜女在长城之上放声痛哭。

那么,究竟孰是孰非?对于中国历史上第一次的现实关怀与终极关怀的对话、历史与美学的对话,评价只能是一个:秦始皇"非"而孟姜女"是"。最终,无疑应该是孟姜女胜出。

第二次是薛宝琴和苏轼的对话,他们对话的主题是长江。

为什么对话要长江呢?因为苏轼的那首诗:"大江东去,浪淘尽,千古风流人物。"在苏轼的心目当中,三国当然应该是英雄的三国,包括现现在中央电视台的"品三国"都还是站在这样的角度,尽管主讲人还是一个美学教授,但其实,三国却是我们中国的一段痛史,中国的三世纪,我经常说,是一个最为惨痛的世纪。中国的第一部长篇小说为什么就从这里开始?就是因为要认真地去反省三世纪这个历史的巨大隐痛。本来,三国无义战,无非就是你死我活、你有我无,"成者王侯败者贼",三方血拼,去抢那把被叫作朝廷的椅子。可惜的是,在苏轼的眼睛里,这都是值得肯定的,显然,他是站在有限资源的争夺的角度来看问题的。在他看来,爬行中的雄性动物自天地肇始以来就是如此的,适者生存,弱肉当然就该被强食。而那些乐此不疲、不惜以阴谋诡计而置人死地的要远比雄性动物高明无数倍的男人们也就是他心目中的英雄。因此,在他看来,长江里流的都是英雄血。然而,在一个小女孩薛宝琴的眼睛里,一切都全然不同。

请看薛宝琴《赤壁怀古》中的长江:

赤壁沉埋水不流,徒留名姓载空舟。
喧阗一炬悲风冷,无限英魂在内游。

这里的长江无疑已经与苏轼的长江完全不同。它仍旧滚滚流淌,可是,流淌的已经是百姓泪而不再是英雄血。原因很简单,只要我们立足于有限资源的争夺,立足于你死我活、你有我无,立足于"成者王侯败者贼",自然就会无视百姓的疾苦。三国大战,打了96年,一个号称大汉的国家,整个的三世纪都在动乱,损失了中国人口的一大部分,而且,在司马氏立国十几年后,那些在整个三世纪里已经习惯了乱中获利、乱中夺权的所谓的"英雄们",又一次把中国拖入了数百年的南北朝的大动乱之中。然而,这些战争的发起者果真值得赞美吗?更遗憾的是,在三国之间谁成功谁失败的背后,却从来没有人去揭露不管谁成功谁失败而老百姓都事先就已经失败的事实,在三国之间谁成功谁失败的背后,也从来没有人去揭露不管谁成功谁失败而老百姓已经先被战争双方一起绑架、劫持的事实,实在是非常可悲。

我们为什么就不能去毅然寻找一种新的可以使我们站立为人的进化方式?无数个朝代,无非就是你争我夺,你方唱罢我就登场,跟那些爬行动物所拼尽全力打造的动物王国没有什么本质的差别。所以,小女孩薛宝琴挺身而出,勇敢地要与大男人苏轼对话长江。

那么,这场关于长江的对话应该是谁最终胜出呢?当然应该是透过历史的"铁与火"而看到了背后的"血与泪"的薛宝琴。

历史:三位政治家与三位作家的对话

既然讲到了中国历史上的两个女性与男性的对话,那么,就再讲一下历史上的三位政治家与三位作家的对话吧。不过,这里的对话并不是直接的,而只是观点不同,因此而被我拉到一起凑成的。

第一个是恩格斯和巴尔扎克。巴尔扎克,中国人可能稍微熟悉一点,因为在中国过去的相当一段时间里,主流意识形态非常推崇他。为什么呢?因为恩格斯曾经对他赞不绝口。恩格斯说巴尔扎克这个作家很好,还说他在巴尔扎克的作品里学到的经济细节方面的东西要比当时所有职业历史学家、经济学家和统计学家那里学到的还要多。因此,我们也经常说,巴尔扎克的书是资产阶级改革开放时代的百科全书,何况,巴尔扎克本人也说过,他是"资产阶级革命的书记官"。可惜,这一切的看法事实上只是从历史的进步与落后着眼的,即便是巴尔扎克自己都并不认可啊。我们来看看巴尔扎克自己是怎么说的,他在《人间喜剧·序言》说,我为什么要写《人间喜剧》呢?我写作《人间喜剧》的动机"是从比较人类和兽类得来的",是要"看看各个社会在什么地方离开了永恒的法则,离开了美,离开了真,或者在什么地方同它们接近"。换言之,巴尔扎克关注的不是历史的进步与落后,而是资产阶级革命在什么地方有爱以及在什么地方却失去了爱。

第二个是列宁与托尔斯泰,列宁也是革命导师,列宁赞扬托尔斯泰的《安娜·卡列尼娜》是俄国革命的一面镜子。应该说,列宁的这一看法在过去也被广为传播。但是,我们坦率地说,《安娜·卡列尼娜》根本就不是俄国革命的一面镜子,而是俄国人的人性和人类的人性的一面镜子,《安娜·卡列尼娜》写的是人性,写的是真实的爱和虚假的爱,在安娜的家庭里,我们看到了虚假的爱,而在列文的家庭里,我们看到了真正的爱——向上帝的皈依、向无限生命的皈依。所以,它是人性的一面镜子,可是,它跟俄国革命又有什么关系呢?根本就扯不上啊。

第三个是毛泽东与曹雪芹,毛泽东也是革命导师,他非常喜欢《红楼梦》,曾经提出,《红楼梦》应该算是中国的第五大发明。不过,他的看法却很有意思,竟然认为《红楼梦》是写的四大家族史、阶级斗争史,而且认为第四回就是《红楼梦》的总纲。其实,仔细看看《红楼梦》,就会发现,《红楼梦》真正写阶级斗争的根本就没有几个字,也就是在一开始的时候提到过,说现在民不聊生,到处灾祸四起,老百姓已经在酝酿闹事,也就这么几个字,从此就再也没有提及了。至于四大家族史,也是没有根据的,因为《红楼梦》就着重写了一大家族,也就是贾家,其余的三大家族,基本上就没有写。

那么,《红楼梦》既然写的不是四大家族史,也不是阶级斗争史,那写的又是什么呢?其实,《红楼梦》写的是中国的人性失落史。《红楼梦》里面说,"欲知目下兴衰兆,须问旁观冷眼人"。旁观冷眼人又看到了什么呢?"自杀自灭"。也就是说,《红楼梦》在中国历史上第一次看到了:我们这个民族为什么公元755年以后就不行了?为什么我们这个民族竟然一蹶不振?原因只有一个,我们这个民族没有爱,始终处于失爱的状态,我们的民族是"自杀自灭"的,每个人都像乌眼鸡一样,恨不得我吃了你,你吃了我。因此,尽管《红楼梦》里没有黄世仁,没有穆仁智,没有南霸天,也没有祥林嫂、吴清华,却堪称我们民族的千年痛史与千年爱史。其深刻程度,也远非毛泽东的概括所可以一言以蔽之。

终极关怀是什么

其次再来看第二个层次:终极关怀是什么。

前面我讨论了终极关怀不是什么,然而,我相信你们也已经在想,可是,终极关怀又究竟是什么呢?确实,在讨论了终极关怀不是什么之后,现在应该来讨论终极关怀是什么了。

那么,终极关怀是什么呢?

面对世界与人生,我们会有诸多关怀,但是,我在前面已经剖析过,总的来说,可以分为现实关怀与终极关怀两种。当我们站在生命的有限性的角度,看待世界与人生的眼光往往就是现实关怀的,而当我们站在生命无限性的角度,看待世界与人生的眼光往往就是终极关怀的。那个时候,我们会从现实生活的场景里撤退出来,会像上帝像人类的代言人那样来居高临下地询问自己的生活:"我这样生活,有意义还是没有意义?""我这样生活,有价值还是没价值?""我这样生活,究竟是有人味还是没有人味?"我们事实上就进入了终极关怀。

因此,所谓终极关怀,关怀的是人类的精神生命是爬行的还是站立的、人是使自己成为人还是不成为人、人是面向有限资源还是面向无限资源,简单说,关怀的是人类生命超越的"可能"与"不可能"以及"爱"与"失爱"。

打一个美妙的比方,按照西方的神话传说,我们的始祖是由于偷食而被上帝逐出了伊甸园的,当然,我们绝对不会心甘情愿地接受这样的现实,我们始终坚信:自己终将重返伊甸园,不过,是要在维纳斯和缪斯的陪伴之下。

那么,对于终极关怀,我们怎样才能深刻地体会到呢？我们来看一个很有意思的故事。战国时代有一个著名乐师雍门周,他去见孟尝君。大家知道,孟尝君是当时的一个名人,用今天的话说,大概相当于策划大师,他养了各种各样的门客,日常的主要工作就是为各国的统治者提供帮助,为此,他名利双收,过得很是惬意,是一个现实生活中的无冕之王。现在,他见到了雍门周,未免自恃见多识广,况且,他自己又是专门做说客的,从来就是自己说服别人还从来没有人能够说服自己,因此,就问道:"听说先生的琴声无比美妙,可是,你的琴声能够使我悲伤吗？"雍门周淡淡一笑:"不是所有的人都能够悲伤啊,我只能让这样的人悲伤:曾经富贵荣华现在却贫困潦倒,原本品性高雅却不能见信于人,自己的亲朋好友天各一方,孤儿寡母无依无靠……如果是这些人,连鸟叫凤鸣入耳以后都会无限伤感。这个时候再来听我弹琴,要想不落泪,那是绝对不可能的。可是你就不同了,锦衣玉食,无忧无虑,我的琴声是不可能感动您的。"孟尝君听了,矜持地一笑。

可是,雍门周接着却话锋一转:"不过,我私下观察,其实,你也有你的悲哀。你抗秦伐楚,把两个大国都给惹了,可是看现在的情况,将来的统治者肯定非秦则楚,可您却只立身一个小小的薛地,人家要灭掉你,还不是就像拿斧头砍蘑菇一样容易？将来,在您死后,祖宗也无人祭祀了,您的坟头更是荆棘丛生,狐兔在上面出没,牧童上面嬉戏,来往的人看见,都会说:'当年的孟尝君何等不可一世,现在也不过是累累白骨啊！'"

闻听此言,孟尝君不免悲从中来,他一想,确实是这样,从表面看,我是什么都得到了,可实际上我什么都没得到,死亡会使我一无所有,于是,他开始热泪盈眶。就在这个时候,雍门周从容地拿起琴来,只在弦上轻轻拨了一下,孟尝君就马上放声大哭起来:"现在听到先生的琴声,我觉得我已经就是那个亡国之人了。"

为什么会如此呢?下面,我来做一个简单的分析。要知道,审美活动是不能感动那些沾沾自喜、利欲熏心的人的,一个人被美感动,一定是因为他有意或者无意地进入了一个终极关怀的世界,比如说,很多人发现,得重病的时候是最容易进入审美的世界的,很多人在这个时候都会想,我过去的生活实在不真实了,这次病好了,我再也不为功利而奔波了,我一定要为自己活,我过去想上黄山,没去过,我过去想出国旅游,没去过,我过去甚至都没有抬头仔细去看看朝阳,我一定弥补这些遗憾,至少,我要抽一个早上到紫金山去看日出,抽一个傍晚到雨花台去看落日。很可惜,很多人都是大病一痊愈,就立刻又精神抖擞地去名利场打拼了。可是,万一你没有如此,那么,你就一定会被伟大的文学和艺术,为最伟大的美所感动。孟尝君就是这样,他自己表面看来过得很好,他也从来没有想到过人生真正的问题,但是雍门周的描述让他知道,人所占有的一切实际上都是有限的,而且实际上也只是空空如也,于是,突然悲从中来,这个时候,再让他去进入审美活动,他肯定就会泪如泉涌,你只要在弦上轻轻拨一下,就一切足够了。

孟尝君的经历,在《红楼梦》第二十三回的林黛玉那里也曾经有过:

> 这里林黛玉见宝玉去了,又听见众姊妹也不在房,自己闷闷的。正欲回房,刚走到梨香院墙角上,只听墙内笛韵悠扬,歌声婉转。林黛玉便知是那十二个女孩子演习戏文呢。只是林黛玉素习不大喜看戏文,便不留心,只管往前走。偶然两句吹到耳内,明明白白,一字不落,唱道是:"原来姹紫嫣红开遍,似这般都付与断井颓垣。"林黛玉听了,倒也十分感慨缠绵,便止住步侧耳细听,又听唱道是:"良辰美景奈何天,赏心乐事谁家院。"听了这两句,不觉点头自叹,心下自思道:"原来戏上也有好文章。可惜世人只知看戏,未必能领略这其中的趣味。"想毕,又后悔不该胡想,耽误了听曲子。又侧耳时,只听唱道:"则为你如花美眷,似

水流年……"林黛玉听了这两句,不觉心动神摇。又听道:"你在幽闺自怜"等句,亦发如醉如痴,站立不住,便一蹲身坐在一块山子石上,细嚼"如花美眷,似水流年"八个字的滋味。忽又想起前日见古人诗中有"水流花谢两无情"之句,再又有词中有"流水落花春去也,天上人间"之句,又兼方才所见《西厢记》中"花落水流红,闲愁万种"之句,都一时想起来,凑聚在一处。仔细忖度,不觉心痛神痴,眼中落泪。

林黛玉跟孟尝君一样,一开始都是沉浸在现实关怀的世界里,"素习不大喜看戏文,便不留心",但是,突然之间,就被"偶然两句"打动了,觉得"倒也十分感慨缠绵",继而"不觉点头自叹","不觉心动神摇","亦发如醉如痴,站立不住",最终,还是跟孟尝君一样,"不觉心痛神痴,眼中落泪"。那么,为什么会如此呢?显然都是转而"居高临下"地询问自己的生活,从终极关怀的角度审视自己的人生的必然结果。

不妨再比较一下两首同样当了俘虏的皇帝的诗词。宋徽宗与李后主,最终的下场都是做了俘虏。而且,应该说宋徽宗的下场比李后主还要悲惨,他做了外敌的俘虏,而且,最终也客死异域。可是,当两个人都从美学的角度来反省这段历史的时候,宋徽宗却远远逊色于李后主。为什么更苦大仇深但是却没有更大的美学收获?这确实是一个很值得关注的问题。

先来看宋徽宗的《燕山亭·北行见杏花》:

> 裁减冰绡,轻叠数重,淡著燕脂匀注。新样靓妆,艳溢香融,羞杀蕊珠宫女。易得凋零,更多少无情风雨。愁苦,问院落凄凉,几番春暮?
> 凭寄离恨重重,这双燕何曾、会人言语?天遥地远,万水千山,知他故宫何处!怎不思量?除梦里有时曾去。无据,和梦也新来不做。

这首词是宋徽宗在 1127 年被俘后北行途中,看到燕山杏花开放,有感而作。一个人面对灾难是你进入文学创作的一种可能,但你是不是就能够因此当作家,这是不一定的。我们经常说,人有了生命的那些顿挫,生命的曲折,他就会成为大诗人、大作家,这是没有道理的。因为我们看到生命的历程当中,很多人因为历程有了灾难他就沉沦,真正成大器的却很少。

看一看宋徽宗,我们就发现,他蒙受了这么大的耻辱,事实上他的生命有两种可能,一种可能就是他在耻辱当中沉沦,还有一种可能就是在耻辱当中傲然挺立。那也就是说,他在耻辱当中转过身去,成了独绝千古的大作家,我们知道曹雪芹就是这样,鲁迅就是这样,张爱玲也是这样,张爱玲家、曹雪芹家、鲁迅家都是家道中落,但是这三个人竟然就是因为家道中落就成了中国的大作家,但是我们一定要知道,并不是所有的人都是,为什么不是?就是因为审美眼光的差别。

宋徽宗就是如此。宋徽宗所见的那些景色,都是用他的悲伤的眼睛看见的,但是我们要知道,这眼睛后面没东西,那也就是说,他是用眼睛看见的不是用眼光看见的,他看见的就是一个人高兴的时候鲜花会喜笑颜开,一个人不高兴的时候鲜花会愁眉紧锁,他看到的世界就是他不高兴的眼睛当中所看到的世界,但是在这世界的背后,没有他对生命的根本的领悟,其中所流露的,完全是一个亡国之君的人生感伤,无非是借助娇艳的花朵在凄风苦雨中容易凋落飘零来折射自己的凄惨心情,犹如一个失意者的日记,也犹如落败者的一声长叹,仅此而已,因此,完全说不上是一篇佳作。

顺便说一下,有很多人,其中也不乏相当的一部分作家,对于终极关怀的美学思考都是非常肤浅的。因此,一旦进入美学思考,他们立刻就无计可施了,何止是宋徽宗,很多专门从事写作的作家也难免尴尬。例如孔尚任,他为什么要创作《桃花扇》呢?在《桃花扇·小引》中,他说得十分明白。这就是通过"场上歌舞,局外指点",让观众"知三百年之基业,隳于何人,败于何事,消于何年,歇于何地",达到"惩创人心,为末世之一救"的目的,换句话说,孔尚任是要表现南明灭亡的过程,也是要总结历史的教训。你看,还是与宋徽宗一样,还是谈不上终极关怀的。

那么,什么是终极关怀呢?我们不妨再来看李后主的《虞美人》:

春花秋月何时了,往事知多少?小楼昨夜又东风,故国不堪回首月

285

明中！　雕栏玉砌应犹在,只是朱颜改。问君能有几多愁？恰似一江春水向东流。

李后主也是一个亡国之君。978年七月七日(七夕)就在他的生日那天,因为与自己的家人唱自己的这首新词《虞美人》,触怒了宋朝皇帝赵光义,下令将其毒死。就是这样,他生于七夕,也死于七夕,年仅四十一岁。当然,历史学家都评价他是"有愧江山",可是,我却要评价他为"无愧词史"。王国维先生也断言:从李后主开始,中国文学的"眼界始大"。我们仅仅就看看他的这首词,应该就确信,确实如此。同样的苦大仇深,到了李后主这里,却完全转化为一种人生的深刻反省,个人的苦难被提升为一种人生的洞察。

试看全词,是从困惑开始,但是却是以答案结束。全部的过程:问天—问人—自问,而且,一方面是从"何时了""又东风""应犹在"入手,写宇宙之永恒,另一方面却是自"往事知多少""不堪回首""朱颜改"切入,写人生之无常,同时,写春花秋月之亘古如斯与人世"往事"之短暂易逝的比较;"小楼昨夜又东风"之亘古如斯和"故国不堪回首"之短暂易逝的比较,"雕栏玉砌应犹在"之亘古如斯和"朱颜改"之短暂易逝的比较,写出了人生的无限感伤。在这里,没有了失意者的日记,也没有了落败者的一声长叹,任何一个人,都可以从中找到自己。确实,谁能够说那"问君能有几多愁？恰似一江春水向东流"的感伤是不属于自己的呢？显然,李后主的"词帝"称号名不虚传,而他的成功则可以归功于他能够转而"居高临下"地询问自己的生活,从终极关怀的角度审视自己的人生。

再举一个当代中国作家的例子。史铁生,是我一直非常推崇的,因为我觉得从终极关怀的角度而言,当代的中国作家,实在是无人可以比他理解得更为精彩。我记得,史铁生有一个广播讲话,谈到了自己的写作,他说,一开始写小说,别人就告诉他说,你是残疾人,那就写残疾人励志、战胜残疾的小说吧。史铁生说,好啊。于是,他就写一个人失明了还要争当劳模,写一个人不能走了还要争当赛跑第一名,等等,但是,他发现,他写到最后,却既感动不了正常人,因为正常人不会被这样的残疾人而感动,也感动不了残疾人,因为残疾人最知道,这种作品是十分虚假的。后来,他发现,因为我们是残疾人,我们才能更敏捷地意识到:所有的人都是残疾人。比如说,你确实是两只脚没有问题,但是你能够比兔子跑得还快吗?是不是残疾?跟兔子比起来,你也是残疾,这跟残疾人依靠轮椅有什么区别?你确实是眼睛没有问题,但是你能够比老鹰看得还远吗?老鹰在很高的地方就能看见兔子,你行吗?很可能仅仅是十米以外,兔子在哪里你就怎么也找不着了。是不是残疾?跟老鹰比起来,你也是残疾。更为深刻的是,由此,史铁生进而发现,不论是正常人还是残疾人,其实都是生活在有限当中的,从精神上看,也都有可能是爬行的,而且,有的时候正常人可能比残疾人还要爬行得更为厉害。结果他说,我会写小说了,我写残疾人,重要的不是要写他们在身体上如何站起来,而是要写他们如何在精神上站立起来,而就在精神上站立起来而言,从残疾人的角度,可能会更快、更彻底、更清楚地意识到每个人都会出现的精神上的残疾,因此,反而也就可能比正常人更先在精神上站立起来。

由此看来,对于终极关怀,为什么当代中国作家中无人可以比史铁生理解得更为精彩?其实也正是因为史铁生这个残疾人,反而比我们这些正常人在精神上站得更好、更高大、更有尊严。

终极关怀与审美活动

终极关怀与审美活动,既存在"同中之异",也存在"异中之同"。

终极关怀与审美活动的"异中之同","同"在无限性。

终极关怀与无限性的关系,已经如前所述。审美活动与无限性的关系,则在于:它是无限性的见证。

无限性,是人类永恒的追求,也是人类的第一需要。可是,它追求的毕竟是一种在生活里没有而又必须有的东西。为此,人类要永远地在路上,要永远地在过程之中。然而,也因此,人类就必须永远地带着审美活动上路,因为犹如日常生活中的照镜子,人类的灵魂也亟待照镜子。因为人毕竟还不是"人",人也不确知什么才是"人",因此,就更加需要时时刻刻都能够见到自己、见证自己、勉励自己、督促自己。而这正是审美活动得以存在的全部理由。在人类对于无限性的追求中，审美活动像啄木鸟，像牛虻，也像啼血的杜鹃，是盛世危言，也是危世盛言，以"不信东风唤不回"的执着，永远激励着人类去毅然豪赌无限，从而为生命导航。

在这个意义上，终极关怀对于审美活动，就意味着绝对的地平线，按照罗洛·梅的说法，是"被假定的生活的意义"；按照萨特的说法，是"被赋予的先天的存在"；按照基耶斯洛夫斯基的说法，是"绝对参照点"。对于审美活动来说，永远坚信"这世界并非都是埃及"，永远要"出埃及"，尽管它根本就不知道眼前的道路该向何处去，但是，终极目标确是确定无疑的。陀思妥耶夫斯基的《卡拉马佐夫兄弟》中的人物说："我看得见太阳，即使看不见，也知道有它。知道有太阳，那就是整个的生命。"终极关怀，也是审美活动的"整个的生命"。

终极关怀与审美活动的"同中之异"，"异"在是否与有限性剥离。

对于终极关怀来说，它是不需要主动地在想象中去构造一个外在的对象的，审美活动则不然，它需要主动地在想象中去构造一个外在的对象（犹如在这里自我必须对象化，终极关怀也必须对象化，详见第四讲）。换言之，终极关怀是看不见也摸不到的，但是审美活动却必须是看得见的，也必须是摸得到的。它必须形象地宣谕终极关怀是什么，也必须形象地提示，在形形色色的大千世界中，终极关怀在何处在？终极关怀在何处不在？

歌德的《浮士德》，贝多芬的第三、五、九交响曲，就被人们公认，是人类终极关怀的形象展示的前无古人后无来者的高峰。著名雕塑《被缚的奴隶》则清晰地见证着终极关怀的"在"。

具体来说，在审美活动中，美是无限性得以见证的对象。就是说，审美活动所创造的审美对象因为使得人们可以在它的身上看到人类对于无限的追求，因而见证了无限性，因此而成为美；至于美感，则可以被视为无限性的见证快乐。也就是说，是一种见证到无限时的心理快乐。见证了无限，是美；见证了无限的心理快乐，就是美感。

与此相关的，是文学艺术。

那么,什么是文学艺术呢?为无限性得以确证而专门创造出来的精神产品,就是我们所谓的文学艺术。索福克勒斯的《俄狄浦斯在科洛诺斯》中,俄狄浦斯王临死的时候曾经说:"你们在快乐的日子里,要念及死去的我,那你们就会永远幸福。"莎士比亚的《哈姆雷特》中,哈姆雷特在临死的时候也曾经说:希望后人能够想起他的故事。这无疑都昭示着文学艺术的奥秘。为什么要念念不忘这些人的故事?就是因为这些人的故事都是我们生命过程中对于无限性的追求的见证。托尔斯泰也说,在陀思妥耶夫斯基的作品里人们可以"认出自己的心灵"。西方学者艾德曼甚至说,西方的感情绝大部分都包括在莎士比亚的诗句里。苏珊·桑塔格则认为,布列松的影片显现了"灵魂的实体"。中国古代也有"言之不足,故嗟叹之,嗟叹之不足,故永歌之,永歌之不足,不知手之舞之、足之蹈之也"的说法,为什么要"言之""嗟叹之""永歌之""手之舞之、足之蹈之"?也还是因为这些都是我们生命过程中对于无限性的追求的见证。

中国的诗人海子写过一首诗《我,以及其他的证人》:

> 为自己的日子
> 在自己的脸上留下伤口
> 因为没有别的一切为我们作证
> 我和过去
> 隔着黑色的土地
> 我和未来
> 隔着无声的空气
> 我打算卖掉一切
> 有人出价就行
> 除了火种、取火的工具
> 除了眼睛
> 被你们打得出血的眼睛

他的意思是说,没有人为我们作证,因此,我可以把我的所有东西都出卖。但是,有一个东西不能出卖,那就是我的眼睛。哪怕是被你们打得出血,也还是不能出卖。为什么不能出卖呢?因为出卖了眼睛就出卖了人类的未来。

无疑,诗歌也是不能出卖的,因为出卖了诗歌同样也就出卖了人类的未来。

"向人们指出人的目标"

不过,具体来说,审美活动又有所区别。

但丁曾经说过:"人或因其功,或因其过,在行使其自由选择之时,或应受奖,或应受罚。"海明威也曾经说:必须去"天天面对永恒的东西,或者面对缺乏永恒的状况"。应该说,作为两位文学大师,他们真的是把审美活动的具体内涵讲得再清楚不过了。

确实,审美活动首先应该是人类追求无限性的见证、激励与呈现,审美活动也是人类之爱的见证、激励与呈现。我在前面说过,史怀哲说要"尽力做到像人那样为人生活",然而,要如此,就不能离开爱,也就必须在爱的实现中实施无限性的豪赌,因此,我们又可以简单地说,审美活动是爱的见证、激励与呈现。

我在前面讨论过,人们在审美活动中把自我变成了对象,变成了自己可以看到也可以感觉到的东西。无疑,其中首先就应该是把人类对于无限性的追求变成对象,变成自己可以看到也可以感觉到的东西。帕斯卡尔提醒过:人是一个废黜的国王。在我看来,这是一个非常重要的比喻,它要求我们务必要对得起自己的精神生命的站立。电影《肖申克的救赎》中,也有一句话,同样可以看作是对于我们的重要提醒:"有一种鸟是关不住的,因为它的每一片羽毛都闪着自由的光辉。"这也是一个重要的比喻,也是在要求我们务必要对得起自己的精神生命的站立。而且,我甚至觉得连电影《肖申克的救赎》本身都是一个比喻。事实上,所有的心灵都面临着艰难的越狱、永远的越狱。我们必须从自己心灵的黑暗所铸就的动物性的地狱中越狱而出。诗人们喜欢说,人生的美丽,就因为他是永远地在路上。我过去也说过,人永远生活在过程之中。可是,现在我要说,其实,人生是在越狱的路上,也是越狱的过程之中。

由此我们就不难理解,在西方的悲剧中,为什么既不是命运悲剧也不是社会悲剧而是性格悲剧才最具备美学的魅力。那就是因为,在性格悲剧的背后,是追求无限性的自由意志的自觉。

由此我们就不难理解,歌德为什么会提示我们,必须以希腊人的作品为典范,他说:"如果需要模范,我们就要经常回到古希腊人那里去找,他们的作品所描绘的总是美好的人。"①为什么要回到古希腊人那里而不是别的什么人那里?当然是因为只有在他们那里,才总是描绘"美好的人"。因为,借助雨果的话来表述,只有古希腊人,才总是在"向人们指出人的目标"。

由此我们就不难理解,奥威尔在《1984》中为什么执意要让自己的主人公宣布:"如果你感到做人应该像做人,即使这样想不会有什么结果,但你已把他们给打败了。"奥威尔大量吐血而死的时候,年仅47岁。那时,距"1984"还有34年。可是,他就是这样地打败了世界!奥威尔会死亡,这样的话却永远不会死亡。因为,我们由此得以知悉:只要我们时时刻刻地意识到"做人应该像做人",我们就能够打败这个世界。

在这个意义上,审美活动就是一种储蓄,一种生命的储蓄,一种美的储蓄。进入审美和没有进入审美,人类生命的丰富程度完全不同的。西方有一个女性叫梅克夫人,她举例说:一个罪人的灵魂听了柴可夫斯基的音乐,也会颓然而倒。为什么呢?就是因为里面充满了爱的力量。人类必须让自己的生命里充满了这样的爱的力量。我经常说,现在有物理的银行、金钱的银行,但是还应该有爱的银行、美的银行。每一个人都应该给自己储蓄一点爱,储蓄一点美。犹如里尔克在临终时所郑重告诫世人的:我们的使命就是把这个赢弱、短暂的大地深深地、痛苦地、充满激情地铭记在心,使它的本质

---

① 爱克曼辑录:《歌德谈话录》,人民文学出版社1978年版,第113页。

在我们心中再一次"不可见地"苏生。我们就是不可见的东西的蜜蜂。我们无终止地采集不可见的东西之蜜,并把它们贮藏在无形而巨大的金色蜂巢中。(《杜伊诺哀歌》)

陀思妥耶夫斯基的不朽之作《卡拉马佐夫兄弟》的结尾,有一段阿辽沙所发表的著名的"石头边的演说":

"我们以后也许会成为恶人,甚至无力克制自己去做坏事,嘲笑人们所流的眼泪,取笑那些像柯里亚刚才那样喊出'我要为全人类受苦'的话的人们,——也许我们要恶毒地嘲弄这些人。但是无论如何,无论我们怎样坏,只要一想到我们怎样殡葬伊留莎,在他一生最后的几天里我们怎样爱他,我们怎样一块儿亲密地在这块石头旁边谈话,那么就是我们中间最残酷、最好嘲笑的人,——假使我们将来会成为这样的人的话,也总不敢在内心里对于他在此刻曾经是那么善良这一点暗自加以嘲笑!不但如此,也许正是这一个回忆,会阻止他做出最大的坏事,使他沉思一下,说道:'是的,当时我是善良的,勇敢的,诚实的。'即使他要嘲笑自己,这也不要紧,人是时常取笑善良和美好的东西的;这只是因为轻浮浅薄;但是我要告诉你们,诸位,他刚一嘲笑,心里就立刻会说:'不,我这样嘲笑是很坏的,因为这是不能嘲笑的呀!'"[1]

无疑,这就是储蓄爱、储蓄美的意义所在。因为爱是不允许被嘲笑的,美也是不允许被嘲笑的,因此,或许它不足以使一个人成为好人,但是,却足以使一个人不致成为坏人。

我必须要强调,真正的文学艺术大师也一定是一个爱的储蓄者、美的储蓄者。杜兰特在《世界文明史》开篇中这样说:"文明就像是一条筑有河岸的河流。河流中流淌的鲜血是人们相互残杀、偷窃、争斗的结果,这些通常就

---

[1] 陀思妥耶夫斯基:《卡拉马佐夫兄弟》(下),人民文学出版社 1981 年版,第 1166—1167 页。

是历史学家们所记录的内容。而他们没有注意的是,在河岸上,人们建立家园,相亲相爱,养育子女,歌唱,谱写诗歌,甚至创作雕塑"。无疑,"建立家园,相亲相爱,养育子女,歌唱,谱写诗歌,甚至创作雕塑"要远为重要,也必须是真正的文学艺术大师的首要追求。Pierre Jeunet曾谈到自己为何要拍摄《天使爱美丽》,他说:"有一天,我回忆起我以往的作品,感觉到它们不是过于黑暗,就是充斥过多的暴力,我今年已经四十六岁了,却没有拍过一部善良的电影,我对自己很失望,所以我想在我的职业生涯里,能有一部真正给观众带来快乐和感动的电影,能令他们在电影院里为这部电影发声大笑,能让他们感觉这个世界还有梦想和希望存在。"这当然是一种深刻的反省。

而西方也有作家曾追问:世上有不曾痛苦过的诗人,有未把泪水移到画面上的画家吗?答案显然是否定的。不过,在这里,我还要补充一个追问,世上有直接把痛苦写进诗里的诗人,有直接把泪水画到画面上的画家吗?答案也是否定的。例如瞎子阿炳的音乐。在中国历史上,有谁比瞎子阿炳遭遇的社会炎凉与人生磨难更多呢?显然没有,可是,你听听瞎子阿炳的音乐,那里面有丝毫的怨恨与愤懑吗?没有。在他的音乐里,只有爱,也只有美。这才是真正的大师啊。再例如莫扎特,傅雷先生介绍说:"他的作品跟他的生活是相反的。他的生活只有痛苦,但他的作品差不多整儿只叫人感到快乐。"再比如受尽苦难的贝多芬,心灵里流淌出来的却是欢乐颂,这也才是真正的大师啊。

"哪里有堕落,哪里就有拯救"

其次,审美活动是人类拒绝追求无限性的见证、激励与呈现,审美活动也是失去人类之爱的见证、激励与呈现。因为尽管我们期望自己"尽力做到像人那样为人生活",但是,事实上这却毕竟只是理想,现实的状况是:我们根本无法像人那样活着。正如哲学家马克斯·舍勒所说,人相对他自己已经完全彻底成问题了。而问题的关键,就是爱的阙如。无疑,爱的阙如也就是无限性的豪赌的放弃,因此,我们又可以简单地说,审美活动是失爱的见证、激励与呈现。

帕斯卡尔说过:"人既不是天使,又不是禽兽;但不幸就在于想表现为天使的人却表现为禽兽。"[1]确实,人类不但有在精神上站立的艰辛努力,而且也有精神上的爬行。法国有一位罗兰夫人,她临刑前的一句名言早已广为流传:自由,多少罪恶假汝之名以行。可是,她还有一句名言,世人中却知之不多:"认识的人越多,我就越喜欢狗。"人何以还不如狗?无非是因为太多太多的人在精神上还是爬行的,而且,他们的表现甚至还不如狗。这让我想起,其实马斯洛也有同样的感慨,他说:所谓人类历史,不过是一个写满人性坏话的记事本。因此,我们对于人本身必须予以正视,必须清醒地意识到:每个人的天堂之路都必须穿越自己的地狱。

因此,只有把恺撒的归于恺撒,才能够把上帝的归于上帝。

海子说得何等精彩:"做一个诗人,你必须热爱人类的秘密,在神圣的黑夜中走遍大地,热爱人类的痛苦和幸福,忍受那些必须忍受的,歌唱那些应该歌唱的。"

不过,不同于对于人性的批判(在中国,是鲁迅的对于国民性的所谓批判),美学的失爱的见证、激励与呈现,更多地应该是出自一种"丧钟为每个人而鸣"的悲悯。

我已经说过,有限性是人之为人的原罪。因此,绝对不能把人性的为恶当作罪恶来批判。这一点,从西方基督教中上帝喜欢会犯错误的人,却偏偏不喜欢永远永远正确的人,就可以看出。《圣经》中说:"你们吃的日子眼睛就明亮了,你们便如神能知道善恶。"(创3:5)"那人已经与我们相似,能知道善恶。现在恐怕他伸手又摘生命树的果子吃,就永远活着。"(创3:22)而且,那人已经不满足于"管理海里的鱼、空中的鸟、地上的牲畜和全地,并地上所爬的一切昆虫"。不妨再去回忆一下《圣经》中那个著名的关于100只羊的比喻,或者是关于谁有权拿石头去打妓女的故事。在这个故事里,基督的办法可以看作是"釜底抽薪"。人人都难免人性的原罪,每个人的心中也都有

---

[1] 帕斯卡尔:《思想录》,商务印书馆1985年版,第161页。

一扇"罗生门",它旋转于善恶之间。人们都很熟悉所谓"一念之差"的说法。可是,究竟何谓"一念之差"?无非就是在"一念"之间,人们做出的不是为善而是为恶的选择。在这个意义上,"罗生门"已经可以被看作是一个人性的譬喻、一座心门。

由此我们必须强调,但丁在文学史上发现恶是自由意志的结果,实在是西方历史上乃至人类历史上的一个巨大贡献。须知社会的进步并不表现在把所有的人都变成好人,而在于给予所有人以自由。这就是所谓自由意志。自由意志是人区别于动物的标志。可惜,其中有上帝的一半,也有恺撒的一半。而且,对于刚刚步出伊甸园的人来说,一旦禀赋了自由意志,最大的可能,无疑是自由地为恶而不失自由地为善,但是,我们却必须去赌人类终将为善。而且,也只有通过这种方式,才能够终将为善。这样,我们也就不难理解世间有上帝,为什么还要有魔鬼。当然是因为自由意志的存在。比如说俄狄浦斯就是犯了"罪"的。为什么犯"罪"呢?因为滥用了上帝给他的自由,上帝给了他自由是让他向善的,他也确乎是一心向善,可是,因为自以为自己比上帝还聪明,因此,即便是在上帝提醒了他所可能犯下的错误之后,他都全然不以为然,反而一意孤行,结果,犯下了"罪"。

按照黑格尔的看法,这可以被称为"理性的狡计",而按照康德的看法,这则可以被称为"大自然的天意"。但无论如何,我们必须承认,这是西方(而不是中国)所找到的一个人性进步的正确道路,一个在精神上的得以站立起来的正确道路。人性的进步是一个黑箱,精神上的站立也是一个黑箱,与其自作聪明地规定方向,去事先就规定何为恶、何为善,确实是远远不如放手让人自己去选择。人类当然可以犯罪,但是,也更可以因此而不再犯罪。一旦自觉到恶,其实,也就是为善的一个契机了。禁止恶,也就无法得到善。选择了为恶,同时也就是选择了不为善。反之也是一样。人类要想顺利发展下去,要想走向"柳暗花明",那必然就会逐渐意识到,只有自由地去为善。自由地去为恶,人类的路就会日益"山穷水尽"。因此,人类必须要学会在合情的恶与合理的恶之间去选择,在小恶与大恶之间去选择,直到逐渐地学会去选择善。所以亚里士多德才说:"所以德性依乎我们自己,过恶也是依乎我们自己。因为我们有权力去做的事,也有权力不去做。我们能说'不'的地方,也能说'是'。如果做高贵的事情,在于我们,那么不做可耻的事情也在于我们;如果不做高贵的事情,在于我们,那么,做可耻的事情也在于我们。"①

试想,在基督教圣经里,第一次的谋杀,还有第一次的死亡,难道不都是出自那些具有嫉妒心的自由意志的人之手?再认真阅读一下莎士比亚的悲剧,在哈姆雷特的身上,我们看到了莎士比亚对于人类的失望:"像我这种人,爬行于天地间所为何事?"而哈姆雷特的发疯,更意味着固守有限性的人类的无路可寻,幸而,哈姆雷特还没有把人身上的动物性都完全地表现出来。无可避免的是,麦克白一旦出现,悲剧就完全昭然若揭:一个顽强地渴望在精神上站立起来的人,却偏偏站立为兽。克尔凯戈尔说:"大多数人的不幸并非因为软弱,而由于他们过于强大——过于强大,乃至不能注意到上帝。"这似乎就完全可以视为是对麦克白的美学解读。难怪麦克白的朋友马尔康会说:"我知道在我的天性之中,深植着各种的罪恶,要是有一天暴露出来,黑暗的麦克白在相形之下,将会变成白雪一样的纯洁。"

鲁迅的铁屋子也是如此,鲁迅一生所关心的问题都是"究竟如何出去",并且为此一生都在殚精竭虑。可是,我多次指出,其实最为重要的不是究竟如何出去,而是:过去是怎么进去的?!因为,倘若知道了过去是怎么进去的,自然就会知道现在应该如何出去。那么,过去是怎么进去的呢?当然是因为心灵的黑暗,因为爱的匮乏,结果导致了自铸铁屋。因此,只要如马尔库塞所提示的那样,在审美活动中"让人类面对那些他们所背叛了的梦想与他们所忘却了的罪恶",则铁屋子就会瞬间崩塌。

而这正是审美活动之为审美活动的最为可贵的地方。它不但见证着我们距离在精神上的站立有多近,而且更见证着我们距离在精神上的站立有

---

① 亚里士多德:《尼各马可伦理学》,《西方伦理学名著选辑》上卷,商务印书馆 1996 年版,第 306 页。

多远。西方哲学家雅斯贝斯①说过:"世界诚然是充满了无辜的毁灭。暗藏的恶作孽看不见摸不着,没有人听见,世上也没有哪个法院了解这些(比如说在城堡的地堡里一个人孤独地被折磨至死)。人们作为烈士死去,却又不成为烈士,只要无人作证,永远不为人所知。"这个时刻,或许人类再一次体验到了亚当夏娃的那种一丝不挂的恐惧与耻辱,然而,审美活动却必须去作证。它犹如一面灵魂之镜,让人类在其中看到了自己灵魂的丑陋。

有一篇哀悼萤火虫的科普文章告诉我们,尽管萤火虫很微不足道,但是却要比华南虎等动物都更加重要,因为它属于"指示物种",这就是说,它在自然界是一个鲜明的标志,假如它濒临绝境,那么,就意味着生态环境也已濒临绝境。美的濒临绝境,也类似萤火虫的濒临绝境。审美活动的为美的濒临绝境作证,其实也就是对于人类自身的精神生态作证。高尔基就赞扬契诃夫善于随处发现"庸俗"的霉臭,甚至能够在那些在第一眼看来好像很好、很舒服并且甚至光辉灿烂的地方,也能够找出霉臭。而且指出,作家之为作家,其实就是能够对人们说:"诸位先生,你们过的是丑恶的生活!"②

不过,既然审美活动的见证、激励与呈现失爱是指的对于自由的误用,那么,我们就必须要明确,这实在是一项人类共同之罪。谁都可能误用自由,世上本没有好人与坏人,所谓的坏人,只是做了错事的好人,所谓好人,也只是暂时还没有做坏事而已。按照纪伯伦在《先知》中的说法,恶,不过是被饥渴折磨的善。试想一下,奥赛罗何以竟然为恶?当然是他自以为是在追求爱,可是结果却是在追求恨。因此,他杀人的真实原因是在杀死恋人之前,先杀死了自己。可是,他为什么会杀死自己?无疑就与我们每一个人都有关了。因为,他从来就不知道什么是爱,因为他从来就没有在我们这里得到过爱。没有被爱过的人又从哪里知道该怎样去爱别人?在仇恨中浸泡大的人,又能够从何处学习到慈悲?

---

① 雅斯贝斯:《悲剧知识》,转引自刘小枫编:《人类审美困境中的审美精神:哲人、诗人论美文选》,知识出版社1994年版,第457页。
② 高尔基:《文学写照》,人民文学出版社1985年版,第112页。

因此，从无限责任的角度，罪的自觉，必须同时走向罪的忏悔，走向审美者自我的忏悔，只有如此，人类才可以罪有可赎。审美活动对于失爱的见证、激励与呈现，最为关键之处，是在于每个审美者都必须在心灵上认领自己，都必须出面见证自己的良知尚在，并且把自己从心灵的黑暗中解放出来。

对恶的真正否定和超越，是不再像恶那样存在。帕斯卡尔说的"哪里有堕落，哪里就有拯救"，应该就是这个意思吧？！

第四讲

美在境界

"境界"隆重登场了

我已经说过,要把美学的基本内容讲清楚,只要讲清楚四个概念就可以了,在前面的三讲里,我已经讲了三个关键词,因此,现在已经毫无悬念的是,第四个概念,就要隆重登场了。这就是:境界。

所谓审美活动,无非就是以超越性和境界性来满足人类的未特定性和无限性的需要。因为人要在精神上站立起来,不但要自身的发奋努力,而且还需要一个东西来鼓励他,这就是审美活动。那么,审美活动又为什么就能够完成这一使命呢?第一个,是因为自身的超越性,第二个,则是因为自身的境界性。因此,在回答了审美活动的"超越性"的问题之后,还要来回答审美活动的"境界性"的问题。

"境界性",意味着审美活动一定要通过"对象化"这种方式显现出来。审美活动一定存在一个审美对象,这是一个所有的美学家、所有的审美者都一致承认的事实。其实,在审美活动中,重要的是审美活动,不太重要的,是审美活动所要去审的那个"美(审美对象)"。那么,在审美活动中为什么非要关注"美"(审美对象)呢?为什么这个"美"(审美对象)就如此不可或缺?看来,西方美学在美学诞生之初就花了将近千年的时间去关注"美"(可惜只关注了审美对象的形而上学属性),也不是毫无道理的。而且,美学在很长时间里都是被误解为"美"(关于审美对象的形而上学属性)学,同样也不是毫无道理的。

在第三讲里我已经讲过,审美活动是通过超越性来满足人类的特定需要、根本需要的,可是,超越性只是一种特殊活动的性质的规定,如果我们再进一步去追问,这所谓的超越性又是通过什么表现出来的呢?那么答案就只能是:特定的对象。犹如树的年龄要通过它的年轮来表现,鱼的年龄要通过它的鳞纹来表现,马的年龄要通过它的牙齿来表现,出土文物的年龄要通过它的氧化程度来表现。还有一首流行歌曲,也唱得很有哲理:爱要叫你听见,爱要叫你看见。其实,审美对象也是一样,也要叫你听见、叫你看见。回头来看美学史上的研究,不难发现,古今中外大多数的美学家都认为,审美活动一定是跟两个感觉器官密切相关的:眼睛和耳朵。当然,也不能说得太绝对了,因为有些时候我们也可以通过舌头来感觉美的存在,不过那么多的美学家都抓住眼睛与耳朵,无疑是很有道理的,充分说明了在审美活动中的"审美对象"的至关重要。所以,魏晋的时候,才会有一个中国的美学家总结说,什么是审美活动呢?无非就是:"澄怀味象",也就是在无功利的心态中去玩味一个特定的对象——审美对象。

那棵树不是好好地在那里吗

有一个画家,经常到野外去写生,有一次,他去画一棵树,有一个农民非常好奇,就经常跑来站在一边观看,看着看着,终于忍不住了,于是,他就上前去问这个画家:请问你每天在这画什么呢?画家被问得一头雾水,顿时也变得好奇起来。在这里,农民奇怪的是,你每天来这里,是在画什么呀?画家奇怪的是,我画什么,连这个你都不知道吗?于是画家回答说:你难道就没有看见我在画画吗?可是农民点头说:我看见你在画画了,我奇怪的是,你在画什么呢?画家回答:这太奇怪了!你难道没有看见,我天天都在画那棵树吗?农民说:我奇怪的就在这里,那棵树不是好好地在那里吗,你为什么还要把它画下来呢?

这个故事非常朴实,以至于你们如果不仔细想想,就会想不到里边会有什么更深的意思。可是,再站在农民的角度仔细想想,你们会突然觉得,这个农民的想法真是非常真实。那棵树它本来就在那里,你吃饱了饭没事干了?那你去炒股票呀,你去赚钱呀,你去打游戏机呀,你为什么要把它再画出来?为什么呢?显然,这个农民问了一个很有意思的问题,他问的,其实是一个有关人和动物之间的根本差别的问题。试想,如果是动物,那么它还会去画那棵树吗?如果这个人在精神上还没有站立起来,那么他还会去画这棵树吗？反之，如果人脱离了动物，他就一定会去画这棵树，如果人在精神上站立了起来，他就一定会去画这棵树。这说明了什么呢？这说明，其实他画的不是这棵树，而是自己心中的对于这棵树的想象。看来，同样是面对着一棵树，但是人是生活在对树的想象里的，而动物却是生活在对树的直接的把握当中的，所以，人之为人，面对树的时候，就必须去画。

再看一个更具体的例子。在中国文学史上，有一个情景描写非常近似，此处列举四处：

  树犹如此，人何以堪（庾信）
  窗里人将老，门前树已秋（韦苏州）
  树初黄叶日，人欲白头时（白乐天）
  雨中黄叶树，灯下白头人（司空曙）

现在仔细来看一下，在这四个例子里，哪一句可以被称为文学？其中的哪一句又最为精彩？显然，其中的第一个例子不能算是文学，而只是一般的文字。后面三个，则是文学。为什么呢？因为后面三个例子，都是用形象说话，而第一个例子，却是说理，使用的是"因为""所以"之类的思维模式，那里的树也是完全没有生命的，只是起一个被联想的作用。而在后面的那三个例子里，则以最后一个为最精彩。例如，明代谢榛就评价说："三诗同一机杼，司空为优：善状目前之景，无限凄感，见乎言表。"那么，这又是为什么呢？因为"窗里人将老，门前树已秋"和"树初黄叶日，人欲白头时"之中还有一些思维的痕迹，这从"里""前""初""欲"等词汇中就可以发现，但是，"雨中黄叶树，灯下白头人"就完全不同，完全不是写论文的方法了，背后也没有了逻辑关联，"雨中、黄叶树、灯下、白头人"，呈现的只是四个对象，不过，这四个东西已经并非生活中的"雨中、黄叶树、灯下、白头人"，而是想象中的"雨中、黄叶树、灯下、白头人"，折射的是一种想象当中的生活，它们构成的，是一幅人生感伤的画面，任何一个欣赏者都能从中体味到一种生命的忧叹。因此，这个时候，"雨中、黄叶树、灯下、白头人"都已经不是对于外在世界的描述了，而是一种生命体验。

看来,审美活动在满足人类的特定需要、根本需要的时候,除了超越性之外,还必须找到一个特定的途径——外在对象来表达。

这样一个特定的途径,就类似于我们日常生活里常说的"找对象"。我经常说,"找对象"是一个非常有助于我们去理解审美活动的表达。人为什么要找对象?我们知道,动物是不找对象的,它只是在发情期的时候需要去找一个性对象,而人却不同,人一年四季都能够谈恋爱,也都在一年四季四处去寻找着自己的对象。为什么会如此呢?原来,对象,其实就是自己关于生命的美好想象的确证。柏拉图说,每个人的生命都是残缺不全的,找对象,则正是要找到自己生命的另外一半。在这个意义上,我不得不惊叹,中国人把"谈恋爱"称作"找对象",实在真是传神。想一想《西厢记》里的张生见到崔莺莺后的表现吧,"魂灵儿飞去半天","蓦然,见五百年风流业冤";再想想《红楼梦》里的宝玉吧,第一次见到黛玉,"倒像在哪里见过一般"。要注意,在这里,"对方"都成了"对象",崔莺莺和黛玉都已经不再是原来的"对方",而是转而成为"对象",成为了张生、宝玉关于生命的美好想象的确证。类似于"啊,这就是她,这就是我魂牵梦绕的美好人生",崔莺莺和黛玉的出现,使得张生、宝玉关于生命的美好想象变成了一个看得见、摸得到的世界。

在上述讨论的基础上,我们再来看几个具体的例子。

比如说梵高,梵高的最好的作品之一是《向日葵》,但是看到过《向日葵》的人都知道,那不是生活中的向日葵,我在纽约艺术馆看梵高的《向日葵》,当时心里就在想,向日葵在野外长得好好的,可是梵高为什么还要画向日葵呢?仔细看一看梵高《向日葵》,你就会发现,这是一个在热烈燃烧的向日葵,每一个葵花籽都是绽放的生命,于是,你会知道,实际上是梵高自己心里有话想说,只是找到了向日葵这样一种外在的寄托而已。徐悲鸿也是这样。徐悲鸿跟我们南大有点关系,当过中央大学(南大前身)的艺术系主任。徐悲鸿画得最好的,就是马,但是我们也不妨仔细想一想,马不是到处都有吗?怎么还要去画它呢?徐悲鸿画马是为了什么呢?徐悲鸿画马,是要表达对我们民族的一种万马奔腾、勇猛向前的期待,他是要把我们民族那种最美好的精神品质,通过画马而表现出来。这样,我们就看到,梵高画向日葵,并不是为了吃,徐悲鸿画马,也不是为了骑,而是为了有话想说。如果不让他们说,他们就会神魂颠倒,如果不让他们说,他们就会坐立不安,如果不让他们说,他们就会茶饭不思。热恋中的情人日思夜想,特别渴望见到自己的"对象",其实也就特别类似于这种冲动。

推而广之,从审美活动的角度,"找对象"的冲动,实际上就是一种生命表达的冲动。当人在精神上站立起来以后,他一定要把那种站立起来的喜悦通过外在世界表达出来,而且,也一定要生存在这样一种外在世界之中。所谓形式愉悦、形式生存("澄怀味象")。否则,他就寝食难安。举个简单的例子,亲人相聚朋友相会的时候,为什么习惯于拍照留念?在拍照中留下的究竟是什么?是不是就是因为我们都已经是互为"对象"?否则,为什么仇人相见只是分外眼红,却绝对想不起要拍一张照片留念呢?古希腊神话里有一个著名的塞浦路斯的国王,叫皮格马利翁,特别喜欢雕刻。他看遍了自己国家的女性,觉得一个都不喜欢,于是就决定,要永不结婚,那不结婚干什么呢?整天空闲了这么多时间,人家都在谈恋爱、夫妻恩爱,可是他怎么办呢?为了打发时间,他也该干点什么吧?他为自己雕了一个想象当中的象牙少女像,把自己的全部的幻想、全部的爱恋、全部的憧憬都融汇其中,并且为雕像取名加拉泰亚。后来,他甚至向神乞求,希望能够让她成为自己的妻子。结果,爱神阿佛洛狄忒被他打动了,干脆赐予雕像生命,并让他们结为夫妻。这,就是后来人们所传说的"皮格马利翁效应"。今天来看,这个故事实在非常深刻。因为它道破了审美活动必须找到特定的外在对象来表达自己的美好想象这一奥秘。

自然山水其实就是我们所找到的"对象"

比如旅游,人人都爱旅游,这是一个显而易见的事实。看一看现在的"十一""五一"两个"黄金周"旅游的人流如潮,就足够足够了。可是,为什么会如此呢?恰恰是因为这些旅游目的地对于旅游者来说,都是一个比较陌生的环境,同时,又由于这些旅游目的地都是自然生命进化的典范,因此,也就比较容易成为"对象",让旅游者在其中看到自己、确证自己。

有一首流行歌曲,歌曲的名字叫作"月亮代表我的心",这个名字起得真是非常"美学"。我们为什么要把不辞辛苦挣来的钞票大把大把地花在旅游上?又为什么要不辞辛苦地去看一个又一个的景点?我们为什么甚至还要人为地创造出一些景点来?其实就是因为它们代表我们的心啊。它们都在向我们显示着能够满足我们的美好想象的那些特性,而不是它们自身的那些特性,也显示着不是它自己是怎样的而是它对我们来说是怎样的那些特性,因此,这也就犹如我们在不辞辛苦、不远万里地去"找对象"。

例如哈尔滨的太阳岛,本来,它也并不太出名,而且,也并不太美,但是,当年郑绪岚的歌曲《太阳岛上》唱红了以后,它就一举成名天下知了,旅游者都要跑去看看,可是,旅游者跑去以后看到的又是什么呢?其实都是自己事先放进去的东西。因此,此"太阳岛"非彼太阳岛,被郑绪岚的歌曲《太阳岛上》唱红了的,是此"太阳岛",它已经成为了我们的"对象"。

《小王子》,是一部中国人很喜爱的儿童文学作品。其中的主人公说:如果一个人爱上了亿万颗星星中的一朵花,他望望星空就觉得幸福。他对自己说:"我的花在那儿……"但是羊若把它吃了,对他来说,所有的星星都像忽的熄灭了……为什么会这样?当然是因为恰恰就是这"一朵花",才是他一生中找到的唯一的"对象"。

还有中国人同样很喜爱的电影《罗马假日》,当那位美丽的公主在招待会大厅被记者问到:"公主殿下,在您所有访问过的欧洲城市中,您最喜爱哪一个?"侍从官在背后的悄声提示真是非常现实:"各有千秋。"但是,美丽的公主却回答说:"可以说,各有千秋……不,最让我难以忘怀的,是罗马,当然是罗马!"显然,这里的后半句话才是她真正想说的,因为,在她的眼睛里,所有的地方都只是她的"对方",可是,惟有罗马完全不同(尽管她与它的邂逅只是一段短短的假日),因为,那是她的"对象"。

更有意思的是作家杜拉斯,她终其一生,也只在印度待了两个小时。但是,却写出了著名的"印度系列":《副领事》《爱情》《印度之歌》《洛尔·瓦·

斯泰因的迷狂》,印度,成就了她创作生涯的"高原"。这是否有些神奇?其实也不,因为,时间的长短完全无足轻重,关键是能否在正确的地点、正确的时间邂逅正确的"对象",恋人间的一见钟情,应该也是一个早就见惯不惊的事实吧?

再以"倒影"的美为例。在中国的园林艺术里,"倒影"的美,是一个很有意思的审美现象。你们应该都已经熟知,戴叔伦面对美丽的越中山景,就曾深有感触地说:"越中山色镜中看"。动物是不会"镜中看"的,月中的山色动物就是在月中看,山上的山色,水边的水色,动物也就是山上、水边去看,而人却会在"镜中看"。什么叫"镜中看"呢?就是从"月亮代表我的心"的角度去看它。在正常的境况下,日月星辰,风雷雨雪,飞禽走兽,木林花草,高峡大河,亭台楼阁,都由于自身禀赋的不同而各具神姿、独放异彩,然而,却未必就能够轻易地勾起旅游者的美好想象,也未必就能够轻易地成为一面镜子,让旅游者在其中看到自己、确证自己。而"倒影"却可以做到,因为在"倒影"里,用席勒的话讲,可以把景点从"被牢固的绳索捆绑在现实的事物中"的状态中解放出来,可以使它"发挥毫无拘束的能力",并且因此而从旅游者的"对方"变成旅游者的"对象"。在"倒影"里,从表面上看,似乎"对象"仍旧是原来的日月星辰、风雷雨雪、飞禽走兽、林木花草、高峡大河、亭台楼阁,然而,实际上却并非如此。借用解释学的重要代表利科的隐喻理论来说,上述日月星辰等虽仍有其指称,例如,在字典里叫山、叫水,在植物学里叫花、叫草,在建筑学里叫楼台亭阁,等等,但却不再是指称原来那个实在的、确实的世界,而是指向旅游者心中的那个可能的、虚构的世界,具有了更强的表现力,成为旅游者美好心态的确证。"倒影"通过对现实世界的重建从而使得现实世界进入了理想世界,其自身的可供想象的因素被大大拓展,旅游者在它们身上所看到的东西也往往比它们自身所实际蕴含的东西要多出很多,日月星辰、风雷雨雪、飞禽走兽、林木花草、高峡大河、亭台楼阁等也正是因此才更为引人瞩目地成为了人们的"对象",并且进入了美的殿堂。

在这个意义上,我们也可以说,自然山水其实就是我们所找到的"对象",所以,我们才会说:"江山如画。"不过,有的时候我们也会反过来,说"画如江山"。这是因为,文学艺术由于充分体现了人类的美好想象,因此也就像自然山水那样甚至比自然山水更容易成为我们所找到的"对象"。

文学艺术其实也是我们所找到的"对象"

文学艺术是人类的必需,中国有一句话说得很好,叫作:"欲不死,生于诗。"这也就是说,一个人如果想不死,那最好就生存在文学艺术里。在日常生活里,我们经常发现,很多人的生存都没有后劲,用一个专业的术语,叫作"人生的天花板现象",人生发展到一定阶段,就发展不上去了,被形形色色的天花板压住了,为什么呢?就是因为人生的无限空间没有被打开啊。可是,如果不去接触文学艺术,人生的无限空间又怎么可能被打开呢?文学艺术的一个重要作用,就是能够帮助每一个人去冲破自己的人生的天花板。黄庭坚的《再次韵兼简履中南玉》说得多么精彩啊:"与世浮沉唯酒可,随人忧乐以诗鸣。"晏几道《临江仙(梦后楼台高锁)》也令人难忘:"琵琶弦上说相思。当时明月在,曾照彩云归。""琵琶弦上说相思"?其实,也应该是"琵琶弦上说人生"啊。

当然,这都是中国作家的看法,不过看看西方作家的看法,应该也是完全一样的。叔本华就说:"艺术是人生的花朵。"康定斯基则把艺术家称为"通向天堂的值得羡慕的建设者"。那么,这些看法说明了什么呢?说明文学作品都是人生的"对象",都可以让阅读者在其中看到自己、确证自己,而且,相对于自然山水,由于文学艺术都是人类自觉的创造,因此,它也就较之自然山水远为纯粹,因而能够充分满足人类的关于生命的美好想象。

看几个文学艺术方面的例子——

"春色满园关不住,一枝红杏出墙来",这两句诗在中国很有名,那么,这两句诗美在什么地方呢?其实,在叶绍翁之前还有一个人也写了类似的两句,而且名气比叶绍翁还要大。这个人,就是陆游,陆游是这样写的:"杨柳不遮春色断,一枝红杏出墙来。"一个很有意思的问题是,叶绍翁名气不如陆游,但是这首诗为什么偏偏就能够把陆游打败呢?关键就在于其中的"关"

字。"春色满园关不住,一枝红杏出墙来",一个"关"字,把生命的那种突破重重险阻的关的感觉写出来了,同时,后面的"一枝红杏出墙来"又把"关"不住的生命力量写出来了。你们再看,"杨柳不遮春色断"就没有这样的感觉,只是一个平实的现实描述。因此,看陆游的诗,你不会有太多的感觉,但是看叶绍翁的诗就不同了,你立刻就会想到:任何的困难都挡不住我,任何的冬天都会过去,任何的艰难险阻都是暂时的,你一定觉得,对,就是这样,"春色满园关不住",美好的生活也是关不住的。显然,对于立志要去赌在精神上站立起来的人来说,"春色满园关不住,一枝红杏出墙来"就完全是我们生命中"长得超出了自己"的那些东西的写照。

我相信,对于叶绍翁的诗,你们一定很有感触。文学艺术的触角真是奇妙,它把我们的生命感觉真是表达得淋漓尽致。就好像千百年来我们都经常在春天的早上醒来,也都会在春天的早上睁开眼说,春天多美好,可是,只有"春眠不觉晓,处处闻啼鸟,夜来风雨声,花落知多少",才真正写出了那个美丽清新的春天的早上。令人欣慰的是,这样的诗歌,在中国有很多很多。

例如唐代张继的《枫桥夜泊》:"月落乌啼霜满天,江枫渔火对愁眠。姑苏城外寒山寺,夜半钟声到客船。"其中的"夜半钟声",实在是非常传神。可是,为什么一定要是"夜半钟声"?又为什么偏偏是张继才发现了"夜半钟声"的美?原来,"夜半钟声"的被发现一直在期待着张继这样一个人的到来。

那么,张继是谁?一个"高考"的落榜者。我们想象一下:寒山寺"夜半钟声"天天都在敲呀,太多、太多的人都听见了,但是却没有丝毫的发现,可是张继一到,"夜半钟声"一敲,就把他敲醒了,就好像把天灵盖都给他敲穿了一样,为什么呢?要知道,"夜半钟声"等着张继的到来,实际上就是等着某种特定的邂逅,换句话说,就像谈恋爱一样,要在正确的时间、正确的地点碰到正确的人。像张继这样一个失魂落魄的学子,那天晚上,他投宿在寒山寺旁,心中无限苦闷:"高考"落榜了,我怎么回家?怎么面对家乡的那些亲戚朋友?怎么面对父母的失望的面孔?我的父亲会怎么样骂?尤其是我的母亲,为我付出了那么多那么多,我回去以后,一旦把这个消息带给她,她一定会躲在墙角掩面而泣吧？还有我的那些同学，他们很多人都考上了，我回去以后，他们的那个庆功宴我是参加还不参加？明年怎么办？继续考？还是放弃？……就在这个时候，天地间突然寂静下来了，一声钟声敲响了。这个时候，张继一下子就领会到了"夜半钟声"的美。

再进一步，我们还要知道，中国士大夫大多都有一种"怀才不遇"的情结。看看西方人的钢琴，那是什么感觉？排山倒海啊，就像一个男人，他要把他全部生命的力量、全部生命的创造力都宣泄在世界的每个角落，可是，中国的二胡呢？那又是什么感觉？如泣如诉啊，那是一个女人的幽怨，一个怨妇的子夜悲泣，那琴声是在把自己从世界里剥离出来，是在把自己凝固在一个很小的心灵斗室里。而由二胡联想"夜半钟声"，也就不难意识到，"夜半钟声"的美，恰恰在于失落，在于怀才不遇，在于如泣如诉。显然，一个顺利的人是感觉不到这种美的，必须在正确的时间、正确的地点，等待着一个正确的人，那就是他——张继。只有他，才真正听到了"夜半钟声"里所蕴含的能够满足中国人的美。

再来看杜牧的《山行》："远上寒山石径斜，白云生处有人家。停车坐爱枫林晚，霜叶红于二月花。"这首诗你们都很熟悉，但是，我们经常说，鲜花比绿叶要好，春天比秋天要好，对不对？可杜牧竟然不是这样。他偏偏要反过来写，他说，秋天的叶子比春天的花朵更美，这岂不是非常奇怪？为什么会这样呢？原来，这个叶子的"红"，完全是杜牧心灵感悟的结果，完全是用心灵的彩笔给叶子刷上的颜色。我们想象一下，如果他没有在霜叶中看到人的勇于挑战勇于赌博的精神、人的那种生命拼搏的精神，他又怎么会想到这样奇特的比喻？那也就是说，人在任何时候都应该看到美好的未来，哪怕世界给我们留下的就是霜叶，哪怕世界给我们留下的就是晚秋，我们还是应该对生命充满了美好的期待。所以，当我们看《山行》的时候，我们顿时就觉得，这就是我们心灵的写照。当然，"霜叶红于二月花"肯定不是真实的存在，但是在我们的心灵里却是最真实的。因为，这就是我对世界所要说的话，也是世界所要说给我听的话。于是，就在这个瞬间，霜叶开始说话，晚秋开始歌唱了，我们顿时就觉得，这就是我们的声音，就是我们的歌声。

《敕勒歌》写得也非常精彩:"敕勒川,阴山下。天似穹庐,笼盖四野。天苍苍,野茫茫,风吹草低见牛羊。"我们不难想象,写大草原的诗歌何止千百,可是,我们也必须承认,只有这首诗才让我们看到了真正的大草原,大草原也才第一次展现出了它的特定的美。为什么会如此?就是因为在一切一切之外,存在着一双悲天悯人的眼睛。还借用刚才的话说吧,在正确的时间、正确的地点,草原实在很幸运,它遇到了一个正确的人。具体来说,用"穹庐"来概括草原的广阔是非常成功的,你们想想,那个大草原的一望无边,怎么样才能写出来呢?天空像一个圆圆的帐篷,一下子罩住了天地,这个比喻实在是太精彩了。可是,在这寥廓的草原上有生命吗?诗人看见的,只是一片"天苍苍野茫茫",天地混蒙一片,地平线的尽头还是地平线,那么,是否根本就没有人呢?诗人那双充满悲悯之心的眼睛在寻找。突然,风吹草低,正在专注地吃草的牛羊被呈现了出来,注意,不是风吹草低现刀枪,也不是风吹草低现杀场,而是"风吹草低见牛羊",这是一幅多么生动的美丽画卷啊,我们可以想象到,诗人的内心充盈着何等的欣喜。他(她)对于生活的全部的美好感觉,一下子就被我们完全地感觉到了。这就是最最美好的世界,这也就是大草原"长得超出了自己的"东西啊。

最后来看柳宗元的《江雪》,这首诗,所有的人读了都说很好,可是,为什么好呢?好在哪里呢?我经常说,庄子花一本书去讲的人生哲理,柳宗元用一首诗就表达出来了,这首诗就好在这里。或许,有很多中国人都没有从头到尾地看过庄子,但是他们只要看懂了柳宗元的这首诗,应该也就在一定程度上知道了庄子所提倡的人生哲理。你们看,"千山鸟飞绝,万径人踪灭",什么都没有了,但是,真的什么都没有了吗?不是还有一个人在那里吗?而且,他在"独钓寒江雪"。我必须说,很多人没有仔细去想过他为什么要"钓雪",为什么不是"钓钱"?也不是"钓大学文凭"?"独钓寒江雪"?雪是能钓的吗?这就对了,当你想到雪是没有办法去钓的,那么,你也就开始懂得庄子和柳宗元了。要知道,在中国历史上,说到"垂钓",那可绝对不是柳宗元一人而已。最早的是渭水边上的一幕:八十多岁的姜太公用直钩钓鱼,可是,却意在钓周文王。此后约七百多年后,庄子也开始"垂钓",这次是真正在钓鱼,为此,他甚至连楚威王要把境内的国事交付给他都"持竿不顾"。遗憾的是,他的这个举动却毕竟不如他的《庄子》那样充盈着诗意。相比之下,倒是柳宗元的"钓雪"更《庄子》。

我曾经在我的一本书的后记里说过,我很喜欢禅宗的一句话:掷剑挥空,莫论及与不及。我上课或者演讲中也经常说,我喜欢介绍李白的一首诗:"何处是归程?长亭更短亭。"而我在前面的第一讲里也说过,生命之美,就在于过程。成功与失败,我们是没有办法控制的,能够控制的,就是我们的努力。柳宗元的想法如何呢?在这样一个孤寂的天地之间,应该说,他是没有任何的希望的,但是,他还要顽强地"独钓寒江雪"。这,正是生命的尊严啊。西方有一个哲学家,他也说过,什么是人生呢?一生都是在洗澡盆里钓鱼,而且还无鱼可钓,可是,尽管如此,你却还是必须去坚持不懈地钓,这,才是人类的尊严,也才是人类的姿态。毫无疑问,任何一个人一旦从这个角度看到柳宗元的《江雪》,都会觉得自己的生命受到了鼓舞,也都感觉到了生命的庄严、生命的尊严。

审美活动的根源

说到这里,有心者可能也已经注意到了,在讲到自然山水中的审美对象的时候,我就在强调,那都是一些为了满足旅游者而存在的东西,也都是一些往往比它们自身所实际蕴含的东西要多出很多的东西;而在讲到文学艺术中的审美对象的时候,我更是特别强调,它较之自然山水远为纯粹,更能够充分满足人类关于生命的美好想象,显然,这意味着自然山水的美与文学艺术中的审美对象呈现的都是那些远远超出自身特性的能够充分满足人类的那些特性。还用前面的话说吧,这就是人类的所谓"找对象",因此,审美对象的奥秘不在"对方",而在"对象"。

可是,很多人,甚至也包括不少美学家在内,却都认为,审美对象就是"对方",审美对象是客观存在的,在我们进行审美活动之前,它就存在;在我们进行审美活动之后,它仍旧存在。

我必须要说,这是一个非常流行的看法。无疑,也是一个非常错误的看法。

为什么人们会误以为在进行审美活动之前就存在着一个审美的对象呢?其中有人们自己的原因。因为在审美活动之前就已经有审美对象的存在,这对于很多人来说,都是一个毋庸置疑的事实。但是,眼见却并不一定为实,就像插入水中的筷子,看上去是弯的,可是实际却并非如此。因此,事实并不一定等同于真实,何况本质往往是深藏在现象后面的,也往往并不与现象一致。何况,在审美活动之前就已经有审美对象的存在,就是一个假象,因为,事实上根本不是如此。

其次,也与我们的传统的思维方式有关。物质第一性,意识第二性,存在决定意识,这是几乎在所有的场合都被灌输给我们的"常识"了。我在前面就批评过,很多人都是照相机在旅游,但是,为什么会如此呢?跟我们的错误的思想观念就没有关系吗?如果不是我们事先就误以为审美活动是认识活动,以致给人们留下了一个强烈的印象:审美对象是先于我而存在的,我们所能够做的也必须做的,也无非就是去反映它,又怎么会导致这种结果呢?

在这个意义上,关于审美对象的讨论涉及的是审美对象的根源问题,也就是审美对象是如何可能的。人们总是习惯于将审美对象作为一个既定的存在,因此往往一上来就去追问"审美对象是什么",但是却忽略了"审美对象为什么会是"、"审美对象如何可能"这样一个更为根本的问题、真正的问题。其实,审美对象的诞生不过是审美活动的结果。例如,在审美活动之前,自然中的审美对象就是不存在的,它们还都只是"对方",还都只有一些自然物,一些可能被审美活动提升为审美对象的某些自然物:材料、形式、条件、因素。因此从自然的自然属性的角度去寻找审美对象的根源,是错误的,审美对象的根源不在于自然的自然属性,审美对象的根源只能在审美活动中寻找。在审美活动之前不存在审美对象,在审美活动之后也不存在审美对象。

在中国,也有不少美学家,在马克思主义实践观的启发下,认为,审美对

313

象是人类的实践活动创造的,人们在审美活动中只是去反映之,因此,审美对象是先于审美活动而存在的、是客观存在的。然而,他们忽视了:审美对象与现实世界并非同一层次,或者说,审美对象并不属于现实世界。因此,尽管实践活动无疑是审美对象的根源,但却只是间接的根源,审美对象的直接根源只能是审美活动。正确的回答应当是,实践活动是审美活动的根源,而审美活动则是审美对象的根源。这些美学家显然是把审美对象的存在根据的不同层次混淆起来了。而混淆的结果,则是一则使美学成为一种审美主义、一种目的论,二则使审美对象成为一个先于审美活动而存在的东西,成为一种客观存在,成为美学研究中最为内在、最为源初的,而且自我规定、自我说明、自我创设、自我阐释的东西。至于审美活动,则成为对它的反映。三则,是使审美对象成为一种现实的东西,审美对象本来是因为它永远也无法变成为现实,因此才成为审美对象,现在,却被放在现实的层面,被看作实践活动所直接创造的东西,这无异于踏上了一条美学的不归路。

由此我们看到:审美对象只是相对于审美活动存在的,审美活动不存在,审美对象自然也就不存在。审美对象是审美活动的产物,它只相对于审美活动而存在。在审美活动之前,在审美活动之后,都并不存在一个事先就已经存在的审美对象。这也就是说,不是先有了审美对象,然后才有了审美活动,而是在审美活动中才有了审美对象。审美对象只存在于审美活动之中,审美对象之谜也就是审美活动的本质之谜。因此,审美对象不是预成的,而是生成的,不是自在的,而是自为的,审美对象也不是美学研究中最为内在、最为源初、可以自我说明、自我创设、自我阐释的东西,而是美学研究中外在的、第二性的,需要被规定、被说明、被创设、被阐释的东西。审美对象的问题的答案必须从审美活动中去寻找。只有审美活动,才是美学研究中最为内在、最为源初,可以自我规定、自我说明、自我创设、自我阐释的东西。至于审美对象,则不过是审美活动的外在化,不过是审美活动的逻辑展开和最高成果。无视这一点,去探讨审美对象的根源就只会是缘木求鱼。

"年年不带看花眼,不是愁中即病中"

为了使得对于问题的讨论更加有益,我们不妨先不从对于问题的正面的讨论开始,而是先来从问题的反面开始讨论。

按照传统的说法,审美对象是客观的,可是,如果真是如此,那么人类的审美活动就是可以重复的,而且应该是在任何时间任何地点都是结果完全一致的。然而,实际上我们却看不到这样一种情况。例如,在不想"找"的情况下,"对象"竟然就不出现。中国古代有一句诗,说的就是这种情况:"年年不带看花眼,不是愁中即病中。"诗人剖析自己说,我这几年为什么总是没有看到美丽的春天呢?为什么鲜花盛开的春天也不再美丽呢?我的"看花眼"跑哪儿去了呢?我眼睛当然还在,可是,我的眼光何在呢?后来,他给了自己这样的一个解释,他说,是因为我的心情不对。我要不就是有病,要不就是忧愁。结果,就是因为我没有这个心情,也不想去"找",结果春天的美也就没有出现。

更多的例子则告诉我们,不同的心情,会导致不同的对象的出现。陶渊明有一句诗:"纵浪大化中,不喜亦不惧。"猛一看,实在精彩,可是,其实这很难说还是一个人,尤其是很难说还是一个有血有肉的人,这完完全全已经就是一块石头啊。人的心灵无疑不能如此,它应该会对对象进行热处理,也会对对象进行冷处理。所以,感觉之为感觉,不但要"感",尤其是要"觉";情感之为情感,不但要"情",而且要"感"。

再如,同样一个对象,大家为什么却看法如此不同,甚至要争论几百年?为什么蒙娜丽莎的微笑,让我们争论了几个世纪?为什么一个哈姆雷特,至今我们也说不尽道不完?显然,审美对象并不是客观的,而是特定心态下的产物。某些东西,本来只是"对方",可是,在特定的心境下,却就成为了"对象"。可见,"对方"虽然是客观的,然而,"对象"却不是客观的。

再如西方的哥特式教堂。到西方旅游,我最喜欢看的,一个是大学,一个就是教堂。巍峨的教堂,在我的眼睛里,不仅仅矗立在现实世界,而且也矗立在美学里。其中,哥特式教堂尤其如此。罗丹说过:整个希腊都浓缩于帕提侬神殿,整个法国都蕴藏在大教堂里。实在精辟。不过,我还要说,其中,哥特式教堂可以被看作西方的第一个精神雕塑。

中国的读者都熟悉,维克多·雨果在《巴黎圣母院》里曾经用诗一般的语言描写过巴黎圣母院,说它是"石头的交响乐"。不过,这一回伟大的雨果却真的没有说出什么更多的东西,我一直认为,在这方面,倒是海涅和丹纳的看法要深刻得多。前者说,教堂是一个"刑具",它的美在于:精神可以沿着高耸笔立的巨柱凌空而起,痛苦地和肉身分裂,肉身则像一袭空乏的长袍扑落地上。而且当最顽强的石头变成了教堂的一个组成部分以后,也都被弄得服服帖帖,仿佛都鬼气森然地通灵会意似的。[1] 后者则从教堂看出当时的人心里都很凄惨,因此,教堂的不让明亮与健康的日光射进屋子,教堂的内部罩着一片冰冷惨淡的阴影,教堂的正堂与耳堂的交叉,教堂的玫瑰花窗连同它钻石形的花瓣,教堂的叶子教堂的排斥圆柱、圆拱、平放的横梁,都表现并且证实极大的精神苦闷。[2]

因此,如果我们不联系1337至1453年间长达65年的意大利战争,如果不联系在英吉利海峡两岸长达116年之久的英法百年战争,如果不联系黑死病这长达三个世纪的人类浩劫……我们就很难弄明白,为什么西方人会以它作为审美对象。事实上,在西方人的眼睛里,哥特式教堂就是一个向信仰者敞开的"天国的窗口",一个巨大的"灵肉分离器"。显然,哥特式教堂的出现是与当时西方人的特定心态有着不解之缘的。

一次,苏轼跟一个和尚斗智。他问和尚:你看我像什么?大和尚看了他一眼,说:我看你像佛。然后,大和尚就问:你看我像什么?苏轼看了他一眼,说:我看你像一摊臭狗屎。那次,苏轼觉得自己回答得特别聪明。可是回去跟苏小妹一说,他的妹妹却不以为然,她说:老哥啊,今天你真是丢脸啊。你看世界是什么,那是因为你自己是什么。大和尚看你是佛,因为他心

---

[1] 海涅:《海涅选集》,人民文学出版社1983年版,第22—23页。
[2] 丹纳:《艺术哲学》,安徽文艺出版社1991年版,第98—101页。

里有佛,你看大和尚是臭狗屎,因为你心里只有臭狗屎。

我不得不说,这个故事道破了审美活动的最大的秘密。

不是因为美丽而可爱,而是因为可爱而美丽

再举一个比较通俗的例子:

前一段我看见报纸有一个报道,说是我国首部区域性貌美人群美丽标准计算机评价系统出炉。这个系统以山东省千余名高校佳丽和职场白领为样本,形成了一套"美女指标":眼裂高宽比29%—42%,鼻高41—53毫米,唇高16—24毫米。(参见《济南日报》2007年9月26日)你们是不是也看到了?对于这个标准,不知道其他人是怎么想的,反正,我是真有点哭笑不得。当然,希望弄出一个什么美女标准的也不仅仅是山东的这个课题组,而是有很多很多的人、很多很多的地方,比如我最近就看到另外一个报道,说是奥运会为了选奥运小姐也制定出了个什么什么标准,不过,这次奥组委的反应倒是很快,他们赶紧出来否认说,我们没有制定过这类标准,我们只制定了一个身高、年龄之类的标准。当然,奥组委究竟弄没弄这样的标准并不重要,重要的是,为什么有这么多的人关注这样的标准,或者说,为什么这样的标准只要一出炉就会引起高度的关注?

看来,在很多人看来,审美对象是客观存在的,因此,也就一定是存在着一个客观的标准的。

可是,一切的失误却恰恰就从这里开始。

我经常在强调两句话,我一直觉得这两句话应该就是学习美学的敲门砖。

第一句话是,审美不是选美。"选美"或许是有标准的,但是,"审美"一定是没有标准的。换言之,其实并不存在一个客观的美,更不存在一个客观的美的标准,我们无非是把我们愿意欣赏、愿意接近的东西称为美,而把我们不愿意欣赏、不愿意接近的东西称为不美——也就是丑,如此而已。所以,审美是绝对不可能存在什么标准的。比如黄山,黄山当然是美的,这是

317

没有人会否认的事实，可是，黄山为什么是美的呢？是因为符合了什么美的标准吗？当然不是，而是因为我们人类崇尚创造、创新，我们人类也从进化过程中知道了对称、比例、多样统一等对于自身和世界的重要意义，因此，当我们在生活里看到了这样的对象的时候，就不由自主地愿意欣赏之，也愿意接近之，而黄山在这样的对象里，无疑应该是其中之最，也因此，我们也当然最愿意欣赏之，也最愿意接近之，而这也正是我们把黄山称为美的唯一原因。因为，我们在黄山身上，看到了最想看到的一切。

美女也是一样，美女当然是美的，这也是没有人会否认的事实，可是，美女为什么是美的呢？是因为符合了什么美的标准吗？如果是为了上镜、为了配合模特的T型台，那我们无疑应该承认，还是存在一定的标准的，比如，比较上镜的脸一定要比较小，要巴掌大小最好，如此等等，模特的个子一定要高，最好在1.78米以上，如此等等，可是，如果是在生活里，那我们就一定要说，美女之所以美，绝对不是因为符合了什么标准，而只是因为我们人类崇尚创造、创新，我们人类也从进化过程中知道了对称、比例、多样统一等对于自身和世界的重要意义，这样一来，我们一旦在生活里看到了这样的对象的时候，就不由自主地愿意欣赏之，也愿意接近之，而美女在这样的对象里，无疑应该是其中之最，也因此，我们也当然最愿意欣赏之，也最愿意接近之，而这也正是我们把美女称为美的唯一原因。因为，我们在美女身上，看到了最想看到的一切。

而这也就顺理成章地要提到我的第二句话了。我的第二句话是，不是因为美丽而可爱，而是因为可爱而美丽。

还接着上面的话来说，什么是美女，是因为她符合了某些模式吗？当然不是，而是因为我们愿意欣赏之，也愿意接近之。

说得再具体一点，究竟什么样的女性才是美女？作为一个美学教授，在不同场合，我会经常被人问及这样的问题。我的回答永远是三个——

最通俗的回答是：儿童的头脑、少女的身体、天使的容貌、魔鬼的聪慧。

比较不那么通俗的回答是：每一次看到她，你都吃惊地发现，她竟然比上次更美丽。

最不通俗的回答是:不但有美丽的眼睛,而且要有美丽的眼神。

而为了把我的想法讲清楚,在这里不妨借用一句法国人孟德斯鸠的话,他曾经说过:一个女人可以以一种方式显得美丽,但更可以以十万种方式显得可爱。在这里"十万种方式"是一个重要的关键。"儿童的头脑""魔鬼的聪慧""比上次更美丽""美丽的眼神",就都属于这"十万种方式"。就以"儿童的头脑"而言,哪一个真正的美女不是纯洁如儿童,也单纯如儿童,更娇憨如儿童?可是又有哪个男性会不由衷喜欢这儿童般的纯洁、儿童般的单纯、儿童般的娇憨?再以"魔鬼的聪慧"为例,"魔鬼",在这里并不是指的美女的品质,而是指的美女的性情,所谓"狐狸精"者是也,任性、撒娇、多变、喜怒无常但是又冰雪聪明,这应该都是美女的家常便饭了吧?可是,如果缺少了这一切,美女还成其为美女吗?难道,不正是因为在这个女性的"可爱"中我们看到了我们最愿意欣赏的和最愿意接近的,所以,我们才称之为美女吗?否则,又怎么会有"情人眼里出西施"这样的经验之谈呢?

顺便讨论一个颇有意思的问题,是少女更美丽,还是少妇更美丽?有一次,我在东南大学作报告的时候,学生们提问的时候,问的第一个问题,就是这个问题。并且,在其他的场合,我也被问到过多次。那么,应该如何去回答呢?按照中国传统的说法,那肯定应该是回答说:少女更美丽。中国古代说到美女的时候,最少说到的,自然是"丰乳",给人的感觉是,中国人似乎更加喜欢平胸的美女,而说得比较多的,则无外乎"五短身材"(《金瓶梅》中就如此,中国人似乎不喜欢高个子的女性);还有一个,就是"年方二八"。

朱自清在他的散文名篇《女人》里曾敞开心扉:他说他只承认有"处女"的美,至于那些少妇、中年妇女、老太太们,在他看来则都已经"上了凋零与枯萎的路途"。可是,一旦与西方美学遭遇,中国人的看法却似乎根本就站不住脚了。熊秉明先生在20世纪中叶开始留学法国,他就意外地发现,我们中国人心目中的美都是含苞待放的少女,都是朝霞般的灿烂,至于那种粗粝的美、苍老的美,我们中国人则是绝对接受不了的。然而,西方人的看法却与我们不同。例如罗丹雕塑的《夏娃》,熊秉明先生介绍过自己的思想转换,他自己最早画一个四十多岁的中年妇女模特的时候,曾很不以为然。

319

"实在不好看。一身蛋壳黄的颜色,也单调得很。"后来慢慢反省:"女人怎能一离开处女的阶段便开始凋零枯萎呢?从鲜丽到枯萎的路途很少,在这途中的女人便都不足观的么?枯萎衰颓的老妇,就不值一顾了吗?"《夏娃》在中国人看来实在是没有一点儿美的痕迹,"不但不是处女,而且不是少妇,身体不再丰圆,肌肉组织开始松弛,皮层组织开始老化,脂肪开始沉积,然而生命的倔强斗争展开悲壮的场面。在人的肉体上,看见明丽灿烂,看见广阔无穷,也看见苦涩惨淡,苍茫沉郁,看见生也看见死,读出肉体的历史与神话,照见生命的底蕴与意义……";"一个多苦难近于厚实憨肥的躯体";"背部大块的肌肉蜿蜒如蟒蛇,如老树根"①。显然,如果不是着眼于"美丽",而是着眼于"可爱",那么,有着更多生命故事的、在身体中呈现出"生命的倔强斗争展开悲壮的场面"的少妇,无疑应该是更加美丽。作家杜拉斯说:在她老年的时候,有一天走在路上,一个小伙子跑来对她说:你年轻的时候我曾经见过你,比起那时候,我更爱你现在这备受摧残的容颜。为什么"更爱你现在这备受摧残的容颜"?老年的杜拉斯,皱纹满面,皮肤松弛,肯定已经不复年轻时那肉体的美丽了呀!原来,小伙子爱的是她的饱经沧桑的魅力,这已经不是美丽,而是"可爱"。

  再回头想想,不难意识到,为什么会有人不辞辛苦地弄出一个什么美女标准呢?无疑是因为我们中国人都会说上两句反映论之类的套话,物质第一性,意识第二性,这是中国人从小就被灌输的。何况,何止中国,法国美学家狄克罗斯不是也告诉我们,不管有没有人,卢浮宫的美不会因此而荡然无存?由此推论,审美对象当然就是客观的。而既然审美对象是客观的,那当然也就是一个可以去认识的对象,而一个可以去认识的对象,也就一定是可以总结为若干标准的。在这个意义上,弄出一个美女标准来,不是非常可以理解吗?可惜的是,就美学的问题而言,审美对象并不是客观存在的,而我们的审美活动也并非主观意识对客观存在的美的反映。物质第一性、意识第二性之类的话,不能简单地套用在美学问题的思考上。

---

① 熊秉明:《关于罗丹——熊秉明日记择抄》,天津教育出版社2002年版,第64页。

而所有的美学误区,应该说,都是从这里开始的。

由此我想起西方美学家有所谓"扁型人物""圆型人物",并且得出讨论结果,"圆型人物"要比"扁型人物"更美,为什么呢?美固然与对象有关,但是却不完全在对象,而在对象背后的生命,因此越是有生命的对象就会越美。可见,美在对象是靠不住的。因此,美并不是客观存在的。换一句话说,黄山是客观存在的,但是,黄山的美却不是客观存在的;女性是客观存在的,但是美女却不是客观存在的;眼睛是客观存在的,但是眼神却不是客观存在的。

"境由心造"

讨论了问题的反面,再来讨论问题的正面,也就容易了许多。

中国有一句话,叫作"境由心造"。起码就美学而言,这是很有道理的。审美对象,也由心造。这个"心",就是审美活动。因此,对于所有的审美对象,我们在它的前面都要加上一个前提,那就是:"我觉得"。黄山美,应该准确地表述为:"我觉得黄山美";西湖美,也应该准确地表述为:"我觉得西湖美"。而这里的"美",也只应该理解为一声感叹。这也就是说,黄山美、西湖美,也可以更准确地表述为:这就是我所要找的那个对象,这就是我梦中的她。

具体来说,在生命过程中,会出现两种情况,一种情况是对于外界的认识,还有一种情况却是对于外界的评价,就后者而言,其实它并不关注外界的客观状态本身,而只是关注外界对于自身生存的价值。比如水果,从表面上看是因为它好吃,因此我们才喜欢去吃,但是其实恰恰应该反过来,是因为我的身体需要它,所以我才觉得它好吃。美也是一样,并不是因为世界上有美,因此才需要我们不断去认识,而是因为我们永远需要"美"这样一个对象,因为它是我们生命中不可或缺的另外一半,而且还是更为重要的另外一半。因为我们生命中的另外一半是永远说不清也道不明的,永远只能够借助于"他者"来作为见证。因此我们永远要通过"找对象"的方式证明自己的存在。因此，犹如在生活中我们所喜欢的接近的"对方"，一定是我们最为需要的东西；在审美活动中我们所喜欢接近的"对象"，也一定是最能证明我们自身存在的"他者"。怀特海曾经批评一些秉承着错误的美学观念的诗人说："诗人们都把事情看错了。他们的抒情诗不应当对着自然写，而要对着自己写。他们应当把这些诗变成对人类超绝的心灵的歌颂。因为自然界是枯燥无味的，既没有声音，也没有香气，也没有颜色，只有质料在毫无意义地和永远不停地互相撞击着。"①冷静想来，应该是很有道理的。审美活动，其实就犹如我们与世界之间的一场恋爱，而形形色色的美，其实也就是我们所找到的对象。"情人眼里出西施"，那是因为我们都在自己的对象身上看到了理想的自己，审美者的眼里出现审美对象，那也是因为我们都在这个审美对象身上看到了理想的自己。

西方美学史的基本知识

为了能够把问题讨论得更为清楚，在这里，我想稍微介绍一点关于西方美学史的基本知识。

在西方美学史上，我们也可以看到关于审美对象的讨论。最初的时候，西方大多是把审美对象看作客观存在，之所以如此，与西方的形而上学的孤立静止的思维方式有密切的关系。

但是，后来西方的美学家却逐渐发现，这种思维方式是将审美活动的过程简化了，并且是把审美对象独立了出来。事实上，审美对象存在于何处，绝对不像人们不假思索地给出的答案那样简单，所以，近代以来，西方美学家纷纷关注"幻觉""想象""鉴赏""判断力"，这绝非偶然。而康德也建议，要来一次"哥白尼式的转换"。

关于哥白尼，想必大家并不陌生。在他出现之前，人类都以为地球是中心，太阳只是围绕着地球旋转而已，可是，哥白尼却纠正说，地球不是中心，

---

① 怀特海：《科学和近代世界》，商务印书馆1959年版，第53页。

而且,应该是地球围绕着太阳旋转。这就是所谓"哥白尼式的转换"。美学的问题也是一样,事实上,不是人围绕着审美对象旋转,而是审美对象围绕着人旋转。没有人,也就没有审美对象,是人的审美需要造就了审美对象,而不是事先存在着一个客观的审美对象等待着人去反映。

确实,如果回到真实的审美活动本身,情况还真的就会大不相同,例如有一个美学家叫立普斯,他就发现,在审美活动中道芮式石柱在耸立升腾、凝成整体或挣扎着冲破局限,但是,这一切其实都并不是发生在石柱自身上,而是审美者的感觉。所以立普斯说:"不是我从美的对象中所得到的快感"。那么,显然是生命本身渴望耸立升腾、冲破局限,因此才在道芮式石柱身上找到了这一"对象"!

进而,又有一些美学家从心理学研究的显意识与无意识的最新成果里受到启发,他们指出,审美活动不是在显意识中进行的,而是在无意识中进行的,我们从显意识中没有看到人的意识有什么变化,于是就以为没有什么东西在其中发生作用,进而又以为只是出于对于外界的认识的需要,可是,从无意识的角度看,就大为不同了。无意识是生命的一种根本意识,在生命过程中,它总是需证实自己,总是需要显现自身,可是,它却永远无法被加以表达,万般无奈,只有不断地去找对象,不断地用比喻的方式、比兴的方式、象征的方式来告诉我们:"这就是我!"准确地说,这应该是一种"无意识的客体化"的有趣现象。换言之,在审美活动中的所有客体实际都不再是客体,而只是无意识的载体、无意识的象征。

也许就是出于对于上述转变的肯定,朱光潜先生介绍说:有人干脆就将美学上的移情说比作生物学上的天演说,将立普斯比作美学界的达尔文。那么,为什么立普斯竟然会得到如此之高的评价呢?只要联想到西方美学传统往往错误地将审美活动理解为对于美的寻找、反映,就会不难想象,当立普斯大声疾呼"审美的目的,不是为了寻找外在的对象,而是为了创造出在外部或者内心中原来都并不存在的东西,不是为了获得某种知识,而是为了获得生命的内在感动,不是为了形象地认识世界,而是为了体验精神的自由享受",这,实在是一场翻天覆地的美学巨变的开始!

"不睹不快"

弄清楚审美对象的根源之后,审美对象的产生也就不难了然了。

前面我已经讨论过,审美活动是出于自身根本的生命需要,那么,审美对象呢？其实也只是我们出于自身的根本的生命需要而找到的"对象"。换言之,在审美活动中出现的"先睹为快",只是因为"不睹不快"。

比如说,大千世界中的那些合乎比例的东西为什么更容易引起我们的美感？其实并不是因为合乎比例、对称的东西本来就是审美对象,而是因为我们生命本身存在着对于合乎比例、对称的东西的需要。学者告诉我们,天体中存在着球体对称,我们常见的雪花是平面对称;而人体也是左右对称的。而且,一个生物,它越是复杂,对合乎比例的要求就越严格,最早的时候的变形虫,还没有前后、左右、上下的区别,因此,它也没有平衡对称的需要,后来,动物开始有了上下区别,后来又有了前后左右的区别,最后才逐渐发展到了人。所以我们发现,那些合乎比例、对称的东西,其实也更合乎人的最为根本的生命需要。也因此,凡是合乎比例、对称的东西,我们就愿意欣赏、愿意接近,否则,我们就避之唯恐不及。

再如音乐,我们为什么喜欢音乐呢？有些人说,音乐好听,所以我才喜欢听。其实,这完全就弄颠倒了。我们之所以喜欢音乐,是因为我们的生命发展的轨迹和音乐的旋律是最接近的。科学家研究认为,整个的生命都在运动当中,这个运动是什么呢？比如说,科学家告诉我们,勃拉姆斯的《摇篮曲》可以把鲨鱼吸引过来,也可以使鲨鱼昏昏入睡,但是现代的摇滚音乐却偏偏让鲨鱼惊退而去。科学家还告诉我们,配音的含羞草的生长能力超过了没配音的含羞草的生长能力,而且是超过了50％。还有科学家把DNA的几种要素组合了一下,结果发现,竟然是一首极为优美的音乐,而且还是比较缠绵悱恻的那种,难怪我们都更喜欢悲剧啊,我们的遗传基因原来就是一个悲剧的律动。大家知道中国最有代表性的乐器是二胡,而二胡的最典型的美学特色是什么呢？如泣如诉。谁能说,这如泣如诉就与我们的生命需要就没有密切的关系？

而这样一种认识，又可以扩展到对于全部的审美活动的认识。例如，对于阳光的审美活动，人们往往以为就是因为阳光的美，才导致了我们的审美活动，其实不然，科学家告诉我们，真实的原因是因为，人类可以看见的光波波长仅在400—800毫微米之间。但光波的辐射波长全距却是10的负四次方至10的八次方毫微米，二者比较一下，可知人类可见光波的有限。然而，令人惊奇的是，人类的视觉光谱范围，恰恰正是太阳光线能量最高部分的波长。显而易见，在视觉与光线之间存在着一种深刻的内在和谐。阳关的最佳值和人的眼睛的接受区间恰恰完全吻合，因此，人接触阳光的时候就最舒服，所以，人才喜欢阳光，也才将阳光作为美的象征。

而我在前面讲到的几个例子，也还可以再从这个角度去加以解释。例如为什么身材有美丑之分？原因就在于人的眼睛存在着黄金分割的需要，因此就把接近黄金分割的身材称为美；为什么人在走路的时候要以S形为美？那是因为人的眼睛在看任何一个分成左右的东西的时候，都有一个10度的夹角，所以只有达到S形要求的身材，才是美的。那么，如果再进而追问，为什么美女帅哥最受欢迎？是因为他（她）们美吗？当然不是，而是他（她）们的遗传基因是最好的，而把最好的遗传基因流传下来，正是人类亘古以来就存在的最为根本的生命需要，因此，人们才愿意接近他们。

以自我为对象

进而言之，我已经反复强调，人吃水果不是因为水果好吃，而是因为人的体内需要水果，动物就不说水果好吃，它反而说人肉好吃，因为它的体内没有对于水果的需要。审美对象也是一样，动物有没有对于审美对象的需要呢？肯定没有，因为动物只有感觉没有意识。我们碰一下动物，它肯定会有感觉，疼或者不疼，但是如果你要问动物说，你是谁？动物却一定不能回答。动物有感觉，但是没有意识。人跟动物的最大区别在哪里呢？就在于人会问："我是谁？"人不但有跟动物一样的感觉，他还有人的意识。他意识

325

到了自己和动物的不同,他也意识到了自己和世界的不同,他还会问:"我是谁?"这完全是动物所没有的。所以,人有意识,是人和动物最起码的区分。

审美对象的出现,无疑就与这个最起码的区分有关。

那么,"我是谁"呢?"我是人。"

"人",这是人类所能够说出的最为神圣的一个字,但也是最难说出的一个字。

"最为神圣",是因为这个字最重要,你们想一想,我们吵架的时候会骂,"你不是人",那我们为什么不骂动物"你不是动物"?我们为什么也不指着山说:"你看看你,你哪像山呀?"可我们会说:"你看看你,你哪像个人呀?"还有,我们为什么要骂某些人说"你不是人"?而且,他尽管明明是人,可是,如果全世界都骂他不是"人",那他可就真的不再是"人"了。可见,人之为人,一定在于是因为在人的身上有一点长得超出了他自己的身体的东西,而且,也就是因为有了这一点东西,他才是"人"了,否则,就不是"人"。

再想一想,我们特别喜欢讲,要学会做"人"。可是,我们不是已经是人了吗?为什么还要做"人"?难道此人非彼"人"?这就说明,人之为"人",还是有起码的要求的,达不到这个要求,那他就不是"人"。那么,这个要求又是什么呢?那就是在人的身上要有一点长得超出了他自己的身体的东西。

还可以想一想,人掉到水里会喊:"救命!"救"命"?那是救的什么"命"呢?是跟动物一样的"命"。但是,当我们说"士可杀不可辱"的时候,"可杀"的固然是"命",那"不可辱"的又是什么呢?是人的精神生命。所以我们才经常说,要活得像个"人"样,要死得像个"人"样,要活出点"人"味来。

至于"最难说出",则是要说清楚什么是"人",还真是一言难尽,几乎是说也说不清楚。而且,有很多人都在说"人是什么""人应该是什么",但是事实却证明,这都不是最好的办法。那么,最好的办法是什么呢?人们慢慢地发现,口说无凭,最好的办法,还是自己为自己作证。就像我们到法院去打官司,法官问你,你是好人吗?你凭什么说你不是坏人?那你怎么办呢?跟他讲道理?可是法官能信吗?只有一个办法,那就是摆事实,也就是要靠事实来说话。那么,现在我们主张我们是人,那我们就也要摆事实吧?怎么摆事实呢？只有一个办法，通过与我们有关的"对方"，例如，要对美女证明我有力量，最简单的办法是什么？当然不能靠吹牛，而是把自己亲手打死的老虎放在美女的面前，或者，是把自己擒住的蛟龙送到美女的面前。

显然，要说清楚什么是"人"，只有通过我们的"非我"。我们周围的世界就是我们自己的一个展览馆、一个展示厅、一面镜子。难怪我们的古人会感慨：从山阴道上行，如在镜中游。我们之所以能够意识到自己，就是因为面前的这个世界的存在。而且，我们就通过这个世界来证明自己，我们能移山填海，我们能把荒地变成良田，我们能造水库，我们能建高楼大厦。被移动的山、被填平的海、良田、水库、高楼大厦，同时也就都是我们的证明，通过它们，也就证明了什么是"人"。

因此，没有作为非我而存在的我们周围的世界，也就没有人之为人的意识。人就是通过它们才意识到了自己，也才证明了自己。而动物就无法做到，你让它们照一照镜子，看看它们是否知道那就是它们自己？肯定是不知道啊。老虎也会打猎，可是，它知道去炫耀自己的战果吗？当然不知道。可是人类却会。人，只有人，才知道在非我的世界证明自己。

不过，问题还远没有结束。我们知道，对于人来说，更为重要的是"人会长得超出了自己"，这就是所谓的"人样"、所谓的"人味"，那么，什么叫"人样"，什么叫"人味"，"长得超出了自己"的又是什么？因此，人还要继续为自己作证。不过，这里的"人样""人味""长得超出了自己"，都代表着人之为人的无限性（也就是我在第一讲提到的未完成性，也是我在第三讲提到的超越性），都是人之为人的精神面孔，而我在前面已经讨论过了，人的无限性是无法在非我的现实世界加以证明的，犹如现实的镜子无法照出我们的精神面孔，因为它们都只能部分地体现人的无限性，被移动的山、被填平的海、良田、水库、高楼大厦，都无法完全体现人的无限性。它们都可以为我们生命的有限性作证，也可以为我们生命的部分无限性作证，但是，我们生命当中的全部的无限性，在被移动的山、被填平的海、良田、水库、高楼大厦里却无论如何都是看不到的，也是无法证明的。可是，人的"人样"是什么？"人味"是什么？人的"长得超出了自己"的又是什么？作为精神站立的人，他又必须知道。何况,做人,是人的对于未来的一种自我选择。那就更要设法看到自己的未来,设法证明自己已经是人或者趋近于人了。那么,怎么去为自己作证呢?睿智的人类当然不可能被难倒,那,就通过创造一个非我的世界的办法来证明自己吧。

创造一个非我的世界的办法来证明自己,也就是去主动地构造一个非我的世界来展示人的自我,主动展示人类在精神上站立起来的美好,以及人类尚未在精神上站立起来的可悲。不过,与通过非我的世界来见证自己不同,创造一个非我的世界,不是把非我的世界当作自己,而是把自己当作非我的世界,过去是通过非我的世界而见证自己,现在是为了见证自我而创造非我的世界。而且,把一个非我的世界看作自我,这当然是我们日常所说的现实世界中的实践活动,但是把自我看作一个非我的世界,那可就是我们所说的审美活动了。在这个方面,人真是非常非常聪明,他竟然发现了现象里蕴含无限,因此,把自我当作一个非我的世界,也就可以在这个非我的世界中呈现无限。并且,人也正是因为看到了自我、看到了自己的精神面孔而快乐。于是,人类就不断地把自我当作一个非我的世界,这,当然就是审美活动之所以与人俱来的全部理由了。

这当然也就是我在前面说的那种把"对方"变成"对象"的方式。例如,我们可以通过让现实世界——例如让自然山水去显示那些不是它自己是怎样的而是它对我们来说是怎样的特性,也可以直接去创造一些只显现对我们来说是怎样的那些特性的文学艺术作品,通过它们,来证明我们的"人样",证明我们的"人味",证明我们确实"长得超出了自己",换句话说,我们可以通过"找对象"甚至是创造出自己要找的"对象"的方式来证明自己。

在"背影"里,父亲才真正成为父亲

来看朱自清的《背影》。

2009年的父亲节,我应江苏电视台的邀请,去做过一次关于父亲节的访谈节目。当时,我就谈到,不同于母亲的清晰的面孔,父亲的形象只是一个

背影。这,当然是源于朱自清的散文的启发:

> 我说道,"爸爸,你走吧。"他望车外看了看,说,"我买几个橘子去。你就在此地,不要走动。"我看那边月台的栅栏外有几个卖东西的等着顾客。走到那边月台,须穿过铁道,须跳下去又爬上去。父亲是一个胖子,走过去自然要费事些。我本来要去的,他不肯,只好让他去。我看见他戴着黑布小帽,穿着黑布大马褂,深青布棉袍,蹒跚地走到铁道边,慢慢探身下去,尚不大难。可是他穿过铁道,要爬上那边月台,就不容易了。他用两手攀着上面,两脚再向上缩;他肥胖的身子向左微倾,显出努力的样子。这时我看见他的背影,我的泪很快地流下来了。我赶紧拭干了泪,怕他看见,也怕别人看见。我再向外看时,他已抱了朱红的橘子望回走了。过铁道时,他先将橘子散放在地上,自己慢慢爬下,再抱起橘子走。到这边时,我赶紧去搀他。他和我走到车上,将橘子一股脑儿放在我的皮大衣上。于是扑扑衣上的泥土,心里很轻松似的,过一会说,"我走了;到那边来信!"我望着他走出去。他走了几步,回过头看见我,说,"进去吧,里边没人。"等他的背影混入来来往往的人里,再找不着了,我便进来坐下,我的眼泪又来了。

朱自清写文章,很喜欢抓取一些非常典型的细节。你看看他描写小时候吃"白煮豆腐"的情景,看看他描写在台州冬夜晚归时,"楼下厨房的大方窗开着,并排地挨着她们母子三个;三张脸都带着天真微笑地向着我。似乎台州空空的,只有我们四人;天地空空的,也只有我们四人。"于是,"无论怎么冷,大风大雪,想到这些,我心上总是温暖的。"你就会发现,朱自清在写作的时候一定是满心的虔诚和温情。当然,他在写《背影》的时候也是一样。

我们知道,因为母亲从小把我们带大,因此,母亲的面孔,在我们的心头始终是非常清晰的,可是,父亲就不同了。因为经常奔波在外,子女对他的印象其实是模糊的,父亲往往就是强大、可靠的象征,如此而已。可是,当父亲逐渐老去,逐渐让子女觉察,原来父亲也是需要怜惜、呵护的,于是,那种骨肉的亲情，就会油然而生。而且，这种感觉还往往都是从父亲的开始微驼的背影开始的。

我第一次真正地对父亲印象深刻，就是从他的背影开始的。那是1983年，我刚刚毕业留校，我父亲到学校来看我。送他离开的时候，我注视着他那明显衰老了的背影，心里突然涌现出一种异样的感觉，我觉得，那个时候，我才真正看清楚了我的父亲。后来，1988年，我的父亲就去世了，现在，我只能以自己微小的成绩来告慰他老人家的在天之灵。当然，这一切都是源于朱自清的发现，1925年，他在南京下关坐火车去上学，当时，就发生了上述的一幕。他不愧是大作家，千百年来中国男人对于父亲的感觉，被他敏捷地捕捉到了。于是，父亲的形象终于脱颖而出。显然，在这里，"背影"，就是朱自清为我们理解父亲而找到的"对象"，在"背影"里，父亲才真正是父亲，也才真正成为了父亲。

人人心中所有，人人笔下所无

从这个角度，我们也就知道了审美对象的重要。人要证明自己是人，审美对象也就须臾不可离开。梵高为什么非画向日葵不可？徐悲鸿为什么非画马不可？道理就在这里。人人心中所有，人人笔下所无，文学艺术家的使命就在于，可以让它完美地呈现出来。

说到这里，我突然想起，人类的神话是人类最早的创作，不同的地区，神话会有所不同，但是，你们是否发现，这些不同地区的神话都一定会出现创世神话？为什么呢？看来还是因为人觉得自己与动物不一样，他想把这个不一样呈现出来，于是，就想到了在想象中创造世界的方式。

再看宗教，人类的宗教是人类在精神上站立起来以后的最早的创作，不同的地区，宗教会有所不同，但是，你们是否也发现，这些不同地区的宗教都一定是创世的宗教？这是因为，所有的宗教都是为了提升人、让人成为人的。因此，它就一定要创造一个世界来确证人类自身。

还有，我在前面介绍过，美学家在研究人类审美活动的时候，分别提出了审美活动起源于模仿、起源于游戏、起源于表现等看法,尽管从今天的眼光来看,这些看法都是片面的,也都是瞎子摸象,但是,其中却存在着一个共同的取向,那就是从只有人才模仿、才游戏、才表现中,都注意到了人类通过创造一个世界来确证人类自身这样一个共同特征。

而通过创造一个世界来确证人类自身,就正是审美对象的本质。它意味着审美对象的那些不是它自己是怎样的而是它对我们来说是怎样的特性,康德把审美对象称为"像似另一自然的对象",席勒把审美对象称为"活的形象",中国的美学家把审美对象称为"象外之象",其实,这也就是对于审美对象的本质的概括。因此,简而言之,一个对象一旦"长得超出了自己",一旦有了境界,就像人活出了境界那样,那,它就是审美对象了。

这样,倘若从审美对象的角度再看为什么"爱美之心,人才有之"和"爱美之心,人皆有之",那我则会说,那就是因为,对于在精神上站立起来了的人来说,"爱美之心"也就是对象性地去运用"自我"的需要,这当然是人的第一需要。因为,一个人,只有当他懂得了把自我当作对象的时候,他才是"人"。

我审美,但与你无关

关于审美对象,还可以再从心理学的角度来讨论。

西方心理学家发现,人的欲望往往带有生产性,他会主动创造一个对象,创造一个心理的世界,而且以它作为现实世界的替身。这也就是说,当人面对一个世界的时候,因为有欲望,因此也就会对之进行加工,把它从"对方"变成"对象"。我觉得,这个发现是非常富于启迪的。

在这方面,中国有一个大哲学家王阳明的看法恰恰可以作为印证。《传习录》中说,一次,王阳明与人同游,友人指着岩中花树问:"天下无心外之物,如此花树在深山中自开自落,于我心亦何相关?"阳明答:"你未看此花时,此花与汝心同归于寂。你来看此花时,则此花颜色一时明白起来。便知此花不在你的心外。"所有讲美学的人都喜欢讲这个例子,并且以此来说明,鲜花不是客观存在,而是我看见以后对它的再创造,可是,仍旧有很多人不理解,鲜花不本来就是在那里的吗?为什么就不是客观存在呢?可是,你不妨想想,鲜花在原始社会时期不本来就是在那里的吗?为什么就不美?鲜花在动物的眼睛里不本来就是在那里的吗?为什么也不美?你就会知道,只有当人有了生命意识,当人想"找对象"的时候,他才会找到鲜花,所以鲜花是人的那个想找对象的生命欲望的再创造的结果。"此花颜色一时明白起来",则是指的那些不是它自己是怎样的而是它对我们来说是怎样的特性"一时明白起来"。

我在网上看到过一个心理学的研究成果的介绍。一般而言,在看世界的时候,我们都觉得我们眼睛里看见的世界就是客观的,也都是世界的本来面目,可是,这项心理学的研究成果说,当我们看到一个对象的时候,内心会发生两种心理活动,一种是看见对象以后引起的外在的视觉活动,我看见了"鲜花",这当然是我们大家都承认的事实,但是,其实就在这个时候,我们同时还在进行着另外一种心理活动,也就是说,我还会评价鲜花。不过,我们看见了鲜花,这是我们的眼睛就能够告诉我们的,可是,我们内心里对鲜花的评价呢?我们知道,情绪从来就是一个黑洞,没有空间特征,没有位置特征,是无法表达的,那么,我们对于鲜花的情绪又该如何去表达呢?答案是,只能通过把它与眼中所看到的事物联系在一起,使它感官化、客体化,于是,就出现了一种非常奇妙的特征:心理活动被投射在视觉图像上,从而导致"情绪在视觉图像上"这样一种特殊的心理反映形式,也就是"情绪客体化现象"。以我刚才说的鲜花为例,那就是所有的情感都要通过眼睛中看到的鲜花来表达。这样一来,我们就只能准确地说,当我们面对鲜花的时候,我们从表面上说,是看到的山野里的鲜花,但是实际上看到的却是心中的鲜花,是浸透了自己的情感评价的鲜花。

结果,由于内在的情绪活动已经存在于我们所看到的形象之中,因此,我们也就可以在直觉中"看"到在我们所面对的形象中的令我们喜爱或者令我们厌恶的东西,并且会把它误认为是视觉图像本身所具有的一种特质或属性。长期以来,美学家往往误以为美是客观存在的,从心理学的角度看,失误就在这里。

　　以"鲜花是红的"和"鲜花是美的"这个问题为例,严格地说,"鲜花是红的"无疑是在视觉图像之中的,可是,"鲜花是美的"却并不在,"鲜花是美的"是在我们对鲜花的情绪评价当中诱发出来的那些不是它自己是怎样的而是它对我们来说是怎样的特性,可是,我们长期以来误以为"鲜花是美的"也在鲜花的视觉图像之中,这就类似于我们长期都以为地球是宇宙的中心一样。其实,就像在癞蛤蟆的视觉图像上,我们看到的是自己的不快情绪,而鲜花,则是我们在鲜花的视觉图像上看到的自己的快乐情绪。

　　推而广之,我们的眼睛所看到的鲜花是没有美丑的,与动物的眼睛看到的鲜花是一样的,与原始人的眼睛看到的鲜花也是一样的,可是,我们为什么却偏偏要称鲜花为美呢?那就是因为我们一直都在找一个"对象",我们一直想告诉别人,我们关于生命的美好想象是什么,但是,却一直说不清楚,现在,看到鲜花以后,突然豁然大悟,原来我们关于生命的美好想象就像鲜花。这样,当我们说鲜花美的时候,完全不是因为我们的眼睛看见它的结果,而是因为我们的眼睛看见以后同时还对它有个评价,我们认为,它恰恰能够满足我们的生命需要。于是,我们就在直觉中看到了它的美,或者,叫作"此花颜色一时明白起来"。

　　还回到"鲜花是红的"和"鲜花是美的"这个问题上来,我前面已经说了,我们在鲜花的视觉图像上看到的是自己的快乐情绪。这就用得上歌德说的一句话了:我爱你,但是与你无关。现在,我也可以说,我爱鲜花,但与鲜花无关。当然,这并不是说,鲜花自身就一点作用也不起,而是在强调,在我爱鲜花之前,鲜花的美是不存在的,存在的只是鲜花的红。我爱鲜花,其实也是我找到了鲜花这个"对象"的结果。西方哲学家罗兰·巴特说:热恋中的人会像一部机器一样地拼命生产符号。也就是说,他会把自己的对象想象得非常美好。当然,这种拼命生产符号的说法,中国人都很熟悉,因为中国同样有一句话,叫"情人眼里出西施"。美国的一位美学家桑塔亚娜也说:爱情的十分之九都是爱人自己创造的,只有可怜的十分之一,才靠被爱的对象。这也是一个很深刻的关于爱情的表述。当然,也是一个很准确的关于审美活动的表述。我们同样也可以说,在审美活动中,审美对象的十分之九的都是审美活动自己创造的,只有十分之一,才是外在世界本身提供的。对此,法国的罗洛·梅说得更加精辟:男人为什么会选择某一个女人?就是因为在她身上蕴含着自己的理想未来。他所选择的女人,正是他的理想人生的象征。其实,审美活动也是这样,因此,我审美,但与你无关。

《米洛的维纳斯》就是女人

还是来看一些具体的例子。

比如飞雪飞絮的美,中国古典诗词一写飞雪飞絮,我们就以为这是因为飞雪飞絮本身就是美的。其实不然,对于飞雪飞絮的赞美是出于人自身的评价。我们喜欢这种飞雪飞絮的美,是因为我们喜欢这种飞翔的感觉,因为我们不会飞,所以我们对飞翔的轻盈、对飞舞轻扬都会更感兴趣,所以,当我们看到了飞雪飞絮那么轻盈地飘在空中,无疑就会发出一声赞叹。

比如梅花、菊花和松树的美,我们知道,梅花是早开,菊花是晚谢,松也是后凋,在它们的身上,被突出的是一个什么东西呢?耐寒。这样我们就不难想到,为什么在中国它们会备受推崇。四季被截然区分开来,以及因此而留下的关于高温和严寒,给中国人留下的印象真是太难以忘怀了。因此梅花、菊花和松树是中国人所最愿意接近的,因此,就成为美的。当然,伤春、悲秋、怜红、惜花的现象也很类似。从伤、悲、怜、惜的角度去接近与欣赏春、秋、红、花,也是完全出于中国人内心深处特有的审美期待。

再比如线条的飞动之美。线条为什么是美的?是因为它本来就美吗?当然不是,而是因为人的眼睛看事物有一个10度的夹角,因此,只有曲线型的事物才会让人感到愉快。这一点,哪怕是在诗歌上都会有所表现。例如,"大漠孤烟直,长河落日圆"。有人就剖析说:"孤烟",垂直线;"长河",水平线;"落日",圆弧线。当然,最有启发的是在舞蹈的美上。你们如果仔细比较一下的话,应该不难发现,原始舞蹈是不突出线条的,对于它来说,重要的是节奏,可是,到了舞蹈的正式诞生,线条就变得重要了。荷马《伊利亚特》

里曾经写到过舞蹈,他就认为,这舞蹈其实就是一个圆圈造型和两条反向运动的直线。我们不妨看看著名美学家朗格如何谈论舞蹈的:"当我们观看舞蹈时,我们看到的是力的相互作用。但这种力并不是砝码具有的那种重力,也不同于将书推倒时所用的推力,而是那种仿佛推动着舞蹈本身的纯粹外观的力。在一组双人舞中,两个人似乎是接受了一种力的吸引而紧紧地连结成为一体;在一组多人舞中,所有的人似乎都受到同一个中心力量或同一种能量的激发。一个舞蹈的构成材料就是这个非物质的力,只有在这种力的收缩和放松、保持和形成中,舞蹈才具有生命,而那个作为它的基础的真正的物理力反倒消失了。""力的相互作用"其实也就是线条的相互作用,在这里,值得注意的是"真正的物理力"消失,"虚幻的、非物质的力"产生,舞蹈的作为"对象",就正是因此而得以确立。

更有意思的是色彩,我们经常用"冷"和"暖"来形容色彩,如红色通常被认为是暖色,而蓝色则相对清凉,其实,这也不是色彩本身带来的,美学家鲁道夫·阿恩海姆就说:它们与颜色的冷暖无关,而是因为我们意识到了它们的表现性的结果。也就是说,我们内心中对于"冷"和"暖"的期待,在红和蓝色那里得到了呼应。

还有一个达·芬奇提出的"镜中所映图画"的例子,达·芬奇曾经提出这样的疑问:"镜中所映图画,似较镜外所见为佳,何以故?"在我看来,答案只有一个,这就是:它们不是对于一般的自然生命的揭示,而是对于自然生命"长得超出了自己"的东西的揭示。

李商隐有一首传世之作——《夜雨寄北》:"君问归期未有期,巴山夜雨涨秋池。何当共剪西窗烛,却话巴山夜雨时。"你们一定都曾经注意到,"巴山夜雨"在这首很短的七绝中竟然重复了两次。为什么呢?正在于前者只是"巴山夜雨"自身原有的那些特性,而后者却是"巴山夜雨"的满足我们的那些全新的特性。这两者回环叠映,充分展示了生命的悲欢离合,因此产生了动人的效果。除此之外,还可以举出柳永的《八声甘州》中的"想佳人,妆楼颙望,误几回,天际识归舟。争知我,倚阑干处,正恁凝愁";周邦彦的《兰陵王·柳》中的"愁一箭风快,半篙波暖,回头迢递便数驿,望人在天北",它们也都因为从满足我们的那些特性的角度揭示了"对象"的美,因而成为美的诗篇,成为千古名句。

再来看两个不同的维纳斯雕塑,一个是《维林多夫的维纳斯》,一个是《米洛的维纳斯》。《维林多夫的维纳斯》显然还没有审美对象的根本特征,它完全就是写实,并且它还以为只要是写实的,就是美的,因此在雕塑中突出的就是乳房、臀部。显然,这就是艺术家在生活中见到的女性,乳房、臀部也是她本来就有的特性,但是,却没有那些对我们来说是怎样的特性。《米洛的维纳斯》就不同了,这部与著名雕塑作品《胜利女神》、绘画《蒙娜丽莎》一起被誉为世界三宝的经典之作没有再突出那些女性本来就有的特性,而是去突出那些对我们来说是怎样的特性。而且,她的头和肩向右,脸和目光则向左;上身向右,腰和腹则向左,身体因此而形成了几个不同的立面。同时,左脚向上提起,微曲,再加上全身的重心放在直立的右脚上,这当然就是我在前面提到的"自由脚"。因此,我们在《米洛的维纳斯》身上看到了"超出于女性自己"的东西。结果,前者只是某一个女人,而后者却就是女人。而且,比女人还女人。

很有意思的是,我们从未听说过谁曾经在《维林多夫的维纳斯》面前被感动,可是,我们也从未听说过谁会在《米洛的维纳斯》面前却不曾被感动过。英国作家萨克雷在其小说《纽可谟一家》里描述说:"她静默而高贵地挺立在雕塑厅的一间展室的正中,使人在第一眼看她时便激动得透不过气来。"主角纽可谟说:这座雕像中的主体看上去"并非是聪明的女人,她只是美"。乌斯宾斯基也写过一篇小说,《它使我们挺直身子》,一个叫普什金的人在富人家当家教,一生唯唯诺诺,十分平庸,后来,在看到这个雕塑以后,突然领悟了人生的真谛,毅然离开,去山区当了教师。所以,屠格涅夫才说,它比人权宣言更不容怀疑,在捍卫"人性的尊严"方面,要更有力量;罗丹才称赞它是"神奇中的神奇"。这也就难怪大诗人海涅在死前竟然要去与维纳斯告别,也难怪著名诗人拜伦在《柴哈罗游记》中会写下这样的颂词:

我们凝视又凝视,
却不知眼光该放何处,
因美而目眩而酩酊,直到心。
因餍足而恍惚;那儿——
永远是那儿——
被链锁在凯旋的艺术马车上,
我们立如囚犯,却不愿离去。
去吧!——何须文字,
何须精确的词藻,
何须大理石市场的鄙陋行话,
学究在那儿欺骗愚人——
因为我们有眼。

"因为我们有眼",这诗句说得何等精彩啊!

为什么情书只能感动自己的恋人

在这里,有一个很有意思的问题要稍微讨论几句,这就是"形式"。西方美学特别喜欢讨论"形式"问题,那么,什么是"形式"?从理论上,当然会有很多种说法,不过究其实质,其实也无非就是指的对于对象身上的"长得超出了自己"的那些东西的把握。公元前3世纪古罗马建筑学家维特鲁威《建筑十书》提到:苏格拉底学派的哲学家阿里斯提普斯航海遭遇海难,漂流到洛得斯海岸的时候,他看到了在沙子上描绘的几何图形,于是就跟同伴们说:有希望了,我们终于看到了人的踪迹。显然,这里的"几何图形"就是对象身上的"长得超出了自己"的那些东西。所以卡西尔说:"艺术家是自然形式的发现者,正如科学家是事实或自然法则的发现者。"其实,这里的"形式"无非就是人类对于世界的期待。而当他在世界身上看到了那些能够满足这种期待的东西的时候,或者当他为自己创造出了那些能够满足这种期待的东西的时候,就意味着是看到了"形式"。开个玩笑,这让我们想起了情书与情诗的区别。为什么情书只能感动自己的恋人,而情诗却会感动所有的人?就是因为在情诗里找到了"长得超出了自己"的那些东西,也就是"形式"。还有音乐里的旋律、节奏、和声,它们都不是声音里原有的东西,而是声音里"长得超出了自己"的那些东西,同样地,也就是"形式"。

由此我们再来看看雕塑的问题,黑格尔曾经对温克尔曼大加称赞,认为他第一个发现了希腊雕塑中的美学内涵。可是,这个美学内涵是什么呢?温克尔曼说:"只有用理智创造出来的精神性的自然,才是他们的原型。"(《希腊人的艺术》,第7页)"精神性的自然",就是在雕塑里"长得超出了自己"的那些东西。不过,最早的雕塑有一个共同的问题,就是全身都是似乎被捆绑着的,西方雕塑有这个问题,埃及雕塑也有这个问题,中国雕塑也是这样,个个都是立正姿势,呆板、僵持,可是你们看看《米洛的维纳斯》,她的身体却站成了几个立面,因此,人们都会说《米洛的维纳斯》很有看头,什么叫有"看头"?还不是因为我们在她的身上看到了更多的东西?

还有一个"团块"问题也是如此。丁方等写的《风化与凝聚》指出:中国雕塑就从来没有团块意识,而西方雕塑却得力于团块意识。团块意识意味着与自然的分离,它呼唤着生命从石头中走出。因此,从表面上看,西方雕塑似乎还不如中国雕塑真实,但是,西方雕塑却才是真正的艺术,原因也恰恰在于团块意识。例如兵马俑,"在精细的甲胄下面,仍是一个由简单、静止的弧面构成的含混躯体,从中我们无法感受到如许多人所说的'内含筋骨'或'张力感'。的确,张力感的起点是圆弧形,但它的真正获得则必须经由'速度'或'量感'对弧面的作用——即弧面的团块化。只有团块才具有真正的张力,它是弧形曲面在力量、速度的双重作用下的有效凸起……"丁方先生是我南京大学的同事,他和张谦写的《风化与凝聚》,是建立在对于中西艺术的透彻了解的基础之上的,要比许多美学家写的书更为实在,值得去花点时间阅读。在这里,他们对"团块"问题的讨论也是这样,很有见地。通过他们的论述,我们应该不难知道,什么是西方美学所津津乐道的"形式"。

"物华撩我有新诗"

当然,所有的审美对象之所以成为审美对象,不但是由于它们与我们对生命的美好期待完全一致,而且也因为它们自身的某些因素最容易诱发我的情感评价,所以,它也就最容易成为审美对象。

这里,就涉及到了关于审美对象的第三个问题:审美对象的特性。

首先,我必须说,外在世界对于审美活动而言,只是必要条件,而并非充分条件,"如果A不存在,B就不可能发生","如果A存在,B就可能发生",仅此而已。但是,却并非充分条件。例如,外在世界是否能够成为审美对象,就与审美者的内心力量是否强大密切相关。对于一般人来说,当然是鲜花、黄山、西湖尤其是文学艺术作品这类的外在世界最容易成为审美对象,但是,对于有些人来说,就完全未必了。例如陶渊明,就可以在弹奏无弦琴中怡然自得。

我在"开篇"里提到过一个例子,西方20世纪有一个大画家,叫杜尚,20世纪初的时候,一次,艺术家们要搞一个画展,杜尚说,你们给我留一个展位,我也要展。到了展出那天,他却兴冲冲地弄来个抽水马桶,把它倒着放在了他的展位上,然后题了一个字:泉。大家为此当然都很吃惊,这个东西是最丑的东西,你居然把它弄到艺术展览里,这是什么意思呢?从此,杜尚的作品就成了20世纪所有美学家的拦路虎,任何一个美学家如果对这个问题没有精辟的意见,那他的现代美学意识就还根本没有过关。

可是,为什么一个抽水马桶所有人都说最丑,但是杜尚却说仍旧是美的呢?很简单,我们现在就来想象一下,首先我们用肉眼去看,那它真是跟美一点都没有关系的,因为它是人类最肮脏的所在啊,但是,假如你换了"心眼"去看呢?假如你换了"心眼"去评价它,那你会怎么说呢?要知道,所有的事物,哪怕是最肮脏的,它也一定还有不肮脏的那一点点吧?什么叫美呢?不脏的多,脏的少,对不对?什么叫不美呢?脏的多,不脏的少,对不对?中国哲学大师庄子就遇到过这样的问题,别人问他:道——也就是美的东西在哪里呢？庄子回答说：在鲜花里。别人又问，还在哪？在美女身上。还在哪？在任何一个你所看见的地方。还在哪？这下，庄子被问烦了，干脆就回答说：在大便里。这下，问的人就被彻底弄糊涂了。可是，我们都不应该被弄糊涂吧？其实，庄子的办法和杜尚的一样，叫作无所不用其极。什么意思呢？我们现在想一想，如果你的审美心灵过于强大、特别强大，那你就是不是能在最有限的东西里也看到那点特别特别少的无限？那么，这点特别特别少的无限难道不也是美吗？

因此，当时杜尚的本意是要说，我们与其总是到纯艺术的东西里去挖掘那些已经死去了的美，还不如到最丰富的生活里去找一找呢，尽管在日常生活里美的东西很分散、很稀少，可是，它毕竟也是存在的。你们看，不是连抽水马桶里都有美吗？既然如此，那这个世界的何处还没有美呢？看来，缺少的不是美，而是发现啊。

不过，从另一个方面说，我们也必须看到，审美对象也毕竟与自身的审美因素有关，也毕竟有着自身的规定性。这就类似说，脸谱化是不对的，但是"脸谱"却是非常重要的。"贼眉鼠眼"与人品也未必就没有一点关系，人们的审美经验，应该说，还是有一定的道理的。

我们来看李清照的词：《声声慢》——

寻寻觅觅，冷冷清清，凄凄惨惨戚戚。乍暖还寒时候，最难将息。三杯两盏淡酒，怎敌他晚来风急！雁过也，正伤心，却是旧时相识。满地黄花堆积，憔悴损，如今有谁堪摘？守着窗儿，独自怎生得黑！梧桐更兼细雨，到黄昏，点点滴滴。这次第，怎一个愁字了得！

这无疑是中国最好的诗词。但是，法国诗人克洛岱根据这首词也写了这样的一首诗：

呼唤！呼唤！
乞求！乞求！乞求！

等待！等待！
梦！梦！梦！
哭！哭！哭！
痛苦！痛苦！我的心充满痛苦！
仍然！仍然！
永远！永远！永远！
心！心！
存在！存在！
死！死！死！死！

这里的内容当然还是李清照的内容，但是却已经不是诗了。如果我们现在就来做一个最简单的判断，那么，克洛岱写的还是审美对象吗？显然不是。李清照的呢？当然是。为什么呢？其中一个很重要的原因，就是李清照的诗词里有各种各样具备了审美要素的形象，而克洛岱的诗里却只有概念。

例如，"三杯两盏淡酒"，可能那个法国诗人觉得这并不重要，但是对于审美活动来说，却实在是太重要了。"三杯两盏"，代表着那种很寂寞、很落寞的形象，而"淡酒"则表现了那种生活的寡淡无味的感觉，然后再看，"怎敌他晚来风急"，克洛岱觉得"风"也不重要，"风"也不要了，可是我们知道，我们经常说什么春风秋风，也经常说什么东风西风。而且，不同的风给我们带来的感觉也是很不一样的，更不要说下面的"满地黄花"，还有下面的"梧桐更兼细雨"，再加上什么"点点滴滴"之类的，最后，李清照才说，"怎一个愁字了得！"所以我们才说，在审美活动中，尽管审美态度很重要，但是，外在世界能不能作为审美对象，毕竟还是要看它自身的审美要素的多少，所以，审美对象本身的审美要素的构成，也应该是一个构成审美对象的不可缺少的原因。

看第二个例子，柳宗元的《永州八记》，柳宗元是大家都比较了解的诗人，他被贬以后，到了永州，也写了几篇文章，说实话，他如果不写的话，永州的那些景可能是很一般的，但是，他一写，那些景就马上名扬天下了。但是

我们知道,柳宗元在写的时候,他其实也还是仍旧有对审美对象的审美要素的关注的:

> 潭中鱼可百许头,皆若空游无所依。日光下澈,影布石上,怡然不动;俶尔远逝,往来翕忽,似与游者相乐。

我承认,在我的阅读生涯中,这几句是印象比较深刻的。那个时候我还在河北峰峰一中(后来的邯郸十三中)读初一,我的一个语文老师到省里去编写语文教材,大概是得到什么内部的消息,一向总是在课堂上带我们学"老三篇"的老师,突然冒险给我们讲起了这篇散文。他讲到"皆若空游无所依"的时候的陶醉神态,至今令我难以忘怀。当然,我觉得,在柳宗元的散文里,你毕竟还是不难读到一种压抑着的寂寞,而不像陶渊明的作品,那真是炉火纯青,宠辱不惊。但是,不管怎么说,他眼里的山水可真是最最恬美的。可是,换一个人会如何呢?美国诗人洛威尔也学着柳宗元写了一首《池鱼》:

> 在褐色的水中/一条鱼在打瞌睡/在阳光下闪着银白的光/在芦苇的阴影里显得清亮/在水底出现的/绿橄榄的亮光/透过一道橘黄色/是鱼儿在池塘里春游/绿色和铜色/暗底上一道光明/只有对岸水中垂柳的倒影/被搅乱了

令人欣慰的是,洛威尔这次注意到了形象,但是,却仍旧存在问题,因为他注意到了外在的物理形象,但是却没有注意到内在的心理形象。跟柳宗元比一比,就会发现,柳宗元的形象背后有眼光,但是在洛威尔的形象背后却没有眼光,仅仅是把客观的形象堆积在一起,固然有了明暗对比,以及多种色彩的反衬,但是这所有的对比都是物理性的,而柳宗元的形象却都是心灵的,因此,只是在柳宗元那里,才真正激活了这些形象。

再联想一下,你的朋友过生日,你为什么送他鲜花?可是,你为什么不送他癞蛤蟆呢?其实,这里就存在着一个审美要素的差异。或者,再退一步吧,那你送他狗尾巴花行不行呢?也还是不行,这里仍旧存在着一个审美要素的差异。还有,黄山和诸君各位家门口的小山丘有何区别呢?为什么黄山就天天有人爬,大把花钱也要爬,可是为什么你们家门口的小山丘就没人爬呢?审美对象本身的审美要素的构成,在这里显然也是非常重要的。所以,宋代诗人王禹偁《东邻竹》才说:"东邻谁种竹,偏称长官心,月上分清影,风来惠好音。低枝疑见接,进笋似相寻,多谢此君意,墙头诱我吟。"而王安石《南浦》也说:"南浦东冈二月时,物华撩我有新诗。"

"撩我"的"物华"也并不是静止不变的

不过,顺便要强调一下的是,"撩我"的"物华"也并不是静止不变的。何止是"物华",文学艺术作品,应该是已经刻意地把审美对象中"撩我"的"物华"发挥与凝练到了极点了吧?然而,陶渊明的诗歌在几百年中却无人问津,《世说新语》都不收,在《诗品》里也仅列在中品。《春江花月夜》作为唐诗的压卷之作,也一千多年都没有引起关注。而杜甫的《秋兴八首》为律诗之冠,辛稼轩的《永遇乐》为词之冠,王勃的《滕王阁序》为骈文之冠,恐怕也是后人才这么说的,在作家的那个时代甚至在以后的很长时间里,都没有类似的说法。

就以自然美为例,我们为什么赞美大自然?是因为大自然的"物华撩我"。要知道,事实上自然本身在进化过程中就是充满了创造性的。由于充满了流动变化,自然才万象日新、充满生机。在地球上最初并没有生命的存在,只是到了大约38亿年前,才由地球的化学动力机制产生了最简单、最原始的生命——无核单细胞生物。通过原始生命十多亿年的漫长进化,又产生了能够进行光合作用的蓝绿藻和细菌,于是给大气充氧,逐渐产生了大量的游离氧,从而为更为复杂的生命形式的诞生和发展创造了条件。而被生命改造了的新的宏观环境又推动着生命物种的微观进化,一旦微观进化产生出更新的物种以后,逐渐丰富起来的物种之间便建立起了一种复杂的关系,并共同改变着原有的环境。生命与环境就是在宏观与微观的相互交织、相互促进中共同进化的。这种共同进化,促进了真核细胞到生物的产生,从而促进了复杂的多层次的生态系统的出现,最终产生出了有植物(生产者)、动物(消费者)、微生物(分解者)、人类(调控者)这四极结构的地球生态系统。试想,这自然世界的盎然生机,假如离开了自然的创造性,又如何可能?而这,也正是我们赞美自然的原因之所在。因为,我们在自然的身上看到了人之为人。

地理学家单之蔷告诉我们,中国地势从高到低分三个台阶,而中国最美的景观分布也有一个规律:它们多数都分布在三个台阶的分界线上,也可以说是在台阶转折所形成的"楞"上。那么,"楞上"为什么会多美景呢?原来,"楞"所在的区域正是地壳在内力作用下剧烈变化的地方,这里或断裂沉陷成谷成壁,或挤压抬升成山成岭,形成了"大起大落"的本底。只有大起大落,山才能怒,水才能急。在这个"底"上,"大起"的极高山,雪吻蓝天,冰乳大地;"大落"的河流,劈山成谷,跌水为瀑。甚至溶洞也因"大起大落"的地势,才能既深又长。可是,仔细想来,这岂不是也恰恰与人之为人的创造性、与有限性的山穷水尽和无限性的柳暗花明彼此契合?!

不过,再看看2005年中国的许多地理学家评选出来的中国最美的景观,我们又会发现,"撩我"的"物华"似乎在很长的时间内我们都未能察觉。例如,排名第一的山川,是南迦巴瓦峰,我们所熟悉的黄山却屈居第五;排名第一的湖泊,是青海湖,我们所熟悉的西湖在其中还是屈居第五。为什么会如此?南京大学校友、原中央大学地理系教授胡焕庸先生曾经有过一大发现,他发现如果在黑龙江的瑷珲(今黑河)和云南省腾冲之间画一条线(著名的"胡焕庸线"),就会发现,中国可以分为西北和东南两大块,在西北,有64%的国土面积,但只有4%的人口;在东南,有36%的国土,却有96%的人口,而且,为我们所熟知的"国家级风景名胜区",也大多都在这里。

可是,我们知道,不论是排名第一的南迦巴瓦峰,还是排名第一的青海湖,却都恰恰不在东南。那么,为什么会如此?以山为例,首要的原因,就在于我们长期生活在一个封闭的农业社会,对于海拔和绝对高度一无所知,对于垂直地带性分布以及植被、气候、地质构造等观念也一无所知,因此,才会津津乐道于门前的小河沟和小山包。所以，对于南迦巴瓦峰、青海湖的"物华"，只有在观念转变了之后才会予以关注，而且，也只有在这个时候，它们的"物华"也才会"撩我"。

审美对象涉及的不是世界，而是境界

讨论了审美对象的最后一个问题，也就是审美对象的自身构成问题之后，审美对象之为审美对象（审美对象是什么）的问题，也就必须加以讨论了。

归根结底，审美对象不是实体范畴，而是关系范畴。审美对象不是客体的属性，也不是主体的属性，而是关系的属性。审美对象不是实体的自然属性，而是在审美活动中建立起来的关系属性，是在关系中产生的，也是在关系中才具备的属性。任何事物当然可以具有自己的某些内在属性，但同时，它也可以在与另一事物的复杂关系中产生以另一方为前提的关系性属性，苏珊·朗格在谈到作为审美对象的舞蹈时说过："虽然它包含着一切物理实在——地点、重力、人体、肌肉力、肌肉控制以及若干辅助设施（如灯光、声响、道具等），但是在舞蹈中，这一切全都消失了，一种舞蹈越是完美，我们能从中看到的这些现实物就越少。"[①]这样看来，审美对象所蕴含的无非是在审美活动中建立起来的关系性、对象性属性，也是在审美活动中才存在的关系性、对象性属性。它不能脱离审美对象而单独存在，是对审美活动才有的审美属性，是体现在审美对象身上的对象性属性。犹如我在有了自己的女儿之前，作为实体并非不存在，但作为"父亲"的关系属性却不存在；也犹如花是美的，但并不是说美是花这个实体，而是说花有被人欣赏的价值、意义。

因此，简单而言，审美对象涉及的不是外在世界本身，而是它的价值属性。

而倘若需要用规范的美学术语来说的话，那应该是，审美对象涉及的不

[①] 苏珊·朗格：《艺术问题》，中国社会科学出版社1983年版，第5—6页。

是世界,而是境界。

境界,是中国美学的一个核心范畴,而且也是中国美学的主要贡献。区别于对于审美本质、审美本源、审美本根的讨论,境界的出现关乎审美本体。在过去的很多年里,中国美学以及中西美学比较都是我从事学术研究的一个重点,也出版了《中西比较美学论稿》《中国美学精神》《众妙之门》等多部著作,而在这些著作中,境界,当然是一个研究的重点。有兴趣的人,可以阅读一下我的《禅宗的美学智慧》这篇论文。总的来看,我的基本想法是:"境界"肇始于道家美学,成熟于禅宗美学。道家的"无"与禅宗的"空",是境界诞生的两大基石。而从道家的"无"到禅宗的"空",境界完成的则是从对象到心灵的转换(从"象"到"境")。

境界是中西(印度)美学思想融会贯通的产物,没有佛教尤其是禅宗思想中由"空"而引发孕育的"境",中国美学就很可能始终都在喋喋不休地念叨着"意象"(遗憾的是,迄至今日,还有美学家希望自己的现代美学体系回到所谓的"美在意象")而不会注意到"意境"(需要注意的是,中国美学在涉及文艺美学的时候用"意境",而在涉及美学的时候则用"境界")。其中的思维路径是:从庄子开始的心物关系转而成为禅宗的心色关系。区别于庄子的以自身亲近于自然,禅宗转而以自然来亲证自身。对于庄子来说,自由即游;对于禅宗来说,自由即觉。这样一来,外在对象就被"空"了出来,并且打破了其中的时空的具体规定性,转而以心为基础任意组合,类似于语言的所指与能指的任意性。中国美学一般称之为:"于相而离相"。

由此,中国美学从求实转向了空灵,必须要强调,这在中国美学传统中显然是没有先例的。美与艺术从此既可以是写实的,也可以是虚拟的。中国美学传统中最为核心的范畴——境界正是因此而诞生。这个心造的境界,以极其精致、细腻、丰富、空灵的精神体验,重新塑造了中国人的审美经验(例如,从庄子美学的平淡到禅宗美学的空灵),并且也把中国人的审美活动推向成熟(当然,禅宗的境界是狭义的,中国美学的境界则是广义的,应注意区分)。从此,中国美学从对于"取象"的追问转向了对于"取境"的追问。过去强调的更多的是"目击可图",并且做出了全面、深入的成功考察。"天地之精英,风月之态度,山川之气象,物态之神致"(翁方纲语),几乎无所不包,但是所涉及的又毕竟只是经验之世界。禅宗所提供的新的美学智慧,使得中国美学有可能开始新的美学思考:从经验之世界,转向心灵之境界。"可望而不可置于眉睫之前也",这一审美对象的根本特征,第一次成为中国美学关注的中心。"象外之象""景外之景""味外之味""韵外之致"……则成为美学家们的共同话题。

熟悉中国美学者一定会发现,上述转换,不难从中国美学的方方面面看到,例如,从前期的突出"以形写神"到后期的突出"离形得似",从前期的突出"气"到后期的突出"韵",从前期的突出"立象以尽意"到后期的强调"境生于象外",从前期的"气象峥嵘,五色绚烂"到后期的"渐老渐熟,乃造平淡"……其中的关键,则是从前期的"象"与"物"的区分转向后期的"象"与"境"的区分。前期的中国美学,关注的主要是"象"与"物"之间的区别,例如《易传》就常把"象"与"形"、"器"对举,"见乃谓之象,形乃谓之器"(《周易·系辞传》)。宗炳更明确地把"物"与"象"加以区别:"圣人含道暎物,贤者澄怀味象。"(宗炳《画山水序》)后期的中国美学,关注的却是"境生于象外"(刘禹锡语)。语言文字要"无迹可求",形象画面要"色相俱空",所谓"大都诗以山川为境,山川亦以诗为境。名山遇赋客,何异士遇知己,一入品题,情貌都尽"(董其昌《画禅室随笔》)。结果,就从"即物深致,无细不章"、"有形发未形"的"象"转向"广摄四旁,圜中自显"、"无形君有形"的"境"。从而,美学的思考也从个别的、可见的艺术世界转向了整体的、不可见的艺术世界,从零散的点转向了有机的面。这样,与"象"相比,"境"显然更具生命意味。假如"象"令人可敬可亲,那么"境"则使人可游可居,它转实成虚,灵心流荡,生命的生香、清新、鲜活、湿润无不充盈其中。其结果,就是整个世界的真正打通、真正共通,万事万物之间的相通性、相关性、相融性的呈现,在场者与未在场者之间的互补,总之,就是真正的精神空间、心理空间进入中国美学的视野。

在这方面,我们可以从前期的"神思"与后期的"妙悟"之间的微妙转换中得到深刻的启迪。"神思",还是与象、经验世界相关;"妙悟",则已经是与境、心灵世界的相通。"神思"与"妙悟"之间,至为关键的区别当然就是其中无数的"外"("悬置""加括号")的应运而生。味外之旨、形上之神、淡远之韵、无我之境……这一切都是由于既超越外在世界又超越内在心灵的"外"的必然结果。也因此,中国美学才甚至把"境"称为"心即境也"(方回语)、"胸境"(袁枚语),并且把它作为"诗之先者"。而美学家们所强调的"山苍树秀,水活石润,于天地之外,别构一种灵奇"(方士庶《天慵庵随笔》),"一草一树,一丘一壑,皆灵想之所独辟,总非人间所有"(恽南田《南天画跋》),"鸟啼花落,皆与神通;人不能悟,付之飘风"(袁枚《续诗品》)以及"山谷有云:'天下清景,不择贤愚而与之,然吾特疑端为我辈所设。'诚哉是言!抑岂特清景而已,一切境界,无不为诗人设。世无诗人,即无此种境界。夫境界之呈于吾心而见诸外物者,皆须臾之物。惟诗人能以此须臾之物,镌诸不朽之文字,使读者自得之。遂觉诗人之言,字字为我心中所欲言,而又非我之所能自言,此大诗人之秘妙也"(王国维《清真先生遗事·尚论》),则也都正是对中国美学所揭示的呈于心而见于物的瞬间妙境的揭示。

"吾心而见诸外物者,皆须臾之物"

而从美学本身来看,境界的最大贡献在于:为审美活动提供了本体存在的根据。一般而言,哲学之为哲学是否存在本体,应该是一个毋须讨论的问题,存在的争论也不在本体之有无,而在本体的何在。但是,美学就不同了。关于美学的本体论,在很长时间内都没有引起重视,也都被否认。但是,事实上美学的本体论又非常重要(我1997年出版过一本专著《诗与思的对话:审美活动的本体论内涵及其现代阐释》,从题目就不难看出,关注的就是美学的本体论)。它回答的是审美活动之为审美活动这样一个根本问题。

那么,审美活动之为审美活动的存在根据究竟何在呢?就在于它能够"活(动)出境界",能够让人在那个"长得超出了自己"的在精神上站立了起来的世界中诗意地栖居。而且与哲学本体截然不同的是,后者完全可以用超越性的自由来阐释,我在第三讲中已经详细讨论过,这完全就是一次生命的赌博,既看不到也摸不着,但是审美本体却必须要能够看得见也能够摸得到,因为人类必然也必须要求并且渴望着自己的在精神上的站立是能够看得见也能够摸得到的,人类必然也必须要求并且渴望着自己的超越性的自由实现的全部过程都是能够看得见也能够摸得到的。

要弄清楚这个问题,刚才我所引述的王国维的一句话非常值得注意:

> 一切境界,无不为诗人设。世无诗人,即无此种境界。夫境界之呈于吾心而见诸外物者,皆须臾之物。惟诗人能以此须臾之物,镌诸不朽之文字,使读者自得之。遂觉诗人之言,字字为我心中所欲言,而又非我之所能自言,此大诗人之秘妙也。(王国维《清真先生遗事·尚论》)

首先,"一切境界,无不为诗人设。世无诗人,即无此种境界。"这一点,我在前面已经反复提及。简单地说,就是在审美活动之前,在审美活动之后,都不存在境界。境界之为境界,只存在于审美活动之中。

其次,更为重要的是,"夫境界之呈于吾心而见诸外物者,皆须臾之物。""须臾之物",是一个非常重要的提示。由于我们国家的美学研究水平始终没有提升上去,因此,对于境界的认识也始终停留在肤浅的层次上,以"情景交融"来解读境界,就是其中的一个典型表现。其实,境界之为境界,根本就不是什么"情景交融",而是一个全新的世界(主客体互融的世界)的诞生,即美学大师王国维所指出的"须臾之物",由此,精神世界的无限之维就被敞开了。结果它不但敞开了人的真实状态,而且也敞开了人之为人的终极根据。

再次,"惟诗人能以此须臾之物,镌诸不朽之文字,使读者自得之。"这段话涉及的是境界的基本内涵。1912年,王国维在一篇《此君轩记》中论画家画竹的时候还曾经谈道:"其所写者即其所观,其所观者即其所蓄也。物我无间而道艺为一,与天冥合而不知其所以然。故古之画竹者,高致直节之士为多。"结合这段话,围绕着"须臾之物",我们就不难把境界划分为"呈于吾心而见诸外物"的循序渐进的三个层面了。其中的第一境界,是"其所蓄",这有点类似于郑板桥所说的"心中之竹";第二境界,"其所观",这有点类似于郑板桥所说的"眼中之竹"。到此为止,第一境界与第二境界应该是"诗人"与"常人"都共同存在的境界,也就是王国维所说的"有诗人之境界""有常人之境界",其中的共同之处,应该说,是人人的"心中所欲言",美学所关注的境界,正是这两个境界。第三境界,"所写者",这有点类似于郑板桥所说的"手中之竹",此时此刻,"惟诗人能以此须臾之物,镌诸不朽之文字",涉及的也是"大诗人之秘妙",因此,也主要是美学中的文艺美学所关注的意境。

由此,境界之为境界,作为审美本体,它的奥秘就在于,能够"呈于吾心而见诸外物"地循序渐进,通过三个层面,把人类的在精神上的转换为能够看得见也能够摸得到的"须臾之物",把人类的超越性的自由实现的全部过程也转换为了能够看得见也能够摸得到的"须臾之物"。

"饭香"并不是"饭"

对于境界,应该说我们都并不陌生。比如说,我们不是都经常说这句话吗?这个人"活出境界"了。什么叫"活出境界"了?显然是指的尽管他与我们处在同一个世界,但是,他的活法却与我们不一样。前面我曾经引用过里尔克的诗句"一棵树长得超出了它自己",当然,我们也可以说,这棵树"活出境界"了,不过,我们也可以模仿一句,一个人长得超出了他自己,这个时候,我们也可以说,这个人"活出境界"了。

前面我已经讲到,审美活动是以"超越性"来满足人类的特殊需要,审美活动是以"境界性"来满足人类的特殊需要,两者的区别只在于:前者是从动态的角度去满足,后者则是从结果的角度去满足。

在这个意义上,我可以简单地说,当审美活动通过超越性将"对方"转换为"对象"的时候,这个"对象",就是"境界"。审美活动的超越性就是要找到"对方"自身所蕴含的"长得超出了它自己"的东西——"对象",而审美活动的境界性则就是这个"对方"自身所蕴含的"长得超出了它自己"的东西——"对象"的结晶。打个比方,"对方"是"米","对象"是"饭",而"境界"则是"饭香","饭"需要"米",但"米"不是"饭","饭"会有"饭香",但"饭香"也不是"饭"。

具体来说,当审美活动通过超越性将"对方"转换为"对象"的时候,在"对象"中就赋予了一种能够满足人类的未特定性和无限性的价值属性。"对方"是"房屋","对象"是"家";"对方"是"娱乐","对象"是"愉快";"对方"是"书籍","对象"是"智慧";"对方"是"伙伴","对象"是"朋友";"对方"是"身体","对象"是"灵魂"。这意味着,我们不能把审美对象看成是具有价值的"对方",而是要转过来,把审美对象看成是对"对方"的价值评价。换言之,就外在世界而言,当它显示的只是它自己"如何"的时候,是无美可言的,也并非审美对象,而当它显示的是对我来说"怎样"的时候,才有了一个美或者不美的问题,也才成为审美对象。因此,客观世界本身并没有美,美并非客观世界固有的属性,而是人与客观世界之间的关系属性。也因此,客体对象当然不会以人的意志为转移,但是,客体对象的"审美属性"却是一定要以人的意志为转移的,因为它只是客体对象的价值与意义。在审美活动之前和在审美活动之后,都只存在"对方",但是,却不存在"对象"。当客体对象作为一种为人的存在,向我们显示出那些能够满足我们的需要的价值特性,当它不再仅仅是"为我们"而存在,而且也"通过我们"而存在的时候,才有了能够满足人类的未特定性和无限性的"价值属性",这就是所谓的境界。

这就意味着,在境界中,你可以在"在场"中看到"不在场",也就是说,它一定要在你身边的东西里呈现出背后的更广阔的世界。海德格尔说:动物无世界。之所以如此,就因为它只有"有"即眼前在场的东西,但是却没有"无"即眼前不在场的东西。人之为人就完全不同了,境界之为境界也就完全不同了,它"有"世界。因此尽管人与动物都在世界上存在,但是世界对于人与对于动物却又根本不同。对于动物来说,这世界只是一个局部、既定、封闭、唯一的环境,在此之外还有其他的什么,则一概不知。就像那个短视的井底之蛙,眼中只有井中之天。而人虽然也在一个局部、既定、封闭、唯一的环境中存在,但是却能够想象一个完整的世界。而且,即使这局部、既定、封闭、唯一的环境毁灭了,那个完整的世界也仍旧存在。这个世界就是海德格尔所说的"存在",这样,人就不仅面对局部、既定、封闭、唯一的环境而存在,而且面对"存在"而"存在"。

也因此,境界无疑是对在场的东西的超越(只有人才能够做这种超越,因为只有人才"有"世界)。它因为并非世界中的任何一个实体而只是世界(之网)中的一个交点而既保持自身的独立性,同时又与世界相互融会。所以,海德格尔才如此强调"之间""聚集""呼唤""天地神人"。在这里,我们看到,一方面,境界包孕着自我,它比自我更为广阔,更为深刻。境界作为生命之网,万事万物从表面上看起来杂乱无章、彼此隔绝,而且扑朔迷离,风马牛不相关,但是实际上却被一张尽管看不见但却恢恢不漏、包罗万象的生命之网联在一起。它"远近高低各不同",游无定踪,拐弯抹角,叫人眼花缭乱。而且,由于它过于复杂,"剪不断,理还乱",对于其中的某些联系,我们已经根本意识不到了。然而,不论是否能够意识到,万事万物却毕竟就像这张生命之网中的无数网眼,盛衰相关,祸福相依,牵一发而动全身。另一方面,每一个自我作为一个独特而不可取代的交点又都是境界的缩影,因此,交流,就成为自我之为自我的根本特征。显然,有限中的无限,无限中的有限,这一特征只有在审美活动才真正能够实现。而在在场者中显现不在场者,就正是境界之为境界。

谁教我们看山呢?

我们来看朱自清先生的《荷塘月色》——

> 月光如流水一般,静静地泻在这一片叶子和花上。薄薄的青雾浮起在荷塘里。叶子和花仿佛在牛乳中洗过一样;又像笼着轻纱的梦。虽然是满月,天上却有一层淡淡的云,所以不能朗照;但我以为这恰是到了好处——酣眠固不可少,小睡也别有风味的。月光是隔了树照过来的,高处丛生的灌木,落下参差的斑驳的黑影,峭楞楞如鬼一般;弯弯的杨柳的稀疏的倩影,却又像是画在荷叶上。塘中的月色并不均匀;但光与影有着和谐的旋律,如梵婀玲上奏着的名曲。

你们是否注意到了？朱自清先生写的是"荷塘月色"，可是却不是客观的"荷塘月色"，你们看，在他的眼睛里，"月光"竟然会"如流水一般"，试想，在动物的眼睛里，"月光"会如此吗？而且，还"静静地泻在这一片叶子和花上"，"月光"怎么会"静静地"？"叶子和花仿佛在牛乳中洗过一样"，动物能够看到"仿佛在牛乳中洗过"的"叶子和花"吗？显然，"荷塘月色"当然是自古就存在的，而且在动物和人的眼睛里都是一样的，但是，"美丽的荷塘月色"呢？难道也是自古就存在的吗？难道在动物和人的眼睛里也都是一样的吗？当然不是，在动物那里当然不是，在原始人那里也当然不是。那么，"美丽的荷塘月色"存在于何处呢？不正是存在于那些愿意欣赏之、愿意接近之的人们的心中吗？朱自清先生无疑就是这些人的一个代表。而且，在这些人之中，"美丽的荷塘月色"人人心中有之，可是，却人人笔下无之，只是因为朱自清先生的生花妙笔，"美丽的荷塘月色"才得以呈现。

法国有一位美学家杜夫海纳，他也举过一个例子："谁教我们看山呢？圣维克多山不过是一座丘陵。"[①]圣维克多山位于法国南部塞尚家乡的附近，塞尚晚年隐居于此，并且画了一幅名作《圣维克多山》。结果，圣维克多山因此而成为一座名山。本来，圣维克多山不过是一座丘陵，但是在塞尚的画笔下，这座平淡无奇的丘陵却从默默无闻中挣脱出来，成为一座令人趋之若鹜、流连忘返的名山。那么，是"谁教我们看山呢"？难道不是我们自己吗？梵高疯狂描绘的"阿尔的麦田"也是如此，本来，"阿尔的麦田"不过是一片麦田，但是在梵高的画笔下，这片平淡无奇的麦田却从默默无闻中挣脱出来，成为一片令人趋之若鹜、流连忘返的麦田。那么，是"谁教我们看麦田呢"？难道不也是我们自己吗？

在中国也有类似的例子。欧阳修在《岘山亭记》中说过："岘山临汉上，望之隐然，盖诸山之小者。而其名特著于荆州者，岂非以其人哉。""兹山待己而名著也。"岘山，位于湖北省襄阳县南，原本也平淡无奇，但是在晋与吴武力相争的时候，常常要倚仗荆州，因此成为军事重地，而羊祜、杜预二人也

[①] 杜夫海纳：《美学与哲学》，第 37 页，中国社会科学出版社 1985 年版。

相继镇守在这里。由于他们的功劳业绩和仁义品行，岘山也因此而名传后世。很有意思的是，传说羊叔子在登上这座山的时候曾经很有感慨地告诉他的部下，他说，这山一直矗立在那里，而前世的名人都已泯灭无闻，因此，羊叔子自己也十分悲伤。然而，他偏偏没有想到，这座山却因为有了自己才真正在人们的心里矗立。你们看看，我们是否也可以说，在羊祜、杜预之前，岘山也"不过是一座丘陵"？

前面讲的都是美学家的看法，其实，对于这个问题，很多人都已经有所意识了。我们来看一个科学家的例子。玻尔，这是个大物理学家。一次，他在访问克伦堡的时候，就也曾对海森堡谈过类似上面的看法。他说："凡是有人想象出哈姆雷特曾住在这里，这个城堡便发生变化，这不是很奇怪吗？作为科学家，我们确信一个城堡只是用石头砌成的，并赞叹建筑师是怎样把它们砌到一起的。石头、带着铜锈的绿房顶、礼拜堂里的木雕，构成了整个城堡。这一切当中没有任何东西能被哈姆雷特住过这样一个事实所改变，而它又确实被完全改变了。突然墙和壁垒说起不同的语言……""这一切当中没有任何东西能被哈姆雷特住过这样一个事实所改变，而它又确实被完全改变了。突然墙和壁垒说起不同的语言……"①你们仔细品味一下，大物理学家玻尔的感受是多么真切！不妨再套用前面的话，我们是否还可以说，在哈姆雷特之前，克伦堡也"不过是一座城堡"？

也正是因此，我才强调：不能把审美对象看成是具有价值的"对方"，而是要转过来，把审美对象看成是对"对方"的价值评价。审美活动是人与对象之间建立起来的一种新的意义关系，它所涉及的不是对象，而是对象的价值属性。杜夫海纳称它是对象"世界的情感性质"，是呈现在感性中的灿烂辉煌的世界。海德格尔则称它是"变动不居的疆域"。难怪庄子会说：毛嫱、丽姬都是绝代美女，可是鸟看见她们会飞走，麋鹿看见她们会逃跑。原来，这是因为鸟和麋鹿与她们之间无法建立起一种意义关系，也无法对她们的价值属性加以评价啊。而中国的柳宗元也曾经说过："夫美不自美，因人而

---

① 转引自普里戈金：《从混沌到有序》，上海译文出版社1987年版，第349页。

彰。"至于"人幽想灵山，意惬怜远水"（高适）、"客恨厌山重，归心喜流顺"（张祜），其实也是对于彼此之间的意义关系的关注。

季羡林先生曾经谈到过自己的神奇感受，他说：我"曾到过世界上将近三十个国家，我看过许许多多的月亮。在风光旖旎的瑞士莱芒湖上，在平沙无垠的非洲大沙漠中，在碧波万顷的大海中，在巍峨雄奇的高山上，我都看到过月亮。这些月亮应该说都是美妙绝伦的，我都异常喜欢。但是，看到他们，我立刻就想到我故乡中那个苇坑上面和水中的那个小月亮。对比之下，无论如何我也感到，这些广阔世界的大月亮，万万比不上我那心爱的小月亮。不管我离开我的故乡多少万里，我的心立刻就飞来了。我的小月亮，我永远忘不掉你！"故乡的小月亮为什么会从无数的大月亮中脱颖而出？无疑是因为季羡林先生与小月亮之间所建立的意义关系。

大词人李清照曾经举过一个十分精彩的例子。她有一首词，你们一定都不陌生。这首词写的是什么呢？李清照这个人很怜惜花花草草，可是有一天，外面下起了小雨，她有点怕第二天外面的花花草草会被雨打风吹而凋零，就专门喝了点酒，想一觉睡过去。可是，到了第二天早上，等她酒醒残梦，终究还是放心不下，于是，她就问她身边的丫鬟，也就是那个"卷帘人"，外面下了一夜的雨，那海棠花的情况怎么样？可是她的丫鬟是怎么回答她的呀？"海棠依旧"。也就是说，花还是花呀，红红的开在那里，没有什么变化呀。可是，李清照却说，不对，肯定不是这样，你再去看看，我猜测，那海棠花一定已经是"绿肥红瘦"。你们看看，在这里，一个是"海棠依旧"，一个却"绿肥红瘦"，为什么会有不同？还不是因为在"卷帘人"，她与海棠花之间不存在任何的意义关系，因此海棠花对她来说，只是对方；李清照与海棠花之间却已经建立意义关系，海棠花对她来说，呈现的已经是对方的价值属性？

换言之，这里存在着一个"眼睛"与"眼光"的不同。"眼睛"无疑是忠实的，它看到的一就是一，二就是二，总之有限的仍旧还是有限的；"眼光"就不同了，它是从无限性的角度来看待现实、看待人生、看待世界，它一定要在"有限"当中看到"无限"。正是因为它看待世界的角度不一样，是从"无限"的角度看过来，或者说是从"有限"的角度看到"无限"，这就使得它转而成为一种审美的眼光,一种"终极关怀"。例如,怎么会"爱屋及乌"?怎么会"恶及余胥"?为什么会"月是故乡明"?为什么会"水是故乡甜"?显然,都与"眼睛"无关,但是,却与"眼光"密切相关。

再如"碧玉妆成一树高,万条垂下绿丝绦",本来柳树肯定不是碧玉,可是现在却要说它是碧玉,本来柳条也肯定不是丝织品,可是现在却要说它是丝织品。这无疑是在借助比喻的手法,来淡化柳树自身的特性,转而突出柳树的那些远远超出自身特性的能够充分满足人类需要的特性。那么,那些远远超出自身特性的能够充分满足人类需要的特性又是什么呢?其实就是对方的价值属性。熊秉明先生在伦敦看到伦勃朗的画,竟然突然觉得自己"懂得什么是基督教精神了"。在一个有限的画面中,看来确实是可以呈现无限的能够充分满足人类需要的意蕴的。而中国美学家经常讲"境生于象外",经常讲"象外之象""景外之景""味外之旨""韵外之致",犹如泰戈尔吟咏的,"我的主,你的世纪,一个接着一个,来完成一朵小小的野花",其实也都是指的那些远远超出自身特性的能够充分满足人类需要的对方的价值属性。

美是自由的境界

还要讨论的,是关于美的问题。

关于美,细心的人一定已经发现,从"开篇"开始,直到现在,我都始终没有涉及。"美学不就是研究美的吗?"很多人一定会这样想,因此也一定会猜测:美学,也应该就是从头到尾都是在讨论关于美的各种各样的问题。可是,我却始终都没有谈到美,而始终谈的都是审美活动。为什么会这样?听说古今中外的美学家都在感慨"美是难的",那么,是不是因为怯于针对美的问题发言才故意去王顾左右而言他?

当然不是,问题的关键在于,"审美活动"事实上要比"美"远为根本,美学之为美学,亟待研究的也不是"美",而是"审美活动"。在这个意义上,很多美学家都甚至说,美的问题实际是一个假美学问题。应该说,从矫枉必须过正的角度看,这也是不无道理的。

不过,美的问题又并非完全不值得去讨论。

首先,我在"开篇"里就说过了,美学首先就是为人类的。有些问题,即使不回答,也可以照样吃饭、呼吸,也并不影响我们的生活,可是,对于人类来说,这却万万不能。因为人类绝对不会允许自己如此浑浑噩噩地存在于世,人类不但要活得更富裕、更快乐,而且也要生活得更聪明、更明白。例如,我们经常会说,太美了,真美;我们也经常会说,美不胜收,美轮美奂;我们还经常会说,这是对于美的亵渎,这个地方一点也不美。然而,这个我们无时无刻不在使用的几乎是与生俱来的"美",到底是怎么回事呢?为了让自己生活得更聪明、更明白,我们必须知道。

其次,美的问题又是关于审美活动的问题尤其是审美对象问题的讨论的逻辑归宿。

我们知道,审美活动是必须通过特定的对象来加以实现的,这也就是说,必须通过特定的客体对象的审美属性来加以实现,可是,所谓的"审美属性"又是什么意思?我们是根据什么来判断这"审美属性"的是与不是,在与不在?我们又是根据什么来判断在形形色色的对象之中都有着共同的"审美属性"的?就好像我们天天都在说,我是"人",你不是"人"。可是,或许有那么一天,我们会突然想到,我们每天都在说着"人"这个概念,然而,"人"是什么?于是,我们会尴尬地发现,自己活得竟然并不是那么聪明,也不是那么明白。这样,关于客体对象的审美属性的讨论就必须进一步深化到关于审美对象的美的属性的讨论。

审美对象的共同的价值属性,就是美。

那么,美是什么?

我知道,所有的人都会急于要追问我关于这个问题的看法了。既然我的这本书以"美学课"为题,而且在日常生活里人们谈论得最多的,也只是"美",因此,到了现在,所有的人也肯定特别想知道"美是什么"。

那么,美是什么呢?为了回答这个问题,首先我们一定要知道,"美是什么"讨论的不是审美对象所呈现出来的具体的美,而是客体对象在审美活动中呈现出来的一种共同的价值属性,换言之,它指的是审美对象在审美活动中呈现出来的一种特定的能够满足人类自身的共同的价值属性。

当然,这里的"一种特定的能够满足人类自身的共同的价值属性"无疑是指的对于人的无限性追求的满足,对此,我在前面已经反复讨论过了。现在的问题是,我们如何来为美下一个准确的定义?

早在1991年,我在我的《生命美学》里就为美下过一个定义,到现在,将近二十年过去了,这个定义仍旧还是站得住的,那就是:美是自由的境界。

美是境界,这已经不用更多的解释了。我在前面已经讨论过了。人不但是现实存在物,而且还是境界存在物。人是以境界的方式生活在世界之中的,是境界性的存在。人之为"人",是一种意义性存在、价值性存在。境界,是对于人的意义性存在、价值性存在等形而上追求的表达,是形而上"觉"(形而上学有"知识"与"觉悟"两重涵义)。境界体现的不是具有价值的"对方",而是对"对方"的价值评价,不是对象自己"如何",而是对象对我"怎样"。境界与对象自身的那些特性无关,而与对象的那些能够充分满足人类的特性有关。里尔克说:"一棵树长得超出了它自己。"境界就是这"长得超出了它自己"的部分的结晶。而所谓审美对象,其实也就是指的有境界的对象,一个对象一旦"长得超出了自己",一旦有了境界,就像人活出了境界那样,那,它就是审美对象了。

因此,境界,就是客体对象在审美活动中呈现出来的一种特定的能够满足人类自身的价值属性。

那么,为什么不干脆就简单地说"美是境界",而还要在境界的前面加一个定语"自由的"呢?这是因为,境界不仅仅存在于审美活动之中,它还存在于其他的生命活动之中,例如,我们不是也还经常说"人生境界"吗?不是也还经常说"活出了境界"吗?这就并不都是完全指的美的境界了吧?再如,人们不是也经常说"宗教境界""道德境界吗"?因此,我们还必须把美的境界与其他的境界加以区别。可是,如何去加以区别呢?我在前面已经讲过,美的境界是对人的一种根本满足,是人类在精神上站立起来的需要,换言之,美的境界满足的不是人的现实需要,而是人的最高需要。我还说过,对于在精神上站立起来了的人来说,对象性地去运用"自我"的需要就是人的第一需要。因此,一个人,只有在懂得了把自我当作对象的时候,他才是人。

你们是否还记得,我在前面讲到的"人样""人味"?"人样""人味"其实就意味着"自我"。当然,在这里我也可以把"人样""人味"乃至"自我"都置换一下,置换为"未特定性""无限性""超越性",在这个意义上,我们也可以说,境界就是对于人类对象性地运用"未特定性"的满足,就是对于人类对象性地运用"无限性"的满足,就是对于人类对象性地运用"超越性"的满足。

不过,如果我们说,美是人类对象性地运用"未特定性""无限性""超越性"的境界,美是人类对象性地运用"自我"的境界,尽管大致不差,但是毕竟比较啰唆,而且,也还不够准确,更不够通俗明白。能否把"对象性地运用'什么什么'"再简化一些呢?能否再找到一个概念,来取代"对象性地运用'什么什么'"呢?

当然可以,这个概念,就是:自由。

不过,由于国内对于自由的理解普遍有误,在这里,我还要先就我这里所说的"自由"做个简单的说明。

国内对于自由的理解,一般都是"自由是对必然的把握",其实,这并非真正的自由,当然,也并非与自由毫无关系。

顺便说一下,我们中国人特别喜欢批评主观唯心主义,因此,我们在给自由下定义的时候也特别不希望被别人批评为主观唯心主义,还有很多美学家,之所以死死抱着"美是客观"的错误看法不放,也是因为害怕被别人批评为主观唯心主义。但是有一个东西,我们却必须关注,那就是:为什么全世界竟然会有那么多的坚持主观唯心主义的哲学家呢?有一次,欧洲的一个大哲学家贝克莱开哲学讲座,有两个妇女正好外出去买菜,路上就顺便进去听了一下,但是,却没过一会儿就不屑地出来了。她们仰天大笑,说这人真是个笨蛋,连起码的道理都不懂啊,我们这些家庭妇女都知道,在马路上,你是撞不过汽车的啊,还是大哲学家呢,这点道理都不懂。当然,真正应该被嘲笑的,是那两个家庭妇女。事实上,主观和客观、唯物和唯心的讨论,关注的不是哪个更真实,而是哪个更有助于说明人,尤其是有助于说明人在精神上的站立。

我要强调,我的这个看似随意的说明其实是很重要的,因为它有助于理解自由之为自由的两个关键性的环节。

首先,作为一种只能以理想、目的、愿望的形式表现出来的人类本性,作为以"赌"的形式表现出来的人类本性,自由只能是主观性的、超越性的。由于这种主观性、超越性正是人类生命活动的必然结果和根本特征,因此,也是无法还原为客观性、必然性的。在这个意义上,对于必然的超越,正是人类生命活动的根本规定,无疑也应该成为自由的根本规定。

而且,必须看到,在"不能做什么"与"只能做什么"之间存在着一个广阔的生命的自由表现的空间。例如,人无法超越饮食男女这些基本的物质条件,但是在满足了这些基本条件之后,人能够自我实现到什么程度,却有着极大的自由度。再如,人无法超越外在社会条件的限制,但是在这充满了种种限制的社会条件下,人能够做出什么样的贡献,仍旧有着极大的自由度。在这里,自由度的最大表现就是超越活动。用我在前面常说的话来说,就是:"赌"。在这样一个广阔的生命的自由表现的空间里,我们必须去"赌"美好的未来。

其次,我们知道人类生命活动是没有前提的,人类生命的进化无非是靠勇敢地去赌,我希望自己站立起来,这有什么前提呢?赢了?那就当然是天遂人愿。输了?也无所谓,因为我毕竟努力过了。我希望自己成为神,这有什么前提呢?赢了?那就当然是天遂人愿。输了?也无所谓,因为我毕竟努力过了。何况,回头想想,西方为什么就出现了科学呢?中国为什么就只出现了技术呢?现在西方有很多学者都认为,这正是由于基督教的推动。比如如果不是去赌,既然上帝创造了大自然,那么其中就一定存在着规律,西方又怎么可能出现研究自然的规律的科学?再举个通俗的例子,西方发明了飞机,可是,为什么中国就没有发明呢?在坚信地球重心吸引力的情况下,如果不是因为去赌自己一定会飞,那这一切就都是不可想象的。可是,既然神会飞,那我们也就一定会飞!问题就是这样简单。

然而,人类生命活动的实现却是存在着前提的。对于必然性的改造、认识,就正是这样的前提。不过,因为必然永远无法完全把握,所以也就永远无法自由。何况,人的主观性、超越性是无法还原为必然性、客观性的,因此即便是认识了必然,也只是认识了实现自由的条件,但却绝对不是实现了自由。总之,前提毕竟只是前提。

由此我们看到,人类生命活动所面对的自由,无论它的内涵如何难以把握,但却必然包含着两个方面。这就是:对于必然性的改造、认识,以及在此基础上的对于必然性的超越。前者是自由实现的基础、条件,后者则是自由本身。而人之自由就在于:在把握必然的基础上所实现的自我超越。在这里,对于必然的把握只是实现自由的前提,而对必然的超越才是自由之为自由的根本。

下面我们来看一段马克思的话吧,尽管我在前面已经引用过了,但是现在还是要再引用一次,因为对于中国人来说,他的话毕竟最权威:"自由不仅包括我靠什么生存,而且也包括我怎样生存,不仅包括我实现自由,而且也包括我在自由地实现自由。"[①]这里的"靠什么生存""实现自由"就是指的对于必然的把握,而这里的"怎样生存""自由地实现自由",则是指的在对于必然的把握的基础上所实现的自我超越。同时,马克思还讨论过"自我确证""生命的自由表现""人的一种自我享受",显然,这也令我们想起在对于必然的把握的基础上所实现的自我超越。

不过,说得最有启发意义的,还是怀特的下面一段话:"自我创造的过程就是将潜能变为现实的过程,而在这种转变中就包含了自我享受的直接性。"在他的这段话里,有两个要点很值得注意。第一个,是"将潜能变为现实的过程",这其实也就是我在前面讲的对于自我的对象性运用,对于未特定性、无限性、创造性的对象性运用。第二个,是"自我享受的直接性"。这是指的"将潜能变为现实的过程"中的快乐。用我们美学的话说,也就是审美愉悦。顺便提示一句,美学之为美学,其实也就是对于人类的这样一种"自我享受的直接性"的研究。

---

① 《马克思恩格斯全集》第1卷,人民出版社1956年版,第77页。

还回到我们对于"自由"的讨论上来,你们是否已经看出,其实作为对于必然的超越的自由与对于自我的对象性运用——对于未特定性、无限性、创造性的对象性运用存在着一种内在的对应。简单地说,对于自我的对象性运用,对于未特定性、无限性、创造性的对象性运用,其实就是对于必然的超越的自由的实现过程,而对于必然的超越的自由则是对于自我的对象性运用,对于未特定性、无限性、创造性的对象性运用的结果。因此,我们也就可以合乎逻辑地做一个置换:美是人类对象性地运用"未特定性""无限性""超越性"的境界,美是人类对象性地运用"自我"的境界,其实也就是美是对于必然的超越的自由的境界。

再简单一点:美是自由的境界。

这,就是我关于"美是什么"这个问题的回答。

当然,关于美是什么,美学界还有很多的定义。就中国来说,最为著名的定义是这样两个。一个是李泽厚的定义:美是自由的形式。李泽厚是20世纪实践美学的开创者。不过,就像他的实践美学一样,他的这个定义,也存在很多问题。例如,这里的"形式"就意味着是一个客观的存在,再如,这里的"自由"也是指的对于必然的把握。他的言下之意是,因为把握了必然,而且进而改造了世界,于是,当我在世界身上看到人的印记的时候,我就会快乐。显然,这个定义是错误的。还有一个定义,是高尔泰的定义:美是自由的象征。他的失误,在于"象征"。高尔泰所说的"自由"是基本正确的,也基本类似于我前面说的自我的超越,但是,所谓的"象征"就有问题了。因为完全忽略了审美对象的要素的存在。那也就是说,他所说的美已经不是我所说的一种价值属性了,而成了心灵的产物,成了我认为什么美什么就会美、我认为什么不美什么就会不美了。这无疑不符合我们所看到的审美事实。想象一下,你能拿一根树枝拉出最美好的二胡乐曲吗?不可能吧?!因此,我认为,还是美是自由的境界更符合审美活动的实际,也更令人信服。

"寓目理自陈"

到现在为止,在第四讲里,我已经讨论了作为客体的符合人的根本需要的价值属性的审美对象,作为审美对象的符合人的根本需要的共同价值属性的美,毋须再去讨论的是那些形形色色的符合共同价值属性的客体,也就是所谓"美的",毋庸讳言,其实我们在日常生活中所看到的,当然都是那些形形色色的符合共同价值属性的客体,也就是所谓"美的",它们都是能够看得见也能够摸得到的呈于心而见于物的"须臾之物"。

而我也不能不感叹,理论的力量真是魅力无穷,从人类的肉体与精神的站立,到未特定性、无限性、超越性和境界性,最后进入到能够看得见也能够摸得到的呈于心而见于物的"须臾之物"这一逻辑归宿,我们在思维的艰难道路上不亚于经历了一场艰苦卓绝的"出埃及"。我经常感叹,中国人为什么总是走不进天堂?可是,十分类似的是,中国人就能够走进爱的殿堂、美学的殿堂吗?在本书中,我特别希望自己能够在这个方面有所突破。

不过,现在还毕竟不是表扬与自我表扬的时候,甚至也不是批评与自我批评的时候,因为,还有一个最后的问题,也是最为重要的问题,还有待去郑重加以讨论。这就是:这个能够看得见也能够摸得到的呈于心而见于物的"须臾之物"是如何满足人的根本需要的?为什么就"没有美万万不能"?

直接的原因,当然是在于:在这个能够看得见也能够摸得到的呈于心而见于物的"须臾之物"之中所蕴含的价值属性,恰恰正是无限性。

例如,我过去已经讨论过王羲之的《兰亭集序》,其实,王羲之在那次文人雅集里也写过一首诗,其中有一句是:"寓目理自陈"。他说,世界似乎是在向他说话,当他瞩目世界的时候,世界就在向他呈现着某种特定的价值。可是,世界真的有价值吗?如果有的话,那么动物为什么就看不见?为什么在精神上爬行的人也看不见?显然,这个价值——也就是王羲之所谓的"理",实际上是在精神上站立起来了的人自己把它放进去的,然后,才又再在能够看得见也能够摸得到的呈于心而见于物的"须臾之物"之中看到了它。再如,我还剖析过"独坐大雄峰"的例子,为什么大雄峰面对百丈怀海就天天有话要说？其实，完全是百丈怀海面对大雄峰天天有话要说啊。要注意，这个时候的"世界"和"大雄峰"就都已经是价值关系的存在了。

再进一步，世界和大雄峰本来都是"对方"，但是，当它们成为通向无限性的启迪和象征的时候，也就都已经是"对象"了。因此，这里的价值属性，其实也可以理解为对于无限性的领悟。它指的是在日常有限的生命现象中被直接呈现出来的无限的东西，在形而下的东西中可以直接呈现出来的形而上的东西，也是指的对整个人生、历史、宇宙的一种根本性的感受和领悟。

冯友兰先生也做过一个著名的讨论。冯友兰是北京大学最著名的教授之一、20世纪研究中国哲学最有成就的哲学家之一，对于中国文化，他的理解应该是非常出色的。我建议，要看介绍中国哲学的书，你们就先看一看冯友兰的书，就好像说，要看介绍中国历史的书，你们就先看一看钱穆的书，例如我过去介绍的《国史大纲》。这样，你就可以给你的人生打一个底子，将来别人跟你聊天，一听就知道你的生命里还有谁。一个人的生命里如果哪位大师都没有，一开口就被别人听出来，全是你自己的话，背后什么底子也没有，什么大师也没有，那就太糟糕了。但是，假如你有冯友兰的底子，有钱穆的底子，那你只要一开口，别人就会感叹：这个人气度不凡。"腹有诗书气自华"，讲的就是这个道理。

冯友兰先生讨论的首先是陶渊明的诗："采菊东篱下，悠然见南山。山气日夕佳，飞鸟相与还。此中有真意，欲辨已忘言。"冯友兰先生是这样讨论的：

> 渊明见南山、飞鸟，而"欲辨已忘言"。他的感官所见者，虽是可以感觉底南山、飞鸟，而其心灵所"见"，则是不可感觉底大全。其诗以只可感觉不可思议底南山、飞鸟，表显不可感觉亦不可思议底浑然大全。"欲辨已忘言"，显示大全之浑然。[1]

因为我们受的哲学训练很糟糕，很多大学生受的哲学训练都无非是所谓辩

---

[1] 冯友兰：《新知言》第十章，《贞元六书》，华东师范大学出版社1996年版，第958—961页。

证唯物论的训练,其实也无非是狡辩加物质主义,而这个东西是没有办法有助于你的人生的,世界是物质的,然后是存在决定意识,整天学这些,那你的人生就慢慢干枯了,慢慢干瘪了。也因此,我们在读陶渊明诗的时候,往往会读不出其中的奥秘。可是,冯友兰先生就完全不同了。他以陶渊明诗为例,告诉我们,采菊、东篱、南山、山气、飞鸟,这些都是世界的有限性,我们可能也看见了这些东西,但是,我们却没有像陶渊明那样看见这些东西的无限性。比如说,自古到今,从东到西,所有的农夫每天在农田里干活,直到收工,都看见了这些东西,或许,当我们假期回到老家探亲后跟着长辈去农田干活的时候,在收工的时候也看见了这些,但是我们却都远没有陶渊明老先生看得多,在我们眼睛里就是东篱、就是南山、就是山气、就是飞鸟,但是在陶渊明的眼睛里,这些都成了我们生命无限的象征。显然,他看到了这些东西的后面的东西,而我们只看到了这些东西本身。陶渊明最后甚至还感叹,"此中有真意,欲辨已忘言",可是,我们却都没有看见此中有什么"真意",因为我们就仅仅看见了这个东西本身,但是陶渊明却透过这南山、飞鸟、东篱,看见了它们背后的远远超出自身特性的能够充分满足人类需要的那些东西、无限的东西。

陈子昂也有一首诗:"前不见古人,后不见来者。念天地之悠悠,独怆然而涕下。"冯友兰先生是这样讨论的:

> "前不见古人",是古人不我待;"后不见来者",是我不待古人。古人不我待,我不待古人,藉此诸事实,显示"天地之悠悠"。"念天地之悠悠",是将宇宙作一无穷之变而观之。"独怆然而涕下",是观无穷之变者所受底感动。李白诗:"登高壮观天地间,大江茫茫去不还。"此茫茫正如卫玠过江时所说:"见此茫茫,不觉百端交集。"苏东坡《赤壁赋》:"哀吾生之须臾,念天地之无穷。挟飞仙以遨游,抱明月而长终。"大江、明月是可感觉底,但藉大江、明月所表显者,则是不可感觉底无穷底道体。①

---

① 冯友兰:《新知言》第十章,《贞元六书》,华东师范大学出版社1996年版,第958—961页。

这首诗歌很有意思,既然是"前不见古人,后不见来者",那诗人看了半天,岂不是什么都没有看见么?看来,他一定还是看到了什么。那么,看见了什么呢?在"前不见""后不见"之外,诗人显然还是"有所见"的。这个"有所见",就是"天地之悠悠",借用后面的评点的话,那就是:"表显不可感觉亦不可思议底浑然大全"、"显示大全之浑然"、"将宇宙作一无穷之变而观之"、"表显不可感觉底无穷底道体"。借用我在前面反复提到的话,那就是:能够看得见也能够摸得到的呈于心而见于物的"须臾之物",以及在这"须臾之物"背后的无限的世界。

美感:从非功利到超功利

更为重要的是,能够看得见也能够摸得到的呈于心而见于物的"须臾之物"还诱导我们进入了美感的愉悦之中。

假如说美是自由的境界,美感则是自由的愉悦。

关于美感的特性,美学界可以说是众说纷纭,但大多是随机地甚至是随心所欲地罗列若干方面,特征之间缺乏逻辑联系,而且缺乏内在深度。在我看来,至今为止,仍旧是康德的从质—量—关系—模态出发的概括精到、深刻。因为他抓住了审美体验中的矛盾运动所形成的种种"悖论"。因此鲍山葵才会宣称:美感"自经康德深刻阐发之后,就永远不再被严肃的思想家所误解了"。

但是,康德的概括似又有重复之处,因此,我们可以把康德所阐释的质—量—关系—模态的四契机概括为三种。首先,把"无功利的快感"概括为非功利性,它区别于人类的实践活动,揭示的是人类的情感秘密;其次,把康德说的"无概念的普遍必然性"概括为直接性,它区别于人类的认识活动,揭示的是人类的心理秘密;第三,把康德的"无目的的合目的性"概括为超越性,它区别于人类的实践活动与认识活动,揭示的是人类的在情感与心理基础上所形成的审美活动的秘密。

我要强调一下,其中的关键是美感的非功利性。至于美感的直接性、超越性则是广义的非功利性(非"概念的普遍性"的非功利性、非"合目的性"的非功利性)。因此,一旦真正把握了美感的非功利性,美感的直接性、非目的性也就得以真正把握。

关于美感的非功利性,我在第三讲的一开始就提及了,因为它实在是太重要了。不过,我还没有来得及在学理上加以说明。而现在,这个学理上的说明就是必须的了。

为什么说美感的非功利性非常重要？主要是因为它从外在和内在两个方面在根本上完成了近代美学的建构。

在外在方面,近代美学与近代资产阶级的兴起密切相关。这使得它必须着眼于主体性、理性以及从耻辱感向负罪感的转换的美学阐释,必须着眼于资产阶级的特定审美趣味的美学阐释,换言之,使得它必须在美学领域为资产阶级争得特定的话语权。由此,对于审美与生活之间的差异(以及艺术与生活之间的差异)的强调,就成为其中的关键。康德之所以对所谓"低级""庸俗"趣味深恶痛绝,之所以大力强调真正的美感与"舌、喉的味觉"等肉体性的感觉的差异,之所以要强调先判断而后愉悦,简而言之,之所以强调审美活动的非功利性,原因在此。

而在内在方面,则与对于审美活动乃至美学的独立地位的确立有关。美学固然在1750年已经由鲍姆加登正式为之命名。但他对审美活动的理解却很成问题,所谓"感性认识的完善",仍旧是把美感与认识等同起来,把审美活动从属于认识活动,并且作为其中较为低级的阶段,这样,美学不过就是一门"研究低级认识方式的科学";另一方面,英国经验主义则把审美活动与功利活动混同起来,把美学混同于价值论,借以突出审美活动的与价值论有关的"快感",但就美学本身而言,却仍旧没有找到自身的独立地位,因为它研究的对象——审美活动只是价值活动的低级阶段。而康德提出审美活动的非功利说,所敏锐把握的正是这一关键。他指出:"快适,是使人快乐的;美,不过是使他满意;善,就是被他珍贵的、赞许的,这就是说,他在它里面肯定一种客观价值。在这三种愉快里只有对于美的欣赏的愉快是唯一无利害关系的和自由的愉快;因为既没有官能方面的利害感,也没有理性方面的利害感来强迫我们去赞许。"这样,康德就从既无关官能利害(用"生愉悦"把审美活动与"功利欲望快感"相区别),又无关理性利害(用"非功利"把审美活动与"感性知识完善"相区别)这两个层次把美与欲、美与善同时区别开来。审美活动因此而第一次成为一种独立于认识活动、道德活动的生命活动形态。

在此意义上,假如说康德是以第一批判为求真活动划定界限,从而确定其独立性,以第二批判为向善活动划定界限,从而确定其独立性,那么第三批判就是为审美活动划定界限,从而确定其独立性。美学学科也因此而真正走向独立。

然而,"非功利"说却毕竟只是传统美学而并非美学本身的完成形态,也毕竟只是一种权力话语而并非真理,因为美感不但有其非功利的一面,而且有其功利的一面。不妨简单地设想一下我在第一讲提出的问题:生命进化的事实是那样严酷,为什么竟然会允许美感遗传下来而没有无情地淘汰它呢?看来,它也不是一种奢侈品,而是有功利的,只是它的功利性与快感的功利性的内容有所不同而已。

事实也正是这样。应该说,人类的审美活动就是在漫长的生命进化的功利活动中逐渐形成的。只是在传统文化的逼迫之下,审美活动、艺术活动在现实中完全处于一种被剥夺的状态,审美活动、艺术活动才不得不以一种独立的"非功利"的形态出现,而当代审美则从对于无功利的传统推崇,再次转向了对于功利的推崇,这恰恰意味着向超功利的转进。

它意味着对于审美活动是否必须作为一个独立范畴而存在的一种完全正当的怀疑。这是从原始时代以后就再也不曾有过的一种怀疑。实际上,作为一种独立的精神状态,审美活动的传统形态在某种意义上就是一个千年来的美学误区。因此,只是当我们站在传统美学的立场上才会说这是一种退步,假如站在当代美学的立场上则完全可以说这是一种美学革命,是对原始时代的一次美学复归。而在这当中,我们因之而得到的最为重要的发现是:功利性就真的一无是处吗?在远古时代,人类不就是因为游戏而成为人的吗?我们有什么理由否认,当代人就不能通过游戏而成为更高意义上的全面发展的人呢?

而且,从根本的角度来看,审美活动就是有功利性的。只是这种功利不同于传统美学所批评的功利。传统美学所批评的功利,是一种从社会的角度所强调的功利,它要求审美活动抛弃自己的独立性,成为社会的附庸。毫无疑问,这种功利是必须反对的。但在传统美学,却因此形成了一种错误的观念,以为审美活动就是无功利的,这则是完全错误的。事实上,任何活动都是有功利的,例如,审美活动的趋美避丑不就隐含着趋利避害的功利吗?

所以,承认审美活动的功利性的一面,就既是一种逻辑的必然,也是一种历史的选择。就后者而言,这是当代美学的明智之举。事实上,这一明智之举从叔本华、尼采就已经开始了。从叔本华开始,源远流长的彼岸世界被感性的此岸世界取而代之,被康德拼命呵护的善失去了依靠。在康德那里是先判断后生快感的对于人类的善的力量的伟大的愉悦,在叔本华那里却把其中作为中介的判断拿掉了,成为直接的快感。尼采更是彻底。康德也反对上帝,但用海涅的话说,他在理论上打碎了这些路灯,只是为了向我们指明,如果没有这些路灯,我们便什么也看不见。尼采就不同了,他干脆宣布:"上帝死了!"

应该说,就美学而言,关于"上帝之死"的宣判不异于一场思想的大地震。因为在传统美学,上帝的存在提高了人类自身的价值,人的生存从此也有了庄严的意义,人类之所以捍卫上帝也只是要保护自己的理想不受破坏。而上帝一旦死去,人类就只剩下出生、生活、死亡这类虚无的事情了,人类的痛苦也就不再指望得到回报了。真是美梦不再!但是,一个为人提供了意义和价值的上帝,也实在是一个过多干预了人类生活的上帝。没有它,人类的潜力固然无法实现,意义固然也无法落实。但上帝管事太多,又难免使人陷入依赖的痴迷之中,以致人类实际上是一无所获。这样,上帝就非打倒不可。

不过,往往为人们所忽视的但又更为重要的意义在于:"上帝之死"事实上是人类的"自大"心理之死。只有连上帝也是要死亡的,人类数千年中培养起来的"自大"心理才被意识到是应该死亡的,一切也才是可以接受的。

难怪西方一位学者竟感叹云:"困难之处在于认错了尸体,是人而不是上帝死了。"只有意识到这一点,我们才会懂得尼采何以混同于现实,反而视真、善为虚伪,并且出人意料地把美感称为"残忍的快感"的原因之所在。

到了弗洛伊德等一大批当代美学家,则真正开始了对于审美活动的功利性的一面的考察。以弗洛伊德为例,他所关注的人类的无意识、性之类,正是意在恢复审美活动的本来面目。或许,在他看来,审美走向神性,并不就是好事,把审美当作神,未必就是尊重审美。而他所恢复的,正是审美活动中的人性因素。就前者而言,注重审美活动的功利性一面的考察,更是美学之为美学的题中应有之义。这绝非对于审美活动的贬低,而是对于审美活动的理解的深化。只有如此,审美活动才有可能被还原到一个真实的位置上。其中的原因十分简单,康德独尊想象、形式、自由以及审美活动的自律性,强调现实与彼岸、感性与理性、优美与崇高、纯粹美与依存美、艺术与现实、想象与必然性、艺术与大众的对立,并且把审美活动与求真活动、向善活动对峙起来,固然有其必要性,但是却毕竟是幼稚、脆弱、狭隘而又封闭的,充满了香火气息。审美活动不但要借助于"无目的的目的性"从现实生活中超越而出,与求真活动、向善活动对峙起来,而且更要借助于"有目的的无目的性"重新回到现实生活,与求真活动、向善活动融合起来。

而且,对于功利本身也要进行具体分析。

从横向的角度看,功利的内涵可以分为个人、社会、人类三个方面。当这三个方面与审美活动相矛盾时,无疑是妨碍审美的,但假如与审美活动不相矛盾,就不会妨碍审美。"美的欣赏与所有主的愉快感是两种完全不同的感觉,但并不是常常彼此妨碍的。"车尔尼雪夫斯基的看法不无见地。

从纵向的角度看,从功利到非功利,是人类审美活动的历程中的一大进步。康德哲学说明的正是这一事实。而从非功利到超功利,无疑更是人类的一大进步。因为,就美感的根本属性而言,应该说它确实是超功利性的,即:既有功利但又无功利。

事实上,人类对于功利的追求本来就是最为合乎人性的。不少学者一味强调美感的非功利,强调对于功利的否定,是不对的。美感的存在只是为了强调不宜片面地沉浸于功利之中,因为那是非常危险的,也是不符合人类追求功利的本义的。这就是审美活动的"不即不离"、审美活动的超越性的真实涵义。换言之,美感并非不去追求功利,它只是不在现实活动的层面上去追求功利性,而是在理想活动的层面上去追求功利,而且,是从外在转向了内在。它不再以外在的功利事物而是以内在的情感的自我实现,不再以外部行为而是以独立的内部调节来作为媒介。美学家经常迷惑不解:为什么在美感中情感的自我实现能成为其他心理需要的自我实现的核心或替代物呢?为什么在美感中情感需要能够体现各种心理需要呢?为什么美感既不能吃又不能穿更不能用,但人类却把它作为永恒的追求对象?在我看来,原因就在这里。试想,对于自由生命的理想实现的追求,不就正是人类的最大功利吗?

美丽的灵魂新大陆

讨论美感,关注的却不是它的非功利性,而是它的超功利,之所以如此,当然是因为希望给美感之为美感以现代意义的正确解说,我们的很多美学家的美学思考也实在是太古老太古老了,完全不知有汉,更何论魏晋,不过,还有一个对我们的讨论来说也许是更为现实的原因,那是因为,我希望能够借助美感的超功利性的讨论,来更清楚、更明白地把那个能够看得见也能够摸得到的呈于心而见于物的"须臾之物"对于人类根本需要的满足讨论清楚。

十分幸运的是,这个问题的讨论说来也有简单之处,那就是每个人都有审美体验,因此,也就很容易找到共同语言。比如说,每个人都会发现,犹如跟自己心仪的"对象"在一起的感觉是一种最快乐也最美好的感觉,那个能够看得见也能够摸得到的呈于心而见于物的"须臾之物"所带给我们的感觉,应该说,也完全如此。而且,我过去在电视上讲《红楼梦》的时候也曾经说过,一个美女,对于男人来说,其实也就是一所最好的学校。我知道,很多人都很喜欢这句话,当然,他(她)们也还有所发挥。我记得,有一次,一位女性就跟我说过,其实,一个优秀的男人也同样就是一所学校。还回到美学的讨论,应该可以立即联想到,那个能够看得见也能够摸得到的呈于心而见于物的"须臾之物"所带给我们的自由的愉悦,应该也同样是一所学校。

美学研究中有一个非常重要的概念"共同感",说的就是这个问题。

在生活里,我们会发现,世界上的生命现象多种多样,但是却只有审美活动最为特殊。这就是,在这个世界上,有不爱真的人,比如他会说假话,也有不爱善的人,比如他会作恶,但是,有谁听说过不爱美的人?应该都没有听说过吧?回过头来看一看人类社会,我们会发现,我们人类社会经常是把人分成好人和坏人,是吧?但是我们看到一个很奇怪的现象,就是不论是好人还是坏人,他可以不追求道德的善,可以不追求科学的真。但是不难发现,却没有人不追求美学的美。哪怕是我们在日常生活里看到的坏蛋,也还是要追求美。

而且,爱美似乎也与贫富无关。鲁迅有一个值得争议的看法,他说:北京捡煤渣的老太婆是不会喜欢美的。这显然无法服人。我2004年去云南丽江,那里的泸沽湖有个著名的女儿国,我到那儿一看,发现那个地方很穷,去了几家,基本上都是家徒四壁,里面除了必备的生活用品,其他的什么都没有,但是我却发现,家家都有鲜花。这实在引人深思。显然,贫困并不是不爱美的理由。还是范成大《夔州竹枝歌》说得好:"白头老媪簪红花,黑头女娘三髻丫。背上儿眠上山去,采桑已闲当采茶。"唐人王毂的《贫女》道出的,也是这样的秘密:"难把菱花照素颜,试临春水插花看。"

再认真想想,人类几乎没有什么是可以所有人共同分享的。成功吗?你不愿意与敌人分享;财产吗?你不愿意与他人分享;痛苦吗?你不愿意与任何人分享。但是,美却是唯一的例外。不分敌我,不分你我,你愿意与任何人来分享,也任何人都可以分享。中国古人早就说:"独乐乐,不如与人乐乐","与少乐乐,不如与众乐乐。"白居易有两首诗:"春来无伴闲游少,行乐三分减两分。"(《曲江忆元九》)"欲作闲游无好伴,半江惆怅却回船。"(《三月三日》)意思是说,春游的时候,因为没有朋友在旁,甚至看美景的兴趣都减少了许多。可是,如果是面对一顿美餐,那还会有这种感觉吗?元代刘因还写过一首《村居杂诗》:"邻翁走相报,隔窗呼我起,数日不见山,今朝翠如洗。""邻翁"看见美景,还专门跑来把他唤醒。如果是看到减价的物品呢?那"邻翁"很可能就不会专门跑来喊他了吧?宋代的诗人陆游也写过一首诗:"谁琢天边白玉盘,亭亭破雾上高寒。山房无客儿贪睡,长恨清光独自看。"数钱的时候,谁恐怕都是悄悄地去数的,可是,面对美丽的月光,陆游竟然是"长恨清光独自看"啊。

更重要的,人类的爱美之心不教而同,而且不约而同。千年之下,我们再看李白的《静夜思》,也还是会拍案叹赏。文化各异,可是对于西方的《米洛的维纳斯》,我们也同样引为知音。时间和空间,似乎都不是审美活动的障碍。贝多芬称自己的《田园交响曲》是"对农村生活的回忆",并说:"只要对农村生活有一点体会,就不必借助于许多标题而能想象得出作者的意图。"而法国作曲家柏辽兹在听过其第一乐章后,也描写出一幅这样的景象:"牧羊人开始在原野上出现了,态度悠闲,吹着牧笛在草原上来来往往,可爱的乐句令人欢怡,有如芬芳的晨风;成群的飞禽从头上飞鸣而过,空气时时因薄雾而呈湿润;大片的云块把太阳挡住了,但顷刻之间,云块吹散了,林木泉水之间又突然充满了阳光。这便是我听着这个乐章的感觉;虽然管弦乐的表现很不具体,但我相信很多听者都会得到和我相同的印象。"[①]认真比较一下,应该不难发现,贝多芬与柏辽兹之间是何等地一致。

遗憾的是,上述现象虽然对于所有的人来说都并不陌生,而且也都经常提及。可是,理解却大不相同。同样是面对"共同",很多人——包括很多美学家——都是理解为一种有趣的现象,而没有准确理解为人类生命活动的根本需要。也因此,他们在爱美的同时又会拼命宣扬"美有什么用,又不能吃、不能穿"之类的错误看法,对审美活动的价值与意义大加贬低,而在我看来,只有后面一种理解,才是正确的理解。因为,它意味着对于审美活动的极端重要性的强调,意味着审美活动是人类生命活动中最普遍的东西,也是人类生命活动中最根本的东西。换言之,倘若借用我在第一、二讲里面

---

① 柏辽兹:《贝多芬的九首交响曲》,上海音乐出版社1957年版,第28—29页。

的话来讲,那就应该说,意味着"爱美之心,人才有之",而且,"爱美之心,人皆有之"。

在这方面,康德的发现给我们极为重要的启示。在他看来,在美感中,存在着如上所说的那样一种"共同感"。那么,如何去解释这一神奇的现象呢?康德把它概括为:主观的普遍必然性。审美活动是一种主观的东西,这个问题我在第二讲里就已经讲了,可是,主观的东西当然就是没有普遍性和必然性的呀,我们不是经常说,你这个人看问题太"主观"了吗?要知道,当我们这样说的时候,可是没有在表扬对方,而是在批评对方,在批评对方是情绪用事,自以为是,对不对?因此,主观的东西往往就不是普遍的,更不是必然的。反之,只有客观的东西才可能是普遍的、必然的。比如大自然的规律,那就是普遍的,也是必然的。但是康德却发现了一个惊天大秘密,这就是:在美感中,主观的东西竟然就同时也是普遍的、必然的。康德称之为"一切人对于一个判断的赞同的必然性",称之为"先验假设前提",并且把它叫作"主观的普遍必然性"。

必须提醒一下的是,这个"主观的普遍必然性"其实就是审美活动的根本奥秘。而这,也正是人类生命的最为根本的秘密。然而,康德也深知在人们心中所存在的深深的误解,所以,他又提出了一个新的概念,叫作:"主观的合目的性而无任何目的"。针对人们常说的"美有什么用,又不能吃、不能穿",他指出,审美活动从表面上看,确实是没有任何的功利性,也就是说,没有任何的用处,例如,不能吃也不能穿,但是,他又指出,如果审美活动真的没有任何的用处,那么,我们人类又为什么非审美不可呢?这不是非常奇怪吗?而且,如果审美活动真的没有任何的用处,那么,我们又为什么会在审美活动中感到愉快呢?显然,这里的"无任何目的",是指的显意识层面,而"主观的合目的性",则是指的潜意识层面。这也就是说,在显意识层面,审美是无目的的;而在潜意识层面,审美则是有目的的,而且是最有目的的,甚至应该说,也必须说,是人类目的之最。

这个"主观的合目的性",就是人类生命的共同的根本需要。

在这方面,艾德勒提醒得很清楚。他说:在人类的生命活动中存在着

"需要"和"想要"两个方面,"所有的人具有相同的人类特定的需要,但有关他们所想要的事物却因人而异。"①所谓"想要"当然是指的主观随意性,而"需要"则指的正是"主观的合目的性"。

毋须再去多言,美感的共同感,当然正是指的美感对于人类的根本需要的满足,其实也就是对于人类的"主观的合目的性"的需要的满足。

"需要"成为"人"

那么,人类究竟"需要"什么呢?当然是"需要"成为"人"!

可是,这又谈何容易?!

我已经反复讨论过,所谓的成为"人",其实就是需要在精神上站立起来。然而,在精神上站立起来,也并非一蹴而就,也必须去按照精神进化的规律来做的。我们知道,精神的世界与物质的世界是存在鲜明的区别的。例如心理感觉,专家研究后就发现,5岁的儿童,一年等于一生的20%,50岁的成人,一年等于一生的2%。那么人的一生呢?第一个20年,从心里感觉的角度,应该是人生的一半。爱因斯坦也举过一个著名的例子来说明所谓的相对时间,大意是,与恋人在一起,一小时就像一分钟,跟仇人在一起,一分钟就像一小时。在这方面,我们虽非科学家,可是,也会有同样的感觉。例如,小别胜新婚。再例如,长期离开故乡的人会比住在故乡的人更爱故乡。

更为重要的是,我们不但在物质的世界居住,而且也在精神的境界栖居;不但以自然的器官与世界发生关系,而且以价值的器官与境界发生关系。哀莫大于心死,真正的境界其实是由意义编织起来的。中国人所熟知的一些话,说的就是这个道理。例如,"一朝被蛇咬,十年怕井绳""杯弓蛇影""草木皆兵""风声鹤唳"。据统计,作家、艺术家得精神病的比例是普通人的20倍,抑郁症是30倍,自杀是5倍。看来,他们生活的世界与普通人也

---

① 艾德勒:《六大观念》,三联书店1998年版,第92—93页。

并不相同。

20世纪,在社会主义与资本主义彼此冷战的地球村里,曾经出现了三个"一":第一个,是在有近八百年历史的柏林城里出现的"一堵(城)墙",第二个是在有几千年历史的朝鲜南北之间的"一条(纬)线",第三个,是在历史更为悠久的中国出现的"一道(海)峡"。为什么会如此?只是物理的阻隔分裂吗?当然不是,其实是精神的。用通俗的话讲,是观念的差异所致。在每个人的头脑里,还存在着一张观念地图,因此,要改变一个人,就要先改变他的观念世界。当年的马可·波罗的异国描述,不就化为了哥伦布的探险旅程吗?而达尔文论天择、潘恩论常识,也导致了人类行为的改变,个中的原因,也是因为先改变了人类的观念地图,然后才改变了人类的行为。同样的例子,是人们常说的,有三首歌,曾经改变了人类的历史:《楚歌》《马赛曲》《松花江上》。它们之所以能够改变人类的历史,也是因为先改变了人类的观念地图。

由此或许不难想到,围绕着成为"人"这样一个"主观的合目的性",在审美活动中创造的那个能够看得见也能够摸得到的呈于心而见于物的"须臾之物"同样也在改变着人们的观念,并且通过改变人们的观念而改变人们的行为、人们的世界。罗丹说过:由于希腊雕塑,希腊女子才是美的。诺道说过:整个一代德国姑娘和妇女都是按照克劳伦的女性形象来塑造自己的。王尔德也说过:由于惠斯勒的《切尔西码头:银灰色》,英国人才产生了雾的美感。雪莱更干脆,他指出:诗创造了另一种存在,使我们成为新世界的居民。

那么,那个能够看得见也能够摸得到的呈于心而见于物的"须臾之物"究竟是如何做到使人成为"人"的呢?

在这方面,心理学家已经有了很多的研究。以梦为例,弗洛伊德发现,其实,梦都是一种被"伪装"了的潜在意识;荣格说得更为准确,他认为,梦其实是一种潜在意识的"揭示"。因此,梦中出现的"须臾之物"都并非"想出来的",而是"想象出来的"。它是人们创造出来用于表达某种意义的,而且,还往往不是直接的意义,而是某种间接的意义——象征的意义。它同样是一种语言,但是是一种潜意识中的语言,一种灵魂的语言,一种心灵的象形文字,折射的也完全是一种心理的现实。而且,梦中出现的"须臾之物"还有着巨大的精神力量,是一种心理的行为,类似于心灵圣殿的建设者、心灵面孔的美容师,也类似于心灵垃圾的清道夫。

阿瑞提指出:"意象具有把不在场的事物再现出来的功能,但也有产生出从未存在过的事物形象的功能——至少在它最早的初步形态中是如此。通过心理上的再现去占有一个不在场的事物,这可以在两个方面获得愿望的满足。它不仅可以满足一种渴望而不可得的追求,而且还可以成为通往创造力的出发点。"①

由此,我想起了弗洛姆的重要提示:爱是信仰的一种行动,信仰少的人必定爱得也少。他还提示:要像幼儿学会走路一样学会信仰。这使得我们幡然领悟:我们也可以像幼儿学会走路一样学会去爱。而这就首先意味着:那个能够看得见也能够摸得到的呈于心而见于物的"须臾之物",就正是见证。因此,要像幼儿学会走路一样学会去爱,一个重要的步骤,就是要像幼儿学会走路一样学会去审美。

在这个意义上,审美的人也无非就是醒着做梦的人。

我们知道,在日常生活中,不仅存在着逻辑的、意识的、有关衣食住行的交际,而且还存在着深层的、潜意识的、有关心灵、灵魂的交流,心灵、灵魂也是有容貌的,也是有颜色的,更是有需求的,中国人就有"心房"一词,更有"心有千千结"的说法,可是,这心灵、灵魂的"千千结"又如何去表达呢?唯有通过"须臾之物"。"须臾之物"是心灵、灵魂的标本,也是心灵、灵魂的X光,更是心灵、灵魂的钥匙,借助"须臾之物",我们就可以进入心灵、灵魂的神秘国度去探险,也可以在彼此的心灵、灵魂之间进行必要的交流(为什么是"感动"而不是"感知"? 就是因为我们是在潜意识里交流的,心理学家说,就好像单身囚牢里的犯人听到了隔壁犯人敲墙的声音),更可以对心灵、灵魂中出现的问题施加影响甚至治疗。

---

① 阿瑞提:《创造的秘密》,辽宁人民出版社1987年版,第64页。

不过,"须臾之物",又毕竟是心灵的语言,尽管从根本的角度,"须臾之物"是不可言说的,需要心有灵犀、以心会心,但是我们必须可以通过向弗洛伊德、荣格这类的"翻译"大师学习的方式,来找到怎么把潜意识王国里这些珍宝带回意识空间的技术。

在普通人的梦里,经常会出现"鱼",那么,这是否就是对于餐桌上的鱼的渴望呢?当然不是,梦中的"鱼"其实是梦中人对于"性"的渴望。它表达的是"性"的饥饿,而不是"食"的饥饿。与此相关,在文学作品中经常出现与"美女蛇"相对应的"美人鱼",那么,又应该如何去"翻译"呢?他们的共同特点都是美丽性感,都是男人眼中的尤物,但是,"美女蛇"表达的是男性的恐惧,因为对方太强大了,其中也包括性欲的强大,就像白娘子,"美人鱼"表达的却是男性的满足,因为对方非常柔弱,乐于自我牺牲、自我奉献,任人蹂躏,百依百顺,安徒生《海的女儿》里的"美人鱼",就是对于男性的这一心态的完美表达。

中国古典诗歌中经常出现"登高",可是却总是伴随"忧虑""恐惧",例如,"烟波江上使人愁",其实,这是典型的心理强迫症,在心理强迫症里,相反的"须臾之物"总是随之出现,所以登高的快乐一出现,要摔下去的"须臾之物"马上就出现了。还有中国古典诗歌中经常出现的"荒寒",则是与心灵的过度压抑有关。又如禅宗的两首诗里都出现了"灰尘","时时勤拂拭""何处惹尘埃",这是怎么回事呢?无疑是与抑郁症的心理症结有关。孤独,封闭,总是想像自己的心灵内部灰尘密布,所以不得不频频清扫。

《聊斋》的"说狐道鬼"也是如此,也无非就是"醒着做梦"。它所表达的,是一种在出现心理障碍之后的心灵状态与灵魂状态。因此,与其把《聊斋》中的"鬼"说成是"迷信",就远不如美学地把它还原为"说狐道鬼"者自身的种种不良情绪的象征,在心理特别压抑的时候,就容易"见鬼"或者"撞见鬼","鬼",其实就是消极情绪的心理垃圾。鬼的所作所为,就是人的所作所为的投射。很多人都有这样的体会,在心情特别抑郁的时候,就会看到有鬼在引诱他(她)去自杀,中国人喜欢把它叫作"索命的鬼",其实,这是心情特别抑郁者在自己强化自己的自杀,也是在下意识地说服自己去自杀。

因此,所谓的鬼,无非就是深层心理的一种表达,无非就是深陷于不良情绪中无法自拔者的心理投射。在这个意义上,联系蒲松龄的长期名落孙山以及长期在外独居的压抑与落寞,就不难领悟他为什么如此地热衷于"说狐道鬼"了。

例如"替死鬼"。"说狐道鬼"是全世界都很常见的一种现象,可是,在中国特别常见的"替死鬼",在西方却没有出现。这是一种最有中国特色的"鬼"。中国人天生嫉妒,就是做了鬼也仍旧如此,因此,会嫉妒别的没有倒霉的人,倘若再想到别的没有倒霉的人现在甚至还可能正在那里看着自己的笑话,那就更是无法容忍了。既然我倒霉了,那么,你也别想开心。只有看到别人也倒霉了,自己才会舒服,而且,别人越是倒霉,自己就越是舒服。结果,被嫉妒者就成了自己的替死鬼。显然,在这里所谓的替死鬼其实就是心理压抑者的心理垃圾的承受者。因为心理垃圾的被全盘倾泻给别人,心理压抑者会因此而感到轻松,而通过让别人倒霉,心理压抑者自己似乎也就觉得修正了全部的失误。总之,做鬼意味着倒霉,做人意味着好运,而且,好运的位置有限,因此,要走好运,就要设法把他人拉下来,就要让别人成为自己的替罪羊。

经过上述的特定"翻译"技术的帮助,我们对"须臾之物"应该已经有了一个基本的了解。显然,从价值属性来讲,在审美活动中所创造出来的那个能够看得见也能够摸得到的呈于心而见于物的"须臾之物"并不与梦所创造的"须臾之物"完全等同,毋宁说,它属于积极的"须臾之物"。它是自由心灵的投射。

人类要在精神上站立起来,就要为自己塑造第二张脸。人们经常说:"人面兽心"。这当然是对于那些在精神上没有站立起来的人的批评。那么,怎么办呢?那就必须通过在审美活动中所创造出来的那个能够看得见也能够摸得到的呈于心而见于物的"须臾之物"去打造自己的心理容貌、精神面孔,使人成为"人",使人向"人"生成,使人向无限敞开。泰戈尔回忆说:"如果我小时候没有听过童话故事,没有读过《一千零一夜》和《鲁宾逊漂流记》,远处的河岸和对岸辽阔的田野景色就不会如此使我感动,世界对我就不会这样富有魅力。"他所证实的,就是这个道理。日本的美学家今道友信的概括,则更可以看作是一个深刻的总结:"只要我们眺望美丽的山河,我们就会沉浸在希望之中。如果我们接触优秀艺术作品中的美,就会为人类的伟大而感动。"在这里,从"美丽的山河"到"希望",从"优秀艺术作品中的美"到"人类的伟大",其实也就是在打造自己的心理容貌、精神面孔,也就是行走在使人成为"人"、使人向"人"生成、使人向无限敞开的路途中。

而且,因为改变了"须臾之物",让它转向或者转化;也就改变了人的心理容貌,例如心灵中的阴暗的东西,就是无法直接消除的。中国的文学艺术作品中经常鼓吹"仇恨""暴力",就是因为始终没有弄清楚这个秘密。其实,唯一的方法,是通过转换"须臾之物"的方法去加以转换,用新的积极的"须臾之物"去化解旧的消极"须臾之物",并且一点一点地去扩展,最终就可以使得爱的星星之火得以燎原。

非如此不可？非如此不可！

而且,积极的"须臾之物"也确实禀赋着这样的力量。列宁在莫斯科听到俄国作曲家、指挥家和钢琴家多勃洛文演奏贝多芬的《热情奏鸣曲》后,就曾经谈到过自己的心路历程,他发现,自己甚至已经没有办法从事自己的革命工作。在他看来,这首乐曲是绝妙的、前所未有的音乐,他觉得几乎不可能去想象还会有比《热情奏鸣曲》更好的东西,因此自己愿意每天都听一听,并且为人类能够创造这样的奇迹而由衷地觉得自豪。但是,他又立即就意识到,自己无法去多听这首乐曲,因为,它会影响自己,使自己有一种冲动,想去赞美自己的敌人,然而,在残酷的现实中,却是绝对无法这样去做的。能够做的,必须是重击敌人的头,而且是毫不留情地重击。不难看出,之所以甚至在列宁身上也会出现如此的转变,无疑就是美的力量。这力量竟然使得审美者再也无法回到现实世界,也再也无法去面对任何非美的力量。

而从化解、转化的角度,西方人说过一句中国人到现在也很熟悉的话:"如果你的麦捆遗落在地里了,那就不用去找了。你已经把它留给了流浪人,你已经把它留给了贫弱者,你已经把它留给了捡麦穗的孩子……"仔细想想,如果是按照"祸兮福所倚,福兮祸所伏"的那一套行事,尽管你丢失的麦捆是不计较了,可是斤斤计较的消极"须臾之物"却仍旧没有消除。可是,如果是从爱和帮助他人的角度来考虑呢?尽管麦捆还是丢失了,但是,消极"须臾之物"却转换为积极"须臾之物"了。

所以,陀思妥耶夫斯基才会念念不忘要培养起自己的"花园":"地上有许多东西我们还是茫然无知的,但幸而上帝还赐予了我们一种宝贵而神秘的感觉,就是我们和另一世界、上天的崇高世界有着血肉的联系,我们的思想和情感的根子就本不是在这里,而是在另外的世界里。哲学家们说,在地上无法理解事物的本质,就是这个缘故。上帝从另外的世界取来种子,播在地上,培育了他的花园,一切可以长成的东西全都长成了,但是长起来的东西是完全依靠和神秘的另一个世界密切相连的感觉而生存的。假使这种感觉在你的心上微弱下去,或者逐渐消灭,那么你心中所长成的一切也将会逐渐灭亡。于是你就会对生活变得冷漠,甚至仇恨。"[1]

托尔斯泰曾经赞扬自幼受尽苦难的高尔基:你完全有理由成为一个坏人,但是你却成为一个好人。为什么呢?就在于后者始终远离丑恶的东西,始终与美同在。而契诃夫在描述自己的生命历程时讲过的一段话,则可以作为高尔基的生命历程的注脚:"把自己身上的奴性一点一滴地挤出去",然后,"在一个美丽的早晨醒来,觉得自己的血管里流的已经不是奴隶的血,而是真正人的血了。"[2]

爱反抗恶的方式,是不像恶那样地存在,是更爱这个世界。

美战胜恶的方式,同样是不像恶那样存在,是继续去赞美这个世界。

这是一条不归路、一条荆棘路,也是一条光荣路。

---

[1] 陀思妥耶夫斯基:《卡拉马佐夫兄弟》(上),人民文学出版社 1981 年版,第 479 页。
[2] 契诃夫:《契诃夫论文学》,人民文学出版社 1958 年版,第 125 页。

贝多芬最后一个四重奏的最后一个乐章的两个动机很有意思,那是一个设问:非如此不可?还有一个回答:非如此不可!

现在,我也可以以同样的设问与同样的回答来结束我的讨论:

非如此不可?

是的,非如此不可!

2009年10月10日,完稿,澳门

2011年8月6日,定稿,澳门

附录一　知美"所然"更要知美"所以然"
——在南京"市民学堂"为南京市民所做的美学讲座

大家好,首先要给大家拜个年,并且祝各位新春快乐,万事如意!

今天我想谈的是美学。

为什么要讲美学呢?当然首先是因为这是我的本行,是我二十多年来所从事的主要的学术研究工作,不过,因为我毕竟是在南京市委宣传部为市民开办的以普及文化知识为宗旨的"市民学堂"上做这场讲座,因此,我之所以选择这个题目,就还有一些另外的原因。

具体来说,这另外的原因,起码有两个。

第一个原因,当然是因为,南京是一座爱美的城市。

世界上有许许多多的城市,可是要论爱美,那就应该说,南京是其中最为突出的城市之一。

在我们中国的很多很多的城市里,每一个城市都爱美,但是南京可能是最爱美的城市之一。

南京是一座美丽的城市,自从1990年来到这座城市,我就深深地喜欢着它,也正是出于这个原因,后来曾经有几次移居其他城市的选择,最终都被我拒绝了。说到南京,今天在座的各位应该比我这个移民更加熟悉,也更可以如数家珍地从容道来。例如,南京的山水城林,南京的绿树成荫,南京的明城墙,等等,等等,更不要说我们南京还有李后主这样的"千古词帝",还有曹雪芹这样的万代"小说王"了。

不过,在我看来,最能代表南京的美丽的,倒应该是这样的一个小故事。

中国有六大名著,其中,有一本小说叫作《儒林外史》。《儒林外史》写的,其实就是南京。因此我经常建议,南京电视台应该拍摄《儒林外史》的电视连续剧;我也经常说,《儒林外史》展现的,就是南京的历史文化长卷。而就在《儒林外史》这一南京的历史文化长卷里,就有一个小故事是专门写南京的美的。故事的主角,是一个安徽天长的知识分子,按照今天的情况,他大概应该是一个中学的语文教师吧。因为仰慕南京的名气,于是,他就来到南京旅游观光。结果,令他震撼感动的不仅仅是南京的山水城林、南京的绿树成荫、南京的明城墙,而且还是一个小小的细节。原来,在他四处观光欣赏的时候,无意中听到了两个南京市民的对话,这对话实在让他感动。那么,这是两个什么样的人呢?清洁工。只见这两个清洁工一边儿走还一边在说:"咱们赶紧挑完这最后一挑粪,然后,马上赶到雨花台去看落日。"听到此言,这个安徽天长的中学教师特别特别地感动,他不由得连声感叹说:南京这个城市,真是一个爱美的城市,南京的市民,也真的是一群爱美的人,因为,不但在南京这座城市,而且在每一个南京人的身上,都有着浓浓的"六朝烟水气"。

既然如此,那么各位是否已经想到,在这样一个早春的季节,在这样一个爱美的城市,也在我们的"市民学堂"2008年的第一讲里,跟各位一起谈谈美学,该是一件多么快乐的事情!

除此之外,还有第二个原因也不能不提。

当前的中国,应该说就是一个爱美的中国。一个任何人都无法否认的事实是,人们的爱美热情始终在高涨,而且是在不断高涨。爱美爱到了发疯的地步,爱美爱到了不计成本的地步,这个方面的例子,相信各位都完全可以随手拈来。我们中国有一句话说得特别霸道,或者是,说得特别武断,就是:"爱美之心,人皆有之"。这确实不但是人类自古到今的真实写照,也正是我们当前的爱美的中国的真实写照。不过,这却又毕竟只是一个方面的情况;在另外一个方面,我们又不能不说,当前的中国,也是一个不会爱美的中国。爱美而不懂美,爱美而不知美,爱美而误解美……诸如此类的例子,相信各位也都完全可以随手拈来。

德国有位大哲学家黑格尔,他有一句话,我经常提到,就是"熟知非真知"。我觉得,在美学的问题上,这句话尤为贴切。"爱美之心,人皆有之",这话说得一点不错,可是,也正因为"爱美之心,人皆有之",人们也就容易盲目乐观,而且,也就更容易产生"生而知之""不学而能"的想法。遗憾的是,对于美,我们实在是爱得最多,却又"知"得最少。而且,即便是"知",也仅仅是在知其"所然"方面的一知半解,而不是知其"所以然",更不要说在知其"所以然"方面的颇有心得了。

而这,也就是我选择了美学这一讲座主题的全部理由。

通过我的讲座,如果能够让爱美的人更"知"美,如果能够让知美的人在知其"所然"的基础上更知其"所以然",那么,我将无限欣慰。

下面,我想讲五个问题。

一

首先,我想讲讲"爱"美也要"知"美的问题。

今天来听讲座的大多是一些中老年的市民,相信各位一定都还记得,在开始改革开放的三十年前,我们国家曾经在很长时间内都是处于一种极度封闭的状态,由于极左思潮的影响,爱美也一度被视为"非法"。借用一句非常流行的话:"钱不是万能的,但是没有钱却是万万不能的"。我们也可以说:美不是万能的,但是,没有美却是万万不能的。那么,在那个时代,天天被鼓吹的,就是"美不是万能的"。由于极左思潮的影响,人们往往会认为,美有什么用呢?"爱美之心"有什么用呢?不但没有用,而且还有害。

那个时候,到处都流行一个说法,这就是:"臭美"。我很关心,比如说,在英语里、在法语里、在日语里,或者在其他的语言里,是否也有类似的词呢?我现在不能回答,因为我一直没有去研究过这个问题,但是我一定要告诉各位,中国人发明了这个词,实在是特定心态的典型体现,也说明我们的审美心态——也包括我们对美的追求,可能在一定时期内还是存在着严重的问题的。"美",怎么能和"臭"联系在一起呢?爱美本来是一件好事,可是我们为什么偏偏要斥之为"臭"呢?这让我想起一个成语故事——"东施效颦"。我就总是要替可怜的东施打抱不平,她不就是想跟美女西施学一学怎么吃穿打扮、怎么走路吗?她最大的遗憾不就是走路想走出优美性感的"S"形,可是却没有走好,结果被人耻笑了两千多年吗?但是,我们要知道,她的

385

爱美之心是没有错的,她勇于去追求美,更是没有错的。可是,我们为什么要说她是"臭美"呢?这更让人想起《红楼梦》里面的王夫人,她是宝玉的妈妈,也是贾政的太太。王夫人这个人其实是很漂亮的,否则她的女儿怎么可能被皇帝看中呢?而她的儿子贾宝玉又怎么可能会成为贾府的第一帅哥呢?所以,王夫人肯定是很漂亮的。可是王夫人自己却非常不喜欢美,天天要把自己打扮成一个毫无女性魅力的"木头人"。而且,她不但自己不喜欢美,更看不惯别人喜欢美。她看见晴雯以后,评价就是三个字:"狐狸精"。那么,在她的眼睛里的晴雯是什么样呢?"削肩膀、水蛇腰"。其实,削肩膀、水蛇腰,如果翻译成我们今天的话,那就是三围特别地标准、身材特别地性感啊。她的回头率会是100%的。可是,在王夫人的眼睛里看来,"削肩膀、水蛇腰"却是一个很丑的形象,却是"臭美"。这实在令人费解,但是却又非常真实。而且,王夫人的阴魂始终未散,在那个特定的时代,有不少人,应该说,都是王夫人的传人。

例如,过去有一个词,叫"涂脂抹粉"。这可是一个大忌讳。那个时代,很多的女性都以不涂脂抹粉为荣,都是素面朝天的,而那些涂脂抹粉的,则毫无例外地都是负面的人物甚至是反面的人物。最典型的,一个是《林海雪原》里面的"蝴蝶迷",记得我小的时候看《林海雪原》,那时候也看不太懂,因为我真的不知道什么叫"涂脂抹粉",也从来没有见过。《林海雪原》描写得很夸张,说"蝴蝶迷"脸上抹的粉有两尺厚,一笑就能掉下来,我当时就真的以为,她脸上涂的粉一笑就能像墙上的石灰一样噼里啪啦地掉下来。现在我才知道,其实不会,或者说,根本不会,呵呵。还有一个是老舍《四世同堂》里的女主角,就是那个著名的大赤包,她也是"涂脂抹粉"的。还有一个,是赵树理的小说《小二黑结婚》里的人物,二寡妇,赵树理写她的时候,也是刻意强调她的涂脂抹粉。那么,当时的正面人物形象呢?那可肯定是不涂脂抹粉的。比如说,《林海雪原》里有一个著名美女,就是那个把当时的中国青少年迷得神魂颠倒的小白鸽——白茹。小说里就专门描写她是素面朝天。为什么要这样描写呢?就是为了与涂脂抹粉划清界限啊。

再比如,那个时候的小说里经常会有这样的描写:"两颊绯红"。现在的稍微有些爱美的知识的人就会知道,"两颊绯红"实际上是长期在田野里工作被太阳晒出来的结果,有专家称之为"高原红"。显然,这是一种病态的脸蛋,也是一种不美的脸蛋,但是,那个时候却偏偏就是要这样反其道而行之,越是不美的就反而越是要提倡。皮肤也是如此,过去在小说里形容女性,一定要说她的"皮肤黝黑",甚至我们会说她皮肤漆黑。可是现在人们一般认为,皮肤黑并非美的标志,除非你是为了锻炼身体而刻意到沙滩上晒一晒。看看现在的广告,一宣传就是美白剂,从来没有宣传过一个药品是能让人的皮肤变黑的,显然,如果有谁在电视上做一个这样的广告,那他肯定连一支都卖不出去。可惜,我们在当时为了与美对着干,偏偏就是要这样反其道而行之。"两颊绯红"和"皮肤黝黑"之外,还有一个词,叫作"虎背熊腰",过去形容男性的身材,如果是褒奖的,那就往往会用到这个词。可是,一个男人的背像老虎,腰像熊,这又是一副什么样子?肯定是不美的嘛,可是,当时的人们偏偏就是这样强调,想想其中的原因,毫无疑问仍是出自对于美的无视啊。老虎的背、熊的腰,那该多有力量啊,至于身材不好看?好看能够当饭吃吗?

幸而,这样的时代已经结束了,现在,早就已经不是那个"美不是万能的"的时代了,现在早已经是"没有美是万万不能"的时代了。美,就像盐,就像钙,就像空气,就像阳光,已经不可或缺。

可是,爱美就一定知美吗?我相信,很多人都一定在心里回答说,那当然,可是,一切却并非如此简单。

我们看一个很有意思的例子,在征婚广告里,我们经常会看到一个关键词,那就是"身高"。从80年代有了征婚广告开始,尤其是在90年代整整十年里,在所有的征婚广告里,如果做一个数字统计,那一定就会发现,在征婚广告的前面三条标准里,肯定就会有一个标准会出现,什么标准呢?身高。很多女孩都毫不留情地在征婚广告里要写上对于身高的要求。令人非常沮丧的是,南方人的平均身高是多少呢?平均身高,按照专家的统计,是1.68米。可是,我们南方的女孩,对我们南方的男士的身高要求是多少呢?各位一定都知道,有一个"二等残废"的称呼是送给身高多少的人的呢?1.70米。

1.70米还是"二等残废",而1.75米以上才是标准身高,最好是1.80米以上。这样的标准,真是让人大吃一惊,更有很多人很愤愤不平。像"胖瘦",好像还是能人为努力的,但是,身高却没有办法控制。身高受先天因素影响很大,再怎么办也不行啊,回去埋怨爹妈也还是不行,对不对?爹妈也不知道现在的女孩要求这么苛刻啊。当然,现在有人发明了一个办法,先是把腿打断,打断以后,再接点东西进去,然后再让腿长好,这样,就可以变得高一点,但是,这样做的代价毕竟太大了,因此也没有什么人去尝试。也因此,很多人都觉得很不公平。可是,对很多女士来说,却偏偏觉得理所当然。为什么呢?有很多女士说,这就是对于美的追求。你的身高不够,自然也就不是美男子,那我干吗要嫁你呢?可是,从美学的角度看,身高与男士的美究竟有无关系呢?应该说,其实没有多大的关系,一定要说高就比矮美,是完全没有道理的。因为在看男士的时候,主要看的是身材的比例。人的眼睛天生就有一个黄金分割的要求。在看作为对象的任何一个物体的时候,只要这个物体是呈上下两分的,人的眼睛就一定会更喜欢看到下半身比上半身要长的对象。所以,身材的比例才是最关键的。一个女孩去挑一个男孩的美和不美,一定更多地去看他身材的比例,而不要只看他的净身高。比如说,我一定要一米八几,不是一米八几我就不见,可是,高高的个子,如果只是像电线杆一样,那肯定还是不好看的。这样看来,一味地去要求绝对的身高,尽管是意在追求美,可是,由于爱美而不知美,结果,偏偏就与美擦身而过。

"瘦身"问题也是这样。

目前,瘦身的时尚风行天下。随便翻阅报纸,偶然看看电视,假日逛逛商场,瘦身药、瘦身茶、瘦身胶囊、瘦身秘方、瘦身食品、瘦身器具、瘦身俱乐部……诸如此类的广告就会铺天盖地一股脑儿地涌入眼帘。

然而,令人困惑不解的是,那些想方设法瘦身的人,却大部分都无论如何也说不上过分肥胖。何况,从美学的角度来看,瘦与美也并不等同。赵飞燕固然貌比天仙,杨玉环不是也倾国倾城?还有薛宝钗,她的美丽不也恰恰就在丰腴、圆润?再说,柔软的肌肉组织正是女性形态的一大特征。女性身体的25%是脂肪,而男性的脂肪却只有15%。这是因为,人类长期过着食物来源极不稳定的生活,而女性无论是怀孕还是生产,都无法离开营养,女性的皮下脂肪就正是储藏营养的大本营。当然,这无疑会使女性的身体较为丰满。但是这不但并非坏事,而且正是女性美之所在。人类的早期艺术《维林多夫的维纳斯》,就是一个肥胖的裸妇。中国唐代的"丰肌秀骨",也表明对于女性的身体丰满的推崇。再从电影美学的角度看,在二十世纪五六十年代,以《罗马假日》中的奥黛丽·赫本为代表,确实出现过从丰满肉感的美转向纤细身材的美的潮流——甚至连脸部的化妆也注重纤细的感觉,但是很快就转向了新的审美潮流,事实上也没有简单地把纤细身材与美完全等同起来。

这样看来,瘦身时尚本身就是一个误区、一个陷阱。在男性社会中,女性的躯体不是自己的,而是社会的。人们常说:男人看女人,女人看被看的自己。瘦身时尚正是如此。在传统社会,女性处于完全被男性供养的地位,而女性的肥胖正是男性显示富有的标志,也使得男性对于多子的要求成为可能。因此,以胖为美,显然是可以被男性所接受的。在当代社会,女性有了相对独立的地位,不过这相对独立又往往主要由女性性特征的突出来体现(所谓"女性挺不起胸,又怎么抬得起头")。瘦身的要求正是对于性特征突出的要求。既要"瘦"身又要"隆"胸,就是如此。至于那些想方设法、处心积虑热衷于瘦身者,大部分无论如何也说不上过分肥胖,完全是瘦身时尚的恶性循环之所使然。多伦多大学做过一项研究,其结论为,女性阅读常有纤细广告模特出现的杂志,会使她们的自尊心大减。在研究中,专家邀请了118名大学女生做测试,其中一半给她们看一系列在大众杂志上刊登的关于理想身型的广告,连续一周后,要她们回答关于对自己体态满意程度的问题。出人意料的是,连续一周阅读关于理想身型的广告的女性答案十分一致,都对自己的体态十分不满。看来,正如人们发现的:女性怎么瘦也不算瘦,男性怎么有钱也不算有钱。过去瘦身的楷模只是左邻右舍,而现在瘦身的楷模却是全世界最最标准的美丽女性。试想,这样加以反复比较的结果,对于每一个女性来说,除了瘦身,还能有什么选择?看来,在当代社会,女性经常感叹:肥胖是女性美的"癌症"。确实是这样。但是,其中的"癌症"病因

389

却不是生理的,而是文化的。

这使我们联想到,物理学中有所谓"正反馈效应",在瘦身时尚中所延续的,正是这样的"正反馈效应"。在瘦身时尚中,人们的瘦身欲望呈倍数迅速增长。就像看了广告以后,你才发现自己身体缺钙,于是就去买某某药片;你才发现头皮屑是决定终身大事的问题(这会影响恋爱),于是就去买某某洗发水;你才发现你的精神不振与营养失衡有关,于是就去买某某口服液。正是在瘦身时尚中,你才发现自己的胸部大小、身材胖瘦都出现了问题。于是,就名为主动实为被动地走上了艰苦而又漫长的瘦身征程。也因此,瘦身的陷阱实际上又是消费陷阱。瘦身时尚恰似欲望的催生剂,本来这欲望就是商家利用全世界最最标准的美丽女性作为楷模激发出来的,然而在不断的消费中又被商家利用全世界最最标准的美丽女性作为楷模进一步加以激发,如此循环不已……遗憾的是,最终的结果,却并非瘦身目标的实现。因为全世界最最标准的美丽女性之所以是瘦身楷模,正因为她是"唯一"的、不可企及的。(不妨回顾一下西方女性主义者的反瘦身名言:"世界上只有8位女性是顶尖模特,其余30亿都不是。")已经有太多太多的事实告诉我们,瘦身时尚的最终结果,只能是导致种种心理疾病。例如,只要吃得稍微多一点,就会不断地内疚、紧张,最终与厌食症有染。美国著名女歌星卡朋特,不就是由于深陷瘦身陷阱之中而死于厌食症?从"瘦身"开始,以"陷身"告终,卡朋特之死,值得所有深陷瘦身时尚之中的女性警醒!

跟瘦身相关的是"细腰"。现在很多女性对于腰的苛求也甚嚣尘上,几乎是到了无以复加的地步。"盈盈一握",是很多美女的梦想与渴望。可是,其实这仍旧是没有什么美学道理的。就这个问题而言,真正起作用的,不是美学的眼光,而是男性的眼光。现在是男权社会,而在对于女性的观察来看,也就被分成了两部分,一部分是观看者,这就是男性;还有一部分是被观看者,这就是女性。而三围,当然也就应男性的眼光而生。男性希望看到什么,什么就被突出;男性不希望看到什么,什么就不被突出。而三围的要害当然是腰要细。当然,要求腰细一些,是没有什么问题的,无可非议。但是,如果一味地要求细,而且是越细越好,那可就实在说不上是美了。西方有一个流行了四十几年的时尚物,芭比娃娃,人们之所以喜欢它,当然是因为它的腰细,可是,医学家却发表意见说,谁的腰如果真的像芭比娃娃的这么细,那根本就没有办法生存下去。因此,这又何美之有?

说到身高、瘦身、细腰,我就想起了一个类似的问题:小脚。像今天我们总是在孜孜以求身高、瘦身、细腰一样,在古代,我们还曾经孜孜以求于小脚。你们都知道我们的国家是一个诗歌的古国、绘画的古国、书法的古国,可是,你们不要忘记,我们还曾经是小脚的古国。小脚真是让全世界都大开眼界,因为喜欢女性的小脚的美,中国人竟然逼女性从四五岁起就把脚裹成"三寸金莲"!当然,我们今天都知道这很丑陋,可是,在古代却未必啊。看看有关的书籍就知道,在长达几百年的时间里,中国有很多很多的女性,或者说绝大绝大部分的女性都是主动地、自觉地、非常自愿地去接受这种摧残的。男性也一样。不知道你们会不会吓一跳,你们现在看到的中国文学史都是我们删除得非常干净的文学史,是我们挑选出来的"文学"的文学史,可是,这个"文学史"实际上是很靠不住的。现在如果回过头去看看没有被删除过的原生态的文学史,就不难发现,在很长时间内,在中国的文人的日记里面、散文里面、小说里面、诗歌里面,对小脚都是普遍非常喜欢的。喜欢到什么程度呢?在古代中国社会,一个女性漂亮不漂亮,首先不是根据容貌决定的,而是小脚。扬州在历史上有一个土特产,当然现在没有了,就是"扬州瘦马"。扬州过去是盐商聚集的地方,类似于现在的20世纪90年代的深圳,也因此妓院就比较多,妓院多,需要的妓女也就必然多,所以,当时的很多家庭都会养一些小女孩儿,以便长大后卖出去,这些女孩就被叫"扬州瘦马"。而这些"扬州瘦马"又是怎样去招徕客人的呢?有这样一句扬州的口头禅,"先露脚,后露首",古代不是有门帘儿吗?"扬州瘦马"就是本人自己站在门帘里面,只把脚露在外面,那些盐商都是先去挑选她们的脚,在看中了脚以后,才会去进而看她的容貌。这显然也就是说,脚,曾经是中国女性的第一性特征,要比容貌重要得多。

那么,这是为什么呢?当然与人类自身的审美意识的不成熟有关。比如,在西方,其实也有一个喜欢欣赏小脚的时期。你们都还记得辛狄瑞拉水

391

晶鞋的故事吧？一个小女孩，从小跟着后妈和两个姐姐长大，后来这个小女孩跟她的白马王子幸福地邂逅，可是，到了晚上12点，她必须要赶回家去，结果，因为急匆匆地往家赶，就把她脚上的水晶鞋跑掉了。第二天，王子因为喜欢她，于是就派人在全城找他的心上人，但是，王子靠什么去找呢？就是辛狄瑞拉丢掉的水晶鞋。可是，我们每个人立刻就会想到：凭一双水晶鞋为什么就能把他心中的最美的美女找到呢？显然，只有两种可能，一种可能是，这双水晶鞋太大了，谁都不能穿，只有她能穿；还有一种可能是，这双水晶鞋特别小，全城只有辛狄瑞拉能穿。你们看，这不是就恰恰说明，对小脚的欣赏，在全世界我们都可以找到知音吗？不过，其中又存在着根本的区别，那就是别的民族也无非就是随便说说，但是并没有付诸行动，因为他们知道这无法做到，但是中国就不然了，干脆不惜以人为的、摧残身体的方式来得到。无疑，就像身高、瘦身、细腰一样，这也是一个审美的误区。换句话说，对于小的东西，人们往往会比较喜欢，小猫、小狗之类的，都是如此，开个玩笑，连宝贝都是"小宝贝"比"老宝贝"要更受欢迎吧？因此，喜欢小脚也是正常的，可是，倘若以逼迫天下的女性缠足的方式得到，岂非太残酷太残酷？所以，在人类的审美意识成熟以后，就一定会摈弃这样一种看法。

不过，从身高、瘦身、细腰讲到小脚，毕竟还是远了一点，好像今天来的中老年听众比较多，那我们不妨就谈谈中老年更关心的问题吧。旅游，应该是中老年人更关心的吧？而且，爱旅游当然也就是爱美的具体体现。可是，爱旅游是否就知旅游呢？爱美是否也知美呢？还是不一定啊。

例如，很多人的旅游其实却只是照相机旅游。千辛万苦，还花了很多钱，也跑了不少地方，可是，却似乎就是为了自己身上背的那架照相机的，不是人在旅游，而是照相机在旅游。回想一下，往往就是到了一个景点，大家就轮番拍照，拍完照呢？抬腿就走人了。我经常就在想，我们能否提个建议？我们是否尝试尝试不带照相机的旅游呢？说一句比较隐私的话，我出去旅游就不太喜欢带照相机，因为我觉得，拍不拍照，包括带不带照相机，真的不是旅游里很重要很重要的事情，很重要很重要的事情是你的照相机你早就随身带上了，这就是你的眼睛。难道你的眼睛不就是照相机吗？你为什么不让你的眼睛去看,而让你的照相机去代替你的眼睛去看呢?旅游却偏偏不带眼睛,这,就是我们的现状。

当然,旅游却偏偏不带眼睛只是表面现象,实际上,还是根本就爱美而不知美,有"眼睛"而没有"眼光"。比如说,看山要看什么呢?当然是山头。登山为什么一定要登到山顶呢?这当然是有其美学道理的。山,就是要靠它的高度,靠它的惊、奇、险来取胜。所以,登山一定要登到上面,最好不要动辄坐缆车。有些人在山脚下溜了一圈,然后说,你们爬吧,我不想爬了,然后在宾馆里关起门来,打上几圈牌,等登山的人回来,就一起打道回家了。那就更不可取了。又如,看水要看什么呢?当然要看"脚"。这也就是说,看水不要到处跑。有些人在河边像在山上一样转来转去,爬高上低的,这就是不知美的表现了。在将近二十年前,我有一个朋友,是一个喜欢写散文的业余女作家,她到南京来,一天下午,她说要去玄武湖,我说需要我陪你去吗?她说不用。晚上一起吃饭的时候,我就问她,今天去了玄武湖的什么地方呀?她说,我就在玄武湖的一个我认为最好的地方坐了一下午,闻言我就在心里惊叹,这真是一个爱美也知美的人啊。为什么呢?因为水是要"品"的。看水千万不能跑来跑去,而要坐下来静静去品。人们常说,"游山玩水",山要游,水却要玩,这实在是很有道理啊。

类似的例子还有很多,比如看亭子要看什么呢?不少的人出去旅游,看见一个亭子,就会说:太好了,进去乘乘凉、歇歇脚吧。可是,中国的亭子主要却不是用来歇脚的,那么,亭子是什么呢?中医有穴位,对吧?中国的一个亭子其实也是景点的穴位。古人已经替你想好了,凡是有亭子的地方,那就类似古人替你想好了的摄像机的镜框。你注意从那个角度看出去,景色肯定是气象万千,特别美丽。而就这个亭子本身而言呢,我们要看它的什么呢?要看亭子的飞檐。西方的建筑,我们还可以去看它的柱子,那些大理石柱,实在是雄伟瑰丽,可是我们中国是木建筑,没有什么大理石,所以柱子也就没有什么可看,那么,可看的是什么呢?我刚才说了,是飞檐。有一句古文,在座的一定都很熟悉,"有亭翼然,临于泉上",这是《醉翁亭记》里的话,好好的亭子,怎么就"翼然"起来了呢?当然是靠它的飞檐,因此它才显得飞动,显得充满了生命活力。还有,那么看瀑布要看什么呢?李白有首诗,"飞流直下三千尺",试问,李白为什么非要写"直下"呢?而且还要加上"三千尺"呢?这说明,李白不但爱美而且知美。因为瀑布真正给我们以美的感召、给我们以美的魅力的,就是它那种凌空而下的气势。所以,看瀑布一定要看它的气势。最后,有人可能已经想到了,很多景点都有清泉,那么,看泉水要看什么呢?我有一次带着我的学生到安徽去旅游,我的学生们的车在前面,我的车在后面,一次,他们从前面打来电话说:"潘老师,前面有一泉清水,特美,你也快点过来吧!"结果,等我一去,发现我的几个学生正在里面洗脚呢,真是让人啼笑皆非。各位,看泉水,就是要看它的"清"。中国不是有诗云"在山泉水清,出山泉水浊"吗?可是我们如果不去欣赏它的清新,偏偏以为这就是个洗手绢地方、洗把脸的地方,甚至是洗你的臭脚的地方,那就一切都完了,那泉水的全部的美就都被我们"洗"掉了。

综合上面所说的,相信各位都已经发现,尽管是"爱美之心,人皆有之",但是,"爱美之心"毕竟只是一个良好的动机,这良好的动机要得以实现,还是需要准确的把握与正确的行为的。而这就需要,不但爱美,而且知美,从美"是什么"到美"为什么",都能够有所了解。

限于时间的关系,而且也由于我的目的只是指出存在的问题,因此我在这里没有可能,也没有必要详尽解答山水亭林和泉水的美的"为什么"。可是,我估计大家一定还是希望我的讨论能够有所深入,也能够对答案有所解释、有所触及。那么,现在不如这样,我就选择一个小问题来具体解释一下,以便举一反三,使得各位对于我所讨论的问题能够有一个深入的了解。

"东施效颦",这是一个各位都很熟悉的故事。各位必须有所了解的是,中国的很多成语都是中国人的价值观、审美观的凝聚与沉淀。例如"卧薪尝胆",我经常说,那是一个出自最最丑陋的价值观的故事;例如"铁杵磨成针""笨鸟先飞",我也经常说,那都是非常错误的学习方法。"笨鸟先飞"?飞完了一落地,不还是"笨鸟"一个吗?首先要做的不是"先飞",而是不再是"笨鸟"啊,否则,你准备天天先飞吗?那还不几天就累死了?还有一些甚至是历史的折射。例如"拔苗助长""郑人买履""刻舟求剑",其中的人物背景都是郑人宋人,不知道各位是否想过,当时为什么一讽刺就是郑人宋人呢?原来,这些国家都是当时已经没落了的贵族小国,所以,才沦为被蔑视、被取笑的对象。"东施效颦"的故事,也是国人对于"臭美"者的蔑视与取笑。我一直觉得,应该为东施平反。我们实事求是地想想,就不难发现,东施,其实正是一个美的追求者,对不对?试想,如果一个女孩儿在追求美的时候不犯错误,那么,她能够最终追求到美吗?不可能的啊!改革开放刚开始的年代,女士们也开始了化妆,可是她们走出去后你一看,呵呵,都是"妖魔鬼怪",为什么呢?妆化得太重了,都是像演出一样地化妆,可是,一走到街上,被太阳一照,那整个儿就是一个不堪入目啊,但是,任何人都知道,倘若不经过这个阶段,也就没有今天的成功。现在的女士们都已经熟练地掌握了化妆技术,都已经到了化了妆你根本看不出来的地步。可是,她们的进步又是靠什么换来的呢?难道不是靠错误吗?但是,中国从古代开始,就有一个很不好很不好的恶习,就是喜欢讽刺那些美的追求者。我们会送这些美的追求者一个评语,叫"臭美"。美竟然可以是臭的,这真是中国人的一大发明。全世界都是对美是供奉唯恐不及,可是在中国有些人却不以美为美,而是以美为丑。东施的命运就是如此,一个追求美的女孩儿竟然被中国人嗤之以鼻,竟然被取笑。其实,我们必须强调,追求美无罪也无过。每一个人都有追求美的自由,因为追求美就是追求人类的向前向上,就是追求人类的生命进化。它是人类最可宝贵的东西。要知道,适者只能生存,只有美者才能优存啊。

不过,如果反过来的话,那我也要问,可是东施身上究竟有没有一点儿东西又确实值得批评呢?要我说,也还是有的。其实,问题不在于她有臭美之心,而在于她只有爱美之心但是却没有爱美学之心。"爱美"是不错的,应该表扬,但是她却不爱美学,这却应该批评,因为,这正是她犯了错误的根源。为什么呢?下面我来给大家做一个简单的说明。前面我曾经讲过,人的眼睛在看对象的时候,只要是上下两等分的,就一定是符合黄金分割的,才会看上去舒服,也才会被称为美。其实,人的眼睛在看对象的时候,只要是左右两等分的,就也有一个特殊的要求,就是一定存在着一个10度的夹角。这正是人类眼睛的进化。所以人的眼睛和动物的眼睛有一个很重要的区别,人的眼睛喜欢看曲线,而动物的眼睛喜欢看直线。由于进化的原因,人的眼睛看见弯曲的东西就很舒服,可是看见直直的东西就很不舒服。所以我们才说,曲线是美的,对不对?我们经常说,"曲径通幽处",这就是说,只有"曲径",才能"通幽",也就是通向美啊。显然,东施所遇到的问题,无非也就是一个"曲线""通幽"的问题。

而东施的"颦"也就在这里。人家西施也没有学过美学,但是她有爱美之心,而且她的形体也很帮她,她的容貌更是很帮她。那一天,她的身体不好,应该是心口疼吧?于是,她不知不觉地就一边走一边捧住了心口,所谓"西子捧心",当然,这样的动作可以减缓她身体的痛苦,但是,在无意之中,她也就给我们摆了一个最标准的"S"造型。

你们可能都应该很熟悉,对于女性来说,她的姿态如果能够给人以美的印象的话,那就一定应该是呈现为一种"S"形的。比如说,全世界的女性里哪个民族的女性姿态最美?当然是日本女性最美。为什么呢?就是因为日本女性的着装很特别,她们穿的是和服,也就是因为她们穿的是和服,她们的身体就被紧紧地包裹在里面,结果,她们就相当于在一个很小的平台上频频挪步,这当然是一种小碎步,而这样一来,她们的臀部就不得不款款摆动,于是,她的身体就呈现为一种最美的"S"形。日本女性的姿态最美,道理就在这里。相反的例子是日本的男人,在电影里我们看到,日本的男人走路往往故意甩着走。为什么呢?他不是不懂美学,可是他更懂反美学。这也就是说,日本的男性也知道怎么走是美的,但他却绝对不肯这样走,因为他认为,这样的走法实在是太女性化了。所以,他们就故意用破坏"S"形线条的办法,专门走出直线条。他们就是要用这种方式来强调:我是男人,我不愿意像女人那样去扭出那种"S"形的线条。就好像我们班上的同学去照相,你们会发现,女生一照相就不由自主地要摆个姿势,而男生照相时却一般不敢去摆姿势,对不对?如果哪个男生敢摆个姿势,那么,"忸怩作态"这四个字可就是送给他的了啊。

东施的错误无疑也就在这里。要知道,东施长得并不丑。你们可能觉得,东施长得一定很丑,我绝对不赞成这种说法。因为她如果竟然是长得很丑的话,那么她肯定是不敢向西施挑战的。我们在生活里也没有见到过这种丑女向美女挑战的情况,对不对?因此,东施的容貌应该是接近于西施,甚至可能是在村子里排名第二,因为不服气,她才会频频注意西施,也才会去学习西施。我看到国内拍的《西施》电视剧,在这一点上我就觉得拍得很好,在越王把西施送给吴王的时候,顺便把东施也送去了。这说明编剧们、导演们也认为东施的姿色应该是接近于西施。要不然,在把西施送去的同时为什么要把东施也送去呢?可是,既然东施并不丑,那么为什么她一旦学"西子捧心",竟然就落下了千秋笑柄呢?在我看来,原因就在于,她的身材一定不太出色,甚至可能是比较胖。我们在讲美学时候就会讲,在容貌、身体的方面起码有两个东西,一个是要"扬",一个则是要"抑",所谓"扬",就是要发扬你的优点,所谓"抑",就是要隐藏你的缺点。我觉得,东施很可能就在这个问题上犯了错误。这就是,张扬了自己的缺点。她一看,西施捧心的动作挺好看,走出了"S"形,于是,她也来"S"一下,可是没有想到,她那个身材根本不能"S"。一旦"S",就会把原来就存在的缺点大大地突出出来,结果,西施捧心就捧出了美,东施捧心却捧出了丑。

一个"东施效颦"的故事,我就讲了这么多,我想,你们应该已经在这个故事里有所启发了吧?我们不但要爱美,而且要知美,不但要知道美"是什么",而且要知道美"为什么",不但要知美所然,还更要知美所以然啊。

二

其次,我还想讲一下知美"所然"还要知美"所以然"的问题。

知其"所以然"的问题其实也就是如何去理解美的问题。

我们可以先看一个例子。

前一段我看见报纸有一个报道,说是我国首部区域性貌美人群美丽标准计算机评价系统出炉。这个系统以山东省千余名高校佳丽和职场白领为样本,形成了一套"美女指标":眼裂高宽比 29%—42%,鼻高 41—53 毫米,唇高 16—24 毫米。(参见《济南日报》2007 年 9 月 26 日)你们是不是也看到了?对于这个标准,不知道你们是怎么想的,反正,我是真有点哭笑不得。当然,希望弄出一个什么美女标准的也不仅仅是山东的这个课题组,而是有很多很多的人、很多很多的地方,比如我最近就看到另外一个报道,说是奥运会为了选奥运小姐也弄出了个什么什么标准,不过,这次奥组委的反应倒是很快,他们赶紧出来否认说,我们没有弄过这类标准,我们只弄了一个身高、年龄之类的标准。当然,奥组委究竟有没弄这样的标准并不重要,重要的是,为什么有这么多的人关注这样的标准,或者说,为什么这样的标准只要一出炉就会引起高度的关注?

看来,在很多人看来,美一定是存在着一个客观的标准的。

可是,一切的失误却恰恰就从这里开始。

我经常在强调两句话,我一直觉得这两句话应该就是学习美学的敲门砖。

第一句话是,审美不是选美。"选美"或许是有标准的,但是,"审美"一定是没有标准的。换言之,其实并不存在一个客观的美,更不存在一个客观的美的标准,我们无非是把我们愿意欣赏、愿意接近的东西称为美,而把我们不愿意欣赏、不愿意接近的东西称为不美,也就是丑,如此而已。所以,审美是绝对不可能存在什么标准的。比如黄山,黄山当然是美的,这是没有人会否认的事实,可是,黄山为什么是美的呢?是因为符合了什么美的标准吗?当然不是,而是因为我们人类崇尚创造、创新,我们人类也从进化过程中知道了对称、比例、多样统一等对于自身和世界的重要意义,因此,当我们在生活里看到了这样的对象的时候,就不由自主地愿意欣赏之,也愿意接近之,而黄山在这样的对象里,无疑应该是其中之最,也因此,我们也当然最愿意欣赏之,也最愿意接近之,而这也正是我们把黄山称为美的唯一原因。因为,我们在黄山身上,看到了最想看到的一切。美女也是一样,美女当然是美的,这也是没有人会否认的事实,可是,美女为什么是美的呢?是因为符合了什么美的标准吗?如果是为了上镜、为了配合模特的T型台,那我们无疑应该承认,还是存在一定的标准的,比如,比较上镜的脸一定要比较小,要巴掌大小最好,如此等等,模特的个子一定要高,最好在1.78米以上,如此等等,可是,如果是在生活里,那我们就一定要说,美女之所以美,绝对不是因为符合了什么标准,而只是因为我们人类崇尚创造、创新,我们人类也从进化过程中知道了对称、比例、多样统一等对于自身和世界的重要意义,这样一来,我们一旦在生活里看到了这样的对象的时候,就不由自主地愿意欣赏之,也愿意接近之,而美女在这样的对象里,无疑应该是其中之最,也因此,我们也当然最愿意欣赏之,也最愿意接近之,而这也正是我们把美女称为美的唯一原因。因为,我们在美女身上,看到了最想看到的一切。

而这也就顺理成章地要提到我的第二句话了。我的第二句话是,不是因为美丽而可爱,而是因为可爱而美丽。这当然是在直接地以美女为例来解释审美活动的奥秘了。还接着上面的话来说,什么是美女,是因为她符合了某些模式吗?当然不是,而是因为,我们愿意欣赏之,也愿意接近之。说得再具体一点,究竟什么样的女性才是美女?作为一个美学教授,在不同场合,我会经常被人问及这样的问题。我的回答永远是三个——

最通俗的回答是:儿童的头脑、少女的身体、天使的容貌、魔鬼的聪慧。

比较不那么通俗的回答是:每一次看到她,你都吃惊地发现,她竟然比上次更美丽。

最不通俗的回答是:不但有美丽的眼睛,而且要有美丽的眼神。

而为了把我的想法讲清楚,在这里不妨借用一句法国人孟德斯鸠的话,他曾经说过:一个女人可以以一种方式显得美丽,但更可以以十万种方式显得可爱。在这里"十万种方式"是一个重要的关键。"儿童的头脑""魔鬼的聪慧""比上次更美丽""美丽的眼神",就都属于这"十万种方式"。就以"儿童的头脑"而言,哪一个真正的美女不是纯洁如儿童,也单纯如儿童,更娇憨如儿童?可是又有哪个男性会不由衷喜欢这儿童般的纯洁、儿童般的单纯、儿童般的娇憨?再以"魔鬼的聪慧"为例,"魔鬼",在这里并不是指的美女的品质,而是指的美女的性情,所谓"狐狸精"者是也,任性、撒娇、多变、喜怒无常,但是又冰雪聪明,这应该都是美女的家常便饭了吧?可是,如果缺少了这一切,美女还成其为美女吗?难道,不正是因为在这个女性的"可爱"中我们看到了我们最愿意欣赏的和最愿意接近的,所以,我们才称之为美女吗?

否则,又怎么会有"情人眼里出西施"这样的经验之谈呢?

要讲美学的知美"所然"还要知美"所以然"的问题,却偏偏绕了这么远,当然不是因为我不懂得突出重点,而是因为这个美学的知美"所以然"的问题很复杂,而且很艰难,古今中外的大美学家因此而落马跌跤的也不止千百,而中国当代的美学家则应该说是几乎全军覆没。至于一般的美学爱好者,那就更是几乎完全都无法弄得明白了。

这个问题,简单地说,就是美的客观属性问题。

回头想想,不难意识到,为什么会有人不辞辛苦地弄出一个什么美女标准呢?无疑是因为我们中国人都会说上两句反映论之类的套话,物质第一性,意识第二性,这是中国人从小就被灌输的。由此推论,美当然就是客观对象的自然属性。而既然美是客观对象的自然属性,那当然也就是一个可以去认识的对象,而一个可以去认识的对象,也就一定是可以总结为若干标准的。在这个意义上,弄出一个美女标准来,不是非常可以理解吗?可惜的是,就美学的问题而言,美并不是客观对象的自然属性,而我们的审美活动也并非主观意识对客观存在的美的反映。物质第一性、意识第二性之类的话,不能简单地套用在美学问题的思考上。

美学的知美"所然"但是却不能知美"所以然",就是出于这个原因。

而所有的美学误区,应该说,都是从这里开始的。

简单地说,美并不是客观对象的自然属性,而是客观对象的价值属性。换一句话说,黄山是客观对象的自然属性,但是,黄山的美却不是客观对象的自然属性;女性是客观对象的自然属性,但是美女却不是客观对象的自然属性;眼睛是客观对象的自然属性,但是眼神却不是客观对象的自然属性。然而,这一切却又真的很难说清楚。就以西方的美学家来说,就几乎没有人能够说得清楚。例如希庇阿斯,他就曾经把美说成是一位"漂亮的小姐"、一只"美的竖琴"、一匹"漂亮的母马"、一个"美的汤罐",以至于苏格拉底不得不指出他的逻辑错误,说他把美的事物当成了美本身,苏格拉底无疑是对的。而毕达哥拉斯则说"美是和谐",亚里士多德干脆宣布"美的主要形式是秩序、匀称与明确",还有西塞罗,他认为,"美是事物各部分的适当比例,加上颜色的悦目",笛卡尔也指出"美是一种恰到好处的协调与适中",还有大阿尔伯特和培根,前者说"美是优雅的匀称",后者说"美的精华在于文雅的动作",诸如此类,我们看了这么多的看法,其实,已经完全可以概括一句,不论他们的看法如何千变万化,但是万变不离其宗,总之把各类美的载体误认为美本身,而他们的共同误区则是把对于美的载体的探讨误认为是对美本身的探讨。因此,他们滔滔不绝地说了千年,可是,美的问题还是云里雾里,始终没有一个公认的答案,因此,也就难怪柏拉图要有那句著名的感叹了:"美是难的"!

那么,美到底存在于何处呢?

苏东坡就曾经问过这个问题。苏东坡有一首诗,是这样写的:

若言琴上有琴声,
放在匣中何不鸣?
若言声在指头上,
何不于君指上听?

东坡真是个千古第一的聪明人,他发现,审美活动真是非常特殊,按照通常的想法,人们会觉得,美是客观对象的自然属性,而我们的审美无非就是对于客观对象的自然属性的反映。可是东坡却深表怀疑。他以悦耳的"琴声"为例,问道:悦耳的"琴声"如果说来自琴本身的,那我把琴放在琴盒里为什么就没有悦耳的"琴声"呢?那么,就是来自弹琴的指头?于是,他再问道:如果说是来自弹琴的指头,那我就可以不要琴了,只在我的手指头上听不就可以了吗?可是,我为什么却听不到呢?

更有意思的是西方的几位大作家。高尔基是俄罗斯的大作家,他自己就曾经回忆说,第一次读小说的时候,他就非常奇怪,明明我看见的只是文字,但是为什么偏偏就会被感动得热泪盈眶呢?到底是什么感动了我?于是,把那本书拿到阳光下面去照,他希望看到字里行间,或者是干脆透过文字看到背后,他要看看到底存在着什么东西,当然,他什么也看不见。海涅也很有意思,他是德国的大诗人,在看《堂吉诃德》的时候,他情不自禁地大声朗读,因为他觉得自己在朗读的时候,附近的小鸟啊树木啊花草啊等等,都会为之而动容。可是,他看到的毕竟只是文字呀,为什么会如此?他觉得很奇怪。德国还有一个大诗人歌德也有同样的感受。歌德看了莎士比亚的作品以后,说,他几乎仅仅只是那么随便看了几眼,可是就被莎士比亚折服了,就好像一个盲人,由于神的手一指,就突然看见天光。于是,眼睛就突然亮了起来。他还说,他看了莎士比亚的书以后,一下子就觉得自己有了手和脚——其实,也就是有了精神的眼睛和四肢。可是,他看到的还毕竟只是文字呀,为什么会如此?他也觉得很奇怪。西方还有一个著名的音乐家帕格尼尼,他小提琴拉得特别好,当时有很多人都觉得奇怪,他怎么只要一碰琴弦,流淌出来的声音就那么优美?而别人一碰琴弦,碰出来的声音却就像锯木头、杀鸡一样地难听?当时有个神甫特别认真,在帕格尼尼临死的时候还是苦苦地逼着他回答这个问题,于是,帕格尼尼就幽了一默,告诉他说,因为我的身体里面有魔鬼在指挥。这本是开玩笑,可是,那个神甫却当了真,他被吓坏了,说,帕格尼尼竟然和魔鬼打交道!结果,在帕格尼尼死了以后,这个神甫说什么也不准他入土安葬。过了几十年,在神甫死后,他的亲属才得以把帕格尼尼安葬。

由此看来,美存在于何处,绝对不像人们不假思索地给出的答案那样简单,换句话说,美显然不是客观对象的自然属性。在这个方面,我建议你们都要来一个"哥白尼式的转换"。哥白尼,你们一定都熟悉吧?在他出现之前,人类都以为地球是中心,太阳只是围绕着地球旋转而已,可是,哥白尼却纠正说,地球不是中心,而且,应该是地球围绕着太阳旋转。美学的问题也是一样,事实上,不是人围绕着美"旋转",而是美围绕着人"旋转"。没有人,也就没有美,是人的审美需要造就了美,而不是事先存在着一个客观对象的自然属性等待着人去反映。

可是,这个时候一定已经有人忍不住要提问了,那么我们在审美活动中看到的是什么呢?例如黄山,例如西湖,难道它们不是早就存在在那里的吗?而我的回答也很简单,当然不是。黄山、西湖当然是早就存在在那里的,可是,那只是美的载体,而不是美本身。黄山、西湖的美,是并不在我们的审美活动之前和之后而存在的。在这里,我们不妨想一想人们经常讲的那几句话:

钱可以买到"房屋",但是却买不到"家";钱可以买到"药物",但是却买不到"健康";钱可以买到"娱乐",但是却买不到"愉快";钱可以买到"书籍",但是却买不到"智慧";钱可以买到"身份",但是却买不到"尊敬";钱可以买到"伙伴",但是却买不到"朋友";钱可以买到"奢侈品",但是却买不到"文化";钱可以买到"权力",但是却买不到"威望";钱可以买到"服从",但是却买不到"忠诚";钱可以买到"身体",但是却买不到"灵魂"。

这里的"房屋""药物""娱乐""书籍""身份""伙伴""奢侈品""权力""服从""身体",就相当于前面讲的黄山、西湖,而这里的"健康""愉快""智慧""尊敬""朋友""文化""威望""忠诚""灵魂",则相当于黄山、西湖的美。

显而易见,审美活动的全部的"所以然",就蕴含在这里。不过,要全部讲清楚,却还要容我细细道来。

三

在审美活动的"所以然"方面,我想讲三个问题。

首先,在人们进行审美活动之前,尽管存在着一个外在对象,但是却并不存在着一个审美的对象。

这个问题还是接着上面的问题讲的。之所以不惜郑重重复,当然是因为这个问题对于知审美活动的"所以然"来说实在是太重要了。在审美活动之前,就已经有美的存在,这对于很多人来说,都是毋庸置疑的。但是,眼见却并一定为实,就像插入水中的筷子,看上去是弯的,可是实际却并非如此。因此,事实并不一定等同于真实,何况本质往往是深藏在现象后面的,也往往并不与现象一致。在审美活动之前就已经有美的存在,这是一个假象,事实上根本不是如此。当然,我们没有必要否认,在审美活动中客观因素是非常重要的,比如,在送朋友礼物的时候,你会送玫瑰花,也会送别的什么,但是,你却肯定不会送癞蛤蟆。由此可见,客观因素毕竟还是重要的。再看看王安石的一首诗,这首诗叫《南浦》,其中有这样两句:"南浦东冈二月时,物华撩我有新诗。"你们看看,"有新诗"的前提毕竟是需要"物华撩我"啊,不过,话毕竟又要说回来了,"物华"只是"撩我",可"物华"毕竟却不是美啊。

遗憾的是,就是这样一个简单的道理,千年之中,一代又一代的美学家竟然大多毫无察觉,他们往往干脆就把假象当作了真实。因此,他们的美学研究往往也就是从美是客观对象的自然属性开始,结果,一切一切的结论也就因此而建立在空中楼阁之上或者是建立在沙滩之上,显然,他们是在正确地做事而并非做正确的事。

事实上,在审美活动之前,在审美活动之后,美都并不存在,美,是在审美活动中被创造出来的。

我要强调一下,这是我们要对审美活动知美之"所以然"的关键。而这也就是说,我们不能把美看成是具有价值的物,而应该转换视角,把美看成是对物的价值评价。换言之,就外在世界而言,当他显示的只是它自己"如何"的时候,是无美可言的,而当它显示的是对我来说"怎样"的时候,才有了一个美或者不美的问题。因此,客观世界本身并没有美,美并非客观世界固有的属性,而是人与客观世界之间的关系属性。也因此,客体对象当然不会以人的意志为转移,但是,客体对象的"美"却是一定要以人的意志为转移的,因为它只是客体对象的价值与意义。当客体对象作为一种为人的存在,向我们显示出那些能够满足我们的需要的价值特性,当它不再仅仅是"为我们"而存在,而且也"通过我们"而存在的时候,才有了美或者不美的问题。美国有个美学家叫杜威,他就曾经说过:美"严格说来,这是一个情感的术语……当我们被一片风景、一首诗或一张画以直接而强烈的情感所控制时,我们会激动地喃喃低语或叫道'多美啊'"。确实是这样,客观世界并不依赖人而存在,因此当它显现为美的时候,一定是审美活动的结果。没有审美活动,也就没有美。美是审美活动的结果,而不是审美活动的原因。

我们来看朱自清先生的《荷塘月色》——

  月光如流水一般,静静地泻在这一片叶子和花上。薄薄的青雾浮起在荷塘里。叶子和花仿佛在牛乳中洗过一样;又像笼着轻纱的梦。虽然是满月,天上却有一层淡淡的云,所以不能朗照;但我以为这恰是到了好处——酣眠固不可少,小睡也别有风味的。月光是隔了树照过来的,高处丛生的灌木,落下参差的斑驳的黑影,峭楞楞如鬼一般;弯弯的杨柳的稀疏的倩影,却像是画在荷叶上。塘中的月色并不均匀;但光与影有着和谐的旋律,如梵婀玲上奏着的名曲。

  你们是否注意到了?朱自清先生写的是"荷塘月色",可是却不是客观的"荷塘月色",你们看,在他的眼睛里,"月光"竟然会"如流水一般",试想,在动物的眼睛里,"月光"会如此吗?而且,还"静静地泻在这一片叶子和花上","月光"怎么会"静静地"?"叶子和花仿佛在牛乳中洗过一样",动物能够看到"仿佛在牛乳中洗过"的"叶子和花"吗?显然,"荷塘月色"当然是自古就存在的,而且在动物和人的眼睛里都是一样的,但是,"美丽的荷塘月色"呢?难道也是自古就存在的吗?难道在动物和人的眼睛里也都是一样的吗?当然不是,在动物那里当然不是,在原始人那里也当然不是。那么,"美丽的荷塘月色"存在于何处呢?不正是存在于那些愿意欣赏之、愿意接近之的人们的心中吗?朱自清先生无疑就是这些人的一个代表。人人心中有之,可是,却人人笔下无之,只有有待朱自清先生的生花妙笔,这一切才得以付诸实现。

  法国有一位美学家,杜夫海纳,他也举过一个例子,"谁教我们看山呢?圣维克多山不过是一座丘陵。"圣维克多山位于法国南部塞尚家乡的附近,塞尚晚年隐居于此,并且画了一幅名作,《圣维克多山》。结果,圣维克多山因此而成为一座名山。本来,圣维克多山不过是一座丘陵,但是在塞尚的画笔下,这座平淡无奇的丘陵却从默默无闻中挣脱出来,成为一座令人趋之若鹜、流连忘返的名山。那么,是"谁教我们看山呢"?难道不是我们自己吗?梵高疯狂描绘的"阿尔的麦田"也是如此,本来,"阿尔的麦田"不过是一片麦田,但是在梵高的画笔下,这片平淡无奇的麦田却从默默无闻中挣脱出来,成为一片令人趋之若鹜、流连忘返的麦田。那么,是"谁教我们看麦田呢"?难道不也是我们自己吗?

在中国也有类似的例子。欧阳修在《岘山亭记》中说过:"岘山临汉上,望之隐然,盖诸山之小者。而其名特著于荆州者,岂非以其人哉。""兹山待己而名著也。"岘山,位于湖北省襄阳县南,原本也平淡无奇,但是在晋与吴武力相争的时候,常常要倚仗荆州,而成为军事重地,而羊祜、杜预二人也相继镇守在这里。由于他们的功劳业绩和仁义品行,岘山也因此而名传后世。很有意思的是,传说羊叔子在登上这座山的时候曾经很有感慨地告诉他的部下,他说,这山一直矗立在那里,而前世的名人都已泯灭无闻,因此,羊叔子自己也十分悲伤。然而,他偏偏没有想到,这座山却因为有了他才真正在人们的心里矗立。你们看看,我们是否也可以说,在羊祜、杜预之前,岘山也"不过是一座丘陵"?

前面讲的都是美学家的看法,其实,对于这个问题,很多人都已经有所意识了。我们来看一个科学家的例子。玻尔,这是个大物理学家,你们一定都知道他的。有一次,他在访问克伦堡的时候,就也曾对海森堡谈过类似上面的看法。他说:"凡是有人想象出哈姆雷特曾住在这里,这个城堡便发生了变化,这不是很奇怪吗?作为科学家,我们确信一个城堡只是用石头砌成的,并赞叹建筑师是怎样把它们砌到一起的。石头、带着铜锈的绿房顶、礼拜堂里的木雕,构成了整个城堡。这一切当中没有任何东西能被哈姆雷特住过这样一个事实所改变,而它又确实被完全改变了。突然墙和壁垒说起不同的语言……""这一切当中没有任何东西能被哈姆雷特住过这样一个事实所改变,而它又确实被完全改变了。突然墙和壁垒说起不同的语言……"你们仔细品味一下,大物理学家玻尔的感受是多么地真切!不妨再套用前面的话,我们是否还可以说,在哈姆雷特之前,克伦堡也"不过是一座城堡"?

因此,我们可以在上述讨论的基础上做一个这样的简单总结:美是对象的价值属性,而不是对象本身。审美活动是人与对象之间建立起来的一种新的意义关系,它所涉及的不是对象,而是对象的价值属性。客体的某种符合了人的根本需要的价值属性,就是美,也因此,这一客体也就是美的。难怪庄子会说:毛嫱、丽姬都是绝代美女,可是鸟看见她们会飞走,麋鹿看见她们会逃跑。原来,就是因为鸟和麋鹿与她们之间无法建立起一种意义关系,也无法对她们的价值属性加以评价啊。而中国的柳宗元也曾经说过:"夫美不自美,因人而彰"。至于"人幽想灵山,意惬怜远水"(高适)、"客恨厌山重,归心喜流顺"(张祜),其实也是对于彼此之间的意义关系的关注。

大词人李清照曾经举过一个十分精彩的例子。她有一首词,你们一定都不陌生。这首词写的是什么呢?李清照这个人很怜惜花花草草,可是有一天,外面下起了小雨,她有点怕第二天外面的花花草草会被雨打风吹而凋零,就专门喝了点酒,想一觉睡过去。可是,到了第二天早上,等她酒醒残梦,终究还是放心不下,于是,她就问她身边的丫鬟,也就是那个"卷帘人",外面下了一夜的雨,那海棠花的情况怎么样?可是她的丫鬟是怎么回答她的呀?"海棠依旧"。也就是说,花还是花呀,红红的开在那里,没有什么变化呀。可是,李清照却说,不对,肯定不是这样,你再去看看,我猜测,那海棠花一定已经是"绿肥红瘦"。你们看看,在这里,一个是"海棠依旧",一个却"绿肥红瘦",为什么会有不同?还不是因为一个只是对象,一个却已经是对象的价值属性?

换言之,这里存在着一个"眼睛"与"眼光"的不同。所有的人的"眼睛"都是一样的,看到的东西应该也是大同小异,可是,所有的人的"眼光"却是截然不同的,因此,所看到的东西也就大不相同。显然,美与"眼睛"无关,但是却与"眼光"密切相关。

我们再看一个有趣的例子:鲜花的美。

鲜花是美的,在所有的地方,不论是东方还是西方,这应该是都没有异议的。可是,是从来就如此吗?当然也不是,比如,在原始社会的时期,就并不认为鲜花是美的。在原始游牧社会的时候,因为生命异常艰难,也非常紧张,因此,对于生命的那样一种享受的感觉也就完全没有被培养起来,与此相应,对于生命的那样一种享受的"眼光"也同样就完全没有被培养起来,因此,对鲜花也就没有任何不同的感觉。我们知道,"花是红的",这是鲜花的自然属性,不难想象,在原始游牧社会的人的眼睛里,应该是与在我们今人的眼睛里所看到的都完全一样,但是,"花是美的"就不同了,这就只有那些有"眼光"的人才可能看到。显然,这一点也恰恰与我们在历史上所看到的一切彼此一致。在进入农业社会以后,因为生活相对来说比较稳定了,也不那么紧张了,于是,享受生命的意识也就开始成熟了。这个时候,生命意识就被分成了两种。一种是游牧社会的生命意识,一切只追求结果。每逢"月黑",我看见的就必定是"杀人夜";每逢"风高",我想起的也肯定是"放火天"。还有一种,却是农业社会的生命意识了,那就是对于生命过程的关注。于是,鲜花作为客观对象的价值属性也随之而引起了我们的关注。

在阿尔卑斯山口,路边的牌子上有一句非常著名的格言:"慢慢走,欣赏啊!"就是说,不要事事都急于去追求结果,最后的结果无非就是死亡,那,又有什么好追求的呢?因此,不如转过身来去欣赏生命的过程。而中国的李白,也有这样一句名诗:"何处是归程,长亭更短亭。"我一直说,这是最好的美学,也是最好的人生的写照。美好的生命,不在于结果,而在于过程,在于永远地停留在长亭短亭之间。

西西弗斯的故事也是如此。西西弗斯触怒了众神,于是被罚推石上山,他要把一块大石头推到山顶上,但是,在他每次把大石头推到山顶的时候,这块大石头都会再滚下来,于是,西西弗斯只能不断地重复、不断去推石上山。从表面上看,这个故事十分残酷,也把我们每个人的人生都揭露得淋漓尽致,可是你转念想想,其实,这也就是我们每个人的实际人生。那么,我们应该如何去做呢?无非是兢兢业业地去把每一次的推石上山的任务都完成得十分精彩。

显然,正是这样的一种对于生命的发现,让我们有了一种不同的眼光。而从"花是红的"到"花是美的",也正是出自这样一种眼光。其实,从客观的角度说,鲜花只是植物的生殖器,从这个角度,本来人类是很难关注到它的,可是,鲜花为什么会被人类如此地欣赏呢?其实,就是因为人类注意到了开花结果之间的根本不同,并且由此联想到了生命的根本不同。于是,鲜花也就成为人类美好生命的象征。

中国有一个非常著名的成语,叫作"拈花微笑",这个成语你们应该都很熟悉吧？在我看来，在这个成语的背后，蕴含的也是对于鲜花的美学理解。这个成语说的是，释迦牟尼在灵山法会上正要开始说法的时候，大梵天王来到了座前，他向释迦牟尼献上了一朵金色波罗蜜花。然后就下去坐在了最后的位子上，准备凝神静听释迦牟尼的说法。很有意思的是，释迦牟尼接过了鲜花之后，却一言不发，只是拈起这朵金色波罗蜜花给各位弟子去看。这下子，大家可就都茫然了，不知道这是怎么回事。可是，唯有十大弟子中的摩诃迦叶在下面会心地一笑。于是，释迦牟尼对大家说："我有正法眼藏，涅槃妙心。实相无相，微妙法门。不立文字，教外别传。现在，我把这无上的大法，付托给摩诃迦叶。"你们看看，这是不是很有点高山流水的味道？一边是拈花，一边是微笑，那么，其中的奥秘何在呢？就在于彼此对于生命真谛的洞察。人生的真谛就是要永远快乐地生活在过程里，而不要过多地去关注结果。只有过程才是真正的人生。这就是他们对于人生的领悟。而鲜花的美，也正是他们因此而与之建立起来的一种价值关系。所以，师父一碰鲜花，大徒弟在下面就会会心地微笑。

而这，也就是美之为美的"所以然"。

讲到这里，再回过头来看看苏轼的那首诗，我相信，你们的想法已经有所不同了。在这方面，与苏轼同时代的欧阳修对苏轼的那首诗所作出的回答，应该是能够代表我们现在的想法的。

> 音如石上泻流水，
> 泻之不竭由源深。
> 弹虽在指声在意，
> 听不以耳而以心。

对苏轼所提的问题，欧阳修回答说，"音如石上泻流水，泻之不竭由源深。"气象万千的美为什么会像石头上的流水一样源源不断地流淌呢？当然是因为它的源头很深，那么，源头又在哪里呢？你们注意看欧阳修的回答："弹虽在指声在意，听不以耳而以心。"这也就是说，美并不在于外在的客观世界,而在于主体对于客观世界的价值评价。这就叫:"弹虽在指声在意,听不以耳而以心。"

四

下面来看从知美"所然"到知美"所以然"的第二个问题:人们之所以进行审美活动,是因为存在着一种内在的根本需要。

这个问题还是与第一个问题密切相关的。你们想一想,为什么人们会误以为在进行审美活动之前就存在着一个审美的对象呢?就是因为误以为审美活动只是一种反映活动。例如旅游,我在前面批评过,很多人都是照相机在旅游,但是,为什么会如此呢?跟我们的错误的美学观念就没有关系吗?如果不是先误以为审美活动是认识活动,如果不是我们在上课的时候拼命地去煞有介事地分析这个对象为什么美、那个对象为什么美,以致给学生留下了一个强烈的印象:美是先于我们而存在的,我们所能够做的也必须做的,也无非就是去反映它,那我们又怎么会如此看重对于审美对象的拍摄呢?

顺便说一句,"美学热"为什么会衰落下去?除了诸多客观的原因以外,其实无庸讳言,也还有其主观原因,那就是我们的很多教授在美学课上把学生讲跑了。本来,学生一听说是美学课,兴致还是很高的,因为我们的学科在所有的学科里毕竟还是最幸运的,因为我们摊上了一个好名称,说起来,我们还真是要感谢日本学者,把西方的"感性学"转换为这么美丽的学科名称。何况,还是"爱美之心,人皆有之"。可惜,只要上个几次课,这些热情的学生就坚持不住了。原因很简单,我的这些同行都是在用西医分析人体的办法来分析美,可惜,人人都有审美经验,因此马上就会发现,根本就不是那么回事,你们想想,这样一来,学生还能不兴致索然吗?这样一来,他们不逃跑才怪呢!

事实上,审美活动不是一种认识活动,而是一种评价活动,它出于生命的内在的根本需要。在这方面,我经常借助于中国的一句话来说明,我经常说,在中国,第一句我在前面已经讲过了,就是"臭美",第二句,则是我现在就要引用的,就是:"找对象"。其实,"对象"也就是自己心目中的另外一半,而且还一定是更为美好的那一半,可是,为什么要用"找"这个字呢?说明这个"对象"在生活里并不存在,而需要去苦苦寻找。这样,联系中国人还喜欢说的那一句"情人眼里出西施",我们就不难想到,所谓"找对象",其实也就是找到理想的自己。你们还记得吗,《红楼梦》里的贾宝玉见到林黛玉时候是怎么说的?"这个妹妹我曾见过",可是,他从来就没有见过林黛玉呀,原来,是他自己心里先有了一个理想的对象,而林黛玉一出现,他就欣喜地发现,"这就是我心目中的那个她啊"。现在各位回想一下,你们自己的恋爱经验是否也是这样?我要强调,这个思路极为重要,因为审美活动其实也就是在"找对象",区别只在于,现实生活中的"对象"只能有一个,而审美活动中的"对象"却可以有无数。而为什么人类非进入审美活动不可?在清除了审美对象先于审美活动而存在这一"误区"之后,我们也就进而可以知道,原因就在于:人类需要不断地"找对象"。

为了更好地讨论问题,我们不妨先不从对于问题的正面的讨论开始,而是先来从问题的反面开始讨论。

按照传统的说法,美是客观对象的自然属性,可是,如果真是如此,那么人类的审美活动就是可以重复的,而且应该是在任何时间任何地点都结果完全一致的。然而,实际上我们却看不到这样一种情况。例如,在不想"找"的情况下,"对象"竟然就不出现。中国古代有一句诗,说的就是这种情况:"年年不带看花眼,不是愁中即病中。"诗人剖析自己说,我这几年为什么总是没有看到美丽的春天呢?为什么鲜花盛开的春天也不再美丽呢?我的"看花眼"跑哪儿去了呢?我眼睛当然还在,可是,我的眼光何在呢?后来,他给了自己这样的一个解释,他说,是因为我的心情不对。我要不就是有病,要不就是忧愁。结果,就是因为我没有这个心情,也不想去"找",春天的美也就没有出现。

更多的例子则告诉我们,不同的心情,会导致不同的对象的出现。陶渊明有一句诗,叫作"纵浪大化中,不喜亦不惧"。猛一看,实在精彩,可是,其实这很难说还是一个人,尤其是很难说还是一个有血有肉的人,这完完全全已经就是一块石头啊。人的心灵无疑不能如此,它会对对象进行热处理,也会进行冷处理。所以,感觉感觉,不但要"感",尤其是要"觉";感情感情,不但要"情",而且要"感"。在写《茅屋为秋风所破歌》的时候,杜甫眼中的雨是什么样子呢?"床头屋漏无干处,雨脚如麻未断绝。自经丧乱少睡眠,长夜沾湿何由彻。"但是,在写《春雨》的时候,杜甫眼中的雨又是什么样子呢?"好雨知时节,当春乃发生。随风潜入夜,润物细无声。"还有一首著名的诗歌,你们一定也都熟悉:"少年听雨歌楼上,红烛昏罗帐。壮年听雨客舟中,江阔云低断雁叫西风。而今听雨僧庐下,鬓已星星也。悲欢离合总无情,一任阶前点滴到天明。"在生命的不同阶段,心境各有不同,奇妙的是,雨,竟然也就不同。

显然,美并不是客观对象的自然属性,而是客观对象的价值属性,是特定心态下的产物。在这方面,中国的几句俗话,可以给我们以深刻的启迪。"爱屋及乌""恶及余胥""月是故乡明""水是故乡甜",某些东西,本来只是"对方",可是,在特定的心境下,却就成为了"对象"。可见,"对方"虽然是客观的,然而,"对象"却不是客观的。一次,苏轼跟一个和尚斗智。他问和尚,你看我像什么?大和尚看了他一眼,说,我看你像佛。然后,大和尚就问,你看我像什么?苏轼看了他一眼,说,我看你像一摊臭狗屎。那次,苏轼觉得自己回答得特别聪明。可是回去跟苏小妹一说,他的妹妹却不以为然,她说,老哥啊,今天你是惨败啊。你看世界是什么,那是因为你是什么。大和尚看你是佛,因为他心里有佛,你看大和尚是臭狗屎,因为你心里只有臭狗屎。各位想想,是不是这个道理?因为心境不同,"对方"因而也就成为了不同的对象啊。

我们来看两个例子——

托尔斯泰的名著《战争与和平》里有个男主角,叫安德烈。在他的一生中,曾经几次邂逅了一棵老橡树。可是,由于心情的不同,这棵老橡树在他的眼里竟然就截然不同。

第一次,他在军队受了伤,妻子也去世了;想进行农庄改革,但是也不顺利:

他环顾四周,想道,"而且什么都放青了……多么快啊!无论是桦树、稠李,还是赤杨都已经开始……可是没有看见橡树,瞧,这就是橡树。"

路边有一株橡树。它大概比那长成树林的桦树老九倍,粗九倍,比每株桦树高一倍。这是一棵两抱粗的大橡树,有许多树枝看来早就折断了,裂开的树皮满布着旧的伤痕。它那弯曲多节的笨拙的巨臂和手指不对称地伸开,它这棵老气横秋的、鄙夷一切的畸形的橡树耸立在笑容可掬的桦树之间。唯独它不欲屈从于春日的魅力,不欲目睹春季,亦不欲目睹旭日。

"春季、爱情和幸福呀!"这棵橡树好像在说话,"总是一样愚蠢的毫无意义的欺骗,怎能不使你们觉得厌恶啊!总是老样子,总是骗局!既没有春季,也没有旭日,也没有幸福啊!你们看,那些永远是孤单的被压死的枞树还栖在那里,我也在那里伸开我那被折断的、被剥皮肤的手指,无论手指从哪里——从背脊或从肋部——长出来,不管怎样长出来,我还是那个样子,我不相信你们的冀望和欺骗。"

安德烈公爵在经过森林时,接连有几次回过头来看这棵橡树,好像对它有所期待似的。橡树底下也长着花朵和野草,但是它仍然皱着眉头,一动不动地,像个畸形儿屹立在它们中间。

"是啊,它是正确的,这棵橡树千倍地正确,"安德烈公爵想道,"让其他的年轻人又去受骗吧,不过我们是知道人生的,——我们的一生已经完结了!"由于这棵老橡树的关系,又一系列绝望的,但都是忧喜参半的思想在安德烈公爵的心灵中出现了。在这次旅行中,他仿佛又考虑到自己的一生,并得出从前那种于心无愧的、无所指望的结论,他无须从头做起,既不为非作歹,也不自我惊扰,不怀抱任何欲望,应该好好地度过一辈子。

第二次,是在乡下见到了自己的心上人,爱情有了幸福的开始:

已经是六月之初,正当安德烈公爵快要回到家中时,他又驶进那座白桦树林,林中的这棵弯曲多节的老橡树呈现着很古怪的模样,令人难忘,真使他感到惊奇。在森林中,铃铛的响声比一个半月以前更低沉,那时处处是绿树浓荫,枝繁叶茂,那些散布在森林中的小枞树没有损害共有的优美环境,却都发绿了,长出毛茸茸的嫩枝。

413

整天都很炎热,有的地方雷雨快要来临,但是只有一小片乌云往路上的灰尘和多汁的叶子上喷洒了几滴雨水。森林的左边很昏暗,光线不充足,森林的右边潮湿、明亮,在阳光下闪耀,给风吹得微微摇动。树木都开花了,夜莺鸣啭,悠扬悦耳,时而在近处,时而在远处发出回响。

"是的,在这里,这棵橡树在这座森林里,我们是志同道合的,"安德烈公爵想了想。

"可是它在哪里呢?"安德烈公爵在观看道路的左边的时候,心里又想了想,他自己并没有意识到,也没有把它认出来,不过他正在欣赏他所寻找的那棵橡树。完全变了样的老橡树荫覆如盖,暗绿色的多汁的叶子郁郁葱葱,麻木地立着,在夕阳的余晖中微微摇动。无论是弯曲多节的指头,无论是伤痕,无论是昔日的怀疑和哀愁,都看不见了。透过坚硬的百年的老树皮,在无树枝处居然钻出了一簇簇嫩绿的树叶,因此真令人没法相信,这棵老头般的橡树竟能长出嫩绿的树叶来。"这正是那棵老橡树。"安德烈公爵想了想,他的心灵中忽然产生一种快乐的感觉,万象更新的感觉。他一下子回忆起他一生中的那些最美好的瞬间。奥斯特利茨战场和那高悬的天空,已故妻子含有责备神情的面孔,渡船上的皮埃尔,因为夜色美丽而深有感触的少女,还有这个夜晚和月色——他突然把这一切回想起来。

"不,人在三十一岁时生命没有终结,"安德烈公爵忽然坚决地斩钉截铁地断然说,"我只是知道我心中的一切还是不够的,而且要大家——无论是皮埃尔,还是这个想飞上天空的少女——都知道这一点,要让大家知道我,我不是为了我一个人而生活,不让他们的生活和我的生活毫无关联,要让我的生活对大家产生影响,他们大家和我一同生活!"

还有一个中国的例子:

春秋时期,有一个人,叫伯牙,他拜成连先生为师,学习古琴,但是,尽管他在掌握各种演奏技巧方面十分优秀,可是成连先生却总觉得他在演奏的时候有什么地方不太对头,总是演奏不出音乐的美。一天,成连先生对伯牙说:"我有一个老师,叫方子春,他住在东海,专门传授陶冶情趣。我带你前去,让他来教你吧。"于是两个人就驾船前往。可是,到了东海蓬莱山以后,成连先生就把伯牙丢在了那里。十天过去了,成连先生仍旧没回来。伯牙在岛上越等越急,在忧郁感伤中,他一下子理解了过去所无法理解的音乐。后来,成连先生回到他的身边,再听他的琴声,果然已经完全不同。从此,伯牙也成为操琴的天下妙手。

讨论了问题的反面,再来讨论问题的正面,也就容易了许多。

中国有一句话,叫作"境由心造"。起码就美学而言,这是很有道理的。美,也由心造。这个心,就是人的审美需要。因此,对于所有的美,我们在它的前面都要加上一个前提,那就是:"我觉得"。黄山美,应该准确地表述为:"我觉得黄山美"。西湖美,也应该准确地表述为:"我觉得西湖美"。而这里的"美",也只应该理解为一声感叹。这也就是说,黄山美、西湖美,也可以更准确地表述为:这就是我所要找的那个对象,这就是我梦中的她。在生命过程中,会出现两种情况,一种情况是对于外界的认识,还有一种情况却是对于外界的评价。就后者而言,其实它并不关注外界的客观状态本身,而是关注外界对于自身生存的意义。比如水果,从表面上看是因为它好吃,因此我们才喜欢去吃,但是其实恰恰应该反过来,是因为我的身体需要它,所以我才觉得它好吃。美也是一样,并不是因为世界上有美,因此才需要我们不断去认识,而是因为我们永远需要"美"这样一个对象,因为它是我们生命中不可或缺的另外一半,而且还是更为重要的另外一半。因为我们生命中的另外一半是永远说不清也道不明的,我们永远只能够借助于"他者"来作为见证。因此我们永远要通过"找对象"的方式证明自己的存在。因此,犹如在生活中我们所喜欢的接近的"对方",一定是我们最为需要的东西;在审美活动中我们所喜欢接近的"对象",也一定是最能证明我们自身存在的"他者"。审美活动,其实就犹如我们与世界之间的一场恋爱,而形形色色的美,其实也就是我们所找到的对象。"情人眼里出西施",那是因为我们都在自己的对象身上看到了理想的自己,审美者的眼里出现美,那也是因为我们都在自己的对象身上看到了理想的自己。

在这个地方,我想稍微讲几句西方美学史方面的基本知识。

在西方美学史上,我们也可以看到关于这一问题的讨论。最初的时候,西方大多是把美看作客观对象的自然属性,之所以如此,与西方的形而上学的孤立静止的思维方式有密切的关系。但是,后来西方的美学家却逐渐发现,这种思维方式是将审美活动的过程简化了,并且是把美独立了出来。事实上,如果回到真实的审美活动本身,情况就会大不相同,例如有一个美学家叫立普斯,他就发现,在审美活动中道芮式石柱在耸立升腾、凝成整体或挣扎着冲破局限,但是,这一切其实都并不是发生在石柱自身上,而是审美者的感觉。所以立普斯说:"不是我从美的对象中所得到的快感。"那么,显然是生命本身渴望耸立升腾、冲破局限,因此才在道芮式石柱身上找到了这一"对象"! 进而,又有一些美学家从心理学研究的显意识与无意识的最新成果里受到启发,他们指出,审美活动不是在显意识中进行的,而是在无意识中进行的,我们从显意识中没有看到人的意识有什么变化,于是就以为没有什么东西在其中发生作用,进而又以为只是出于对于外界的认识的需要,可是,从无意识的角度看,就大为不同了。无意识是生命的一种根本意识,在生命过程中,它总是需要证实自己,总是需要显现自身,可是,它却永远无法被加以表达,万般无奈,只有不断地去找对象,不断地用比喻的方式、比兴的方式、象征的方式来告诉我们,"这就是我!"准确地说,这应该是一种"无意识的客体化"的有趣现象,遗憾的是,很多美学家都没有意识到这一点,也都没有意识到在审美活动中的所有客体实际都不再是客体,而只是无意识的载体、无意识的象征。而当美学家们一旦意识到这一根本奥秘,美学的全新时代,也就真正揭开了帷幕。

而一旦彻底弄清楚了这一点,我们对于审美活动的认识也就会大大地推进一步。原来,在审美活动中出现的"先睹为快"是因为"不睹不快"。审美活动原来是出于自身根本的生命需要的,而美则仅仅是我们出于自身的根本的生命需要而找到的"对象"。

比如说,美学中的那些合乎比例、对称的东西为什么更容易引起我们的美感?其实并不是因为合乎比例、对称的东西美,而是因为我们生命本身就存在着对于合乎比例、对称的东西的需要。学者告诉我们,从天体开始就是什么呢?球体对称。我们常见的雪花呢?是平面对称。而人体也是左右对称的。而且,任何一个生物,它越是复杂,对合乎比例、对称的要求就越严格,最早的时候,原生的变形虫,还没有前后、左右、上下的区别,因此,它也没有平衡对称的需要,后来,动物开始有了上下区别,后来又有了前后左右的区别,最后才逐渐发展到了人。所以我们发现,对于那些合乎比例、对称的东西,就是人的最为根本的生命需要。也因此,凡是合乎比例、对称的东西,我们就愿意欣赏、愿意接近,否则,我们就避之唯恐不及。

再如音乐,我们为什么喜欢音乐呢?有些人说,音乐声音好听,所以我才喜欢听。其实,这完全就弄颠倒了。我们之所以喜欢音乐,是因为我们的生命发展的轨迹和音乐的旋律是最接近的。科学家研究,说整个的生命都在运动当中,这个运动是什么呢?比如说,科学家告诉我们,勃拉姆斯的《摇篮曲》可以把鲨鱼吸引过来,也可以让鲨鱼昏昏入睡,但是现代的摇滚音乐却偏偏让鲨鱼惊退而去。科学家还告诉我们,配音的含羞草的生长能力超过了没配音的含羞草的生长能力,而且是超过了50%。还有科学家把DNA的几种要素组合了一下,结果发现,竟然是一首极为优美的音乐,而且还是比较缠绵悱恻的那种,难怪我们都更喜欢悲剧啊,我们的遗传基因原来就是一个悲剧的律动。大家知道中国最有代表性的乐器是二胡,而二胡的最典型的美学特色是什么呢?如泣如诉。谁能说,这如泣如诉就与我们的生命需要就没有密切的关系?

从这个角度,我们再咀嚼一下波兰音乐家丽莎的话,感觉就会大为不同:"在音乐体验中,感情反应从来不是那样强烈地集中在'某种东西'也即某种客体上,从而使听者忘记自己的感情;相反,我们是将音乐所唤起的感情作为我们自己的感情来体验的,是将属于我们自己的心理生活的那种感情,投射到音乐作品所表现的感情世界中去。我们在听贝多芬《英雄交响曲》时所体验到的那种英雄人物高尚、强有力的感情,并没有在想象中把我们引到拿破仑身上去;而欣赏肖斯塔科维奇《第七交响曲》(《列宁格勒》)第一乐章时所感受到的那种恐怖,却正是在那个时期我们自己的体验。"

而这样一种认识,又可以扩展到对于全部的审美活动的认识。例如,飞雪和飞絮的轻盈在文学艺术里总是很受推崇的,这是因为雪花和飞絮本来就美吗？当然不是，其实是因为我们自己在追求这种轻盈的生命感觉，因此，这是我们的轻盈，而不是飞雪和飞絮的轻盈。同样，为什么书法的线条的飞动是美的？为什么中国的房屋的飞檐是美的？道理也在这里。再比如说，颜色，我们经常说，颜色有冷和暖的感觉，而且我们说，红色是暖色，蓝色是冷色，而实际上，颜色是没有冷暖的，颜色的冷和暖，是因为它与我们生命的内在需要之间的关系。在我们的生命感受里，红色是暖的，蓝色是凄凉的，这个时候，它们才成为了审美活动的对象。对于阳光的审美活动也是如此，人们往往以为就是因为阳光的美，才导致了我们的审美活动，其实不然，真实的原因是因为，人的眼睛和阳光的最佳值是完全符合的。阳光自身有一个曲线，它的最佳值和人的眼睛的接受区间恰恰完全吻合，因此，人接触阳光的时候就最舒服，所以，人才喜欢阳光，也才将阳光作为美的象征。

而我在前面讲到的几个例子，也还可以再从这个角度去加以解释。例如，为什么身材有美丑之分？原因就在于人的眼睛存在着黄金分割的需要，因此就把接近黄金分割的身材称为美。为什么人在走路的时候要以S形为美？那是因为人的眼睛在看任何一个分成左右的东西的时候，都有一个10度的夹角，所以只有达到S形要求的身材，才是美的。那么，如果再进而追问，为什么美女帅哥最受欢迎？是因为他（她）们美吗？当然不是，而是他（她）们的遗传基因是最好的，而把最好的遗传基因流传下来，正是人类亘古以来就存在的最为根本的生命需要，因此，人们才愿意接近他们。

这，就是我要讲的知美"所以然"的第二个问题，美，不是客观对象的自然属性，它来源于人自身的生命需要。因此，如果不联系自身的生命需要，那么，美的问题就会永远都讲不清楚。

五

下面来看从知美"所然"到知美"所以然"的第三个问题：人们之所以进行审美活动，是因为存在着一种共同的内在的根本需要。

这个问题其实是与第二个问题紧密联系在一起的。审美活动是出自人类的一种内在的根本需要，而且还是一种共同的根本需要。

在这里,所谓"共同",是一个极为重要的概念。它包含了两个含义:首先,是"爱美之心,人才有之";其次,是"爱美之心,人皆有之"。

我们在生活里也会发现,世界上的生命现象气象万千,但是却只有审美活动最为特殊。这就是,在这个世界上,有不爱真的人,比如他会假话,也有不爱善的人,比如他会作恶,但是,有谁听说过不爱美的人?应该都没有听说过吧?回过头来看一看人类社会,我们会发现,我们人类社会经常是把人分成好人和坏人,是吧?但是我们看到一个很奇怪的现象,就是不论是好人还是坏人,一个人他可以不道德,就是他可以不追求道德的善,一个人可以弄虚作假,那就是说,他可以不追求科学上的真,但是不难发现,却没有人不追求美学上的美。哪怕是我们在日常生活里看到的坏蛋,也还是要追求美。

而且,爱美似乎也与贫富无关。鲁迅有一看法值得商榷,他说北京捡煤渣的老太婆是不会喜欢美的。显然是无法服人。我 2004 年去云南丽江,那里的泸沽湖有个著名的女儿国,我到那儿一看,发现那个地方很穷,去了几家,基本上都是家徒四壁,里面除了必备的生活用品,其他的什么都没有,但是,特别引人瞩目的是,我却发现,家家都有鲜花。显然,贫困并不是不爱美的理由。还是范成大《夔州竹枝歌》说得好:"白头老媪簪红花,黑头女娘三髻丫。背上儿眠上山去,采桑已闲当采茶。"唐人王毂的《贫女》道出的,也是这样的秘密:"难把菱花照素颜,试临春水插花看。"

再认真想想,人类几乎没有什么是可以所有人共同分享的。成功吗?你的敌人不愿与你分享。财产吗?你不愿意与他人分享。痛苦吗?你不愿意与任何人分享。但是,美却是唯一的例外。不分敌我,不分你我,你愿意与任何人来分享。中国古人早就说:独乐乐,不如与人乐乐;与少乐乐,不如与众乐乐。白居易有两首诗:"春来无伴闲游少,行乐三分减两分。"(《曲江忆元九》)"欲作闲游无好伴,半江惆怅却回船。"(《三月三日》)春游的时候,因为没有朋友在旁,甚至看美景的兴趣都减少了许多,如果是面对一顿美餐,那还会有这种感觉吗?元代刘因还写过一首《村居杂诗》:"邻翁走相报,隔窗呼我起,数日不见山,今朝翠如洗。""邻翁"看见美景,还专门跑来把他唤醒,如果是看到减价的物品,那可能就不会专门跑来喊他了吧?宋代的诗

419

人陆游也写过一首诗:"谁琢天边白玉盘,亭亭破雾上高寒,山房无客儿贪睡,长恨清光独自看。"数钱的时候,谁恐怕都是悄悄地去数的,可是,面对美丽的月光,陆游竟然是"长恨清光独自看"啊。

更重要的,人类的爱美之心不教而同,而且不约而同。千年之下,我们再看李白的《静夜思》,也还是会拍案叹赏。文化各异,可是对于西方的《米洛的维纳斯》,我们也同样引为知音。时间和空间,似乎都不是审美活动的障碍。贝多芬称自己的《田园交响曲》是"对农村生活的回忆",并说:"只要对农村生活有一点体会,就不必借助于许多标题而能想象得出作者的意图。"而法国作曲家柏辽兹在听过其第一乐章后,也描绘出一幅这样的景象:"牧羊人开始在原野上出现了,态度悠闲,吹着牧笛在草原上来来往往,可爱的乐句令人欢怡,有如芬芳的晨风;成群的飞禽从头上飞鸣而过,空气时时因薄雾而呈湿润;大片的云块把太阳挡住了,但顷刻之间,云块吹散了,林木泉水之间又突然充满了阳光。这便是我听着这个乐章的感觉;虽然管弦乐的表现很不具体,但我相信很多听者都会得到和我相同的印象。"你们认真比较一下,不难发现,贝多芬与柏辽兹之间是何等地一致!

遗憾的是,上述现象虽然对于所有的人来说都并不陌生,而且也都经常提及,可是,理解却大不相同。同样是面对"共同",很多人——包括很多美学家——都是理解为一种有趣的现象,而没有准确理解为人类生命活动的根本。也因此,他们在爱美的同时又会拼命宣扬"美有什么用,又不能吃、不能穿"之类的错误看法,对审美活动的价值与意义大加贬低,而在我看来,只有后面一种理解,才是正确的理解。因为,它意味着对于审美活动的极端重要性的强调,意味着审美活动是人类生命活动中最普遍的东西,也是人类生命活动中最根本的东西。

我们看一看一些著名学者是如何对此加以强调的——

在人类身上,有一种对美的渴望吗?答案应该是肯定的,即使把这种渴求看作是被文化唤醒的,或者至少是被文化指引的一种人为的需要也罢。(杜夫海纳)

为什么灵魂要寻求美,这是不可问也不可答的。(爱默生)

只要我们眺望美丽的山河,我们就会沉浸在希望之中。如果我们接触优秀艺术作品中的美,就会为人类的伟大而感动。(今道友信)

审美需要强烈得几乎遍及一切人类活动。我们不仅力争在可能的范围内得到审美愉快的最大强度,而且还将审美考虑愈加广泛地运用到实际事物的处理中去。(德索)

简单地说,用我常说的一句话来讲,就是:美不是万能的,但是,没有美是万万不能的。因此,美像空气、阳光,人类须臾都不可离开。

在这方面,康德的发现就给我们很重要的启示。康德是西方最伟大的美学家,可是,为什么最伟大?很多人都并不理解。其实,康德的伟大就在于发现了在审美活动中的那个"共同"正是人类生命活动的根本。他把这个"共同"概括为:主观的普遍必然性。审美活动是一种主观的东西,这个我在第二个问题里就已经讲了,不过,主观的东西一般是没有普遍性的呀,我们不是经常说:你这个人看问题太主观了,那就是说他情绪用事,对不对?因此,主观的东西往往就不是普遍的,更不是必然的。反之,只有客观的东西才可能是普遍的、必然的。比如大自然的规律,那就是普遍的,也是必然的。但是康德却发现了一个惊天大秘密,这就是:在审美活动中,主观的东西竟然就同时也是普遍的、必然的。康德称之为"一切人对于一个判断的赞同的必然性",称之为"先验假设前提",并且把它叫作"主观的普遍必然性"。

我必须提醒你们注意,这个"主观的普遍必然性"其实就是审美活动的根本奥秘。而这,也正是人类生命的最为根本的秘密。然而,康德也深知在人们心中所存在的深深的误解,所以,他又提出了一个新的概念,叫作:"主观的合目的性而无任何目的"。针对人们常说的"美有什么用,又不能吃、不能穿",他指出,审美活动从表面上看,确实是没有任何的功利性,也就是说,没有任何的用处,例如,不能吃也不能穿,但是,他又指出,如果审美活动真的没有任何的用处,那么,我们人类又为什么非审美不可呢?这不是非常奇怪吗?而且,如果审美活动真的没有任何的用处,那么,我们又为什么会在审美活动中感到愉快呢?显然,这里的"无任何目的",是指的显意识层面,而"主观的合目的性",则是指的潜意识层面。这也就是说,在显意识层面,审美是无目的的;而在潜意识层面,审美则是有目的的,而且是最有目的的,甚至应该说,也必须说,是人类目的之最。

这个"主观的合目的性",就是人类生命的共同的根本需要。

在这方面,西方还有一个大心理学家阿德勒提醒得很精辟。他说:在人类的生命活动中存在着"需要"和"想要"两个方面,"所有的人具有相同的人类特定的需要,但有关他们所想要的事物却因人而异。"所谓"想要"当然是指的主观随意性,而"需要"则指的正是"主观的合目的性"。

那么,人类究竟"需要"什么呢? 当然是"需要"成为人!

人类是一个以创造性、开放性、不确定性作为自己的根本属性的特殊存在,可是,这创造性、开放性、不确定性又何以显现? 因此,人类如果不把自我看作对象,就不可能确证自己。于是,为了自我确证,就"需要"去创造对象。于是,只有人才爱美;只要是人,就都爱美。美就是那些能够确证人之为人的东西,也因此,凡是能够确证人之为人的东西就是美的,凡是不能证明人之为人的东西,就是丑的。

作为人类生命活动的根本,审美活动的重要性正可以从这里得到阐释。

一个非常富于启迪的例子,是达尔文的两本书。达尔文有两本书,一本叫《物种起源》,还有一本叫《人类的由来》,《物种起源》是他前期的工作成果。那个时候,达尔文认为物种的进化是靠什么呢?"适者生存"。也就是说,是"弱肉强食"。这当然都是我们所非常熟悉的。但是,这并不是真正的达尔文。你们去看达尔文的《人类的由来》,这是他后来的工作成果。在这本书里,出人意外的是,达尔文极少再用"适者生存"这个概念。有个学者做了个统计,说达尔文在他的这本书里一共只用过两次。其中还有一次是因为要批评"适者生存"这一观念的。但是,有一个词,达尔文却用了九十多次,这就是"爱"。达尔文说,事实上,什么样的动物种群才能够进化呢? 以"爱"作为自己的立身之本的。这无疑是一场赌博——一场豪赌。因为没有谁知道进化的最终结果,因此不同的动物种群实际上也就都是在豪赌:是自私自利,还是互相关爱? 最终的结果是,"适者生存",但是,"爱者优存",以"爱"作为自己的立身之本者——胜!

人类自身也是一样,对于美的追求,其实也就是人类的豪赌。"适者生存",但是,"美者优存",以"美"作为自己的立身之本者——胜!

"爱美之心,人才有之",说明的是这个道理;"爱美之心,人皆有之",说明的还是这个道理。

没有美万万不能,说明的更是这个道理。

而这,也就是我们面对审美活动之时要弄清的最后的秘密,也是最为根本的秘密!

今天就讲到这里吧,谢谢!

(根据2003年在南京市委宣传部举办的大型讲座"市民学堂"以及中国科技大学、华中科技大学、厦门大学、东南大学、南京师范大学附属中学等处的讲座整理而成)

附录二　爱的朝圣路
——关于美学的终极关怀

我想，我们是不是就从一个有趣的问题开始？"如果允许你再一次出生，你愿意出生在哪个美女的时代？"当然，这只是一个假设，而且也并不意味着你就一定会跟这个美女有什么关系，但你的选择起码表现了你心目中最为心仪的美女是谁，起码表现了你的审美标准是什么。比如说，现在我们有些"超级女声"的爱好者，就可能会毫不犹豫地选择说："超级女声"的时代。还有一些人可能会选择出生在西施的时代、杨玉环的时代。而要我来回答，那我宁可选择出生在李清照的时代。因为在我看来，李清照尽管肯定不是中国千古第一的美女，但却应该是中国千古第一的才女。真正的美女应该是一本百读不厌的书，使你常读常新，一生不倦，而且，在与她携手同行的生命旅程中，你自己的生命也在潜移默化中不断地得到快乐、陶冶与提升。这，就是我选择李清照的理由。

不过，现在我还不想去讲李清照，我只是用她作为讲座的开始，简单说，我只想借李清照的一首著名的词作为讲座的开始。

李清照有一首很著名的词，其实大家都知道，但是可能没有从美学的角度去想过：

昨夜雨疏风骤，浓睡不消残酒，试问卷帘人，却道海棠依旧。知否？知否？应是绿肥红瘦。（李清照：《如梦令（昨夜雨疏风骤）》）

她说，有一天，外面下了些雨，大概雨还比较大，还刮了一点儿风。李清照她很爱惜自然界的美，很怜惜外面的海棠花谢，怜惜它们会受到风雨摧残，因此头天晚上有意地喝了一点儿酒，或许她是想用这种方法从心理上躲避一个即将来临的残酷现实吧？到了早上，她问她的丫鬟也就是那个"卷帘人"，说："哎，外面的海棠花事如何啊？"丫鬟到外面一看，说："没什么情况，海棠依旧，还是老样子。"于是李清照就教她：你这就不是审美的眼光了。如果从审美的眼光看，就应该能看到"海棠"不再"依旧"："知否知否，应是绿肥红瘦。"也就是说，从现实的眼光来看，可能是海棠在雨疏风骤后毫无变化，但是从美学的眼光来看，却已是雨疏风骤后的海棠凋零。

李清照确实是一个出色的美学专家。但是在这里我更感兴趣的问题是：中国人常说，"爱美之心，人皆有之"，可为什么这个丫鬟就偏偏对眼前的美视而不见呢？德国有个大哲学家叫黑格尔，他说过一句很有意思的话："熟知非真知。"我一直觉得，这句话最适合的领域就是美学。你看一看人类的所有的学科，人们在其他领域都不敢吹牛，比如说，在道德的领域他敢吹牛吗？在科学的领域他敢吹牛吗？在政治、军事的领域他敢吹牛吗？但是，所有的人在美学的领域他都敢吹牛说：自己"熟知"。"爱美之心，人皆有之"，在一定程度上也是这种吹牛心理的写照，言外之意是，爱美这样一种追求根本不要教，人人天生就会。但是现在我们所面临的实际问题是：大家认为自己对美无所不知，但是实际上"熟知非真知"。也就是说，我们对"美"最主要的是"爱"，至于"爱"的是什么，说不清楚啊。所以，自以为知道得最多的，其实，也是知道得最少的。所以，"海棠依旧"的现象其实是屡屡发生。甚至，我们还看到，比如说，我们有时候会不以美为美，甚至我们会以丑为美，甚至会以美为丑。而且，这种现象既千年一律，也千篇一律，也就是，这是所有的"卷帘人"基本上都会犯的一个毛病。

这也正是我在讲座中要谈及"爱的朝圣路"、谈及美学的终极关怀的全部理由。

一、我审美故我在

大自然的鼓励

下面，我从李清照的"绿肥红瘦"转到讲座的正式内容。

在人类世界上，爱美是一件最最奇怪的事，一个人可以不爱善，我们说这个人是个坏人；一个人可以不爱真，我们说这个人是个伪君子；但是我们有史以来却很少见到不爱美的人，尽管他爱的那个美可能根本就不是美。一个最典型的例子发生在二战中，我看到一个材料上说，二战时德国法西斯一边儿烧犹太人，一边儿还放着优美的音乐。那也就是说，这个人他并不爱善，但是他却还爱美。那么，这样的一种人类对美的爱，说明了什么呢？说明了两个道理，一个道理，叫作："爱美之心，人才有之。"也就是说，爱美之心是人和动物的区别，因此才"人才有之"。这是从人的发展的纵向的角度看。然后，从人和人的共同性的角度来说，从横向的角度来说，叫作："爱美之心，人皆有之。"人区别于动物是因为只有人才有爱美之心，人和人之间的共同点在哪儿呢？只有一个，因为你可以爱善，我可以不爱善；你可以爱真，我可以不爱真；但是人和人之间有没有共通点？人类之间总要有个相似的东西，总要有个相似家族的东西把我们维系起来吧？想来想去，只有一个，就是爱美。只要是人，就都爱美。在这个意义上，它就叫作"爱美之心，人皆有之"。

"爱美之心，人才有之"；"爱美之心，人皆有之"。可是，这个只有人才爱而且只要是人就会去爱的"美"究竟又是什么呢？

为了大家容易理解，我们不妨从快感开始谈。

快感是什么？我们所理解的快感，有两层含义，一层含义叫作：趋利避害，趋生避死。快感推动着你，凡是对生有利的，它用"快"（乐）来满足你；凡是对利益有利的，它用"快"（乐）来满足你；凡是有害的，凡是趋死的东西，它用"不快"来刺激你，然后你就会躲避，你就不会再去追求。比如，西方有个很有意思的故事，讲一个叫保罗的小孩儿，生下来就没有快感功能，据说这种病全世界仅有33例，结果，他的父母发现根本没有办法养他，因为他把手伸到火上去烤，手烧焦了他还不知道；他经常掉到坑里，摔得鼻青脸肿，可是下次还是往里面掉。因为他没有快感，也没有不快感。因此，快感和不快感的趋生避死、趋利避害的导航作用根本就无法体现。快感的第二层含义，是对于冒险、创新、进化、牺牲、奉献的鼓励。比较之下，不难发现，植物没有快感，而动物却有快感，就好像人有美感，动物却没有美感一样。那为什么大自然从植物进化到动物就要增加一个快感呢？就是要鼓励动物去冒险，鼓励动物去选择。所以,动物的快感之所以出现,最根本的目的是为了鼓励它去追求它本来不敢追求的东西。大自然的进化就是这样,"物竞天择",它只选择那种敢冒险的、那种觉得冒险才痛快的动物。结果,慢慢就形成了一种特定的快感鼓励的功能,对于动物而言,某些追求、某些冒险的结果很可能是死,但是它有快乐。它就宁肯为一"快"而丧生。这才是动物的快感的最根本的原因。

比如说动物的性快感。我们觉得性有快感是很正常的事。实际上错了。从无性繁殖到有性繁殖在进化史上实在是一次冒险。因为无性繁殖是不负责任的,但是有性繁殖却是要负责任的。而且它要负责任到什么地步呢?它要保护它的妻子,我们暂且说是妻子啊,事实上动物里没有这个概念的,但是我们姑且幽默一点儿;其次,它要赡养它的家庭。这两个东西的承诺对它来说就等于是把自己的生存机会全给毁掉了;而且,还有第三重责任,一旦有了天敌的进攻,它必须要首先去拼死。而这三个东西必须用什么东西去满足它才值得一做呢?快感!你想想,我们如果说:哎,你现在去为国捐躯。那你肯定会想:我凭什么啊?但是转念一想:哦,死了以后别人会说我重于泰山,于是,就去了,对不对?没有"重于泰山"的鼓励你怎么会去呢?你想想一个雄性的动物,它有这三大重任压着它,那么它为什么就乐此不疲地去做这件事呢?只是因为一个理由:有性繁殖比无性繁殖对动物的进化有利。因为动物如果是无性繁殖的话,它的进化机会就少多了,对吧?一旦大自然出现变异以后,它的后代很可能就要完蛋了。那怎么办呢?变成有性繁殖以后,因为基因会突变,它的迎接各种艰难险阻的挑战的机会和应战的能力就多了,比如说它生了胖子也生了瘦子,如果自然环境不适合胖子,瘦子就保存下来了;它生了高个儿也生了矮个儿,如果自然环境不适合于高个儿,矮个儿就保存下来了。所以,大自然它要鼓励你有性繁殖。怎么鼓励?就用性快感。

再拿人自身举个例子。我先给你们提个问题,如果让男生选择女生,他的选择错误几率是多大?如果让女生选择男生,她的错误的几率是多大?我猜男生可能会说,那当然我们的目光独到,我们看哪个女生好,没错!女生可能会说,还是我们眼光锐利,我们看哪个男生好,没错!现在,我告诉你们一个学者们经研究后得出的结论:男性选女性,50%可能会选不准;女士选男士,如果没有外在环境的干扰,一般不可能选不准。为什么呢?就是因为男士还有事业,还有别的,甚至还有路边儿的野花,他不会太关注这一次的选择,何况生孩子毕竟也不是他本人的事情,而对于女士来说,她能生几个小孩儿是有限的。她能跟哪个男士在一起几乎是唯一的。所以如果给她自由选择的机会的话,她一般是不会犯错误的。所以你可以发现,女性喜欢选择身强力壮的男性,从表面上看,是因为得到的性快感比较强烈,但是实际上大自然是在用这种性快感鼓励你去选择遗传基因比较强大的男性。还有一个例子,人为什么一年四季都有性快感?开个玩笑,动物只有在发情的时候才会谈恋爱,人这种高级动物却一年四季都可以谈恋爱。为什么呢?对于人来说,他的社会化程度增强了,那就必然要求他对社会稳定性的关注。结果它就用这样一种性快感去加强你的稳定性,加强你对这个小家的认可程度。

再举一个例子,一头鲸鱼在海边搁浅,其他的鲸鱼就会不顾一切地冲上来,躺在那头搁浅鲸鱼的旁边,科学家解释不了这是怎么回事。是它们的雷达导航系统失灵了吗?可是把它们运回大海以后它们又会冲回来,再运回去又冲回来。后来有一个科学家解释说,鲸鱼它有一种舍生忘死保护同类的快感,因此才会不顾一切地冲上来躺在那头搁浅鲸鱼的旁边。想想挺有道理,有时候小孩儿掉到大海里,海豚却会驮着他把他救上来,人和人之间有时候还不肯出手相救呢,为什么海豚会救他?它有道德? 其实不是,就是因为它有快感。这种快感就是保护生命的快感。鲸鱼冲上来,对它个体来说是牺牲,但对于群体来说却是机会。还有一个最残忍的例子是我看到的两只狼的故事。母狼负伤了,公狼没事,猎人发现以后就派一群猎狗去追杀这两只狼。公狼就在里面儿奋死拼搏往外冲,像赵子龙一样,但是狗很狡猾,偏偏躲着公狼去死咬母狼,结果这个公狼冲出去一看母狼没有冲出来,就再回来救它,再冲出去一看母狼没有冲出来,就再回来救它。结果,公狼先被咬死,母狼也被咬死。那么公狼为什么会这样奋不顾身呢?曾经有性快感鼓励过它,而且这种快感让它刻骨铭心,这应该是一个重要的因素吧?

而从趋利避害、趋生避死以及对于冒险、创新、进化、牺牲、奉献的鼓励的角度，快感也就不难理解了。什么东西对于趋利避害、趋生避死乃至创新、进化、牺牲、奉献有益，什么东西就有快感，而不是什么东西自身能够产生快感，动物与人类才因此而感到愉快。反过来说，什么东西对于趋利避害、趋生避死乃至创新、进化、牺牲、奉献有害，什么东西就有不快感，而不是什么东西自身能够产生不快感，动物与人类才因此而感到不快。这个快感基本的定律大家一定要记住。因为讲美学其实就是跟这些十分基础的东西有关。比如说我们会误解，以为是因为这个东西好吃，我们才喜欢吃它。其实，是因为这个东西吃了对你有好处，符合你的进化需要，所以你才喜欢吃它。否则，人喜欢吃的东西狗为什么不喜欢吃呢？就因为吃了这个东西对它没好处啊，对不对？

　　那么，美感是什么呢？它也是对创新、进化、牺牲、奉献的鼓励。美感所追求的是人类在生活里应该有但是没有的东西。它用这种追求来推动人类去实现它或回避它。也就是说，美感是人类的一种精神现象。我刚才说，人类和动物都有快感，但是植物没有快感，那么，人和动物之间的区别又在哪儿呢？人有美感但动物没有美感。那为什么人又必须要有美感呢？唯一的原因只有一个，就是人有了精神追求。所以美感是对于人类的精神探索、精神创新、进化、牺牲、奉献的鼓励，并且因此而区别于快感的对于动物与人类的生理创新、进化、牺牲、奉献的鼓励。当人和动物要探索什么才是真正的理想、健康的生理状态时，它用快感来进行导航，也就是用快感来肯定它或者否定它；但是当人类要探索什么才是真正的理想、健康的精神状态时，它用美感来进行导航，也就是用美感来肯定它或者否定它。

　　从上面的讨论，我们可以做一个与快感讨论类似的推论：什么东西对于精神的创新、进化、牺牲、奉献有益，什么东西就有美感，而不是什么东西自身是美的，人类才因此而产生美感。反过来说，什么东西对于精神的创新、进化、牺牲、奉献有害，什么东西就有丑感，而不是什么东西自身是丑的，人类才因此而产生丑感。例如黄山，不是因为黄山很美我才喜欢它，而是因为人本身的精神的创新、进化、牺牲、奉献可以在黄山身上得到最完美的展现，所以我才喜欢它。再比如说,为什么会"情人眼里出西施"啊?很简单,他先喜欢了她,所以,他才会认为她是"西施",而不是因为她就是西施。又如,有一个很有意思的现象,城里人到了农村,说:"啊,农村真美。"农村人到了城市,说:"噢,城市真美。"为什么会这样?就是因为位置的置换。当你换了一个位置以后,把你的一种心理需要置换出来了。你希望得到的,而你没得到,你就会认为这个东西美。又如人类普遍认为,皮肤要干净、光滑、白嫩,才是美的。为什么呢?是因为它美,我才认为它美?错了。是因为人类在从大自然进化的过程当中经过了动物这个环节。因为动物的皮肤不干净、光滑、白嫩、干净又符合人类的进化方向,所以,人类为了使自己更明确地区分于动物,他就要唱反调,而且用美这个东西把它肯定下来。

中国常赞美的"樱桃小口"也是这样。嘴大一般都不会被认为是美的。例如猪嘴。为什么呢?因为人和动物的生存有一个很大的不同,动物是在地下爬行的,它用鼻子和嘴建立了跟大地的关系,而它的嘴就是它的主要的生存器官,所以当然越大越好。嘴小了,你想弄块骨头,你也抢不过别的动物啊。如果嘴大,那就可以一口咬了就跑了。但是当人进化起来并脱离地面以后,嘴和鼻子与地面的关系就不重要了,眼睛与脑门儿开始变得重要起来。像古希腊的雕塑,就特别强调深邃的眼睛与宽阔的脑门儿,为什么呢?因为那个里面才是人的东西、精神的东西。类似的例子还可以再举一些,例如,罗丹说过:由于希腊雕塑,希腊女子才是美的。诺道说过:整个一代德国姑娘和妇女都是按照克劳伦的女性形象来塑造自己的。王尔德也说过:由于惠斯勒的《切尔西码头:银灰色》,英国人才产生了雾的美感。显然,希腊雕塑、克劳伦的女性形象、惠斯勒的《切尔西码头:银灰色》都是真正的理想、健康的精神状态的体现,人类正是借此导航,以鼓励自己投入真正的理想、健康的精神状态。

考察了快感与美感的区别,我们就可以进一步来讲人类的审美活动了。用一句话说,人类的审美活动,其实就是人之为人的自我意识的觉醒。"人之为人的自我意识的觉醒",这句话非常重要。只要弄清楚了这句话,你就可以弄清楚什么是审美活动。

爱美之心，人才有之

具体来说，可以从两个角度讨论，第一个角度："爱美之心，人才有之"。这个角度是指的从根源的角度，也就是说从人类发展而来的源头的角度来看审美活动。在这个方面，最为重要的是要把动物的"特定性"和人的"未特定性"彼此区别开来。

首先，我们就看"人之为人的自我意识的觉醒"中的"人之为人"。人之为人的关键在哪儿呢？就在于"未特定性"。说到人，我想问大家一个有趣的问题：这个世界在远古时期的最弱者是谁？据科学家介绍，远古时期的最弱者是人。我有一次看《扬子晚报》，一个作者说，在远古的时候动物最喜欢吃什么肉啊？人肉。人肉好吃，而且最容易被吃到。想想也有道理啊，人没有狼牙，也没有熊掌，也没有虎尾，也没有鹰爪，连兔子的腿也没有。《西游记》里吴承恩讲得很有意思，他说所有的妖精都要吃唐僧肉，为什么啊？自古的遗传，人肉好吃。而相比之下动物就不同了。动物刚一生下来就都有特定的器官，比如说鱼的鳃，比如说蜘蛛的织网，大自然安排得简直是太奇妙了。但是最有意思的是，大自然对人什么都没安排。所以有学者说在这个世界上，人是最软弱的动物，是上帝的弃儿。20世纪的大哲学家海德格尔说过一句非常精彩的话：人是被抛的。其实自古以来人的命运就是被"抛"。那么人的命运被"抛"的结果造成了什么呢？大家知道弗洛伊德有一个"性欲升华说"，我们有些美学家解释美学时候就特别喜欢借用它，说美是性欲的升华，当人的性欲得不到满足或者说太强大时它就要转化，其中一个取向就是转化成对美的追求。其实，这个学说对阐释美的借鉴作用是不大的，我倒是很赞赏阿德勒的"自卑补偿说"，阿德勒的"自卑补偿说"实际上是很有助于说明人类的美的。什么叫自卑补偿说呢？他说所有的人，都是从"自卑"到"超越"。就是一开始他什么都不行，最后"发愤图强"，偏偏就实现了超越。阿德勒说的"自卑补偿说"抓住了人类进化的一个关键。人一开始是"一无所能"的，到了最后竟然"无所不能"。人一开始是不完美的，到了最后竟然最完美。这两个区别就使得人类的生命存在发生了一个很大的变化。这就是：人类开始是借助于本来的生命生存的。但是因为他总是没有别的动物飞得高,没有别的动物跑得快,没有别的动物跳得高,怎么办呢?他就要去不断地为自己创造生存的机会,不断地为自己创造未来,不断地超越自己的有限性。人实际上是一个有限的存在,他有很多很多的局限。动物无所谓局限,它生下来是什么到死还是什么。它并不知道自己的局限,而人知道自己的局限。人的可贵也就在这里。他不服输,他一定要超越这所有的局限,结果,局限就一个一个地被他超越了,这就是人的伟大。

而更重要的是,最后人类发现:超越有限的"超越"本身才是人类最伟大的生存动力。有限是无穷无尽的,也是无缘无故的。于是,不是有限的超越,而是超越有限本身才是最快乐的。这就意味着,人类必须借助超生命的存在方式才能存在,只有满足了超生命的需要才能满足生命的需要。这就使得人跟动物区别开了。人为什么有美感而动物只有快感?就是因为人类要找到一种超生命的存在方式。人类必须先满足超生命的存在,才能满足生命的存在。用什么来满足呢?美感。所以,人不再仅仅是有限的存在,而且更是一种唯一不甘于有限的存在。"未完成性""无限可能性""自我超越性""不确定性""开放性""创造性"就成为人之为人的根本属性。而动物就没有。一开始它条件就太完美了,结果到死就还不完美;我们的条件太不完美了,到最后偏偏就最完美。而人的可贵也就在这里。一开始是为了需要而有所创造,和动物一样。我饿了,我才去创造,到了最后是为了创造而有所需要。最后就是我的创造就是我的生命需要了。这就叫作为创造而创造。当人类有了为创造而创造的需要的时候,他就能够看到"绿肥红瘦",当人类只是为了需要而有所创造的时候,他就只能看到"海棠依旧"。这是我要解释的人之为人的自我意识的诞生的第一个关键词——"人之为人"。

下面解释第二个关键词:"意识"。我说人之为人是为创造而创造,是一种开放性的生命存在,但是人是怎么知道自己是这样一种生命存在的呢?这就是人的意识的觉醒。这是我们学会了把对象看作自我的必然结果。也就是说,当我们意识到了自己无所不能,这个世界就是我无所不能的一个展览馆、就是我的一个展示厅、就是我的一个生命平台的时候,人的意识就觉醒了。动物只有感觉,没有意识。你碰它一下,它知道疼,或者也知道不疼,它碰你一下,它知道快或者不快。这叫作感觉。但是动物没有动物意识。也就是说,动物它不会意识到"我是什么",而人可以意识到,为什么呢?就是因为人有对象,人通过对象可以证明自己,人没有办法自己证明自己,但是他可以找到物证,可以找到外在的证明,就好像破案一样,我们一定要有证据啊,我怎么就是人啊?我要找到证据,我能移山填海,我能把荒地变成良田,我能上山打虎,我能下海擒龙。山、海、良田、虎、龙就都是我的证明,证明了我作为人的无所不能。这样我们就知道,没有对象就没有人之为人的意识。人就是通过在对象身上才证明了自己。这就是我们所说的"实现自由"。

第三个关键词是"自我意识"。刚才我说了人之为人的意识的觉醒,但我不知道大家想过一个更为深层的问题没有,如果只有"意识"而没有"自我意识",那么会出现什么情况呢?如果只有"意识",就会出现我们只能够去满足基本需要,而放弃"成长性需要"。也就是说,我们只能够去满足日常需要,但是我们就可能不会去满足创造性的需要。因此,如果只有"意识",人就还不是真正的觉醒,因为这个时候人会处在自我牺牲、自我折磨的状态。"自我牺牲"的状态是说,它只满足了自己的基本需要,但是没有满足成长性需要。简单解释一下,所谓基本需要指的是自身的与动物一样的需要,成长性需要指的是人之为人的为创造而创造的需要。那什么叫"自我折磨"呢?就是他只是满足他的缺失性需要,不满足他的成长性需要,这个时候,他就会落入自我折磨,因为这个时候,他就像中国人说的那样:欲壑难填。结果这种生存的欲壑难填的压力就变成了一种自我折磨。为什么很多富人他反而没有快乐,道理就在这里。那么,"自我意识"是什么呢?就是把自我运用到对象身上。当我要证明人的状态的时候,我是在对象身上看到的。但是人的最高境界是为创造而创造,人的最高的生命是超生命。这些东西你在大自然里看不见,你在水库里能看见吗?你在中国的这个工程那个工程上能看见吗?换一句话说,你不可能看到最美好的人,你也不可能看到最丑恶的人。怎样才能让你看到呢?把自我对象化,就是我主动地构造一个外在的形象来展示我的理想自我,主动地展现人类最美好的东西,主动地展现人类最不美好的东西。而这种把自我做对象性运用的需要实际上是人的第一需要。为什么说审美活动最重要？为什么说爱美之心人皆有之？就是因为个人只有当他能够学会把自我当作对象的时候，能够把自我的最美好的东西美好地展示出来的时候，他才是人。所以，人在很原始的时候就知道"爱美之心，人皆有之"。道理就在这儿。

所以，我们所说的审美实际上就是人之为人的自我意识的觉醒。在这个意义上，马克思说过的一句话，叫"自由地实现自由"，就十分精彩。我们中国人到现在只讲实现"自由"，实现自由那还不是人，那还是奴隶。什么样的人才是人？能够自由地实现自由的人，也就是能够通过审美的方式、艺术的方式把人类最美好的东西、最理想的东西、最完美的东西、最神圣的东西展现出来的人。他能给你塑造一个世界，让你看到人类有多美和多丑。这就叫作"自由地实现自由"。换句话说，现实不自由，才需要理想地实现自由。因为你在现实生活里实现自由只是一句空话，所以才去理想地实现自由。审美活动就是这样产生的。

从这个角度，再看一看快感和美感的区别，我们就会更加清楚了。快感是什么呢？快感是人与动物所共有的，快感产生于实际的满足，我饿了我一定要吃到才算数，对不对？我饿了的目的就是为了吃，所以它是一种缺失性需要的满足。马斯洛总结，缺失性需要是一种空洞的填充，快感是一种空洞渴望被满足后产生的快感。它有空洞，满足这个空洞，才产生快感。美感是什么呢？美感是人所独有的，它产生于实际的不满足。它是一种虚拟的满足。美感和快感之间的这个区别很重要，美感只能满足你的虚拟的东西，为什么美感需要文学艺术来满足呢？为什么动物的快感就不要文学艺术呢？就是因为它的这个不满足是实际的不满足，你通过现实的鸡鸭鱼肉、江山美女、百万财富，都不能让他快乐。实际的任何一个东西都不能使他快乐，而只能使他越发不快乐。结果怎么办呢？就只能够去通过虚拟的东西去满足它。这就是我说的"成长性需要"。第二个区别，快感是对身体和生理的冒险、进化、探索的鼓励，但是它是以人与动物自身为手段的。它鼓励动物去牺牲，鼓励人去牺牲，用什么来回报它呢？就是快感。而美感是什么呢？美感是对于精神和心理的冒险、进化的鼓励,所以它是以人为目的的。人的冒险,是为了种族,但也是为了自己。因为你只有在精神上冒险了,你才是人,否则你就还不是人啊,对不对?这就与动物不同,动物的快感只是出于动物种群的进化的需要。像孔雀开屏,确实好看得不得了,其实那是动物种群的进化的需要对于它的鼓励,为了开屏它付出的很可能是生命的代价。你想象一下,我们人看孔雀开屏时候说开屏好,但是孔雀开屏真的好吗?长那么大一个尾巴,来了天敌它往哪儿跑?秃尾巴孔雀才好,它因为开不了屏才可以多活两天。但是孔雀宁肯要开屏。道理就是因为它判断生死的理由是它的遗传基因是不是被传下去。就好像我们玩笑说:哦,不上大学你就完了。对孔雀来说,它的遗传基因如果没有传下去,它就真完了。所以,它宁肯开屏,宁肯以开屏的方式跟死亡去赌博。因此,它的快感是以自身为手段的。

"爱美之心,人皆有之"

第二个角度是"爱美之心,人皆有之"。这是从逻辑的角度论证,也就是说,从人的有限性存在到人的无限性的超越,这就要从我最喜欢的一句话谈起了。这就是卢梭说的"人是生而自由的,但却无往不在枷锁之中",我总觉得,这就是人。人的"特定性"和"未特定性"决定了"人才有之"的美感。而人的有限性和超越性的对立和统一,就决定了"人皆有之"的美感。

下面我就讲一讲人的有限性和超越性的对立和统一。人其实真是生而不幸,但又生而有幸。这是我在80年代写《生命美学》时候就感叹过的一句话。人一生下来,比所有动物最痛苦的就是,很快就会知道自己必死。每一个人都被判了"死缓",正常情况下死刑必须执行,而"死缓"一般是可以改判为无期徒刑的,而人生下来被判的死缓却不会改判。你不管怎么表现,它都是这样。然而,也正是通过人的必死,人类很快就猜测到了人生的有限性。而对这种有限性的猜测就使得人生存在一种极大的痛苦当中,因为这种有限性是人类绝对绝对无法超越的。它是无缘无故的,也是无穷无尽的。无穷无尽,是说,没有开始也没有尽头,所以人一生下来就哭,这说明人一生下来就知道,痛苦无穷无尽。无缘无故,是说没有反抗的对象。人的愚蠢在于知道"无穷无尽",但是却人人都以为自己就可以结束它,自己就可以找到痛苦的原因,自己就可以解救自己。比如说,改天换地。不是宇宙有限吗?我征服宇宙。比如说,改朝换代。不是社会黑暗吗?我砸烂旧世界,建立新世界。比如说,用理性的方式。不是世界没有办法认识吗?我逐渐地掌握科学知识,从而掌握世界。比如说,禁欲或者纵欲的方式。不是欲壑难填吗?我就拼命地放纵自己的欲望,或者我干脆禁欲,我去当和尚,我什么不要了,看你还能怎么样我?最终,人类都输在了"无缘无故"四个字上。因为"无缘无故"是没有办法战胜的。没有办法战胜的关键原因是什么呢?就是因为它无缘无故。如果有缘有故,你就可以找到源头,你就可以战胜它,福克纳说过,人生"是一场不知道通往何处的越野赛跑",还有,大家看过《阿甘正传》,阿甘的母亲也很有哲学头脑,她有一句极其精彩的话:"生活就像一盒巧克力,打开包装盒,你才发现那味道总是出人意料。"人生"不知道通往何处",人生的"味道总是出人意料",因此,它是"无缘无故的苦难"。

　　意识到了生命的"无缘无故",这无疑是一大痛苦。那么我们如何去面对呢?只有三种方式:第一种方式,自杀或者出家。再奋斗还是个零,既然是零,那我就不奋斗了,对不对?第二种方式是既然再奋斗也是"零",那我就有两种办法。一种办法呢,我根本就不知道,我根本就不知道我是"零"。我以为我是"一"呢,我就整天自以为是地混一辈子,这是一种解决办法。还有一种办法就是我明明知道却装作不知道。我干脆掩耳盗铃。我知道这个事实,但是我假装不知道。中国的儒释道,中国人的生存哲学都是明明知道,偏偏说不知道。第三种方式,是与无缘无故的痛苦同在,并且去反抗这痛苦。这当然是一个好办法,但是却又是一个没有办法的办法,因为这就意味着默认了痛苦的不可战胜。第四种方式,也是唯一正确的解决方法,就是既与这无缘无故的痛苦同在同时又超越这无缘无故的痛苦。因为在生命过程中你固然不可能无所不知,不可能成为命运的主人,不可能完美地认识自己,但是你可以勇于无所不知,你可以勇于成为命运的主人,你可以勇于认识自己。你可以因为"勇于"而伟大,而不是因为后面的那个勇于"什么"而伟大。所以,你可以永远猜而不破,但是你又可以永远去猜。为什么呢?就是因为零不可能让我们成为一,但是没有了零呢？我们又没有了快乐。我们手里只有一个东西,就是零,那我们就和零在一起。于是我们发现,我们所有的快乐就来自我们面对了零。如果没有这个零,我们就连快乐也没有了。

　　卓别林的电影《城市之光》里有个女子要自杀,被卓别林扮演的主角救了下来,她埋怨他不该出手救她,可他说:"急什么呀？我们早晚不都得死?!"这话说得实在幽默而精彩！既然死亡是必然的结果,那我们为什么不转而去做一些值得去做的事情,而不再去顾及它的到来？换言之,既然结果是零,那我就怎么办呢？转向过程,我不追求结果了。因为结果是不可能追求到的啊。人生就好像刘翔的跨栏赛跑。但是是没有尽头的赛跑,是无穷无尽的赛跑,是无缘无故的赛跑,是无穷无尽的跨栏,是无缘无故的跨栏。你想跨也得跨,不想跨也得跨。而且它无穷无尽,无缘无故。那么很多人就想,那我怎么才能够快乐呢？我"痛"是肯定要"痛"的,我怎么才能够不"苦"呢？已经"痛"了但是再"苦"不是太惨了吗？我"痛"没办法了,我只好去跨这个栏,"无穷无尽"而且"无缘无故",但是我怎么才能"痛"而不"苦"呢？哲学家和美学家就开始说了:你可以这样做,怎么做呢？转向过程。既然永远是跨栏,你不跨也得跨,那你就干脆意识到,你的一生不是为了成功,也不是为了成仁,不是为了成名,也不是为了成家,而就是为了跨眼前这个栏。看到一个栏,我就跨,跨过去我就很高兴。又看到一个栏,我又跨,跨过去我又很高兴。这个时候,人类就找到了快乐和美。为什么呢？第一,因为这个跨栏是最真实的,是最靠得住的成功。谁还能剥夺你的跨栏的成功？人生都是跨栏。你就不会去说,他当局长了我还当个科长,他上了博士了我只上了个硕士,没有必要去比这个,因为这个东西到最后都是零,都无所谓。但是有一个东西有所谓,那就是,我在跨栏的时候我跨得快乐吗？这个东西没有人跟你争。这就是最靠得住的快乐,而且没有人能给你剥夺走的快乐。第二,这也是人人都可以有的快乐。我不会因为没有个好家庭就快乐不起来,我不会因为钱少就快乐不起来,我不会因为个子小一点儿就快乐不起来,我不会因为长得丑一点儿就快乐不起来,这是人人都可以有的快乐。所以,从目标转向过程是非常非常关键的。我们想一想为什么富人和成功者往往不如小人物快乐？就是因为小人物离那个目标更远,他知道根本就够不着,他就不够了,结果他一转头,哦,我就跨这个栏就行了。在跨这个栏的时候,我和大人物是一样的快乐。谁能剥夺我的这个快乐呢？所以,这个时候,他就更容易发现生活中惟一真实的就只有过程。而且就把过程的解决当作快乐的源泉。当然了,富人和成功者如果快乐,他会有更大的成功,比如释迦牟尼、曹雪芹,为什么呢？他更容易发现那个目标的虚假,他一旦发现了目标的虚假,他就会给人类做更大贡献。为什么创造人类智慧的有很多都是富人,道理也就在这儿。

这个时候再去想西方作家的伟大创造——西西弗斯,我们就不难意识到西方人的觉醒。加缪写了一本《西西弗斯的神话》,他说人就是西西弗斯,生下来就倒霉,让你推石头,这个石头推上去就掉下来,推上去就掉下来,无穷无尽,而且,也没人告诉他凭什么非让我推啊,反正你生来就这么倒霉。大家以为这是个神话吗？这就是我们的真实命运。加缪的发现在什么地方呢？他发现西西弗斯很快乐。他一边儿推还一边儿哼着小曲儿。对于西西弗斯来说,他没看见目标,他只看见石头。上去啦,歇会儿,掉下来了,那我就走下去再推。从山上下来的时候,我还看见了路边的野花。可是,我们很多很多的人在失败后下山的时候都没看见野花,他就是晕天黑地,沮丧得不得了,说:哎呀,我都成功了,又失败了。什么叫成功？什么叫失败？都是跨栏,一样的。成功也是跨栏,失败也是跨栏。重要的是你跨栏这个动作优美不优美啊。与此类似,加缪还打过一个妙喻,就像一个人鼓足勇气在澡盆里钓鱼,尽管事先就知道最终什么也钓不上来,但是重要的是你还是要去"钓"。所以,李白那首词写得很好,"何处是归程？长亭更短亭"。这样,如果我们这样转念一想,我们就会发现没有人可以战胜你。没有人可以让一个精彩的过程黯然失色。厄运是你可以大显身手的舞台,死神也是你一显高下的帮手,快乐可以让你痛苦,痛苦也可以让你快乐。这就叫作"痛并快乐着"。

我顺便问大家一下,大作家为什么大多会自杀？为什么正常人活得都很好,大作家倒不断自杀？我说,就是因为这个社会养了一批大作家,专门让他思考人生的问题,专门让他们做"忧天"的"杞人"。结果,思考人生的问题的自由是给了他,但是人生的问题是没有答案的,大作家如果他很聪明的话,就会用作品去见证这个"没有答案",去见证这个无穷无尽和无缘无故的痛而不苦、痛而且快、痛而且乐的事实。但如果大作家他某一天晕菜了,竟然说,哎呀,这个痛苦要结束在我这儿就好了,我要给人类提供一个答案,他就非死不可。文学艺术是为生命提供见证,但是大作家如果妄想为生命提供答案的话,他就肯定要自杀。因为人生和世界,谜面永远大于谜底。如果有人忽然一下子不清醒了,要为这个世界提供谜底,那他的命运就是自杀。因为肯定没有答案,可没有答案他又无法交代,他不死怎么办呢?所以很多大作家就是因为到最后美学境界没上去,结果到最后从过程转向结果了,狂妄到要给人类提供答案,这样,就必死无疑。后面我要给大家讲的那个俄狄浦斯的宿命,就是这个道理。他相信能给人类一个答案,结果他就偏偏犯下杀父娶母的不可饶恕的大罪啊。

如果把我所讲的道理给大家再延伸一下,我想我们就能够意识到人类的三大痛苦:第一是根本的,生命的痛苦,生命的痛苦是狭义的痛苦,我们把它延伸一下,还有生活的痛苦。那就是说,在生活的东西南北的选择里,我们都会面临着痛苦。再从个体的痛苦延伸一下,还有人类的痛苦,比如20世纪那句最著名的话:我们是谁?我们从哪里来?我们到哪里去?不就是讲的人类的痛苦吗?这样,我们就看到一个很有意思的问题,痛而不苦,痛而且快,痛而且乐是人类的正确选择,但是,我现在如果要你们进一步回答一个问题,就是:我现在知道了人生就是跨栏,而且我就去跨脚下这个栏,但是,我凭什么就这么跨着玩儿啊?我生活着到底是为什么啊?我总得给我一个理由吧!我现在知道了,那些目标是虚假的,跨栏本身才是真实的,问题是跨栏的理由是什么呢?人类还应该生活得比跨栏更高贵一点儿吧,对不对?到了这个时候,我们就开始从有限性向无限性转移了。

怎么转移呢?我们要知道,从人类的有限性是不可能关注到生命的痛苦这个问题的。因为人类的有限性只涉及两个问题,一个就是人与自然的关系,一个就是人与社会的关系,大家知道,在进入了雅斯贝尔斯所谓的"轴心时代"以后,人类的智慧开始觉醒。人意识到自己处在人、自然、社会的三维互动系统之中。在这个系统中,人与自然的维度作为第一进向,构成的是"我—它"关系,其中包含认识关系与评价关系两个方面;人与社会的维度作为第二进向,构成的是"我—他"关系,在这一关系下,人类又要完成血缘关系与契约关系两方面的建构。这是人类社会进化的一个理论模式。但是,当人类社会完整地建立了人与自然的维度和人与社会的维度,却又必将导致两个"孤独"的出现。第一个孤独是"人类的孤独"。在人与自然的维度中,当评价关系和认识关系同时建立,当人与自然的关系全部展开以后,在认识关系中,人类与自然无法融洽为一体,就不可能出现中国人所说的人与自然"天人合一",而会导致一种人类与自然之间的无法对话。这种无法对话,就是我所说的"人类的孤独"。第二个孤独是"个体的孤独"。在人与社会的维度中,当血缘关系和契约关系完整建构,当人与社会的关系充分展开以后,在契约关系中,个体与社会的关系就不像血缘关系中那样地融洽,而是游离的,结果,人和人之间也无法沟通了,这就是我所说的"个体的孤独"。那么,"人类的孤独"与"个体的孤独"如何弥合呢？这就一定要在第一向度和第二向度之外进入第三向度,也就是说在人类的第一向度和第二向度里只能够产生人的一种不满足,只能产生人的一种孤独,而这种孤独要真正解决就要转向第三向度。也就是说,要进入一种人与意义的境界,这就是信仰的维度。在信仰的维度,我们说,当你意识到痛,然后你又意识到我怎么样让我不但痛而不苦,不但痛而且快,而且痛而且乐呢？怎样让痛变成美学,让痛变成艺术呢？这个时候我们就要意识到,我们要转过身来,去寻找一种新的出路。

所以我说,当你意识到痛而不苦、痛而且快的时候,并不是真正地进入到了美学,但是当你意识到了我要给痛一个理由,痛而且乐的时候,你的传统的思维方式就崩溃了。我就把它就叫作边缘情境,叫作传统对话关系的破裂。本来在正常生活里,我都是这样解决生活的困惑的,现在突然说不行了,必须从根本的角度去解决它,那怎么办呢？就要转向边缘情境。这个时候,我们就进入了一种新的对话关系,这种对话关系不是鼓励人,而是把人的所有的出路都堵死,也就是说痛是必然的,但是我们又必须生存于世,那么怎么样才能够做到痛而不苦、痛而且快?尤其是怎么样才能做到痛而且乐?我记得贝娄给存在主义提出的问题就与此类似:反抗之后怎么办?答案就是洞悉痛苦,并且回报以爱。最后彻底了解了痛苦以后,也就转向了爱的方式。他不但置身于痛苦之中,而且他意识到了当他从爱的角度来观察痛苦的时候,他会意识到他的痛苦的意义。我一开始讲跨栏,讲痛而不苦,讲痛而且快,那个时候痛还没有意义。但是如果你从爱的角度,再去观照人类的这种无缘无故的痛苦,痛苦就变得有意义了。就好像李清照她去看花的时候,她就看到了"绿肥红瘦"。就是因为看到了意义。我用一句话来总结:生活中的百分之一在于发生了什么,而百分之九十九则在于你如何去面对它。在这里,关键是自己的态度,而不是所面对的现实,因为现实不能产生一种眼光。但是眼光可以转变现实。所以当我们从终极关怀的角度去看痛苦而不是从现实关怀的角度去看痛苦时,那就意味着,我们已经完成了一个"华丽的转身"。我们现在不是面对痛苦了,我们是面对无限、面对超越。也就是说,现在我们从超越的角度来重新观察痛苦、重新洞察痛苦,这就叫作"事在神为",而不再是"事在人为"。中国学生要过这一关是很难的啊。他总觉得,我靠人的力量我就可以和痛苦搏斗了,到鲁迅为止都是这样。但是西方没有人会这么蠢。西方人最终都是发现只有相信上帝的拯救。这当然不是叫你去信教,而是叫你去相信无限性。相信真正的超越性能够拯救你,也就是相信人身上的神性。

三次伟大的赌博

那么,什么叫相信人身上的超越性呢?我现在跟大家做一个稍微详细的讨论。史铁生大家知道吧?史铁生是中国一个很有哲学头脑的作家,他是残疾人,但他想问题想得比我们要深刻,他在反省苦难的时候就说过,这里其实存在两个问题,一个是,没有苦难行不行?最简单偷懒的办法是说:没有苦难最好,你想想,没有苦难那我不就不痛了?我不就剩下的都是乐了吗?但史铁生仔细盘点了一下,发现其实不行。因为你看一下西方的小说,中国的小说,它都给你编造过这样的故事,什么成仙三日啊,什么黄粱美梦啊,西方的故事也是,给你一个什么什么神奇的宝贝,你想要什么就要什么,后来你发现我还是要现实生活吧。为什么呢?就因为如果只有快乐,那快乐本身又成了痛苦。史铁生接着说,那有痛苦怎么才能快乐呢?很简单,你在痛苦的前面加一个"更"字就行了。比如说,史铁生以自己举例子,他说比如说我腿残疾了,啊,太痛苦了。后来有一天,医生告诉他说,你不知道,有两三年我们都在密切观察,我们以为你眼睛还要瞎,后来你眼睛没瞎,我现在告诉你,祝贺你逃过了一劫,结果史铁生就由衷地说出了四个字:感谢命运!什么意思呢?没有让他更痛苦啊。所以我们就知道了怎么去面对痛苦:当你面对痛苦的时候,你一定要把痛苦当成是机会,你一定要意识到痛苦永恒,因为痛苦永恒,于是爱也就永恒。

我们看一看西方的最著名的三次思想折磨。看一看世界上最聪明的人是怎么去解决这个问题的。关于痛而且乐的解决,西方有三次最伟大的赌博,第一个赌博呢,是俄狄浦斯。俄狄浦斯的赌博是一场最伟大的赌博,西方人开始像我们中国人一样,认为人是很强大的,有什么命运不能战胜,有什么痛苦不能战胜?于是他就和上帝愚蠢地赌了一次。他生下来以后不是被预言了杀父娶母吗?他父母就自作聪明,把他扔得很远。结果到后来连他自己也误解了,以为没事了,我离自己的父母已经很远了。接着他很聪明地猜中了世界之谜,这就是所谓的"斯芬克斯之谜"。而让他猜中谜语,就是要强调他是最聪明的,是无所不知的。其实,他只猜中了是人,但他猜中了人是什么吗?没猜中啊。他猜中了人的自我是什么吗?更是没猜中啊,但是俄狄浦斯却懵然不知,他以为我什么都知道,我是最强者。这样他就开始愚蠢到了一再犯错误的地步。他要躲他父亲,却把他父亲给杀了,他要躲他母亲,却把他母亲娶回家做妻子。这就是他的悲剧,这个悲剧不在于他的无知,而在于他知之太多;不在于他的愚昧,而在于他的完美;不在于他的愚蠢,而在于他的聪明!人类最大的"无知"是认为自己"有知",而最大的"有知"是知道自己"无知"。而且,俄狄浦斯并非清白无辜,而是自作聪明。他事先已经知道神谕,因此,在路上碰到一个老人,他完全有理由想一想:"这是不是我父亲?"他为什么不想呢？因为他以为自己比神聪明。此后他娶了他母亲，又生活了相当长的一段时间，而俄狄浦斯脚踝上是有印记的，那也就是说，彼此之间是完全有可能知道是母子关系的，为什么又不知道呢？还是因为他以为自己比神聪明。他以为自己无所不能，结果咎由自取。其实，悲剧的原因不是神谕，也不是命运，而是对自身无知的无视。神谕寓意着人类原本知道自己存在着根本的缺陷，它先天存在于每个人的身上。这就是人类所面临的"无缘无故的苦难"：一方面人要以"有知"战胜"无知"，但是另一方面，从最根本的角度来说，人的"有知"又不可能真正地去战胜"无知"，须知"有知"本身还包含了更大的"无知"。例如俄狄浦斯故事中的先知特瑞西阿斯是个盲人，但是双眼明亮的俄狄浦斯却并没有他看得清楚。他知道人最大的"有知"是知道自己"无知"。苏格拉底在希腊时，也经常对别人说自己是最无知的，这就因为最聪明的哲学家就聪明在他知道人类是"无知"的。可是俄狄浦斯的聪明却在于以为自己"有知"，结果，斯芬克斯就用另外一种方式毁灭了他。对不对？我们一定要意识到俄狄浦斯的赌博证明的就是：人无往不在枷锁之中。你永远是零，再努力也不行。这就是俄狄浦斯的伟大赌博。

然后是浮士德。中国学生看《浮士德》，往往会看不懂，就看见一个老书呆子出来折腾了几趟而已，这样看经典作品，那你就永远都不会进步。我经常说我们的学生，跑到南大来，结果你什么书也没看，就看一点今年热一阵子可明年就没有人要看的书。我一再跟各位说，要看五百年前就要看的书和五百年后还要看的书。《浮士德》就是这样的书。歌德是个很聪明的人。他花六十年写了《浮士德》，代表了人类最伟大的智慧。因为他把人类最难想清楚的问题都用形象的方式想清楚了，然后用《浮士德》作为它的见证。"浮士德"是谁呢？幸福。浮士德在拉丁语里意思就是"幸福"。歌德的意思就是说，人类最伟大的痛而且乐的见证就是浮士德。这就是我说的把自我当对象。人类最伟大的想象都用对象的方式把它展现出来，所以浮士德赌了两把，在《浮士德》里有两次人类最伟大的赌博，这种赌博我们其实每个人都在赌，每个人在思考人生的时候都在赌，那么浮士德有哪两个赌呢？一个是上帝和魔鬼之赌。魔鬼说,人就是个坏蛋,再怎么帮他,他都不会进步,这就是指人是有限的。然后上帝说不对,人是有限的,但是人是会变好的。魔鬼说肯定不会,我去给你找一个人试试,上帝说你去找吧,浮士德就出现了。浮士德是上帝和魔鬼之间的赌注,最后证明什么呢?上帝胜利了。第二个赌博是浮士德和魔鬼之赌。魔鬼说,我为你服务,但是你只要说,"生活真美",你就失败了。浮士德一直都没有说,但是到了最后,他说了:"多么美啊,请停留一下"。结果就倒地而死。什么意思呢?上帝和魔鬼赌博的时候,说明了人的无限性,说明了人的伟大,魔鬼和浮士德赌博的时候,说明了人的有限性,说明了人的悲剧。看《浮士德》你就要去看这两个东西。

第三个赌博是一个很聪明但是身体很差的人完成的,他叫帕斯卡尔。他在思想史上最伟大的口号就叫作:赌上帝存在。我给你们讲美学课,其实我讲的所有的一切也无非是要你们记住,要赌爱存在!一定要去赌!你不要说,我给你讲美学时候"赌美存在",然后说美又看不见摸不着,没有用,就认为它不存在。我只希望你们建立一个信念,美肯定存在,我赌它存在!人类就是这样进步的。帕斯卡尔就是这样的一个赌徒。帕斯卡尔这个人在病床上天天躺着,但是这个人的思想却包揽宇宙,他给自己问的一个最有意思的问题,也是我要问大家的问题,就是:如果只允许你一生提一个问题,你提什么问题?帕斯卡尔给自己提的问题是:一个人在无限之中又是什么呢?"一个人"和"无限的宇宙"。就是人的有限性和无限性。一个人在无限之中又是什么呢?就是这个问题让他从熙熙攘攘的芸芸众生当中站立起来,得以与天地对话,与世界对话,与终极对话。这就是他的伟大成功。结果他就意识到了终极关怀的存在,意识到了爱的存在、美的存在和信仰的存在。他说我赌上帝存在。因为荒谬,所以才相信。这就是人的很了不起的地方。因为有些东西没有办法证明,你说痛而且乐,那个乐,你怎么证明呢?你只能去赌,你赌博说:乐肯定存在。你就胜了。所以,这就是我们说的从有限性到无限性,而无限性呢?人类是靠赌博把它赌出来的。为什么呢?因为陀思妥耶夫斯基在《罪与罚》里说过,他说,人总是要有精神出路的。譬如跨栏,我凭什么总跨这个栏啊,因为我知道没有目标,我干脆跨栏跨着玩。这就是中国人的愚蠢想法,但是西方的贡献在于,我跨这个栏我要跨得最美,我不能跨着玩儿。所以西方人给自己提出一个问题,中国人从来不问。中国人想,那我就游戏人生呗,西方却说,我凭什么跨啊?后来他们找到一个理由,就是:人总得有精神出路。所以陀思妥耶夫斯基说,"要知道,得让每个人有条路可走啊,因为往往有这样的时候,你一定得有条路可走!"①结果西方的思想就比我们要更伟大。有什么路走呢?就是从有限性到超越性。这就是我说的"华丽的转身"。这个时候,人的超越性、生命的超越性,就从有限性当中升华、提炼而出,人类凭借自己的力量,能够去追求认定的价值,这当然必然要失败。但是人最可贵之处在于,在失败当中彻悟了人类生命活动的有限性。结果,承认了有限,也就默认了无限,融入了无限。自己认定的价值被自己摧毁了,结果就触摸到了生命的尊严,触摸到了无限。这就是人性当中的最美好的东西——神性。

所以,我们说审美活动为爱作证,实际也就是为人类这种非常伟大的超越性作证。人类认识到了自己的有限性,结果就转过身去,融入了无限,就触摸到了无限。这就是人类最伟大的地方。这个时候我们还能说美既不能吃也不能穿更不能用吗?我们就不能说了。而且我们想一想,既然美既不能吃也不能穿更不能用,那为什么"爱美之心,人皆有之"、"爱美之心,人才有之"会千古不变呢?道理就在这里。就是因为审美与人类同在,它是人之为人的根本,是人之为人的见证,是自由的见证。审美生,人类亦生,审美在,人类就在。因此,"我审美故我在!"

二、从终极关怀的角度看世界

终极关怀与审美活动

或许你们还要再问:"爱美之心,人皆有之"、"爱美之心,人才有之"和"绿肥红瘦"又有什么关系呢?把这两个东西连接在一起的核心概念,就是终极关怀。爱终极关怀之心,人皆有之,爱终极关怀之心,人才有之,所以

---

① 陀思妥耶夫斯基:《罪与罚》,上海译文出版社2003年版,第12页。

"绿肥红瘦"就是一个必然会被看到的结果。所以"绿肥红瘦"是从终极关怀的角度看过来的必然结果。也就是说,所有的文学作品美和不美,世界的美和不美都与终极关怀之间的关系密切相关。

下面我们就对终极关怀做一个解释。

首先我们一定要强调,终极关怀和无限性有关。既然说人是有限性和无限性的统一,那么审美活动来自什么呢?刚才我说了,审美活动是自我意识的确证,它见证了自我意识的无限性。什么是自我意识呢?就是人身上的无限性的觉醒。我们经常说爱美是人的天性,实际上爱美和人的天性无关,因为人是借助超需要来满足需要、借助超生命来满足生命的。因此审美活动和实践活动就不同。实践活动是一种意识活动,而审美活动是一种自我意识的活动。实践活动是意识的见证,而审美活动是自我意识的见证。比如说实践活动是有限性的见证,而审美活动却是无限性的见证。实践活动把对象看作自我,用它来证明自我的有限性,并且充分展现自我的无限性,所以我们把它叫作现实关怀,看到的也只是"海棠依旧"。审美活动是把自我当成对象,并且充分展现自我的无限性,所以我们说它是终极关怀。

在这个意义上,我们就知道,所有的审美活动都是因为在生活里没有而又必须有而产生的,例如无限性就永远是在生活里没有而又必须有的。一个最有意思的概念就是圆。美就相当于那个没有的圆。人类就是要追求这个东西,人类所有的文学作品就是为它作证。在这个意义上,我们知道,就是因为没有美,所以才需要美;就是因为无限性永远得不到满足,所以才需要无限性。所以中国人说,"言之不足,故嗟叹之,嗟叹之不足,故永歌之,永歌之不足,不知手之舞之、足之蹈之也。"[1]为什么呢?就是因为在这种不断的不足过程当中,无限之维被敞开了。结果它不但敞开了人的真实状态,而且敞开了人之为人的终极根据。

在此基础上,我们就要简单地给美下个定义了:美是无限性得以见证的对象。就是说,你凡是在它的身上看到了人类的对于无限的追求,凡是见证

---

[1] 毛亨:《毛诗序》。

了无限性,见证了超越性,那就是美。美感是无限性的见证感,也就是当你见证到了无限时的那种心理快乐。你见证了无限,那是美,而那种见证了无限的心理快乐就是美感。审美是什么呢?审美是在一个对象上实现了无限性的见证和见证感的心理活动。那么,什么是艺术呢?既然你为了让大家看到你心灵当中最美好的东西,你创造了一个对象,那你有没有可能把这个对象凝固下来呢?专门为无限性得以确证而创造出来的精神产品就是艺术。在这个意义上,我们会想起两个故事。一个是索福克勒斯的《俄狄浦斯王在科洛诺斯》。俄狄浦斯王临死的时候说:"你们在快乐的日子里,要念及死去的我,那你们就会永远幸福。"另一个是莎士比亚的《哈姆雷特》。哈姆雷特在临死的时候说:希望后人能够想起他的故事。为什么要想起这些人和故事呢?就是因为这些人和故事是我们生命无限的超越过程当中的见证。我们读文学作品,就是要看到这个东西。看到人类在什么地方成功了,看到人类在什么地方失败了。看到希特勒时会想为什么竟然是"希特勒",想到他很可怜。你如果只会说,啊,这个人怎么这么坏!那你就根本就还学不了美学。如果最后你能看到希特勒的可怜,看到武大郎的可爱,你才算把美学学好了。你看到希特勒就觉得可恨,看到武大郎就想欺负他一下,那你离美学就还差太远。所以,有一个作家在回答记者提的为什么写作的问题时说:"为了不至于自杀。"真的啊,美学包括文学作品,它给人类提供的就是生存的理由,它告诉我们:这个世界多么美丽!

显然,这种生命的无限性,就是我要强调的"终极关怀"。所以,"终极关怀"肯定是包含了两个内在的东西:

第一个,它肯定是要在"在场"中看到"不在场",也就是说,它一定要在你身边的东西里看到背后的更广阔的世界。海德格尔说:动物无世界。之所以如此,就因为它只有"有"即眼前在场的东西,但是却没有"无"即眼前不在场的东西。人之为人就完全不同了。他"有"世界,因此尽管人与动物都在世界上存在,但是世界对于人与对于动物却又根本不同。对于动物来说,这世界只是一个局部的、既定的、封闭的、唯一的环境,在此之外还有其他的什么,则一概不知。而人虽然也在一个局部的、既定的、封闭的、唯一的环境中存在,但是却能够想象一个完整的世界。而且,即使这个环境毁灭了,那个完整的世界也仍旧存在。这个世界就是海德格尔所说的"存在",这样,人就不仅面对局部的、既定的、封闭的、唯一的环境而存在,而且面对"存在"而存在。也因此,真正的无限无疑是对在场的东西的超越(只有人才能够做这种超越,因为只有人才"有"世界)。它因为并非世界中的任何一个实体而只是世界(之网)中的一个交点而既保持自身的独立性,同时又与世界相互融会。所以,海德格尔才如此强调"之间""聚集""呼唤""天地神人"。在这里,我们看到,一方面,世界包孕着自我,它比自我更为广阔,更为深刻。世界作为生命之网,万事万物从表面上看起来杂乱无章、彼此隔绝,而且扑朔迷离,但是实际上却被一张尽管看不见但却恢恢不漏、包罗万象的生命之网联在一起。它"远近高低各不同",游无定踪,虚无缥缈,令人眼花缭乱。而且,由于它过于复杂,"剪不断,理还乱",对于其中的某些联系,我们已经根本意识不到了。然而,不论是否能够意识到,万事万物却毕竟就像这张生命之网中的无数网眼,盛衰相关,祸福相依,牵一发而动全身。另一方面,每一个自我作为一个独特而不可取代的交点又都是世界的缩影,因此,交流,就成为自我之为自我的根本特征。显然,自我的超越在场以及与世界之间的交流这一特征只有在审美活动中才真正能够实现。而在在场者中显现不在场者,就正是审美的眼光。

第二个,它肯定是从无限性的角度来看待现实、看待人生、看待世界,它一定要在"有限"当中看到"无限"。正是因为它看待世界的角度不一样,是从"无限"的角度看过来,或者说从"有限"的角度看到"无限",这就使得人类必须有一种审美的眼光,必须有一种"终极关怀"。这种"终极关怀"可能更多地看到了人类的悲剧宿命,可能更多地看到了人类的失败。比如说大家可能注意到,悲剧作品才是最震撼人心的。而悲剧是什么?有人可能会说,悲剧就是失败,就是最后要死人。实际上,失败和人的死亡、人的牺牲都反映了人的努力的有限。所以,"终极关怀"就是因为意识到了人的失败,意识到了人的努力的有限,它才真正地知道了生命中无限的东西是什么,然后它就会彻悟人的生命的有限性,融入无限之中。这就是"终极关怀"。

而审美活动是什么呢？审美活动就是这样的一种人的生命活动的终极关怀的见证。所以，我们不能把审美活动当成是一个独立的精神活动，它是人类的精神活动或者说生命活动的见证。那么文学艺术呢？就是为了这个终极关怀的见证而创造的对象。所以，在这个意义上，有时候我们会简单地说：审美活动就是人类洞悉痛苦并且回报以爱的生命活动的见证。当我们真正洞彻了生命的痛苦，如果像佛教徒那样去逃避，如果像现实生活中的人那样去自我欺骗，那我们就没有进入生命活动，尽管我们知道了生命是由几大痛苦构成的，生命是"无穷无尽"和"无缘无故"的痛苦，但是当我们对这样的"无穷无尽"和"无缘无故"回报以"无穷无尽"和"无缘无故"的永恒的爱的时候，我们就进入了生命的终极关怀，我们也就进入了审美活动。从这个角度，我们再来看一看人类的审美活动，就会知道，日常生活中的审美活动并不是人类真正的最深刻意义上的审美活动，它只是一种美化生活的活动，而人类在历史上最伟大、最深刻的那些审美活动，那些由经典作品构成的审美活动，代表了人类的精神上的最伟大的努力。这个努力是没有国界的。它要通过这个见证来衡量人类在什么地方离理想的人性最近，在什么地方离理想的人性最远。

文学只卖一道"菜"

我们知道法国有个大作家叫巴尔扎克，中国老师上课的时候特别喜欢讲恩格斯的一段话，恩格斯说他在巴尔扎克作品里学到的经济细节方面的东西要比当时所有职业历史学家、经济学家和统计学家那里学到的还要多。也就是说他是一个记录者，他把法国资产阶级社会的方方面面都展现出来了。实际上，恩格斯这样的讲法在美学上是不正确的（当然，他也不是从美学的角度讲的），并且误导了我们中国几代的文学作家。虽然可以把巴尔扎克的小说当成经济史和政治史来读，但是更主要的，巴尔扎克的小说还是人类的精神状态史。巴尔扎克在他的《人间喜剧》序言里说：我写小说的目的只有一个，就是要看一看在这样一场资产阶级的上升的运动当中，人类离其理想的人性究竟有多近，或者离其理想的人性究竟有多远。我们看到他是从一个无限性的角度看过来的,而凡是从无限性的角度来观察人类的精神生活,来观察人类的生命活动,那他就肯定是没有国界的。英国小说家亨利·菲尔丁在《汤姆·琼斯》里面说:文学只是一个便饭馆,不卖山珍海味,只卖一道菜,就是"人性"。因此,你可以发现文学很简单,它不会像生活那样让你眼花缭乱,文学永远盯着的问题就只是一个,它对任何生命现象只问一个问题:离理想的人性有多远,离理想的人性有多近。那么,这应该就是我们所说的从终极关怀角度看世界的美学。

首先,我想举相反的例子。既然我们已经知道,文学对任何生命现象只问一个问题:离理想的人性有多远,离理想的人性有多近;那么,我们看任何的文学作品也就必然要从这个角度来观察。只有具有美学精神的作品,才是好作品,否则就不是。例如汪国真。十几年前我给中文系的同学讲汪国真,我说汪国真的诗不好,中文系的女生就很不高兴,觉得我不应该贬低她们崇拜的偶像。但是他的诗确实不好。像汪国真这样的诗人,从美学的角度来说,他的诗和美学一点关系也没有。为什么呢?他忽视了一个最简单的事实:某个人会提起笔写小说、写诗,不一定他就是作家,就是诗人,更不一定就是一个美学的诗人。而汪国真所写的都是那种写在贺卡上的诗,所以他是最典型的贺卡诗人。而真正的诗人创作的真正的诗歌对任何生命现象只问一个问题:离理想的人性有多远,离理想的人性有多近。他问了吗?当时许多人很不理解我,而现在大家都理解了,现在中国大概没有人还认为他是优秀的诗人了。我想这是一个可以说明问题的例子。

另外我还想谈谈三毛。十几年前我讲三毛,那时候的大学生也几乎没有人跟我站在一边,尤其是女大学生,大家都说:"你太传统,我们都喜欢三毛。"但是当我们用美学的尺度去衡量,就会发现,三毛写作的根本缺点就在于:她是一个生活"潇洒"的表演者,而不是生活中酸甜苦辣的身体力行者、见证者。她有篇著名的散文叫《什么都快乐》,写了一天生活中的种种快乐和潇洒。三毛的一生给人的外在印象就是"潇洒"。但是当你从美学角度来看,就会发现,她是一个生活里的表演者,她始终在表演"潇洒",而她自己是最不潇洒的。我很关注三毛的自杀,一个生活得很潇洒的人为什么要自杀呢？因为她一生"表演潇洒",其实生活得并不潇洒,最终选择了自杀。她最后曾对护士说:"别叫醒我。"确实,三毛是一个生活在梦幻里的作家,而不是一个美学中人。一个美学中人,应该全面地去体验生活的酸甜苦辣,真实地反映百味人生,而不是说酸的也潇洒,甜的也潇洒。酸的就是酸的,并不能因为你说那是潇洒它就不是酸的了。当下许多性情散文、小女人散文,也都有这个缺点。它们给生活蒙上了一层朦胧的诗的影子,什么都是美丽,什么都是潇洒,实际上生活中有许多东西是既不美丽也不潇洒的。前面在讲到美学的"人生智慧"时,我一再强调人生"无缘无故的苦难",我想通过讨论,把人生"无缘无故的苦难"给大家讲清楚。中国人总有一种看法,认为痛苦是有缘有故的,是国破家亡,是妻离子散,是小人陷害,是佞臣弄权,以为这就是人生的苦难了。但是我们已经讲过,实际上这种痛苦,并不是真正痛苦,人生真正的痛苦是"无缘无故"的。当一个人达到了真正美学的高度,他就能够理解"无缘无故的痛苦"和"无缘无故的爱"。而三毛是没有理解到的。她一生都在表演,最后也死于表演。

我还想讲一下史铁生。史铁生可能是中国大学生比较熟悉的一个作家,我觉得他在中国的当代文学史上应该是最优秀的作家之一。这里,我只想讲史铁生在美学思考上的一个经历。大家知道,史铁生是残疾人。他是下乡知青,在农村他的腿残废了,回城以后,他基本上只是社会的边缘人。这个时候,他拿起了笔,选择了写作。但是一开始他的作品总是没有深度,后来他就问自己:我作为一个残疾作家,我的角度、我的审美角度应该是什么?一般来说,一个残疾作家可能是从这个角度来写作:残疾人怎么样克服自己的残疾,然后回到正常人的队伍里面来。比如说眼睛瞎了,那我怎么样努力克服困难,我眼睛的功能比正常人发挥得还好;比如说腿不行了,但是我克服我的困难,我比正常人做得还好。但是后来史铁生说他意识到这不是一个美学的关怀,这不是一个终极关怀的角度,而是一个残疾人的呻吟,这只是一个残疾人在用这样一种方式希望正常人去关注他。后来史铁生就想到了另外一个角度,他说:实际上从残疾的角度来观察人的生命的有限性、观察人的精神状态的有限性反而是一个最好的角度。为什么呢?从表面上看,只有残疾人才是残疾人,其实从终极关怀的角度看,所有的人不都是残疾人么?人在精神上都是不健全的。只有神才是健全的。哪一个人可以说他在精神上是健全的呢?还有,哪一个人可以说他两个肩膀百分之百一般高?哪一个人可以说他的两只手百分之百一样齐?事实上跟终极关怀来比,跟一个最完美的目标来比,所有的人都是残疾人。这样,他就找到了一个最好的角度:他要写出残疾人怎么做"人",而不是残疾人怎么做"正常人"。

我觉得这样一个角度是非常深刻的。我想起京剧大师盖叫天的一个故事。他最初在江南学京剧的时候,有一天早上出去喝早茶,看见一个盲人到茶馆来讨饭,他就很可怜他,所以就给他钱,其他的人也很可怜这个瞎子,也给他钱。但是有一个挑着担子的老者,就是不给他。大家因此都看不过去,对老者很有意见,有人就怂恿那个盲人说,你就缠着跟他要钱。于是,那个老人就说,你要真跟我要钱也可以,我问你一个问题,如果你能回答,我就给你钱。那个盲人说,那你问吧。老者说:你睁开眼睛看看,我是黑的,还是白的?这个盲人气得够呛,说,我眼睛看不见,可你却偏要叫我说你是黑的还是白的。旁观者一听,就怂恿他说,那你就随便回答一个,他不就给你钱了吗?他于是说,那你是黑的。老人就跟他说:你仔细一想,你既然能看见我是黑的,那你为什么就不能看见这个世界是什么颜色的?老者的这样一番话,应该说是非常深刻的。我们想一想,它就是从终极关怀的角度来看人。庄子说过一句话,"肉眼闭而心眼开","肉眼"是有限的,"心眼"是无限的。"肉眼"可能残疾,但是不残疾的人在某种意义上不也是半残疾吗?跟老鹰的眼比起来,我们的眼不都是高度的近视,也等于是残疾状态啊!但是我们的"心眼"开了没有?我们是以一个人的尊严去生活,还是以一个非人的尊严去生活?这,才是最重要的。所以,这个老者,我觉得他是很有美学造诣的。

长歌当哭的孟姜女

第二个例子,我想到的是秦始皇眼中的长城和孟姜女眼中的长城。其实中国历史上很多事情都是很值得玩味的。你比如说刘邦和项羽,到底谁是好的谁是坏的？我们往往是肯定刘邦的，因为"成者王侯"嘛；同时也往往否定项羽，因为"败者寇"嘛。但是我们不妨听一听千古才女李清照的看法："至今思项羽，不肯过江东。"那也就是说，如果让李清照回答一个问题：你愿意生活在哪一个男人的时代？我想李清照的答案肯定是愿意生活在项羽那个时代，对不对？那为什么她会从这个角度来看问题呢？这是终极关怀的必然结果啊。

实际上春秋战国以后，项羽与刘邦就是最好的分野。刘邦的胜利其实就是一个时代的胜利，项羽的失败其实也就是一个时代的失败。如果一个民族因为项羽而知道了谁老实谁吃亏、谁不说假话谁就办不成大事，那么这个民族还有救吗？项羽的失败恰恰证明了我们这个民族身上的一种最可宝贵东西的丢失。我觉得历史如果选择了项羽，我们这个民族的表现可能比后来要好得多。但是历史无法假设，它选择了刘邦，那么，项羽的感人之处在什么地方呢？其实就在于当他投身战争的时候，他是把战争作为艺术、作为美学来处理的。当刘邦投身战争的时候，他是怎么做呢？他是把战争作为政治的手段，只要能够当皇帝，就可以不择手段。这一点是项羽所绝对不为的。且不说鸿门宴上项羽守住政治的与人性的底线，不肯走后来在中国大行其道的"先下手为强"的流氓道路，单是他的临终表现，就足以让我们叹为观止。

在这方面，司马迁《史记》写项羽所透露出来的眼光真的很好，很精彩。司马迁以后的绝大多数中国文人真的不如他的美学眼光卓越。所以我才经常建议大学生去读《史记》。这个受了宫刑的男人仍旧是男人，而且是中国历史上少有的好男人。我们看司马迁对项羽的赞美，那真是美学的赞美。你看项羽遭遇十面埋伏，司马迁怎么写呢？项羽对他的部下说，今天确实是一场决战，但是我不把它当成是决战，我把它当成一场"快战"、一场酣畅淋漓的战斗。你看，司马迁用了两个字就把这个刘邦跟项羽区别开了，打仗的时候，刘邦重视的就是"决战"，我一定要把你打败，我一定要当皇帝；项羽重视的却是这场战争本身的快乐，我要的是"快战"，我不做决战。所以明明是"决战"，他也要做"快战"。"今日固决死，愿为诸君快战"，并发誓要"溃围，

453

斩将,刈旗",结果他像孩子一样,对仅有的二十八骑说:我给你们秀一下,你们看我能杀多远。一路杀过去,又杀回来,问手下:"怎么样?"手下都说:"果然英雄!"然后再杀出去再杀回来,又问。这就是项羽。其实项羽最感动我们的也就是这个。真是英雄盖世,令人敬慕啊。因此从现实关怀的角度,当然是刘邦黄袍加身,但是从终极关怀的角度,无疑是项羽更值得赞美。

秦始皇的长城和孟姜女的长城也是一样。秦始皇修长城,从历史上看,是有必要性的。秦始皇统一中国以后,所防范的主要还是西北方向的少数民族。修长城的目的也是为此。所以,从现实的角度来说,它肯定是非常重要的。从历史的角度,我们肯定要说,长城是很伟大的,是中华民族的象征;但是从美学的角度,我们就必须注意到孟姜女。孟姜女是怎么看待长城的呢?她不是赞美长城,而是去哭长城。为什么呢?因为长城是用劳动人民的累累白骨堆砌而成的。从这个意义上说,长城是更应该去哭的。从有限性的角度,从现实关怀的角度,我们看到了长城的伟大,但是从终极关怀的角度,我们看到了长城的可悲。所以,孟姜女哭长城就代表了一种比较纯正的美学关怀。

顺便说一句,必须看到,在中国历史上,诸如"二十四史"、《资治通鉴》之类的史书,都是要"秦始皇"不要"孟姜女",因此书写的也都是秦始皇们的历史而不是孟姜女们的历史,但是孟姜女们才真正是中国文化里的最伟大的歌者。长歌当哭,孟姜女是第一人,接下来就是曹雪芹、王国维、鲁迅等等。在这方面,谭嗣同的看法很值得注意。谭嗣同有本书很好,叫《仁学》。他认为中国历史的变迁就从秦开始,秦统一中国是中国的一大悲剧。这个看法很精辟。我经常说,我们要关注秦王朝对于青春版中国(春秋战国)的决定性影响,以及西方的罗马王朝对于青春版西方(希腊)的决定性影响,可是西方最终化解了罗马王朝的影响,重新回到了正确的发展道路,从人到神,从宙斯到上帝,从享乐到信仰,从现世到来世,从灵到肉,从荷马到奥古斯丁,就是我们所看到的西方轨迹。可是,这一切在中国却根本没有发生,尽管秦王朝对于青春版中国的决定性影响也是必须化解的。这实在是中国历史与中国文化的大悲与大痛!同时,谭嗣同还提出了秦始皇的中国和孟姜女的中国的专制与个人的对立的问题。他说,我们是要秦始皇的历史,还是孟姜女的历史呢?他的答案当然是后者。而这对于我们从终极关怀的角度来思考历史现象,无疑颇具启迪。

"在绝对正确的革命之上,还有一个绝对正确的人道主义!"

第三个例子,我们看一下政治家眼中的革命和文学家眼中的革命。讲到革命,我们应该知道这是近代史的产物。在近代历史上,革命成为弥漫一时的风潮。简单地说,希望用一种暴力的方式,用一种一刀斩去的方式清除丑恶现象,这就是所谓的革命。在历史上,我们看到了两种情况:一种情况是很多政治家,都是革命的拥护者。但是,事实上这只是政治家的思路,如果从文学的角度来观察,我想我们就应该看到对革命的另外一种看法。那么,怎么样去看呢?我想举几个例子,看看真正的文学大师是怎么去做的。

第一个是苏联作家帕斯捷尔纳克的作品《日瓦戈医生》。这部作品应该说是苏联人在20世纪最值得赞美的精神纪念碑。进入20世纪以后,对社会主义革命的评价始终是社会主义国家的文学大师的一个试金石。就是说,到底你的美学水平怎么样,你的文学素质怎么样,看看你怎么去总结社会主义革命的实践就可以知道。

面对"革命""暴力",帕斯捷尔纳克没有让我们失望。在他看来,"革命""暴力"只是现实的拯救,但是还需要美学的拯救、精神的拯救。他把这美学的拯救、精神的拯救看作自己所肩负的世纪巨债,因而不惜从抒情转向了叙事(他是苏联最著名的诗人),"用小说讲述我们的时代"。就在苏联十月革命40周年之际,他呈上了自己的最好纪念——《日瓦戈医生》。这本书堪称俄罗斯的精神史记、心灵史记。而他的写作,则堪称一场精神叙事、一次精神之旅。

在《日瓦戈医生》里,有两个最著名的人物,即男主人公日瓦戈和女主人公拉拉。他们被文学家、评论家评价为"纯洁之美的精灵",因为在这两个人的身上,蕴涵了作家对革命、暴力和社会主义的基本看法。我们看到,他们不是从现实关怀的角度来关注,而是从终极关怀的角度来关注。因此那些认为这本书反对革命或者支持革命的看法，都与作家的初衷差得太远。联想一下1935年夏天，帕斯捷尔纳克临时被派去参加巴黎和平代表大会，会上全世界的作家酝酿要组织起来反法西斯，但是他却说："我恳求你们，不要组织起来。"为什么呢？就是因为作家面对世界的方式完全不同。

在小说中，我们看到的是从1903年夏到20世纪40年代末的近半个世纪的历史，例如1905年俄国第一次资产阶级民主革命、第一次世界大战及前后的俄国社会生活、1917年的二月革命和十月革命、国内革命战争、20年代苏联的新经济政策、卫国战争，诸如此类的俄国历史上的重大事件都在小说中得到了生动的反映，但是却并非"是"或者"否"之类的反映，而是转而去写心灵对于"革命""暴力"的感受，在"革命""暴力"的环境中为爱与失爱作证。一开始的时候，日瓦戈也弄不懂革命是怎么回事。他痛恨革命之前的俄国旧制度，所以他觉得新制度最好，所以他也赞成革命。他说："多么高超的外科手术啊！一下子就巧妙地割掉了发臭多年的溃疡！"你们看，日瓦戈是个医生，所以他打比方也像鲁迅一样，动不动就是打这种把溃疡切掉的比方。"直截了当地对习惯于让人们顶礼膜拜的几百年来的非正义作了判决。"①所以，他一开始也相信，俄罗斯注定要成为世界上第一个社会主义大国。所以当很多医生都辞职不跟苏维埃政权合作的时候，他却毅然留在医院，跟苏维埃政权合作。但是他很快发现，用这种方式只是一部分人消灭另外一部分人，而人类的弊端并没有被消灭，只是人类的这一部分人身上的疾病跑到了另外一部分人身上。所以他说应该以善为善。这样，他就把目光从现实关怀转到了终极关怀。他开始强调：一个国家要真正地实现其精神的纯洁和精神素质的提高，要靠"爱的精神"和"爱的行为"。革命只不过是暂时的变化而已，不管它多么强大，只有人道、爱、生存才是永恒的。在这个方面，我们应该说，日瓦戈的总结实际上是世纪性的。

这个地方我要稍微插一句，我们中国学生看苏联，往往只会看《钢铁是怎样炼成的》，其实《钢铁是怎样炼成的》《卓娅与舒拉的故事》都不算是苏联

---

① 帕斯捷尔纳克：《日瓦戈医生》，人民文学出版社2006年版，第189页。

最好的作品。看看《日瓦戈医生》中的这段话:"如果指望用监狱或者来世报应恐吓就能制服人们心中沉睡的兽性,那么,马戏团里舞弄鞭子的驯兽师岂不就是人类的崇高形象,而不是那位牺牲自己的传道者了?关键在于千百年来使人类凌驾于动物之上的,并不是棍棒,而是音乐,这里指的是没有武器的真理的不可抗拒的力量和真理的榜样的吸引力。"①这哪里是《钢铁是怎样炼成的》可以比肩的?从终极关怀的角度看过来,《日瓦戈医生》就看出了斯大林政权的根本问题。它是先把人分成你和我,然后把认为是敌人的人消灭掉,并且以为这样就可以造成一个稳定的革命队伍的团结。但事实上,《日瓦戈医生》当时就看出来了,绝对不能这样来维持,而只能靠善、靠爱来维持。

俄国或苏联的小说塑造女性其实是很厉害的,它塑造了很多很多美丽的女性。但20世纪的俄苏文学中,我最推崇的人物之一就是拉拉。为什么呢?并不是因为她的人物形象,也不是因为她的美丽,而是因为只有她说出了20世纪的世纪忏悔和真正的世纪总结。没有哪个俄苏文学中的女性说的话超过了我下面引的这段。冬天的时候,她跟日瓦戈躲在一个小房子里,在聊天的时候,她说出了苏联社会的最根本的弊端。她是怎么说的呢?她说:"像我这样的弱女子,竟然向你,这样一个聪明人,解释在现代的生活里,在俄国人的生活中发生了什么。为什么家庭,包括你的和我的家庭在内,会毁灭?唉,问题仿佛出在人们自己身上,性格相同或不相同,有没有爱情。所有正常运转的、安排妥当的,所有同日常生活、人类家庭和社会秩序有关的,所有这一切都随同整个社会的变革,随同它的改造,统统化为灰烬。"②她讲的意思是什么呢?一个社会本来是用爱、用善来维持的,现在突然把这些爱和善连根刨掉了,它成了一个没有爱、没有善的社会,结果是什么呢?"统统化为灰烬"。"日常的一切都翻了个个儿,被毁灭了。所剩下的只有已经被剥得赤裸裸的、一丝不挂的人的内心及其日常生活中所无法见到的、无法

---

① 帕斯捷尔纳克:《日瓦戈医生》,人民文学出版社2006年版,第42页。
② 帕斯捷尔纳克:《日瓦戈医生》,人民文学出版社2006年版,第389页。

利用的力量了。因为它一直发冷,颤抖,渴望靠近离它最近的、同样赤裸与孤独的心。我同你就像最初的两个人,亚当和夏娃,在世界创建的时候没有任何可遮掩的,我们现在在它的末日同样一丝不挂,无家可归。我和你是几千年来在他们和我们之间,在世界上所创造的不可胜数的伟大业绩中的最后的怀念,为了悼念这些已经消逝的奇迹,我们呼吸,相爱,哭泣,互相依靠,互相贴紧。"①这里讲的就是现在把爱都连根拔掉了,就靠武器靠暴力靠革命,而她跟日瓦戈已经是这个世界的最后奇迹,是亚当和夏娃,他们用拥抱来彼此取暖,来维持着这个世界的终极关怀。

所以她还有一段话:"为什么我们的幸福遭到破坏,我后来完全明白了,我讲给你听吧,这不只是我们俩的事。这将是很多人的命运。"很厉害。这个女性确实是很厉害。在当时就能看得这么深刻。她说:"拿谋杀来说吧,只在悲剧里、侦探小说里和报纸新闻里才能遇见,而不是在日常生活里。可突然一下子从平静的、无辜的、有条不紊的生活跳入流血和哭号中,跳入每日每时的杀戮中,这种杀戮是合法并受到赞扬的,致使大批人因发狂而变得野蛮。""大概这一切决不会不付出代价。"②可惜我们过去看俄国/苏联小说的时候,像这些真正的世纪忏悔、世纪声音、世纪的最强音我们根本就没有听到,我们根本就没有跟俄国/苏联人发生心理呼应,我们看到的就是保尔修铁路,是吧?

当然,拉拉的目光远大还是因为帕斯捷尔纳克的目光远大,他曾经说过,"艺术家是与上帝交谈的"。用美学的语言说,艺术家是与终极关怀交谈的,这正是他成功的奥秘所在。于是他就在精神上最终拯救了"革命""暴力"。这是一种爱的圣徒的践行方式、生存方式。注意看一下日瓦戈和拉拉的所作所为,就会发现,他们并非那种改天换地、改朝换代式的英雄,甚至不是敢于与邪恶的势力展开正面反抗的战士,他们为生计所迫,到处流浪,不能爱自己之所爱,也不能呵护自己的家人,可是,就是这样两个普通人,在另

---

① 帕斯捷尔纳克:《日瓦戈医生》,人民文学出版社2006年版,第389页。
② 帕斯捷尔纳克:《日瓦戈医生》,人民文学出版社2006年版,第390—391页。

一场看不见的精神冲突中,却成功地维护了自己的心灵能够不为"革命""暴力"所左右。布罗茨基曾说过,与其在暴政下做牺牲品或做达官显贵,毋宁在自由的状态下一无所成。

遗憾的是,帕斯捷尔纳克在苏联曾受到非人的待遇。帕斯捷尔纳克得了诺贝尔奖后苏联人竟群起而攻之,开动了所有的宣传机器来围攻他、谩骂他,最后他只好致电诺贝尔评奖委员会说,他放弃获奖。他没有办法,他只好去这样说。这就是苏联人给帕斯捷尔纳克的"礼遇"。所以1987年布罗茨基作为20世纪第五位俄裔诺贝尔文学奖获得者才在领奖的讲坛上感叹说:从彼得堡到斯德哥尔摩是一段漫长曲折的路程!确实,它的遥远,只有心灵知道。但事实上,帕斯捷尔纳克却是俄国人的骄傲。因为20世纪如果俄国没有帕斯捷尔纳克这样的人,俄国就没有精神高度。

下面来看雨果的《九三年》。雨果的《九三年》应该说也是人类历史上最伟大的作品之一。大家知道,雨果是法国的文学大师、法国的自豪。雨果当然在法国也被弄得很惨,但是,雨果去世的时候,却享受了从凯旋门穿过的哀荣。法国有两个人享受了从凯旋门穿过的哀荣,一个是法国的政治大师拿破仑,另一个就是法国文学大师雨果。所以雨果在法国的精神地位是绝对高的。为什么呢?拿破仑是现实关怀的大师。那雨果呢?他是终极关怀的大师。

当然,真正造就他这一地位的,是他的作品。其中一本,就是《九三年》。"九三年"是1793年的法国大革命的简称。法国大革命是人类进行的一种非常不人道的实验。它要用赌博、屠杀来试图改变事实上很难改变的群体的命运。其实有时候革命无非就是屠杀。说你是"反革命分子",于是就"杀无赦",并且以为只要把这些人杀掉,社会就好了。这是这个社会浮躁的开始。而相应地,个体的命运在群体的壮丽当中就变得无足轻重了,牺牲成为理所当然。那个时候,很多作家都是歌颂法国大革命的,真正能够从终极关怀的角度来思考法国大革命并提出自己的看法的,是雨果。他在小说里说,有两部分人,一部分人认为:"如果把做好事的人都送上断头台,那我可不知道我拼命到底是为了什么。""我认为'宽恕'是人类语言中最美好的字眼。"

"让我们在战斗中是敌人的敌人,胜利后就成为他们的兄弟。"这是非常深刻的思想。但是我们看看另外一部分人是怎么说的,他们高呼的口号是:"绝不宽大,决不饶恕!"他们说:"恐怖必须要用恐怖来还击。"有一部分人说:"我不和女人打仗","我不和老年人打仗","我不和孩子打仗"。而另外一部分人说:"你必须和女人打仗,如果这个女人名叫玛丽-安托瓦内特(就是法国国王路易十六的王后);你必须和老年人打仗,如果这个老年人名叫教皇庇护六世;你必须和孩子打仗,如果这个孩子名叫路易·卡佩(就是被囚禁的法国的储君,接班人)。"[1]这是另外一部分人的声音。雨果的《九三年》就反映了这两部分人的声音,而雨果的看法是非常坚定地站在第一部分人的一边,他认为他们之间存在着人道主义与国家利益的矛盾,而雨果高呼:"在绝对正确的革命之上,还有一个绝对正确的人道主义!"那也就是说,在绝对正确的现实关怀的基础上,必须还有一个绝对正确的终极关怀。雨果他反思的是什么呢?"革命是绝对正义的吗?违反了人道主义原则的革命究竟意义何在?如果共和制度必须以牺牲个人的权利为代价,那么有没有更理想的共和制度?"我觉得雨果的《九三年》给我们的启示应该说是非常深刻的。我希望大家能够去看一看雨果的书,看一看人类最智慧的头脑是怎样思考的。我经常说,去看一看五百年前就要看的书,也去看一看五百年后还要看的书。哈佛大学的校训叫"与柏拉图为友,与亚里士多德为友,与真理为友",这是极具深意的。

永别了,武器!

再看看美学家眼中的战争与政治家眼中的战争。

战争是人性的试金石。面对战争的时候,我们有两种态度,一种是政治的态度,也就是去区分战争的正义与非正义,还有一种态度是超越正义和非正义,进而探讨战争给人类心灵所带来的创伤或震撼。就后者来说,它要面对的是人性与战争的关系,是人类与战争的关系,而不是正义战争与非正义

---

[1] 雨果:《九三年》,上海译文出版社 2003 年版,第 174—178 页。

战争的关系。这种态度,就是美学的态度。

然而,假如从这个角度去看,就会发现,中国的战争文学在20世纪表现得并不理想,距离美学的成功还相差得比较远。《地道战》《地雷战》《小兵张嘎》《闪闪的红星》《平原枪声》《三进山城》《红日》等等,尽管在当时有进步作用,但是今天从美学的角度衡量,还是必须要说,它们存在一个共同的缺点,就是都没有站得比任何一场战争更高。我们有太多的血腥气!我们缺乏一种很深刻的爱!我觉得,这是我们中国作家的集体悲哀。我们说,当文学面对战争,如果它有美学高度的话,就应该面对战争中的人性,赞美那些在战争当中以人的尊严去生活的人,同时,也悲悯那些在战争当中失去了人的尊严的人。

我们从东到西看几个中国之外的例子。

苏联的《这里的黎明静悄悄》重点写了五个女孩儿,她们明明是去打仗的,但是五个人谁都不会打仗,每天都在胡思乱想,想父母,想学校,想情人,想自己灿烂的明天。直到有一天早上,战争的炮火无端地袭来,一下子把五个人的生命全都夺走了。它就写了这样一个故事。你还看见德寇怎么在苏联土地上烧杀抢掠、怎么样去践踏俄罗斯美丽的土地了吗?没有啊。但是跟中国的文学作品相比,哪一个对战争的反省更深刻呢?还是苏联。为什么呢?它使我们认识到了战争的罪恶。事实上,真正好的政治的文学,或者战争的文学,一定要给我们一点超出政治的、战争的东西。《这里的黎明静悄悄》就是如此,它使我们认识到了战争本身的残酷,不光是非正义的战争,正义的战争我们也要尽可能地避免,而且,千万不要以为在正义的战争中就可以无所不为。

再比如《永别了,武器》,写一个正义战场上的逃兵。他为什么逃呢?就是他发现爱情高于战争,因此他宣布:要单独与战争媾和!

再比如电影《辛德勒的名单》,它非常出色,可惜到目前为止我们中国人就是拍不出来。因为我们的审美眼光太道德化。那么,《辛德勒的名单》好在什么地方呢?好就好在它描写战争完全是从一个纯粹美学的角度。明明法西斯是那么残酷,它却不去正面描写,而是写了一个商人辛德勒。他就是一个商人，不懂什么政治、军事，但他看准了一点，这儿关了很多犹太人。他就想，我可以买通长官，这样就可以低价把这些犹太人弄到我的工厂做工。结果他就这样做了。但是在这个过程中，他越来越不能心安理得了。因为他看到纳粹军官是怎样无端地去伤害和践踏犹太人的生命的。德国军官早上起来，在阳台做体操，看见远处犹太人走来走去，就拿起枪，一枪一个，一枪一个，跟打麻雀一样。诸如此类的事情，辛德勒实在看不下去了，德国人有什么权利杀害别人呢？结果他一下子就醒悟了。本来他还不知道战争是什么，也不知道非正义战争最残忍之处在什么地方，现在他突然觉悟到了，那就是对人类最值得尊重的，或者最有尊严的生命的践踏。于是他就去保护那些无辜的受害者，拿很多细软去换犹太人。最动人的一个细节，是他带着犹太人逃跑，在告别时，犹太人非常感谢他，他说："别感谢我，我现在想想，我还是有私心，对不起你们。"犹太人说："为什么对不起我们？你救了我们这么多人出来。"他说："我是拿了所有的细软出来换你们的生命不假，但我还留了一个非常漂亮的胸针。我当时舍不得，不然还可以再换几个人出来。我对不起你们！"就是这样一个故事，恰恰真正展现出了人性的觉醒，人性的美丽。

再比如说，有部电影叫《八音盒》，是写一个纳粹战犯，逃到了美国的一个小镇。犹太人在全世界搜寻他，发现他以后，为了找到证据，就动员他的女儿出来提供证据，但是他的女儿说，我不是没有正义感，但我觉得我父亲不像战犯，他在家里对我非常好，对他的外孙更好得不得了。她说，他怎么可能去杀人呢？犹太人就给她讲她父亲在集中营里是怎么杀犹太人的。一个最典型的细节，是早上起来，他往那儿一坐，让士兵在地上埋一把刺刀，刀尖冲上。让犹太人过来，随意一指，说："你，过来！在这儿练俯卧撑。"他没杀人，他就让人练俯卧撑。但是我们知道，人不是永动机，不可能永远练俯卧撑，最终结果是什么呢？只能是死亡。他就用这样的方式取乐啊。他女儿听了很多这样的故事，认识到他父亲确实同时是善良的父亲和凶残的战犯。最后她在八音盒里找到了她父亲的纳粹军官证，交了出去。战争把人性分裂开来，一方面是非常善良的人，可以为他的亲友抛头颅、洒热血，一方面是非常凶残的屠夫,对非亲友尤其是跟他政治见解不同的人,却可以杀无赦。一方面,在平时非常温和,一方面,在战争中又非常凶残,本来很有爱心的人,一旦进入战争以后就变得毫无爱心,一个能够这么爱自己的女儿、这么爱自己家人的人同时却又会是一个不爱人类的人,这就是战争的罪恶!它破坏了一样东西,就是人类的爱心。

生命是燃烧的火柴

下面看一下道德家眼中的人性与美学家眼中的人性。

我们看《安娜·卡列尼娜》,在这部小说里面,有两个很有意思的主人公,一个是安娜的丈夫卡列宁,一个是安娜。

"卡列宁"俄文的原意是什么呢?理性。托尔斯泰笔下的卡列宁,实际上是个世俗意义上的好人,他在生活里是一个最好的丈夫,他在家里是一个最合乎要求的父亲,他在单位是一个最廉洁的部级领导。从人类文明的角度要求,他没有任何的不好。那么,托尔斯泰为什么说他不好呢?这就正是一个文学大师目光如炬的地方,也代表着他能够在"海棠依旧"中看到"绿肥红瘦"的眼光。托尔斯泰告诉我们,现代人类面对着新的问题。这就是越是进入文明时代,人自身是不是越必然地具有人性?这个问题我们谁都没有想过啊,我们一开始是说,一个人只要有了文明就有人性,所以,《诗经》的第一首诗就是写那个男青年,他不再去抢婚,而是在床上辗转反侧。你想想那需要多么大的意志约束力?当时都是喜欢谁就去抢,他不抢,他躺在床上去想,从"抢"到"想",这就是文明的进步啊,对他来说很不容易,所以《诗经》的第一首诗就是歌颂他,因为这实在是时代的开天辟地,太不容易了啊!显然,在《诗经》的时代,一个人越文明就越美,但是为什么到了托尔斯泰的时代,卡列宁是文明的,托尔斯泰却说他不美?因为他发现卡列宁身上文明的东西尽管都有,但是却丧失了文明的本质,也就是丧失了生命的动力,也就是变得太不可爱了啊。卡列宁的问题也在这里。

那么,在小说中,这一点是被谁发现的呢?安娜。安娜跟卡列宁之间是老夫少妻。他们之间有点儿像包办婚姻,没有什么爱情基础。但是安娜从小是在一个封闭的家庭教育环境中长大的,并不知道什么是爱情。嫁给卡列宁以后,她以为这就是人们所说的爱情,这就是人们所说的婚姻,这就是人们所说的家庭。她就觉得:"哎,挺好,还行。"直到有一天她碰到了一个时尚青年渥伦斯基。她跟时尚青年一下子就来电了。这时她才发现:"哦,这才叫爱情,这才叫生命。"然后她再去看卡列宁,就不能接受了。怎么不能接受了呢?我们来替安娜想象一下。其实人的真正生命应该是像一根火柴。它是要燃烧的,燃烧就是"何处是归程?长亭更短亭"。但是还有一个办法可以生活得很安全,就是不燃烧。它只"表演"。他跟所有的人洋洋自得地说:"你看什么是火柴?这就是火柴。"这根火柴永远不用来燃烧,因此它可以存在的时间最长。它是火柴的标本嘛,那个永远不燃烧的、永远表演火柴的所有功能的人,就是卡列宁。有意思的是,他已经理性到了极度冷漠的地步。当他觉得安娜有点儿不对劲时,首先想到的是"我不应该怀疑她"。因为他认为一个好人"不应该"随便怀疑别人。后来,他发现所有的人都在议论这件事,他才因为他们的议论而意识到需要直面真相。可是,他是如何处理这件事的呢?他说我要去找她谈谈,"应当说下列几点":第一要怎么谈,第二要怎么谈,第三要怎么谈,第四要怎么谈,何等理性,到了这个地步他还是在想怎样是"应当",怎样是不"应当"。我们看到,当一个人太理性时,是如何地丧失了人性。而安娜过去不知道什么是火柴,也不知道什么不是火柴,直到有一天,她被人家电了一下,她被燃烧起来了,她才知道,生命应该是燃烧的火柴。这就是她跟卡列宁的区别。

所以我经常说,人生犹如故事,重要的不在多好而在多长,那就是卡列宁。我管他什么美丑对错呢,反正社会上怎么提倡我就怎么做,社会说什么好我就怎么学,社会说什么样的人是好人,我就做什么人。我绝不违反社会的一丝一毫,我做一个在这个社会上最受人拥戴的人。而人生犹如故事,重要的不在多长而在多好,那就是安娜。当她燃烧以后,她突然发现生命的质量是要靠燃烧来计算的,不是靠熬时间来计算的。这个时候安娜突然发现她跟卡列宁有了本质的区别。有了本质的区别是怎么体现的啊?看过《安娜·卡列尼娜》的人都应该知道。安娜过去看卡列宁觉得不错:我的老公挺好的,没有缺点。现在她生命一燃烧,她成了燃烧的火柴了,她的老公成了不燃烧的火柴的标本了,他们俩一个是人的生活,一个是非人的生活,她再看卡列宁,就怎么看都不顺眼了。

有一个很有意思的细节,下了火车,卡列宁来接她。带着一脸机械的文明微笑来接,像任何一个符合婚姻要求的丈夫那样来接她,但是安娜已经不能忍受了。"哎呀,我的天!他的耳朵怎么变成这个样子了?"①多丑啊?她说:我老公长了一对招风耳朵,我跟他生活了那么多年,我过去竟然没看见。太丑了!这就是女人,这就是女性。女性看问题她就是这样,你别指望她讲逻辑,她不讲逻辑。显然,这个时候,她已经自觉不自觉地开始用一种终极关怀的眼光来看人了。这样的生命太没意思了,是白开水,是平淡无奇的散文,而不是激情洋溢的诗。"'沽名钓誉,飞黄腾达——这就是他灵魂里的全部货色',她想,'至于高尚的思想啦,热爱教育啦,笃信宗教啦,这一切无非都是往上爬的敲门砖罢了。'"②甚至,面对卡列宁这个俄国最道德的人,她会说:"我恨就恨他的道德!""我明明知道他是一个不多见的正派人,我抵不上他的一个小指头,可我还是恨他。"③值得一提的是,眼光不同,所见也就不同。刚才这一切就只有通过觉悟了的安娜的眼光才能看到,而渥伦斯基却看不到,在他的眼睛里,就觉得卡列宁很不错啊。而卡列宁在道德上是善的,是好的。但是从美学的角度我们偏偏要说卡列宁是丑的。他为什么会既善又丑呢,犹如安娜为什么会既恶又美呢?关键就在于:当我们从无限性的角度、从终极关怀的角度来重新观照人生的时候,我们的评价与从现实关怀的角度来观照人生是根本不同的。这就是美学家眼中的人性。

"我达达的马蹄是美丽的错误"

最后再看看美学中的爱情与生活中的爱情。

---

① 列夫·托尔斯泰:《安娜·卡列尼娜》,上海译文出版社1990年版,第94页。
② 列夫·托尔斯泰:《安娜·卡列尼娜》,上海译文出版社1990年版,第186页。
③ 列夫·托尔斯泰:《安娜·卡列尼娜》,上海译文出版社1990年版,第376页。

其实,美学中的爱情与生活中的爱情也有不同。在浩如烟海的爱情诗中,我觉得有两首写得很有美学趣味。这两首都是台湾人写的。有一首诗叫《错误》,①写的是暮春时节,在江南,每年三四月时候啊,都有一个少女在等着她的男朋友骑着马来看她。每一年都会有达达的马蹄声。有一年,达达的马蹄声响起来了,但是这个男青年却不再来看她,而是看另外一个少女。我觉得这首诗写得很好,为什么呢?因为他最后给我们提出了一个很有意思的问题,按我们现在的少男少女的想法,被人家甩了总是不光彩,是吧?旁人背后免不了要幸灾乐祸。但是这个诗人不是这样看问题。他超出了世俗的角度。他不是从爱情的得到和没有得到来看,也不是从爱情的付出和回报来看。他只是想,他是不是在生命的"长亭"和"短亭"之间真实地跋涉。所以最后他又写了一句,说她确实是犯了一个爱情的错误,但是,这是一个"美丽的错误"。"错误"竟然可以"美丽"!我觉得它就很真实地写出了爱情和终极关怀、爱情和生命、爱情和未来的关系。我记得十年前我有一次到南师大作报告,就用过这个标题:"美丽的错误"。我们知道,当用美学的眼光去看待世俗生活里的爱情的时候,它关注的是爱情的什么啊?付出?结果?收获?白头偕老?成功?失恋?都不是。它关注的是爱情的真实。如果它是真实的,失败了也是美丽。

还有一首诗《碧潭》,②也是写爱情。它写一对儿青年男女到公园去划船,划的时候,两个人在船上大概有些忘乎所以,那个船就来回晃。岸上的人就对他们喊,你们要注意了啊,你们这样太过分,船会翻的啊,会有生命危险的啊!而诗人代船上的那对青年男女回答了他们,怎么回答的呢?他说,"就是覆舟,也是美丽的交通失事了"。所以,当从美学的角度去评价生活、评价爱情的时候,它的眼光是不一样的。并不是因为得到了爱情就美丽,有时候爱情的失去比爱情的得到还美丽;并不是爱情的成功就美丽,爱情的牺牲有时候比爱情的成功更美丽;并不是爱情的循规蹈矩就美丽,有时候爱情

---

① 郑愁予:《错误》,引自《新诗鉴赏辞典》,上海辞书出版社1991年版,第780页。
② 余光中:《碧潭》,引自《新诗鉴赏辞典》,上海辞书出版社1991年版,第705页。

的不循规蹈矩可能比爱情的循规蹈矩更美丽啊。

刚才我举了几个例子,就是为了要证明:文学,这样一个"便饭馆",它只卖一道菜,就是人性。那也就是说,对任何一个问题,它只从一个角度去观察,就是它的人性是完美的,还是不完美的。如果是完美的,就赞美它,如果是不完美的,就悲悯它。这就是我们所看到的从终极关怀出发的审美活动的全部。

三、"带着爱上路"

"无缘无故的爱"

再讲一讲终极关怀和爱的关系。

我们一再讲终极关怀,其实终极关怀是人类在精神追求当中的一种总的表现。那么,终极关怀与审美活动是直接相关还是间接相关呢?这其实也是一个非常值得思考的问题。我1991年的时候出过一本书:《生命美学》。那个时候我就提出从终极关怀的角度来看人生。但实际上,我后来想了很多年,慢慢意识到终极关怀只是一个维度,它变成审美眼光,一定要有一个中介,什么中介呢?当时我在书里提了一个思路,就是要"带着爱上路"。我现在觉得,这个"带着爱上路"的思路要大大拓展。其实文学作品说起来也很简单,就是把终极关怀变成对人生、对世界的一种爱,而这种爱,它是可见可触及的。就像审美活动那样是一个具体的和可感的东西。马克思说过一段现在来看也应该是绝对正确的话,他说:"我们现在假定人就是人,而人同世界的关系是一种人的关系,那么你就只能用爱来交换爱,只能用信任来交换信任,等等。"马克思说的这段话和我前面讲的终极关怀是完全一样的。他说"假定人就是人",那也就是说,假定我们站在终极关怀的维度来看人,假定我们站在无限性的角度来看人,那我们就能看到什么呢?或者我们只能怎么样跟这个世界建立一种交换关系呢?只能看到爱,只能"用爱来交换爱",而这种用爱来交换爱,其实就是终极关怀的具体表现。所以终极关怀在我看来就是爱的关怀。终极关怀的最集中的体现就是爱。我在第一讲的标题里写到:"为爱作证"。道理就在这里。

那么,"爱"是什么?是爱情?爱祖国?爱党?爱社会主义?还是爱就是爱?"爱"肯定跟爱情无关,跟爱某一个具体的东西也无关。"爱"是人的一种精神维度,也就是说是人的一种精神态度。这种精神态度来自什么地方呢?来自一种绝对责任。这种绝对责任的出发点是对人的有限性的自知。人类为什么会用爱来对待世界呢?是因为人知道自己是有限的。他知道自己不可能什么都正确,所以,他知道有限是自己全部罪责的所在。当然也是自己的全部伟大的所在。因为人知道自己有限,知道自己会犯下很多的错误。但是他又知道自己一定会去改正错误,去修正自己的错误。这样一种知道自己的局限、知道自己的有限性的原罪,其实正是人的高贵所在,也是人可以和世界平起平坐的标志。人靠什么和上帝平起平坐呢?上帝是无限的,人是有限的,但是人为什么可以和上帝平起平坐呢?就因为他知道自己有限,知道自己的原罪就是有限性。结果因为生命的有限而向往精神的无限,因为肉身的局限而追求灵魂的超越。在这个意义上,人就完全可以和上帝平起平坐了。从这个意义上来想象,我们就知道,什么是原罪,什么是人对自身有限性的洞察,其实就是针对一种绝对责任的基本假设。

我想了很多年,我想怎么才能够把文学艺术的奥妙说出来,怎么才能够把帕斯捷尔纳克、雨果这些人高于鲁迅的地方说出来。为什么他们看问题就和我们不一样?为什么托尔斯泰、陀思妥耶夫斯基、但丁、雨果、帕斯捷尔纳克等所有的西方大师和我们中国作家看问题都不一样?为什么我们中国哪怕李白、杜甫他也只关心皇帝的起居,关心国家的安危,关心老百姓的冷暖,他们为什么就没有关心过人的灵魂?关键问题在什么地方呢?现在我觉得,关键问题就是能不能意识到存在着作为基本假设的绝对责任。这个绝对责任是什么呢?就是每一个人都意识到罪恶的彼此息息相关,每一个人都意识到丧钟为每一个人而鸣,意识到这种存在的相关性,意识到每一个人都不是孤岛。而这种相关性,必然也就是爱的前提。因为你只有意识到这样一种绝对责任的基本假设,你才会有欠债感。我们中国人就是想了几千年都想不清楚这个道理。西方人会有一种原罪感,会用爱来面对犯错误的人,但是我们中国人绝对不会。因为我们中国人从来就没有欠债感。

我们不觉得欠债,谁犯错误他自己倒霉,对吧?我们没有意识到他犯错误恰恰就是因为人是有限的,我们不应该去再踏上一只脚,而是应该去怜悯他。而且更重要的是,我们要想到:我侥幸没有犯这个错误,要感谢命运。是吧?你看他犯了这个错误我没犯,我也有局限性,如果当时我处在他那个情况,我可能比他还惨。这种共同责任、绝对责任的感觉其实就是我们所说的"良心发现"。这种对所有的人的命运负责、对世界的所有的过失负责的意识就是所谓爱的意识。可惜我们中国人总弄不懂,我们经常会说自己和世界的某一部分无关。"这些事是他们干的,和我无关。""文化大革命是'四人帮'干的,和我们无关。"我们经常会用这种方法来思维。而只要我们说世界的某一部分和我们没关系,世界的某一部分的罪恶我们不要负责,我们就开始了对于责任的逃避。责任也就从无限责任转向了有限责任。那么,我们自身也就没有了无限向善的可能,也就是说我们也就没有了成为人的可能。而"爱"就是一种无限向善的可能。它让我们意识到了绝对责任。这是"爱"的第一个含义。

从这样的含义去看"爱",我们会看到什么呢?我想我们会看到最触目惊心的几个字:"无缘无故"。上面我讲了,"爱"实际上来源于责任,来源于一种绝对责任的觉醒。这种绝对责任的觉醒使每一个人都意识到了存在的相关性,结果他就会去爱所有的人,也会去爱世界的全部。这种爱使得他去勇敢地承担一切。于是,"无缘无故的痛苦"和"无缘无故的爱"就会凸显出来。我始终认为,中国美学就缺这两个东西,没有原罪感——"无缘无故的痛苦",没有原爱感——"无缘无故的爱"。中国人对生命没有一种终极关怀的洞察,中国人的生存没有悲剧感,更重要的是,中国人不知道怎么样去拯救这样一种无望的生活,不知道怎么样拯救这样一种悲剧的命运。他没有原爱的意识。所以不但对罪恶的体会不深,而且更对爱的体会不深。这就造成了中国美学的悲剧。我要强调,"无缘无故的痛苦"和"无缘无故的爱"是我对于美学的最最简单的概括,也是我对中国美学的始终如一的批评。

那么"无缘无故的爱"包含了什么内容呢?我觉得它包含了两个方面的内容。第一个方面是爱的原则:无条件原则。什么叫无条件原则呢?就是不但爱可爱者,而且爱不可爱者。我们中国人也不是不讲爱。比如说我们如果讲到中国无爱的时候,同学们肯定不服气,说中国人也强调爱啊,孔子不也讲爱吗?孟子不也讲爱吗?其实我告诉大家,在中国社会确实也是讲爱的。但是中国人对此没有构成系统的和理性的思考。在中国人的文化层面,系统理性思考的层面,中国人确实是不讲爱的。因为中国人所讲的爱跟我们所讲的爱是不同的,中国人讲的爱,是有原则的,所谓有原则就是:他只爱血缘上跟他接近的,或者在他的关系网以内的。比如说,"老吾老,以及人之老;幼吾幼,以及人之幼",是不是?这种思路,实际上是以己推人,这种以己推人,背后隐含的是对等原则,是一种有条件原则。因为他跟我有什么什么关系,所以我才爱他。而人类的爱奉行的却是无条件原则。也就是说,最重要的不是爱可爱者,爱可爱者谁不会呢?动物都会。动物也会爱可爱者啊,重要的是爱不可爱者。也就是说,这些人根本就跟他没关系,或者爱他的结果是只能给自己带来重大伤害,那么,你爱,还是不爱?这才是检验我们爱的原则的试金石。所以,爱不可爱者,是对我们的一个非常严峻的考验。

　　比如说,中国有一句话叫"一失足成千古恨",这句话在西方文学作品里就很少看到。比如说雨果写的小说叫《悲惨世界》,大家看过吧,那个冉阿让一开始犯了错误。后来呢,西方人就给了他一个改正错误的机会。这就是说,一失足不成千古恨。但是在中国呢,一失足就必成千古恨。为什么呢?就是因为中国人的责任是有限责任:你的责任是你的责任,我的责任是我的责任,所以你如果一旦犯错误,你就万劫不复。而西方人的责任是一个绝对责任:你犯的错误我也有份儿,我犯的错误你也有份儿,他是一种绝对责任观。在这个意义上,西方的好人和坏人都不是就事论事,一次荣誉不能够享受终生,一次过失也不能够千古遗恨。因此,西方人所指的"罪",不是指的犯错误,而指的是绝对责任,是自由的误用。比如说俄狄浦斯是犯了罪的。为什么犯"罪"呢?因为滥用了上帝给他的自由,上帝给了他自由是让他向善的,结果他以为我比上帝还聪明,上帝告诉我我可能犯什么错误,我不信我非要去做,结果犯下了更大的"罪"。所以西方的犯"罪"是指的对于自由的误用。而西方的"爱"是针对所有人的,大家知道,某些错误可能有些人不会犯,但是如果我们指的错误是指"对自由的误用"的话,那所有的人都无一例外。谁都可能误用自由,所以在误用自由上,我们要去怜悯别人而不要去认为别人是"一失足成千古恨"。一个最典型的例子就是希特勒,我经常说,哪怕对于希特勒我们也要说,他是属于自由的误用。他所犯下的罪也是每一个人都可能犯的,你如果在那个位置上,可能你也是希特勒。所以我们应该看到希特勒的可怜而不是看到希特勒的可恨,只有这样,从美学角度你才看到了真正的希特勒。如果你只看到了他的可恨,你就不是一个文学大师,你如果去写这样一个希特勒,就肯定不会写成巨著。

再说几句,从终极关怀出发的爱,实际上是人的一种精神维度,而不是一种道德。它是肯定没有任何条件的。它就像我前面讲的那个赌博,要赌什么存在呢?赌爱存在。任何一个人他都生存在有限性当中,但是你要坚信,人类是能得救的。每一个人都在犯错误,但是每一个人都一定要想,我要用爱的态度来面对别人犯下的错误和我曾经犯下的错误。为什么呢?因为这个世界肯定可以得救。这个原则是我们一定要记住的。中国人往往不这样想,他说:哎呀,我不能先撒手,我不能先爱别人,我先爱别人,别人要害我怎么办呢?就好像那个农夫与蛇的故事,对于中国人来说,他永远记住了,只要被蛇咬了一次,它第二次绝不会再去救这条蛇。而按照西方文明的想法,他就要无数次地去救,为什么呢?他要赌爱的胜利。所以爱是无条件的。他绝对不以这个世界也爱他作为回报,哪怕是这个世界给他以仇恨,他也要爱这个世界,因为爱是他生命的全部意义所在。在这个意义上,这就是我所说的爱。

我给大家举两个例子,一个是蝴蝶。我觉得蝴蝶在这个世界上是真正的爱的精灵,是美的精灵。因为在这个世界上,蝴蝶是最软弱的动物,是不是?它是最没有反抗能力的动物。但是它给这个世界提供的只有一个最纯粹的回报,就是美。所以我觉得蝴蝶的形象应该是一个美的形象。其次我们来看蜜蜂。我觉得蜜蜂的形象也应该给我们一种爱的启示。蜜蜂在有刺的玫瑰花丛里面寻觅,但是它回报世界的却不是刺,而是蜂蜜。西方的一个大诗人里尔克在《给青年诗人的信》里讲:诗人就是采撷大地上不可见事物之蜜的蜜蜂。他把人类的痛苦和欢欣采来酿造成蜜,供人啜饮品尝。我们知道,很多很多的人都连蜜蜂也不如啊,他只记住了受到伤害,只记住了伤口的疼痛,以致根本没有心情去享受蜜的甘甜,而蜜蜂不是。它不关注受到的伤害,它永远去回报以蜜的甘甜。爱有如蜜蜂,也是一种无条件的回报。

第二是爱的态度,中国人在理解爱的态度上都是一种对等的态度,那也就是说,都是人和人之间的一种爱。但实际上,我们要把眼光转换过来,把人的眼光转化为神的眼光。人与神的眼光显然是不对称的,你从人与人的眼光来看这个世界,那你看到的很多都是十恶不赦的人,都是你的仇人。而你要从神的眼光来看呢?一切过失都必须原谅。为什么呢?因为在神看来,人都是有局限的,当然他就要原谅人,他就不会用恨的办法来对待那些犯了错误的人,他还会去爱他,为什么呢?他的努力失败了,他还要用爱的力量来鼓励他,或者用爱的态度来悲悯他。

比如苏格拉底,苏格拉底被判死罪,他不想去申辩,他从容去赴死。很多人想不通,说苏格拉底你那么能言善辩,你去为自己辩护一下,你就可以不死嘛。但苏格拉底说他不去辩护,为什么呢?因为他相信神的审判。对人间的审判他根本不关注。还有基督,那个故事大家都知道,别人打了你左脸,你把右脸也伸过去让他打,有人说:哎,他怎么这么软弱啊?他不是软弱。因为对于人世的审判,他并不在意。真正的审判来自谁呢?来自神。所以耶稣不会去计较别人打他的左脸,也不会计较别人再打他的右脸,为什么呢?因为他认为判断这一切的根本的标准来自神的判断,终极关怀的判断,而不来自现实的荣辱和得失。而且他知道,用不善的手段没有办法达到善的目的。比如说别人打了你左脸,你也去打他的左脸,就是用不善的手段去达到善的目的,而这是根本不可能的。而且,当你知道了这种手段是不善的时候,相比别人不知道它不善而打了你,你去(同样不善地)回报他,就更为不善。这并不是说就没有正义,不是有神在做判断嘛,因此每一个人都没有必要自己去报仇雪耻,也没有必要以不可爱者的忏悔作为前提。没有必要想:如果这个不可爱者忏悔了,检讨错误了,我就爱他,如果他不检讨、不认错我就不爱他,这种想法是不正确的。对于爱来说,只要去爱就行,它是绝对无条件的。这就是无缘无故的爱。所以耶稣说:爱你们的仇敌。所以保罗说:只要祝福,不要咒诅。

以爱的姿态面对

爱的来源、爱的无缘无故与爱的力量关系密切。我必须强调,爱的力量不是来自面对黑暗,而是来自面对光明。这一点也是我们理解起来比较困难的。因为当我们受到伤害的时候,我们经常采取的态度是两种:第一种就是现实关怀的角度,这是每一个中国人都会采取的。因为受到了伤害,而图谋报复、图谋反击,甚至不惜用卧薪尝胆的卑鄙办法。其实越王勾践的行为是人类最无耻的行为,他哪怕用吃人粪的办法都在所不惜,只要能报仇就行。但是,他忘记了一点,这种报仇是不可能推动人类的进步的。为什么中国文明两千年就是不进步?就是因为我们以为用"以黑暗对黑暗"的办法、"黑吃黑"的办法就能够推动人类的进步,实际上却没有办法推动。因为黑暗就是黑暗。批判黑暗不可能就导致光明。消灭黑暗也不可能就导致光明的到来。因为黑暗的尽头不是光明,黑暗没有尽头,黑暗的结果也不是光明。我不是讲过它的无缘无故嘛?所以反抗黑暗永远不可能真正地走向光明。正确的选择是什么呢?只能是背对黑暗,面对光明。所以,《圣经》的《新约》提的口号叫:"你们必通过真理获得自由。"也就是说,你必须通过面对光明去获得自由。你不可能通过与黑暗同在去获得自由。

第二种做法是什么呢?因为意识到只有爱才是对恶的真正否定,而其他的否定,比如说以恶抗恶,比如说以暴抗暴,都不过是对恶的投降与复制。世界的丑恶不是不需要"爱"的理由,而是需要"爱"的理由。我们不能说:啊,这个世界太丑恶了,我们干吗要爱这个世界,我跟它同流合污,把它消灭掉,不就完了吗?恰恰错了。这个世界越黑暗就越需要爱,因为你如果采取了对这个世界的报复的方法,你就把心灵也变成了地狱。只有爱才是对恶的唯一深刻的否定。所以,我们真正的超越恶不是以恶抗恶,而是绝对不像恶那样存在。看看显克微支的《你往何处去》,你就会知道西方的文明是怎么前进的。罗马人拼命地杀早期的基督徒,但是后者却绝不反抗。为什么?他们绝不复制恶。他们绝对不像恶那样存在,直到最后把一个罗马城"杀"成了爱之城。对不对? 其中一个最令人感动的故事,是"格劳库斯的宽恕":有一个小人叫基隆,他出卖了格劳库斯的妻子与儿女,但是格劳库斯宽恕了他,可是他后来又出卖了格劳库斯,当格劳库斯被绑在火刑柱即将被处以极刑时,基隆终于良心发现:

基隆这时突然晃动了一下身子,向苍天伸出了双手,发出了一声撕心裂肺的可怕的叫喊:

"格劳库斯! 以基督的名义,宽恕我吧!"

周围一片死寂。所有的人都打了个寒战,一双双眼睛便不由自主地朝上望去。

受难者的头微微地动了一下,从火刑柱上随后传来了一个像呻吟似的声音:

"我宽恕你!"

在火刑柱的烈焰即将腾空而起的时候,迫害者乞求被迫害者的宽恕,而被迫害者在生命的最后一刻竟然仍旧宽恕了迫害者,这实在是人类最为壮观的一幕! 最后,基隆终于在爱与宽恕中被拯救,所有的罗马人也都在基督徒的爱与宽恕中被拯救。小说中写道:到最后彼得被放上十字架的时候,他是含着泪水的。为什么呢? 因为他看到了罗马城变成了爱之城。和基督一样屈服,胜过和恺撒一起得胜。西方人的这个思想是值得我们学习的。

在这个意义上,我们就看到,爱的力量来自哪儿呢? 来自爱本身。它去反抗恶的方式就是更爱这个世界;它去反抗恶的方式,就是以爱的姿态去面对恶,这就是文学的力量。里尔克有一首诗写得很好,就是《啊,诗人,你说,你做什么》。他在提到诗人的使命的时候说:"我赞美!"

啊,诗人,你说,你做什么? ——我赞美。
但是那死亡和奇诡
你怎样担当,怎样承受? ——我赞美。

> 但是那无名的、失名的事物，
> 诗人，你到底怎样呼唤？——我赞美。
> 你何处得的权利，在每样衣冠内，
> 在每个面具下都是真实？——我赞美。
> 怎么狂暴和寂静都像风雷
> 与星光似的认识你？——因为我赞美。

为什么说诗人的使命就是"我赞美"，那也就是永远以爱的心态去面对这个世界，永远为这个世界的存在提供形形色色的理由，哪怕这个世界充满了恶。而且，其实就是因为这个世界充满了恶，所以我才要爱，所以我才要赞美。爱就是愿意去爱。只要你是简单的，这个世界就是简单的。你是什么样的人，你的世界就是什么样的世界。因此，爱的结果，或许并没有在现实中获得回报，但是所有的人都会看到：它在人类的心灵中激起了巨大的回响。正是这巨大的回响，酿造着人类的过去、人类的现在，也必将酿造着人类的未来。比如说，中国有一句话叫"不如意事常八九"，这是人的有限性、生活的有限性决定的，但是如果你就拼命地念叨"不如意事常八九"，然后跟别人抢跟别人夺，你就永远过不好。你应该怎么做呢？你应该"常念一二"。你应该经常想那个"一二"如意事。对不对？你"常念一二"，你对这个世界就有一个正常的心态。而里尔克说的"我赞美"就是要你"常念一二"，你永远记住这个世界最终获胜的肯定是爱，我们就赌这个"爱"的必胜。所以你就去赞美这个"爱"。

顺便说一句，我记得有个哲学家问过一个很有意思的问题：假如今天是世界末日，你只能最后做一件事，那么，你会干什么？我想，绝大多数的人都会拿起手中的笔或者电话，告诉自己的亲戚朋友、告诉这个世界：我爱你！是的，世界，我爱你！所有的人们，我爱你！可惜，一旦回到现实中来，我们就把这个美好的祝愿抛到了脑后。这实在是目光短浅的我们的最大悲剧啊。

而对于爱的赞美，实际上就是我们所说的审美活动，在这个意义上，我们要说，审美活动就是爱的见证：它一方面见证爱，一方面见证失爱。比如说我们看文学作品,我想我们都能看到文学作品中的两个东西,一个就是爱,一个就是失爱。我们看到了文学作品里离爱最近的那些人、那些事、那些世界;我们也看到了文学作品里离爱最远的失爱的那些人、那些事、那些世界。文学作品事实上让我们看到的,就是这样的东西。我记得马尔库塞说过:"让人类面对那些他们所背叛了的梦想与他们所忘却了的罪恶。"这正包含了见证爱与失爱。

例如安徒生的作品,我觉得那才是真正的文学,中国的《小兵张嘎》《闪闪的红星》与之相比就差得太远了。在安徒生的作品里只有一个主题,就是爱的见证。例如《海的女儿》。歌德的《浮士德》也如此,他用浮士德的故事告诉我们:创造的结果总是抓不住,抓得住的只有过程。因此只有上路。人生只有不断地"上路"。过去人们对这一点的意识是朦胧的,从歌德开始才有了明确意识:有人说过,人永远可以走向天堂,但是永远无法走进天堂,因为一旦走到,天堂也就消失了。因为天堂无非就是人类精神的恒途啊。而我们人类所能够做的就是:看一切相,吃一切苦,爱一切爱,听一切言,享一切乐。所以《浮士德》最后写道:"凡是不断努力的人,我们能将他搭救。"《浮士德》全书则是这一切的见证。

看到一本书中举过一个例子:苏联有个作家写过一个电影剧本《幼儿园》,有一个孩子叫冉尼亚,他的父母都参加卫国战争上了前线,这个冉尼亚被迫投靠一个流氓团伙,后来有一天,冉尼亚要从团伙当中逃出去,被团伙头子发现了,就在背后追他,就在这个时候,一声枪响,团伙头子被一个叫丽莉亚的女孩儿打死了,可是当冉尼亚过去感谢她时,那个丽莉亚却抱着团伙头子的尸体放声大哭。

于是他迷惑不解地问道:"既然你可怜他,那他就不再是坏人了,是吗?"
"不是。"
"那么说他不是坏人了,是吗?"
"不是。他是个不幸的人。"
是的,"他是个不幸的人"! 其实如果从美学的角度一个作家写希特勒也一定要写出他是个不幸的人。你看看莎士比亚写的麦克白,那其实就是个"希特勒",他的全部努力恰恰就是造成他的"不幸"的全部根源。从现实角度,他们固然要被押上法律大堂,但是从终极关怀看,他们却只能被置于人性祭坛。而我们在本质上说,都是麦克白。只不过我们没有犯下那么大的人类之罪就是了,我们没有像希特勒那样犯了那么大的人类之罪。但是我们现在不是都在犯罪吗?从本质上来说,我们也滥用了上帝给我们的自由。所以我们在本质上说是一样的。看见别人失败得更惨,你就会觉得很可怜。本来有机会向善,结果他向恶了,多可怜。这个可怜也是发自内心的悲悯。为什么呢?因为你发现了自己差一点也同他一样可怜。所以你就会有那种绝对责任感促使你去怜悯他而不是去仇恨他。在这个意义上,我们再来看看经典的文学作品,我想我们就能够有一些新的发现。

一个是《堂吉诃德》,作品中的堂吉诃德是大家都比较熟悉的一个人物。堂吉诃德给我们的启示在什么地方呢?我觉得堂吉诃德给我们的启示就是:一个人当他坚持理想状态的时候,他会是什么样子。其实堂吉诃德是我们的自我被完全理想化的一个见证。这种完全理想化实际上是人类理想自我的写照。所以当我们看到堂吉诃德,其实就是看到了我们自己。所以当我们看《堂吉诃德》时一定要知道,那是我们人类最美好的东西。你如果不从这个角度看呢,你就会看不懂了。哦,这个人怎么疯疯癫癫的,痴痴傻傻的,他的跟班却反倒十分清醒,你看他带着他的跟班,两个人到处跑,跟班的很清醒,他很糊涂,其实不是。跟班的清醒是因为他从现实的角度看,他知道应该向左转,应该向右转,应该东西南北怎么走。堂吉诃德对这些具体的东西不知道。他太理想了,理想到了当局者迷的地步,但是正义是什么,非正义是什么,美是什么,不美是什么,他却始终非常清楚。他坚持的东西都是美的,所以他尽管在现实生活里处处碰壁,但是他是人类自我的理想化的见证。作家就是用这样的人物来鼓励我们向前向上的。

再比如我前面讲了雨果的《九三年》,其实雨果的《悲惨世界》也是很值得去看的。雨果的《悲惨世界》告诉我们什么呢?人性向善过程中的挣扎和过失是永远存在的。在这个过程当中,每一个人都可能犯错误。但是每一个人犯了错误以后,一定要挣扎!一定要向上!再艰难也要向上!我们看到的就是人类的这种努力。这就是爱的努力。犯错误一失足不成千古恨，不成千古恨的原因在哪儿呢？就在于挣扎，就在于要不断地向上。所以，我们看到冉阿让的故事，我们就会发现：冉阿让，他很傻，是吧？你比如说，如果我们犯点儿小错，我们就可能不采取冉阿让的办法，我们可能采取一种另外的办法，例如瞒，例如躲，例如原谅自己，但是冉阿让不是，因为他是代表人类在赎罪。他采取的是一种非常坦诚的办法，他代表人类宣告：人类向善的过程绝不可能是一帆风顺的，如果犯了错误，就应该勇敢地去面对错误，去改正错误。从人到神，确实非常艰难，但是非常值得一试。在雨果的笔下，我们看到了冉阿让刚刚出狱后的五次求宿：两次投宿客店，一次投宿监狱，一次投宿一个家庭，最后投宿狗窝（但是连狗窝也不是他的归宿）。这是艰难的一个典型写照。冉阿让就是在这个意义上成为人类的楷模。我们当然都不是冉阿让，或者说，我们只是或大或小的冉阿让，但是冉阿让给了我们力量。为什么呢？他是我们一路同行的圣者。冉阿让校正着人类向上的方向。在他身上，我们看到了人类的爱的力量。我们知道，这爱的力量是被那个著名的米里哀主教唤醒的。请看冉阿让的这次投宿遇到了什么：

"您不用向我说您是谁。这并不是我的房子，这是耶稣基督的房子。这扇门并不问走进来的人有没有名字，但是要问他是否有痛苦。您有痛苦，您又饿又渴，您安心待下吧。我告诉您，与其说我是在我的家里，不如说您是在您的家里。这儿所有的东西都是您的。我为什么要知道您的名字呢？并且在您把您的名字告诉我以前，您已经有了一个名字，是我早知道了的。"

那个人睁圆了眼，有些莫名其妙。

"真的吗？您早已知道我的名字吗？"

"对，"主教回答说，"您的名字叫'我的兄弟'。"

这就是我所强调的无缘无故的爱。米里哀主教就用这种方式把爱传递给了冉阿让。而在冉阿让的爱的力量的托举下，我们才有了继续活下去的理由和勇气，也才得以不断地上升。

再如《复活》。其中的男主角他犯了点儿错误。那么，他怎么办呢？勇敢地去面对。假如《悲惨世界》讲的是过失和向上，《复活》讲的就是诱惑和向上。有时候我们人类可能会有过失，但是更重要的是，我们有时候会因为诱惑而犯下大错。有些东西很诱惑我们，比如说美女啊，比如说金钱啊，比如说权力啊，比如说欲望啊，聂赫留朵夫就是因为美女的诱惑而犯了错误，但是文学大师的眼光敏锐在什么地方呢？他不是做一个道德判断：这个事是好的还是坏的，你怎么改正你的错误，等等。他是告诉我们人类：你面临诱惑是肯定的，你犯下的过失是肯定的，但是你怎么样以人的面目去改正、去面对这样的诱惑，并且最终去战胜它，这才是关键。中国的许多文学作品，都讲"始乱终弃"，但又都是讲到"始乱终弃"就结束了，或者讲到犯了错误以及改正错误就结束了。可是一个人在"乱"了以后，犯了错误以后，怎么从心理上去面对人性的沉沦？怎么从心理上战胜自己的失败？却从来没有人讲过。托尔斯泰面对的问题正是：犯了错误以后，我们怎么继续去抗争，怎么样肩负起责任。托尔斯泰只不过是用一种人类最严肃最神圣的方法来告诉你：人犯了错误要认真地去改正错误，要负责任。不负责任的人生不值得一过。结果，我们每一个人可能不必去向聂赫留朵夫学习，但是我们必须心存敬畏，必须向他致敬！我们必须知道，他意味着人类精神的高度。因此，我们也就更懂得尊重自己，更懂得尊重人生，就更懂得爱了。

陀思妥耶夫斯基的小说《罪与罚》也很值得一读。英国作家福斯特在《小说面面观》中说过，在文学的殿堂里，《卡拉马佐夫兄弟》是里面的圆拱顶，而《战争与和平》是里面的柱廊。可见陀思妥耶夫斯基的地位之高。而德国作家托马斯·曼说：你可以拿自私而幸运的歌德、擅长道德说教的托尔斯泰开玩笑，但是却绝对不能拿陀思妥耶夫斯基开玩笑。想想就知道了，没有哪个作家比他距离人类的灵魂更近。没有人会对自己的灵魂漠然置之，没有人不存在无缘无故的痛苦，而这些正是陀思妥耶夫斯基作品所反映的真实。《罪与罚》就描写了社会中几个濒临绝境者的选择：大学生拉斯科尔尼科夫抱着拿破仑式的理想，为此，不惜杀死放债的老太太和她的妹妹。可是，我们看中国作品的杀人，又有哪个作家敏感地关注过杀人之后的人性震撼？都是"手起刀落""提头领赏"，等等，但是在陀思妥耶夫斯基笔下就不同了。杀人之前，拉斯科尔尼科夫精心设想了杀人的全部细节，但是最最重要的一点他却没有想到：在杀害别人之前，他已经先杀死了自己。杀人的屠刀斩断了自己与人类之间"爱"的联系，杀人这一行为已经证明了他不再是人类而只是动物，从此他的灵魂再也得不到安宁。他突然发觉：一切美好的东西都离自己而去，也都与自己再无关联，他痛苦地意识到：在杀死他人之前先杀死了自己，这才是"最不幸"的痛楚。而索尼雅姑娘呢，为生计所迫不得不以出卖肉体来维持家人的生活，而她与这个家庭的成员其实并没有血缘关系。可是索尼雅活得并不卑贱，在人格的尺度上，她比杀人的大学生站得更高。因此，当她得知拉斯科尔尼科夫犯下了杀人的罪行，她竟然高兴不已，因为她意识到了上帝交给她的拯救他人灵魂的使命。索尼雅用自己的爱把拉斯科尔尼科夫的"心弄软了"，并使他重新回到"人"的平台，重新获得人的尊严和生命的新生。顺便说一句，陀思妥耶夫斯基对于无缘无故的痛苦的关注，是一个十分深刻的美学问题。在书中，拉斯科尔尼科夫就有两次跪拜，一次是跪在索尼雅脚下，一次是跪在广场，而两次跪拜的目的倒是只有一个："我是向人类的一切痛苦膜拜。"这一切，不从见证爱与失爱的角度，就很难弄清楚。要知道，连弗洛伊德也误解了陀思妥耶夫斯基，他竟然说陀思妥耶夫斯基特别喜欢苦难，是个受虐狂。其实他看错了。弗洛伊德毕竟是个医生，总想动刀，一个形而上的精神拯救命题在他却可以变成形而下的感官体验命题。其实陀思妥耶夫斯基讲的苦难不是指受虐，而是强调：只有苦难才有可能把人类送上天堂。因为地狱就是天堂。

所以，应该说，在经典文学作品里，我们可以看到很多很多的爱的启示和失爱的启示。所有的文学作品，我建议你就把它当成一个只卖"人性"这一道菜的饭馆。然后你就去看一看，大作家怎么去思考人性。按我说的这个思路去看，你慢慢会发现你的境界在提高，你对人生的认识在深化。但是如果你只会去看故事，只会像一个道德家、一个法官那样去作道德判断，那你在这些作品当中就什么也学不到。

"痛，并快乐着"的理由

最后一个问题是爱的意义。审美活动是为爱作证，那么，它的意义在什么地方呢？就在于大大拓展和提升了人类的精神空间。比如说我们会想，我本来生活得很好，为什么要阅读文学作品呢？如果让我来回答，那么我会说：就是要通过阅读文学作品的方法，堵死你所有的现实的选择。你通过看文学作品才知道：哦，我在现实生活里生活得原来是很不美好的，都是权宜之计，今后我要用一种更有尊严的方法来面对人生。结果文学作品就成为你生命过程中的人性的鼓励、人性的想象和人性的证明。所谓人性的鼓励就是鼓励你去过更美好的生活；所谓人性的想象就是拓展你人性想象的空间，让你可以以更有爱心的面目来面对这个世界；而所谓人性的证明，那就是为你自己写下光辉的一页，或者不光辉的一页。在这个意义上，伟大的艺术肯定会使人类伟大起来。为什么呢？就是因为爱是彼此相通的。当我们和爱站在一起的时候，我们就会变得伟大了。

俄罗斯有一位女性叫梅克夫人，她举例说：一个罪人的灵魂听了柴可夫斯基的音乐，也会颓然而倒。为什么呢？就是因为里面充满了爱的力量。莫扎特1787年4月4号给他父亲写了一封信，他说："既然我已经习惯了想象最坏的情况发生，但我还是在等待好消息的到来。既然死亡是生命的真正归宿，我多年来就已经熟悉了这一人类最好的朋友，他的面孔现在对我来说，已不再狰狞恐怖，而是看上去和平而安慰。我要感谢上帝赐予我这种恩泽。我上床前总是想到，也许自己第二天早晨，我就醒不过来了，但是了解我的人，谁也不会说我很悲痛或不满。我感谢造物主赐予我欢乐的天性，并衷心希望我的同类分享这种快乐。"对莫扎特的这段话，你要想象成人类的自白，你才会看得懂。因为，他说的是我有一天可能就不会起来了，我可能今天就再也不会起来了。我已经说过了，我们都是被判了死刑缓期执行的，而且永远不会改判，因此我们随时都会倒下。也因此，在根本意义上我们都是莫扎特。但是莫扎特找到了一个快乐的方法，找到了一个"痛"而且"快"，"痛"而且"乐"的方法，这个方法就是从终极关怀的角度再来看自己有限的可怜的人生，他顿时就觉得，在这个浩渺的宇宙上，一个人像流星一样地划过，还是有可能快乐的。这就是美学的力量。否则，你想一想都是很可怕很可怕的。比如说，想象一下宇宙的浩渺，想象一下时间的漫无尽头，然后想象一下,你占有时间的几秒钟,你会是什么感觉呢?前面是什么?是无穷无尽。后面是什么?是无穷无尽。那你又有什么理由去生活,有什么理由去快乐?我觉得唯一的理由就是与美同在、与爱同在。

四、美学新千年的对话

我们已经走过了这个世纪的"世纪之初"。对于人类来说,"世纪之初"或许并不新鲜,但对于现在的我们来说,这个"世纪之初"可实在是意义重大。因为这个"世纪之初"是我们所能够经历的唯一一次,它不仅是一次难得的百年之交,还是一次难得的千年之交。

可能也正是出于这个原因,进入这个世纪之初以来,很多人都以著述、演讲、创作等各种各样的方式来迎接它。我也没有例外,从这个世纪的"世纪之初"开始,我写了一系列的文章,也做过很多场演讲,在这些文章和演讲里,我以"叩问美学的新千年"作为基本的思路,选取了不同的话题去讲述我对新千年、新百年的美学思考。

总结我的基本思路,我觉得,可以以西方的一个大诗人里尔克的一首诗来加以概括:

没有认清痛苦,
爱也没有学成,
那在死中携我们而去的东西,
其帷幕还未被揭开。①

"没有认清痛苦,爱也没有学成",经过相当长时间的认真学习与思考,我近年来逐渐明确地意识到,中国美学的历程曾经就是一个既"没有认清痛苦,爱也没有学成"的历程,这就是所谓的"前红楼梦时代";也曾经就是一个逐渐意识到亟待去认清痛苦、亟待去学会爱的历程,这就是所谓的"红楼梦

---

① 转引自海德格尔:《海德格尔诗学文集》,华中师范大学出版社1994年版,第86页。

时代",可是,一个十分严峻的现实是:整个的20世纪,就整体而言,我们还仍旧是"没有认清痛苦,爱也没有学成"。正是出于这个原因,我在很多演讲中都一再强调,认清痛苦、学会爱,这正是我们进入美学的新百年、新千年的中国的世纪主题、千年主题。

还可以说得更加具体一点。

这几年,我越来越想说的话是:对于新世纪和新千年的中国来说,我们确实存在美学困惑。但是,这个"美学困惑"并不是"美学的困惑"。这样说是什么意思呢?就是我们现在的美学探索确实存在困惑,但是这个困惑却主要是因为它背后的文化背景造成的,而不是美学本身造成的。所以我们一定要记住,我们存在美学困惑,但是这个美学困惑不是美学的困惑,而是我们文化的和思维的困惑。这也就是说,要解决美学的出路,就一定要为美学补上一个新的维度,这就是信仰的维度以及作为终极关怀的爱的维度。

这,就是问题的关键。

2001年,我迎来了我的生命历程中的一次重大转折。那一年的春天,我在美国纽约的一个大教堂待了一个下午和半个晚上。那天我想来想去就是围绕着一个问题:以个体去面对这个世界,那么,这样做的意义究竟何在呢?而思考的结果,就是我终于意识到,以个体去面对这个世界,它的意义就在于为我们"逼"出了信仰的维度。也就是"逼"出了作为终极关怀的爱。换句话说,我们这个民族迫切需要两个东西,一个东西是个体的觉醒,一个东西是信仰的觉醒。个体的觉醒一定要有信仰的觉醒作为对应物,否则个体就不会真正觉醒。信仰的觉醒也一定要有个体的觉醒作为对应物,否则信仰也就不会真正觉醒。但是,个体的觉醒和信仰的觉醒最终会表现为什么呢?不就是作为终极关怀的爱的觉醒嘛!

而这就必然导致下面的结论:中国美学在前红楼梦时代走上的是一条"天问"之路;中国美学在红楼梦时代走上的是一条"人问"之路;而在后红楼梦时代的今天,中国美学必须走上一条"神问"之路。

在这里,所谓的"神问"就是指的"神圣之问",也就是"信仰维度之问""终极关怀之问""爱之问"。或者,不妨还用前面的里尔克的诗句来概括,所谓的"神问",也无非就是:认清痛苦、学会爱。

一个严峻的问题是,过去我们在进行美学思考的时候,往往从未能够对于我们思考的前提去首先加以"思考"。这里的"思考"其实也就是"质疑"。

例如,中国美学就是这样的一个首先必须去加以"质疑"的"前提"。在中国,研究、教授中国美学的学者大有人在,但是,大多都是仅仅去诠释、注释它,但是却很少有学者转过来去"质疑":中国美学是否也存在"精华"与"糟粕"? 是否也存在着"活东西"与"死东西"? 更为重要的是,我们究竟如何去区别其中的"精华"与"糟粕"、"活东西"与"死东西"? 相当多的人认为,在"中国美学"中最为重要的是"中国",在"中国美学"中只要是有"中国特色"的思想就应该是"精华"与"活东西"。我必须说,对于这种看法,在过去的相当长的时间里,我也是自觉不自觉地予以认可的。可是,2001年美国之行后,我才慢慢发现,在"中国美学"中最为重要的字眼不再是"中国",而是"美学",在"中国美学"中只有那些真正面对了人类的精神需要的思想才应该是"精华"与"活东西"。那么,人类的精神需要是什么呢? 认清痛苦、学会爱! 因此,在"中国美学"中只有那些真正面对了人类认清痛苦、学会爱的精神需要的思想才是"精华"与"活东西"。

再如,在"中国美学"中,不但是"美学"比"中国"要远为重要,而且,即便是在美学中,更为重要的也不是"集中意识",而是"支援意识"。"集中意识"和"支援意识"是西方的哲学家波兰尼提出的。波兰尼是一位英籍犹太裔物理化学家和哲学家,"集中意识"和"支援意识"是他的一个发现。在他看来,一个科学家、理论家的创新都可以被分为两个层面,一个是可以言传的层面,他称之为"集中意识",还有一个是不可言传只可意会的层面,他称之为"支援意识"。而一个科学家、理论家的创新就肯定是这两个层面的融会贯通。而且,在这里更为重要的正是"支援意识"。因为任何一个科学家、理论家的创新其实都是非常主观的,而不是完全客观的。可是,即便是科学家、理论家本人也未必就对其中的"主观"属性完全了解,因为在他非常"主观"地思考问题的时候,他的全部精力都是集中在"思考问题"上的,至于"如何"思考问题,却可能是为他所忽视不计的。何况,不论他是忽视还是不忽视,这个"如何"都还是会自行发生着作用。例如,同样是面对火药,中国人想到的是可以用来驱鬼避邪,西方人想到的却是可以用来制作大炮;同样是面对指南针,中国人想到的是用来看风水,西方人想到的是可以用来做航海的罗盘,其中,就存在着"主观"的差别,也存在着"如何"的差别。

而要再换一个说法的话,那么我想说,波兰尼所提出的"支援意识",其实也可以理解为一种思考问题的根本假设。西方有个美学家叫布洛克,他说过这样一句话:"困惑的结果总是产生于显而易见的开端(假设)。正因为这样人们才应该特别小心对待这个'显而易见的开端',因为正是从这儿起,事情才走上了歧路。"①这也就是说,每个人在思考之前,其实都必须首先为自己假定一些根本假设,或者是必须先接受一些不必去加以讨论的根本假设。当然,这个根本假设不能告诉我们世界是什么样的,但是,它却能告诉我们应以什么样的眼光来看待世界。这个根本假设也不能规定我们想什么和做什么,但是,它却能规定我们去怎样想和不去怎样想、去怎样做和不去怎样做。它是我们思考的根据,也是我们思考的限度。

由此我们发现,我们美学思考的前提其实是出自一种人生的根本假设。也就是说,美学是对人生的一种根本假设。美学之所以是美学,就是因为它为人生提出了一种根本假设。而我们之所以一定要学习美学,就是因为每一个人都需要对于自己的人生的一种根本假设。我们生存在这个世界上,就是靠我们与世界之间的某种关系的根本假设,这个根本假设,也可以被理解为我们的生存理由。在这个意义上,不同的美学家所提出的不同的美学,其实也就是他们所认为的最为美好的根本假设。西方著名哲学家波普尔断言任何的理论都是"猜想",道理也就在这里。例如,不难想象,西方的美学无疑与西方的亚当夏娃和原罪的根本假设有关,而中国的美学也无疑与"人之初,性本善"的根本假设有关。

也因此,当我们接受了一种美学,其实也就接受了一种生存方式,接受了一种对于生命的领悟。于是,我们的一生就开始"美学"起来了。所以,美

---

① 布洛克:《美学新解》,滕守尧译,辽宁人民出版社1987年版,第202页。

学不仅仅是名词,而且尤其是动词。只有把美学理解为动词,才有可能深刻地理解美学,真正地理解美学。所以,美学不是知识,而是智慧。美学不是"学以致知",而是"学以致智"。美学,就是一种生存方式。"庐山烟雨浙江潮,未到千般恨不消。到得还来别无事,庐山烟雨浙江潮。"应该说,弄懂了苏轼这首诗的内涵,也就弄懂了美学的内涵。

而在后红楼梦时代的今天,中国美学必须走上一条"神问"之路,道理也就在这里。

走上"神问"之路的美学,也就是开始"信仰维度之问"的美学、"终极关怀之问"的美学和"爱之问"的美学。在这里,"信仰维度之问""终极关怀之问",都是指的"支援意识",而"爱之问",则是指的对于人生的一种根本假设。按照康德的看法,这是"在对象给予我们之前就对对象有所规定";按照帕斯卡尔的看法,这是一场赌博,因为作为终极关怀的爱的存在无法证明,犹如上帝的存在无法证明。因此,当年帕斯卡尔曾经作出了惊人一跃,他说,自己要赌上帝存在。作为终极关怀的爱也如此,我们无法证明,可是,我们可以赌它存在。我们可以赌爱是人类最最伟大的力量,我们可以赌爱必胜。由此,美学完成了自己的"华丽的转身",它为自己提供了一个全新的阐释世界、阐释人性的模式。在这个模式当中,人的精神生活、灵魂生活被提升到了一个至高无上的地位。自然的、现实的"我思故我在"的人也被提升为精神的、灵魂的"我爱故我在"的人。

显然,这种美学也就是我在前面所呼唤的那种面对人类认清痛苦、学会爱的精神需要的美学,也是真正的美学,而且,也就是我从20世纪80年代以来就一直在提倡着的生命美学。而在今天的关于中国美学的思考中,也只有那些试图走上"神问"之路的美学,只有那些努力去面对"信仰维度之问""终极关怀之问""爱之问"的美学,努力去面对人类认清痛苦、学会爱的精神需要的美学,才是我们今天希望去发扬光大的美学。

而具体的结论是:

首先,在20世纪,中国作为一个民族已经站立起来了。毛泽东在1949年所说的那句话,绝对是最形象、最精辟的概括。但是,在毛泽东之后,我们必须再做一件事:中国人必须作为一个"个人"站立起来。而且,作为民族站立起来,需要的是"革命",作为个人站立起来,需要的却是——"爱"。所以,"五四"以来我们尽管取得了两大成功,这就是在人与自然的维度成功地引进了"科学",在人与社会的维度成功地引进了"民主"。但是,我们却还有一大失败——在人生意义的维度,我们始终没有能够引进"信仰"。现在,我们必须引进"信仰"。

其次,"引进信仰"意味着20世纪五四新文化精神的深化。五四新文化精神在现代中国的建立中功勋卓著,但是却也毕竟肤浅。这肤浅,就表现在只引进"科学""民主",但是却没有引进"信仰",尤其是没有找到引进"信仰"的关键所在。在新世纪,我们如果还希望继续前进,就一定要做到:我们可以拒绝宗教,但是却不能拒绝宗教精神;我们可以拒绝信教,但是却不能拒绝信仰;我们可以拒绝神,但是却不能拒绝神性。我觉得,这是我们过去一百年里的血的教训。我们过去是把这六个东西都拒绝了,可是,实际上我们却只能拒绝其中的三个,那就是宗教、信教和神,至于另外三个,那就是宗教精神、信仰、神性,则是民族发展之本,那实在是绝对不能拒绝的。

最后,漫漫百年,旧世界的破坏者肆虐其中。他们是世纪的战士,他们的武器是铁与火,他们所带来的,也无非只是仇恨与毁灭。而现在,我们要呼唤的,则是新世界的建设者,他们是爱的布道者、世纪的圣徒,他们的武器是血和泪,他们所带来的,是爱与悲悯。在这个意义上,我觉得,21世纪的中国,必然存在着一个非常深刻的需要,也必然期待着一个非常深刻的转身。我们不仅需要政治伟人,我们不仅需要经贸巨子,我们也不仅需要文化大师,我们还需要什么都以个体生命实践的方式为爱作证的爱的圣徒。

我们存在的全部理由,无非也就是:为爱作证。"信仰"与"爱",就是我们真正值得为之生、为之死、为之受难的所在。因此,新世纪新千年的中国,必须走上爱的朝圣之路。新的历史,必须从爱开始。这,就是我们的"天路历程"。

以上就是我围绕着"叩问美学的新千年"这一基本思路所展开的一些思考。

需要说明的是,21世纪以来,我的思考还包括了《生命美学论稿》(郑州大学出版社2002年版)、《王国维:独上高楼》(文津出版社2005年版)、《谁劫持了我们的美感——潘知常揭秘四大奇书》(学林出版社2007年版)、《〈红楼梦〉为什么这样红——潘知常导读〈红楼梦〉》(学林出版社2008年版),不过,《生命美学论稿》涉及的主要是我在前面提到的"第一个东西",也就是"个体的觉醒",后三本书则主要是实证的研究,而本讲座则与《生命美学论稿》既有一致之处但也有不同之处,所谓一致之处,是指的本讲座同样也是对于美学基本理论的研究,所谓不同之处,则是指的本讲座主要涉及的是我在前面提到的"另外一个东西",也就是"信仰的觉醒",而在美学的思考中,"信仰的觉醒"无疑要比"个体的觉醒"更为艰难而且也更为重要,因为只有通过"信仰的觉醒"才能够最终走向作为"终极关怀的爱的觉醒"。

里尔克还有一首诗,我也很喜欢。他在诗中说:

"于是你等着,等着那件东西,它使你的生命无限丰富。"

我一直觉得,信仰维度和作为终极关怀的爱,就是可以"使你的生命无限丰富"的"那件东西",亲爱的读者朋友,下面,就请你跟我一起进入美学的思考,并且"等着,等着那件东西"的到来,"等着""它使你的生命无限丰富"。

只要你认真地阅读,只要你"等着,等着",请相信,我的思考就肯定不会令你失望!

(2004年根据在中国科技大学、华中科技大学、同济大学、南京大学等院校所做的讲座整理而成。2009年,我出版了《我爱故我在——生命美学的视界》。2016年,我出版了《头顶的星空——美学与终极关怀》。这两本书都是本文的扩展,可以参看。)

附录三　文学的理由：我爱故我在
——为南京市中学语文教师所做的文学讲座

各位老师好，看到各位，有一种特别的亲切之感。因为在我的小学与中学的求学期间，应该说，语文老师给我留下的印象是最深的，给我的影响也是最大的。1977年，我考取的正是大学的中文系，算是水到渠成？或者干脆就是命中注定？因为我的从小学到高中的班主任大多是语文老师啊。而我大学毕业以后，也一直从事的是美学与文学研究，美学与文学研究，这个专业应该说是与在座的各位老师最为接近的了。因此，说"有一种特别的亲切之感"，应该说也是十分自然的。此外，"有一种特殊的亲切之感"其实还有另外一个原因，就是最近几年我与中小学语文老师的对话与交流明显地有所增多，为什么呢？这无疑是由于我对我们的语文教育现状的日益严重的不满以及对于我们的语文教育的重要性的日益强烈的关注。

一

我们还是从语文教育之外的文学本身的现状讲起。

我们的文学现在确实是有点儿日趋没落，这没落，从我们历年来的高考状元很少有选择中文系者就可以看出。20世纪的80年代，刊登征婚启事时大多都喜欢注明自己"爱好文学"，现在呢？都改"有房有车"了。不过，我觉得这没落却并不是文学本身的美学本性所导致的，更不是说文学现在已经日薄西山，已经逐渐要退出历史舞台了，而是我们这个时代的市场经济的力量日益强大所导致的，是我们这个经济的时代逐渐地让我们的文学丧失了力量。也因此，我们每一个文学的捍卫者都不得不被迫回到一个最最基本的问题：文学的理由。这意味着对于文学的生存权、文学的尊严的再次的回答。当然，这也与我们过去长期以来没有很好地思考这个问题有关。大家一定还记得,黑格尔说过一句很著名的话:熟知非真知。我觉得用在这里是非常合适的。对于文学的理由的思考,其实就是对文学的本原、文学的文学性、文学之为文学的思考,这是一个必须解决的问题,也是我们进入文学殿堂的唯一通道。如果这个问题没有得到解决,那么我们就会在面对错综复杂的文学问题时迷失方向。我们也就会找不到真正的文学问题,真正的属于文学的文学问题。

例如,过去我们经常会举两个例子,一个是20世纪初俄国的一个作为革命诗人的代表的马雅可夫斯基,他写过一首诗,提前三年预见了革命的成功:"在人们短视望不到的地方,饥饿的人群领着头,1916年,戴着革命的荆冠即将来临。"所以后来很多人因此就说,文学可以预言历史,文学可以推动历史。而这,也正是文学得以存在的理由。还有一个是美国非常著名的小说《汤姆叔叔的小屋》(比彻·斯托夫人著),正是它,引发了美国的南北战争。后来,美国总统林肯甚至说,美国的南北战争是一个小妇人推动的,称作者为"写了一本书,引发了一场战争的小妇人"。后来很多人也因此就说,文学可以预言历史,文学可以推动历史。而这,当然也正是文学得以存在的理由。不言而喻,我们在很长时间内是在这样一种心态中面对文学的。可是,后来我逐渐地对这样的想法产生了怀疑,我逐渐意识到,文学有时确实可以在社会上起到很重要的现实作用。比如说他可以像政治的力量一样,像经济的力量一样,像科学的力量一样,去现实地影响这个社会,成为这个社会的一个不可缺少的中坚力量,但是这却并非普遍情况,也并非文学的美学本性使然。其实,说文学是不是曾经预言了历史、是不是曾经推动了历史都并不重要,因为在人类历史里找到一些类似的偶然事件是并不困难的。可是,如果我们要真正地去了解文学的理由,就还是要从文学本身的特点出发。这样,我最终逐渐明确意识到:文学的理由来自爱。离爱最近,或者说,与爱同在,就是文学得以存在的全部理由。

我们常说:知识就是力量。其实,何止是知识。我们其实也常常说:政治就是力量、经济就是力量,甚至道德也是力量,可是我们已经越来越少地意识到:文学也是力量,而且,还是真正的力量。在很长时间内,文学存在的理由甚至都要重新追问。而且，这个问题确实是被忽视了。看看文学的发展过程，我们发现，文学竟然出人意料地处于尴尬地位。一方面，它想给自己做"加法"，不断地为自己赋予各种各样的功能，也就是说，它仍旧想逐渐地在人类社会中发挥越来越重要的作用，但是，实际上人类社会却在不断地给文学做"减法"，不断地取消文学的各种各样的功能。比如说，最早的时候，文学和历史是不加区分的，但是很快，历史就与文学分离开来，结果，文学的记录历史的功能就逐渐丧失了。

文学和科学的关系也是这样。比如说，我们过去学习文学的时候，都是被传统的"反映论"的文学理论和美学理论教出来的，那个时候，我们讲文学，都讲的是文学要反映社会生活，但是实际上，今天我们的学术研究早已突破了这样的认知。我们现在早已不会很简单地说，文学只是生活的反映了。为什么呢？因为生活里的很多东西是不值得文学去反映的。而且有时候文学反映的生活和生活本身也没有多大关系。在近代科学主义刚刚开始盛行的时候，欧洲有几个很著名的诗人，他们聚在一起喝酒，我们知道，诗人在一起喝酒都是特别富于想象，他们说就：咱们喝酒得有一个理由吧。于是一个诗人说：让我们为天上的明月干杯！可是马上就有一个诗人说：你这老兄真是够笨的，现在月亮已经被科学家宣布为一堆烂石头了。我们怎么能去为一堆烂石头干杯呢？后来又有一个诗人说，那我们换一个祝酒词吧，我们来为地上的鲜花干杯！可是，另外一个诗人说，鲜花也不行了，科学家已经告诉我们，鲜花是植物的生殖器啊，我们怎么能为它干杯呢？后来他们说，那我们就为科学给文学带来的耻辱干杯吧。诸位是否觉得，他们所喝下这杯耻辱的酒，是我们的文学家到现在也还在面临着的一个耻辱？现在的文学已经在逐渐地从社会中很重要、很核心的地位剥离出来，而且，更可怕的是，这种剥离目前还远远没有完成。

文学与伦理道德的关系也是这样。开始，两者是一致的，后来，伦理与文学之间就出现了不一致。过去文学还负担了教化老百姓的功能，教化老百姓应该怎么怎么去做，后来，这个使命也慢慢地被淡化了。再往后，我们注意到，文学和娱乐也开始脱钩了。现在在网上有很多小说，包括书店卖的那样的小说,你说它还是不是文学呢?其实,有很多人的作品已经算不上什么文学,而只是娱乐了。20世纪90年代初,大学生们特别特别维护的有几个人,一个是汪国真,现在你们可能都不一定还有印象了,但是20世纪90年代初的时候,汪国真是非常"火"的,很多女生都恨不得嫁给汪国真。那个时候我说:汪国真的诗不能算是诗,它只是一些贺卡祝辞的变形,他写的只是那些青少年在毕业的时候喜欢写的贺词。可是相当多的女生都不愿意听啊,都怪我践踏了她们心目中的美好的偶像。还有一个是三毛,我也经常说,三毛不能算是一个真正意义上的作家,尽管三毛在一定的时代确实让很多中国人乃至华人震撼,让很多人都喜欢她,但是我说,三毛严格来说也算不上是一个真正的作家,对于三毛来说,她的作品里表演的成分要远远大于真实的成分。所以,她的作品我们只能当娱乐来看。如果我们首先把它当成文学,甚至是很高的文学,那肯定是不行的。也就是说,像汪国真诗歌这样的诗,三毛散文这样的散文,我们应该很准确地说:它们确实开启了我们这个民族的娱乐文学,或者说,确实是娱乐文学的先声,是最早使文学开始娱乐化的作品。但是娱乐化的前提是:它必须和文学脱钩。更不能尽管已经只是娱乐文学,但是却仍旧以纯文学、真正的文学自居,甚至转而对纯文学、真正的文学指手画脚。就好像我们现在学术界出现的易中天讲三国、于丹讲《论语》和《庄子》,我在不同的场合都说过:我尊重他们这样讲的权利,而且充分肯定他们对于学术通俗化所做的贡献,但是,其中却存在着一个必须的前提:他们这样做已经无关乎学术,严格地说,他们的身份也已经不再是学者,已经不再是学术中人,而是电视中人。现在最可怕的是,明明已经与学术剥离开了,或者明明已经主动与学术剥离,而且还因为剥离了学术而发了大财,回过头来却又说我是中国真正的学者,那就太糟糕了。因为这无疑会对学术造成严重的伤害,幸而,不论是易中天还是于丹,都并没有这样去做。

显然,关于文学的理由的困惑,无疑会进而影响到我们的语文教育。与上述的问题有关,既然连文学有什么用我们都还在困惑,那当然就会导致进一步的困惑:我们的语文教育还有什么用?当然,从表面上看,语文教育肯定有用,因为语文教育在教学生写文章方面,例如写记叙文、写论说文方面,都肯定是有用的,甚至还可以说,是很有用的。可是毋庸置疑,这些我想肯定绝对不是人类设立语文教育的本意,也肯定也不是语文教育的最高追求。那么,我们的最高追求在哪儿呢?我们给学生提供什么样的营养才对得起人类,也才对得起我们的三尺讲台呢?这个问题是我们每个人都必须予以回答的。西方有个诗人叫里尔克。他早年曾经给西方的大雕塑家罗丹做过秘书。他在写罗丹的时候曾经说过一句话,我很喜欢,他说,一见到罗丹——那个时候罗丹应该是四十岁左右——他就说:"罗丹是一个老人。"为什么说"罗丹是一个老人"呢?我想,还不就是因为罗丹身上的西方文化内涵给他提供了非常深厚而且——我一定要强调——非常健康的文学营养和文化营养?因此,他是一个"老人",因为他吸取了他背后的西方文化的有益营养。那么,我们的语文教育呢?我们能不能让我们的青少年都能够成为中国文化或者说世界文化的很健康的接受者呢?我们能否说,起码自己也是一个禀赋着人类健康文化的"老人"呢?说实话我近年来是有点儿越来越担心这个问题了。

我觉得我们现在对于文学的思考也好,包括我们对于文学的教育的思考也好,都是和一个根本问题密切相关的,那就是说:人类为什么非需要文学不可呢?文学的理由是什么?确实,如果文学还要继续存在下去,它又有什么令人信服的理由呢?如果文学衰落的原因只是因为它没有理由存在,那它就不必再存在了嘛。但是,事实上全人类没有一个人说过或者敢于去说"文学不需要存在"。那么,显然就肯定是因为我们的语文教育出了问题,肯定是因为我们的文学思考出了问题。所以,当我们看到目前的文学衰落的现实的时候,实在不必抱怨社会的不重视语文教育和社会的不重视文学。因为,是文学的重要性和语文的重要性在我们的心目中变得不那么重要了。如果在我们心目中它是重要的,那它肯定就会被这个社会所重视。而要把文学乃至语文教育的重要性说清楚,就必须把文学的本原、文学的文学性、文学之为文学说清楚,也就是必须把文学的理由说清楚,所以,在这个意义上,我想,其实,我们与其去讨论怎么去提高我们对于文学重要性的认识,怎么加强我们的语文教育,还不如讨论讨论文学究竟是什么,文学的本原、文学的文学性、文学之为文学究竟是什么,文学的理由究竟是什么。

那么,文学是什么?文学的本原、文学的文学性、文学之为文学是什么?文学的理由是什么?要回答这些问题,我们就要为文学做减法,也就是说,我们必须一项一项地给文学做减法,以便弄清楚其中有哪一项是不能够减去的。确实,这一个东西文学可以不要,那一个东西文学也可以不要,但是是不是有一个"东西"是只有文学才有的?再进一步,如果确实有一个东西是只有文学才有的,那么,它是什么?在这里,我想直接地做一个回答。多年来,我思来想去,逐渐有了一个明确的答案。那就是:爱。我觉得,文学得以存在的最大的理由就是因为:它与爱同在。换一句话说,文学之为文学,你可以说它存在的理由有很多很多,而且,这些理由或许还很重要,但是,有一个理由却是最最重要的,那就是:文学是人类的爱的见证,它与爱同在。文学之所以"在",就是因为人类社会的过去、现在与未来都需要爱的存在。

为什么这样说?道理我一会儿再谈,这里要首先强调的是,如果从这个角度重新去看文学,包括重新去思考我们的语文教育,无疑就可以找到一个新的切入点,无疑就可以更好地与文学对话并且就可以更好地进行语文教育。例如,不知道大家有没有这样的体会,按照我们现在的语文教育的办法,学生与人类最优秀的文学经典作品之间的距离不是越来越近,而是越来越远了。也就是说,我们越教,经典作品的神奇就越是不存在;我们越教,经典作品的美的魅力就越是不存在。本来,我们应该通过我们的文学教育,让学生获得一种美的眼光;应该打开一个神奇的殿堂,让学生能够登堂入室,进入一个神奇的领域。但是不难发现,在我们的课堂上,你越是跟学生讲文学,他就越是觉得:唉,这些东西太没意思了。这个问题实在太严重、太严重了。我们的后代偏偏就在我们的语文课堂上失去了文学感觉。这种文学感觉的失去,实在是一件很糟糕、很糟糕的事情。

比如说,看鲁迅的作品我就经常去想一个问题,鲁迅为什么不写"黄世仁",不写"白毛女"?我们经常说,鲁迅写了闰土,但是闰土是没有对立面的。我们也说,鲁迅写了祥林嫂,但是祥林嫂的对立面并不是鲁镇的那些地主老财。我们并不能反过来说,就是这些人导致了祥林嫂一生的悲剧,我们也不能反过来说,闰土存在一个对立面,比如说,有一个黄世仁的存在,有一个穆仁智的存在,有一个南霸天的存在,有一个刘文彩的存在。所以,当我们讲鲁迅作品的时候,我们就必须去思考,鲁迅比那些革命作家、那些红色作家高明在何处?通过鲁迅的作品,他希望我们看到一个什么样的只有在文学中才能够看到的更深刻的社会现象?后来我慢慢意识到,其实鲁迅在《孔乙己》里让我们看到的,就是一个"无爱的人间",看看饭店的老板与食客,尤其是连饭店的小伙计都无聊到要以拿孔乙己来开玩笑去度日,我们不难发现:在这个社会中人与人之间的关系实在已经冷漠、无聊到了除非拿别人去取笑、除非去关注别人的那些隐私的生活否则任何人都不会再去关注别人的地步了。这就是"死水"般的中国社会的真实写照,也是鲁迅所看到的我们这个民族的最大悲哀。然而,鲁迅为什么能够看到呢?我们的红色作家为什么只看到了喜儿的痛苦,只看到了大春的痛苦呢?我想,唯一的原因,就是因为鲁迅知道什么才是文学的本原、文学的文学性、文学之为文学。他知道文学不是革命的枪炮,文学实际上只有一个尺子,就是以爱的名义来衡量我们的社会,它是不管这个社会是什么制度的,它是不管它所面对的对象是正义的还是非正义的,它是不管那个对象是进步还是落后的。我们发现,其实在鲁迅的眼睛里有一个尺度,他永远站在人类最完美的角度看下来,他像上帝一样地俯瞰人间,然后他突然发现了,其实在阶级压迫的背后,在我们所说的种种的压迫背后,还存在着一个更深刻的原因——人与人之间的冷漠。正是这种冷漠造成了敌我的对抗,造成了阶级的对立。所以,他不去写阶级的压迫,而去写人与人之间冷漠的倾轧。这个时候我们就发现,孔乙己的痛苦其实属于我们每一个人。我们有谁没有像那个饭店的小伙计那样对着弱者发出那样一种非常快乐同时又非常残忍的笑声呢?

在《祝福》里也是一样,我觉得在《祝福》里我们应该看到更多的东西,那就是鲁迅关注到的我们这个民族最深刻的生命肌理里的那些现象。现在想一想,《太阳照在桑干河上》也好,《暴风骤雨》也好,包括后来的《金光大道》《艳阳天》也好,其实都没有超过鲁迅。为什么呢?不是因为他的写作技巧。

鲁迅的写作技巧我们现在回过头来看，真的不是很高。鲁迅写小说的经验也真的不是很丰富，所以，鲁迅自己很诚实，他说我写不了长篇。因为你要写长篇，要有很高的驾驭能力的，鲁迅说我驾驭不了。他顶多就是在短篇之外去写个把中篇。但是，鲁迅对中国社会的把握是有他的眼光的。鲁迅在阶级压迫的背后，看到了更深刻的东西，就是——无爱。所以，有时候我想，鲁迅把作品叫作《祝福》是鲁迅的一种无奈，这是一种包括鲁迅在内的人都解决不了的无奈，因为我始终觉得《祝福》这篇小说最大奥秘就是——它是一个没有祝福的"祝福"！这个小说里什么地方发出了祝福呢？祥林嫂临死前追着"我"去问——鲁迅笔下的"我"代表了我们这个社会的良心：人间什么地方有温暖？什么地方有光明？什么地方可以使我快乐起来呢？鲁迅的回答是——逃跑。在另一次报告中，我曾经突发奇想地说过，其实我们看一看俄罗斯的文学，我们就知道，鲁迅的这种描写是何等地令人震惊。鲁迅看到的是我们这个民族所有的人生存都没有理由而且我们也没有给他们理由的这样一种非常冷酷的现实。我们这个民族太缺乏这种东西了。看看俄罗斯的小说，俄罗斯的小说大家写到贫苦的老百姓，起码还能够为他找到一匹马去对话。但是我们的祥林嫂却没有一个对象能和她对话。这种"失爱"的痛苦恰恰就是鲁迅的发现。所以，我就觉得如果我们对文学的洞察能够更深刻一点儿，我们对那些最美好的文学作品的美好就可以挖掘得更多一点儿了。否则，我们自身就会成为经典作品和我们学生之间的障碍。

　　顺便说一句，这些年来，在讲课和做报告的时候我已经很少再讲理论了，而就是讲作品。我现在在南大开课，名称叫"美学与中国文化"，其中就重点讲中国的几部作品，当然，我并不是去讲作品分析，我是要去讲这些作品背后的美学智慧，包括其中的美学成功或者美学失败。因此我会把这几部作品讲得比较深、比较透，而且进而总结审美经验，让学生因此而知道怎么去审美。换言之，过去我们特别喜欢"理论联系实际"，往往先弄一套空洞的理论，然后再联系具体作品说，你看，这个作品怎么写的，那个作品怎么写的，可是，实际上我们一开始就视为宝贝的那套理论却根本就是错误的。那个理论根本就没有被人承认，甚至连提倡的人都未必相信。那么，应该怎办呢？我慢慢意识到，其实有一个东西是不可能欺骗我们的，那就是那些最伟大的作家的最伟大的创作。它们绝不可能欺骗我们，我们看它们的眼光可能不对，但是这些作品本身是肯定对的。后来我就找到了一个新的办法，我不再走"理论联系实际"的老路，而去走"实际联系理论"的新路。讲最好的东西，就是要在这些作品身上总结一些能够站得住的理论，并且去培育自己的美学眼光。我发现，这样一来学生们都说自己的收获比较大，而且开始知道了如何去阅读文学作品。

在这方面，有两个例子，对我们教师来说是非常重要的，一个跟中国的李清照有关，她有一首词写得很好。她写：她头天晚上喝了点儿酒，然后早上一听，外面还在下雨，就喊她的丫鬟，她说你把帘子卷起来，看看外面的海棠花有没有变化。她的丫鬟呢，把帘子一卷，到处看看，就回来跟她说：没什么变化，"海棠依旧"。她说，你再看看。丫鬟又看，回来又说，确实没什么变化。于是李清照说，你这个人就是没有一点美学的眼光啊，实际上是有变化的。什么变化呢？"绿肥红瘦"。各位看看，同样是一个世界，这个就相当于一部作品，在对文学的特性不了解的那个"卷帘人"的眼中，她会看到什么呢？"海棠依旧"。但是有美学眼光的人看到的是什么呢？"绿肥红瘦"。我想，我们每一个教师，其实首先要做到的就是我们要能够在"海棠依旧"的背后看到"绿肥红瘦"。只有具备了这样一个基本的美学眼光，我们才可以做一个称职的教师。还有一个例子是西方的，西方神话里也有一个同样的故事，这就是金苹果的故事。国王跟一个女神结婚，他忘了请一个仙女来吃饭，结果没想到她对吃饭的事很重视，因此她非常恼火。于是她就从天上扔了一个苹果下来，而婚宴上的三个女性就开始抢。一个人说，我有权力，所以苹果应该给我；一个人说我有智慧，所以苹果该给我；第三个人说，我有美丽，所以苹果该给我；而结果，大家是早已经知道了的，那就是给了拥有美丽的女性。大家一定都还记得，这个苹果上是刻了四个字的，那就是：给最美者！

我觉得，这两个例子禀赋的实在是一个很重要的眼光。那么，在教学中，我们能不能做到把"金苹果"给最美者呢？我们能不能做到在"海棠依旧"的背后看到"绿肥红瘦"呢？这是一个很有意思的问题，也是一个我们无可躲避而且必须回答的问题。而要如此，那我们就必须完成这样的一个转换，就是必须要正面面对一个问题：文学与爱同在，我们必须从这样一个最简单的常识开始。我们必须重申这样一个最简单的常识。我们必须要回归爱的文学，并且回归爱的教育。

当然，如果只说到这里，大家可能会觉得：你讲这个我也并不反对，我们也经常讲要有"爱"呀。这里，我要做一个必须的说明，那就是，我在这里所讲的爱，与中国人一般所讲的爱并不一样。一说到爱，我们中国人就立刻联想到了两个东西：一个是爱情，一个是爱国。但是，这两个东西都不是我所讲的爱。其实，爱并不是针对一个具体的东西的，例如爱人，例如祖国，而是你对这个世界的态度。这是一种你对这个世界的绝对负责的态度，是一种你对美好的东西的绝对坚信的态度。它不是指爱一个东西，而是指"爱"本身。所以，美学一般所说的爱都是指一种精神的维度，一种精神的眼光，一种人类的生存态度，或者说是指的生命的地平线。显然，如果我们从这个角度来讨论文学，我们就可以知道，其实文学就是因为有了这样一个最神奇的角度，它也才有了足够的生存理由。

二

那么，怎么去说明文学的理由就是与爱同在呢？这些年我也经常地去想，后来我逐渐意识到，只要有两个角度就完全可以加以说明。

第一个角度，可以从文学的根源的角度来讨论，也就是从文学为什么会产生或者说从人类为什么需要文学的角度来讨论。人类为什么需要文学呢？过去人们也曾讲过一些理由，比如说，是因为文学要反映现实，但是现在我们发现，不是这样的。要反映现实那完全用不着文学的，现在的电视就是最好的方式，报纸也比我们的文学强，我们的文学离现实实在还是太远了。那么，人类到底为什么会发明了文学呢？文学存在的最根本的理由是什么呢？对此，我们必须要从人的存在方式的角度来加以说明。我们知道，人是一种永不满足的存在，人和所有的动物都不一样，他是一个从来不满足于现状的存在,而文学就是他希望冲破现状、希望走向美好未来的这样一种永不满足的存在的永恒的证明。而人类为什么要和爱站在一起?其实也就是因为他要和未来站在一起,要和理想站在一起,要跟完美、要跟创造、要跟开放这样一些最美好的东西站在一起。这样一些最美好的东西的集中体现就是:爱。对此,人类只有用文学的方式来表现,他再没有别的方式了。中国古代有句老话:"言之不足,故嗟叹之,嗟叹之不足,故永歌之,永歌之不足,不知手之舞之、足之蹈之也。"这是中国最传统的解释文学和艺术的产生的原因的话了。而这句话里最重要的就是两个字:不足。人类最大的奥秘就是"不足",而人类如果想把他的"不足"酣畅淋漓地表现出来,那他无疑不可能在现实生活中找到任何一种现实的方式去加以表现,例如政治的方式、军事的方式、经济的方式,这些方式都无法全面地满足人类的"不足",而只能局部地满足,那么,什么样的方式才能全面地加以满足呢?只有文学(只有审美活动),这就是此处所提到的"嗟叹""永歌"乃至"手舞"和"足蹈"。所以,如果人类要找到一个方式把他理想的那一面表达出来,如果人类要向世界证明:他是人,他不是动物。那么,他只有一个方式,那就是借助于文学。因为我爱故我在,所以,我文学故我在。弗洛伊德说:人类的第一个人应该是诗人,人类的最后一个人也应该是诗人。其中的道理,应该就在这里吧?!

在这个世界上,人的产生实在是一个最大的谜团。我们经常说,人的诞生是大自然进化的必然。其实,这种必然之中又充满了很多很多的偶然。以至于很多科学家都会说,人的产生真是一件最不可思议的奇迹。倘若再联想到有些科学家说的人类还曾经被毁灭过一次甚至多次,并且还不断地挖掘出被毁灭的人类存在的遗痕,那么,这个奇迹就更堪称奇迹了。你看,这个奇迹在宇宙中甚至已经出现了好几次了。那真是奇迹中的奇迹了。然而,奇迹还不仅仅如此,看看人之为人的生存方式,你会发现更多的奇迹。原来,在大自然所有的生命存在方式里,人类是最软弱和最不堪一击的。我们今天当然已经很强大,我们已经强大到了可以把所有的动物都消灭掉的地步,但是我们却忘了最为不堪的一幕:在很遥远、很遥远的历史的开端,人类曾经是这个世界上最软弱的存在。《扬子晚报》上曾经登过一个专家的访谈,他说为什么《西游记》里的动物都喜欢吃唐僧肉呢?其中最简单的解释就是人肉最好吃。而且,在最原始的生命发生和发育的时期,人肉可能是很多动物的美食,很可能是很多动物的盘中餐。唐僧肉正是这一原始意象的痕迹。我们想一想,这有没有道理呢?可能还是有些道理的。现在,人类的科学和人类的历史的发展已经给了我们一个基本的答案,这就是现在学术界的一个比较普遍的说法:从生命的进化的角度看,人类曾经是这个世界最软弱的生命。例如,大自然在造就所有动物的时候都给了它一个生存利器,我们把这叫作生命的确定性。比如说,猫吃老鼠,这是谁教的呢?都不是。比如说大鱼吃小鱼,小鱼吃虾米,这是谁教的呢?也都不是。大自然在进化的链条里是一环扣一环,在进化的一开始就把一切都安排好了,所以,老虎生下来能做什么,不能做什么,都是事先规定好的。而且,任何一个动物都有它的下一个链条可以侵犯,同时,它也有可能被上一个链条所吞噬。可是,其中有一个存在却是非常反常的,那就是人。人是一种没有确定性的动物,连老鼠生下来都会打洞,但是人生下来却没有任何的确定性,人能做什么呢?一开始他什么都不能做,他面临的困境就是被很多的野生动物所捕食,但是非常有意思的现象也恰恰就发生在人的身上。那就是尽管人曾经是最弱小、最不堪一击的动物,但是结果人类竟然成为这个世界上最强大的动物。人类曾经没有豹子跑得快,所以他会被豹子所吞噬,但是现在人类所创造出的飞行器比豹子跑得要快得多。人的鼻子也曾经没有豺狼的鼻子灵敏,但是人类现在所发明的各种各样的探测仪器,也绝不是豺狼可以企及的。这里面有一个什么变化呢?这里面的变化只有一点,这一点就是:人一开始的一无所能,最后就变成了无所不能。也就是说,恰恰因为人类在一开始处于绝对劣势地位,结果就使得他必须奋发图强,必须弃旧图新,必须不断为自己创造所"能"。最终,在所有的动物里,只有人跟动物被根本地区别开了。这个区别就在于:只有人是以"创造"作为自己的本性的。所有的动物的生命过程都是已知的,结果也是宿命的,而它的生命过程却可以忽略不计。那么,动物有自己的文学吗?无疑并没有,因为其中都是大同小异的故事。而人的故事却是可歌可泣的。为什么呢?就在于人类把自己的生命过程变得无比丰富多彩,甚至把自己的生命过程变得连自己都不认识了。李白有一句词写得非常好,我并且一直觉得,这应该是美学思路的一个基本指南,他说:"何处是归程?长亭更短亭。"对于动物而言,归程是肯定的,归程就是归程,但是对于人类来说,归程已经成为"过程","归程"已经被延伸成为"过程"的一个组成部分。对于人类来说,他的归程是可以忽略不计的,过程才是一切。而这样的一种人类生命发展的基本特征实际上也就是人类的文学得以存在的最为根本的理由。人类是生活在过程里的,而这种过程意味着什么呢?意味着人类永远不满足,永远希望追求更美好的和最美好的东西。而文学作品则是把这一切都酣畅淋漓地表达了出来而已。换言之,对于这种生命过程的关注,就使得人类开始关注到了人类在动物身上永远找不到的创造的属性、开放的属性、创新的属性、面向未来的属性和追求完美的属性。而这些根本的东西,当它表现在文学里的时候,它就成为文学至高无上的使命。

这一切,让我想起了西方的西西弗斯:他要推石头上山,但是,石头推上去以后就又坠落下来了。坠落下来以后怎么办呢?他毫无怨言,再去推上山。这,无疑就是我所指出的那种人类的永恒创造的精神。其实,文学就永远是西西弗斯的见证。它见证着人类的追求。

推而广之,这也就是文学的写照:因为有爱才有追求,因为有爱才有对未来美好的愿景存在。因此,人之为人,说到底就是"我爱故我在",而文学也就是"我爱故我在"的见证。今天在座的人中可能有不少人看过索福克勒斯的《俄狄浦斯王》,那么,各位是否还记得俄狄浦斯王濒临死亡的时候所说的那句名言吗?"你们在快乐的日子里,要念及死去的我,那你们就会永远幸福。"(事见《俄狄浦斯王》续集《俄狄浦斯在科洛诺斯》)各位一定都看过莎士比亚的《哈姆雷特》,那么是否还记得哈姆雷特在临死的时候说的那句名言呢?他说,希望他的朋友能够把他的故事记录下来。他说,希望后人能够记起他的故事。还有陀思妥耶夫斯基在评论塞万提斯的《堂吉诃德》说过的一段话:"到了地球的尽头问人们:'你们可明白了你们在地球上的生活?你们该怎样总结这一生活呢?'那时,人们便可以默默地把《堂吉诃德》递过

501

去,说:'这就是我给生活做的总结。你们难道能因为这个而责备我吗?'"其中说的,自然也是生命的见证。还有中国人的那句名言:诗言志。其中孜孜以求的,仍旧是生命的见证。那么,生命为什么一定需要见证?还不是因为这是人类生命的无限的超越过程当中的唯一证明?而一代代的后人之所以要去看文学作品,也正是要看到这个被时刻见证着的东西啊。

说到这里,我想问:文学的魅力何在? 这个问题真是颇费思量。高尔基第一次读小说后,为文学的魅力所震撼,但是又不知道原因在哪里,他干脆就把书放到阳光下面去照,希望看到文字的背后到底还有着什么样的奥秘。海涅也很有意思,他看《堂吉诃德》时非常激动,情不自禁地大声朗读,他觉得,小鸟树木花草都为之动容。或者还可以再说说歌德的故事,他在看了莎士比亚的作品后说,它仅仅是被看了一眼,就让人终生折服。仿佛一个盲人,由于神手一指而突然得见天光,他甚至觉得自己"有了手和脚"。这,就是文学的魅力。那么,文学的魅力究竟何在呢? 其实就在于它是"我爱故我在"的见证。在这方面,我一直觉得浙江的一个大儒马一浮先生有一句话说得很是经典:作为"我爱故我在"的见证的文学,可以使我们"如迷忽觉,如梦忽醒,如仆者之起,如病者之苏",确实,这就是文学啊。

当然,后来人类的精神状况演变得异常复杂,不但有爱,而且还有更多的失爱。因此,作为见证的文学也变得更为复杂。还举西西弗斯为例:当人类推石头上山的时候,他见证人类的成功;当石头滚落的时候,他见证人类的失败。这也就是说,在人类成功的时候,它为人类的爱作见证;在人类失败的时候,它为人类的失爱作见证。

关于文学是失爱的见证,我要简单地解释几句,因为各位对此可能比较陌生。我记得马尔库塞说过:文学之为文学,就是"让人类面对那些他们所背叛了的梦想与他们所忘却了的罪恶",这句话真应该给我们以有益的启迪。比如巴尔扎克的作品,讲巴尔扎克,我们的语文老师特别喜欢引恩格斯的话,实际上恩格斯这个人的文学细胞真的不是很多。他讲巴尔扎克完全是从非文学的角度而言的,他说:巴尔扎克是法国社会的书记官。这话也并非完全没有道理,因为巴尔扎克记录的正是法国的"改革史"。可是,巴尔扎克记录的偏偏是法国资产阶级在上升时期的那些拙劣的现象，这怎么解释呢？美学家的讲法是，这就叫作"批判现实主义"。但是我要说，如果我们今天还这样讲的话，虽不能算错，但是却肯定不能算好，更不能算是深刻。因为你并没有教会学生一种美学的眼光，学生要跟我们学的是那个"绿肥红瘦"，而不是那个"海棠依旧"。他跟我们学的是那个把金苹果"给最美者"，何况，连巴尔扎克自己都不会赞成我们对他的这样的评价。因为在《人间喜剧》序言里他自己就说过，他说：我之所以写《人间喜剧》，只是因为我想知道在资产阶级的上升时期，它的所作所为离理想的人性究竟有多近，或者有多远。而我们在书中所看到的其实也正是西方资产阶级在代表人类飞翔的时候，偏偏一不小心飞出了动物的本性这样一些离人的"领空"越来越远了的东西，正是这个精神上的差距，被巴尔扎克用美学的尺子非常清楚地量给我们去看。他说：这就是我们的人性现实，这就是我们的人性真实。在这个意义上，他不是一个批判现实主义的作家。因为他面对的根本不是现实，而是人性，而且，他的立足点也根本不是"批判"，而只是——"悲悯"。是因人类的有限性而悲，也是为人类的有限性而悯。我再举一个例子，假如有一个作家要写希特勒，要让他进入文学作品，那么，我们应该如何去写呢？我们是否简单地说他是杀人恶魔就足够了呢？完全不是这样。作为一个作家，他所要写的只会是：他本来也希望做一个人，可是结果却令人痛心，他失败了，这仍旧是爱的失败，仍旧值得我们去为之而悲悯。这样，你们会发现，其实在文学作品里是根本不存在谁对谁的批判的。最伟大的作品肯定也应该是最没有仇恨的作品。例如《红楼梦》，我觉得这真是中国文学作品里最好的、最伟大的作品，它是最温馨的，它给每一个人都带来了心灵的温暖，它只会让你的心灵更柔软，哪怕是面对失爱，它也绝不会让你的心灵变得更硬。

以上，就是从文学存在的根源的角度所做的一个讨论，各位想必已经看到：文学存在的理由只有一个，就是为"我爱故我在"的人生作证。这就是文学存在的真正理由。你可以说文学没有这个功能或者那个功能，例如，文学不是反映生活，文学不是记录历史，文学也不要宣传道德。但是你绝对不能说文学不要为人类永恒的创造作证。这是一种精神维度，一种只有人才有的生存态度。由此,无限之维被充分敞开了。它敞开的,不但是人的真实状态,而且更是人之为人的终极根据。

三

下面,我要转到第二个角度,这第二个角度是:从文学的发展历史来看,不论西方还是中国,其中最为伟大的作品无一例外地都是"我爱故我在"的见证。

证明文学的理由的最佳方式还是回到文学作品本身。为什么这样说呢?我想我还是从我们的一个错误的思考方式开始。近年来,我逐渐发现我们在进行文学教育的时候是存在失误的,我们在思考文学的时候也是存在失误的。尽管我们特别喜欢强调理论上的创新,但是我们却很少强调一切的创新都必须从前人的成功之处开始。换言之,要创新,最重要的是要找到前人所树立的思想标杆。例如,对于一个老师来说,最重要的并不是告诉学生要如何如何创新,而是要告诉学生,前人所树立的标杆在什么地方,本学科发展的最后一步在什么地方,我经常跟我的学生说:"百上加斤易,千上加两难。"也就是说如果我们在一百斤上加上一斤,那应该很容易,对吧?但是如果我们在一千斤上加一两呢?那就很难、很难了。因此我们带学生时并不是要把自己的奇思怪想告诉他,而是要把导致前人成功的那一千斤究竟在哪里告诉他。这就叫:"师傅领进门,修行靠个人"。如果是个笨蛋师傅,他就会告诉你:哎,这个地方是一百斤,你上去再加一斤吧。当然,在这个地方就是再加十斤也没用,其结果,就是培养了废品。可如果是一个很好的师傅,他则会告诉你,哎,这个地方是一千斤,你上去再加一两吧。当然,在这个地方你的学生只要再加上一两也会为人类做出重大的贡献。其结果,就是培养了精品。

在这样的角度来看,我觉得我们考虑文学作品存在的理由就一下子变得很简单了。不论西方还是中国,其中最为伟大的作品无疑都是那"一千斤"的所在,而找到了那"一千斤"得以存在的理由,自然也就找到了文学得以存在的理由。

那么,不论西方还是中国,其中最为伟大的作品的那"一千斤"得以存在的理由何在呢?在我看来,就在于它们都在逐渐地缩短和爱的距离,都在逐渐地向爱靠拢,都在非常努力地使自己成为爱和失爱的见证。这就是一个我们在中西方文学中所看到的基本的历史走向。从古希腊文明一直到今天,西方的文学始终在围绕一个轴心运转,那就是:爱。我们应该很公正地说:西方文学的历史实际上就是一部爱的觉醒的历史。西方文学的历史始终是与爱同在的。而中国的文学历史则在一开始就走了弯路,但是后来也逐渐进入了正轨,逐渐也开始与爱同在。这,是一个总的走向。

下面,我想稍微做一个解释。

首先我们来看西方文学。在我看来,西方的文学存在着两个文学传统,他们都是人之为人的见证,不过,不同的是一个是"我思故我在"的见证或者"我欲故我在"的见证,一个是"我爱故我在"的见证。前者着眼的是人的现实本性,认为人的现实本性"理"所当然和"欲"所当然地应该进入文学,而文学的功能也就是反映生活或者表现生活,代表作品是古典主义文学或者文艺复兴文学,这是一个为中国人所熟悉的文学传统、理性传统(非理性只是它的反面而已),但是,却并非一个真正文学的传统。其中的原因,其实我在前面已经讨论过了,这一切都是文学的理由,但是却并非最最根本的理由。后者着眼的是人类的超越本性,也就是永远追求的本性,各位现在可能马上就意识到了,是的,这才是一个真正的文学传统,所谓爱的传统,也才是西方文学的贡献之所在。这就是西方文学的那个"一千斤"啊。可惜的是,我们在了解西方文学的时候,往往不太注意对这两个文学传统加以认真地区分,因此也就严重影响了我们对于西方文学的深刻理解。

简单地说,西方文学的爱的传统来源于西方源远流长的基督教精神。

我已经说过,西方文学的历程实际上就是一个爱的觉醒的历程,而这个历程的起点,就是:基督教精神。在此之前,是我们所十分熟悉的希腊精神。不过,西方人在希腊精神中还并没有真正找到爱,也还没有开始爱的觉醒。它是基于理性,从人的自然本能需求出发关注人自身所遇到的问题,并去追问产生的原因。它尽管肯定的也是人,但是肯定的却不是人的超越性,它也有困惑,但是却从未意识到人类自身的有限性。在这个意义上,所谓"希腊精神"其实只是"美的精神"而不是"爱的精神",例如,黑格尔就说:希腊人建设的是"美的家园";马克思也说:它是"美的、艺术的、自由的、人性的宗教";威尔·杜兰则说:它是富于人性的宗教。希腊人自己(著名的雅典公民伯里克利斯)干脆宣称:我们是爱美的人。而基督教精神的诞生则重新定义了一切。随之而诞生的,则是一种新的阐释世界的模式。以神为本取代了以人为本,人不再是理性的动物,而成为信仰的动物,在这里,信仰肯定的也同样是人,但是肯定的却是人类的超越本性。人类精神中的内在神性因此而被呈现出来。人类再造一个现实中从不曾有过的想象世界的精神需要被提升到了一个至高无上的地位。不难看出,这里的再造一个现实中从不曾有过的想象世界的精神需要其实就是爱的需要,而文学,则成为爱的需要的见证。

正是西方的基督教精神造就了西方文学的爱的传统。不过,由于时代的不同,其中的侧重又有所不同。最初是由神到人,推崇的是"人是信仰与爱的工具",强调的是爱的客观模式,这是一种基于"信仰后的理解"之上的爱。代表性的作家,就是但丁。但丁的《神曲》就意味着基督精神的诞生,也就是爱的精神的诞生。因此西方有人曾说,但丁是个伟大的窃贼,在一个引人瞩目的世纪末,他从教会的腐烂躯壳中窃取了宗教精神这个灵魂。而也正是从但丁的《神曲》开始,西方文学才被带到了一个正确的道路之上。通过它,人的神性得以觉醒,爱的客观模式得以建立。有爱的生活才值得一过,有信仰的生活才值得一过。这,就是西方文学的觉醒!

三百年后,在但丁之后,又是在世纪末,我们看到了西方的莎士比亚。莎士比亚的贡献何在呢?就在于当由但丁开始的西方爱的客观模式开始失落之时,面对着神性觉醒之后的神性惶恐,他仍旧孜孜以求通向爱的道路。我们看《但丁》时会发现,但丁是胸有成竹的。因为那个时候但丁不用考虑在现实生活里怎么解决问题,他只要告诉你,理想的生活是有信仰的生活和有爱的生活,因此,他的作品就成为爱的见证。但是到了莎士比亚呢?他要回答什么问题呢?莎士比亚要回答的就是人能否以爱的名义去面对生活。

遗憾的是,他的答案是否定的。因此,他的作品也就成为失爱的见证。各位应该记得,莎士比亚在写《哈姆雷特》的时候就已经在向我们提示着这样一个深刻的发现。他说:我们要代表美好和正义的东西去行动,"这是上天的意思……使我成为代天行刑的凶器和使者",也就是所谓的"替天行道"。我是否能够胜任呢?我是否能够捍卫更美好的东西和不让世界变得更不美好呢?莎士比亚的答案是:否!他发现:人类固然发现了爱的力量,但是人类却离这种力量最远。因为对爱的维护与固守并不是人类的天性,而是人类要艰难地学习的一个终极目标,是人类要从动物性里蜕变出来以后才能够追求得到的一个最美丽、最灿烂的目标。莎士比亚最伟大的地方在于,他突然发现,人类离这个目标差得太远、太远了!在文艺复兴的时代,理性传统的文学曾经宣称人类是无限大的人,这一宣称至今在中国也影响巨大,但是早在莎士比亚的时代,他就已经意识到:人类实际只是无限小的人。而这正是莎士比亚的贡献。他笔下的哈姆雷特就一再宣称,人,并不伟大:"可是在我看来,这一个泥土塑成的生命算得了什么?""我把我的生命看得不值一根针","我们这些为造化所玩弄的愚人"。哈姆雷特还感叹:"像我这种人爬行于天地间,所为何事?"人还只是个爬行动物,这实在是莎士比亚的非常伟大的发现。这个发现让我们意识到,原来人的动物性还如此地强大,尽管爱的力量很伟大,但是爱的路途却更遥远。比莎士比亚晚出生仅仅几十年的帕斯卡尔说:"人既不是天使,又不是禽兽;但不幸就在于想表现为天使的人却表现为禽兽。"在这里,"想表现为天使的人却表现为禽兽",正是莎士比亚所看到的真实一幕。

时间又过去了两百年,还是在世纪末,在莎士比亚之后,西方文学的爱的传统开始转向由人到神,推崇的是"人是独立的精神个体",强调的是爱的主观模式,这是一种基于"理解后的信仰"之上的爱,代表性的作家,就是歌德。取代"哈姆雷特式的忧郁"的,则是著名的"浮士德精神"。爱的主观信仰应该如何建立?歌德用浮士德的故事告诉我们:只有永远生活在过程里,不断地追求,死后才能得救。那也就是说,"凡人不断努力,我们才能济度",你要不断地去创造,不断地去创新,不断地走向开放,不断地走向永恒,最终你才能够被上帝搭救。在这里,其实那个"被上帝搭救"已经是一个虚拟语气了,真实的意思是:一个人只要把人的创造性发挥得淋漓尽致,他就肯定是神。显然,浮士德实际上是在与命运进行着一场至关重要的赌博。浮士德在赌什么呢?在赌爱的存在!他失败了五次,但是尽管失败,他却永远都不怀疑爱的存在。结果,他成功了,他最终被爱所搭救。而这,也正是西方文学所要告诉我们的真谛。

在歌德之后,西方文学中还有两个大作家值得注意。他们所面临的都是爱的主观模式的失落这一严峻局面。其中一个,是俄罗斯的陀思妥耶夫斯基。过去歌德告诉我们,只要我们不断创造,上帝就会搭救你。这是因为他是把爱从外在的客观模式变成了内在的主观模式,所谓"爱在内心",此时,人们还是有爱可依的。但是,到了陀思妥耶夫斯基,他面对的是一个全新的问题,就是:上帝已经死去,"爱在内心"也已经非常可疑。这实在是人类最为尴尬和最感沉重的地方,在这方面,能够与陀思妥耶夫斯基相比的,只有尼采,可是尼采却只是预言了爱在内心的失败,所谓上帝死了,但是却没有全面地呈现出爱的挣扎,真正做到这一点的,只有陀思妥耶夫斯基。而他的不可超越,也恰恰因为他全面地呈现出了爱的挣扎。

另外一个大作家是卡夫卡。西方的现代文学,不管你怎么去投票,有一个人始终是稳列第一的,这就是卡夫卡。显然,卡夫卡在西方文学中的地位是非常重的。那么,他究竟重在什么地方呢?就重在他把陀思妥耶夫斯基告诉我们的爱的主观模式的溃败这一天才猜测完全地现实化了。在陀思妥耶夫斯基那里,对于"爱在内心"的溃败还只是猜测,但是到了卡夫卡的时候,他却全面再现了这个猜测,爱的存在无疑是人类必胜的源泉。但是爱在何处呢?这个世界越来越荒诞了,爱就像一个"城堡",那么,我们怎么才能找到爱呢?有天堂,但是没有道路,这就是卡夫卡为我们揭示的真相。而且,爱明明已经无处可寻但是他却还是要去孜孜寻求。无论如何,都继续去赌爱的存在与必胜,这,则是卡夫卡的抉择!

以上,就是西方与爱同在的文学传统的历程。当然,这是极为简略的,如果再详尽一点,我觉得起码还要加上雨果、荷尔德林、里尔克、安徒生、艾略特、帕斯捷尔纳克,等等。不过,限于时间,我就不去一一介绍了。

下面再看中国。

中国的文学传统是一个很重要也很令人困惑的问题。为此,我最近几年已经花了两本书的篇幅来专门讨论。一本是《谁劫持了我们的美感》,一本是《带着爱上路》。在我看来,中国文学也有两个文学传统。一个是从《诗经》到《水浒传》,这是一个"忧世"的文学传统,"以文学为生活"的文学传统,一个是从《山海经》到《红楼梦》,这是一个"忧生"的文学传统,"为文学而生活"的文学传统。而如果简单做个比较,各位可能马上就会发现,前者是一个为中国人所熟悉的文学传统,但是,却并非一个真正文学的传统。其中的原因,还是正如我在前面已经讨论过的,"忧世"乃至"以文学为生活"着眼的是人的现实本性,这当然也是文学的理由,但是却并非最最根本的理由。而后者的"忧生"乃至"为文学而生活"着眼的却是人类的超越本性,也就是永远追求的本性,因此,这才是一个真正的文学传统,换言之,这也是一个"爱的传统",也正是中国文学的贡献之所在,就是中国文学的那个"一千斤"之所在。可惜的是,我们在了解中国文学的时候,往往不太注意对于这个文学传统的认真把握,因此也就导致了我们对于中国文学的深刻误解。

在这里,我必须强调的是,从《诗经》到《水浒传》的"忧世"的"以文学为生活"的文学传统给我们的影响实在是太大了,以至于很多人都奉之为经典。事实上,这是非常片面的。因为这个文学传统所代表的并非中国美学的真正精华,而且从王国维、鲁迅开始,也已经开始受到了美学家的尖锐批评。简单地说,这个传统尽管也有其正面的价值,但是它却毕竟并不与爱同在。之所以会出现这种情况,关键是人性把握上的失误。前面我讲到了西方的爱的传统。它认为人性本恶,不过,这里的人性本恶不是指的人会做坏事,而是指的人永远不可能完美。人是不完美的,人是有限的,所以人性本恶。这就是西方爱的传统给自己所规定的"原罪"。另一方面,人永远不可能完美,所以他才要永远追求完美;正因为人是有限的,他必须去追求无限。这就是西方爱的传统与爱同在而且为失爱而悲悯的全部理由。但是,中国的从《诗经》到《水浒传》的"忧世"的"以文学为生活"的文学传统却不这样认为。在它看来,人性本善,也就是说,人是完美的。所以,中国人喜欢说,满大街都是圣人。这是一种"原善"的观念。这样一来,它充其量也只是意识到了人性的复杂性,对于人性的有限性,它则是根本就没有察觉。因此也就既不需要与爱同在也不需要去为失爱而悲悯。

例如以李杜苏辛为代表的唐诗宋词,以《三国演义》《水浒传》为代表的小说,以《西厢记》《牡丹亭》为代表的戏曲,确实应该说,都已经登美学之堂,可是也确实应该说,也毕竟还都没有最终入美学之室。其中的关键,就是把世界分成是非,把人分成好坏,然后去做一个判断,于是就"指点江山,激扬文字",就"粪土当年万户侯"。因此我们看到,在从《诗经》到《水浒传》的"忧世"的"以文学为生活"的文学传统里所有的一切都和西方爱的传统不同。西方所写的都是爱的故事或者失爱的故事。就爱的故事而言,它是人类超越本性的实现,因此引起的是作家的赞美之心。就失爱的故事而言,它是人类在实现自己的生命意志的冲动当中所犯下的错误。他在表现自己的时候自以为是,结果犯了错误,因为作为人,他总有自大的可能。而这错误无疑是我们每一个人都有可能犯的,因此引起的是作家的悲悯之心,是因人类的有限性而悲,也是为人类的有限性而悯。

可是从《诗经》到《水浒传》的"忧世"的"以文学为生活"的文学传统就不同了,它所写的都是一些完全现实而且非常功利的故事,而没有写过一个爱的故事,也没有写过一个失爱的故事。在它看来,人性本善,如果是坏人犯错误,那肯定就是他自己的责任,是他本来如此;如果是好人遭受挫折,那肯定就是社会或者他人的责任。这样一来,人就被"妖魔化"或者被"神圣化"了。结果,既不会因为人类超越本性的实现而倾情赞美,也不会因人类的有限性而悲和为人类的有限性而悯。借用中国20世纪的新儒家大师牟宗三先生的话说,它写出的只是"有恶而不可恕,以怨报怨",又哪里谈得上悲悯呢?于是,一切的一切都只需要社会的裁决,而从来就不需要爱的莅临与出场。成王败寇、善有善报、恶有恶报,斤斤计较于现实的成败得失,缺少对于责任的共同承担,更缺乏一种爱的眼光。鲁迅曾经悲愤地宣称:这是一个"无爱的人间"。确实如此啊。

在中国，真正值得我们关注的，是从《山海经》到《红楼梦》的"忧生"的"为文学而生活"的文学传统。从《山海经》开始的中国文学传统无疑是令人神往的，中国的《山海经》时代曾经是一个非常美好的时代，那个时候所有的人都是有生命创造力量的，所有的人都是有自由意志。所有的人也都是很奋发向上的。但是我们很快就进入了一个颓废的时代，不但男性颓废，而且女性也颓废。在这个时代，《山海经》的传统被我们遗忘了。这个颓废的时代，与西周和秦汉的两次历史巨变密切相关。因此，中国的历史航向也随之出现了令人痛心的逆转，从《山海经》开始的中国文学传统也因此而夭折，并且被从《诗经》到《水浒传》的"忧世"的"以文学为生活"的文学传统所腰斩。

但是，幸运的是，中国文学的这一真正的传统并没有就此断绝。例如《古诗十九首》，其中就有着纯正的美学眼光，它没有任何的功名利禄的想法，是最纯正的美学，也是最接近《山海经》的文学。我们可以想象，《山海经》里那些神仙到了老百姓的家庭里，大概也必然如此。所以，《古诗十九首》和《山海经》存在着一个非常严格的对应关系。当处理国家事务的时候，你是精卫，你是夸父；当处理个人事务、处理家庭事务的时候，你就是那个劝老公"努力加餐饭"的家庭妇女。再如李后主，李后主的词绝对是一流的。在人间李后主没有当个好皇帝，在文学的王国，李后主可绝对是最好的"词帝"。在李后主的作品里，禀赋了一种因人类的有限性而悲和为人类有限性而悯的情怀。王国维在论到李后主的词时说，"眼界始大，感慨遂深"，确实是这样。然后，是《金瓶梅》《红楼梦》的横空出世。假如《金瓶梅》是中国人的"悲悯之书"，那么，《红楼梦》就是中国人的"爱的《圣经》"；假如《金瓶梅》是中国人所写的第一个失爱的故事，那么，《红楼梦》就是中国人所写的第一个爱的故事。尤其是《红楼梦》，从一开始，曹雪芹就问：开辟鸿蒙，谁为情种？这实在是开天辟地的一问啊。它意味着中国的"我爱故我在"的文学传统的正式诞生！

关于从《山海经》到《红楼梦》的"忧生"的"为文学而生活"的文学传统，希望你们去看我的《带着爱上路》，这是我的另外一个讲课记录稿，其中主要讲的,就是这个文学传统。我一直认为,只有这个文学传统,才是中国美学的精华,也才是我们所要继承的真正的美学谱系。我们只能去做也必须去做这个文学传统的传人。而在这里,我只能简单地说:正是《红楼梦》的出现让我们中国人知道了应该把美丽的金苹果给谁,也让我们中国人开始有了"绿肥红瘦"的眼光。《红楼梦》不但意识到了人性的复杂性,而且进而意识到了人性的有限性,第一次走出了《三国演义》《水浒传》之类怨恨之书的老套,而使自己成为第一本还泪之书、赎罪之书,第一本爱之书。你们一定都还记得:贾宝玉看到了一个个美丽女性的悲剧命运,但是却没有去寻找替罪羔羊,也没有去归罪于任何人,而是转而忏悔自己的"罪",每每念及"闺阁中本自历历有人"的时候,他就会去"愧"、去"悔"。"罪""愧""悔",这三个字,就成为他所推崇的"我之襟怀笔墨"。而他写出的,也全然是"无罪之罪""无错之错"。牟宗三先生就把这叫作:"有恶而可恕,哑巴吃黄连,有苦说不出。"显然,这才真正进入了美学之室。美学之为美学,就应该是一种终极关怀,就应该永远因人类的有限性而悲和为人类的有限性而悯。因此,《红楼梦》也就成为有史以来的第一本还泪之书、赎罪之书,第一本爱之书。以爱心面对人生,只有有信仰的生活和有爱的生活才值得一过,这就是《红楼梦》告诉我们的全部。

当然,从《山海经》到《红楼梦》的"忧生"的"为文学而生活"的文学传统并非中国文学的主流,但是,这恰恰是中国文学的不幸,而不能成为我们拒绝皈依于这一传统的理由。而且,在我看来,正是因为有了这一文学传统,中国文学才有了自己的高度,也才有了自己的尊严。而且,令人欣慰的是,从《山海经》到《红楼梦》的"忧生"的"为文学而生活"的文学传统也并非代无传人。鲁迅、沈从文、张爱玲、穆旦、海子、史铁生,应该都是它的传人。像张爱玲,这个绝版的天才作家,其实就是"女中鲁迅"。17岁时,张爱玲就说过:"生命是一袭华美的袍,爬满了蚤子。"男男女女华丽的外表下却包藏着人性的暗疾,犹如在灵魂中却蛰伏着啃啮着人性的"蚤子",人类失爱的困境,被她呈现而出。更让人敬佩的是,张爱玲并没有写过一个十恶不赦的"坏人"。在她的笔下,人人都自行其是、自说自话,可是最终的结果偏偏是没有一个人能够逃脱命运的"无缘无故"的陷阱。没有一个人在命运面前不是"闯了祸的小孩",不是被命运推搡着而茫然不知所措地前行。沈从文也是一个值得关注的大作家,在他的作品里,你可以发现,生命的尊严、生命的爱在他的眼里都是无限"庄严"的,而他写小说则是去反映这个"生命"的无限庄严和无限的美,是去展现生命的神性,是去看护生命的尊严。看到生命中爱与美的获得,他去表现——去赞美;看到在命运的沉重碾压下美和爱的沦落飘零,他也去表现——去悲悯,在他的作品中,充盈着爱的力量和爱的觉醒。还有史铁生,对于这个作家,其实我有很多话想说,但是在这里,我只想推荐他的《病隙碎笔》,他的作品离爱究竟有多近,各位一看便知。

上面是我对中西文学传统的一个简单勾勒,大家可以看出,不论是西方文学传统,还是中国文学传统,都是"我爱故我在"的见证。我记得博尔赫斯说过:所有的书都是一本书。那么,我要说,不论是西方文学传统,还是中国文学传统,所有的传统都是一个传统——爱的传统;所有的作品也都是一本书——爱的大书。

四

在讨论了文学的理由就是与爱同在以后,我们有必要再一次回到在我讲座开始时就已经涉及的我们的语文教育本身。

今天我面对的都是同行,尽管我们站在不同的讲台上,但是我们面对的却都是学生,而我们所传授的则都是文学。那么,我们的语文教育最主要的应该是什么教育呢?我相信诸位一定各有各的想法,但是我坚持认为,我们的语文教育再有多少多少理由都不能淹没其中的一个最最根本的理由:它必须是给人性以尊严的教育,它也必须是给文学以尊严的教育。一句话,它必须是爱的教育。在我看来,如果我们的语文教育讲来讲去竟然离这些东西越来越远,讲来讲去竟然把这些东西都讲没有了,那我认为这就无论如何都只能是我们的语文教育的失败。

在此基础上,我有三点看法,亟待与在座的各位稍加讨论:

第一点,我们必须为自己的学生提供最好的精神营养。中国有句话说得十分形象:师傅领进门,修行靠个人。意思是说,作为老师,他的责任首先必须是能够帮助自己的学生找到最好的精神营养,至于这些精神营养进入他的生命多少,滋润了他的生命多少,以及推动他的生命健康成长的力度多大,都还是其次的。重要的是我们必须首先能够为他们提供最好的精神营养。这个问题如果不解决,我认为就是我们做教师者的失职。而我之所以如此看重这个工作,原因有二——

其一是,我特别喜欢哈佛大学的校训:与柏拉图为友,与亚里士多德为友,与真理为友。我始终认为,这个校训实际是对于它自身的教育思想的一种最为深刻的总结。而鲁迅的话也同样给我以启迪,他说:用秕糠养大的一代青年是没有希望的。也因此,我在指导学生学习的时候,也经常要求他们一定要"与爱为友,与美为友"。费尔巴哈说:人就是他吃的东西。我们的学生明天所成为的,其实也就是他今天所吃下的。在长跑中只有被跑在最前面的领先者带跑,才有可能最终成为领先者。而最好的精神营养,也就是学生人生中的带跑者。斯特凡·格奥尔格说,《神曲》是"世代相传的书和学校"。黑格尔说荷马史诗是"古代人民的教师"。为什么呢? 就是因为它们都是最好的精神营养。喝安徽阜阳的劣质奶粉,是不可能长成巨人的啊。记得过去我的学生问我:在学习期间应该去看什么书籍,我回答他说,要去看五百年前就要看的和五百年后还要看的。我为什么这样说呢? 相信在座的各位老师一定能够理解。顺便说一句,孔子谈到自己读书的体会时说,他是"玩索而有得"。什么书才能够让他"玩索而有得"呢? 肯定是那些五百年前就要看的和五百年后还要看的书啊,否则,他既不可能去"玩索",而且,就算是去"玩索",也不可能"有得"的。

其次是,在为自己的学生提供最好的精神营养的问题上,我们曾经有过重大失误。有一次我看到高尔基《不合时宜的思想》封底的广告词,心里很有触动,这段广告词是:"高尔基是一座森林,这里有乔木、灌木、花草、野兽,而现在我们对高尔基的了解只是在这座森林里找到了蘑菇。"我马上在想,我们是否也存在只在有乔木、灌木、花草、野兽的森林里"找到了蘑菇"的失误? 答案可想而知。我有一次去一所著名大学做报告,在他们的图书馆看到了他们为自己的大学生所开列的十本必读书:《雷锋的故事》《卓娅与舒拉的故事》《钢铁是怎样炼成的》《牛虻》……这些书,我个人认为没有一本是必读的。例如《牛虻》,它跟俄罗斯的《青年近卫军》是一个系列,这种"青年近卫军"故事没有多少精神营养。再如《钢铁是怎样炼成的》,它在俄罗斯根本就没有什么地位。俄罗斯赢得了世界尊重的是它的那些诺贝尔奖获得者的作品,《古拉格群岛》《日瓦戈医生》《癌病房》。有一次说到这件事我过于愤怒,干脆愤而说过:就是《静静的顿河》也比《钢铁是怎样炼成的》好得多啊!五四时期也有不少导师乐于给学生开必读书目,鲁迅为此而建议:应该少看中国书甚至不看中国书,他的理由是看中国书会使人沉静下去。言外之意其实也就是说,这些书都没有什么精神营养。如果联想一下,就会想到,鲁迅还说过中国人喝的是狼奶,他的意思已经不言自明。那么,什么样的书才有最好的营养呢?我用一句形象的话来概括:与爱最近、与美最近。我们必须以这些书来构建一个具有最好的精神营养的精神谱系。我刚才说了,里尔克说"罗丹是一个老人",我说我很受震动。可是,倘若罗丹在年轻的时候就已经是一个"老人",那么是什么使得他足以成为"老人"呢?为什么我们以及我们的学生就始终不是一个"老人"呢?我们一定要找到构成罗丹的精神谱系的那些东西,这样,我们以及我们的学生才有可能成为"老人"。

第二点,我们的语文教育必须回归爱的教育。我前面已经讨论过,人之为人,说到底就是"我爱故我在",而文学也就是"我爱故我在"的见证。既然如此,我们的语文教育,就应该坚定不移地回归爱的教育这一根本。有时候,我一讲到爱的重要性,有些同学就会说:"哎,这些都是梦呓,是空洞的空想。"但是我们要知道,正是因为有"梦呓"、"空想"才有了人本身,如果人类连这些"梦呓""空想"都不尊重不呵护,如果人类连对理想的仰望和期待都抛却了,那人类还有什么理由继续生存在这个世界上呢?要知道,人类恰恰因为尊重和呵护了这些"梦呓""空想",才一天天地变得真实起来。面对残酷的命运,人类永远可以说:尽管我必然会失败,但是我毕竟比你更高贵!从现实的角度说,爱确实毫无用处,可是从理想的角度看,爱却有其无用之用,爱最没用也最有用。爱是生命中的空气,爱是人体中的钙,事实上须臾不可或缺。也因此,爱的教育无异于一种必要的储蓄。我经常说,我们的语文教育就其实质而言,必须是一种爱的储蓄。在我看来,不论是人类的进步还是个人的进步,都离不开爱的储蓄。只有一点点儿地去储蓄光明的东西、温暖的东西、充满爱意的东西,人类才能够有力量。而这,也正是我们的语文教育的使命。在语文教育中,我们要一点点儿地储蓄光明的东西、温暖的东西、充满爱意的东西,这些东西正是学生能够面对不那么美、不那么有爱心的社会的真正强大的力量。

借这个机会,我要呼吁重读安徒生。试想,在人类的小学教育开始正式诞生的时候,安徒生的童话为什么会相应产生?西方有三大童话,其中有两大童话是积累型的,而安徒生童话却是个人创造型的。那么,安徒生童话为什么会在那个时候应运而生呢?其实,就是顺应着爱的教育的需要。阅读安徒生的童话,如果不跟爱的教育联系,而只是把它看成童话,那我们就不会理解安徒生。安徒生的童话为什么会在全世界无胫而走,他的童话为什么会在全世界产生这么大的魅力?其实就是因为他的童话与爱最近啊。

以《卖火柴的小女孩》为例,1919年初,《新青年》杂志刊登了周作人翻译的《卖火柴的小女孩》,它因此也就成了第一篇被介译到中国的安徒生童话,可是,这个中国人最熟悉也最容易理解的故事,恰恰也偏偏就成为被中国人所误读最深的故事。《卖火柴的小女孩》成了丹麦版的"朱门酒肉臭,路有冻死骨"的故事,成了阶级压迫活生生的教材。但是,人们并没有注意到:安徒生并不是杜工部。

确实,安徒生也写到了贫困与死亡,但是他所关注的始终是快乐与爱。也许在他看来,穷人并不"穷",只是不"富"。因此穷者固"穷",但只要心中有爱,就仍是人间最大的幸福。不妨回想一下小女孩点燃那四根火柴时所看到的:温暖的火炉、美丽的烤鹅、幸福的圣诞树、和蔼的老祖母,这一切是不是都充满了光明和温柔?不妨再回想一下小女孩最后点燃的那一把火柴:

"这些火柴发出强烈的光芒,照得比大白天还要明朗。祖母从来没有像现在这样显得美丽和高大。她把小姑娘抱起来,搂到怀里。她们两人在光明和快乐中飞走了,越飞越高,飞到既没有寒冷,也没有饥饿,也没有忧愁的那块地方——她们是跟上帝在一起。"

"她们是跟上帝在一起",显然,这正是安徒生为小女孩所指引的幸福之路。不过,说起来真的是很遗憾。这句话在我们的语文课本里被删掉了。顺便做个介绍,在别的地方,我曾经看到过安徒生关于"幸福"的看法,他是这样说的:"使得人们幸福的并不是艺术家不朽的名声,并不是王冠的光辉;幸福存在于人们对清贫的满足,存在于爱人和被人爱之中。"显然,在安徒生看来,有爱的生活就是幸福的。而这个小女孩显然是"有爱的",因此她当然就是幸福的!因此,她不是"在痛苦中死去",而是"在幸福中死去"。也因此,她不是"含恨而亡"而是"感恩而去"。我经常说:对于幸福的感恩不算什么,重要的是对于不幸的感恩。《卖火柴的小女孩》就写了对于不幸的感恩。安徒生的描写你们肯定都是再熟悉不过的了:"她的双颊通红,嘴唇发出微笑","谁也不知道,她曾经看到过多么美丽的东西,她曾经是多么光荣地跟祖母一起,走到新年的幸福中去。"有爱就是幸福的,心中有爱,即便死亡也可以如此美丽。而对于全世界所有阅读到这则故事的贫苦的孩子来说,它就像一把温暖心灵、照亮生命的火柴,因为——至少还有"爱"。

再以《海的女儿》为例,这是一个关于爱、眼泪和"不灭的灵魂"的故事,蕴涵了西方关于爱的全部思考。值得一提的是,《海的女儿》并不是对"人性"之爱的赞美诗,而是对超越性的"神性"之爱的一曲颂歌。"人鱼是没有不灭的灵魂的,而且永远也不会有这样的灵魂,除非她获得了一个凡人的爱情。她的永恒的存在要依靠外来的力量。"倘若一切只是如此,或许还是我们所能够理解的。但是,我们难以理解的却是:他并不爱她。一切就是从这里开始的:究竟是杀死王子,还是——杀死自己?当然是杀死自己。因为杀死王子岂不就是杀死了自己的选择、杀死了自己的坚持、杀死了自己的爱情!因此,只有杀死自己,只有变成泡沫,但是——仍旧含泪地向王子张望……或许,在一个传统的中国人看来,这样的一切都是非常费解的。可是,这就是爱!在爱的世界之中是没有应该与不应该,而只有愿意还是不愿意!愿意永远大于应该。只要愿意,就是幸福的。小人鱼是为了爱而化成泡沫的,她是幸福的。

令人欣慰的是,"小人鱼并没有感到灭亡。她看到光明的太阳,同时在她上面飞着无数透明的、美丽的生物。透过它们,她可以看到船上的白帆和天空的彩云。"是的,她怎么会灭亡呢? 歌德的箴言说:"凡人不断努力,我们才能济度。"小人鱼最终发现,可以拯救自己的,不是"把我一生的幸福放在他手里","对他献出我的生命"的凡人的爱情,而是超越了"爱着谁"的神性的"爱"本身。

"'我将向谁走去呢?'她问。'到天空的女儿那儿去呀!'别的声音回答说。"

"你,可怜的小人鱼,像我们一样,曾经全心全意地为那个目标而奋斗。你忍受过痛苦;你坚持下去了;你已经超升到精灵的世界里来了。通过你的善良的工作,在三百年以后,你就可以为你自己创造出一个不灭的灵魂。"

"小人鱼向上帝的太阳举起了她光亮的手臂,她第一次感到要流出眼泪。"

爱是永远不会死去的,"不灭的灵魂"就是"爱"!因此,永远去赌爱的存在!永远坚信爱能够为自己"创造出一个不灭的灵魂"。我只能说:这才是爱!

如果说《海的女儿》对于"爱"的思考是痛苦的,在"利刃上行走"的最终指向是爱的升华,那么,《丑小鸭》则象征着人类对于"人"的思考,最沉重的思考。在这沉重的思考面前,"怒其不争,哀其不幸"是一句何等自以为是的话!所谓的"精英"和"庸众",其实并无二致——你、我、他,都是"不幸的人"。能够拯救我们的,唯有爱!爱,使生命重生。

现在如果回想一下,你们会在牧场里看到什么? 我相信,你们一定会看到动物在"喧闹"和"争夺"中生存,因为它们认定:"世界就是这个样子!"沼泽地里的野鸭只关心"你不跟我们族里任何鸭子结婚,对我们倒也没有什么大的关系";老太婆家的猫和母鸡张口闭口就说"我们和这个世界",它们认定自己才是世界上"最聪明的",而它们的主人,则"世界上再也没有比她更聪明的人"了。而对于丑小鸭呢? 它们是既无理解的同情也无同情的理解。

"请相信我,这是一只吐绶鸡的蛋。……让它躺着吧,你尽管叫别的孩子去游泳好了。"年老的客人说。"呸!瞧那小鸭的一副丑相!我们真看不惯!"牧场里别的鸭子说。"你能够生蛋吗?……那么就请你不要发表意见。""你能拱起背,发出咪咪的叫声和迸出火花吗?……那么,当有理智的人在讲话的时候,你就没有发表意见的必要!"母鸡和猫说。更为可怕的是,它们是如此冷漠,以至于经常去随意处置他人的人生:

"那只小鸭太丑了,到处挨打,被排挤,被讥笑。"

"它长得太大、太特别了……因此它必须挨打!"

"你这丑妖怪,希望猫儿把你抓去才好。"

"孩子,你不要自以为了不起吧!……请你注意学习生蛋,或者咪咪地叫,或者迸出火花吧!"……

这岂是动物世界的故事?分明就是人间众生的画像。

生命的初生本源于偶然:容貌的美丑、性情的明暗、禀赋的高下、心志的强弱,谁可以预设?"尺有所短,寸有所长",谁又可以说自己永远是巨人而且在任何空间和时间条件下都不是侏儒?历史已经、正在并仍将不断地告诉我们:人类对于自然、对于自身、对于精神一代又一代的全部质疑、探索、发现、聆听和谈论都只是接近的、暂时的、不完整的、未完成的和有待修正的,而且——还常常是错误的。事实上,人类只能以自己能够理解的局部世界去思考和理解全部世界,而这种把"牧场"错当成了"整个世界"的不幸,这种明明自己也是弱者但是却偏偏以强者自居并且随意地去处置别人,几乎每天每时都在发生,而且可能发生或降临在每一个人的身上。

然而,弱者的生存期望何在?唯有——在爱中重生。必须为丑小鸭感到庆幸,它毕竟还是碰到了一个充盈着爱心的母亲。"我还是在它上面多坐一会儿吧,"鸭妈妈错误地孵着一只天鹅蛋,但是她说,"我已经坐了这么久,就是再坐它一个星期也没有关系。"丑小鸭长大以后,鸭妈妈也发现了它的另类,但是她却说:"它并不伤害谁呀!""它不好看,但是它的脾气非常好。它游起水来也不比别人差——我还可以说,游得比别人好呢。我想它会慢慢长得漂亮的。"她说着,同时在它的脖颈上啄了一下,把它的羽毛理了一理。"我想它的身体很结实,将来总会自己找到出路的。"这真是一种伟大的母爱,正是它,给予了丑小鸭以生命的重生。

另一方面,还必须为丑小鸭感到庆幸,它毕竟觉悟到了爱的力量。在遭受到"被鸭子咬、被鸡群啄、被看管养鸡场的那个女用人踢和在冬天受苦"的种种不公平对待时,丑小鸭并没有因形貌丑陋而变得灵魂丑恶起来:即使他"太累了,太丧气了"也"尽量对大家恭恭敬敬地行礼";"坐在一个墙角里,心情非常不好"时"它想起了新鲜空气和太阳光";见到天鹅飞过,"它再也忘记不了这些美丽的鸟儿,这些幸福的鸟儿。……它爱它们,……它并不嫉妒它们"。显然,对美的爱慕与梦想、对幸福的期待是支撑丑小鸭度过严冬的困苦和灾难的力量。不为他人的聒噪怂恿所左右,也不随波逐流地放逐生命,更不助纣为虐,与黑暗同流合污。就是这样,一个卑微的生命在爱的忍耐与美好的期望中等待着重生。而且,毫不意外的是,它等到了!

每个人都是丑小鸭,每个人也都是白天鹅,从丑小鸭到白天鹅,是生命在爱中重生的见证。而我们每一个人是否有权力决定别人谁值得活,谁不值得活呢?答案是否定的。这就是《丑小鸭》所要告诉我们的一切。

显然,这些故事完全不同于中国人所耳熟能详的"刘胡兰"们的故事,也完全不同于中国人所耳熟能详的"小兵张嘎"们、"潘冬子"们那样的故事,更与剥削、压迫、反抗、暴力无关,没有"春天的温暖",也没有"秋风扫落叶"的无情。但是,它却是真正的故事、爱的故事。它是"没有画的画册",也是"光荣的荆棘路"。它的主题,就是——永恒的爱。而且,童年虽然属于孩子,但是爱心却属于所有的人。因此,安徒生的文学作品才永远给我们以美的诱惑,我也才殷切地呼唤,希望我们能够重读安徒生童话。因为,在安徒生的童话中,我们才能够得以重生;我们的语文教育也才能够得以重生。

第三点,也是最后一点想法:我们的教育者必须先受教育。我一直认为鲁迅在"五四"的时候有一句话说得非常好,鲁迅说,我们从来都是要求我们的后代去反省自己,说我们今天怎么做儿子,但是实际上更为重要的却是:我们今天怎么做父亲?我今天也想提出一个同样的问题:我们今天怎么做老师?受教育者必须先受教育,尤其是在美学观念已经被大大颠覆了的今天,我们做教师者自己是不是也要先受教育？答案应该是肯定的。

说到这个问题,我又想起了安徒生。

各位不知是否想过:安徒生为什么会是安徒生？对于这个问题,安徒生曾经给出过自己的答案:

在我们走向上帝的道路上,苦楚和痛苦消失了,美留下了,我把它看成是黑天空中的一道彩虹。

上帝在他的形象里创造的魂灵,

是不可侵犯的,也不会丢失。

值得注意的是,安徒生逝世后被安葬在哥本哈根北郊的襄辅教堂陵园里。在墓碑上刻的就是这样的诗句:"上帝在他的形象里创造的魂灵,是不可侵犯的,也不会丢失。"

而美国大名鼎鼎的房龙也曾经给了我们一个答案:"神的火花在这个沉默的小男孩的心灵中孕育,像一场风暴那样不可抗拒。凡是上帝触摸过的人,不管他遭遇到多么无礼的对待和多么巨大的困难,他仍能实现他的梦想。"安徒生为什么会是安徒生？那就是因为:安徒生是一个被上帝触摸过的人。

换一个词,安徒生本人和房龙的意思就更加明白了:安徒生是一个被爱触摸过的人。

因此,只有我们首先被爱触摸过,然后我们才能带着爱上路,去触摸我们的学生,这样看来,也许最为关键的是:我们愿不愿意去首先接受爱的触摸？

各位老师,我由衷地希望能够听到你们的回答!

就讲到这里吧,谢谢!

2002 年,南京

附录四　艺术本质的二律背反
——兼谈文艺的研究方法

一

艺术的本质是什么？这确实可以称为一个理论之谜。邀游在艺术的王国，在我们的面前会出现大量生动有趣的东西。可是，一旦我们要深入考察艺术的本质问题，并且要作出一个合乎逻辑的回答时，不能自圆其说的苦恼总是困扰着我们。艺术本质问题为什么如此难解呢？在我看来，其中固然有历史的原因、理论的原因乃至研究方法的原因等等，但主要的，还是艺术本身的二律背反的特性所造成的。要揭示艺术的本质，首先就要把握艺术的这种特性。

首先艺术是客观的，同时又是主观的，文艺作品中的一花一草、一人一事，它的形状、颜色等都是客观的，但它同时又是主体意志、情绪的表现。严格地讲，客观的东西和主观的东西在艺术中必然和谐地统一在一起。客观的东西不表现主观的内容，固然就不是艺术；主观的东西倘若不外化为感性具体的存在，同样也不是艺术。

其次，艺术是感性的，同时又是理性的。艺术的内容是认识的，是客观规律的反映。所以恩格斯才说可以从巴尔扎克的小说中学到在经济学家的著作中学不到的东西。但艺术的形式又是感性的。在科学认识中，感性的感知、情感、欲望是同理性的概念认识相对立的。但在艺术中感性和理性却是和谐一致的。感知、情感、欲望的表现同时就是客观必然的规律的表现。

再次，艺术是无目的的，同时又是有目的的。所谓目的是以一定的概念为依据，或者是外在的（如功用），或者是内在的（如伦理的善）。艺术与道德、功利、欲望无关，不涉及任何概念，所以它是无目的的；但是艺术与道德、功利、欲望又都有关系,所以艺术又是有目的的。艺术的目的恰恰隐含在艺术的无目的之中。

最后,艺术是个体的,同时又是社会的。在伦理学中,个体和社会是严格区分的。伦理判断要求严格区分个体欲望,要求个体和一定社会、阶级的普遍利益相适应,强迫个体服从社会。在艺术中,由一定社会、阶级所决定的伦理道德规范,并不是从外部束缚、限制个体的东西,而是同个体的欲望、要求相一致的。换句话说,一定社会、阶级的伦理道德规范直接体现在个体的欲望、要求之中。

这就是艺术的二律背反的特性。毫无疑问,艺术的这种二律背反的特性,体现了艺术的本质。可惜的是,我们有些同志固执于上述的对立而忽略了其中深刻的统一,或者认为艺术的本质是认识,或者认为艺术的本质是表现。这样,在人们感受中十分具体的艺术,在人类的理论思维中却成了一个令人迷惑的不解之谜。

二

那么,我们应该从何处着手去探讨艺术本质问题呢?目前,很多同志都是从文艺作品的分析开始的,即从静态的艺术创作成果开始。我认为,这种做法是不科学的。艺术,严格地讲,有两层含义,"一方面,艺术是作为成品,作为静观的欣赏对象而存在。另一方面,艺术又是人们审美意识(通过作家或艺术家的创作实践)的物态化……艺术是作为创作,作为主动的实践过程和产品而存在,艺术之所以成为艺术,是因为后者而不是前者。这一方面在把握、规定和显示艺术的美学本质和特性,才是更根本的。"[①]因此,艺术本质问题的探讨,应当从艺术"作为创作,作为主动的实践过程和产品"这个方面开始。

为了分析的方便,我们不妨借助系统分析的方法,把艺术看作一个由诸要素构成的系统结构,其中包括:具有主观能动性的作家、作家所创造的具

[①] 李泽厚:《美学论集》,第 390—391 页。

有客观意义的作品、作为第二创造主体的读者、作为反映对象的现实社会生活等四个要素。这里,生活与作家的关系,我们称之为反映过程;作家与作品的关系,我们称之为创作过程;作品与读者之间是欣赏过程;读者与生活的关系,则表现为读者欣赏作品之后对社会的影响过程。在艺术活动过程中,这诸要素并非彼此游离,各立畛域,而是频繁进行信息交换的。用系统论的语言讲,它们犹如一座三维结构的七宝楼台,从现实生活的信息长河中飞溅而出,活泼恣肆地盘旋而上,忽而化作长袖善舞的窈窕淑女,忽而化作象征性的语言符号,忽而又化作惊天动地的狂涛巨浪……最后倾泻而下,以崭新的面貌,重新汇入现实生活的信息长河。由此我们看到,艺术本质的奥秘正深藏在这整个系统(亦即艺术活动过程)之中,只有深刻而全面地把握整个艺术系统,才能准确解答艺术本质问题。

显而易见,在艺术系统中,作者和读者是两个中心环节。这里我们先从作家的角度看反映过程和创作过程。

当作家没有进入艺术系统,只是一个独立的存在时,他与生活的关系是反映与被反映的关系。但是,这已经不是认识论意义的"反映"。本来他追求的是真,并不去涉及对象对人的意义。我们可以称之为以事物本身为对象的反映,感情在这个反映过程中只作为精神状态存在着,而并非以内容的形式在其中活动。一俟作家进入艺术系统,由于艺术系统要求把被反映对象与人的价值、社会关系联系在一起,作家对生活的反映便有了改变,虽然仍不能脱离对象本身,却总要导致主体的社会存在及在此基础上形成的社会意识和需要对认识活动的制约和调节。在某种意义上,我们可以称之为对价值对象的反映活动。对象的价值内容决定了只有审美主体的积极进入,审美反映才能建立,决定了审美反映的认识不能不浸透主观评价。因此,作为审美反映的认识内容,产生审美映象;作为审美反映中的主观评价,产生审美情感。后者调节着认识的深化,主导着认识的进行,更造成了认识的折射。随着审美反映的逐渐深化,审美映象由审美对象的形式深入到内容,由主体过渡到客体,构成审美内容的客观性。审美情感则由审美对象的内容逸出为形式,由客体过渡到主体,构成审美内容的主观性。二者的最终成果就是审美意象。

既然审美反映中包含审美映象，它当然也就能够揭示客观规律。正是在这个意义上，我们把艺术活动中的审美创造看作是一种具有深刻认识内容的活动。但我们要强调，艺术并不仅仅是认识。因为认识活动注重的是审美反映中是否有不依赖主体的认识内容，它仅仅是构成心理反映的一个要素，不足以概括审美反映的全部内容。这就要求我们在从认识论角度把握了审美反映的认识内容后，还要着重从心理学角度把握审美反映的心理形式——审美情感。从心理学的角度讲，审美反映中的认识内容是与人的心理形式结合在一起的，简单地讲，审美反映中的心理形式主要是感知、想象、情感、理解四种心理因素的和谐统一，以情感为网结点或中介。这里的情感是联系着审美对象的对象化的情感，感知是以情观物的结果；而理解因素融合和渗透在感知、想象、情感诸因素中，不着痕迹地引导和规范着情感和想象，使其自由地符合理性的必然规律，趋向情理合一；想象则一方面把感知深化为典型，一方面把情感规范于不确定的理性，达到感性与理性的合一。由此，我们看到，在艺术活动的分析中，忽略了认识内容，只把它归结为心理形式，固然会使艺术失去社会理性内容，更值得注意的是忽略了艺术活动中的特殊的心理形式，则会把艺术和科学等同起来。

从作家—作品的创作过程看，艺术创作实际是使审美意象物态化的劳动，其实也就是作家自身生命的生产。是生命的享受，也是生命的生成。作家恰恰是在创作中"按照美的规律"，"生成为人"。我们知道，人类生产实践是二重化的劳动，一方面创造了"第二自然"，一方面创造了人类本身（含审美能力），从而体现了物质生产与精神生产的一致性。因此艺术创作作为一种精神生产，仍然体现着生产的一般规律，表现了与伦理实践活动的一致性。从这个意义上讲，艺术也是一种伦理实践活动。但后者是一种具有直接功利目的的活动，是"束缚在粗陋的实践的愿望和享受下的单纯的有用性"（马克思《1844经济学—哲学手稿》）的活动。艺术却不然，它没有直接的功利目的。在作家身上，个人和社会是融洽一致的。马克思讲，人的"活动和享受，无论就其内容或就其存在方式来说，都是社会的，是社会的活动和社会的享受"(《1844 经济学—哲学手稿》)。因此,作家的审美创造中,深刻地体现出社会的普遍的人的本质。

我们知道,作为一种对价值对象的反映,审美意象中浸透了情感,这就促使作家进入不可抑止的创作状态。他渴望用声音、颜色和各种感性材料把自己的生命显示出来。他只求创造一个类似现实世界的"第二自然",只求对之进行审美观照以得到一种享受,故并不要求占有对象,或从中得到物质、生理的满足。正像马克思讲的:"作家绝不把自己的作品看作手段,作品就是目的本身"(《马恩论艺术》)。从这一方面说,创作并没有一个外在的目的,它本身的完满就是目的。但若从整个系统来观察创作,则其中已蕴含了客观的因果必然性和伦理意志的内容,即它已内在地具有一种导向外在目的的必然性。在此之前产生的审美意象,作为认识内容和心理形式的统一,沉积了大量的理性经验和情绪感受、社会阅历。因此,从诞生之日起,审美意象就是创作主体的一个对立物,不仅制约着主体的创作构思,而且随时准备纠正主体的失误,使它心甘情愿做出改变(如安娜形象的改变)。荣格的名言,是《浮士德》创造了歌德,而不是歌德创造了《浮士德》,就是这个意思。而作家把运动中的审美意象变为物质的东西,使客体肯定或实现在感性形式中,同样蕴含着潜在的目的性。这种肯定或实现是对物质材料的利用,也是对它的艰苦征服。作家的工作,是要使美从非审美的物质材料中挣扎出来,以俾有效地与读者交流,这就不能不考虑读者的审美理想和审美趣味。为了迁就人们视觉的错误,只好用弧线造成直线感的建筑;为了迁就人们听觉的局限,把台词的一个字分解为几个音以求达到清晰效果的念白方式;话剧中的潜台词、电影中的蒙太奇、绘画中的"计白当黑",以至布莱希特所创造的"叙述性戏剧"的"间离效果",都是一些极端的例子。在这个意义上,也可以说是一定的读者创造一定的作品。这使我们不难窥见,创作活动确乎有其无目的的目的。而且,不论作家侧重表现或再现,他们的心理形式都只能是感知、想象、情感、理解诸因素的不同比例的和谐统一。这样,作家才能将形与神、情与理、心与物融为一体,造成艺术的可意会不可言传的特征。具体而论,感知、想象因素的深化必然导向本质必然性。从这个意义上讲,文艺作品能不通过概念活动,把人们导向某种倾向、某种思想,使人们在对象中认识自己,认识生活。另一方面,理解因素又以情感为中介,渗透在想象之中,给人以一种不脱离感性形象的领悟。艺术活动就这样把有限与无限、必然与偶然、明确与不明确、感性与理性统一在一起,体现着自己独特的本质特征。

三

在创作过程中,作品的完成,严格地讲,只是被作家赋予了一种潜在的可能性,它最终的定性,只有在与读者发生关系后才能获得。一幅画,无非是一块布、一张纸、一堆颜色,但欣赏者却能从中看到风花雪月,体味到欢乐的情绪或者淡淡的哀愁;一篇小说,无非是几页纸、一行行铅字,但欣赏者却能从中看到人物的音容笑貌,感受到人物的内心感情,并且为之焦虑、忧愁或欢呼雀跃,这一切固然离不开作者的努力,但倘若没有审美欣赏的配合,也绝对不可能成为艺术的实在。因此,审美欣赏的所谓被感动,本质上仍然是一种审美创造,相对于作家的创造,我们可以称之为再创造。所谓生命的第二次创造,仍旧是生命的享受与生命的生成。艺术活动正是创作与欣赏的对立统一。因此,讨论艺术本质问题,不能对欣赏视而不见。

从欣赏过程来看,应该承认,作家的创作从内在目的向外在目的的转化,或者说,无目的的目的的实现,是由读者完成的。作为创作过程的反演,一方面,它要接受艺术作品的内涵和外延所规定的范围和趋向的制约,承认艺术作品的诱导(这使它与非艺术的欣赏相区别);另一方面,它又要在此基础上进行再创造,无中生有,使艺术作品成为一个现实的存在,从而沟通对象(作品)与主体(读者)的联系,完成对象与主体之间的相互交流和相互转化。这里,我们需要注意的是主体的欣赏(再创造)活动。关于审美欣赏,莱辛发表过很好的意见:"最大的效果都要靠第一眼的印象,如果第一眼看到之后,还必须进行麻烦的思考和揣测,我们想受到感动的期望就要冷下去了。为着对这位难懂的艺术家进行报复,我们就要硬起心肠反对他的表达方式。"(《拉奥孔》)是的,审美欣赏确乎在形式上表现为一种直觉活动,但在内容上又表现为一种理性的认识。有的人认为审美欣赏是一种纯理智的活动,也有人认为审美欣赏是一种没有理性参加的直觉活动,实际上都没说对。审美欣赏在形式上表现为对作品的直观,但这并没有脱离审美主体的积极活动,也没有脱离审美主体的历史积淀和理性思考。当主体不加思索地直觉到美时,这种美已经被一把无形的尺子衡量过了,并已获得了审美主体的承认,只不过这种认识作用是不露痕迹地完成的而已。另一方面,审美欣赏在内容上表现为一种理性认识,但从审美主体来看,又没有脱离心理形式,仍然是在诸心理因素的和谐统一中完成的。这就因为审美欣赏中的主客体关系仍是一种价值评价的关系。罗曼·罗兰讲:"从来没有人读书,人在书中读的,其实不过是自己。"恰恰说明了这种价值关系。因此,为什么艺术作品的火星能在欣赏者心中燃起熊熊大火?为什么"一千个读者就有一千个哈姆雷特"?为什么对同一部作品,同一个人却能"幼之所好,壮而弃之,始之所轻,终而重之"?都可以在不同时代、不同环境中的不同人的独特心理形式(诸心理因素的不同凸出,不同比例)中找到答案。

读者—生活过程是一个往往被忽略的过程。马克思讲:"艺术对象创造出能够懂得艺术的主体和能够欣赏美的大众。"(《政治经济学批判导言》)主体认识客体,创造客体,同时主体也不断被认识、创造。与科学、伦理不同的是,在审美欣赏中,对象的美一旦被主体所肯定,就会转化为主体,或者强烈地推动主体自觉投身于现实生活的激流,或者深刻地启迪主体去执着地开创新生活。艺术活动从无目的到符合一定外在目的的合乎逻辑的过程,到这里宣告结束。而对艺术本质的揭示,也应该到这里才宣告完成。

综观艺术系统的各个要素,我们发现,在艺术系统中,任何一个要素,都既是自身又是他者,既是目的又是手段。从其被自身的特殊矛盾所规定看,它是自身,以自身为目的;而从整个系统看,它又是手段,是为其他环节服务的手段。而且,任何一个要素都不能脱离其他要素独立存在。例如,作家如果从艺术系统中游离出来,就只能作为精神病患者躺在弗洛伊德的手术台上,作品如果从其他要素中割裂出来,则不过是废纸(书)、废布(画),或破铜烂铁(雕塑)。因此,艺术的本质并不决定于其中某一个要素,也不决定于各要素性质的简单相加,它决定于各要素的相互关系和相互作用。

从上述分析出发,我认为,从认识方面讲,艺术是感性与理性的统一,是感性形式中积淀着理性内容;从心理方面讲,艺术是认识、情感和意志三者的统一,亦即认识内容和心理形式的结合。艺术包含着认识内容,但不等于认识,以情感为动力,但不等于情感;艺术处在认识、情感和意志之间,科学和伦理之间,是情和理、感性和理性、个体和社会的和谐统一,是感知、想象、情感和理解诸心理因素的自由的协调运动。总而言之,艺术是审美的意识形态,是对客观现实生活的再现与主观心理的表现的统一。

四

论述至此,一个任务的提出,已经迫在眉睫了,这就是研究方法的改进。

无数事实告诉我们:科学学科的发展史实际也就是研究方法的发展史。比起某些研究重点的转变,方法的转变也许是更根本的转变。近四百年来,科学曾经走在高度分化的道路上。但是,随着时间的推移,科学研究使宏观世界和微观世界、量子力学和天体物理学等一度渺不相涉的领域互相沟通起来。人们终于恍然大悟:原来高度分化和高度综合是走在一条道路上的。高度的分化正是更高度的综合的准备条件。与此相适应,系统论等横断科学的建树,成为举世瞩目的科学事件之一。毋庸置疑,作为深刻体现了历史趋势的横断科学,系统论等不但为自然科学的研究提供了全新的概念工具和根本的思维方法,而且也给社会科学乃至美学和文学的研究以巨大冲击。苏联文学理论研究的进展即是明显的例证。20世纪70年代以前,由于庸俗社会学的影响,苏联的文学理论研究趋于僵化。20世纪70年代后,在系统论等横断科学的影响下,文学的系统研究、综合研究等在苏联蔚然成风,理论研究也因之取得卓有成效的进展(见《文学评论》1983年第4期)。这种研究方法的改进是值得注意的。

本文仅仅是运用系统原理分析艺术现象的一个尝试。系统论是美籍奥地利理论生物学家贝塔郎菲提出的。其核心观点是"**整体大于各孤立部分的总和**"(即系统具有它的组成要素所没有的性质,称为系统质)。我国哲学界普遍认为,系统论并不与马克思主义相冲突,马克思创立的辩证唯物主义和历史唯物主义的世界观和方法论,本身就是对自然、社会、人类思维的系统原则的深刻而全面的论证,也正是成熟的系统论思想的体现。严格地讲,系统论是对马克思主义关于辩证法是"关于普遍联系的科学"的思想的发挥。它的功劳在于把辩证唯物主义在研究复杂客体时所运用的方法和原理具体化了。因此,在文学研究中有选择地科学地吸收系统方法,是应当而且有益的。

在我看来,我们的文学研究应该从"各执一隅之见""欲拟万端之变"的局限中转变出来。任何事物都不是独立自足的,都是一个系统中的一个要素。过去有人一谈艺术反映生活就同认识混淆起来,一讲艺术创造又被歪曲成"自我表现"(西方称为"灵魂的便溺"),讲浪漫主义就排斥现实主义,讲不再提为政治服务就被曲解成为所欲为……从研究方法上讲,都是不能从整个系统出发,全面考虑问题所致。唯其从"实物中心"转向"系统中心",从"单一系统中心"转向"多系统中心",才能避免这种对事物先分解后综合(实际就无所谓综合)的形而上学的研究方法的局限,也才能避免简单因果论和线性因果论的缺陷。从艺术系统的整体出发考察其中的要素,从诸要素的相互联系中考察艺术系统,应当成为我们分析艺术问题的基本出发点。

其次,意义更为重大、更为迫切的问题是坚持马克思主义的指导原则和根本方法。近年来,由于国外某些理论的传入和国内某些人的提倡,一些新的研究方法应运而生,这固然是一个好现象,但我们也不能不看到,这所有的研究方法,无非是"从上到下","从下到上",是"心理学"的和"社会学"的。它们代表着几百年来欧洲科学思想所走过的道路。其长处和不足,是已有历史定评的。假如我们不加分析批判,生吞活剥地全盘照搬,岂非从科学的马克思主义的研究方法退向形而上学的已被马克思主义批判了的研究方法吗?文学研究方法的分解与综合同样走在一条道路上。认识到这一点,我们就应毫不动摇地坚持马克思主义的研究方法,同时有分析地吸收现代的科学方法以补充我们的具体研究方法。我相信,任何人只要能够做到这一点,他在文学艺术的百花园中就不会空手而归。

(《文学论丛》第4辑,黄河文艺出版社1985年版)

附录五　阅读与人生
——在南京图书馆的讲座

各位,上午好!

一走进讲座大厅,我真的是有点被"吓"到了,呵呵,不光是因为人多,不光是因为在后面都站满了人、台阶上都坐满了人,而是因为在后面站着的和在台阶上坐着的,大多是一些白发苍苍的老年人。说实话,我做讲座的时候听众济济一堂,这确实不算什么稀罕事,而且,也应该说已经是一种常态了,但是,这么多的老年人济济一堂,倒真的是第一次。我很感动,我觉得,在世界第十五个读书日里,我应该向你们表达我的敬意!

一、为什么阅读:读还是不读,这是一个问题

第一个问题,我想谈一下为什么阅读。

当然,今天讲座的最终目的,或者说,今天讲座的出发点,是想谈谈为什么要阅读文学名著,但是,实际上这个问题是和"阅读"以及对于名著的阅读完全分不开的。只有讲清楚了为什么要阅读、为什么要阅读名著,为什么要阅读文学名著这个问题才会迎刃而解。

所以,我们还是从根源讲起,那就是:为什么要阅读?

今天的讲座当然是和一个很重要的节日有关,就是"读书日"。大家都知道,到今年的4月23号为止,我们的"读书日"已经有了十五个。但是,我很想坦率地谈谈我此时此刻的感觉,也许是因为今年的读书日省和市的图书馆都是邀请我来做讲座——今天上午是在南京图书馆,下午则是在金陵图书馆,当然,讲的题目是完全不一样的,这样,就不能不促使我去更多地关注当前的读书现状,关注我们在世界的第十五个读书日里所遭遇的各种各样的尴尬,而关注的结果,就是四个字,"杞人忧书"。

在两千年前的春秋战国的时候,曾经有一个杞人,大白天走在外面,他担心天会塌下来,惹得人们对他都非常不屑,甚至加以耻笑,后来,就留下了一个成语,就是:"杞人忧天"。当然,现在我们已经不会"忧天"了,因为我们已经有了现代的天文学知识,对于天会不会塌下来,也已经有了一个科学的把握,但是,我却要说,尽管现在不再"忧天",但是却不能不"忧读",可以叫作"杞人忧读"吧? 因为,对我们来说,确实,读还是不读? 已经成为一个问题。莎士比亚有一部著名的戏剧,叫《哈姆雷特》,其中的主角哈姆雷特有一句著名的台词:"活还是不活,这是一个问题。"其实,在今天这样一个读书的节日里,有一个同样的问题,我们也想问一问自己,同时再问一问世界:读还是不读? 这是一个问题。

　　为什么这样说呢? 让我们静下心来审视一下我们所置身的这个世界,对于这个世界,现在有一个人们普遍能够接受的说法,叫作:麦当劳的世界。麦当劳,大家都比较熟悉,不像二十年前,那个时候,它刚刚进入中国,人们都不知道它为何物,现在,我们都已经知道了,它是一种快餐,一种很简捷的消费方式。而且,我们知道,麦当劳给我们带来了一种非常简捷的生活方式,也就是说,它使我们不再像过去那样生存在深度里,而是生存在一种非常方便、非常简捷的平面上。而我们目前的生存状态,也可以被比拟为:麦当劳化。因为它也从深度转向了平面。

　　关于"麦当劳式"的生存状态,人们现在已经有了诸多评论,正面的与负面的,都有很多,在这里,我就不去涉及了,我要说的只是,这样一种"麦当劳式"的生存状态,对我们今天的阅读,无论如何都是一个非常沉重的打击。

　　我在准备这次讲座的时候,也去查了一些资料。我看到,有关部门刚刚做了一个调查:我们国家的国民阅读率连续六年走低,我们国家的国民有阅读习惯的仅仅占5%。所谓阅读习惯,就像我们每个人的卫生习惯,比如饭前要洗手,这即是所谓的卫生习惯。其实,阅读,也存在着是否有习惯的问题,遗憾的是,有正常的阅读习惯的人,在我们的国民人口当中仅仅占5%。而且,更遗憾的是,从我日常的生活感受来看,我觉得,这个调查无疑是真实的。

为什么说它是真实的？仔细回顾一下我们的生活，就会发现，其实我们现在对书籍、对期刊的阅读时间已经逐渐在下降，而我们现在上网的时间包括使用手机的时间却在上升。我看到了一些统计数据，是这样的：2009 年，我们国家从十八岁到七十多岁的这样一个基本的阅读人群里，人们每天读书的时间大概是多少呢？14.70 分钟；每天读报的时间是多少呢？21.02 分钟；那么，读杂志的时间是多少呢？14.40 分钟。但是，我们再看一下人们每天上网的时间，大家都知道，现在网络实在是个宠儿，上网是很多人都乐意去做的事，当然，这也没有什么，可是，问题在于，人们每天上网的时间是多少呢？34.09 分钟；而且，人们每天通过手机阅读的时间——这应该是一个很时髦的东西了，现在竟然也已经达到了 6.02 分钟。

再看一个相关的统计数字，这个数字也曾经让我有点震撼。2009 年，我们国家的国民上网率是 41%，相比 2008 年，增长了 4.2 个百分点。也就是说，我们现在上网的时间普遍增加了，但是，我们读书的时间好像却并没有增加。而且，假如再联想一下前面的统计数字，那么，相信每个人都会吃惊地发现，现在我们上网的时间，已经开始超过我们读书和读报时间的总和了。

当然，有些年轻的同志可能会说，潘老师，你这个统计数字未必能说明什么问题，因为我尽管上网，可是也是在看电子书啊，难道，看电子书就不是阅读吗？我的回答是，其实大部分的人上网或许并不是为了阅读，而是为了偷菜。我们来看看有关的统计数字：上网聊天的最多，占 69.7%，应该说，这个数字真是很高了，聊天和交友，大概是我们很多人上网的一个很真实的目的了；其次是阅读新闻的，占 61.2%；第三位的是查询各类信息，占了 48.0%。那么，有多少人是阅读网上的电子读物和电子报刊呢？18.0%。通过这个统计数字，不难发现，现在网络的出现让我们的这个"麦当劳化"的时代变得更为肤浅，或者说，让我们这个社会变得更为简单了。

比如，刚才我说到用手机读报，其实说老实话，说到手机读报，我都陌生。尽管有的时候开会，我看见过个别人抓住一点空闲时间在手机上看看消息、读读报纸，但说实话，我是从来没有涉足过，也就是还没有时髦到去用手机读报,但是,我们要注意,在我的前面,有多少人已经参加了呢?已经有58.7%的人。这个数字,应该说真是让我非常非常地吃惊,因为我刚才就跟大家说了,我们现在阅读的时间在减少,我们有阅读习惯的人只占国民人口的5%,但是,上网的人却日益在增多啊。

再进一步,上网能不能解决我们的阅读问题呢?比如说用手机来阅读,或者是通过网络来阅读。我认为是不能够的,因为这样的阅读是太不符合我们的阅读习惯了。手机阅读屏幕小,显示字数有限,只适于阅读短小的片断,我这里就不去说它了,就退一步说通过阅读器来阅读吧,现在有些人喜欢用阅读器来阅读。我也试过,女儿买了阅读器,我说我先用这个阅读器来试一试,如果好,我就也买一个,可是,结果是我觉得很不习惯。其实,我相信,如果真的是通过手机或者网络来阅读,人们也一定还是不习惯的,因此,也无疑无助于阅读的提升。

由此,我不能不联想到我们当今世界中的一个很时尚的人物——比尔·盖茨。还在很早的时候,比尔·盖茨就发表过他的预言,他说:人类将从传统的纸上阅读转移到全新的在线阅读。为此,他还说了一句很尖刻但也让我们必须去关注的话,叫作"印刷已死"。真是残酷之极啊,试想一下,既然印刷已死,那么纸张还怎么活着呢?阅读又还怎么活着?所以,有些人就感叹说,现在这个时代,能静下来读一本书,已是奢侈。

更有甚者,硕果仅存的那些阅读者又怎么样呢?我不知道我概括的是不是太尖刻了啊,我想说,现在的阅读者中,很大的一部分基本上还是为了知识的阅读,例如那些小学生、中学生和大学生,我们可以把这种阅读叫作"教材+专业书+英语四六级考试辅导+计算机等级考试辅导",而在这些阅读以外呢?那就几乎是一片空白了。现在的很多家长,你很难做通他的工作,他们的所谓阅读,就是非常地狭隘,在上述那些阅读之外,很多家长就会说,这是闲书。而他们的小孩如果看这样的书,他也会认为是"不务正业"。这样一来,就导致了什么样的情况呢?我们根本就还没有涉足阅读呢。有一个统计数字说,我们中国的儿童开始有独立的阅读习惯、良好的阅读习惯的时间,比起美国的儿童大概要晚四年,而我们中国儿童的阅读量也仅仅是美国儿童的六分之一。我要呼吁一下,这是一个我们必须加以关注的数字。

我要顺便表示一点感叹,我们中国现在的教育完全是一个非常畸形的教育,我们想过没有,全世界有哪一个民族像我们这样热切地关注教育?又有哪一个民族像我们这样教育来教育去却总是没有成果?全世界哪有我们这样的,还在母亲的肚子里就开始胎教,然后一路拼搏,直到博士毕业!看看西方的情况,你会觉得很奇怪,相对于我们,西方的青少年几乎可以说是处于一种"不教育"的状态了,一种放养的状态了,从幼儿园到高中,基本上就是在玩,到了大学本科,尤其是到了硕士和博士,才开始拼搏用功。可是非常奇怪的是,西方很多拿诺贝尔奖的大学者都是博士一毕业就拿到了。可是,我们为什么就不行呢?教育时间如此漫长。试想,要是在远古社会,那基本上就等于一个人的一生了啊,因为在远古社会一个人能够活二十岁就已经很不简单了,可是我们现在却很奢侈地用二十年的时间来进行一场非常残酷的教育,但是——重要的是这个但是——结果是零。换言之,这也就是说,我们付出的成本很大,可是回报却很少。

我不妨就来讲讲我们教师自己吧。现在的教师中有几个真正是属于阅读人口啊?伍尔芙说过一段话,我很喜欢:"我有时会这样想:到了最后审判时,上帝会奖赏人类历史上那些伟大的征服者、伟大的立法者和伟大的政治家——他们会得到上帝赏赐的桂冠,他们的名字会被刻在大理石上而永垂不朽;而我们,当我们每人手里夹着一本书走到上帝面前时,万能的上帝会看看我们,然后转过身去,耸耸肩膀对旁边的圣彼得说:'你看,这些人不需要我的奖赏。我们这里也没有他们想要的东西,他们只喜欢读书。'"可是,这样的人现在即便是在大学教师里也已经成为稀有动物,其实,我们中的大多数也只是业务阅读,阅读的也只是跟自己的业务有关的书籍,真正的阅读、为阅读的阅读,其实实际上也是没有的。所以,在"五四"的时候,蔡元培先生,就是我们中国的"第一任教育部长",他曾经说过,我们千万别把我们的大学弄成"贩卖知识之所",千万不要把我们的大学变成"养成资格之所"。也就是说,不要变成一个乱发文凭的地方。可是我们现在的教育呢?在很大的层面上,偏偏就是这样的一种情况。最典型的就是,我在南大每年都要带博士,可是,让我感到很尴尬的是,现在是读博士吃香,但读书人寂寞。也就是说,你拿一个博士文凭去找工作,很容易找,但是如果你这个博士被我们培养成了一个真正的读书人,那他跟这个社会就格格不入了。我们中国过去有一句表扬人的话,现在听起来就像是在骂人了,叫作"手不释卷",现在如果这样说一个人,那可真就跟说他是个笨蛋差不多了。在很多的学生宿舍里,响彻的也不是读书声而是麻将声,或者说是玩乐声了。说一句很痛心的话,我上大学的时候是在20世纪七八十年代,那个时候在流行什么啊?男大学生的床头放的都是《围城》,女大学生的床头放的都是《简爱》,现在呢?现在男大学生的床头放的什么?不知道。现在女大学生的床头放的什么呢?也不知道。但是有一件事,我是知道的,就是放的一定不是经典读物,一定不是人类五百年前就要看的书和五百年后还要看的书。

也因此,这几年我经常会想起一个人,这个人,如果是在其他的场合,或许我要加一些必要的注释,可是,今天不必,我看今天来的基本都是年纪比较大的中老年,我知道,你们都很熟悉一本书,这本书是《钢铁是怎样炼成的》,当然这本小说现在已经算不上经典了,但是,里面有一个人物却真的很经典,她叫冬妮娅。其实,本来在小说里她是作为一个被批评的资产阶级"臭"小姐写的,可是,我相信大家都一定还有一个共同的历史记忆,那就是,大家都隐隐地暗恋冬妮娅。我记得,那个时候我虽然很小,但是我跟我的那些非常年少的伙伴们在看了《钢铁是怎样炼成的》以后,就都有点暗恋冬妮娅,也都觉得这个美女很可爱。

为什么会如此?更多的东西在这里我没有必要去讲,那是一个离今天的阅读主题比较远的话题,但是有一点却是不能不提的,在《钢铁是怎样炼成的》里,冬妮娅第一次跟保尔见面的时候是什么样的场景呢?是手拿书本啊。我记得在过去的年代里,要谈恋爱的话,第一次见面的暗号是什么呢?往往都是手里拿着一本什么什么书。当然,现在这一套是吃不开了,现在如果谁手拿一本什么什么书去约会,我估计对方一定是不要他了啊,现在流行的是手里拿着一个什么什么包,最好是干脆就是一个大钱包。但是,很有意思的是,当时让我们一代的青年人都为之心动的美女冬妮娅,她当时在距离火车站一俄里的静静的湖边,是躺在花岗石岸边深深凹下去的草地上看书,结果,一下子就感动了一个人,一个工人的儿子——保尔。而且,也感动了我们当时的那一代青年。

所以,这几年我经常忍不住要发发异论,我说,《诗经》里有句话说得挺动人,叫"出其东门,美女如云",从城东门一出去,看见的到处都是美女,所以叫"出其东门,美女如云"。现在在我们南京,在我们国家,根本不要"出其东门"了,我们到处看见的都是美女,因为现在不但有天生的美女,而且还有人造的美女。在人流如潮的超市中到处浮现着貌比天仙的姑娘的美丽的笑脸,在尘土飞扬的街道上也到处闪耀着身穿超短裙的女孩的白嫩鲜亮的长腿,随时可以大饱眼福。难怪人们会不无惊诧地发现:男人的一半是女人,女人的一半是美人。然而,她们却美得那样浮躁、那样时髦、那样张扬,没有人会为她们茶饭不思、寝食难安,也没有人会为她们生生死死、肝肠寸断。当年保尔第一次遭遇冬妮娅,就被她手中的书本所吸引,两个情窦初开的青年男女,"好像是老朋友似的",倾心畅谈,"谁也没有注意到已经坐了好几个钟头了"。现在呢?一见尚可,倾心不易,能够交谈几分钟不倒胃口就已经万幸了,谁还敢于奢望在其中会遭遇到今天的冬妮娅?

何况,冬妮娅是在湖边,而当今的美人却在美容院;冬妮娅是在恬静地看书,当今的美人却是忙于在血肉之躯上"刀耕火种""大动干戈"。苛刻点说,当代社会里"美女如云",其中的奥秘,并非在于女性的普遍提前进化,而在于女性都已经成为经过特殊处理的技术产品,都已经成为"特殊材料制成的人"。过去人常言:"上帝免费造人""千金易得,美人难求"。然而,现在却是根据钱包的大小决定美人的等级。人们也常言,男人只死一次,女人却要死两次。第一次是美貌的死亡,第二次才是躯体的死亡。但是现在女性的把镜自叹:臀部太宽,大腿太粗,乳房太小,腰太高,腿太短……都已经算不了什么,只要有钱,就通通不难改造。结果,我们所看到的当代美人,竟然连眼、眉、鼻、唇、额、脖、锁骨、肩胛骨、胸、腰、臀、腿、足,都被精心修理得"面目全非"。费雯丽为追求肥臀纤腰,做过骨盆扩充术,玛丽莲·梦露为追求腰肢纤细,摘了两根肋骨。美国军事工业局的一项统计十分有趣:如果美国女性摆脱她们浑身披挂的"盔甲",就可以省下 28000 吨钢,为国家再造两只战舰。仅此一例,不难推想,全世界的女性在忍受种种痛苦甚至行动不便去对被男性判决为不完美、不性感的身体进行美化和艺术加工的过程中所付出的艰辛努力。

然而,当代的"美女如云",悲剧也在于此。既然士别三日就可以刮目相看,那么谁又会去走"冰冻三尺"的老路?反正梅花之香不再自苦寒中来,那么谁还会再闻鸡起舞?冬妮娅的美是文火慢慢清炖出来的,其中含蕴着一股浓浓的书卷气,力透纸背渗透而出的是文化余香。而现在的美人却不然,不要幻想她们会与你上演《上邪》,也不要幻想她们会像朱丽叶、祝英台那样跟你上演生生死死的故事(她们只有经历,没有故事),更不要设想她们会有林黛玉那样的葬花雅趣、冬妮娅那样的懒散风韵。在她们身上,散发出来的顶多也就是一股浓浓的香水味。相对于冬妮娅的恬淡文雅,当代的美人只能被称为:靓妹。相对于冬妮娅的令人回味无穷,当代的美人更是美得毫无想象力,完全是风中的玩具。有人说,三流的化妆是容貌的化妆,二流的化妆是精神的化妆,一流的化妆是生命的化妆。冬妮娅与当代美人之间孰优孰劣,借助此言岂非一目了然?

所以,我有时候会跟别人说,泰戈尔的一句诗我很喜欢,叫"女人,你曾用美使我漂泊的日子甜柔"。那个时候我就会想,谁曾使我们的青春记忆"甜柔"呢?冬妮娅,手拿书本的冬妮娅,在静静的湖边静静地阅读的冬妮娅。

我也经常说,一个真正的美女一定要做到八个字,这八个字上次我来做讲座的时候也说过:"落花无言,人淡如菊"。我想,冬妮娅就属于"落花无言,人淡如菊"吧?她清水出芙蓉,她手里拿了一本书,可是,美丽的冬妮娅而今安在?在当代社会,冬妮娅怎么就无处可觅了呢?这实在是令人尴尬,真的,非常令人尴尬。

可是,为什么竟然是这样?我们再来看一个简单的统计数字:我们的国民每年每个人所读的书是 5.2 本。但是其他民族所读的书是多少本呢?我们首先看犹太人,我们知道,犹太人是没有家园的民族,这个民族的生存方式在全世界是最让我们同情,但是又最让我们敬重的。因为它连家园都没有,但是它有灵魂,这个民族给我们世界创造的科学家、思想家、文学家,应该说,就像满天的星辰一样,像我们大家熟悉的弗洛伊德、爱因斯坦,等等。其中原因,谁能说和他们的读书无关呢?看一看下面的统计数字吧,他们读的书是每个人平均每年 64 本,请注意,是每年啊,可不是一辈子,要知道,我们中国的很多人一辈子都没读过 64 本啊,可是他们每年却就要读 64 本。

再看看俄罗斯吧,美女冬妮娅的俄罗斯,"落花无言,人淡如菊"的冬妮娅的俄罗斯,这个民族读书的情况是怎样的呢?他们是每人每年 55 本。

还有美国,美国现在在推行阅读计划,要求的是每人每年平均阅读 50 本。当然,这绝对不是因为他们原来的阅读数量是 5 本,他们的阅读数量一定是远远超出了 5 本的。不妨参考一下有关他们的其他数字,例如,使用美国公共图书馆的人数高达 1.08 亿,也就是说,每两个美国人中就有一个人持有图书证。可是,我们中国现在的情况呢?我说不好,可是,我知道数字一定很不乐观。其实,假如我们南京图书馆来做个统计的话,能够得到的,大概一定是一个很有意思的数字——一个非常可怜的数字。再如,美国去图书馆的人数是看足球、看篮球、看棒球、看曲棍球的所有加起来的人数的总和。我想,我们国家肯定是达不到这个数字的。我们国家大概是看足球、篮球的人口要远远超过我们的阅读人口了。

而且,其实我们也不要那么频繁地举那么多的数字,哪怕就是以自己的切身感受来谈,看到这些应该也就足够足够了。例如,凡是出过国的先生或女士一定都知道,在俄罗斯的地铁上,在俄罗斯的公共场合,很多俄国人都是抓住闲暇时间在看书。在日本也是这样。2000 年我去布法罗,当时在底特律转飞机,那天是在下大雪,飞机飞不起来,旅客都在飞机上坐着,结果,我真是经历了一次人生最为震撼的寂寞,或者说人生最为震撼的寂静。四个小时,飞机上一点声音都没有,我放眼一看,所有的人全在看书。我当时就觉得,这实在是太震撼太震撼了,无疑,这样的民族肯定是不可战胜的,这样的民族也肯定是会成功的。

当然,西方也有西方的问题,相对于他们自己,应该说,阅读也在成为问题。在西方流传着一个故事,过去德国的青年,每个人的床头都放了一本康德的书——《纯粹理性批判》。现在,这个风气无疑是已经不复存在了。我看到一个统计数字,应该说还是能够给我们以启发的。美国的学者协会对美国的40所大学做了统计,结果是:20世纪的西方青年大学生的知识水平呈现出一个整体下降的水平。他们把1900年定为100分;1914年,一次世界大战以前,知识水平保持不到100分的高度了,降到了99分;到1939年的二战前,知识水平已经降到了73分;到了1964年的越战前,又已经降到了49分;到1993年的伊拉克战争之前,就只剩下了25分。显然,这是一个令人尴尬的趋势,一个反向的读书运动,一个不是越飞越高而是越降越快的读书运动。

可是,不阅读?这又怎么可能?

尽管我们现在的阅读是一个很尴尬的情况,但是我们必须相信:阅读可以改变人生。当然,阅读改变不了人生的长度,比如说一个人的寿命,是多活还是少活,这无疑不能够被阅读来决定,但是我们必须要注意,我们的人生不但有长度,而且还有宽度和厚度。同样是一个人,同样都活一百年,有的人可以活得很好,有的人也可以活得很不好,有些人可以活得重于泰山,有些人也可以活得轻于鸿毛,有的人是行尸走肉,有的人是万世景仰。甚至,我再说得极端点,有的人活着他已经死了,有的人死了他却仍旧活着。那么,其中的不同究竟决定于什么呢?原因当然非常复杂,可是,其中有一个原因却不能不提,那就是读书改变了他们的人生的宽度和厚度,所以我经常说,我们没有办法改变我们人生的起点,但是却一定可以改变我们人生的终点。在这个意义上,我还是忍不住要再次强调:阅读不是万能的,但是,没有阅读却一定是万万不能的。

在这个意义上,中国古代很多文人的话,也就不难理解了,比如说人的容貌。我们经常说人的容貌是天生的,可是,中国有句古话却说,"相由心生",也就是说,看一个人的面相,就知道这个人的基本的品品。有一次去开会,有个研究中国文化的老先生在评价一个人的时候,断然地说,这个人不好。我很吃惊,于是就问:为什么?他什么也没有说,而只是淡然地说,他的脸很脏。可是,什么叫"他的脸很脏"呢,后来我慢慢地有所体会,我也觉得,他的评价是很有道理的。林肯不是也说过,一个人在四十岁的时候一定要为自己的容貌负责。我非常赞成这句话。我觉得一个人如果心灵不健康、心灵不快乐的话,是绝对不会美丽的。谁美谁丑啊?关键是一个人自己内在的东西最终能否把一个人的容貌支撑起来。

再比如说,中国人还经常说"腹有诗书气自华",为什么一个人的肚子里装了几本书,他的气质就不一样了?就是因为读书可以改造一个人的内在灵魂,并且进而影响一个人的外在容貌。宋代有个大诗人,叫黄庭坚,他也说过,自己如果有几天不读书,就会觉得面目可憎。什么叫"面目可憎"?还是借助爱默生的话来做一个注脚吧,他说,你读过哪些书,我们从你的言谈举止中就可以察觉到。换言之,我们也可以说,你不要告诉我你读过哪些书,你只要让我看看你的行为举止,我就可以知道你都读过什么书。也因此,假如根本就没有读过什么书,那又怎么能够不"面目可憎"呢?

所以,当这次邀请我来做讲座的南京图书馆的郝琳娜问我说,潘老师,你这次的报告应该如何概括呢?当时我就说,如果概括的话,可以这样说,每个人都知道,要一日三餐,所谓人是铁,饭是钢,一日不食饿得慌,可我们中有谁想过,人的灵魂也需要进食啊,而且同样是人是铁,饭是钢,一日不食饿得慌。我们人类的灵魂要不要吃饭?我们人类的灵魂要不要滋养?如果要,那么,除了读书,我们还有别的什么办法呢?也因此,过去我们常常说,"今天你吃了没?"我建议,在第十五个读书节以后,我们就要经常这样去问了:"今天你读了没?"

说到这里,我想,已经很有必要来讲一讲我个人的经历了。我属于从"文革"中过来的那一代人,是七七级的大学生。而从我自己的切身体会来看,我完全可以非常武断地下一个结论,在中国1977年第一次恢复高考的时候,真正能够在1977年、1978年、1979年三次高考中脱颖而出的,一定有一个共同的特点:喜欢读书。凡是能够考上的,一定有这样一个共同的爱好,否则,就一定考不上。1977年,我们的命运其实都是被自己的阅读决定的,是阅读决定了我们的未来。

还是现身说法地说说我自己,我是1977年得以从农村脱颖而出。当年,像很多人一样,我是一个下乡知识青年,参加高考的时候,我土气到什么地步?我连北大、清华是最好的学校都不知道。而且我相信,当时的绝大多数的中国青年都不知道,因为我们从来就没有做过大学梦。而且,当时我也没有去复习,因为我当时已经被抽调到县"知青办",已经对前途颇有点小小的乐观了,所以,说实话,我当时真的没有料到高考对于自己竟然如此重要,因此,也无非是大家考那我就也去考一下而已。可是,后来县里和公社的领导到我们家去慰问知识青年的时候,却跟我父亲说,你儿子考了全县的最好成绩呀,我这才大吃一惊。既然如此,那就赶紧回农村去等着拿通知吧,于是,我大年初几就急匆匆地赶了回去,而且果然拿到了大学的录取通知。

那么,为什么会出现这种奇怪的现象呢?又没有复习,又偏偏考得还挺好?在这里,如果你们不嫌我表扬和自我表扬相结合的话,那我就来讲一个真实的小故事吧。我当副教授、教授是比较早的,大学本科毕业六年以后,没有当过助教、讲师,1988年,我直接就破格当了副教授,大学本科毕业十年以后,1993年,我又破格当了教授,后来,《光明日报》曾经介绍过我。很有意思的是,从遥远的河北邯郸教育学院,有一个学校科研处的朱处长,他当时给我写了一封信。他说,我在《光明日报》的介绍上看见一个人,叫潘知常,进步比较快,现在已经是正教授了,然后就说,我想冒昧地问你一个问题,我当年在河北峰峰一中教语文的时候,遇到过一个学生,叫潘知常,你是不是这个潘知常?接下来,他就讲了一件多年前的事情。他回忆说,这个潘知常,我没有教过他,跟他接触不多,但是有一件事印象很深,那就是有一次在学校出去拉练的时候(你们可能还记得,当时所有的人都经常要去拉练嘛,小学生、中学生都要去拉练,因为要备战嘛。我记得我是初一的学生,可是一天也要走几十里),在休息的时候,这个潘知常曾经向他请教了几个屈原《楚辞》中的问题。他说,在当时根本就不允许读书的时代,竟然有一个少年向他请教《楚辞》,他非常吃惊,但是,也因此而对这个少年记忆深刻。因此,当他在《光明日报》看到同样的名字的时候,他就凭直觉断定,这个潘知常肯定就是那个当年向他请教《楚辞》的少年。后来,我也给他回了信,我说:朱老师,是的,是我,我就是那个向您请教《楚辞》的潘知常,而且,我也至今还记得您呢!

我还可以再讲讲我当时是怎么去的县"知青办"的,能够去县"知青办",当然那是因为我的文笔比较好,可是,县里是怎么"发现"我的呢?原来,当时的县委领导的秘书就住在我下乡的那个村子,我认识他,他不认识我,可是,有一次,连续下了几天大雪,大家都躲在房子里,不用出去干活,我舍不得浪费时间,就想抓紧时间看书,可是,因为没有电灯,房子里很暗,点油灯又过于浪费、过于奢侈,大白天,怎么好点油灯呢?于是,我就冒着严寒,把大门打开,干脆坐在大门口,顶着严寒看书。说来也巧,正在这时,我们村子里的那个县委领导的秘书从我们知青点的门前路过,突然看到我坐在敞开的大门口看书,非常吃惊,于是,他就向县里推荐了我,他的理由很简单,一个顶着严寒坐在敞开的大门口看书的青年,应该是"不无才华"的。

当然,在这里我也要说明一下,其实那个时候我只是一个文化基础很低的懵懂少年、懵懂青年,由于"文革"以后的小学和中学基本上什么都没有教,也由于当时的社会除了毛泽东、鲁迅的书以外什么书都不让看,我的阅读其实也是非常可怜的,而且,即便是这点可怜的阅读,也是非常不容易得到的,我记得,当时最大的快乐,就是有书可看。为了找到一本书,我真是竭尽了全力,例如,哪个同学家只要有一本什么书,一旦被我探听到了,那我就会想尽一切办法去借出来,哪怕是到他们家帮助打扫卫生,帮助干家务活,我都愿意。中学的时候我是住校,到了星期天休息的时候,骑着自行车骑二三十里、三四十里跑到某同学家去借一本书,那个时候对我来说,是一件常事。我有一个哥哥,比我高两个年级,有一次,他在学校借到了一本类似《宋词选》这样的书,周末带了回家,我一看到,马上就被里面的很多很优美的宋词吸引住了,于是,我就把那本书抢到手里,从星期六的下午一直抄到了星期天的下午,中间那一夜根本就没睡。呵呵,后来我很遗憾的一件事,就是把这些手抄本弄丢了,我经常跟我女儿说,这些东西都是那个时代的鲜活的教材,可惜被我丢了。如果没丢的话,让现在的孩子看看,就会知道当时的

543

一个灵魂饥渴的懵懂少年、懵懂青年是多么地渴望知识！不过,可惜的是,当时我所能够搜集到的书籍毕竟有限、非常有限,可是,因为其他的很多人可能根本就连一本真正有用的书也没有看过,因此像我这样的还算看过几本书而且也还特别愿意看书的懵懂少年、懵懂青年,在当时的突如其来的1977年的高考中就有了特别的机会。中国的古人曾经说过:"能购购之,不能借之,随得随看,久久自富"。"久久自富",确实是这个道理啊,阅读决定未来,我的人生经历印证的,就是这个道理。

到这里,第一个问题就讲完了,不过,因为这次讲座是"阅读日"的主题讲座,因此,我还想就人们的阅读问题发表一点意见。

早在1970年,联合国教科文组织十六届大会就提出了一个口号,叫"阅读社会"。今天,我特别想说,要建立阅读社会,我们最少要去做两件事。第一件事,是培养阅读习惯。有些家长经常会问我们这些做老师的:什么样的孩子有出息？什么样的孩子没出息？是考试成绩吗？是天天头悬梁锥刺股？其实,其中最最关键的是良好的学习习惯。阅读的问题也是一样,在阅读的问题上,具备了良好的阅读习惯者,最终才会脱颖而出。美国的罗斯福总统夫人就说,她是每天用15分钟去阅读的,这样下去,一个月就可以读完一到两本书,一年就可以读完二十本书,一生呢？就可以读完一千本以上。

第二件事,我认为我们应该营造一个勤于阅读的氛围。我们一定要让这个社会奉行一个信念,什么信念呢？喜欢阅读者,被尊敬;不喜欢阅读者,不被尊敬。遗憾的是,我们现在没有这个环境,商人忙赚钱,学生忙考试,市民忙打牌,工人忙做工,农民忙种田。我认为,这真是我们当今社会的一个最大的损失。

二、为什么阅读名著？在阅读名著中将自己的生命活成名著

第二个问题,我想讲一下为什么要阅读名著。

前面我已经讲了,我们中国只有5％的人有阅读习惯,我也讲了,这是一个非常可怜的数字,可是,现在我还要讲,"可怜"还没有结束,因为,即便是在这5％的人群里,也并不都是在真正地阅读,也并不都具备了良好的阅读

习惯。因为,在我们的阅读生活里,不仅仅是读还是不读已经成为一个问题,而且,读什么,也已经成为一个问题。

我看到过云南昆明《春城晚报》的一个报道《高校图书馆外借热书榜中外名著无一上榜》,该报道说:"大学生爱看什么书? 云南省某州市一所高校近日对校内图书馆2009年外借热门图书进行统计并公布。在前100名外借热门图书排行榜上,竟无一名著上榜。除饶雪漫、郭敬明等相对知名的青年作家外,其他上榜书籍均出自不知名的网络作家或写手。"

请问,这样的阅读能够算是阅读吗? 如果算是,那也只能算是快餐式阅读。

快餐式阅读实在是一种很糟糕的阅读方法。就像有人困惑的,《于丹讲论语》据说卖了一百万,可是,《论语》卖了一百万没有呢? 如果《于丹讲论语》卖了一百万,而她所讲的《论语》却没卖出去一本,那又说明了什么呢? 显然,说明我们的阅读也是存在着严重的问题。说来也真是无奈,也许,这与图书自身的特性有关? 我们知道,所有的商品都可以按质论价,只有一种东西不行,那就是图书。图书只按厚薄论价,却不论好书、坏书甚至是垃圾书,因此书的价值与价钱并不等值。也因此,人们喜欢说"开卷有益",可是,我却窃以为不然。

我记得,台湾作家隐地曾说过"风翻哪页,就读哪页"的名句,实在是很有名士风范。还有很多的人,则可能是遇到哪本就读哪本,喜欢哪本,就读哪本。如果你要告诉他,这样的读书无异于"kill time",这样的读书,甚至还不如干脆去吃喝玩乐,还不如去"行万里路"。我经常说,读书和读好书不是一个概念,就好像吃饭,你吃的如果是垃圾食品,那还不如不吃;就好像喝牛奶,你碰着了安徽阜阳的那种牛奶,那还不如不喝,一旦喝了,身体就再无宁日了,不是吗?

我来举个例子吧,从90年代初,我就特别反对大学生读两个人的书,一个是汪国真,一个是三毛。当然,在将近二十年以后,我今天再这样去说,对于汪国真来说,已经毫无问题,因为他早已经成为过眼烟云,想必在当今之时也没有人愿意再帮他说上只言片语了,如今想来也仍旧可笑,一个贺卡诗式的诗人,当年竟然还号称要拿诺贝尔奖,结果赢来了文学界一片嗤笑声。近几天我在电视上还偶尔看到他,他已经金盆洗手,再不问津诗歌,而去研习书法了。"尔曹身与名俱灭",汪国真也是如此啊。

相对于汪国真,三毛有些不同。现在她已经是不再大"热"了,可是,也还没有大"冷"。可是,像对于汪国真一样,我现在去批评三毛,想必在当今之时也没有人愿意再帮她说上只言片语了。可是,在当时却颇有"危险"。将近二十年前,我希望大学生少读三毛的书,那个时候的大学生几乎没有人愿意跟我站在一起,尤其是女大学生,他们都说:"你太传统了,我们就是喜欢三毛。"当然,我也愿意实事求是地说,三毛的作品还是有一定的文学水平的,可以一读,但是,同时我也还总是说,三毛的作品也确实并非名著,不可多读。为此,当时我曾经一再强调:"大学生要长大,不读三毛是长不大的;但是大学生要长大,不走出三毛也还是长不大。"换言之,如果你读了三毛的作品,但是却从其中走不出来,那你就并不真正懂得三毛。因为,三毛的作品还确实存在着根本的缺憾,这就是:她始终是一个"潇洒"生活的表演者,但是,却从来不是生活中的酸甜苦辣的身体力行者。例如,她有篇著名的散文,叫《什么都快乐》,写的是一天的生活中的种种快乐和潇洒。无疑,三毛的一生给人的外在印象就是"潇洒"。可是,生活是充满了酸甜苦辣的啊,怎么可能都是一味潇洒呢?由此,不难看出她的"做作"。80年代,曾经有一首流行歌曲,叫作《我被青春撞了一下腰》,我经常说,它非常精彩地写出了当代青年人在"为赋新词强说愁"的心态,其实,我们也可以说,三毛也是如此,是"我被潇洒撞了一下腰"。而且,正因为她始终在表演"潇洒",因此,她自己却是不潇洒的。例如,我们不妨来关注一下三毛的自杀,一个生活得很潇洒的人为什么要自杀呢?还不是因为她一生都在表演"潇洒",而其实,生活得并不潇洒,这样,到了最后,就实在表演不下去了,于是,宁肯自杀。你们还记得她生前说的最后一句话是什么吗?这句话是对护士说的:"不要叫醒我。"可是,生活中真的就是只有潇洒吗?酸的也潇洒?甜的也潇洒?可是,那样一来,又还有什么百味人生?其实,酸的就是酸的,甜的就是甜的。

我想起一个很有趣的故事,一个西方的故事,说的是有一个喜剧大师叫卡里尼,他所到之处,无不是一片笑声。有一天,他到了一个城市,于是这个城市的所有人都倾巢而出,而且说,今天卡里尼来了,我们要好好笑一笑了,就好像我们今天说,赵本山来了,今天我要开怀大笑了。可是也就在这一天,到了傍晚,就在一家医院就要关门的时候,突然来了一个老年人,对正在急匆匆准备关门去看卡里尼表演的医生说,我要看病。医生不耐烦地说,快点快点,今天有喜剧大师的演出,我要赶过去了。老人说,我要看忧郁症,因为我从不会笑。那个医生说,这个病,卡里尼就可以给你治,咱们一起去看他的演出就行了。可是这个老年人说,我不去,还是请你给我治吧。医生一听,当然大惑不解,他说,有谁比卡里尼更能够让你快乐呢?别耽误我的事了,还是跟我去看演出去吧。后来,这个老年人实在没有办法了,只好如实告白,他说,我就是那个可以逗遍所有人笑而我自己永远不会笑的卡里尼。其实,一个人永远都在逗别人笑,那他自己最终一定是不再会笑,一个人永远都让所有的人觉得他潇洒,那他自己的内心其实也一定并不潇洒。我想,这就是三毛最后不得不自杀的全部理由。她的作品无非就是一场表演,一场潇洒秀。

不妨就拿三毛来与《简爱》作个比较。今天在座的很多人都喜欢《简爱》。三毛是到处"流浪",三毛说:"不要问我从哪里来。"简爱呢,是勇敢"出走",可是,简爱她是为了捍卫爱情的纯洁,是不得不"出走",如果她所爱的男人不是真正地爱她,那么,哪怕这个男人就是一座富矿,她也会离开他。于是,她毅然"出走"。而三毛呢?三毛什么也不为,只是为潇洒而潇洒,是为了"过把瘾就死",因此,三毛的"流浪"是为了流浪,而简爱的出走则是为了回家。所以,我特别喜欢简爱说的一句话,在离开情人的时候,她曾经笃定地说,我就在这里站稳脚跟。那么,"这里"又在什么地方?当然是爱情、自由、尊严。追求爱情,追求自由,呵护人的尊严,她就是为了这个出走。而三毛是因为什么而流浪?因为潇洒,三毛是因为追求潇洒而浪迹天涯,可是,她却不再回家。

同样是台湾作家的席慕蓉曾经写过一首非常著名的诗歌——《戏子》:

547

请不要相信我的美丽

也不要相信我的爱情

在涂满了油彩的面容之下

我有的是颗戏子的心

所以

请千万不要

不要把我的悲哀当真

也别随着我的表演心碎

亲爱的朋友

今生今世

我只是个戏子

永远在别人的故事里流着自己的泪

各位,文学不是作秀,如果一个作家、一部作品只是在"表演心碎",也只是"永远在别人的故事里流着自己的泪",那么,我们又为什么要为她和她的作品而流泪呢?西方有一部著名的作品,叫《生命中不能承受之轻》,什么叫"生命中不能承受之轻"呢?就是我们的生命永远都处在一种飘浮状态,也永远没有找到那样一份自己应该承担的责任与尊严。其实,三毛的作品就是如此。

还回到阅读的问题上来,汪国真、三毛的曾经风行全国令我们意识到,阅读什么,不是一个可以忽略不计的问题。正如一个小小的幽默故事所说的:在一架飞往太平洋的飞机上,飞行员宣布,要向乘客报告两个消息,一个,是好消息,还有一个,是坏消息,然后他问乘客,你们想先听哪一个呢?大家都说,当然先听好消息啊。飞行员说,好消息是我们正在以每个小时700英里的速度飞行,飞机上的一切装置目前也都正常。那么,坏消息是什么呢?飞行员说,我们已经找不到方向了。丧失了方向的飞行,请问,这是不是很可怕?同样的道理,找不到方向的阅读也非常可怕。弄两本时尚杂志、弄一个街头小报看看,那个能算阅读吗?如饥似渴地翻阅一些流行读物,那个能算阅读吗？真正的阅读,是一定需要有灵魂的参与的;真正的阅读,也一定是需要心灵的对话的;真正的阅读,也一定是应该着眼于自身的灵魂、心灵的成长与成熟的。可是,如果你所阅读的书籍根本就没有灵魂,根本就没有心灵,或者,如果你所阅读的书籍的灵魂、心灵并不高于你自己的灵魂、心灵,那么,这样的书籍究竟是否值得阅读？对于这样的书籍的阅读究竟是否可以被称作阅读——真正的阅读？

也正是出于这个原因,真正的阅读一定是对名著的阅读。

什么叫名著呢？西方有一个很著名的说法,叫作：书中之书。也就是说,这些书应该是人类灵魂与心灵的结晶与象征,代表着人类灵魂与心灵的深度与厚度,更代表着人类灵魂与心灵的高度。二战的时候,西方作家经常要躲避飞机轰炸,防空警报一来,就要躲到防空洞里去,而且,经常是一躲就是很长时间。闲着无事,有一次,有几个作家就互相商量说,假设法西斯今天把整个西方文明都摧毁了,那么,留下一些什么东西,可以让后人真正地了解我们的文明呢？那一天,几个作家就静静地坐在防空洞里,上面是炮声隆隆,下面是讨论声隆隆,这个作家说,要把这个人的书留下,因为它代表了西方文明,那个作家说,不,最好留下那个人的书,因为只有它,才代表了西方文明,最后,他们的意见终于统一了,他们认为,西方文明只要留下两个人的书,就可以被完整地保存下来。哪两个人呢？陀思妥耶夫斯基的小说和克尔凯戈尔的哲学。当然,如果真的只能留下两个人的作品,究竟应该留下谁的作品,这无疑是一个永远可以商榷的问题,不过,对于我们来说,这其实并不重要,因为,我们需要说明的只是,有这样的一些书的存在,它们是人类灵魂与心灵的结晶与象征,代表着人类灵魂与心灵的深度、厚度与高度。

显然,我们所说的名著,一定应该是这样的名著;我们所说的阅读,一定应该是这样的阅读。

举两个很有意思的例子吧。一个是我们中国古人经常说的,叫作"以《汉书》佐酒"。对男人来说,最令人快意的,无非是酒。我们不是经常说"诗酒人生"吗？但是,我们再想一想,对于一个男人来说,当他的身体需要饮酒的时候,他的灵魂又在需要着什么呢？各位,你们是否思考过这个问题呢？

当然，有些男人会说，"吹皱一池春水，干卿何事"？喝酒就是喝酒，又干灵魂何事呢？美酒从来都是与美色联系在一起的啊，呵呵，我必须说，这样的男人尽管非常真实，但是，也毕竟是要被人们等而下之地去轻视、蔑视的，也不能代表我们。要知道，在"酒"与"色"之外，还有着"酒"与"诗"的结合，换言之，我们推崇的，是"诗酒人生"，而不是"酒色人生"。或许有些男人喜欢的是酒与色；但是，真正的男人自古以来喜欢的却都是酒与诗，或者说，是酒与书。所以，你们看，中国文人在痛饮酒的时候，才会去读《汉书》，所谓"以《汉书》佐酒"，他们读《汉书》的时候，读一段美文就要喝一口美酒，反过来也是一样，他们喝酒的时候，喝一口美酒，就要读一段《汉书》的美文，这，就叫"以《汉书》佐酒"。

还有一个，是我们20世纪的大文人闻一多，他上课的时候，就经常跟学生说，自己平生的快事是什么呢？"痛饮酒，熟读《离骚》"。显然，酒和《离骚》象征着他的两大需要，一个是他的身体的需要，那就是酒；还有一个，是他的灵魂的需要，那就是《离骚》。所以，一个好男儿才必须"痛饮酒，熟读《离骚》"。

这两个例子都与灵魂的需要有关。介绍了这两个例子，如果你们再去体会加拿大学者曼古埃尔在《阅读史》中引用的法国作家福楼拜1857年讲的一句名言，"阅读是为了活着"，就一定会倍感亲切的。例如我自己，就确实是一直都觉得福楼拜的这句话说得非常精彩。一般我们会说，为了中华民族的崛起而读书，这当然也不错，但是，也容易让阅读变得太沉重，甚至可能会被阅读吓坏了，因此，也就远不如说"阅读是为了活着"来得简单而且实在。因为它通俗易懂地向我们宣喻了一个大道理：灵魂的活着，要靠阅读；肉体的活着，要靠吃饭。与此类似的是，中国的《礼记》也说过这样一句话，叫作："虽有嘉肴，弗食，不知其旨也；虽有至道，弗学，不知其善也。"有好吃的东西，你不吃你就不知道它的美味；有美好的学问或者书籍，你不去学去读，就不知道它的美好。在这里，"虽有嘉肴"，就是指的身体的饮食，身体的吃饭，那么，"虽有至道"指的又是什么呢？当然是精神的渴求。

所以，还是培根说得精彩：读书在于造就完全的人格。而为了造就完全的人格,我们必须去读真正值得去读的书。西方有一个著名学者,叫布鲁姆,他在演讲中提到莎士比亚的时候就提示过:莎士比亚与经典一起塑造了我们。他还说,没有经典,我们会停止思考。还有一个西方人,叫费尔巴哈,我们新中国成立以后以及"文革"中成长起来的那两代人都很熟悉他,因为马克思和恩格斯很推崇他嘛,他也说过一句话:人就是他所吃的东西。这句话说得十分精彩,就是说,你吃了什么,那你就会是什么。你今天所吃就是你明天所是,反过来,你今天所是,也就是你昨天所吃。阅读的问题也是如此,你今天所读就是你明天所是,反过来,你今天所是,也就是你昨天所读。

我们不妨来看一下正面与反面的两个例子。

正面的例子,是我在德国大诗人里尔克写的罗丹传记中看到的。里尔克年轻的时候,曾经给雕塑大师罗丹当过秘书。里尔克第一次见到罗丹的时候,罗丹也就四十岁左右,但是,里尔克却用了一句非常形象的诗人的语言,来表达他对罗丹的深刻的第一印象。这句话很简单,他说,罗丹是一个老人。实话实说,这句话乍看上去,真的有点费解。罗丹怎么会是个老人呢?四十岁的年纪,怎么就是个老人呢?后来我慢慢懂了,里尔克其实是用他诗人的直觉,透过对于罗丹的精神生命的洞察,来形象地提示我们:罗丹所阅读的书非常之多,他的精神生命的构成是非常非常丰富的,他的灵魂已经像一个老年人一样阅尽了沧桑,所以,尽管他虽然只有四十岁左右,但是,他是一个老人。

由此我要发一点感慨,在南京大学,我也经常提醒我的学生,你们的生命里有没有书——尤其是有没有名著?你们的生命里有没有名人?这绝对不是一个无足轻重的小问题,如果在你们的灵魂里看不到人类精神财富的存在,如果你们一开口却空空如也,而不是腹有诗书,那你们所接受的教育就是失败的。在这里我还要说,这个问题,我希望在座的各位也务必要认真对待,也务必要从人的灵魂生长的高度引起高度的重视。一个人的生命里如果没有名人的存在,如果没有名著的存在,那,无论如何就都是一个悲哀。

换言之,一个人如果目光短浅到一个明天的目标就可以把他淹没,那这个人无论如何都是永远不会有出息的。为什么就不能把目光放得远大一点？为什么就不去在更高的平台上竞争？过去的努力是为了上大学,上大学是为了工作,找工作是为了结婚,结婚是为了生孩子,生孩子是为了养老,如此下去,意义何在？人可以就这样活着吗？为什么就不能活得更有尊严、更快乐也更有成就？毛泽东有一句诗歌,说得很有人生哲理:"风物长宜放眼量。"但是,如果要"放眼量",你的生命里没有一本经典,也没有一个名人,又怎么可能？

以我们大学面试博士为例,博士候选人的挑选,是一件非常困难的事情,一般报名考我的博士的,大多在二十人左右,但是录取的名额却在两个以内,所以筛选的结果非常残酷。那么,除了笔试考试的卷子必须及格以外,还有一个面试的阶段,你也必须要表现得特别精彩。可是,面试的时间那么少,一般在二十分钟左右,又怎么去迅速但是又非常负责地加以甄别呢？我的经验,是分两个部分来做,首先,是你可以先谈一个最能够代表你的学生水平的话题,然后我来围绕你谈及的这个话题提几个问题问你,其次,是我挑选几个你不熟悉的话题来问你,看你怎么来回答。这样一来,在二十分钟之内,我基本就可以知道你的阅读的深度和广度的水平线在什么地方了。

反面的例子来自鲁迅。鲁迅说过,用秕谷养大的一代青年是没有希望的。确实,"用秕谷养大"你的身体,行吗？当然不行,那么,"用秕谷养大"你的灵魂,行吗？当然也不行。需要说明的是,在这里,所谓的"秕谷"是指的两种情况,一种情况,是指的毫无营养的精神食品,这当然无法"养大"我们的灵魂；还有一种情况,则是指的那些营养不高的精神食品,显然,这也当然无法"养大"我们的灵魂。

而我们目前的问题,则恰恰出在后者。在我们的精神食品当中,"秕谷"太多太多,我们的灵魂正在挨饿！何况,如果再打个比方的话,那么可以说,我们的阅读就类似于我们的两种饮食方式,一种是吃正餐,一种是吃零食。一个人当然是可以吃零食的,就好像现在好多女生都喜欢吃零食,你也拿她没办法,而且,也没有必要阻止,但是,零食的一大特点是满足口舌之欲,零食是没有营养的,零食的功能在于刺激你的舌头,但是,正餐就不同了,它的功能在于满足你的胃,是以营养的满足为标准的。因此,尽管我们不反对吃零食,但是,我们更提倡吃正餐。

而名著为我们提供的,就是正餐。

因此我们每一个人是否都有必要问一下：我今天的所阅读是不是就是我明天的所是呢？我今天的所是是不是就是我昨天所阅读的东西呢？假设回答是肯定的,那我们可就一定要非常小心了。因为假如你整天都在阅读垃圾,那你还有能够不成为垃圾的奢望吗？

以我的切身经历为例,不知道各位是否想过,在大学里,什么样的学生日后最容易成功？我在大学工作了三十年,根据我的观察,也根据我自己的切身体会,我发现,凡是喜欢跟大学的名师多多接近的,凡是喜欢跟学习最好的同学在一起的,凡是喜欢认真阅读名著的,日后就比较容易成功。这就像去进行长跑比赛,在长跑比赛中凡是最终能够跑到第一名的,都是在一开始就紧追第一名身后的人,而那些一开始就跑在最后的人,则大多是没有什么夺冠的希望的。其实,这也是我们在学习上是否特别有效、是否成功的基本规律。一个学生如果希望能够成功,那他就一定要去让成功者带跑。

也正是根据自己的这点切身的感受,所以凡是到南大上学的学生如果问我应该如何学习,我往往就会说,除了对于上大学的一般要求之外——那些都是任何一个家长任何一个中学班主任都必然会嘱咐他们的,我还有两个建议,第一,大学邀请来的大师级的讲座,你一定要去,即便是听不懂也要去。在这方面,西方也有一个挺有意思的故事,有一个后来成为名人的人跑了三十里去听一个著名学者的报告,回来后有人就问,你听到了什么？他回答说,我也没有听懂,因为那些非常专业的东西我实在是弄不清楚。那你既然听不懂,又为什么跑三十里地去听呢？他回答：我起码可以去看看这个著名的文化名人是怎么系鞋带的。当然,他说得很幽默,其实,他的意思是说,我们有时候是会被那些成功者的一句话、一个微笑、一个表达、一个故事所感动的,有时候,甚至是会被感动一生的。因此,你必须要尽最大可能去增加这样的被感动的机会,听得懂当然好,即使是听不懂,也不妨去感受一下、见识一下。第二,要读完大学图书馆里面的名著。大学的几年无疑是你一

553

生中最为集中的阅读时间,因此,你也务必要拿出这些时间去集中地阅读。阅读什么呢?只是专业的书籍吗?当然不能够仅仅如此。我经常建议,不论你是学习什么专业的,组成了人类的基本精神食量的那些名著,你都是有必要利用在大学的几年去把它读一下的。杜甫说,"会当凌绝顶,一览众山小",中国古人也说,"取法乎上,仅得其中",为什么要"凌绝顶"?为什么要"取法乎上"?就是因为我们要主动去寻找我们的精神上的带跑者。我们要时时刻刻去被名著带跑。哈佛的校训"与柏拉图为友,与亚里士多德为友,与真理为友"就是这个意思,就是期望被柏拉图、亚里士多德与真理带跑。再以尼采为例,他因为说过一句中国人很熟悉的话而被中国人所特别熟悉,这句话叫:"上帝死了!"——很多人都曾被他的这句话吓坏了,或者是曾被激怒了,其实,尼采还说过一句话,我们也应该关注,他说,我们应该去阅读名著。为什么呢?因为一本好书就像是一口灵魂、心灵的深井,你只要把你的求知之桶放进去,就一定能够打上满满一桶清莹的水来。

关于这个问题,我也经常提到我自己的一个我自己感觉也还算得上"经典"的说法:我有一次在电台做嘉宾,接热线的时候有一个家长把电话打进来,问我说,什么样的大学生才可以毕业呢?我回答说:除了各科成绩都要及格以外,重要的是,应该能够把人类五百年前就要读的书和五百年后还要读的书都读完,只有这样的大学生,才可以走出大学的校园。

再看一下两个名人的成功经历,北大有个教授叫金克木,他在"文革"刚结束的时候,在《读书》上发表过一篇文章,题目叫作:"书读完了"。当时很多人都感到很吃惊,书哪里还有读完的时候啊。非常凑巧的是,我们都知道,中国有一个20世纪最著名的历史学家,叫陈寅恪,陈寅恪先生年轻的时候曾经去拜访过著名学者夏曾佑先生,夏先生对他感叹说:你们还能读外文,真好,我只认识汉字,很遗憾,书都读完了,没有书读了。当时,陈寅恪先生很惊讶,书怎么能被读完呢?但是,当陈寅恪先生慢慢地也成为一代大家以后,他也发现:书是可以读完的。那么,现在我要问,为什么在大师的那里书是可以读完的呢?我们不是经常说"书是永远也读不完的"吗?原来,他们都是在倾尽全力去阅读名著,而名著的数量很少很少,也确实是可以读完的。

我刚才说过,在学习的时候,最为简单的成功经验就是被先成功者带跑。现在,作为我们的前辈的大家们就在身体力行地为我们示范和带跑。我们经常说,阅读,开始是从"薄"到"厚",但是,最后却一定要是从"厚"到"薄",最好是"薄"到已经没有了几本,最好是干脆就"薄"到"书读完了","薄"到没有书可读。打个比方,一个人如果从大学学生到大学教师最后再到大学教授,漫长的一生始终都是在拼命读书、拼命用功,30岁如此,40岁如此,60岁还如此,其实,这个人的未来是值得怀疑的,且不要说阅读的关键是去"反刍",就像老牛吃完草以后要反刍,对于思想和学术而言,只有能够反刍出来的东西才是好东西,我们只说你这个天天拼命读书的状态,那其实就已经很可怕,"活到老,学到老"也只能是说说而已,如果真去这样做,那很可能就是一种失败。因为书是可以读完的,书是可以少读的,书是可以只读经典的,一个人如果真的会读书,如果真的成为了一个成功者,在我看来,能够意识到书是可以读完的,应该就是一个重要的标志。

三、为什么阅读文学经典?

下面我要跟大家谈谈第三个问题,也就是最后一个问题,为什么要阅读文学经典?

各位应该还记得,我今天已经讲了两个问题。第一个问题,为什么要阅读?第二个问题,为什么要阅读经典?现在则是第三个问题,为什么要阅读文学经典?

我猜想,当我在前面建议各位要阅读乃至要阅读经典的时候,各位应该都是完全接受的,可是,现在的问题出现了转折,要阅读,要阅读经典,可是阅读经典的结果,却是首先要阅读文学经典,这样一来,各位一定会问了,为什么呢?

为什么呢?首先,文学经典的阅读门槛是最低的。其他的方面,经典的读物当然也会有很多,例如科学方面的经典读物、哲学方面的经典读物,但是,它们入门的门槛却都比较高。例如爱因斯坦的相对论,全世界只有十几个人懂,如果你也想去阅读,那当然是有门槛的,而且还是有很高很高的门槛的。康德的《判断力批判》是否有门槛?当然也有,中国的美学教授甚多,但是真正读懂这本只有十几万字的哲学(美学)经典的,又有几人?那么,该怎么办呢?我的建议与体会是,首先去阅读文学经典。

当然,阅读文学经典也不是不存在门槛的,认真地说起来,全世界究竟有哪一种经典的阅读是不存在门槛的呢?不过,门槛本身却毕竟有高低的不同。在这当中,应该说,文学经典的门槛最低。一般来说,只要你有一定的文化水平,只要你有人生的阅历,那,你就可以去读,而且,也可以读懂。

其次,更主要的,是因为文学经典距离我们的人生最近,离我们的生活最近。

我们每个人都可能不做科学工作、不做政治工作、不做经济工作、不做教学工作,甚至不做任何工作,但是,我们却不可能连人都不做;反之,我们每个人都可能只做科学工作、只做政治工作、只做经济工作、只做教学工作,但是我们每个人却都还要去做人。而在所有的经典读物里面,文学经典无疑是与人最为接近的。因此,文学经典,也就与我们的人生最近,离我们的生活最近。

确实,真正的文学经典,尽管内容五花八门,但是倘若就其最为根本的内涵来看,那其实也很简单,一定是:最人性。

英国小说家亨利·菲尔丁在《汤姆·琼斯》里面说:文学只是一个便饭馆,不卖山珍海味,只卖一道菜,就是"人性"。这句话说得非常精辟!中国有个大学者王国维,说得更加精辟。他说,与我们在日常生活中的"忧世"不同,真正的文学经典都是"忧生"的。什么叫"忧生"呢?就是像勤勤恳恳的啄木鸟那样,也像啼血的杜鹃,"不信东风唤不回"。有意无意中背离理想的人性目标的,被刻画为丑;千方百计地靠近理想的人性目标的,被赞颂为美。它是人性的盛世危言,也是人性的危世盛言。人类的高贵、尊严、梦想、追求或者失落、彷徨、无助、罪恶、悲剧,都可以在文学经典中呈现出来。

例如,在法国的文学大师雨果眼中,文学经典是什么呢?就是向人们指出人的目标。西方的著名作家乔治·奥威尔年仅47岁的时候不幸大量吐血而死,屈指算算,那个时候距离他笔下的"1984"还有34年,早逝的他就曾让自己的主人公说过:"如果你感到做人应该像做人,即使这样想不会有什么结果,你已把他们给打败了。"毫无疑问,这样的话用来评价文学经典真是非常深刻,因此,它永远都不会死。而中国的中青年人都非常熟悉的俄罗斯著名作家高尔基在评价俄罗斯的著名作家契诃夫的作品的时候,也曾经提示我们:在那些第一眼看来很好很好、很舒服并且甚至光辉灿烂的地方,契诃夫的作品都能够找出那种霉臭来,而且会清醒地告诫说:诸位先生,你们过的是丑恶的生活。

当然,也是因此,文学经典对于人生的影响也就最为直接、最为深刻。中国20世纪有一个大儒,叫作马一浮,他有一句话说得很是经典:文学经典可以使我们"如迷忽觉,如梦忽醒,如仆者之起,如病者之苏"。这是从读者的角度的发现。俄罗斯有一位大作家,叫托尔斯泰,他也有一句话说得发人深省:"如果有人对我说,现在的孩子二十年后将要阅读我写的作品,将要为之哭,为之笑,为之热爱生活,那么我将会为之献出全部生命与精力。"这可以说是从作家角度的发现。

我在前面说了,阅读经典的目的在于造就完全的人格,而我们也就是我们昨天所阅读的东西,因此我们的一生也正是被经典所塑造的一生。而现在我更要说,在这当中,文学经典的功绩尤为突出。当然,这仍旧不是我个人的一孔之见,而是古今中外的人们的共同看法。例如,德国诗人格奥尔格就说过,但丁的《神曲》是西方人的世代相传的书和学校。换言之,如果想成为真正的西方人,那是一定要在但丁的《神曲》里被陶冶过的。还有黑格尔,这是中国人比较熟悉的一个人,他也说过,《荷马史诗》是古代人民的教师。这句话听上去有点耸人听闻了,但是又切乎实际,因为《荷马史诗》实在是西方的一本非常重要的书,如果不读《荷马史诗》,是没有办法做一个合格的西方人的,就好像在中国,你如果不读《红楼梦》,那你还可以做一个中国人吗?我在上海电视台做过几十集的讲《红楼梦》的节目,记得在那个节目的开场白里我就说过,不读《红楼梦》,就不是一个合格的中国人。而且,借着今天这个做"阅读与人生"的讲座的机会,还要再次强调,尽管现在距离做节目的那个时

557

候已经有几年过去了,但是,我仍旧坚持这个看法,而且,会永远坚持的。

不过,文学经典的"最人性"并不是仅仅用刚才的寥寥几句就可以讲得清楚的,因此,为了能讲得更加清楚,下面还有必要再做一些更为详尽的说明。

在我看来,文学经典的"最人性"又可以分为两个方面来把握:最形象,最智慧。

最形象,是指的文学经典都蕴含着"寓教于乐""寓思想于形象"的特点。我们经常说,文学作品都是人生的反映,文学作品是人生的镜子,严格地说,这些话其实也未必准确,但是,却毕竟说明了一个事实:文学作品其实就是人生的一部分。西方哲学家培根就说过,什么是艺术?艺术就是人与自然相乘。当然,文学也不例外,也是人与自然的相乘。中国古代有句诗,"人生如逆旅,我亦是行人",说的是人生就好像在旅行,每个人都是行者。其实,在这个意义上,我们也可以说,文学作品中的人生也犹如"逆旅",而我们每一个人的人生则犹如"行人",其实,两者也是互相补充、互相弥补的。

换言之,在文学经典里面,我们都是直接与人性与自己的生活站在一起的,都是直接照面的。其中的点点滴滴,都犹如我们的老朋友,面对它们,我们没有必要去分析,更没有必要去研究,彼此之间遇见之后也无非就像老朋友那样点点头,然后就完全可以心领神会了。我记得,王阳明有一首诗歌就说,"闲观物态皆生意";白居易说得更有意思,"弦弦掩抑声声思,似诉平生不得志"。仔细想一想,这不是很奇怪吗?那个琵琶女只是弹琴而已,可是白居易怎么就知道了她的"平生不得志"?类似的还有影片《忧郁的星期天》,也有的翻译为《布达佩斯之恋》,其中的乐曲《忧郁的星期天》,很多人都是听完就去自杀了,150多个人都自杀了,可是,音乐就是音乐,我们怎么就能够透过它听到它背后的所思与所想呢?可是,形象的力量却偏偏就是这样魅力十足。乐曲《忧郁的星期天》背后的"清洁的精神",也就是每个人都要爱惜与呵护自己清洁的生命的精神、不清洁毋宁死的精神,却是实实在在地被许许多多的人都听懂了,否则,又为什么会有那么多的人因此而不惜自杀呢?还不是为了爱惜与呵护自己清洁的生命吗?

英国诗人布莱克,写过一首《爱情之秘》,他是这样写的:

切莫告诉你的爱情,爱情是永远不可以告诉的。

因为它像微风一样,不做声不做气地吹着。

我曾经把我的爱情告诉而又告诉,我把一切都披肝沥胆地告诉了爱人——

打着寒颤,耸着头发地告诉。然而,她却终于离我而去了!

她离我而去了,不多时一个过客来了,不做声不做气地只微叹一声,便把她带走了。

我们可以把这首诗歌理解为文学经典的"最形象"的经典说明。要知道,文学经典的"最形象"也正是这样,其他方面的经典读物,例如科学经典、哲学经典,都是"告诉而又告诉","把一切都披肝沥胆地告诉",但是,我们却仍旧难以弄懂,但是,文学经典就不同了,"不做声不做气地只微叹一声",我们就全都心领神会了。

再来看朱自清的名篇——《背影》。

2009年的父亲节,我应江苏电视台的邀请,去做过一次关于父亲节的访谈节目。当时,我就谈到,不同于母亲的清晰的面孔,父亲的形象只是一个背影。这,当然是源于朱自清的散文的启发:

我说道,"爸爸,你走吧。"他望车外看了看,说,"我买几个橘子去。你就在此地,不要走动。"我看那边月台的栅栏外有几个卖东西的等着顾客。走到那边月台,须穿过铁道,须跳下去又爬上去。父亲是一个胖子,走过去自然要费事些。我本来要去的,他不肯,只好让他去。我看见他戴着黑布小帽,穿着黑布大马褂,深青布棉袍,蹒跚地走到铁道边,慢慢探身下去,尚不大难。可是他穿过铁道,要爬上那边月台,就不容易了。他用两手攀着上面,两脚再向上缩;他肥胖的身子向左微倾,显出努力的样子。这时我看见他的背影,我的泪很快地流下来了。我赶紧拭干了泪,怕他看见,也怕别人看见。我再向外看时,他已抱了朱红的橘子望回走了。过铁道时,他先将橘子散放在地上,自己慢慢爬下,再抱起橘子走。到这边时,我赶紧去搀他。他和我走到车上,将橘子一股脑儿放在我的皮大衣上。于是扑扑衣上的泥土,心里很轻松似的,过一会说,"我走了;到那边来信!"我望着他走出去。他走了几步,回过头看见我,说,"进去吧,里边没人。"等他的背影混入来来往往的人里,再找不着了,我便进来坐下,我的眼泪又来了。

朱自清写文章,很喜欢抓取一些非常典型的细节。你看看他描写小时候吃"白煮豆腐"的情景,看看他描写在台州冬夜晚归时,"楼下厨房的大方窗开着,并排地挨着她们母子三个;三张脸都带着天真微笑地向着我。似乎台州空空的,只有我们四人;天地空空的,也只有我们四人"。于是,"无论怎么冷,大风大雪,想到这些,我心上总是温暖的"。你就会发现,朱自清在写作的时候一定是满心的虔诚和温情。当然,他在写《背影》的时候也是一样。

我们知道,因为母亲从小把我们带大,因此,母亲的面孔,在我们的心头始终是非常清晰的,可是,父亲就不同了。因为经常奔波在外,子女对他的印象其实是模糊的,父亲往往就是强大、可靠的象征,如此而已。可是,当父亲逐渐老去,逐渐让子女觉察,原来父亲也是需要怜惜、呵护的,于是,那种骨肉的亲情,就会油然而生。而且,这种感觉还往往都是从父亲的开始微驼的背影开始的。

我第一次真正地对父亲印象深刻,就是从他的背影开始的。那是1983年,我刚刚毕业留校,我父亲到学校来看我,送他离开的时候,我注视着他那明显衰老了的背影,心里突然涌现出一种异样的感觉,我觉得,那个时候,我才真正看清楚了我的父亲。后来,1988年,我的父亲就去世了,现在,我只能以自己微小的成绩来告慰他老人家的在天之灵。当然,这一切都是源于朱自清的发现,1925年,他在南京下关坐火车去上学,当时,就发生了上述的一幕。他不愧是大作家,千百年来中国男人对于父亲的感觉,被他敏捷地捕捉到了。于是,父亲的形象终于脱颖而出。显然,在这里,"背影"的形象,就是朱自清为我们理解父亲而找到的一个典型的象征,在"背影"的形象里,父亲才真正是"父亲",也才真正成为了"父亲"。

在美学理论中有一句话,叫作"形象大于思想",或者,我们也可以说,形象等于思想,或者我们还可以说,形象就是思想,当然,我们又可以反过来说,思想借助形象,总之,借助我上述的介绍,相信各位已经知道了,什么叫作文学经典的"最形象"。

其次来看文学经典的"最智慧"。

前面讲了文学经典的"最形象",其实,这只是文学经典的"最人性"的一个方面,因为文学经典的"最形象"犹如"一滴水而见太阳"的"一滴水",它的价值与意义就在于能够"见太阳"。因此,在讲了文学经典的"一滴水"的特征之后,就还必须进而讲一下文学经典的"见太阳"的特征。

所谓文学经典的"见太阳"的特征,就是指的文学经典的"最智慧"。在阅读文学经典的时候,我们都有类似的感受:文学经典所道出的人生感悟,都是"人人心中所有,人人笔下所无",或者,都是"人同此心,心同此理"的。只是,如果不是去阅读文学经典,我们就永远说不出,也永远道不明。

就以古希腊的神话与传说为例,普罗米修斯盗火的故事,各位都很熟悉,可是,各位是否还记得,他后来因此而被惩罚,什么惩罚呢?让老鹰每天去吃他的肝。很有意思的是,他的身体有无数个地方可以被吃,为什么要吃他的肝呢?各位知道吧?在人的身体里,只有一个部位是可以再生的,那就是肝。今天切掉1/3、2/3,以后还能够再长出来。但是,肝能够再生,这是我们今天的医学才弄明白的,令人困惑的是早在古希腊时期,希腊的神话与传说的作者怎么就已经知道了呢?还有阿喀琉斯的故事,他是最厉害的战神,战无不胜,可是他也有个弱点,就是他的脚后跟,那里是他的命门,也是致命的弱点,后来他的对手打败他,就是靠的一箭射中了他的脚后跟。在这个方面,我们在两次的奥运会上,已经通过中国的跨栏运动员刘翔,知道了脚后跟的厉害。但是,还是我刚才提的那个问题:早在古希腊时期,希腊的神话与传说的作者怎么就已经知道了呢?显然,这正是古希腊神话与传说所呈现给我们的智慧。

当然,我所说的文学经典的"最智慧"还不是这个意思。我所说的"最智慧",是指的对于人生的大彻大悟。

我们来看一个很有意思的故事,战国时代有一个著名乐师雍门周,他去见孟尝君。大家知道,孟尝君是当时的一个名人,用今天的话说,大概相当于策划大师,他的下面很多鸡鸣狗盗之徒,日常的主要工作就是为各国的统治者提供帮助,为此,他名利双收,过得很是惬意,是一个现实生活中的无冕之王。现在,他见到了雍门周,未免自恃见多识广,况且,他自己又是专门做说客的,从来就是自己说服别人还从来没有人能够说服自己,因此,就问道:"听说先生的琴声无比美妙,可是,你的琴声能够使我悲伤吗?"雍门周淡淡一笑:"不是所有的人都能够悲伤啊,我只能让这样的人悲伤:曾经富贵荣华现在却贫困潦倒,原本品性高雅却不能见信于人,自己的亲朋好友天各一方,孤儿寡母无依无靠……如果是这些人,连鸟叫凤鸣入耳以后都会无限伤感。这个时候再来听我弹琴,要想不落泪,那是绝对不可能的。可是你就不同了,锦衣玉食,无忧无虑,我的琴声是不可能感动您的。"孟尝君听了,矜持地一笑。

可是,雍门周接着却话锋一转:"不过,我私下观察,其实,你也有你的悲哀。你抗秦伐楚,把两个大国都给惹了,可是看现在的情况,将来的统治者肯定非秦则楚,可您却只立身一个小小的薛地,人家要灭掉你,还不是就像拿斧头砍蘑菇一样容易?将来,在您死后,祖宗也无人祭祀了,您的坟头更是荆棘丛生,狐兔在上面出没,牧童在上面嬉戏,来往的人看见,都会说:'当年的孟尝君何等不可一世,现在也不过是累累白骨啊!'"

闻听此言,孟尝君不免悲从中来,他一想,确实是这样,从表面看,我是什么都得到了,可实际上我什么都没得到,死亡会使我一无所有,于是,他开始热泪盈眶。就在这个时候,雍门周从容地拿起琴来,只在弦上轻轻拨了一下,孟尝君就马上放声大哭起来:"现在听到先生的琴声,我觉得我已经就是那个亡国之人了。"

为什么会如此呢?当然就是因为文学艺术的那根"弦"拨动的,是孟尝君心灵中最为隐秘的部分。孟尝君的生活表面看来过得很好,但是,他却从来没有想到过人生中的真正问题,但是雍门周的描述让他知道,人所占有的一切实际上都是有限的,而且实际上也只是空空如也,于是,突然悲从中来,这个时候,再让他去进入审美活动,他肯定就会泪如泉涌,你只要在弦上轻轻拨一下,就足够了。因为,借助文学艺术的那根"弦"所提供的人生智慧,他——已经开"窍"了!

再进一步,我经常说,我们所看到的作品只是石子,而这块石子在我们心灵中溅起的涟漪才是文学。这里的"涟漪",当然就是所谓的"智慧"。也因此,所谓"智慧",一定应当是"人人心中所有",一定应当是"人同此心"。有一句话,叫作守财奴无法为失去的金钱而歌唱,少女却可以为失去的爱情而歌唱,就是因为只有后者才"人人心中所有",也才"人同此心"。巴尔扎克作品中的老葛朗台对金币的呼唤、《金瓶梅》中的西门庆对美色的贪恋,也并非"人人心中所有",并非"人同此心"。王国维在《人间词话》里也举过一个例子,"何不策高足,先据要路津。无为守贫贱,坎坷长苦辛。"显然,它也并非"人人心中所有",并非"人同此心"。黑格尔曾一再告诫:文学作品要长期流传,就要摆脱速朽性的东西。显然,前面的例子中所举的,都恰恰属于一些"速朽性的东西"。由此,我们可以看到一般的文学作品与文学经典之间的深刻区别。例如,屈原和宋玉的区别,《史记》和《汉书》的区别,《水浒传》与《荡寇志》的区别,《红楼梦》与《红楼梦》续书的区别,鲁迅与清末谴责小说的区别,张爱玲与鸳鸯蝴蝶派的区别,甚至,是陶渊明与范成大的诗歌作品的区别。

当然,对于文学经典而言,它所揭示的"人人心中所有""人同此心",关键还在于"人人口中所无"。也就是说,是前所未有的。陀思妥耶夫斯基在《罪与罚》中曾经宣布,他要"重新挖掘所有的问题",显然,这里的问题都完全不是作为理论的问题、作为定论的问题,而是作为问题的问题,作为困惑的问题。所以亚里士多德才会说,诗歌比历史真实;雨果也才会说,文学作品体现的并非"物质的威严",而是"思想的威严"。总之,文学经典可以让我们从最根本的意义上懂得人生。

叶芝的《当你老了》,是人们都非常喜欢的名篇:

当你老了,头白了,睡意昏沉,
炉火旁打盹,请取下这部诗歌,
慢慢读,回想你过去眼神的柔和,
回想它们昔日浓重的阴影;

多少人爱你青春欢畅的时辰,
爱慕你的美丽,假意或真心,
只有一个人爱你那朝圣者的灵魂,
爱你衰老了的脸上痛苦的皱纹;

垂下头来,在红光闪耀的炉子旁,
凄然地轻轻诉说那爱情的消逝,
在头顶的山上它缓缓踱着步子,
在一群星星中间隐藏着脸庞。

世界上有无数的爱情诗歌,可是,叶芝的这首诗无愧于世界名篇。诗中吟咏的,是一个大美女,也是叶芝暗恋的对象。因为时间,我就不去一句一句剖析了,我只想提示一下,其中最为精彩的,就是那句"只有一人爱你那朝圣者的灵魂,爱你衰老了的脸上痛苦的皱纹"。"爱你那朝圣者的灵魂",这是风靡全世界的最著名的爱情的句子。它道破了我们对于爱人的深刻爱恋。我们在爱情中所爱的究竟是什么呢?难道不是爱人身上的最有尊严的东西?爱对方,难道就是爱对方的身体吗?爱对方,难道就只爱对方的青春年少吗?看一看叶芝是怎么说的:"只爱你那朝圣者的灵魂。"何等精彩!回过头来,我们看看中国的水木年华根据此诗改编的歌词《一生有你》:"多少人曾爱慕你年轻时的容颜,/可知谁愿承受岁月无情的变迁,/多少人曾在你生命中来了又还,/可知一生有你我都陪在你身边。"试问,还有过去的那种神圣的感觉吗?还有过去的那种朝圣者的感觉吗?是不是已经成了一首在中国非常常见的那种打油诗呢了?

再看卡西莫多的《转瞬即是夜晚》

人孤独地站在大地的心上
被一束阳光刺穿：
转瞬即是夜晚

　　作者的名字叫卡西莫多，这个名字起得太"中国"了，因为我们中国人都知道那个《巴黎圣母院》中的卡西莫多，当然，我们没有想到的是，西方竟然还有一个同名的人，而且，竟然还是一个著名的诗人。各位应该已经看出来了吧？诗人仅仅用三行就写尽了人生。过去我们都会讲早上几条腿、中午几条腿的希腊神话，但是因为讲的人已经太多，因此早就没有了创造性，也没有了新意。但是，现在呢？当你看到卡西莫多的诗，你对人生是否有了一种新的感悟？你会发现，在这里面，有着你的人生。无疑，这首诗给了你人生的智慧。
　　类似的文学经典，还有柳宗元的《江雪》。柳宗元的这首诗，所有的人读了都说很好，可是，为什么好呢？好在哪里呢？我经常说，庄子花一本书去讲的人生哲理，柳宗元用一首诗就表达出来了，这首诗就好在这里。或许，有很多中国人都没有从头到尾地看过《庄子》，但是他们只要看懂了柳宗元的这首诗，应该也就在一定程度上知道了庄子所提倡的人生哲理。你们看，"千山鸟飞绝，万径人踪灭"，什么都没有了，但是，真的什么都没有了吗？不是还有一个人在那里吗？而且，他在"独钓寒江雪"。我必须说，很多人没有仔细去想过他为什么要"钓雪"，为什么不是"钓钱"，也不是"钓大学文凭"。"独钓寒江雪"，雪是能钓的吗？这就对了，当你想到雪是没有办法去钓的，那么，你也就开始懂得庄子和柳宗元了。要知道，在中国历史上，说到"垂钓"，那可绝对不是柳宗元一人而已。最早的是渭水边上的一幕：八十多岁的姜太公用直钩钓鱼，可是，却意在钓周文王。此后约七百多年后，庄子也开始"垂钓"，这次是真正在钓鱼，为此，他甚至连楚威王要把境内的国事交付给他都"持竿不顾"。遗憾的是，他的这个举动却毕竟不如他的《庄子》那样充盈着诗意。相比之下,倒是柳宗元的"钓雪"更《庄子》。

我曾经在我的一本书的后记里说过,我很喜欢禅宗的一句话:掷剑挥空,莫论及与不及。我上课或者演讲中也经常说,生命之美,就在于过程。成功与失败,我们是没有办法控制的;能够控制的,就是我们的努力。柳宗元的想法如何呢?在这样一个孤寂的天地之间,应该说,他是没有任何的希望的,但是,他还要顽强地"独钓寒江雪"。这,正是生命的尊严啊。西方有一个哲学家,他也说过,什么是人生呢?一生都是在洗澡盆里钓鱼,而且还无鱼可钓,可是,尽管如此,你却还是必须去坚持不懈地钓,这,才是人类的尊严,也才是人类的姿态。毫无疑问,任何一个人一旦从这个角度看柳宗元的《江雪》,都会觉得自己的生命受到了鼓舞,也都感觉到了生命的庄严、生命的尊严。

再如童话文学经典《天蓝色的彼岸》。

我在很多场合都说过,我非常喜欢这部作品。在我看来,它所揭示的人生智慧,也绝对不亚于那些我们耳熟能详的文学经典。这部作品写的是主人公哈里因为一场意外的车祸而仓促离世。在去往天国的路上,只有灵魂的哈里已经感觉不到微风的抚摸,感觉不到大雨的拍打……可是,他的心里却还对尘世有着无穷无尽的眷恋,许许多多的放不下的事。遗憾的是,哈里已经什么都不能做。幸而,幽灵阿瑟帮他达成了自己的迫切愿望,再次偷偷以灵魂的身份回到人界,向这个世界说一声最后的原谅与道歉。

因此,从表面上看,这是一部死之书,可是实际上,却是一部生之书。

这里,我们不妨再回顾一下哈里的名言:

我特别怀念那种感觉,风吹在脸上。也许你还活着,根本没把这当回事。但我真的很想那种感觉。

决不要在你怨恨的时候让太阳下山。这句话的意思是说,在你睡觉前,决不能生气或敌视任何人,特别是不要敌视你所爱的人。因为你有可能今天晚上一躺下,明天早晨就再也起不来了。

困惑的人生真是让人困惑!当你活在人世,你会觉得明日复明日,明日何其多,因此,很多很多的应该去感谢的、应该去谅解的、应该去爱的,你都没有做。直到有一天,生命突然戛然而止,于是,你会抱怨说,这太突然了,这太不公平了,我还有很多很多的想做而未做的事、想说而未说的话、想爱而未曾爱的人呀……因此,天蓝色的彼岸,对于你来说,就是一道难以跨越的门槛。

然而,《天蓝色的彼岸》所提示的人生智慧,也恰恰从这里开始。我记得中国的电视剧《士兵突击》中的许三多说过:"好好的活就是做有意义的事,有意义的事就是好好的活。"这句话看似傻拗,但却恰恰道出了我们在《天蓝色的彼岸》所领悟到的一切。

是的,我们所有的人都经历过失去,各种各样的失去。我自己也已经经历过了失去父亲、失去母亲的大痛大悲,因此,我们每一个人也就很容易被这部作品所打动。对于人世的很多很多东西,我们都知道:终有一天会别离,当然,我们会非常非常地舍不得。那么,我们为什么不能马上从现在爱起?有些人,再不爱,就来不及了。再不爱,年迈的和开始年迈的就要永远与我们天人永隔;再不爱,爱我的与我爱的就即将上演生离死别;再不爱,刚刚成年的就可能远走他乡;再不爱,蹒跚学步的就要进入豆蔻年华,那时,就有别人爱了……

所以,现在就要去爱!

再不爱,就来不及了!

我想,这应该就是《天蓝色的彼岸》给予我们的人生智慧!

关于阅读、关于阅读经典、关于阅读文学经典、关于阅读与人生,限于讲座的时间,我今天就只能讲到这里了。

谢谢各位!

附录:最低文学经典书目(二十四部)

最低中国文学经典书目:

1.《庄子》

2.《古诗十九首》

3. 陶渊明的诗文

4.《世说新语》

5. 杜甫的诗歌

6. 李煜的词

7. 苏轼的诗文

8.《金瓶梅》

9.《红楼梦》

10. 鲁迅的作品

11. 张爱玲的小说

12. 沈从文的作品

最低西方文学经典书目：

1.《圣经》(《传道书》《约伯记》《雅歌》《路加福音》)

2.《荷马史诗》

3. 但丁的《神曲》

4. 莎士比亚的四大悲剧

5. 歌德的《浮士德》

6. 陀思妥耶夫斯基的小说

7. 托尔斯泰的小说

8. 卡夫卡的小说

9. 荷尔德林的诗歌

10. 里尔克的诗歌

11. 艾略特的诗歌

12. 安徒生的童话

2005年,南京

附录六 美学基本阅读书目

1. 山海经校注 巴蜀书社,1993
2. 庄子 庄子集释 中华书局,1982
3. 司马迁 史记 中华书局,1959
4. 古诗十九首集释 中华书局,1955
5. 刘义庆 世说新语笺疏 中华书局,1983
6. 陶渊明 陶渊明集 中华书局,1979
7. 李璟、李煜 李璟李煜词 人民文学出版社,1998
8. 苏 轼 苏轼文集 中华书局,1986
9. 李 贽 李贽文集 社会科学文献出版社,2000
10. 兰陵笑笑生 新刻绣像批评金瓶梅 香港三联书店,1996
11. 曹雪芹、高鹗 红楼梦 人民文学出版社,1996
12. 王国维 王国维文集 中国文史出版社,1997
13. 鲁 迅 鲁迅全集 人民文学出版社,1981
14. 张爱玲 张爱玲文集 安徽文艺出版社,1992
15. 方东美 生生之美 北京大学出版社,2009
16. 宗白华 美学散步 上海人民出版社,1981
17. 沈从文 沈从文小说选集 人民文学出版社,1982
18. 海 子 海子诗全集 作家出版社,2009
19. 史铁生 病隙碎笔 陕西师范大学出版社,2002
20. 圣 经 (《传道书》《约伯记》《雅歌》《路加福音》)
21. 荷 马 伊利亚特 罗念生、王焕生译 人民文学出版社,1994
22. 荷 马 奥德赛 王焕生译 人民文学出版社,1997
23. 奥古斯丁 忏悔录 周士良译 商务印书馆,1963

24. 但　丁　神曲　田德望译　人民文学出版社,2002
25. 莎士比亚　莎士比亚悲剧选　朱生豪译　人民文学出版社,2001
26. 帕斯卡尔　思想录　何兆武译　商务印书馆,1986
27. 雨　果　九三年　刘志威译　太白文艺出版社,1994
28. 雨　果　悲惨世界　李丹、方于译　人民文学出版社,1980
29. 塞万提斯　堂吉诃德　杨绛译　人民文学出版社,1979
30. 马克思　1844年经济学—哲学手稿　刘丕坤译　人民出版社,1979
31. 康　德　判断力批判(上卷)　宗白华译　商务印书馆,1985
32. 康　德　康德论上帝与宗教　李秋零译　中国人民大学出版社,2004
33. 歌　德　浮士德　郭沫若译　人民文学出版社,1978
34. 叔本华　作为意志和表象的世界　石冲白译　商务印书馆,1982
35. 尼　采　悲剧的诞生　周国平译　三联书店,1986
36. 陀思妥耶夫斯基　罪与罚　曹国维译　燕山出版社,2000
37. 陀思妥耶夫斯基　卡拉马佐夫兄弟　耿济之译　人民文学出版社,1999
38. 陀思妥耶夫斯基　白痴　曾维纲译　湖南文艺出版社,1997
39. 列夫·托尔斯泰　安娜·卡列尼娜　草婴译　上海译文出版社,1990
40. 列夫·托尔斯泰　复活　汝龙译　人民文学出版社,1989
41. 克尔凯郭尔　或此或彼　朱万忠等译　四川人民出版社,1998
42. 荷尔德林　荷尔德林诗选　顾正祥译　北京大学出版社,1994
43. 里尔克　里尔克诗选　绿原译　人民文学出版社,1996
44. 安徒生　安徒生童话选集　叶君健译　译林出版社,1994
45. 显克维奇　你往何处去　张振辉译　人民文学出版社,2000
46. 弗洛伊德　精神分析引论　高觉敷译　商务印书馆,1986
47. 荣　格　寻找灵魂的现代人　王义国译　光明日报出版社,2007
48. 加　缪　加缪文集　郭宏安等译　译林出版社,1999

49. 帕斯捷尔纳克　日瓦戈医生　蓝英年等译　人民文学出版社,2006
50. 乌纳穆诺　生命的悲剧意识　上海文学杂志社,1986
51. 舍斯托夫　旷野呼告　方珊等译　华夏出版社,1999
52. 别尔嘉耶夫　别尔嘉耶夫集　汪建钊编选　上海远东出版社,1999
53. 蒂里希　蒂里希选集　何光沪选编　上海三联书店,1999
54. 舍　勒　舍勒选集　刘小枫选编　上海三联书店,1999
55. 卡夫卡　审判　城堡　钱满素、汤永宽译　北京燕山出版社,2000
56. 马丁·布伯　我与你　陈维纲译　三联书店,1986
57. 艾略特诗选　赵萝蕤等译　山东大学出版社,1999
58. 詹姆士·里德　基督的人生观　蒋庆译　三联书店,1989
59. 帕乌斯托夫斯基　金蔷薇　戴骢译　上海译文出版社,2007
60. 弗洛姆　爱的艺术　李健鸣译　上海译文出版社,2008
61. 纪伯伦　先知·沙与沫　钱满素译　北京十月文艺出版社,2005

（限于篇幅,本美学基本阅读书目无法开列出其中所涉及的各位作者的全部书目,但是,这却绝不意味着,这些作者的其他著作就并不重要。因此,我建议在精读本美学阅读书目中所开列的六十一本经典著作之后,还能够去按图索骥,再去精读本美学阅读书目中所开列的所有作者的其他著作。）

代再版后记　生命美学:"以生命为视界"

一

相对于实践美学(1957,李泽厚),生命美学(1985,潘知常)无疑尚属年轻,但是,相对于超越美学(1994,杨春时)、新实践美学(2001,张玉能)、实践存在论美学(2004,朱立元)……作为改革开放以来第一个"崛起的美学新学派",生命美学却也并不年轻。然而,围绕着它的误解似乎始终存在。李泽厚先生的五次公开质疑,就是例证。

生命美学起步于 1985 年。1985 年,《美与当代人》发表了第一篇生命美学的论文《美学何处去》,专著《生命美学》也于 1991 年出版。其实,生命美学并不难理解。只要注意到西方的生命美学是出现在近代,而中国传统美学则始终就是生命美学,就不难发现:生命美学,在西方是"上帝退场"之后的产物,在中国则是"无神的信仰"背景下的产物。外在于生命的第一推动力(上帝作为救世主)既然并不可信,而且既然"从来就没有救世主",生命自身的"块然自生"也就合乎逻辑地成了亟待直面的问题。昔日的"上帝"变成了今天的"自己"。由此,"生命的法则"也就必然会期待着答案。它可以称为"天算",可以称为"天机",或者可以称为"天问"。弗朗索瓦·雅各布称之为"生命的逻辑",坎农称之为"身体的智慧"……万物皆"流",生生不已;万物曰"易",演化相续;逝者未逝,未来已来,那么,在大千世界的背后的一以贯之的大道或者"源代码"究竟是什么? 随之而来的,必然是美学的出场。因为,借助揭示审美活动的奥秘去揭示生命的奥秘,不论在西方的从康德、尼采起步的生命美学,还是在中国的传统美学,都早已是一个公开的秘密。

对此,生命美学的贡献是:把生命看作一个自组织、自鼓励、自协调的自控巨系统。它向美而生,也为美而在,关涉宇宙大生命,但主要是其中的人类小生命。其中的区别在宇宙大生命的"不自觉"("创演""生生之美")与人类小生命的"自觉"("创生""生命之美")。至于审美活动,则是人类小生命的"自觉"的意象呈现,亦即人类小生命的隐喻与倒影。它是生命的导航,也是生命的动力。因此,我们甚至可以说:美是生命的竞争力,美感是生命的创造力,审美力是生命的软实力。

然而,这也并不容易。本来,问题并不复杂。审美与艺术家所涉及的,其实就是一个人所共知的困惑。叔本华曾经提示说:"关于美的形而上学,其真正的难题可以以这样的发问相当简单地表示出来:在某一事物与我们的意欲没有任何关联的情况下,这一事物为什么会引起我们的某种愉悦之情?"①在我看来,这段话是对"主观的普遍必然性"这一康德的重大发现的一个深入浅出的说明。确实,情感愉悦早已是一个老问题,而且,诸如逐利的情感愉悦、求真的情感愉悦、向善的情感愉悦,也都已经得到了令人信服的解释。但是,引人瞩目的是,审美的情感愉悦却始终没有能够得到令人信服的解释。"画饼"不是为了"充饥","望梅"不是为了"止渴",那么,为什么还要"画"?为什么还要"望"?其他的木头都可以"焚","琴"何以就不能"焚"?鸡鸭鱼肉都可以"煮","鹤"何以就不能"煮"?或者,审美与艺术没有用,但是为什么却又须臾不可离开?平心而论,人类也并不是没有意识到其中必定蕴涵着深刻的涵义,但是,长期以来,却各学派纷争,各持一说,似乎谁都难以服众。而且,当年曾经以为已经完美解释了的,一旦时过境迁,似乎也就变得破绽百出,难以令人信服。例如,人们曾经将审美与艺术作为神性的附庸,或者将审美与艺术作为理性的附庸,并且由此而在辅助的、从属的、娱乐的层面作出过解释,可是一旦连上帝、理性都灰飞烟灭,这些解释也就再也没有了市场。然而,审美与艺术却仍旧存在,而且,还一切如前所叙,不论是就"以审美促信仰"而言,还是就阻击作为元问题的虚无主义而言,其影响都日益重大,日益显赫。因此,对于审美与艺术的解释又是必然的,也是必须的。

无疑,这一切都期待着一种全新的对于审美与艺术的解释。而且,这也

---

① 叔本华:《叔本华思想随笔》,韦启昌译,上海人民出版社2005年版,第33页。

正是在"尼采以后"的生命美学的努力方向。

具体来说,生命美学亟待建构的,是一种更加人性,也更具未来的新美学。它遵循的,是实事求是的原则,既不唯上,也不唯书,更不唯教条。

也因此,在生命美学看来,首先,美学的奥秘在人("人是人"、自然界的奇迹是"生成为人")。

美学所面对的,从表面看是审美的困惑,其实是人的困惑。因此重要的不是直面"审美",而是直面"人为什么非审美不可"。[①] 因此,破解审美的奥秘就是破解人的奥秘。这样,就美学而言,换言之,美学是什么与人是什么无非就是一个问题的两面。从美学去考察人与从人去考察美学是内在一致的。如何理解自己,也就如何理解美学;如何理解美学,也就如何理解自己。在这个意义上,不难看出,人是一种实践的存在、审美的存在……人也是一种理论的存在。在人类的行动背后,一定存在如此而不如彼的理论根据。它可能是自觉的,也可能是不自觉的,但是却也一定是存在着的。因此人类的觉醒也就一定伴随着理论的觉醒。人一旦自觉到自己是人,是与动物不同的人,也就一定会自觉到哲学、自觉到美学。人类的自觉一定是要通过哲学的理论方式——尤其是美学的理论方式去加以实现的。因此,意识到了人是人,也就意识到了哲学。意识到了人是审美的人,也就有了美学。美学的自觉,无非就是审美的人的自觉。美学,无非是在从理论上解放人,从精神上说明人,无非是以理论的方式再造审美的人。美学的诞生意味着人的第二次诞生——精神的人、自由的人的诞生。而且,人类的未来要借助美学的塑造,人类的未来也要在美学中去求解。当然,这也就是我称美学为生命美学的全部理由。美学面对的是人类的审美活动,表达的却是对于人类自身的看法。美学为了理解自己而理解审美活动,而且,美学理解审美活动也就是为了理解自己。"生命",作为本体性的、根本性的视界因此得以脱颖而出。

[①] 实践美学、新实践美学都热衷于说明"审美活动无功利性",因此也就远离了人的困惑。生命美学要说明的是"审美活动的无功利性的功利性"。因为,只是审美愉悦,就可能是实践活动的附属品、奢侈品,而很可能没有触及审美活动作为生命活动的必然与必需的根本特征。

这样一来,美学的思考就必须从"人是人"开始。自然界的奇迹是"生成为人",但是,人是自然的产物,但却又是对于自然的超越;人是物,但却又是对物的超越。人什么都不是,而只是"是"。人是 X,人是未定性,是"未完成性""无限可能性""自我超越性""不确定性""开放性""创造性"。因此,只有人,而并非动物,才出现了"是人""有人""像人"的问题。人自身也是二律背反,因此就无法用"神性"和"理性"的方式去把握。无疑,这使得人成为了茫茫宇宙中最喜欢提问的动物。而且,对于人类而言,亟待回答的又何止是"十万个为什么"。例如,"我是谁?"动物无疑不会这样提问题。动物是谁,是早已被他们自身的物的属性所决定的。人却不同,人是人,意味着人的本质不是给定的,不是前定的,也不是固定的,而是由人去自我规定、自我生成的。在自然界的生成之中,只有人能够摆脱一切听从必然、听从本质的动物命运,只有人能够自己主宰自己,自己规定自己,自己支配自己,因此,也只有人才会去追问"我是谁",因为只有人才需要自己安顿自己的生命,自己选择自己的未来,自己创造自己的本质。"我是谁"的追问,问的是人的未来,也就是去问人身上所禀赋着的超出动物的所在。这一问,问的不是人的过去,而是人的未来,也不是"人是什么",而是"人之所是"。由此才能够深刻理解康德首先提出的"人是人自身目的"的观点。人无疑是来自非人,或许是动物,也许是神,但是人最终成为人却绝对与非人的力量无关,而是凭借自身的活动,是自身的活动才把自身造就为人的。人是被自己创造出来的。

而这当然也就亟待首先从"物的逻辑"转向"人的逻辑"。三十五年前,我首倡生命美学之初,也正是从这里起步。在我看来,"见物不见人"的思维方式,是美学研究的大敌。人的存在逻辑不同于物的存在逻辑,显然不宜以"属加种差"的"物的逻辑"去把握。倘若如此,无异于在人之外去理解人,借助外在尺度去把握人。人之为人,突破了物的存在形式,也超越了物的本质规定,如果仍旧以规定物的方式去规定人,就会导致对人的抽象化规定乃至对人的抽象化表达。所谓人的先定本质就是这样出笼的。诸如非人的、抽象的、自在的、先在的、外在的,等等,关注的是本质的前定性、预成性、普遍性、不变性的规定之类"物种"的规定方式。这其实是试图从人的初始本原去理解人,是试图把人还原成为物,从物的根本性质去理解人、说明人,①形式逻辑因此而大行其道。或此或彼,非彼即此,是即是,否即否,排中律、同一律、不矛盾律充斥于美学论著的字里行间。然而,事实上,形式逻辑的方法对人是无效的。不见人、敌视人乃至失落了人,就是它的必然结果。也因此,在美学研究中,人也失落得太久了。生命美学期待的,是建立一种能够全面理解和把握人的全新的生命逻辑,是从根本上转变美学的视角,拓展美学的视野,更新美学的观念。当然,这也正是我当年要在实践美学一统天下的时候毅然突破实践美学、建构生命美学的原因。而且,在我看来,这其实也就是对与美学的非美学困局的克服。美学不但不宜神学化,而且也不宜理性化,而应该生命化,就类似庄子所疾呼的"绝圣弃智",美学不是神学的婢女,也不是科学的附庸,美学,就是美学。显然,生命美学为自己所赋予的使命也正是:回到美学。

顺理成章地,第二,则是人的奥秘在生命("作为人",人的奇迹是"生成为"生命)。

"人成为人",涉及的是人与物的区别;"人作为人",涉及的是人与自身的区别,所以"人各有命",也所以,人有做人之道,但是动物却不必有做动物之道。生命进化是自然进化的奇迹,这当然就是:进化为人的生命。从"人的逻辑"出发,不难看到"人的生命"的重要。这是因为,就人而言,不但存在着与动物类似的第一生命的进化,所谓"原生命",而且还更存在与动物生命截然不同的第二生命的进化,所谓"超生命"。因此苏格拉底才会说:"不是生命,而是好的生命,才有价值。""追求好的生活远过于生活。"卢梭才会说:"呼吸不等于生活。"老子也才会说:"死而不亡者寿。"显然,在这里,亟待把"生活"与"活着"区别开。"活着"并不是生活。在这当中,关键的关键就在于:人的生命存在方式的改变。马克思指出:"一当人们自己开始生产他们所必需的生活资料的时候(这一步是由他们的肉体组织所决定的),他们就

---

① 这当然是一种把人"物化"为外在对象的逻辑。其中,神化的方式是把人作为幻化的外在对象,理性化的方式是把人作为直观外在对象。

开始把自己和动物区别开来。"①"个人怎样表现自己的生活,他们自己也就怎样。因此,他们是什么样的,这同他们的生产是一致的。"于是,人的生命开始不再依赖环境了,自己的生命活动成为了人类自己的主宰。动物的生命并非自主,人的生命却是自主的。在这个意义上,如果还一定要称人是一种存在,那就一定要立即补充说:人是一种特殊的存在。因为它是一种有自我意识的存在。② 借助马克思的发现:人是一种存在意味着"人直接地是自然存在物"(马克思);人是一种特殊的存在则意味着人还是"有意识的存在物"(马克思)。严格而言,这才是一种生命存在,也正是生命美学所要面对的生命存在。"自然界生成为人","生成"的就是这样的人,因此才"人是人"。当然,这也就从"人是人"走向了"作为人"。而且,这也并不就意味着人就是自然界物种进化的结果,而是意味着人是借助自己的活动才最终得以自己把自己"生成为人"、"生成为"生命的。

继而,第三,当然也就是:生命的奥秘在"生成为人"("成为人",生命的奇迹是"生成为"精神生命)。

自然界进化为人的关键是进化为生命。然而,生命之为生命,严格而言,其实主要是指的"第二生命",换言之,只有第二生命才是"生命"——人的生命。"一半是魔鬼,一半是天使",无疑并没有道破其中的真相。而且,人是被人自己的活动造就为人的。这意味着美学的思维方式必须完成一个根本的变化:人不再是一个纯粹的被造物,不再只能谨小慎微地遵循物种的规定去规定自身,也不再卑怯地从外部去寻找人的生成根源,而是转向从人的自身活动去理解人、理解生命。于是,也就不难看到,人之为人,是由人自己的活动造成的,也是伴随人的活动而不断生成。就人而言,不存在什么先在的本质,一切都是人的生命活动造成和生成的,人是人自己的生命活动的

---

① 《马克思恩格斯全集》第3卷,人民出版社1966年版,第24页。
② 因此美学有两重本性:与第一生命相关的科学(社会科学)本性以及与第二生命相关的宗教本性。然而,美学不是科学,也不是宗教,但是美学又是科学,也又是宗教。它是哲学,是反思性的学科。而且美学是第一哲学。

577

作品。也因此,人之生命也就不再仅仅只是为生命本身的,而且更是为创造生命这一更高的目的服务的。人之生命,不但是"自然成长"的生命,而且还是"人为造就"的生命。遗憾的是,美学却从来没有去旗帜鲜明地研究这个"人为造就"的生命。由此不难看出,生命美学何以为自己选择了"生命"作为必要的突破口。他所指向的,恰恰就是"人为造就"的生命。"是"与"应是",生命的"时间性"、"超越性"和"创造性",成为了被关注的重点。从"本质"到"生成",则是其中的关键转换。"本质先在原则"的"前定本质论"、"实体本质论"和"本质不变论"被统统拒斥,"生命活动生成论"得以脱颖而出。

最后,"生成为人"的奥秘在"生成为"审美的人(审美人,精神生命的奇迹是"生成为"审美生命)。

李泽厚先生曾经五次公开批评生命美学,其主要看法都是:生命美学的"生命"是动物的"生命"。然而,这其实只能暴露出李泽厚思想观念的落后,因为人类关于"生命"的看法早就超出了这一陈旧得不能再陈旧的疆域。例如政治生命、职业生命、学术生命……这一切都是人们最为熟知的。这其中,当然也包括审美生命。兰德曼剖析过作为上帝的产物的人、作为理性存在的人、作为生命存在的人、作为文化存在的人、作为社会存在的人、作为历史存在的人、作为传统存在的人。生命美学剖析的,则是作为审美存在的人。这是因为,人的价值选择与评价不但是"满足",而且还更是"追求"——追求"生成"。显然,人类的生命活动与动物不同,是目的性活动而不是手段性活动。人的价值选择与评价的最高追求因此就是"生成为"人,也就是人借助自己的活动去创造自己的本质,去实现自己的创造超生命本质这一更高的目的。正如马克思所指出的:"人的根本就是人本身。""人本身是人的最高本质。"(《马克思恩格斯全集》第1卷,人民出版社1956年版,第460、467页)但是,由于现实世界、此岸世界的限制,这一切只能在象征、隐喻意义上去加以实现。"人是人的作品,是文化、历史的产物。"(《费尔巴哈哲学著作选集》上卷,第247页)因此,这里的人的价值选择与评价的最高追求"生成为"人也就只能体现为"生成为"审美的人。这正是所谓的"我审美故我在"。于是,生命即审美,审美也即生命。审美的人(审美生命)是"人"的理想实现。也因此,只有它,才是人类的最高生命。这样,美学之为美学,也就必然是这最高生命的觉醒与自觉,是这最高生命的理论表达。当然,美学之为美学,也就必然应该是也只能是:生命美学。

二

简单而言,相对于实践美学(1957,李泽厚),生命美学(1985,潘知常)的思考可以浓缩为四句话:

1."爱者优存"(实践美学是"适者生存")。审美的发生与人的生命的发生同源同构。审美活动并不神秘,它无非就是一种特定的生命自组织、自鼓励、自协调的内在机制的自觉。它的存在就是为生命导航。人类在用审美活动肯定着某些东西,也在用审美活动否定着某些东西。从而,激励人类在进化过程中去冒险、创新、牺牲、奉献,去追求在人类生活里有益于进化的东西。因此,关于审美活动,人们可以用一个最为简单的表述来把它讲清楚:凡是人类乐于接受的、乐于接近的、乐于欣赏的,就是人类的审美活动所肯定的;凡是人类不乐于接受的、不乐于接近的、不乐于欣赏的,就是人类的审美活动所否定的。伴随着生命机制的诞生而诞生的审美活动的内在根据在这里,在生命机制的巨系里审美活动得以存身而且永不泯灭的巨大价值也在这里。

2."自然界生成为人"(实践美学是"自然的人化")。这意味着:从历史的角度,生命活动距离审美活动更近。生命美学以"自然界生成为人"去提升实践美学的"自然的人化"。实践美学所唯独看重的所谓"人类历史"其实只是自然史的一个特殊阶段。人类历史其实是"自然界生成为人"这一过程的"一个现实部分",它必须被放进整个自然史,作为自然史的"现实部分"。冒昧地将自然界最初的运动、将自然演化和生物进化的漫长过程完全与人剥离开来,并且不屑一顾,是人类中心主义的傲慢,是没有根据的。而"自然界生成为人"则把历史辩证法同自然辩证法统一了起来,也是对于包括人类历史在内的整个自然史的发展规律的准确概括,而且完全符合人类迄今所认识到的自然史运动过程的实际情况。由此,实践美学所唯独看重的所谓"人类历史"其实只是自然史的一个特殊阶段。

3. "我审美故我在"(实践美学是"我实践故我在")。从逻辑的角度看，生命美学也距离审美活动更近。生命美学以"以生命为视界"去提升实践美学的"以实践为视界"。审美活动与生命有着直接的对应关系，但是与物质实践却只有间接的对应关系，因此，审美活动是生命的最高境界。

4. 审美活动是生命活动的必然与必需（实践美学认为审美活动是实践活动的附属品、奢侈品），在生命美学(1985，潘知常)看来，审美活动并不在生命活动之外，更不是物质实践的附属品、奢侈品，不是物质实践的派生物，而是生命活动的必然。审美活动是人类因为自己的生命需要而导致的意在满足自己的生命需要的特殊活动。它服从于人类自身的某种必欲表达而后快的生命动机。具体来说，它包含了两个方面：审美活动是生命的享受（因生命而审美，生命活动必然走向审美活动）；审美活动也是生命的提升（因审美而生命，审美活动必然走向生命活动）。

三

因此，生命美学始终被称为"情本境界论生命美学"，或者"情本境界生命论美学"。其中的关键词是："生命视界""情感为本""境界取向"。

"生命视界"的提出，是在1985年。

在《美学何处去》(《美与当代人》1985年第1期)一文中，我已经开始"呼唤着既能使人思、使人可信而又能使人爱的美学，呼唤着真正意义上的，面向整个人生的，同人的自由、生命密切联系的美学"。并且指出："真正的美学应该是光明正大的人的美学、生命的美学。"美学应该爆发一场真正的"哥白尼式的革命"，应该进行一场彻底的"人本学还原"，应该向人的生命活动还原，向感性还原，从而赋予美学以人类学的意义。"美学有其自身深刻的思路和广阔的视野。它远远不是一个艺术文化的问题，而是一个审美文化的问题，一个'生命的自由表现'的问题。"如同"万物一体仁爱"的生命哲学，在生命美学看来，所谓"个体的觉醒"其实就是"生命的觉醒"。而所谓仁爱，其实就是对世界的正常、健康的感受。这种感受只能来自个体的生命，因为人类的生命正是由无数具体的个体生命所组成。而且，尊重了这种感受，也就尊重到人的个体,尊重到了人的生命。因此,审美与艺术的秘密并不隐身于实践关系之中,也不隐身于认识关系之中,而是隐身于生命关系。这是一种在实践关系、认识关系之外的存在性的关系。在逻辑、知识之前,"生命"已在。人在实践与认识之前就已经与世界邂逅,"我存在"而且"必须存在"才是第一位的,人作为"在世之在",首先是生存着的。在进入科学活动之前生命已在,在进入实践活动之前生命也已在。这正如王阳明所说,"今看死的人,他这些精灵游散了,他的天地万物尚在何处?"(《传习录》)也因此,对于生命美学而言,"实践"必须被"加括号",必须被"悬置"。唯有如此,才能够将被实践美学遮蔽与遗忘的领域,被实践美学窒息的领域,以及实践美学未能穷尽的领域、未及运思的领域展现出来,由此,生命美学从一般本体论——实践本体论,转向"基础本体论"——生命本体论。借助于胡塞尔"回到事实本身"的说法,生命美学不但是在超越维度与终极关怀的基础上("一体仁爱"的新哲学观)的对于美学的重构,也是从生命经验出发的对于美学的重构,是从理论的"事实"回到前理论的生命"事实"。因此,生命美学"基于生命"也"回到生命",所谓源于生命、因于生命、为了生命,是生命的自由表达。

"情感为本"的提出,是在1989年。

不难想到,要回到生命,无疑就不可能回到实践美学所谓的理性,而是回到情感。因为人是情感优先的动物(扎乔克),也最终是生存于情感之中的。情感的存在,是人之为人的终极性的存在,也是人的最为本真、最为原始的存在。所谓理性和思想,也"都是从那些更为原始的生命活动(尤其是情感活动)中产生出来的"。海德格尔主张,"我们对世界的知觉,首先是由情绪和感情揭开的,并不是靠概念。这种情绪和感情的存在方式,要先于一切主体和对象的区分。"因此,早在1989年,我就指出:直面生命,也就必须直面情感。情感"不但提供一种'体验—动机'状态,而且暗示着对事物的'认识—理解'等内隐的行为反应"。"过去大多存在一种误解,认为它只是思想认识过程中的一种副现象,这是失之偏颇的。""不论从人类集体发生学或个体发生学的角度看,'情感—理智'的纵式框架都是'理智—情感'横式框架的母结构。"

而在"情感优先"之中,审美情感更是优先中的优先。这是因为,由功利、概念引发的情感,是明确的;由欲望引发的情感,也是明确的,尽管它们都是通过情感传达以满足生命的需要,但是,却都不需要我们去研究。未知并且异常神秘的,只是特殊的"快乐"——"美感",也就是"由形象而引发的无功利的快乐",或者,因为"美与不美"而引发的"无功利的快乐"。苏联心理学家维戈茨基发现:真正的情绪是在审美活动之中的。"在抒情体验中起决定性作用的是情绪,这种情绪可以同在科学哲学创作过程中所产生的附带的情绪准确地区分开来。""审美情绪不能立刻引起动作。"卡西尔也指出:"我们在艺术中所感受到的不是哪种单纯的或单一的情感性质,而是生命本身的动态过程。""在艺术家的作品中,情感本身的力量已经成为一种构形的力量。"在审美活动中,"我们所听到的是人类情感从最低的音调到最高的音调的全音阶;它是我们整个生命的运动和颤动"。因此,"康德既是第一个把美学建立在情感基础上的人,也是把情感一般地引入到哲学中来的第一个人,这绝不是偶然的"。因为,他所洞察到的,正是审美活动中的"谜样的东西",也就是"主观的普遍必然性"("主观的客观性")。例如,他的哲学亟待思考的三大问题:我能认识什么?我应做什么?我希望什么?也可以理解为:"自由(上帝)是无法认识的"(《纯粹理性批判》),但是必须去相信"自由(上帝)"的存在(《实践理性批判》),而且,借助审美直观,"自由(上帝)"是可以直接呈现出来的(《判断力批判》),无疑,这其实也就是在说:唯有在审美情感之中,自由才可以直接呈现出来。由此,情感的优先地位以及审美情感的优先中的优先地位,已经不难看到。

"境界取向"的提出,是在1985年。

情感的满足意味着价值与意义的实现,这,当然也就是境界的呈现,也就是我所谓的"境界取向"。因此,从1988年开始,我就提出:美在境界。1989年,我则正式提出:美是自由的境界。"因此,美便似乎不是自由的形式,不是自由的和谐,不是自由的创造,也不是自由的象征,而是自由的境界。"1991年,我又提出了"境界美学":"中国美学学科的境界形态,所谓境界形态是相对于西方美学的实体形态而言的。"并且指出:美学并"不是以认识论为依归,斤斤计较于思维与存在的同一性,而是以价值论为准则,孜孜追求着有限与无限的同一性"。美学"以意义为本体而不是以实存为本体","旨在感性生命如何进入诗意的栖居","为宇宙人生确立生命意义,寻找永恒价值,挖掘无限诗情"。人是以境界的方式生活在世界之中的,是境界性的存在。境界,是对于人的形而上追求的表达,是形而上"觉"(形而上学有"知识"与"觉悟"两重涵义)。正如卡西尔所提示的:"人的本质不依赖于外部的环境,而只依赖于人给予他自身的价值。"就世界作为"自在之物"而言,是物质实在在先,精神存在在后;就世界作为"为我之物"而言,则是精神世界在先,物质世界在后。境界是意义之在,而非物质之在。借助于它,精神世界的无限之维才被敞开,人之为人的终极根据也才被敞开。

"生命视界""情感为本""境界取向"当然并不是生命美学的全部,而只是生命美学中鼎立的三足。要之,无论生命还是情感、境界,都是指向人的,而且也都是三而一、一而三的关系:生命是情感的生命、境界的生命,情感是生命的情感、境界的情感,境界是生命的境界、情感的境界。而且,生命的核心是超越,"从经验的、肉体的个人出发,不是为了……陷在里面,而是为了从这里上升到'人'",而"思考着未来,生活在未来,这乃是人的本性的一个必要部分"。情感的核心是体验,是隐喻的表达,境界的核心是自由。因此才人心不同,各如其面。简单来说,如果生命即超越,那么情感就是对于生命超越的体验,而所谓境界,就是对于生命超越的情感体验的自由呈现。由此,形上之爱,以及生命—超越、情感—体验、境界—自由,在生命美学中就完美地融合在一起,无疑,这就是我从1985年发表《美学何处去》一文以后的全部论著的所思所想。

四

同时,百年中国现代美学,最引人注目的,无疑当属它所提出的第一美学命题与第一美学问题。对于美学学者而言,它们类似于两个美学的"哥德巴赫猜想"。其中百年中国现代美学的第一美学命题是"以美育代宗教";百年中国现代美学的第一美学问题则是"生命/实践"。因此,"生命"与"信仰"

问题,必然是未来美学研究的核心内容。而且,美学也因此而必将逐渐走向哲学。例如,"生命美学作为未来哲学",就是生命美学在下半场要重点突破与拓展的研究领域。因为生命美学就是未来哲学,未来哲学也就是生命美学。也因此,我的生命美学研究近年来始终都是在"生命"与"信仰"两极展开的。例如,出版于2019年的55万字的拙著《信仰建构中的审美救赎》(人民出版社)回答的是"信仰"困惑;最近刚刚完成的65万字的拙著《走向生命美学——后美学时代的美学建构》,回答的则是"生命"困惑。或者说,前者是美学的"信仰之书",是从"信仰"看"生命",后者是美学的"生命之书",是从"生命"看"信仰"。总之,是信仰的生命,也是生命的信仰。

总之,生命美学并非人们所习惯的那种围绕着文学艺术的小美学,而是一种围绕着人类生命存在的大美学。而且,生命美学也是未来哲学。它要揭示的,是包括宇宙大生命与人类小生命在内的自组织、自鼓励、自协调的生命自控巨系统的亘古奥秘。这一点,早在1985年,我在生命美学的奠基之作《美学何处去》中就已经明确指出过的:

> 或许由于偏重感性、现实、人生的"过于入世的性格",歌德对德国古典美学有着一种深刻的不满,他在临终前曾表示过自己的遗憾:"在我们德国哲学里,要做的大事还有两件。康德已经写了《纯粹理性批判》,这是一项极大的成就,但是还没有把一个圆圈画成,还有缺陷。现在还待写的是一部更有重要意义的感觉和人类知解力的批判。如果这项工作做得好,德国哲学就差不多了。"
>
> 我们应该深刻地回味这位老人的洞察。他是熟识并推誉康德《判断力批判》一书的,但却并未给以较高的历史评价。这是为什么?或许他不满意此书中过分浓烈的理性色彩?或许他瞩目于建立在现代文明基础上的马克思美学的诞生?没有人能够回答。
>
> 但无论如何,歌德已经有意无意地揭示了美学的历史道路。确实,这条道路经过马克思的彻底的美学改造,在二十一世纪,将成为人类文明的希望!

写下这些文字的时候,我28岁。而今,整整三十五年过去,弹指一挥间,距离问题的解决,无疑是更为接近了。

所以,生命美学不能够简单地与新兴的生态美学(环境美学)、文化美学(生活美学)、身体美学等并列。因为生命美学隶属于美学基本理论,与实践美学并列,生态美学、文化美学、身体美学则均为部门美学。当然,生态美学(环境美学)、文化美学(生活美学)、身体美学又是生命美学的研究领域。而且,因为实践美学与生命美学的不同,生态美学(环境美学)、文化美学(生活美学)、身体美学的研究也就截然不同。例如,从"生命在世"到"身体在世",正如王夫之提示的,"即身而道在",生命美学亟待建构的,是从"生命"视界走向身体之维的"身体"美学。然而,借助于"生命"视界所建构的身体美学就有所不同。例如,前此的身体美学研究往往或者面对的是"没有身体的美学",或者面对的是"没有美学的身体",甚至冒昧地以身体作为审美本体去重建美学。然而,在生命美学看来,真正的审美本体只能是"生命体",而不能是"身体"。也因此,所谓的身体美学要回答的也就仅仅应当是:身体的介入为审美活动增加了什么内涵?审美活动的身体之维为美学研究本身带来了何种启迪?而不是身体的介入会导致什么样的美学基本理论的重构。再如,从"身体"的延伸、身体的意向性结构,进而可以展开为文化(生活)的、生态(环境)的诸多具体研究,在这当中,"身体在世"的日常生活世界,构成了文化(生活)之维,形成了文化(生活)美学;"身体在世"的城市与自然世界,构成了环境之维,形成了生态(环境)美学。同样地,就生命美学而言,而且,在前者,是始自对于虚假的"审美化"日常生活的直面,终于以真正的审美去引导日常生活;在后者,则是推动着美学从实践美学的"他律"的生态美学观(自然中心主义也仍旧是"他律"的价值观)走向了更为接近事实的本来面目的"自律"的生态美学观。

而就生命美学本身而言,犹如费尔巴哈所谓"真正的哲学不是创作书而是创作人",也犹如冯友兰所谓"学习哲学的目的,是使人能够成为人,而不是成为某种人",它同样不是"创作书"而是"创作人",也同样不是"成为某种人"而是"使人能够成为人"。在这个意义上,生命美学已经完全不同于传统的美学(包括实践美学)。传统的美学忽视了潜存于审美活动背后的不可或缺的生命前提,因此陷入了"知识论美学范式",但是,生命美学恰恰是从潜存于审美活动背后的不可或缺的生命前提出发,并且转而立足于"人文学美学范式"。因此,生命美学并不关注审美活动背后的所谓"本质",而只关注审美活动的意义。它所孜孜以求的,也是"生命的完美",是"诗性的人生";是"把肉体的人按到地上"(席勒),"来建立自己人类的尊严"(康德)。因而,尼采的每日之所问:"人如何生成他之所是?"萨特的每日之所问:"人怎样才能创造自己?"也就同样成为生命美学的每日之所问。"以审美心胸从事现实事业"并且把现实的人生提升为审美的人生,更也就成为生命美学所身体力行的"苟日新,日日新,又日新"的美学践履。

在当代中国,众所周知,改革开放面临的是"人民日益增长的美好生活需要与我们现在不平衡不充分的发展两者之间的矛盾",它是从"站起来"(1.0版)、"富起来"(2.0版)到"强起来"(3.0版)的新机遇,也是对于美学研究的新呼唤。因为"强起来"的一个重要方面,就是:"美起来"。"人民日益增长的美好生活需要",无疑必然也包含着对于"美"的"美好生活需要"。由此,不但生命质量的提升被日益关注,而且,生命质量的审美提升更是被日益关注。这就正如卢梭所提示的"呼吸不等于生活",也正如苏格拉底所呼唤的"追求好的生活远过于生活"。值此之际,昔日以"增长率"论英雄的陈旧航海图不复有效,生命存在的审美之维却已经悄然进入了议事日程。这意味着:尽管关注的光圈变大了,但是问题的对焦却越发精确;进入"新时代",更加精准的经纬度已然呈现。这其中,就包括"美起来"——生命质量的审美提升。生命的成长、生命的困惑、生命的意义、生命的梦想……乃至"美好生活需要"的进入生命、唤醒生命、提升生命,都已经在期待着美学,呼唤着美学。我们相信,始终从生命出发、以生命为视界并且以"使人能够成为人""创造人"为使命的生命美学不但适逢良时,而且,也必将大有作为!

2020 年 10 月,南京,卧龙湖明庐

潘知常生命美学系列

- 《美的冲突——中华民族三百年来的美学追求》
- 《众妙之门——中国美感心态的深层结构》
- 《生命美学》
- 《反美学——在阐释中理解当代审美文化》
- 《美学导论——审美活动的本体论内涵及其现代阐释》
- 《美学的边缘——在阐释中理解当代审美观念》
- 《美学课》
- 《潘知常美学随笔》

Life Aesthetics Series